航天科技图书出版基金资助出版

太阳系无人探测历程

第二卷：停滞与复兴（1983—1996 年）

Robotic Exploration of the Solar System

Part 2：Hiatus and Renewal 1983-1996

［意］保罗·乌利维（Paolo Ulivi）

［英］戴维·M. 哈兰（David M. Harland）　　著

何秋鹏　郭　璠　温　博　谢兆耕　译

中国宇航出版社

·北 京·

　　著作权合同登记号：图字：01-2019-7169 号

图书在版编目（ＣＩＰ）数据

　　太阳系无人探测历程. 第二卷，停滞与复兴：1983—1996 年／（意）保罗·乌利维（Paolo Ulivi），（英）戴维·M. 哈兰（David M. Harland）著；何秋鹏等译. --北京：中国宇航出版社，2020.4

　　书名原文：Robotic Exploration of the Solar System：Part 2：Hiatus and Renewal 1983~1996

　　ISBN 978 - 7 - 5159 - 1771 - 9

　　Ⅰ．①太… Ⅱ．①保… ②戴… ③何… Ⅲ．①太阳系-空间探测-1983-1996 Ⅳ．①P18②V1

　　中国版本图书馆 CIP 数据核字（2020）第 050830 号

责任编辑 张丹丹　　　　**封面设计** 宇星文化

出 版
发 行　　**中国宇航出版社**

社　址 北京市阜成路 8 号　　　**邮 编** 100830
　　　　　（010）60286808　　　　（010）68768548
网　址 www.caphbook.com
经　销 新华书店
发行部（010）60286888　　（010）68371900
　　　　　（010）60286887　　（010）60286804（传真）
零售店 读者服务部
　　　　　（010）68371105
承　印 天津画中画印刷有限公司

版　次 2020 年 4 月第 1 版
　　　　　2020 年 4 月第 1 次印刷
规　格 787×1092
开　本 1/16
印　张 27.25
字　数 663 千字
书　号 ISBN 978 - 7 - 5159 - 1771 - 9
定　价 188.00 元

本书如有印装质量问题，可与发行部联系调换

航天科技图书出版基金简介

航天科技图书出版基金是由中国航天科技集团公司于 2007 年设立的，旨在鼓励航天科技人员著书立说，不断积累和传承航天科技知识，为航天事业提供知识储备和技术支持，繁荣航天科技图书出版工作，促进航天事业又好又快地发展。基金资助项目由航天科技图书出版基金评审委员会审定，由中国宇航出版社出版。

申请出版基金资助的项目包括航天基础理论著作，航天工程技术著作，航天科技工具书，航天型号管理经验与管理思想集萃，世界航天各学科前沿技术发展译著以及有代表性的科研生产、经营管理译著，向社会公众普及航天知识、宣传航天文化的优秀读物等。出版基金每年评审 1~2 次，资助 20~30 项。

欢迎广大作者积极申请航天科技图书出版基金。可以登录中国宇航出版社网站，点击"出版基金"专栏查询详情并下载基金申请表；也可以通过电话、信函索取申报指南和基金申请表。

网址：http://www.caphbook.com
电话：(010) 68767205，68768904

序

旅行者 1 号离开地球 40 年了，向着太阳系边际飞行，已到达 200 亿千米以外的星际空间，成为飞得最远的一个航天器。与旅行者 1 号一起飞离太阳系的还有它携带的一张铜质磁盘唱片，如果有一天地外文明破解了这张唱片，将会欣赏到中国的古曲《高山流水》。地外文明何时可以一饱耳福呢？以迄今发现的最接近地球大小的宜居带行星开普勒 452b 为例，它距离地球 1 400 光年，而旅行者 1 号目前距离地球大约 0.002 光年。如果把地球与宜居行星之间的距离比拟成一个足球场长度的话，那么旅行者 1 号飞行的距离还不如绿茵场上一只蚂蚁迈出的一小步。这还是旅行者 1 号利用了行星 170 多年才有一次的机缘巧合、特殊位置的机会，进行了木星和土星的借力，飞行了 40 年才实现的。由此可见，对于人类的很多太空梦想，即使是一个"小目标"都很困难。航天工程是巨大的、复杂的系统工程，而深空探测更是航天工程中极其富有挑战的领域，它的实施有如下特点：经费高，NASA 的好奇号火星车，是迄今最贵的航天器，造价高达 25 亿美元；周期长，新地平线号冥王星探测器，论证了 10 年，研制了 10 年，飞行了 10 年，前后 30 年耗尽了一代人的精力；难度大，超远距离导致通信、能源这些最基本的保障成为了必须攻克的难题，飞到木星以远的天体已无法使用太阳能，只能采用核能源供电，或采用潜在的其他能源。

再来看看中国的深空探测的发展。在人类首颗月球探测卫星、苏联的月球 1 号发射将近 50 年之际，中国的嫦娥 1 号于 2007 年实现了月球环绕探测，2010 年嫦娥 2 号实现了月球详查及对图塔蒂斯小行星的飞掠探测，2013 年嫦娥 3 号作为地球的使者再次降临月球，中国深空探测的大幕迅速拉开。但同国外相比，我们迟到了将近 50 年，可谓刚刚起步，虽然步子稳、步子大，但任重而道远。以美国为代表的航天强国已经实现了太阳系内所有行星、部分行星的卫星、小行星、彗星以及太阳的无人探测，而我们还没有实现一次真正意义上的行星探测。

"知己不足而后进，望山远岐而前行。"只有站在巨人的肩上，才能眺望得更远；唯有看清前人的足迹，方能少走弯路。中国未来的深空探测已经瞄准了火星、小行星和木星探测，并计划实现火星无人采样返回。为了更可靠地成功实现目标，必须要充分汲取所有以往的任务经验，而《太阳系无人探测历程》正是这样一套鉴往知来的读本。它深入浅出地详细描绘了整个人类深空探测发展的历史，对每个探测器的设计、飞行过程、取得的成果、遇到的故障都进行了详细的解读。如果你是正在从事深空探测事业的科研工作者或者准备投身深空探测事业的学生，此书可以说是一本设计指南和案例库；

如果你是一名对太阳系以及航天感兴趣的爱好者，那此书也会给您带来崭新的感受和体验。

　　本书的引进以及翻译都是由我国常年工作在深空探测一线的青年科研人员完成，他们极具活力和创新力，总是在不断探索、奋进！他们已把对深空探测的热爱和理解都融入到这本书中，书中专业名词的翻译都尽可能使用中国航天工程与天文学领域的术语与习惯，具有更好的可读性。

　　纵然前方艰难险阻重重，但深空探测是人类解开宇宙起源、生命起源、物质结构等谜的金钥匙，是破解许多地球问题的重要途径，人类今后必须长期不懈地向深空进发，走出太阳系也只是第一步，而离走出太阳系仍很遥远。最后想说的是，通过阅读本书，总结人类这几十年来深空探测的历史，对从事深空探测的科学家和工程师实践的最好注解是 NASA 对他们三个火星车的命名：好奇、勇气和机遇。

2017 年 12 月

译 者 序

在近现代科幻小说家的笔下，21 世纪 20 年代是一个具有特殊意义的年代，人类已不再囿于这颗蓝色星球的限制，并且在月球上建立了基地，地月自由往返就如同长途旅行一样简单；太阳系中的各大行星都遍布人类的足迹，地球的主宰成为太阳系的统治者。

然而，当曾经的充满了想象的遥远未来转眼成为手中翻开日历上的年份时，人们却惊奇地发现，至今人类还没有从火星带回一粒土壤，月球上不但没有基地的"一砖一瓦"，而且距离最后一次在月球刻上人类的脚印也已经过去了 50 多年。

这些年人类都在干什么？沉溺在网络的虚拟世界中，失去了寻找未知世界的勇气和热情了吗？不，人类探索太阳系、探索宇宙的脚步从未停止，只是这条路要比想象的更为曲折，更为艰难。

距离《太阳系无人探测历程 第一卷：黄金时代（1957—1982 年）》出版已经过去了 2 年多，在今年我们将推出《太阳系无人探测历程 第二卷：停滞与复兴（1983—1996 年）》。在这卷书里，恰好讲述了太阳系无人探测史上最为彷徨的一个阶段，在这里，我们也许会找到一些答案。

同很多人想象的不一样，航天，特别是深空探测领域，不单单是科学家和工程师的事，这个领域不仅受到基础科学与航天技术发展的影响，更同国家政治、经济、外交等诸多因素密切相关。1983 年，美国总统罗纳德·里根提出了战略防御计划（"星球大战"计划），致力于建立反弹道导弹防御系统，因此美国对民用航天的资金支持大不如前，而有限的民用航天资金又都让给了航天飞机项目，这使得深空探测项目进展举步维艰。20 世纪 80 年代末，美苏关系缓和，冷战也逐渐走向尾声，民众对太空竞赛的热情逐渐消退，美国和苏联因此对航天领域的投入大大减少，这让举步维艰的深空探测项目雪上加霜。

深空探测项目的经费和任务规模不断被压缩，NASA 提出了"太阳系低成本探测"项目，试图使用成熟的技术与统一的深空探测平台来降低研制成本，但并没有达到预期目标，深空探测项目的发展几乎停滞。后来，NASA 改变了路线，启动"发现计划"，转变管理模式，将项目管理权下放给首席科学家，首席科学家更关注科学目标如何获得，从而在实施过程中使用很多新技术以及轻小型设备，而此时战略防御计划的技术成果刚好提供了大量相对成熟的新技术以及轻小型设备，同时冷战的结束为军事技术用于非军事用途扫清了障碍。这些因素大大激发了各界对深空探测项目的热情，使得深空探测逐步走向复兴。

这个阶段仍不乏亮点，很多探测任务将永载史册：深空探测史上最为壮观的"国际哈雷舰队"，由欧洲的乔托号探测器、日本的先驱号和彗星号探测器以及苏联的维加 1号、维加 2 号探测器组成。它们在 1986 年 2 月哈雷彗星回归时先后访问了哈雷彗星并取得了丰硕的研究成果。先到者为后来者提供彗星附近的环境数据，后来者对先到者未能获取的科学数据进行有益的补充，开创了国际合作的良好先例。特别要提到的是，美国也参与了苏联探测器的测控任务，这在美苏关系并未完全解冻时显得难能可贵。

我们可以看到航天是高风险的事业，挑战者号航天飞机的发射失利改变了深空探测的战略规划。在挑战者号航天飞机发射之前的美好岁月里，旅行者 2 号探测器正在"大旅行"任务中接近天王星，伽利略号和尤利西斯号探测器即将发射，麦哲伦号和火星观测者号探测器正在研制，国际哈雷舰队陆续接近哈雷彗星，乐观的氛围甚至使人们将 1986 年定义为"国际空间科学年"。然而，挑战者号航天飞机的爆炸改变了一切。伽利略号、尤利西斯号等任务面临无合适运载工具的困境，航天飞机因安全性遭受质疑而暂停发射，现有火箭由于运载能力的限制也无法使用，这迫使诸多任务不得不进行减重甚至重新设计，大大增加了研制成本，拖延了研制进度。

我们可以看到一次小小的发现都可能会给深空探测带来"蝴蝶效应"。南极洲始终覆盖着冰雪，使得落在南极洲的陨石能够保留地外母天体的原始特征，从而使到南极洲勘探陨石成为行星探测的重要手段，而去南极洲不需要掌握火箭技术、空间生存技术等空间探测的高门槛技术，因此南极洲被戏称为"穷人的空间探测器"。尽管如此，拥有强大深空探测能力的国家也非常重视在南极洲开展科学考察。1996 年 8 月，在海盗 1 号探测器着陆火星 20 周年之际，NASA 宣布在南极洲艾伦山冰原上找到一块陨石 ALH84001，并宣布它是火星曾经拥有生命的证据，引起学术界的巨大争论。而这也间接引发了新一轮的火星探测热潮。

我们也可以看到深空探测任务对研制团队处理问题能力的考验。欧洲的近地小行星交会探测器在向爱神星靠近准备绕飞的过程中，由于探测器非受控推力大小的加速度计阈值设置过低，导致发动机正常点火时触发阈值使探测器转入安全模式，结果与爱神星擦肩而过。不过好在飞行控制团队迅速锁定问题，找到原因，制订再次靠近绕飞的方案。在两周后，团队修正了软件阈值并成功实施了发动机点火，经过几次轨道修正并再次绕过太阳之后，探测器终于追赶上爱神星，并在 2000 年 2 月 14 日情人节这一天成功进入爱神星轨道，最终成功对爱神星进行了探测。

再回到 21 世纪 20 年代，人类深空探测的发展又迎来一次新的高潮。这一轮的亮点是加入深空探测大军不到 20 年的中国。中国即将发射嫦娥五号探测器，实现月面无人采样返回任务，圆满完成探月工程三步走的总体规划目标。中国还将发射火星探测器，通过一次发射实现火星环绕、着陆和巡视探测三大任务。世界范围内，美国的毅力号火星车、阿联酋的希望号火星探测器即将发射，与中国发射的火星探测器在火星探测的舞台上同场竞技。日本的隼鸟二号也将携带着龙宫小行星的样品返回地球；美国的欧西里斯探测器将对贝努小行星开展采样。人类距遥远的科幻梦想又近了一步。

最后，再来说说本书的译者。本书译者作为从事深空探测任务的一线航天研制人员，亲历了 2018 年由中国嫦娥四号探测器实现的世界首次月球背面着陆巡视任务；参与了嫦娥五号和火星探测器的研制，近距离感受到中国深空探测的蓬勃发展。虽然译者所参与的研制任务繁重，但还是尽可能将业余时间投入到本书的翻译与校对工作中，力求保证翻译质量。在翻译过程中，对国外深空探测任务研制过程中的种种艰辛与磨难，译者都感同身受，也希望读者从中有所收获。

在此，向本书的作者保罗·乌利维博士表示感谢，我们在翻译过程中产生的一些疑惑，他都通过邮件不厌其烦地进行了回答；向对本书译者所在单位中国空间技术研究院总体部的大力支持表示感谢，总体部的有力支持推动了本书的顺利出版；对参与本书翻译工作的杜颖、黄晓峰、李飞、邹乐洋、赵洋、逯运通、付春岭表示感谢。

迈入 2020 年，我们发现，世界在如此短的时间发生了如此巨变。作为人类，要去真切地感受、体验、探索、追寻，这种开拓精神塑造了我们坚韧的内在。深空探测之路注定是一条不平凡的道路，虽然有犹豫、彷徨，也曾步履维艰，但千万不要停下脚步，唯有积跬步，方能至千里；只有一代一代的科研工作者投身其中，并不断激励我们的下一代，以探索宇宙为毕生志向，方能开创想象中的未来。

译　者

2020 年 4 月于北京航天城

自　序

　　《太阳系无人探测历程》丛书第一卷内容结束于 1981 年的发射，1981 年已发射的任务在第一卷中已描述至任务完成。本书为第二卷内容，涵盖了从 1983—1996 年的发射任务，仍采用与第一卷相同的"行星探测器的观察者指南"方式。本卷包含的时期较短，而且是一个任务缺失期，期间有一些新选手登场，同时伴随着另一些选手的衰落，以及一些成功或失败。这段时期的探测方针是采用"圣诞树"方法①开展行星探测，一方面它虽然导致了行星任务的缺乏，但另一方面也使一些任务取得了了不起的成果，这些内容本书并不能全部涵盖。这一时期，任务也受到了一些特殊的外部条件影响：美国强调载人航天和航天飞机的使用剥夺了原本就紧缺的行星探测任务的资金；挑战者号航天飞机的事故改变了那些幸存项目的发展方向；最终，战略防御计划（Strategic Defense Initiative，SDI）为 20 世纪 90 年代深空探测任务的削减成本运动提供了技术路线的需求。但削减成本的路线也很快显示出它的缺点，这些将会在后续分册中介绍。

保罗·乌利维（Baolo Ulivi）

米兰（Milan），意大利（Italy）

2008 年 7 月

---

　　① "圣诞树"方法是 NASA 创立后采用的行星探测方法，每个科学小组可以在可用的航天器上搭载自己的科学仪器，就像在圣诞节每个人在圣诞树上悬挂自己的装饰品一样。而采用这种方法开展行星探测一直困扰着 NASA，因为其常因没有时间表延期，并且经常预算超支。——译者注

致　谢

像往常一样，我必须要感谢许多人。首先，我要感谢家庭给予我的支持和帮助。其次，我也要感谢米兰理工大学航空工程系、欧盟历史档案和互联网论坛成员提供的宝贵支持。特别感谢所有那些为本卷提供文档、信息和图像的人，包括乔瓦尼·阿达莫里（Giovanni Adamoli），尼吉儿·安格德（Nigel Angold），露西亚诺·安索莫（Luciano Anselmo），布鲁诺·贝瑟尔（Bruno Besser），迈克尔·波尔（Michel Boer），布鲁诺·贝尔托蒂（Bruno Bertotti），罗伯特·W. 卡尔森（Robert W. Carlson），道恩·戴（Dwayne Day），戴维·邓纳姆（David Dunham），深田恭子（Kyoko Fukuda），詹姆斯·盖瑞（James Garry），吉恩卡罗·甄塔（Giancarlo Genta），欧利威尔·海纳特（Olivier Hainaut），布莱恩·哈维（Brian Harvey），伊万·A. 伊凡诺夫（Ivan A. Ivanov），维克特·卡夫德福（Viktor Karfidov），杰恩·F. 李德克（Jean-François Leduc），约翰·M. 罗格斯登（John M. Logsdon），理查德·马斯登（Richard Marsden），赛吉艾·马特洛索夫（Sergei Matrossov），唐·P. 米切尔（Don P. Mitchell），杰森·佩里（Jason Perry），帕特里克·罗杰-罗维力（Patrick Roger-Ravily），琼-雅克·塞拉（Jean-Jacques Serra），爱德华·史密斯（Ed Smith），莫妮卡·泰拉夫（Monica Talevi）和戴维·威廉姆斯（David Williams）。我向无意中遗漏的人表示歉意，同时我也向所有的朋友表示感谢。另外，也感谢所有已经在第一卷中提到的人，同时还必须提到我的同事阿蒂利奥（Attilio），克劳迪奥（Claudio），埃里卡（Erika），伊莱瑞亚（Ilaria），马西米力诺（Massimiliano），保罗（Paolo），罗莎（Rosa）和特蕾莎（Teresa），特别感谢乔治·B.（Giorgio B.），他的热情让我觉得还有许多人同样对这些主题感兴趣。

我必须感谢戴维·M. 哈兰（David M. Harland）在主题检查与扩展方面给予的支持，同时感谢普拉克西斯（Praxis）出版社的克莱夫·霍伍德（Clive Horwood）和约翰·梅森（John Mason）给予的帮助和支持。我必须感谢布鲁诺·贝尔托蒂（Bruno Bertotti）向我分享在这些任务中担任科学家的一些回忆，并撰写了本卷的前言。我很感激 www. astroart. org 网站的戴维·A. 哈迪（David A. Hardy）为本卷绘制的封面，它原本是提供给英国政府粒子物理学和天文学研究理事会（Particle Physics and Astronomy Research Council of the UK Government）的。尽管我已经设法明确大多数图像和照片的版权持有者，但仍有一些对于故事说明很重要的图片没有确认，虽然我们相信其正确性，但我仍为可能造成的任何不便表示歉意。

前　言

由保罗·乌利维（Paolo Ulivi）和戴维·M. 哈兰（David M. Harland）合著的《太阳系无人探测历程》系列丛书，首先是一部记录过去 50 年惊奇冒险的宏伟编年史。通过本丛书提供的数据、图像以及案例，您可以访问和了解太阳系浩瀚而神奇的疆域，揭露隐藏在角落里和不为人知的故事。本丛书讲述了大量事实和技术细节，内容包括探测任务的概念设计、工程设计以及航天器制造情况，也包括任务实际执行、取得数据的分析过程以及最终科学成果的情况。这些细节大多不为人知，甚至一些技术专家也不例外。这些细节来自很多技术报告，特别是一些临时技术报告，这些报告很少发表且容易被人遗忘。本系列丛书秉承一流的新闻风格，即以一种易读而吸引人的方式讲述故事；同时不失物理和工程水准，即内容绝不是肤浅而含糊的。本书通过翔实的资料确保信息准确，并在参考文献中给出了主要引用来源。未来任何关于空间探测的历史研究都不得不以本系列编年史作为基础。本书还介绍了航天器上仪器的细节，以及如何利用这些仪器完成任务。太空中所用仪器的设计、制造及测试绝非易事，太空环境往往极为严酷，例如太阳附近的太阳辐射和太阳风就常使人望而却步。航天器必须能够可靠地运行多年且无须任何检查和修复，同时对于各种物理量还要有极高的探测灵敏度，如能够探测非常弱的磁场和高能粒子等。海量探测数据存储、处理和传回地球的能力也是成功的必要条件。另外，在地面建立太空环境进行系统测试虽是可能的，但十分困难。

我曾担任过尤利西斯（Ulysses）号任务项目的首席科学家[①]，在本书中有关于尤利西斯号任务的相关介绍。该任务于 1990 年发射，首次对黄道面（大部分行星绕太阳运行的平面）外的太阳系环境进行了深入的探测，正如《自然》杂志于 2008 年 7 月 3 日介绍的那样，探测取得了杰出的成果。在不久的将来，约距发射 18 年后，人们将终止对它的操作，不是因为仪器问题，而是因为放射性同位素燃料届时将耗尽。

本系列丛书书名中的"无人"[②]一词引出了空间探测中的重要争议：载人空间探测是否必要，甚至是否明智？从科学角度国际空间站（International Space Station）的建立是否值得称赞？在这一点上我立场明确：遥感、软件和控制技术的飞速发展使载人空间探测在大多数时间都是无用、昂贵而又危险的。即使从地球发出的无线电信号往返需要数小时——例如惠更斯号探测器降落到土星最大卫星土卫六（Titan）的过程（该任务将在本系列丛书的第三卷中介绍）——即使来自地球的控制有延迟，同时控制人员也不可能对不

[①] 原文为"Principal Investigator"，一般为科学研究项目的负责人。——译者注
[②] 原文为"Robotic"，直译为"机器人的"。本书为和"载人"相区别，翻译为"无人"。——译者注

可预见的情况立即做出反应，无人探测器也可以很好地工作。惠更斯号探测器的自主控制系统可以根据预先规划，对下降过程物理环境的变化自主决定采取何种行动。

"探测"（Exploration）一词，通常可以浪漫地理解为大胆的、随心所欲的人们为勘查未知之地和文明所付出的艰辛努力。而在这里，它被赋予了另一层含义：科学仪器为我们提供的视觉和感知能力，远比人的感官更强大，更具有穿透力，同时还能够存储大量科学数据，本系列丛书的内容深入地证实了这一观点。而这也引出了我的最终主题：在太阳系中通过使用无人探测器探索太空来了解空间和时间的结构。正如《牛津英语词典》解释的那样，动词"探测"的含义首先是专业科学机构所做的研究和调查，其次才是对未知之地的勘查。最重要的是，探测太阳系的主要目的并不是大量收集和编目图像和数据，而是对它们所涉及的物理对象的结构、演化历史和运行机制建立理性认识。1958 年，在太阳系空间探测之初，自然规律的概念框架已经建立并为人所熟知：首先，行星和其他大天体的运动规律符合艾萨克·牛顿提出的万有引力定律，19 世纪和 20 世纪的英、法数学家使用该定律获得了极其精确的结果；其次，行星系的起源在科学界有着公认的假设，即约 45.6 亿年前太阳诞生于一个旋转星云的中心，星云中气体和尘埃的塌缩逐渐形成了今天的太阳系。空间探测并没有改变这个总体框架，但它为人类探索宇宙打开了一扇意想不到的窗口，引领了非凡的发现，以下我将引用其中的两个发现。其一，借助空间探测器的广泛勘查，科学家们发现行星和它们的卫星并不完全像牛顿模型中所设想的那样为质点，它们有限的尺寸引起了新的力和潮汐效应，对系统演化有显著影响。1979 年，旅行者 1 号探测器在木星的一颗卫星——木卫一（Io）上发现了几座活火山。实际上，加州大学圣芭芭拉分校的 S.J. 菲尔（S. J. Peale）和他的同事们基于木卫二（Europa）和木卫三（Ganymede）对木卫一施加的潮汐力，早已预测了这些火山的存在。其二，空间探测器也使行星大气研究工作取得了巨大的进展，特别是在大气组成、大气演化、大气维持及补偿机制（大气成分会不断地逃逸到外太空）等方面。虽然传统的化学和物理定律能完全适用，但没有理论能够预测或者解释大气中异常丰富的连锁现象和复杂行为，只有通过探测器就位勘查才能揭示和理解。一个突出的例子是人们近期发现了火星表面在过去的地质时期曾存在大量水活动；当然，这表示火星可能存在生命，但对物理定律不能不加批判就全盘接受。实际上，自然定律普遍适用的这种说法是无根据的，也是逻辑不一致的，因为人们没有办法全面验证；我们只能通过确认某个定律是自相矛盾的或者在概念上是不充分的，又或者它与观察结果是相违背的，以否定某个给定的物理定律。众所周知，牛顿的万有引力定律在大多数情况下都与事实结果吻合得很好，但在两种情况下预测的误差却不可接受——它无法解释行星运动的轻微异常以及太阳系中光传播的轻微异常。1915 年，阿尔伯特·爱因斯坦宣布使用广义相对论能够合理地解释这两种现象，且能够获得定量的计算结果，这个理论是目前科学界公认的框架。实际上，用于预测和控制行星探测器运动的计算机大型程序都是完全基于相对论数学体系，它们通过引入相对论来适当修正牛顿理论的重要组成部分。

理论物理学家所面临的一个主要问题是：广义相对论在何种情况下以及在何种程度上不成立？空间探测器在解决这一根本问题方面发挥着非常重要的作用。它们绕着太阳公转，且彼此距离很远，处在非常空旷的太空环境中，同时免受地球引力及机械干扰（如微振）的影响。随着空间探测器对时间间隔、距离和相对速度测量技术的不断改进，使得对广义相对论预测的检验达到了很高的精确度。值得注意的是，爱因斯坦的相对论在发现 90 多年后仍是无法撼动的，但否定的声音也在不断增多，同时一些新的探测任务同期也正在准备中，用以探测引力的深层性质。其中一项重要的试验是 2002 年卡西尼号探测器在行星际空间飞往土星的巡航阶段实施的。该试验利用探测器的无线电系统，并借助 NASA 深空网位于加利福尼亚州金石天文台的一个特制天线可使两者相对速度的测量达到一个前所未有的精度，使测量相对论效应——通过测量太阳引力场对无线电信号传播的影响——成为可能。测量结果与广义相对论的预测结果高度一致。空间探测不仅能够探测太阳系中天体的工作机制，而且能够研究空间和时间的本质，这一点非常了不起。

布鲁诺·贝尔托蒂（Bruno Bertotti）

核理论物理系

帕维亚大学（意大利）

目　录

第 5 章　哈雷的时代

5.1　危机

美国的太阳系探测计划在 20 世纪 70 年代末期陷入了混乱的境地。此时海盗号（Viking）任务已经成功，旅行者号（Voyager）和先驱者号金星任务（Pioneer Venus）正在进行中，所以在一些人看来，行星探测任务已经完成了目标，并且没有多少其他事情可做了。此外，很多其他因素暗中阻碍发射更多的任务。其中一个最主要的因素是，NASA 在载人项目（尤其是航天飞机）中花费了巨额的资金，在之前 NASA 对美国国会的承诺中，航天飞机的高额研制费用（约为 50 亿美元）将被服役过程中一定的可重复使用性以及高频率的飞行任务（约每年 60 次）所平衡。实际上，航天飞机花费了将近两倍的研制费用，并且每年最多可以飞行 12 次，而真实的可重复使用性以及修复时间使该项目仍需投入大量的资金。为了填补航天飞机的预算超支，NASA 只能从科学项目中砍掉一部分经费，造成了一种需耗费近 10 年才能恢复的混乱境况。另一个因素是美国与苏联之间关系的缓和，这促使空间探测由合作代替竞争。但是行星科学项目几乎没有从两国关系的缓和中得到任何益处，而且 20 世纪 80 年代初期两国和睦关系有所下降。同时，NASA 将科学关注的重点从行星探测转移到了地基研究和天文学上，特别是批准了大型空间望远镜（Large Space Telescope）项目，这就是之后的哈勃空间望远镜（Hubble Space Telescope）。哈勃空间望远镜是一系列天基"大天文台"（Great Observation）中的第一个，这些天文台将覆盖电磁波频谱从远红外到伽马射线的所有波长。最终，在预算紧张的情况下，美国国会对于需要花费 5 亿美元的行星探测项目毫无兴趣，虽然在那时这笔预算几乎比国防部的任何项目采购预算都要少。因此，20 世纪 80 年代伊始，NASA 和加州理工学院的 JPL（因为 NASA 的一次组织机构调整，JPL 只保留了研制行星探测器的相关设施）仅有 3 个获批研制的项目，而且其中的项目都没有充足的资金保障。这 3 个项目分别是：金星环绕成像雷达（Venus Orbiting Imaging Radar，VOIR）、伽利略木星轨道器和大气探测器（Galileo Jupiter Orbiter with Probe），以及黄道外国际太阳极轨任务（Out-of-ecliptic International Solar Polar Mission）。此时，新数据的主要来源将是旅行者 2 号（Voyager 2）实施的"大旅行"（Grand Tour），其中穿插着地基天文台的观测结果，例如无意间发现了天王星的环系统。然而，这样的任务断层意味着 1982年是 18 年以来第一个没有获得太阳系新数据的年份，而且除非情况有改变，否则 1983年、1984 年和 1985 年也不会获得任何新的观测数据[1]。

当罗纳德·里根（Ronald Reagan）在 1981 年成为美国总统后，这种境况更加严重了，他很快便在诸多领域中试图削减政府开支，其中就包括民用航天。结果导致一项正在研制的行星探测任务缩减规模，另一项任务被取消，并且考虑关闭 JPL 的深空网(世界范围的天线网络，为深空所有探测器提供通信服务)，这意味着旅行者 2 号的探测任务将于土星附近终结。NASA 当时的局长詹姆斯·贝格斯(James Beggs)指出"行星探测任务的终结将使加利福尼亚州的 JPL 对于我们来说毫无用处"。同时，罗纳德·里根的科学顾问乔治·肯沃斯(George Keyworth)提出了在 10 年内彻底停止行星探测任务的建议，以使 NASA 可以把精力集中在航天飞机的应用上，并在之后利用航天飞机进行一系列更有价值的任务。这样一个目光短浅的提议的支持者完全不关心 JPL 为了在 10 年的沉寂后重新开始行星探测任务，在如何保留其设计、研制以及实施行星探测任务经验方面将面临怎样的困难[2-3]。

当 NASA 和 JPL 勉强维持正在实施的行星探测任务不至于破产，并且努力扫除威胁新行星探测器研制经费拨付的重重障碍时，苏联继续进行着自己的项目。苏联的技术相对来说可靠性较低但比较耐用，足以实施金星探测任务，至少在短期内可以继续下去。苏联同时还在努力重启在 20 世纪 70 年代秘密进行的关于"世界大战"(War of the World)争论之后被放弃的火星探测任务。当然，此时的两个超级大国都意识到行星探测任务不再具有 20 世纪 60 年代的舆论宣传价值[4]。不过，行星探测任务仍然在民众中广受欢迎。

最终，太空竞技场新的参与者决定从陷入资金泥沼的美国和技术水平受限的苏联手中抢夺舞台。在对可能的深空探测任务进行了 20 年研究后，欧洲做好了实现飞行任务的准备。欧洲的研制项目从各独立成员国(法国、德国、英国、意大利、奥地利等)与两个超级大国的合作项目发展而来。此外，自 1970 年发射了自己的第一颗卫星以来，日本也一直在研究可能的深空探测任务，并且已经具备了加入深空探测俱乐部的实力。

5.2　金星的容貌

成功利用金星 9 号、10 号、13 号和 14 号对金星外表进行成像后，顺理成章地，苏联下一步任务是发射一颗配备成像雷达的金星探测器，以穿透覆盖金星的云层观测金星地表并且绘制地形图[5]。

成像雷达[更确切的名称是合成孔径雷达(Synthetic-Aperture Radar，SAR)]的工作原理是记录表面反射的微波能量短脉冲回波的多普勒频移(Doppler Shift)及时间延迟(简称时延)，并且将它们合成高分辨率图像，图像中每个像素的亮度都与表面对应点反射的能量成正比，该能量由多普勒频移和时延的特别组合所表征。反射的能量受以下参数影响：表面坡度、照明脉冲波长尺度上的表面粗糙度以及表面物质的介电特性。通过计算机大量的数据处理，探测器沿轨道运行时采集的大量点可以被用来合成(因此以此命名)或者模拟出一个更大天线的观测结果。被照亮的"足迹"必须位于探测器星下点[①]的同一侧，否则无法区别出是左侧还是右侧的回波。然而，这样的方式需要有较强的计算机能力来处理合成孔径雷达数据，以至于当 NASA 的第一颗名为"海洋卫星"的雷达卫星在

---

　　① 星下点：天体中心与探测器的连线在天体表面的交点。——译者注

1978 年发射升空时，人们预计处理 3 年任务周期内的全部数据需要 75 年。与其他应用方向相比，在处理星载雷达数据时需要考虑一些其他因素，如轨道运动和电离层效应会引入多普勒频移和相位闪烁[6-7]。

20 世纪 70 年代早期，艾姆斯研究中心和 JPL 的两个小组开始对金星雷达测绘任务开展研究。艾姆斯研究中心的方案采用其正在研制的先驱者号金星探测器，而 JPL 提交的金星环绕成像雷达(Venus Orbiting Imaging Radar，VOIR，在法语中的意思是"看见")方案提出研制一颗采用雷达系统的全新探测器，配备一个与执行外太阳系探测任务的先驱者号和旅行者号类似的大型抛物面天线或者一个线性相控阵天线。为了使轨道进入机动所需的推进剂最少，艾姆斯研究中心计划让探测器进入一个椭圆轨道，而 JPL 希望探测器运行在圆轨道上，这样所有的数据都是在相同高度上采集的，由此可以简化数据整理和分析工作，即使这样做会使轨道进入过程变得更加复杂并且需要探测器携带更大的推进剂贮箱。虽然一些科学家认为在不久的将来，地面射电望远镜将能够获得与在轨雷达相似的数据，并且耗费的资金更少，但 NASA 仍然在 1977 年通过了金星环绕成像雷达的提案。事实上，位于波多黎各(Puerto Rico)的阿雷西博(Arecibo)天线在此不久前刚刚获得了一些金星特定区域的 100m 分辨率图像。

与此同时，JPL 为了优化合成孔径雷达的概念，进行了一系列验证试验。在 1977 年—1980 年，JPL 利用 NASA 的康维尔 990 伽利略 Ⅱ 号飞机在飞掠危地马拉和伯利兹森林的过

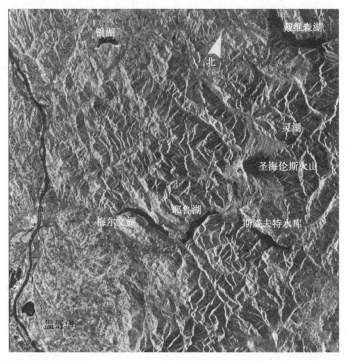

海洋卫星对美国西部圣海伦斯火山(Mount St. Helens)中的喀斯喀特山脉(Cascade Range)部分区域的合成孔径雷达图。金星环绕成像雷达任务将会获得相似分辨率的金星图像(图片来源：JPL/NASA/加州理工学院)

程中，对它的星载合成孔径雷达进行了测试，证明了雷达可以穿透植被并显示出古老的道路、石墙、梯田和农渠，并对玛雅文化及其经济结构(并且偶然地延续了玛雅人和金星之间的悠久联系)有了更加深入的了解[8-9]。JPL的海洋卫星是美国的第一颗民用雷达成像卫星，它在1978年6月发射升空，但是在运行了105天后由于一个电滑环连接器的失效而陷入瘫痪状态。不过，它获得的数据给海洋学家留下了深刻的印象，同时也说明了为什么合成孔径雷达如此受军界欢迎：据说海洋卫星可以探测到下潜潜艇的弓形激波以及飞越水面的"隐形"飞机本身[10]。同时，先驱者号金星探测器正在绘制初步的金星雷达测绘图，分辨率为150km[11]。

从伽利略Ⅱ号飞机后部油箱处伸出的JPL行星雷达原型机的天线，摄于飞掠危地马拉森林之前

20世纪80年代早期，马丁·玛丽埃塔航天公司(Martin Marietta Aerospace)、休斯飞机公司(Hughes Aircraft)和固特异航天公司(Goodyear Aerospace)均提交了关于研制金星环绕成像雷达探测器及其合成孔径雷达的提案，并且该项目被纳入到NASA 1981年的预算中，尽管此次任务的发射时间从1983年5月—6月推迟到1986年5月[12]。马丁·玛丽埃塔航天公司最终被选为探测器的研制方，而在先驱者号金星环绕器的研制任务中承担了类似任务的休斯飞机公司将负责研制雷达。

金星环绕成像雷达任务计划采用航天飞机进行发射并进入近地轨道，之后通过半人马座上面级加速进入一条飞向金星的轨道，预计将于1986年11月到达金星，届时探测器将进入环绕轨道并开展5个月的详查任务，对整个金星表面进行测绘，分辨率达到600m，对于特定区域需要达到更高的分辨率，同时获得金星全球范围内的地形图和重力场图。探测结果有望对金星的认识再次取得较大突破，并且使得对金星的认识水平与在水手9号之后对火星的认识水平相当。获得的探测结果将与金星着陆器在金星表面获得的图像进行对比，为从中得到的地质学分析提供支持，并将识别出先驱者号金星环绕器获得的低分辨率雷达图中不明显的地质过程。实际上，对于地球而言，考虑到先驱者号金星环绕器传回地球的雷达图的分辨率，图中可能会缺失包括密西西比河和亚马逊雨林在内的最大江河流域，可能会看不到某些地质学上最重要的山脉，例如北美的落基山脉、阿尔卑斯山脉以及喜马拉雅山脉中的珠穆朗玛峰，甚至更糟的是，可能无法显示出大陆的边界，而这部分知识是理解地壳运动过程的关键。为了削减预算，金星环绕成像雷达探测器将尽可能多地重复利用之前任务中的探测器组件：太阳翼来自水手 10 号留下的备份件，电子系统来自旅行者号，雷达高度计来自先驱者号金星环绕器，而成像雷达来自海洋卫星。相比于飞机携带的合成孔径雷达，金星环绕成像雷达探测器携带的雷达工作波长更长，约 25cm，更有利于雷达信号在穿透浓密的金星大气层时不发生剧烈衰减。探测器还携带了其他几台设备。其中一台设备是微波辐射计，主要用于测量不同海拔处的大气层辐射能量，并确定温度以及二氧化硫、硫酸、水蒸气的含量；辉光光谱仪和光度计将对高层大气层以及电离层进行观测，以对观测区域的大气环流情况进行研究；朗缪尔（Langmuir）探针将对电离层中离子和电子的温度与分布情况进行测量，同时一台四极质谱仪将监测中性气体的组成、温度和浓度；最后一台设备用于测量电离层中离子的温度和密度。在接近金星的过程中，探测器将首先进入一条椭圆极轨道，之后探测器将使用传统的发动机减速方式或者新颖的气动减速技术对轨道进行圆化。如果采用气动减速的方式，那么探测器需要先通过轨道机动将轨道的近拱点降低到大气层的边缘，然后利用后续几次通过轨道最低点时的大气阻力将轨道远拱点降低到所需高度。虽然这项技术已经由大气探测者 C（Atmospheric Explorer C）卫星于 1973 年在地球轨道上首次验证过，然而其风险仍然较高。采用这种技术的主要吸引力在于能够将金星环绕成像雷达探测器的质量限制在 850kg 以内。在轨道圆化之后，金星环绕成像雷达探测器将于 1987 年 1 月或 2 月抛掉气动减速罩，抬升轨道的近拱点并且开始执行主任务，期间采用高增益天线以 1Mbit/s 的速率实时下传数据，这是先驱者号金星环绕器数据传输速率的整整 500 倍。最终获得的测绘图几乎覆盖金星全球，其中包括两极中的一极。此外，在每一圈中，雷达都会在大约 30 秒的时间内拍摄幅宽为 10km、长度为 200km 的高分辨率条带图像。总体来说，这样的"点数据"将覆盖金星表面积的 2%。主任务将持续 120 天，即半个金星日。任务能扩展至一年，以便于填补覆盖中的空隙并对另一极进行测绘，同时还提供一份详细的重力场测量结果，地理学家可以利用这份结果评估金星地壳的厚度、金星内核（如果有的话）的尺寸以及金星地幔的刚度[13-15]。整体来看，这很有可能是一次极好的任务。

　　但是，里根政府在 1981 年决定削减联邦政府支出，NASA 被要求取消一项主要的项目。当时金星环绕成像雷达探测器的项目预算约为 6.8 亿美元，并且发射再次推迟到了 1988 年 3 月，所以 NASA 不情愿地取消了这个项目[16]。

　　苏联的拉沃奇金（Lavochkin）设计局自 1965 年以来一直专注于行星探测和月球探测任务，从 1976 年开始对携带合成孔径雷达的金星环绕器探测金星表面无线电反射特性和地形地貌开展相关研究。苏联科学院、通用机械制造部（一个大型组织，其名称用来掩盖背后的航天工业目的）以及无线电生产部在 1977 年支持其开展更加深入的研究，并签署了制造更适用的雷达系统的合同。虽然阿纳托利·I. 萨文（Anatoli I. Savin）领导的彗星设计局（Kometa）在此方面能力更强，但是彗星设计局当时正忙于军方的项目，例如 US-A 和 US-P 卫星，这两颗卫星在西方被分别称为雷达海洋侦察卫星（Radar Ocean Reconnaissance Sat-

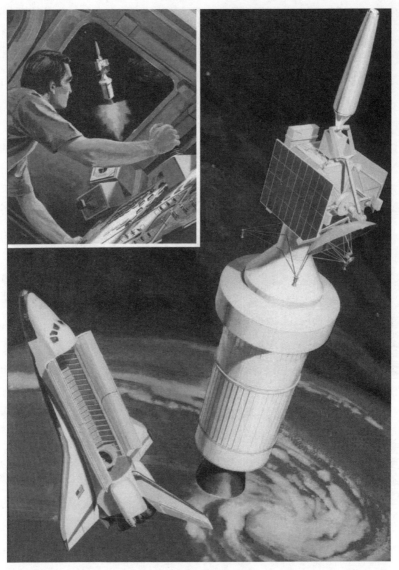

金星环绕成像雷达探测器概念图，图中金星环绕成像雷达探测器由航天飞机释放，并且点火离开地球轨道(内图)

ellite，RORSAT)和电子海洋侦察卫星(Electronic Ocean Reconnaissance Satellite，EORSAT)。研制行星探测雷达的任务交给了阿列克谢·F. 博戈莫洛夫(Alexei F. Bogomolov)领导的莫斯科能源研究院(Moskovskiy Energeticheskiy Institut；Moscow's Power Institute，MEI)。雷达的研制比预期困难得多，花费时间也更长，问题主要出现在数据存储系统上。与美国的金星环绕成像雷达探测器不同，苏联的探测器不会实时回传数据，而是在经过近拱点时将数据存储起来，在通过远拱点时将数据传回地球。苏联人对标准金星探测器平台进行了大量简单修改：圆柱形中心贮箱被延长了 1m，以适应轨道进入机动额外需要的 1 000kg 推进剂；姿态控制系统携带的液氮从 36kg 增加到 114.2kg，用以进行飞行程序中安排的大量姿

金星环绕成像雷达探测器通过气动减速进入环绕金星的圆轨道(内图),以及进行测绘时的构型图

态调整;为了给雷达提供能量,新增的 2 个太阳电池板将太阳翼总面积增大到 $10m^2$;抛物面天线的直径增大到 2.6m,数据传输速率相应地从 6kbit/s 提高到 100kbit/s。为了击败金星环绕成像雷达任务,苏联计划在 1981 年发射两个完全相同的探测器(代号为 4V-2),发射窗口与金星 13 号和金星 14 号相同。探测器在 1981 年春季完成发射准备,但是雷达系统尚未完成。莫斯科能源研究院建议在 1981 年发射一个 4V-2 探测器,另一个在 1983 年发射,这样就可以用剩余的时间来测试和装配一个单独的探测器。然而,雷达系统最终仍未能按时交付,两个 4V-2 探测器都被推迟到 1983 年[17-20]。

1979 年,西方世界中普遍流传着一种说法,称苏联很快就将向金星发射一个雷达成像环绕器，但是美国的航天官员仍然对此表示怀疑，认为苏联不太可能在短期内制造出能源需求比雷达海洋侦察卫星还小的能够执行任务的星载探测雷达，而雷达海洋侦察卫星携带了一台功率为 3kW 的核反应堆[21]。他们也不相信苏联掌握了在探测器上使用合成孔径雷达的相关技术，尤其是计算能力。中央情报局(Central Intelligence Agency，CIA)多年来一直尝试监听苏联的探测器，最开始是利用一个在埃塞俄比亚专门建造的侦听站，之后是通过一个秘密的西方友国。CIA 计划对所有配备了雷达探测器的科学遥测数据进行监测。这项活动的目的主要有三个：(1)一定程度上研究苏联军方的雷达成像能力；(2)协助计划中的金星雷达测绘探测器(Venus Radar Mapper)，这是金星环绕成像雷达任务削减经费后的后续任务；(3)为未来尝试寻找地外智慧生命(Search for Extraterrestrial Intelligence，SETI)提供一些辅助支撑。与寻找地外智慧生命信号相似，苏联发送信号的准确频率和时间也是未知的。当然，CIA 很难解释清楚侦测苏联的行星探测遥测信息和美国国家安全之间的联系，而未来寻找地外智慧生命的说法使这一切变得更加复杂[22]。

极地-金星(Pole-Venus)合成孔径雷达包括天线和电子设备，电子设备安装在环形密封舱内，整个系统质量为 300kg。天线是一个 6m×1.4m 的抛物柱面。天线位于探测器的顶端，其轴线与探测器主轴的夹角为 10°，探测器主轴位于与金星表面垂直的方向。为了能够适应质子号运载火箭的整流罩，天线被设计成三个可折叠的部分。它的工作波长为8cm。雷达旁边有一个 1m 直径的雷达测高计抛物面天线，雷达测高计的覆盖区为 6km，高度测量精度可以达到 50m。由于 1983 年的发射窗口比 1981 年的更好，探测器可以携带更多的有效载荷，并且第一次携带了由苏联的一个兄弟国家研制的设备。这台红外傅里叶光谱仪由德意志民主共和国(俗称东德，1990 年与西德统一为现在的德国)研制，由当地的国际航天员计划组委会(Interkosmos)下属的科学院进行管理。这个组织还研究探空火箭、科学与应用卫星以及载人空间飞行等。这台设备在流星(Meteor)系列地球气象卫星上携带的类似光谱仪的基础上，稍加改动后提供给两个 4V-2 探测器。它的光谱可以用来测量金星大气层的温度和组成[23]。有效载荷舱还装有一台红外辐射计、六台宇宙射线敏感器以及一台太阳等离子体探测仪。曾有报道称探测器上还携带了一台由奥地利生产的磁强计，但是这可能是跟金星 13 号和 14 号上的一台类似设备混淆了[24]。

两个 4V-2 探测器将进入两条相似的环绕金星的近极轨道，轨道周期为 24 小时，近拱点位于 60°N 左右，高 1 000km。探测器在接近近拱点的过程中，当高度低于 2 000km 时，将打开雷达并沿飞行方向进行条带成像，条带宽 150km，长 6 000~7 000km。在向轨道远拱点爬升的过程中，探测器会调整姿态，将天线指向地球并下传数据。运行一圈后，金星将绕着自转轴转过 1.48°，则该圈条带成像的位置会发生相应变化，使探测器可以在 243天的自转周期内对 30°N 到极地之间的整个表面进行测绘。虽然 1~2km 的成像精度(垂直于轨道方向的成像精度较小)与地面雷达获得的图像精度相似，但是探测器将能够对地面无法观测的北极区域进行测绘。

4V-2 探测器首先发射的是金星 15 号，发射时质量为 5 250kg，于 1983 年 6 月 2 日发射进入远日点 1.01AU①、近日点 0.71AU 的日心轨道。金星 16 号质量稍大，为 5 300kg，于 6 月 7 日发射进入一条相似的轨道，远日点为 1.02AU。在确认了期待已久的雷达环绕器已经发射后，塔斯社宣布这些探测器没有携带着陆器，并将进入环绕金星的轨道。金星 15 号在 6 月 10 日和 10 月 1 日进行了轨道修正，而金星 16 号则在 6 月 15 日和 10 月 5 日进行了轨道修正[25-26]。

金星环绕成像雷达包括一个加长的金星号平台、更大的太阳帆板、一个更大的高增益碟形天线以及顶部的极地-金星(Pole-Venus)合成孔径雷达，此图为其展开构型

① AU：天文单位，是天文学上的长度单位。2012 年 8 月，在第 28 届国际天文学大会上，天文单位固定为 149 597 870 700m。在此之前以地球与太阳的平均距离定义。——译者注

UTC 时间 10 月 10 日 3 时 5 分，金星 15 号开始进行减速机动，并进入一条 1 021km×64 689km、周期为 23 小时 27 分的初始探测轨道，相对于金星赤道的轨道倾角为 87.5°。这是苏联第三个进入金星环绕轨道的探测器，是世界范围内的第四个，另一个是 NASA 的先驱者号金星环绕器。金星 16 号在 4 天后的 UTC 时间 6 时 22 分开始进行减速机动。虽然目前并未披露金星 16 号的详细轨道参数，但是它被认为是一条 1 600km×65 200km、倾角为 80°的轨道。在进入环绕轨道 2 天后，金星 15 号上携带的由东德制造的红外傅里叶光谱仪开机工作，并初步获得 20 幅光谱图。在接下来的几个月，这台设备对金星的阴影区和阳照区均进行了探测，发现组成大气层的主要成分是二氧化碳，其他成分有：水蒸气、二氧化硫和硫酸。此外，依据获得的温度数据绘制了海拔 60~90km 的温度分布曲线[27]。据报道红外辐射计发现了几处高温点，人们推测这几处高温点可能表示活火山[28]。

这是首批发布的金星雷达图中的一张，显示出金星北极区域中的一个火山结构或撞击坑

金星 15 号在 10 月 16 日打开了它的合成孔径雷达，第一组数据在同一天由位于熊湖(Medvezkye Ozyora，Bear Lake)的 64m 深空通信天线接收，当初建造这个天线的目的是增强克里米亚的耶夫帕托利亚(Yevpatoria)的 70m 天线的测控能力。成像区域覆盖了北极周边 100 万平方千米的区域。令工程师和科学家感到惊讶的是，探测器在原始数据之外还传回了一些低分辨率的"预览"图像，原因是在其他人不知道的情况下，莫斯科能源研究院在星载系统中加入了一个"快照"图像处理器。经过测试和轨道调整后，在 1983 年 11 月 11日到 1984 年 7 月 10 日进行了正式测绘，覆盖了总计 1.15 亿平方千米的面积[29-30]。由于探测器的星下点轨迹实际上并不经过极地，因此一个探测器每隔几周就要调整一次姿态，将姿态偏转 20°，以观察北方的大部分区域[31]。在这期间，在尝试了 21 年之后，CIA 终于成功侦测到苏联探测器的科学遥测数据。同时，由克格勃前任主席尤里·安德罗波夫(Yuri Andropov)领导的苏联政府担心公布科学探测数据会过多地泄露关于苏联军用雷达能力方面的信息。美国政府对苏联在这一领域的能力持怀疑态度，因此在焦急地期待着此次任务发布的第一批数据[32-33]①。

---

① 经与作者确认，此处 CIA 虽然侦测到了遥测数据，但没能对其解码，因此无法评价科学数据的质量，仍然需要等待苏联政府发布数据。——译者注

　　虽然没有发现类似地球岩石圈板块的地形，但是图像显示金星的表面受到构造作用的影响，尤其是一些宽度达到 2 000m、长度达到数十千米的裂痕有可能是由拉伸应力产生的。此外，探测器观察到以每条长 10~20km、宽几千米的横切脊槽为特点的"镶嵌物"或"地板"地形是金星特有的一种形态。几个或大或小的镶嵌地形被光滑的熔岩平原包围，直径在 2~15km 的圆顶状小火山很常见，经常成片地出现在火山"热点"区域，分布范围可达80km，然而这与构造作用并无直接联系。此外，更大的圆顶形或卵形地形说明地壳曾经被地幔的"羽流"推起。在北极区域有一片升高的地形，高度比金星平均海拔高出 5 000m。

　　在 1 月 12 日—25 日，金星 16 号的轨迹掠过了麦克斯韦山脉（Maxwell Montes），这是金星上唯一一个由男性名字（物理学家詹姆斯·克拉克·麦克斯韦，James Clerk Maxwell）命名的地貌特征。这个区域的山峰在之前就被地基雷达所发现，但是由于它们的纬度较高，所以观测的结果均是斜视。在轨观测获得了垂直方向的观测角度。在周围区域获得了诱人的细节，这些区域被受到压缩而形成的平行山脊和沟槽所覆盖，而克利奥帕特拉（Cleopatra Patera）则是一个直径 100km 的陷坑，距离顶峰 200km 远，比 11.5km 高的山峰低 2.5~4.5km。在一条恰巧穿过其中的航迹上得到克利奥帕特拉火山口测高数据，显示其中内嵌一个直径 60km 的坑。虽然这种结构可能是一个坍塌的火山口，但是也不排除是一个撞击坑。麦克斯韦山脉旁边的平原几乎在每个方向上的形态都与月海（玄武岩熔岩流）类似，而其平滑性说明这些平原都是在近期形成的。

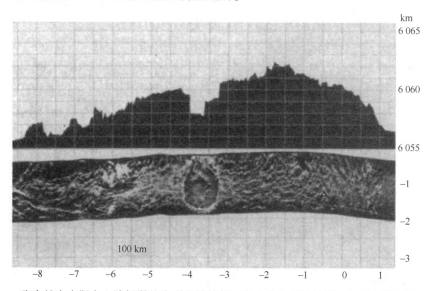

一张穿越麦克斯韦山脉侧翼的克利奥帕特拉环形山的金星雷达测绘与测高推扫图

　　雷达的覆盖区域及贝塔区（Beta Regio）的北部（金星上第二个由地基雷达发现的地貌特征）被认为是一个雷达高亮的"大陆"。新获得的图像显示这片区域同时具有圆丘地形和平坦地形的特征。"表面实景"表明金星 9 号的着陆点位于圆丘地形。在图像覆盖的区域中，可以识别出大约 150 个类似于撞击坑的结构，并且一项分析显示有少量直径不足 20km 的坑。任何能够造成更小尺寸撞击坑的撞击物可能都在稠密的大气中烧毁了。在轨的图像与阿雷西博望远镜的观测有一些重合的区域，因此可以比较同一片区域在不同角度下的雷达观测结果。尤其是，阿雷西博望远镜几乎无法发现以低视角反射无线电回波的平坦火山平原，而在探测器的图像中很容易发现这些。将测高数据和合成孔径雷达数据共同处理还得到了多种金星表面地形的无线电波反射率和平均坡度[34-42]。

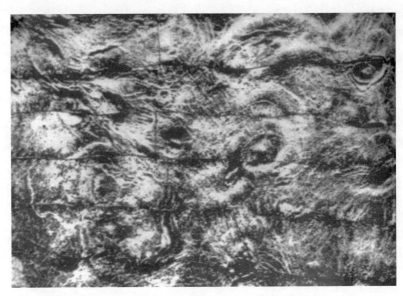

金星表面上塞德娜平原(Sedna Planitia)和贝尔区(Bell Regio)之间的一片 1 000km 宽的区域。因为这些圆形的火山结构看起来很像蜘蛛网，因此被称为"蛛网膜"

1984 年 6 月 15 日，金星在上合位置被太阳所遮蔽，同时耶夫帕托利亚的 70m 天线和莫斯科附近的一个 25m 天线对金星 15 号的信号进行了几天跟踪，以观测太阳等离子体[43]。最后一次收到金星 15 号信号的时间并没有公布，已知的是金星 15 号耗尽了姿态控制推进剂并在 1985 年 3 月被关闭。金星 16 号直到 1985 年 5 月 28 日前还在回传宇宙射线数据[44-45]。原计划至少降低一个探测器的轨道高度，以获得更高分辨率的雷达数据，但是这个计划从没有被执行[46]。

5.3 一生的任务

虽然科学家和工程师对于发射一个彗星探测器很有兴趣，但是直到 20 世纪 70 年代末都没有任何一个航天机构批准这样的任务。然而，由于最著名且具有重要历史价值的哈雷彗星将在 1986 年 2 月到达它 76 年环绕轨道的近日点，因此几家航天机构开始认真考虑发射探测器来探测哈雷彗星。

虽然计算结果能够准确地追溯到公元前 1404 年的哈雷彗星运行轨道，那时古埃及文明正处于顶峰，但是第一次有观测记录的是在公元前 240 年的中国，那时中国处在战国时期。在接下来的两千年中，哈雷彗星经过地球的过程被许多文明所记录，而这些文明经常

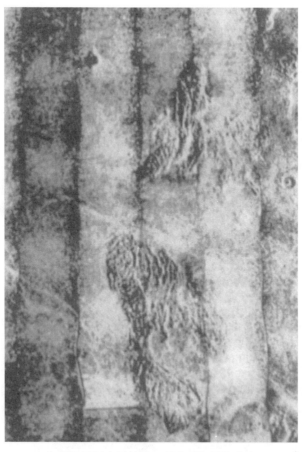

塞德娜平原底层结构显露出平坦的熔岩流

将这个过程与一些痛苦的事件结合起来，例如，451 年匈奴王阿提拉（Attila）被击败和 1066 年诺曼人在英格兰登陆，而哈雷彗星在后一个场合出现的情形被记录在了贝叶挂毯（Bayeux Tapestry）上。爱德蒙·哈雷（Edmund Halley）在 1695 年发现了哈雷彗星的周期性，第一次论证了彗星的天文学特性。哈雷彗星 1758 年的回归验证了他的预测。之后哈雷彗星在 1835 年和 1910 年再次被观测到。虽然哈雷彗星在 1986 年回归时，近日点位于较高偏南的赤纬，且处于白天时段，并不是一个很好的观测时机，但是此次回归仍然备受期待[47-48]。根据天体动力学理论，哈雷彗星的轨道是典型的彗星轨道：它的轨道偏心率很大，远日点超过了运行在 30 AU 远的轨道上的海王星，而近日点距离太阳仅 0.587AU，导致它在近日点时相对太阳的速度非常快。此外，哈雷彗星运行在逆行轨道上，意味着它的运行方向与行星相反，这表明它相对于地球的速度将会很高。因此，对于探测器来说这是很难探测的目标。然而，人们对观测哈雷彗星的兴趣却很高涨：一方面是因为它的重要历史意义；另一方面是因为考虑到它的亮度以及产生气体和尘埃的速率，它比其他短周期彗星更像长周期的彗星。另外，最重要的原因是，由于它的星历非常准确，因此可以很精确地设计探测器的轨道。

哈雷彗星首次引起航天界的兴趣是在 1967 年，当时美国的洛克希德导弹和航天公司（Lockheed Missile and Space Company）首次开始对拦截和交会任务的研究。一个探测器可以被放置在与哈雷彗星类似的绕日轨道上，以缓慢的速度与哈雷彗星交会。然而，由于探测器发射后的运行方向将与地球运行方向相同，因此探测器需要通过机动控制进入逆行轨道。达到这个目的有很多种方案：(1)在远日点通过传统化学发动机点火施加一个短暂的脉冲，但是进行这样一次机动控制对推进系统的要求极高；(2)通过小推力发动机长时间工作，对探测器施加一个很小但持续的推力来改变轨道形状，并最终进入逆行轨道；(3)一次木星或土星的近极飞掠。第一个方案由于对深空推进系统的要求很高而被否决，之后 NASA 对其余两个方案进行了详细研究。在 1977 年或 1978 年采用携带了半人马座上面级的土星 5 号运载火箭发射一个小型探测器，将在哈雷彗星到达近日点前 5~8 个月利用木星借力使探测器进入一条与哈雷彗星轨道交会的逆行轨道。之后通过一个小的点火机动将探测器放置在一条以哈雷彗星为中心的轨道上。这个方案除了要用到昂贵的、产量有限的土星 5 号运载火箭之外，由于在交会前至少需要花费 7 年的漫长时间，因此被认为是不现实的。替代方案是发射一个由太阳翼或核电源供电的配备离子推进系统的探测器。在进入一条椭圆绕日轨道后，将通过离子推进系统逐渐降低探测器的速度，最终在远离太阳的地方进行轨道机动并进入逆行轨道。在折回内太阳系的过程中，探测器将在哈雷彗星到达近日点前 2~3 个月与哈雷彗星交会。但是这样一种飞行方案仍然会耗费大约 7 年的时间，而且因为在执行逆行机动时距离太阳非常远，太阳翼发电功率很低，因此需要极大的太阳翼。一个核动力探测器可以让离子推进系统在全过程一直工作，这将使飞行时间减少到 3 年，但是这需要研制一个在空间使用的核电源。

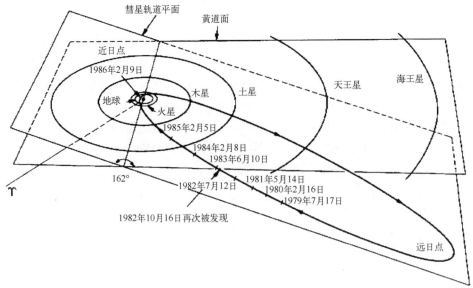

哈雷彗星穿过太阳系的狭长轨道。当哈雷彗星在 1982 年再次被发现时，它仍然距离太阳很远，处于土星轨道和天王星轨道之间

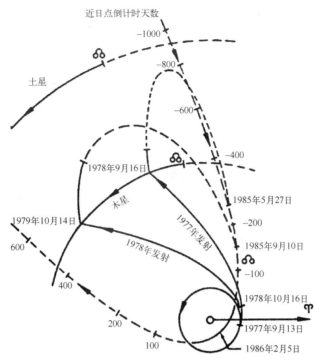

能够让探测器与哈雷彗星交会的两条可能轨道。通过木星借力，不仅将增大探测器的轨道相对于黄道面的倾角，还将使探测器进入逆行轨道，以和哈雷彗星的运行相匹配(转载于 Michielsen, H. F., "*A Rendezvous with Halley's Comet in 1985—1986*", Journal of Spacecraft, 5, 1968, 328—334)

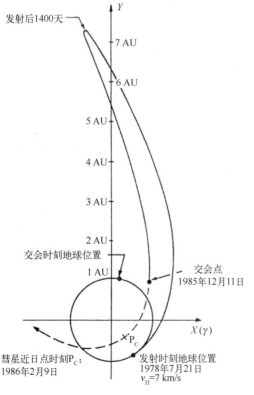

◀一个采用电推进的哈雷彗星交会任务的复杂轨道。在这个方案中，逆行机动将由发动机在距离太阳相当远的位置进行(转载于 Friedlander, A. L., Niehoff, J. C., Waters, J. I., "*Trajectory Requirements for Comet Rendezvous*", Journal of Spacecraft, 8, 1971, 858—866)

　　一个简单的方案是拦截彗星而不是与之交会,这会把探测器放置在黄道面上的一条所需能量代价低得多的轨道上。这条轨道将穿过哈雷彗星轨道与黄道面的交点。在哈雷彗星接近近日点的过程中,它将在 1985 年 11 月 8 日到达升交点,在距太阳 1.8AU 的位置(位于小行星带)自南向北穿过黄道面。在 1986 年 2 月 9 日到达近日点之后,哈雷彗星将于 3 月 10 日在距离太阳 0.85AU 的位置到达降交点。虽然升交点和降交点对于拦截任务来说都是好的选择,但是探测器相对于哈雷彗星的速度将非常大,会超过 60km/s。在升交点交会的相对速度稍微小一点,但是距离太阳更远,因此所需的逃逸速度更大。在降交点交会所需的逃逸速度相对较小,但是交会时的相对速度会更大。情况就是如此,因为探测器只需要被发射到一个与地球公转相似的轨道上,运行周期是 10 个月,而不是 12 个月。升交点交会的发射窗口可以是 1985 年 2 月或 7 月,而降交点交会的发射窗口只能是 1985 年 7 月和 8 月[49-50]。当然,也存在更高能量的发射弹道。例如,在 1986 年 1 月发射将使探测器与哈雷彗星在 4 月交会,交会时的相对速度为 46km/s,此时哈雷彗星处于冲的位置,与地球之间的距离最近。利用木星借力可以使探测器与哈雷彗星在 20 世纪 90 年代以 15km/s 的速度交会,但此时探测器与太阳之间的距离很大(超过 15AU),彗星将恢复到休眠状态[51]。

　　NASA 并不是唯一一个研究哈雷彗星任务的机构。1973 年,曾经在 20 世纪 60 年代研究过一个彗星任务的欧洲空间研究组织(European Space Research Organization, ESRO)强调,该组织未来科学探测的任务应当包括一次哈雷彗星探测任务,并可能采用太阳能电推进[52]。不幸的是,虽然彗星研究对于苏联的天文学家来说很重要(很多彗星都以苏联人的名字命名),但是目前仍不清楚当时在苏联内部讨论过哪些计划。

　　在 20 世纪 70 年代中期,相关研究的数量大幅增长。由于杰罗姆·赖特(Jerome Wright)的推动,JPL 开始进行了一项研究。杰罗姆·赖特是巴特尔纪念研究所(Battelle Memorial Institute)的一名工程师,他当时正在依据 NASA 的一份合同开展相关研究。研究结果显示,可以通过将太阳辐射压力作为主要推力,实现与哈雷彗星的缓慢交会。这需要通过一个由塑料和金属制成的很大但很薄的帆面来收集太阳辐射压力。赖特的研究显示,在 1981 年年末或 1982 年年初通过航天飞机发射的一个"光帆",可以执行与通过核反应堆为离子推力器供电的探测器相似的任务。这种太阳帆利用了麦克斯韦的电磁定律的结论。麦克斯韦认为光以及一般的电磁辐射是粒子束,当这些粒子撞击一个障碍物时,会将动量转移给障碍物。我们日常生活中感受不到这种"辐射压力"是因为它们极小,但是自从 20 世纪以来,采用大而轻的物体进行的试验则证明了它们的存在。太阳帆显然是一项苏联人的发明,曾被苏联的航天之父康斯坦丁·齐奥尔科夫斯基(Konstantin Tsiolkovskii)以及先驱者弗里德里希·灿德尔(Fridrikh Tsander)提及过,而后者曾经预测探测器能够通过使用"超大的轻薄镜面"来穿越行星际空间[53]。太阳帆在 20 世纪 50 年代被美国工程师重新发现,它被认为是比化学推进效率更高的到达行星的方式[54-55]。但是,人们对于辐射压力所知甚少,并且在"太空时代"伊始经常被忽略,以至于当探险者 12 号探测器在 1961 年发射后,按照预测其自旋速度应当减小,但是自旋

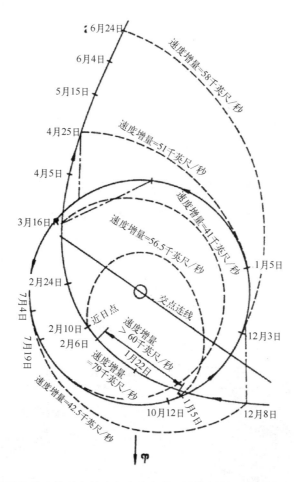

这张图是从首份关于哈雷彗星飞掠任务的论文中选出的，图中展示了多种哈雷彗星飞掠轨道。可以看到，在 3 月 16 日到达升交点/降交点时与哈雷彗星最近的轨道所需的速度增量（Δv）最小。ESA 的乔托号（Giotto）任务和日本的彗星号（Suisei）任务都将采用这条轨道（转载于 Michielsen, H. F., "*A Rendezvous with Halley's Comet in 1985—1986*", Journal of Spacecraft, 5, 1968, 328—334）

速度反而因为太阳辐射对它的 4 个桨状太阳翼的作用而增大[56]。在 1960 年，当通过跟踪先驱者 5 号探测器计算得出一个错误的天文单位数值时，人们也没有意识到太阳辐射压力在其中的作用。为了维持姿态稳定，小型的太阳帆被安装在水手 2 号和水手 4 号的太阳翼末端，但最终被证明是无效的。到了 20 世纪 70 年代中期，当赖特开展研究时，将太阳帆作为主要推进系统仍然是一项未经验证的技术，因为理论工作开展得很少，实际验证工作则几乎没有。最贴近实际的试验是在一个小得多的尺度上进行的，是利用太阳辐射压力来控制水手 10 号的姿态。

虽然太阳帆理论上的可能性已经被证明了，但是制造这样一个大型太阳帆并且在太空中展开的实际可行性并没有被证明。为了弥补这一不足，JPL 开始进行深入的研究，在 1976 年研究星际任务的紫鸽（Purple Pigeons）项目中就包括了一个太阳帆哈雷彗星探测器，这个项目很有可能吸引公众的兴趣——它被评为所有项目中的"紫色之最"[57]。由 NASA 拨款 550 万美元资助的最初设计是一个 800m 边长的方形帆，由 4 根横梁搭起做支撑(可能会由航天员在地球轨道上展开)，并在中间携带一个 800kg 的探测器。4 个角上的小叶片被用来进行指向和姿态控制。在展开后的几个月内，这样的一个太阳帆将能够在白天从地面上被肉眼观测到! 在最初的 250 天飞行中，它将会以螺旋式飞向太阳，之后它将在每 60 天的周期内将自己的轨道倾角增加 20°。9 个月后，太阳帆将会进入逆行轨道，在 1986 年年初与哈雷彗星交会。之后，太阳帆将被抛弃，探测器在通过近日点的过程中，在近距离和低相对速度的情况下对哈雷彗星进行研究[58-60]。一旦这个理论得到证实，太阳帆将能够帮助执行各种任务，如内太阳系行星探测任务、近地小行星任务以及彗星采样返回任务。这个技术的潜力可以通过类似于哈雷彗星任务的太阳帆能够向水星提供大约 10t 载荷这一事实来说明! 可行性研究交给了一些私人公司，特别是研发材料。然而，考虑到在这个尺寸条件下帆桁和帆的展开存在很多未知的关联，因此方形帆的设计在 1977 年年初被"直升机"替代，后者的帆包括很多大型的矩形长条，排布形状类似于直升机桨叶。这种设计的展开更简单，因为长条可以从储存舱中展开；探测器自旋产生的离心力将帮助实现这个过程。展开后，12km 长的叶片将能够指向维持自旋的方向，因此能够帮助探测器保持稳定[61-63]。

西屋公司研究实验室的祖聪志(Tsung-Chi Tsu)博士和一个他在 20 世纪 50 年代末期提出的太阳帆探测器的模型(英国信息服务处)

与太阳帆探测器竞争的是一个更加保守的、采用太阳电推进模块的方案。这项技术已经由 NASA 和美国工业界研究了将近 15 年，因此，即使还处于试验阶段，人们也认为它比太阳帆更加成熟。结果是，NASA 在 1977 年 9 月宣布在未来的行星际任务（包括哈雷彗星交会任务）中选择使用太阳电推进模块方案。不幸的是，哈雷彗星项目是短命的：由于研制航天飞机超出预算，并且哈雷彗星探测任务的预算超过 5 亿美元，因此哈雷彗星项目经费没有列入 1979 年的预算，这意味着探测任务无法赶上 1982 年的发射窗口。不过，即便探测器研制出来了，直到 1981 年 4 月才完成首飞的航天飞机能否赶上狭窄的行星际发射窗口仍然令人怀疑[64]。

NASA 探测哈雷彗星计划的第一版设计方案是一个前所未有的
太阳帆交会任务（图片来源：JPL/NASA/加州理工学院）

虽然 NASA 的哈雷彗星交会任务取消了，但是在 1978 年上半年，NASA 的彗星科学工作组（Comet Science Working Group）设计出一个可以完成同样科学目标的新方案：对一颗已知的短周期彗星进行足够长时间的观测，以确定其彗核、彗发和彗尾的物理和化学特性；在不同的日心距离上观测其物理性质的变化，并描绘它与行星际介质之间的相互作用。在这个计划中，飞掠哈雷彗星之后探测器将与坦普尔 2 号（Tempel 2）彗星交会，这是一颗著名的相对明亮的彗星，运行周期为 5 年，在 1873 年被首次发现后，几乎每次回归时都会被观测到。这个方案被选中是因为它提供了 20 世纪 80 年代最好的低速交会的机会之一[65]。虽然在哈雷彗星飞掠期间将释放一个小探测器以对哈雷彗星进行更近距离的观测，但是主要的科学目标是关于坦普尔 2 号的。因为美国科学界将这次哈雷彗星的"快速"飞掠列为科学目标的第二位，因此 ESA 被邀请提供子探测器。最终，哈雷彗星飞掠/坦普尔 2 号交会任务也被称为国际彗星任务（International Comet Mission，ICM）。这个 2 700kg

的美国探测器包括一个携带了 6 个离子推力器的推进模块、870kg 汞燃料、一个囊括所有系统的大型任务模块以及科学平台。科学载荷的范围广泛，包括测量彗核表面组成和温度的设备、测量彗发组成及其与太阳风相互作用的设备。尘埃微粒将由黏性表面收集并在轨分析。成像系统源自为伽利略号探测器研发的成像系统，对其进行了"防尘"适应性修改，其中相机将用于拍摄彗发的远距离宽视角图像和彗核的近距离窄视角图像。每个相机将配备一个包括多达 20 个滤光镜的转轮：其中一些用于彩色拍照，另一些用于偏振研究，还有一些滤光镜用于描绘可能出现在彗发中的离子。几乎不间断使用的离子推力器由一对非常大的太阳翼提供能量，这对太阳翼使探测器的展开尺寸超过了 64m，并能够在 1AU 的距离上提供 25kW 的能量。欧洲的子探测器基于国际日地探测器(International Sun-Earth Explorer, ISEE)2 号卫星，质量为 150~250kg，并携带 7 台设备，包括 1 台磁强计、1 台尘埃分析仪和 1 台光学光度计。因为探测器是自旋稳定的，所以它不进行拍照。由于并不要求它在撞击后存活，因此它将采用电池或者组合式太阳电池变换器系统进行供电。

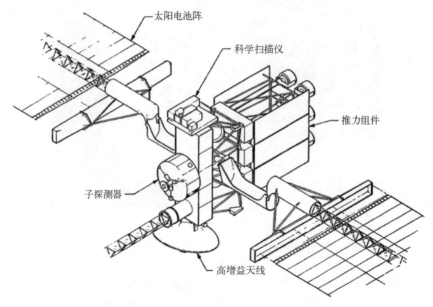

NASA 探测哈雷彗星计划的第二版设计方案是一次太阳电推进飞掠，在此过程中将释放一个搭载的欧洲探测器。主探测器将继续前往与坦普尔 2 号彗星交会(图片来源：ESA)

　　此次任务计划在 1985 年 7 月底一个狭窄的 10 天窗口内由航天飞机发射升空，并利用一个"全固态"的临时上面级(Interim Upper Stage)[当空间拖船(Space Tug)被取消时，临时上面级作为权宜之计，改名为惯性上面级(Inertial Upper Stage, IUS)]。在分离后，探测器的离子推力器开始工作，1985 年 11 月底在距离日心 1.53AU 的地方与哈雷彗星交会。交会前大约 15 天，搭载的欧洲探测器将起旋并被释放，进入一条与彗核最近距离不到 1 500km 的地方经过的轨道。仍然处在加速状态的主探测器将从 130 000km 的距离飞掠哈雷彗星，对其内部彗发和彗核拍摄低分辨率图片。搭载的探测器上的设备会在某一时刻，即经预测的到达最近距离时刻前几个小时，由一个计时器激活，并以主探测器为中继将数据实时传回地球。这些设备将一直工作到搭载的探测器被尘埃摧毁或能源耗尽为止。在与哈雷彗星交会后，主探测器将进行轨道机动，并在 1988 年 7 月与坦普尔 2 号彗星交会，此时距离坦普尔 2 号彗星到达近日点还有 2 个月左右。探测器将首先接近到一个"尘埃安全"的距离，约为几千千米，之后，如果生存前景较好，那么探测器将继续接近到 100km，并最终到达 50km。坦普尔 2 号交会将至少持续一年，探测器将研究彗核和彗发的物理和化学性质。依据与彗核间距离的不同，探测活动被分为几个阶段。特别的是，从坦普尔 2 号彗星到达近日点前 10 天至到达近日点后 30 天的这段时间，尘埃彗发将处在最密集的状态，而探测器将暂时远离彗核。如果可能的话，探测器将尝试在彗核上着陆，以探测表面的强度。如果探测器无法赶上哈雷彗星飞掠的发射窗口，它将被直接送往坦普尔 2 号彗星[66-69]。

为了支持彗星任务，JPL 提议制订一项国际哈雷彗星观测（International Halley Watch）计划，旨在使用多种技术手段，在地面和空间对哈雷彗星进行观测。它的任务将包括计划、提出和安排个人的观测活动，之后存档、发布和传播数据。此外还将发布一个手册，以确保专业人士和业余人士的观测活动遵循共同的标准[70]。

NASA 将哈雷彗星飞掠/坦普尔 2 号交会任务所需经费列入了 1979 年的预算，但由于其他任务在同一时期被提出来（包括金星环绕成像雷达），因此将推进模块的研制经费放在 1980 年的预算中，并将任务研制经费放在 1981 年的预算中。但是 NASA 的经费仍然被航天飞机的研制大幅占据，在 1979 年 11 月，推进模块的相关工作被暂停。欧洲的合作伙伴是从一本商业杂志上得知此事的！虽然一个简单的弹道式哈雷彗星飞掠任务以后可能会被批准，但人们对它的热情却很低，因为这样一次快速飞掠获得的数据被认为是"无法接受的"和"不够科学的"[71-74]。

第一个批准哈雷彗星任务的机构是一个空间探测领域的后来者。虽然在第二次世界大战中日本的航天工业被摧毁了，但是日本被获准恢复后，在最短的时间内建立了世界级的航天工业。日本曾经在 1966 年尝试发射卫星，但直到 1970 年才成功。同时，出现了一个不寻常的情况，日本成立了两家科研机构：日本宇宙科学研究所（Institute of Space and Astronautical Sciences，ISAS）是东京大学下属的一个系，专门研制小型运载火箭和科学探测器；日本宇宙开发事业集团①（National Space Development Agency，NASDA）制造大型运载火箭和应用卫星[75]。在 20 世纪 70 年代末期，两家机构都开始研究深空任务，其中日本宇宙开发事业集团专注于一个相对复杂的月球轨道器。1973 年，一个日本宇宙科学研究所的代表团访问了 NASA 总部，得知美国的机构虽然计划了好几年，但是不太可能在近期开发一个彗星探测任务[76]。可能是因此被激励，日本宇宙科学研究所开始研究能够将 300kg 载荷送入近地轨道的 Mu-3S 火箭是否能够发射一个小型探测器，使之与哈雷彗星在 1985 年—1986 年交会。研究方案包括在哈雷彗星轨道的升交点或降交点与之交会，以及利用金星进行

---

① 日本宇宙开发事业集团，在 2003 年 10 月 1 日，与国家航空航天实验室（NAL）、日本宇宙科学研究所（ISAS）合并为日本宇宙航空研究开发机构（JAXA）。——译者注

借力这几种。他们最终选择了在近日点过后的降交点交会的方案，部分原因是此方案所需的能量相对较小且深空导航较为简单，主要原因是势力强大的日本渔业游说团体将日本本土每年的发射数量限制在 2 次，以防止鱼类受到惊吓，那么只有降交点交会的方案能够满足这一要求[77]。日本的哈雷彗星任务在 1979 年正式得到批准，此时距离发射还有 6 年的时间。任务决定发射两个几乎完全一样的探测器：一个行星 A(Planet-A)探测器以及一个技术验证器。技术验证器被临时命名为 MS-T5(Mu Satellite-Test 5)，将在正式任务前几个月发射，以测试探测器平台、操作技术以及 Mu-3SⅡ火箭的"逃逸"能力。这是一款 Mu-3S 的升级版运载火箭，携带 2 个捆绑式助推器，能够将大约 770kg 的载荷发射至近地轨道。如果要加上一个补充加速级(Kick Stage，这种情况在行星际任务中有可能会发生)，那么逃逸载荷的质量将小于 150kg。这是全固体火箭首次被用于发射深空任务，尽管 20 世纪 60 年代的 NASA/MIT 的太阳探测(Sunblazer)计划曾经设想过使用一个全固体的侦察兵火箭(Scout Launcher)。

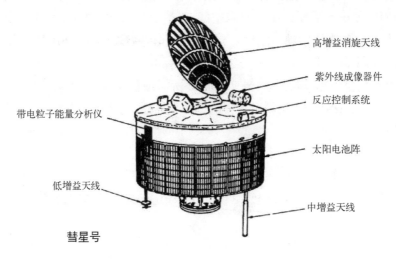

高增益消旋天线
紫外线成像器件
反应控制系统
太阳电池阵
中增益天线
带电粒子能量分析仪
低增益天线

彗星号

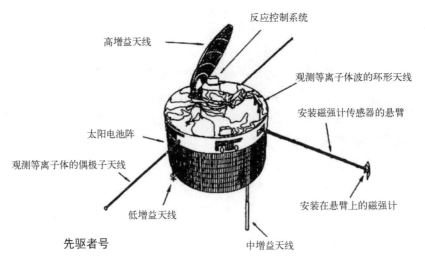

反应控制系统
高增益天线
观测等离子体波的环形天线
安装磁强计传感器的悬臂
太阳电池阵
观测等离子体的偶极子天线
安装在悬臂上的磁强计
低增益天线
中增益天线

先驱者号

日本哈雷彗星飞掠任务中发射的两个结构相同的行星 A(彗星号，Suisei)探测器和 MS-T5(先驱者，Sakigake)探测器(JAXA)

除了它们的载荷以外，这两个由日本电气公司（Nippon Electronics Corporation，NEC）制造的探测器完全相同。其中一个用中央推进管支撑一个电子设备平台，另一个能够提供67~104W 的圆筒形太阳电池阵，使探测器成为高 70cm、直径 140cm 的圆盘形。它们在巡航段将处在自旋稳定状态，自旋速度为 6.3 圈/分钟，但是可以使用一个动量轮"缓冲"降低到 0.2 圈/分钟，以辅助每天使用多达 15 小时的成像设备。两个球形钛贮箱中总计装载了 10kg 肼，用来降低与运载火箭分离后的旋转速度以及进行姿态控制和中途修正机动。推力为 3N 的推力器提供总计达 50m/s 的速度增量。太阳敏感器和星敏感器用于确定姿态，而控制系统确保探测器的自旋轴保持与轨道平面垂直。通过低增益天线、中增益天线或者一个数据传输速率可以达到 64bit/s 的消旋网状天线进行通信。每个探测器包含天线在内的总高度是 2.5m。为了降低探测器的质量以适应运载火箭的要求，在结构组件中大量使用了碳复合材料和轻质铝蜂窝，从而使 MS-T5 的发射质量只有 138.1kg，而行星 A 只有139.5kg。为了进一步节约质量，决定不为行星 A 安装抵挡尘埃的防护罩，并且让探测器与彗核之间的距离不小于200 000km，因为一项研究表明在这个距离上几乎没有尘埃。为了与探测器通信，日本宇宙科学研究所建造了自己的深空跟踪中心（Deep Space Tracking Center），包括一个位于臼田（Usuda）的 64m 天线，这里地处一个无射电干扰的山谷，距离东京 170km。该中心在 1984 年 10 月完成建造[78]。每个探测器都携带了一个质量约 12kg的科学舱。作为先驱的 MS-T5，将在穿过哈雷彗星后向太阳继续飞行 5 000 000km，以对另一个探测器的观测结果进行标定，因此它携带了用于描述行星际介质的设备。一台离子探测仪测量太阳风的方向、速度、密度和温度，一台带有 10m 跨度的偶极子天线的等离子体波探针用来测量电场，位于 2m 长的可伸展悬臂末端的器载搜索线圈磁强计（Onboard Search-coil Magnetometer）和三轴磁强计（Triaxial Magnetometer）用于测量磁场。行星 A 只携带了两台设备。一台静电分析仪采集带电粒子数据，另一台基于外大气层 A（Exos-A）天文学卫星的紫外成像仪每天能够提供最多 6 张照片，并对在彗星通过近日点的几个月时间内产生的环绕彗星的氢云进行光度测定，以对水分子的产生速率随日心距离的变化情况进行描述。紫外成像仪包括一个焦距 100mm 的反射镜光学系统、一个紫外图像增强器以及一个 122×153 像素的 CCD（Charged Coupled Device，电荷耦合器件）。受限于数据处理速度，这两台设备不可能同时工作。探测器携带了一个 1Mbit 的内存，用于在与地面站失去联系期间储存数据[79-81]。

与美国的哈雷彗星飞掠/坦普尔 2 号交会任务研究并行开展的是另一项欧洲任务——欧洲的科学家和工程师对帕多瓦大学（Padua University）的朱塞佩·科伦坡（Giuseppe Colombo）教授在 1979 年设计的另一个哈雷彗星飞掠任务开展研究。这个哈雷彗星近日点后交会（Halley Post Perihelion Encounter，HAPPEN）任务事实上是两个相关的方案：HAPPEN1 号将先对地球磁尾进行 2 年研究，之后加速离开地球轨道，在 1986 年 3 月与哈雷彗星在降交点处交会；HAPPEN 2 号任务将发射一个携带 3 个子探测器的探测器并飞掠哈雷彗星。当与 NASA 的联合研究正在进行时，HAPPEN 被当作一个后备选项[82]。在联合研究终止后，HAPPEN 在 1980 年 1 月被重新评估但是被否决了，原因是科学界对于一个自旋

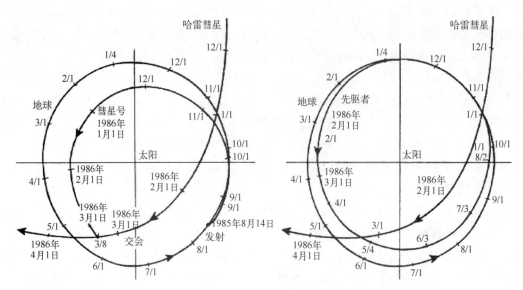

行星 A(彗星号,Suisei)和 MS-T5(先驱者,Sakigake)任务的日心轨道

稳定的探测器在距离彗核数百万千米的距离上飞过哈雷彗星尾部的任务不感兴趣。在接下来的几个月中,这个提案被分为一个磁层卫星(之后被否决)以及一个能够穿过哈雷彗星的彗发并对彗核进行成像的探测器。这个项目还获得了一个新的名字,科伦坡注意到前一年发表的一篇文章,文章中推测 1303 年佛罗伦萨艺术家乔托·迪·邦多纳(Giotto di Bondone)在帕多瓦的斯克罗威尼(Scrovegni)教堂创作的壁画伯利恒之星(Star of Bethlehem)受到了 1301 年出现的哈雷彗星的启发,于是任务的名字被定为乔托(Giotto)[83]。1980 年 7 月 8 日,尽管最有影响力的成员之一法国对该任务有一些批评,但是 ESA 的科学委员会还是批准了这个任务。该任务将于 1985 年 7 月发射。NASA 提出要发射这个探测器。由于美国决定为了航天飞机而逐渐淘汰"一次性"的运载火箭,因此使用一个中等发射质量的德尔它运载火箭进行发射的前景不乐观,而欧洲人并不愿意使用航天飞机。事实上,欧洲决定证明可以使用自己的资源完成深空探测任务——在被美国科学家严厉批评之后,欧洲更是要决定如此。美国科学家认为一次"快速"飞掠任务是不充分的。因此,在乔托任务中美国的贡献被限制在几台设备的合作以及使用深空网进行通信上[84-87]。

考虑到成本和进度,任务团队决定在英国航天局(British Aerospace)研制的地球同步轨道试验(GEOS)磁层卫星结构的基础上增加一个高增益天线和一个防护罩,组成乔托号探测器。在轨道进入时,它将处于每分钟 90 圈的自旋稳定状态,而在巡航段将把自旋速度降为每分钟 15 圈,并且没有任何可能遭受彗星粒子撞击的悬臂或其他附属物。在最终的设计中,乔托号围绕中心铝质推进管制造,推进管上安装了 3 个平台:最上方的平台是为了高增益天线设计的,中间的平台包括用于姿态和轨道控制的电子设备和 4 个肼贮箱,最下方的平台包括科学载荷和用于确定姿态的星敏感器。为了使探测器能够在深入彗发的过程中存活和正常工作,需要保护探测器免受微尘的高速撞击。特别是在 1946 年,哈佛大学天文台(Harvard College Observatory)的美国天文学家弗雷德·惠普尔(Fred Whipple)在研究流星雨时已经提出了这个问题的解决方案。由纳粹研制的 V2 火箭使人们期待在不久的将来，人类能够走出去探索宇宙。惠普尔提出，"宇宙飞船"可以简单地通过在主结构前放置几厘米厚的薄金属板来防御流星体。小型的流星体在能够到达探测器之前就汽化了，因此被认为是无害的；能造成伤害的风险将仅限于大型、罕见的微粒。这个设计可以通过串联几个防护罩来进一步加强。"惠普尔防护罩"(Whipple Shields，他申请了专利)保护了天空实验室空间站(Skylab Space Station)等大型载人航天器[88-90]。当然，惠普尔还是解释彗星成因的"脏雪球"("Dirty Snowball")理论的创始人[91]。在乔托号探测器上，惠普尔防护罩位于底层平台，包括一个 1mm 厚的铝质防护层(也被称为"牺牲盾")，防护层由一个 13.5mm 厚的凯夫拉强化(Kevlar-reinforced)塑料盘前方 23cm 处的 12 个支柱来支撑。防尘前罩将会拦截质量在 0.1g 以下的尘埃颗粒，并使更大的颗粒碎裂，碎片将被防尘后罩吸收。探测器预计能够承受质量为 1g 的颗粒以 70km/s 的相对速度撞击。

　　科研人员最初的决定是使用阿里安 3 号(Ariane 3)运载火箭搭载乔托号探测器和一颗

乔托号探测器正要进行热试验。显著位置处的白色圆柱体是相机挡板，左侧上方倾斜的黑色物体是星敏感器。这两台设备在飞掠过程中都将受到严重的损伤(图片来源：ESA)

商业通信卫星，将探测器和卫星都发射到一个椭圆的地球同步转移轨道上，并使用一个加速发动机为探测器提供 1.4km/s 的速度增量，使探测器进入预计的日心轨道。然而，乔托号探测器发射窗口的限制意味着无法找到能够一起发射的载荷，从而最终决定使用专门的阿里安 1 号运载火箭。虽然这是阿里安系列中运载能力最低的火箭，但是它对于单独发射的探测器来说仍然过于强大。因为乔托号探测器的设计已经进展到无法对在发射过程中使用加速发动机的方案进行改动的境地，所以加速发动机被保留下来，并设计了一些技术手段在一定程度上减小运载火箭的多余能量。在 1979 年圣诞夜，首飞的阿里安 1 号运载火箭因此成为欧洲第一个展现出行星际探测能力的运载火箭[92-93]。加速发动机是由欧洲联盟制造的使用固体推进剂的欧洲静止轨道远地点发动机 (Moteur d'Apogée Geostationaire Européen；European Geostationary Apogee Motor，MAGE) 1S——并且从乔托号探测器名字的来历来看，这是恰当的①。加速发动机被放置在推进管内部，按照设计它在使用后并不会被抛弃，因此其中安装了一个巧妙的类似于"眼睑"的机构，用于对发动机喷管进行密封，以防止尘埃颗粒通过空的管路进入探测器的内部。

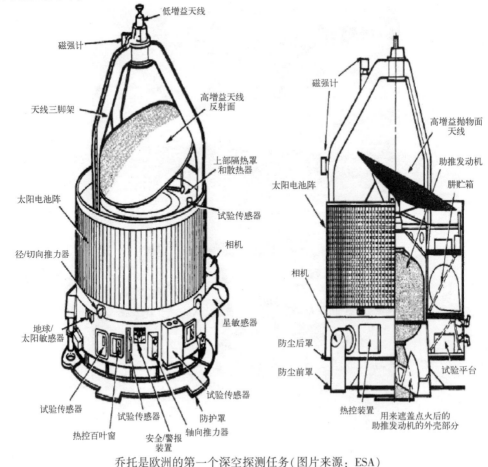

乔托是欧洲的第一个深空探测任务(图片来源：ESA)

① 这是因为画家乔托创作了著名壁画"贤士的崇拜"(the adoration of the Mages)。——译者注

高增益天线和支撑它的馈源的三脚架位于鼓形探测器的顶部、防尘罩的对侧。馈源固定在本体上，而在 1.47m 直径的抛物面反射器上安装了一个能够精确抵消探测器自旋的电机，以保持天线波束指向地球。在研制电机时，人们发现它容易卡滞，之后耗费了一整年的时间改善这个问题。S 频段和 X 频段系统使探测器在与哈雷彗星交会期间能够传输的最大载荷数据率达到约 29 kbit/s。实际上，乔托号探测器进行了专门的针对性设计，以适应与哈雷彗星在降交点交会时的几何关系，使探测器的自旋轴(即防尘罩)能够指向探测器与彗星相对速度的相反方向。为了指向地球，天线主轴需要设置成与自旋轴之间有 44.3° 的夹角。校准的要求非常严格，因为仅 1° 的偏差就会中断 X 频段链路。这样的偏差有可能是被数十克的尘埃撞击到防尘罩的边缘等情况造成的。因为乔托号探测器很有可能在穿越彗发后无法正常工作，所以需要实时传输数据，故安装了两个低增益天线。虽然一些粒子和场探测设备自带数据存储功能，但乔托号探测器上并未携带任何数据记录仪。一个太阳电池阵形成了圆柱状的外层防护罩，并能够提供最多 285W 的电功率。乔托号探测器的总高度为 296.4cm，最大直径在防尘前罩处，达到 186cm，比其他部分稍大一些，以应对偏离自转轴的撞击。探测器主体最大直径为 181.4cm。在乔托号探测器 985kg 的发射质量中，包括 374kg 固体推进剂和 69kg 肼及加压氦气，这使它成为当时 ESA 曾经飞行过的科学探测器中质量最大的一个。鉴于研制周期很短，而且一旦错过 1985 年 7 月的发射窗口，那么就再也没有机会到达哈雷彗星了，因此探测器尽可能地采用成熟的技术，将新产品的数量压缩到最少，新产品包括用于确定姿态的星敏感器、用于密封加速发动机的"眼睑"装置以及用于消旋天线的系统[94-96]。

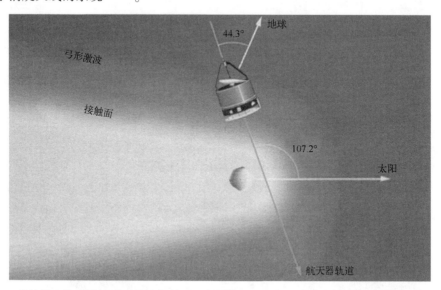

乔托号飞掠哈雷彗星时的几何关系。探测器的速度方向与地球方向之间的夹角决定了高增益天线的固定角度(图片来源：ESA)

1981 年 1 月确定了乔托号探测器的科学载荷。它总共携带了不少于 10 台的设备，总质量为 59kg。其中最重要的(也是质量最大的，13.5kg)是哈雷彩色相机(Halley Multicolor

Camera，HMC)，以对哈雷彗星的彗核进行高分辨率成像。由于传统的光导摄像管传感器需要较长的时间对信号进行积分以获得像素，无法在探测器自旋的情况下获得清晰的图像，因此使用了一对更快的 CCD，每个 CCD 被分成两个部分，并读取相应部分中的一行。相机将生成图像的一维扫描，而探测器的自旋将生成第二个维度。4 个狭缝中的 3 个狭缝分别配备了红色、蓝色和透明滤光镜，第 4 个狭缝装备有 11 个窄带、宽带和极化滤镜轮。曝光时间的范围是 6ms~57μs。这些敏感器的设计来源于里奇-古雷季昂望远镜(Ritchey-Chretien Tele-scope)，该望远镜孔径为 16cm，焦距为 998mm。为了防止精密的光学系统受到彗星尘埃的损伤，望远镜倾斜指向一个被凯夫拉防护罩保护的 45°轻质铝镜面，该镜面能够 180°旋转以跟踪彗核。一个计算能力与探测器其他部分计算能力总和相当的复杂控制系统被用来识别附近最亮的彗核，预测下一张图像的补偿量和旋转相位，并按照所需的旋转量控制镜面，即使在探测器有不确定晃动的情况下也确保彗核处于视场范围内。经预测，得益于这个系统，最好的图像将在最近点时获得，"表面"分辨率达到 13m。相机研制团队自夸说，这个相机能够获得在 160m 外以声速飞行的喷气式飞机飞行员的图像[97- 100]！这个相机由德国、法国、比利时和意大利的大学和研究中心组成的团队以及美国的波尔航天公司(Ball Aerospace Corporation)共同研制(此前击败了一个类似的法国-JPL 提案)。但是，到了 1983 年，相机的研制由于严重的财政危机出现了困难，显然除非增加预算，否则乔托号只能在没有相机这一主要设备的情况下上天！实际上，由于技术问题相机的研制出现了更大的困难，因此直到发射前几周才交付，而且直到交付前都没有经过完整的试验和调试[101]。

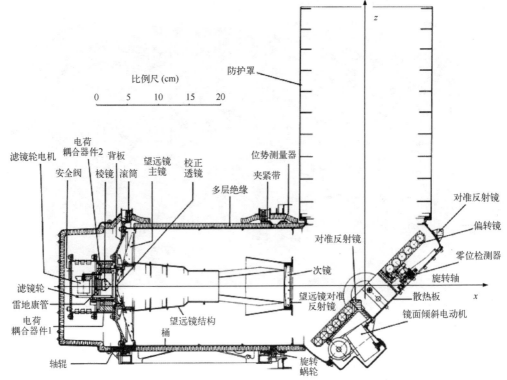

乔托号探测器的哈雷彩色相机。请注意被设置为 45°的镜面以及最终由于尘埃撞击而损坏的防护罩(图片来源：ESA)

第二台"光学"设备是一台偏振测光计，将对彗星尘埃进行详查。探测器的自旋将使偏光镜进行 360°扫描，以监视典型彗星释放出的多种气态物质。一台磁强计使用两个敏感器对磁场进行检测。由于没有悬臂，这两个敏感器被布置在尽量远离探测器主要金属结构的地方，即天线馈源的碳纤维支架处。实际上，为了确保这台设备能够获得有意义的观测结果，磁强计的研制团队负责了探测器的磁洁净[102]。一台德国的尘埃质谱仪使用一个金属靶分析尘埃颗粒汽化产生的等离子体的成分。这台设备是基于彗星尘埃与"布朗利粒子"（Brownlee Particles）相似的假设而设计的。"布朗利粒子"是微小的蓬松尘埃微粒，曾经由飞机在高海拔飞行时收集到，其化学特性与某种陨石类似，因此怀疑它来自于彗星。但是，由于没有任何设备能够将这样的颗粒加速到接近哈雷彗星交会时的 70km/s，因此对这台设备的标定特别困难[103]。5 个布置在两个防护罩上的独立的声学和电容敏感器组成一个网络，以记录质量不超过几毫克的微尘流。中性质谱仪将测量彗发的元素及同位素组成，以便确定彗核产生的"母体"分子。在这方面，虽然在"脏雪球"模型中通常假设水是彗星的主要成分，但是水自身是无法从地球上通过光谱法观测到的，直到 1974 年在无线电波的波长范围对布拉德菲尔德（Bradfield）彗星进行观测才证实了这一假设。彗星的离子将由一台离子光谱仪进行测定，而彗星周边环境与太阳风之间的相互作用将由 3 台等离子体和高能粒子设备进行研究。这 3 台设备分别来自爱尔兰、英国和法国，总共携带了 7 个敏感器，以对太阳风中的离子能量分布、彗星激波以及彗核周围的环境进行观测，并测定太阳风携带的彗星离子。爱尔兰的设备以一位凯尔特人的女神命名，称为高能粒子撞击监视器（Energetic Particle Onset Admonitor，EPONA①）。另外两台设备由研发者的名字命名，分别称为约翰斯通等离子体分析仪（Johnstone Plasma Analyzer，JPA）和雷米等离子体分析仪（Rème Plasma Analyzer，RPA）。最后，地球视线方向的彗星电离层和由尘埃撞击造成的乔托号的速度变化可以通过监视无线电载波来进行测量。然而，最终由于项目管理者决定双频通信系统不在最近点工作，因此无线电探测试验未能完成[104-105]。

乔托号传回的常规数据由 ESA 位于澳大利亚卡那封（Carnarvon）的天线进行接收，但是由于缺少专用的欧洲深空天线，因此 ESA 要求澳大利亚的大型帕克斯（Parkes）射电望远镜在彗星交会期间提供协助。请求得到了批准，交换条件是 ESA 为升级工作支付 20 万美元。不要认为这看起来很昂贵，NASA 的深空网需要花费 1 000 万美元用于跟踪工作。后来，NASA 的测控网也同意为此次任务提供帮助（最初是一个更合理的价格，最终免费），以确保对到达最近点周围的几天进行连续覆盖[106]。

第三个也是最后一个批准了哈雷彗星任务的国家是苏联。1977 年，苏联和法国签署了一份备忘录，其中包括对金星的探测，特别是金星 84 任务（Venera 84），它取代了联合研制的厄俄斯项目，将释放一个更小的法国设计的气球。这将是火星-金星-月球通用探测平台（Universalnyi Mars, Venera, Luna；Universal for Mars, Venus and the Moon，UMVL）探测器的开端。这个 10m 的气球将携带 28kg 设备，以进行气象和大气研究。携带的设备包括甚

---

① Epona，埃波娜，从凯尔特语"马"这个词得到，是一个形象与马有关的凯尔特牧马神。——译者注

长基线干涉测量(Very Long Baseline Interferometry，VLBI)转发器，使地基天线可以在气球随着快速旋转的大气层绕着金星转动时对气球进行非常精准的跟踪。在释放气球后，探测器将进入金星环绕轨道，并利用安装在扫描平台上的约 80kg 科学载荷对大气层的流动、组成以及与太阳风之间的相互作用进行观测。负责这个项目的法国科学家雅克·布拉芒(Jacques Blamont)曾经收到 JPL 邀请苏联加入国际哈雷彗星观测任务的请求。这份邀请刺激了苏联在涉及彗星的潜在空间探测任务方面的研究。在哈雷彗星通过近日点时，地球的观测效果不好，与之相反，金星是进行观测的更加有利的地点，因为哈雷彗星将在距离金星不到 40 000 000km 的位置经过，亮度达到 -0.7 等星。因此，苏联最初的简单设想是调整其环绕金星的探测器的姿态，以对哈雷彗星进行紫外观测研究，而 NASA 也计划利用其先驱者号金星轨道器开展同样的工作[107-108]。

　　然而，轨道工程师通过进一步研究发现，如果一颗探测器能在 1984 年 12 月的金星窗口发射，那么它就可以利用金星的引力弹弓效应，在 1986 年 3 月与哈雷彗星在降交点时交会。这将是苏联的首次多目标探测任务，同时也是首次使用重力辅助技术[虽然曾经计划在被取消的 5M 任务(即火星取样返回任务)中采用这项技术]。此外，这次任务将创造苏联行星际任务的最长时间记录。由科学家的愿望所驱动(可能是苏联行星项目中的第一次)，金星 84 任务被彻底改造，采用了不少于 4 个探测器。两个轨道器(被苏联命名为 5VS)将首先发射，之后发射两个哈雷彗星飞掠探测器(5VP)，它们将分别释放一个携带法国研制气球的金星进入舱。探测器将重新启用 20 世纪 70 年代研发的金星平台。金星-哈雷彗星任务被苏联命名为维加(Vega，Venera-Galley 的缩写，由于在俄语的字母表中没有 H，因此用 Galley 表示 Halley)。该任务在 1980 年被提出，并在 8 月 22 日由苏联科学院(Soviet Academy of Sciences)和通用机械制造部(Ministry of General Machine Building)批准，尽管批准的任务在规模上进行了缩减：两个轨道器和法国研制的气球被取消，替换它们的是标准的金星着陆器以及苏联邀请法国提供的更小的气球，然而法国国家航天研究中心(Centre National d'Etudes Spatiales，CNES)随后退出了该项目[109-112]。

　　留给完善任务计划、修改探测器、设计和测试设备以及进入舱总装的时间只有 4 年。基于在苏联的卫星和探测器上搭载外国设备的经验，苏联航天研究院(Institut Kosmicheskikh Isledovanii；Institute for Cosmic Research[①]，IKI)的主任罗阿尔德·萨格捷耶夫(Roald Sagdeev)迈出了勇敢的一步，建议广泛地寻找国际合作的机会，包括美国。最初给科学载荷分配了共 125kg 的质量，但是后来证明可以携带 240kg，共 14 台设备[113]。此次任务最重要的科学目标是确认哈雷彗星彗核的形状、尺寸、体积和自转状态。基于这个原因，飞掠距离被确定为 8 000~9 000km。这个距离足够深入布满灰尘的内部环境，以完成必要的拍照任务，同时可以保证探测器存活。此外，相机将监视从彗核表面发射出的物质喷流的演化和动态，以及这些彗发中的物质在彗核区域附近的状态。

　　电视试验及其数据处理系统将由苏联、匈牙利和法国联合研制，法国实际上是基于苏

---

　　① Institute for Cosmic Research 即为 the Russian Institute for Cosmic Research，是苏联航天研究院。——译者注

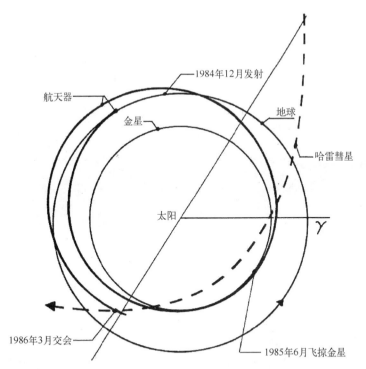

维加任务中的两个孪生探测器飞过的轨道。它们是苏联第一个(事实上也是唯一一个)采用
重力辅助技术达到第二个目标的探测器(图片来源：ESA)

联的设计研制了光学系统。该系统包括一个 150mm 焦距、光圈系数为 3 的宽视场相机，
相机波长范围限制在光谱中的红色波段，还有一个 1 200mm 焦距、光圈系数为 6.5 的窄视
场相机，其中配备了 6 个滤光镜，对应的波长范围从可见光到远红外。由于没有人知道彗
核的样子，所以曝光时间将是自动确定的。在最近点时的最大理论分辨率大约为 150m。
由于使用了西方的电子器件，因此使该系统和其他设备的数据在传回地球前进行预处理的
计算机性能大幅提高。苏联无法得到的一个器件是 CCD 成像芯片，因为这是一个受限的
技术。但是，一个列宁格勒的公司设法研制了一个带有 512×512 像素矩阵、性能与西方相
对应产品相似的完全苏制芯片。另外，由于负责开发相机电子器件的匈牙利研制团队缺乏
经验，他们在设计和制造能够承受发射振动并在真空环境中正常工作的系统上遇到了困
难。苏联帮助了匈牙利，甚至提供了一个真空罐以供试验使用。然而，ESA"挖走"了匈牙
利团队中的一些成员来协助遇到困难的乔托号相机的研究团队。虽然维加号并不是苏联第
一个使用电子相机而不是胶片相机的行星探测任务(因为在 1973 年的火星任务中采用了一
个"推扫"相机)，但是它可能是第一个能够以 64 kbit/s 的码速率实时传回数据的任务，尽
管为了将来回放同样的数据，还是携带了一个磁带记录仪[114]。

　　维加号探测器携带了一台法国提供的红外光谱仪，将通过对彗核进行辐射测量以确定
其温度，并将对内层彗发进行光谱成像，以确定其成分。它还配备了一个由保加利亚、苏
联、法国组成的联合团队研制的 3 通道光谱仪，主要工作谱段是红外、可见光和紫外。一

一个维加号探测器的模型，包括携带了气球和金星着陆器的大气进入舱。除了增加扫描平台(在此图中看不到)以外，与搭载着陆器的金星探测器之间的主要区别在于采用为雷达测绘仪器研制的更大的太阳翼(图片来源：Jean-François Leduc)

台联邦德国①提供的携带了两个敏感器的气体探测仪将测量彗核周边的中性(非电离的)彗星气体的密度。三台设备将研究尘埃颗粒。其中两台将由苏联研制，并使用传统的声学或等离子体敏感器。第三台设备将在一块极化聚合物板受到颗粒撞击"去掉内核"时检测电压浪涌，浪涌幅度与颗粒的质量成正比。这台设备由芝加哥大学的约翰·A. 辛普森(John A. Simpson)提供。由于方案提交得太晚，因此这台设备并未在乔托号探测器上搭载，而航天研究院邀请辛普森在维加号探测器上搭载了这台设备。此事由德国的马克思·普朗克研究所(Max Planck Institute)作为中间人，NASA 提供了大约 30 万美元的经费，并帮助其

---

① 俗称西德，现为德国。——译者注

获得了运送到苏联所需的出关许可证。为了使苏联不会获得美国的受限技术，据报道，相关的硬件都采用电子器件的货架产品进行制造。第四台设备将计算撞击惠普尔防护罩的最大尘埃颗粒的数量[115-117]。一台彗星尘埃质谱仪由西德、苏联和法国共同提供，在乔托号设备的基础上进行了少量重新设计。实际上，为了防止争议并且有助于进行更加完整的分析，乔托号和两个维加号探测器上携带的 3 台几乎相同的设备将使用不同材料来实现汽化尘埃颗粒的目标[118]。其他试验设备包括一台携带了 6 个敏感器阵列的等离子体设备（其中一些敏感器将指向彗星，而其他敏感器则指向太阳），以及一台由匈牙利、苏联、西德和ESA 共同研制的高能粒子探测仪[119-120]。奥地利提供了一台基于金星 13 号和金星 14 号携带的试验设备的磁强计。这台磁强计有 3 个磁通门敏感器安装在一侧太阳翼悬臂上，第四个敏感器比其余三个更靠内 1m，以校正探测器对信号的影响[121]。最后，探测器携带了两台等离子体波分析仪，一台由 ESA、法国和苏联共同研制，目的是探测高频波；另一台由苏联、波兰和捷克斯洛伐克①共同研制，目的是探测低频波。探测高频的设备使用装在两个太阳翼末端悬臂上的朗缪尔探针（Langmuir Probes）。探测低频的设备安装在一个 Y 形支架上[122-123]。虽然波兰是国际宇宙组织（Interkosmos Organization）中的热心会员，但是它只作为等离子体波探测设备的二级合作伙伴在很小的范围内参与了维加任务。

以往的苏联探测器的试验设备一般装在探测器本体上，且视角固定，因此整个探测器只有进行姿态机动时才能进行目标观测。而与之不同的是，维加号（5VK）探测器有一个质量为 82kg、具有两个自由度的稳定扫描平台。扫描平台上安装了相机和光学光谱仪等需要准确指向彗星的设备。实际上，在到达最近点时，彗星的相对运动将接近 1(°)/s! 扫描平台及其指向和稳定系统由苏联和捷克斯洛伐克共同研制，而并未采用苏联研制的一个质量更大的样机。实际上，苏联这个可选择的样机的两次振动试验都失败了，这毫无疑问是做决定时的一个因素! 扫描平台在方位角方向可以扫描 220° 范围，并可以在俯仰方向扫描60° 范围[124]。事实证明设计一个能够维持平台指向彗星的敏感器是非常困难的，简单的原因就是没人知道彗核将以何种相对于内层彗发的亮度出现。一个 8 元光电二极管阵列安装在平台上，虽然这个阵列可靠并且迅速，但是其"愚蠢的"软件却简单地把平台指向其视场范围内的亮度中心。一个更好的选择是将宽视场相机用作一个光学敏感器来对彗核进行归零校正。为了实现这个方案，航天研究院的科学家使用自哈雷彗星开始向太阳飞行以来的早期观测结果建立了彗核的模型。

在以前的极少数由外国科学家为苏联的行星探测任务提供设备的情况中，这些设备只是简单地交付并安装在探测器上，而提供者直到获得他们的数据（如果他们足够幸运）之前都不再参与探测器的研制工作。但是，参与维加号探测器研制的外部参与方太多了，因此苏联提供了一个 1973 年的火星探测器的老旧测试样机，以供国际研制团队参与总装工作[125-127]。5VK 探测器是 4V-1 探测器的改进版。装备了雷达的金星轨道器采用新式太阳翼，有一个 2 层和 3 层的 1mm 厚的惠普尔防护罩环绕着探测器主体及其底部，以阻挡质量在 0.1g 以下的

---

① 1993 年解体为捷克和斯洛伐克两个国家。——译者注

另一个角度的维加号探测器，展示出了扫描平台以及上面的部分设备。
在探测器背面能够看到一个充气的气球探测器

尘埃颗粒。这对探测器的撞击可能会造成严重的后果，因为如果加压的本体被击穿，那么将迅速导致电子器件失效。为了适应更长的任务周期，探测器的工作寿命从1年提高到450天。

每个5VK探测器都携带了一个标准的球形进入舱，舱内包括一个改进的着陆器和一个小型空气静力观测站(Aerostatnaya Stantsiya，AS)。通过金星借力，将探测器送往哈雷彗星的几何关系要求着陆器和气球在金星的背光面进入大气层。一方面，这意味着给着陆器配备相机或者光度计都是没有意义的(显然没有考虑安装原来的金星9号和10号着陆器携带的照明灯)，但是另一方面，这将延长气球的任务时间，因为气球中充的氢气在太阳升起后会开始泄漏。通过在圆形稳定装置的下方增加一个圆锥面，以进一步改进着陆器的空气动力学稳定性(金星 13 号和 14 号的"锯齿稳定装置"被取消了)。着陆器携带了一些新式的和重新设计的设备[128]。下降过程中两个铂丝温度计以及三个气压计是记录压力和温度的基本套件,而一台法国的紫外分光光度计将获得一份气体样品的光谱。在光被送入密封的光谱仪前,气体样品将进入位于一侧的一段被频闪灯照亮的 85cm 长的管路。一台光学光谱仪将在下降过程中在探测器周围和采样室测量悬浮颗粒的尺寸、数量和折射指数。这台设备还可以作为光度计测量周边的亮度。另一个光电悬浮粒子计数器将测量并明确云顶的结构。一台苏联和法国联合研制的质谱仪将对一份大气中的二氧化碳样品进行净化,以分离出悬浮粒子并确定它们的成分。一台 X 射线荧光分析仪和一台改进的西格玛-3 气相色谱仪也将对悬浮粒子的成分进行分析。由于气相色谱仪的体积和容量都增大了,没有办法安装在着陆器的内部,因此它安装在位于着陆环上的一个具有温度控制能力的吊舱中。一个"双钟形"的湿度敏感器也安装在着陆环上。以上设备构成了大气分析套件。表面探测套件包含一台伽马射线谱仪以及金星探测器的钻进系统和 X 射线荧光土壤分析仪的升级版,以收集少量表面物质样品并传送到一个内部的腔体中进行化学分析。此外还有金星 11~14 号使用的同种类型的透度计,透度计可能配备了能够在高温下存活的编码器,使它能够直接传回数据,而不受相机的监控[129-131]。虽然是在夜晚着陆,但还是使用了一块太阳电池阵来测量金星表面的亮度。携带这块太阳电池阵可能仅仅因为它是以前着陆器的标准载荷。

法国从 20 世纪 70 年代的厄俄斯项目开始领导了多次迭代设计,而在 1980 年,法国拒绝制造维加浮空器(Vega Aerostat,大部分都是苏联制造的),但法国确实提供了一部分科学有效载荷设备。空气静力系统由专门研究气球的多拉格普鲁丹斯基设计局(Dolgoprudenskii Bureau)负责开发,但由于特殊的金星环境所带来的技术问题,这项任务又回到了拉沃奇金设计局。将气球安装到现有舱球体内所需做的唯一修改是安装支架及玻璃纤维导管,以确保气球与防热罩能够可靠分离。吊舱和未充气的气球被安置在一个环形舱内,环形舱安装在着陆器的圆柱形天线周围。环形舱被分成两半。上半部分除了有展开面积为 35m² 的降落伞外,其外围还有球形氦气罐和用于充气的管道系统。下半部分系在吊舱上,在最初下降和充气的过程中作为配重,在浮空器达到所需的巡航高度后将其丢弃。当然,充气过程必须足够快,以确保气球不会在有足够浮力之前沉入更热的低层大气中。这个 1m 长的吊舱由三个模块组成,由柔性数据电缆连成一体。

吊舱顶部有一个 37cm 长的螺旋天线,下面是 40.8cm×14.5cm×13cm 的科学仪器和数据传输舱。一个 24cm 长的碳纤维悬臂梁上安装有大气探测仪器,包括一个温度计和一个装有小型聚丙烯螺旋桨的垂直方向风速计,用于探测 2m/s 左右的上升风或下降风。还有一个气压计、一个环境光度计和闪电探测器。底部模块尺寸为 9cm×14.5cm×15cm,用于测量云颗粒的大小,包括一个容量为 250W·h、质量为 1kg 的电池组和一台法国浊度计(美国进口)。整个吊舱都涂上了一种特殊涂料,以保护它不受腐蚀性大气的影响。一个 13m 长的缆绳将吊舱连接到直径为 3.54m 的可穿透无线电波的气球上。由于气球要使用粘度极低的氦气填充,很难研制出既耐压又耐腐蚀的气球织物,因此使用了一种外表为特氟隆的织物,其气囊是由薄片构建的,就像橘子一样,薄片之间的连接处覆盖着一层特殊的漆。

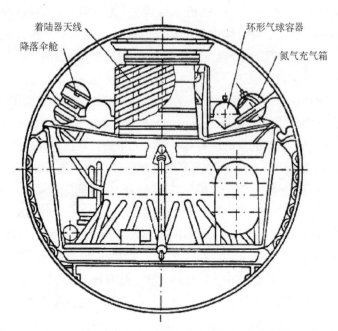

维加号着陆器球体的剖面容器示意图，还要注意着陆器的附加气动稳定器(摘自 Sagdepv，R.，et al.，
"*The Vega Balloon Experiment*"，苏联天文学快报，12，1，1986，3-5；经美国物理研究所许可转载)

气球探测器的质量为 21kg(更精确地说，维加 1 号的气球为 20.82kg，维加 2 号的气球
为 21.11kg)，这包括 6.7kg 的吊舱、2kg 的氦气工质和 12kg 的气球及缆绳等。浮空器的总
质量包括其配重和充气系统等，不超过 110kg。浮空器的实际寿命取决于两个因素：其中
一个是氦气从气球中泄漏，但预计填充压力约能够维持 5 天时间；另一个更关键的因素是
电池组，它只能支持 46~52 小时。在这段时间里，探测器将被金星上超强旋风吹至大约
15 000km 远的地方[132-135]。

尽管数传系统输出功率仅有 4.5W，但 18cm 波长符合世界通用标准，世界上任何大型
射电望远镜都能接收到它的遥测数据。实际上，法国人被要求负责干涉测量试验。在试验
中，相距数千千米的多个射电望远镜将通过测量到的无线电载波相位差来确定气球的位
置，从而使气球尽管离地球有 1 亿多千米，但测量气球的位置精度能够精确到 10km 以内，
速度精度可以达到 3km/h！气球探测器将以 15 秒的周期储存各设备的探测数据，并将数
据存储在 1024bit 内存中，在 5 分钟的通信弧段内以 4bit/s 的传输速率向地球发送数据。
在开始的 10 个小时飞行过程中每 30 分钟传输一次，然后第 22~34 小时再重复传输一次，
在其他时间段则每小时一次。在这些过程中只有 5 分钟的弧段，它只发出两个频点，其中
心波长为 18cm，以便进行干涉测量试验。

幸亏是由西方的航天机构(即法国国家航天研究中心)领导气球的跟踪工作，因此干涉
测量试验能够获得一些与苏联没有直接合作协议的国家(特别是美国)的帮助。实际上，美
国和苏联在 20 世纪 70 年代达成的关于火星任务的协议已被搁置到有效期满，并且两个超
级大国之间的关系正处于那十年中的最差时期：苏联入侵阿富汗，迫使波兰戒严并击落了

一架韩国客机，美国致力于"星球大战"(Star Wars)计划，双方都在欧洲部署了导弹。法国作为双方的纽带，不仅使 NASA 深空网的三个基站的通信天线能够参与到跟踪维加气球的任务中，并且使巨型的阿雷西博射电望远镜和横跨美国大陆的天线均能够参与其中。加拿大、巴西、德国[使用了 100m 的埃费尔斯贝格(Effelsberg)的射电望远镜]、英国(乔德雷班克天文台)、瑞典以及南非提供了帮助。然而，值得注意的是，14 个不在苏联国内的参与跟踪气球的天线中，没有一个位于法国境内！这些天线与苏联的 6 个天线共同工作，这6 个天线的站点分别位于克里米亚的耶夫帕托利亚和西梅兹(Simeis)、熊湖、普希诺(Pushchino)、乌兰乌德(Ulan Ude)以及苏联远东的乌苏里斯克(Ussurisk)，其中乌苏里斯克的站点是为了维加任务新建的[136]。NASA 将其深空网的测控站布置在加利福尼亚州、澳大利亚和西班牙(在一定时期内也布置在南非)，以获得与深空探测器之间的连续通信。与之相反，苏联没有国外的深空通信设施。实际上，如果不考虑为了闪电号(Molniya)通信卫星在古巴建造的天线以及经常在哈瓦那港口为他们的跟踪测量船进行补给，看起来苏联从未考虑过在那座加勒比海岛屿上建造一个深空天线。如果他们那样做了，那么一个位于古巴的天线就能够与耶夫帕托利亚和乌苏里斯克的测控站协同工作，并获得与 NASA 深空网相似的通信覆盖率[137]。

　　NASA 和 JPL 并没有轻易地放弃美国的哈雷彗星探测任务。它们一直在进行利用金星或地球借力飞向哈雷彗星的双弹道任务方案的研究，作为一个低成本的替代方案。在飞掠地球后，与其他彗星[即坦普尔 2 号(Tempel 2)、伯莱尼(Borrelly)、卡普夫(Kopff)、塔特尔-贾可比尼-克莱萨克(Tuttle-Giacobini-Kresak)、费伊(Faye)等]交会也是有可能的。科研人员对一个使用老旧的水手 10 号备用探测器的任务方案以及一个研制第二个伽利略探测器的方案进行了研究[138]。美国人做的最后一次尝试是 JPL 的哈雷彗星交会任务(Halley Intercept Mission，HIM)。与使用太阳帆和离子电推进的任务方案相比，这个方案非常传统，探测器使用的均是现有技术，并将在 1985 年夏天由大力神运载火箭或航天飞机/惯性上面级组合发射进入弹道飞行轨迹。在对哈雷彗星进行 5 个月的观测以准确测量其位置后，探测器将在 1986 年 3 月末与哈雷彗星在其降交点附近交会。探测器将在彗核前方约1 000km 处穿过彗发，并使用一个与乔托号上类似的"潜望镜"系统对此过程进行拍照。探测器将使用一个双层惠普尔防护罩进行防护，并将在交会过程中收起太阳翼[139-140]。轨道工程师指出，在 1986 年 3 月与哈雷彗星交会的探测器可以通过轨道机动进入一条在环绕太阳运行 6 圈(整整 5 年)后回到地球附近的轨道。如果探测器使用防护罩来收集尘埃和气体样品，那么可以使用一个再入返回舱将样品直接送回地球表面，或者在探测器轨道机动进入近地轨道后，由航天飞机对样品进行回收。虽然哈雷彗星采样返回(Halley Earth Return，HER)任务获得了美国国家研究委员会(US National Research Council)的支持，但是任务获得的样品即使在最好情况下也只是嵌入在金属收集器中的"原子化样品"，而不是原始物质样品，使该任务的科学价值大大降低[141-142]。哈雷彗星交会任务(HIM)的预算是3 亿 5 500 万美元，而哈雷彗星采样返回(HER)任务的预算是 4 亿美元。推销这些任务的主要障碍是美国的彗星科学家早先曾以毫无价值为由驳回了"快速"飞掠任务方案。科研人员也考虑了一些其他资助方案,包括私人捐助,但是在不被推荐列入 NASA 的预算之后,哈雷彗星交会任务(HIM)宣告取消。对这项任务的主要批评是其不太可能获得比乔托号更好的探测结果(与参与其中的科学家宣称的相反)[143]。因此,美国成为空间探测主力军中唯一一个没有发射彗星探测器任务的国家。然而,美国的几个位于地球轨道和内太阳系其他位置的探测器将能够对哈雷彗星进行观测。先驱者号金星轨道器(Pioneer Venus Orbiter)的视角是最好的。幸运的是,20 世纪 60 年代古老的先驱者 7 号太阳风监测探测器(Pioneer 7 Solar Wind Monitor)将能够相对较近地接近哈雷彗星。此外,如果那些太阳神号探测器仍在工作(事实上它们已经无法工作了),那么它们中的一个探测器将会在哈雷彗星到达近日点时距离哈雷彗星 5 000 万千米远。此外,正处在环火轨道以及在火星表面工作的海盗号

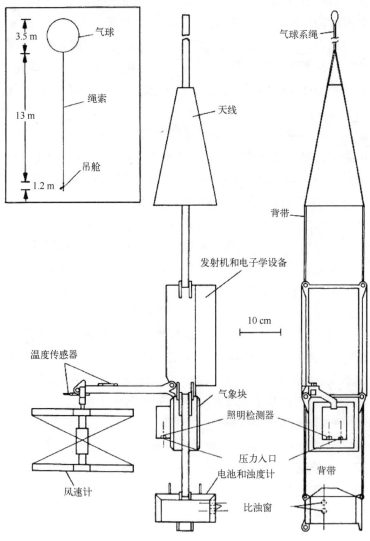

维加任务的气球是在其他行星大气层中飞行过的唯一一个探测器(摘自 Kremnev, R. S., et al., "*VEGA Balloon System and Instrumentation*", Science, 231, 1986, 1408-1411; 在 AAAS 的许可下转载)

探测器将在 1986 年 4 月距离哈雷彗星 7 800 万千米远。此外还发现，为了推迟伽利略号木星探测任务而研究的多条轨道中，有一条轨道（这条轨道是一个周期为 2 年的绕日运行轨道，探测器将回到地球附近进行一次借力）将使伽利略号探测器在 1985 年年末与哈雷彗星之间的距离不超过 3 000 万千米，但是伽利略号探测器只能从一个不太好的观测角度对哈雷彗星进行远距离成像。科研人员也对伽利略号重新定位以进行更近距离飞掠的方案进行了研究，但是经计算，这样一次偏离的成本（3 亿美元）并不比发射一次专门的任务低多少[144-145]！

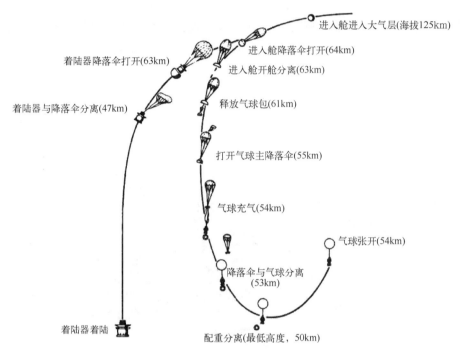

维加任务中着陆器和气球的下降段飞行过程（摘自 Sagdeev, R. Z., et al., "*The VEGA Balloon Experiment*", Science, 231, 1986, 1407-1408；在 AAAS 的许可下转载）

在对哈雷彗星探测任务进行了几年的研究后，美国余下的计划是国际哈雷彗星观测（International Halley Watch）任务，可能通过将要发射的空间望远镜观测哈雷彗星，以及利用尚未发射的航天飞机上的设备进行观测。根据最初的设想，在哈雷彗星出现期间空间望远镜将大部分的观测时间用于对彗星的研究。一方面，望远镜的窄视场限制它只能对彗核周围几千千米范围内的局部现象进行研究；另一方面，空间视场的清晰度使望远镜可以观测出地面难以辨别出的细节。然而望远镜的发射被推迟到哈雷彗星出现之后。仅剩的机会是通过两次航天飞机的飞行对哈雷彗星进行观测。第一次是 1986 年年初的 STS-51L 任务，将通过释放一个自由飞行的卫星以在彗星到达近日点期间开展紫外和拍照观测，目的是测量几种化学成分的产生速率。之后 STS-61E 任务将使用 3 个安装在航天飞机载荷平台上的紫外望远镜，在探测器的国际舰队与哈雷彗星交会期间对哈雷彗星进行观测[146-148]。1986

年 1 月 28 日，由于挑战者号航天飞机及其乘员在 STS-51L 任务发射时的惨痛失利使计划终止，接下来两年半的飞行任务全部搁浅。

各种哈雷彗星任务使各个航天机构处于一种较为荒谬的境地：ESA 和苏联将发射 3 个携带相似载荷、任务目标重复的探测器，而 JPL 所有雄心壮志的计划都被拒绝，现在只能绝望地寻求一个相似的任务。某种程度的协作显然是必要的。最初是国际哈雷彗星观测任务，之后是联合国为空间探测资助成立的航天局际顾问团(Inter-Agency Consultative Group，IACG)努力协调 ESA、NASA、ISAS 和苏联，确保各组织机构在探测任务中互补，而不是进行重复探测。最重要的倡议是探路者(Pathfinder)项目，乔托号作为舰队中最后一个抵达哈雷彗星的探测器，将能够利用维加号双星探测器在仅仅几天前获得的测量数据，确定彗核在彗发中的位置并据此确定它的交会距离。实际上，由于彗核像火箭一样不断从表面发射物质，在近日点时从地球看哈雷彗星与太阳之间的角距离小以及远距离地基测量具有不确定性，因此彗核的位置确定精度无法达到 3 000km 以内。计算表明维加号探

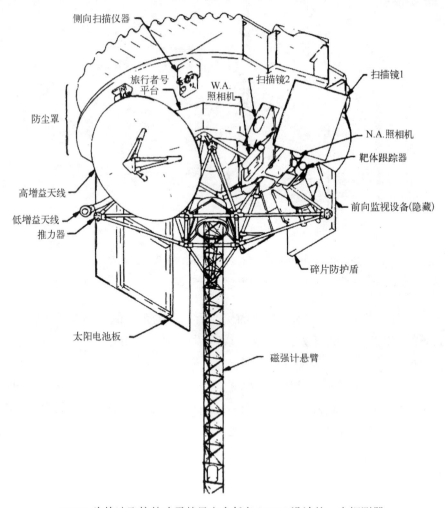

NASA 为快速飞掠的哈雷彗星交会任务(HIM)设计的一个探测器

测器的数据能够将星历的不确定性减少到仅 125km。这将是一次真正的国际合作，其中深空网通过干涉测量应答机确定维加号探测器的位置，而苏联提供扫描平台指向的位置以及哈雷彗星在相机视场内的相关数据，NASA 和 ESA 计算修正后的彗星轨道并最终由 ESA 进行乔托号的轨道机动以及相机指向控制[149]。

在哈雷彗星加速飞向近日点时，关于它的轨道和即将经过的通道的详细研究都被发布出来，并且修正了彗星的历史，对一直以来疏于检查的以往哈雷彗星出现时的记录和观测结果进行了确认。哈雷彗星最后一次被观测到是在 1911 年 6 月，而第一次尝试重新找到哈雷彗星是在 1977 年 11 月帕罗马山（Mount Palomar）天文台，根据计算那时哈雷彗星与太阳之间的距离超过 19AU，但是最终没有找到哈雷彗星。关于何时能够重新观测到哈雷彗星，乐观的看法是 1982 年，悲观的看法是 1984 年，而后者距离哈雷彗星到达近日点的时间不到 2 年。20 世纪 80 年代早期，一些最大的天文台将它们传统的相机替换成了敏感的 CCD 探测仪，使较暗的物体能够在更短的曝光时间下被检测到。得益于这样一个探测仪，帕罗马山天文台在 1982 年 10 月 16 日观测到哈雷彗星无遮蔽的彗核，此时哈雷彗星距离太阳约 11AU 并且与预测位置之间仅相差 60 000km。在此前 4 次预测到的回归过程中，哈雷彗星从未在距离太阳如此远的位置被观测到[150-151]。

最终 NASA 决定使用航天飞机上携带的设备在地球轨道上观测哈雷彗星

5.4　飞往金星的气球

1984 年年末，在历经 4 年的研制后，两个维加号探测器均已准备完毕，但是时间也相当紧张，因为苏联显然低估了任务及其管理的复杂程度，甚至一度认为有可能会错过金星的发射窗口。如果错过了，那么将不得不拆除探测器的大气进入舱并且在与乔托号和行星-A 相同的窗口(1985 年年中)直接发射飞向哈雷彗星[152]。质子号火箭(标准的苏联行星探测任务运载火箭)在 12 月 15 日携带质量为 4 920kg 的维加 1 号探测器升空。在停泊轨道上飞行 70 分钟后,探测器被送入一条与太阳之间的距离在(0.70~0.98)AU 范围内的绕日运行轨道,并飞向金星。在 12 月 21 日,维加 2 号探测器紧随其后进入一条与太阳之间的距离在(0.70~1.00)AU 范围的绕日运行轨道。作为该任务国际合作的结果,西方人首次被允许参观拜科努尔发射场(Baikonur Cosmodrome),并观看质子号火箭发射。事实上,这也是苏联的行星际和月球探测计划使用的主要运载火箭在 20 世纪 60 年代末期服役后,首次在苏联的电视上露面。不过,虽然质子号火箭不再进行军事任务,但是相关报道仍被禁止披露实际的上升弹道和各级分离的时间[153]。

　　一个早期就发现的问题是,当研究行星际空间的粒子和场探测设备一个接一个地开机工作时,两个探测器的等离子体波试验设备的右侧悬臂都无法展开。但是工程师很有耐心,悬臂在中途修正(维加 1 号探测器是在 12 月 20 日)后都展开了。按照释放大气进入舱的要求,这次中途修正使探测器进入了一条到达金星背光面的轨道[154]。

维加 2 号探测器发射。质子号火箭从 1969 年开始发射行星探测任务,这是它第一次在公众面前亮相

　　虽然美国和苏联之间的关系紧张,并且在美国新闻界知道探测器上有一台美国制造的设备后关系变得更加复杂,但是干涉测量网在 1985 年年初开始成型。在 1 月 22 日,位于熊湖的苏联天线和位于加利福尼亚州金石(Goldstone)的深空网测控站都能够锁定维加 1 号探测器。这是美国测控站首次官方地跟踪一个苏联的深空探测器。2 月 18 日,5 个国外的射电望远镜均锁定了探测器,并通过使用遥远的类星体(Quasar)作为天体参考验证了定位

系统[155]。1985 年 6 月 9 日，维加 1 号探测器在距离金星约 650 000km 处释放了球形进入舱，之后起动发动机进行机动，将其撞击轨道改为一条距金星 39 000km 的飞掠轨道，这使探测器将在 9 个月后与哈雷彗星交会。值得注意的是，在轨的金星 16 号探测器在不到 2 周前被关闭了！

维加 1 号探测器进入舱在 6 月 11 日以 11km/s 的速度和比当地水平面低 19°的角度进入金星大气层。从地球看，进入点接近金星被照亮的"半个相位"的黑暗边缘。在经历了过载达到 $400g$ 的气动减速过程之后，防热罩在海拔 65km 处打开，露出着陆器和浮空器。紧接着，浮空器的隔间打开，降落伞展开并拖出吊舱和气球。气球在到达海拔 54km 时开始充气，同时降落伞被抛掉。在外部气压达到 900 hPa(海拔约 50km)时，空的氦气瓶和其他压舱物被抛掉。在进入大气层后 15～25 分钟，浮空器开始上升到漂浮巡航高度。同时，位于耶夫帕托利亚的天线和位于堪培拉的深空网测控站在 UTC 时间 02 时 21 分 41 秒均收到了浮空器的信号[156]。早期的温度和压力数据显示，在抛掉压舱物后浮空器迅速地上升了约 30 分钟，直到到达海拔 53.6km 处，此时外部气压为 535hPa，温度约为 30℃。这个高度正好处于云层的中央，使气球能够在超级旋风的作用下运动。

同时，着陆器在 47km 处释放了降落伞，然后进入自由落体状态。从进入舱防护罩中释放出来后，着陆器立即开始传回数据。在着陆前大约 15 分钟，着陆器遇到了一个严重问题。强烈的湍流和风的冲击使带有 8 个传感器的加速度计认为已经着陆了。这触发了在金星表面执行任务的动作，钻头开始工作并采集到了空气！值得注意的是，这次故障发生时的海拔与之前所有先驱者号金星大气层探测器发生设备故障的海拔类似，说明这些探测器也许经历了剧烈的振动。UTC 时间 03 时 03 分，着陆器着陆在 7.2°N、177.8°E(这也是气球巡航起始点的大致坐标)。其他参考文献指出目标椭圆的中心位于 8.10°N、175.85°E，位于鲁莎卡平原(Rusalka Planitia)上，升高的阿芙罗狄蒂高地(Aphrodite Terra)北边，萨帕斯山(Sapas)山脉西边约 1 000km 处。在椭圆中心旁边是一个直径约 10km、缓坡的火山穹丘[157]。鉴于之前的着陆器都着陆在丘陵平原或平滑的低地，因此维加号探测器都瞄准了阿芙罗狄蒂高地上的一个山麓地带。在这里，一片高地平原过渡到了一片多山区域，而平原和山丘上的岩石可能会混杂在一起。其表面温度为 460℃，气压为 93 400hPa。着陆器在金星表面存活了 56 分钟(其他资料声称只有 21 分钟)。由于没有相机，且表面试验被提前触发，因此着陆器进行了一个简化的程序，包括对周边岩石成分进行的伽马射线分析。

在着陆器停止传输数据后，所有的注意力都转移到了气球上，此时气球已经达到了巡航高度。巡航伊始，地面收到的信号频率的多普勒变化显示气球位于一片湍流区上方。实际上，在主要传输弧段中的某个时候，由于气球吊舱前后摇摆，导致天线波束未指向地球。在飞行了将近 32 小时后，光度计记录到了一次亮度等级的提升，说明太阳很快就将升起。但是根据跟踪测量的结果，气球在 34 小时后才进入向光面，那时气球距离进入点 8 000km。气球在飞行末期再次遭遇了湍流。计划于 UTC 时间 6 月 12 日 01 时 07 分 21 秒进行的通信过程未能实现，原因是那时电池已经耗尽[158]。在气球工作的 46 小时中，它的经度变化了 109°，并且进入向光面 31°，飞行距离为 11 600km。跟踪网并没有配备测量气球纬度的设备,但是气球的纬度基本上位于 7.3°N。数据显示,气球巡航海拔处的平均风速为 69m/s[159-160]。

在维加 1 号探测器的气球陷入沉寂后 2 天,维加 2 号探测器释放了它的进入舱并且通过飞掠借力飞往哈雷彗星。着陆器和气球分离后,于 UTC 时间 6 月 15 日 03 时 01 分着陆在 6.45°S、181.08°E 的位置,距离维加 1 号探测器着陆器南方约 1 500km 处。其他文献指出着陆点位于 7.14°S、177.67°E,这是鲁莎卡平原和阿芙罗狄蒂高地东侧边沿之间的一片过渡地带。从雷达图上看,目标着陆椭圆包括一片雷达观测明亮的裂缝平原,而在东北方向有一片雷达观测黑暗的平坦平原[161]。表面温度为 452℃,压力为 86 000hPa。虽然这里比维加 1 号探测器着陆的区域冷一些,气压也低一些,但因为温度与海拔之间的逆热梯度非常陡峭,因此这些表明维加 2 号探测器的着陆区比维加 1 号探测器着陆区海拔更高[162]。这次钻头在正确的时候开始工作,并且在着陆后的 3 分钟内成功地开展了分析工作。维加 2 号探测器着陆器的表面工作时间最终定格在 57 分钟,仅比维加 1 号探测器着陆器长 1 分钟。

维加号着陆器获得的科学成果一如既往地非常丰富。温度计和气压计从海拔 63.6km 处开机工作,是最初获得数据的设备。虽然维加 1 号探测器的温度计在下降过程中失效,但是仍然可以通过外推其他数据获得金星表面的温度。维加 2 号探测器的数据最重要的是发现了高海拔区域的逆温现象,即气温在海拔 62km 处降到了最低的 −20℃,而在这个海拔上方或下方温度均急剧上升[163]。光谱仪在海拔 63km 到 30km(维加 1 号探测器)/32km(维加 2 号探测器)工作,并且大体上证实了之前着陆器报告的大气层结构,包括一个三层的主云层的存在。但是,在液滴的数量和尺寸方面则有很大不同[164]。悬浮颗粒计数器仅在海拔 47km 以上工作,但是由于敏感度的限制,只能检测出一些最大的颗粒。两个着陆器获得的密度分布值得关注。虽然这两次数据获取的时间相差 4 天,且着陆点相距 1 500km,但是获得的密度分布数据非常相似,说明云层的结构范围广而且稳定。主要区别在于,最上层的云层在维加 2 号探测器进入的位置比维加 1 号探测器进入的位置要稀薄得多[165]。同时,气相色谱仪的结果显示,在每立方米大气中有将近 1mg 的硫酸气溶胶。然而,这台设备的结果也表明,气溶胶的化学组成远比水和硫酸复杂得多。维加 1 号探测器的质谱仪(维加 2 号探测器上的这台设备可能失效了)证实了硫酸的浓度,确认了高海拔云层的主要成分是硫及含硫分子,并且检测到了二氧化硫和氯。X 射线荧光气溶胶分析仪除其他化合物之外,还发现了磷的存在[166-168]。湿度分析仪在海拔 62km 处开始工作,并且记录了海拔 62~25km 之间大气中水的百分比[169]。每台法国制造的紫外光谱仪传回了大约 30 张大气层到地表的全解析度光谱。在设计这台设备时,科学家认为它检测到最多的气体应该是二氧化硫,但是似乎出现的是另一种气体。这种气体并没有被明确地识别出来,但是它很有可能是某种形式的分子硫[170]。仅有的对岩石进行的直接分析(由维加 2 号探测器进行)表明,着陆点类似于地球上的辉长岩。辉长岩是玄武岩在被挤压出地面之前,在地底结晶形成的。这一结果被伽马射线谱仪证实了。在钾、铀和钍的丰度方面,伽马射线谱仪传回了非常相似的结果,并且与地球上形成于大洋中脊的辉长岩或者拉斑玄武岩类似。维加 2 号探测器对山体侧翼的采样为金星地质学的初步研究画上了句号：金星 8 号和 13 号分析了丘陵起伏的平原，金星 14 号在一片平坦的低地平原上进行了采样，而金星 9 号和 10 号则着陆在年轻的盾状火山上[171-172]。

同时，维加 2 号探测器的气球在 66m/s 的风速作用下在经度方向上飞行了超过 105°（进入向光面 35°），纬度假定维持在 6.6°S。在进入金星大气后 33 小时，气球遭遇了强烈的下行阵风。阵风的峰值出现在第 36 小时，大约是在进入向光面后 2 小时。数据显示，气球此时处于强烈的下降气流中，最终降低到气压为 900hPa 的位置，相当于下降了将近 3km。造成这些阵风的原因仍未可知，但是那时气球位于 98°E，并且正在通过阿芙罗狄蒂高地的奥华特区（Ovda Regio）中的一些最高山峰，而这样的地形可能是造成阵风的原因[173]。维加 1 号探测器只在飞行初期和末期经历了湍流。虽然维加 2 号探测器的光度计经历了某些故障，但是其受损的数据仍然显示出在气球穿过晨昏线大约 3 小时前看到的黎明曙光。两个气球都没有观测到任何闪电。维加 2 号探测器的设备报告了一次亮度爆发，但是这次爆发发生在黎明，因此被认为是一个假的观测结果。地面没有收到维加 2 号探测器浊度计的任何数据，而维加 1 号探测器浊度计的数据由于无法标定而很难进行解译。不过，维加 1 号探测器的数据说明气球从未摆脱云层进入一片完全晴朗的天空。

所有 20 个地基天线均能够对气球进行监测。虽然两个气球飞行在赤道两边相似的纬度上，但是维加 2 号探测器的位置在与维加 1 号探测器相同的气压条件下，温度稍低一些。产生这种现象的原因并不明确，但是这表明大气运动的情况比想象中更加复杂。数据显示气球大部分时间浮空在气压范围为 535~620hPa 的区域，并且在氦气不断泄漏的情况下缓慢下降。根据估算，气球在任务期间流失的氦气不超过总量的 5%，并且没有发生严重的泄漏[174]。它们在耗尽蓄电池后停止了数据传输，而我们并不知道它们在失去浮力或爆炸后最终坠落在何处[175-176]。

这次气球任务发生在苏联历史的转折点。1985 年 6 月，正当国际团队对金星大气中的气球进行跟踪时，新任共产党总书记米哈伊尔·谢尔盖耶维奇·戈尔巴乔夫（Mikahil S. Gorbachev）发布了一项对苏联的科技领域进行改革的命令，表示科技领域（实际上是整个苏联社会）应当向范围更广的世界开放。航天研究所的主任沙格地夫（Sagdeev）成为这一路线的拥护者之一。这标志着短暂的"改革"时代的开始以及苏联解体的开始[177]。

除了为着陆器提供中继服务外，维加号探测器对金星的观测非常少，仅仅对几台光谱学设备进行了标定。由于没有已发布的观测结果，因此可能在穿过边缘时没有开展大气层的无线电掩星探测[178]。实际上，此时扫描平台处于探测器侧面的"运输"位置。按照计划，扫描平台直到哈雷彗星交会前 1 个月才会解锁释放。而且无论如何，在金星的背光面也确实不会有什么可供观测的目标！

维加 1 号探测器和维加 2 号探测器分别在 1985 年 6 月 25 日和 29 日对借力飞行轨道进行了修正，以精调它们与哈雷彗星交会时的情况。修正后，维加 1 号探测器运行在（0.72~1.07）AU 的轨道上，而维加 2 号探测器的轨道与之类似。

引人注意的是，在维加号探测器两个着陆器之后，再也没有任何探测器在金星表面上

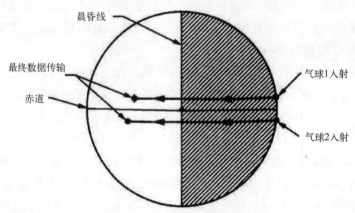

当维加号探测器气球被超级旋风带着从位于背光面中心附近的大气进入点穿过晨昏线进入向光面时,它们横贯了从地球看到的金星的半个光照圆面。气球的纬度被认为是固定不变的(摘自 Sagdeev, R. Z., et al. , "*The VEGA Balloon Experiment*", Science, 231, 1986, 1407-1408;在 AAAS 的许可下转载)

着陆过。而且,抛开它们的成功不谈,浮空器目前仍是唯一在其他行星大气层中飞行过的探测器。当然,苏联也宣布过正在研究其他任务,无外乎使用老旧的 5V 平台或者新式的火星-金星-月球通用探测平台(UMVL)来搭载多种创新的载荷设备,但是没有一个方案通过了初步研究阶段。这些方案包括:利用一个大气层探测器在下降过程中收集数据;一个能够在穿过云层之后立刻开始拍摄金星表面图像的简化金星着陆器,目的是获得金星地形的鸟瞰图;一个改进后能够工作一年的维加号探测器气球。其他还包括一些新的概念,如用一根 20km 长的系绳连接一对气球,以及用系绳连接在不同海拔飞行的风筝,能够利用不同海拔的风速在高空维持几周甚至几个月[179]。在这些任务后,将于 1998 年发射一个轨道器,并将释放 10 个穿透器来建立一个长寿命地震仪网络。但是,随着苏联解体,这些任务被无限期推迟了。曾有传言说,那时有一批能够飞行的金星着陆器处于存放状态,而新成立的俄罗斯航天局(Russian Space Agency)曾经以每个几百万美元的价格向其他国家的航天机构销售这些金星着陆器[180]。

5.5 一个探测器,两段旅程

当国际舰队还在飞往哈雷彗星的途中时,另一个探测器实现了与彗星的首次定向交会。国际日地探测器 3 号(International Sun-Earth Explorer 3, ISEE 3)源自行星际监测平台(Interplanetary Monitoring Platform)的设计。它是一个直径 1. 77m、高 1. 58m 的 16 面鼓状结构,稳定姿态的自转速度为 20 转/分钟。两个无线电科学天线和一个中增益天线配有一对互为备份的 5W 发射机,天线从航天器末端伸出,使航天器全长达到 14m。4 个用于等离子体波和无线电科学传感器的径向天线使航天器跨度达到 92m。增加一个高增益天线的计划没有实施。4 个 3m 长的径向悬臂装有一个磁强计和几个等离子体波传感器。两组太阳电池在任务初期可提供最大 182W 的电能。12 个 18N 的推力器和初始加注的 89kg 肼用于姿态控制和轨道控制。航天器质量为 479kg，携带不少于 104kg 的科学仪器，安装在其"赤道"位置，包括太阳风等离子体试验设备、磁强计、低/中/高能量的宇宙射线探测器、等离子体波仪器、等离子体成分仪、质子/宇宙射线/X 射线和电子探测器、无线电天文学试验设备和伽马射线探测器。此外，将由地球上的观测站来指导国际日地探测器 3 号对太阳的研究，以支持该任务。

国际日地探测器 3 号的任务剖面是全新的，它将是第一个进入环绕日地系 L1 点"晕"(Halo)轨道的航天器。1772 年，法国和意大利数学家约瑟夫·路易斯·拉格朗日证明了由两个大天体(如太阳和地球)和质量可忽略的第三个物体组成的引力系统包括 5 个平衡点或者说"平动点"，这些点后来被命名为拉格朗日(Lagrangian)点。在日地系中，5 个拉格朗日点中的一个点(L1 点)位于地球朝向太阳一侧距离地球 150 万千米的位置，而另一个点(L2 点)位于地球背向太阳的一侧。虽然精确地放置在 L1 点的航天器可以采集抵达地球之前的太阳风，但从地球的角度会看到探测器正好位于太阳的方向上，地面与之通信非常不可靠。然而，探测器也可以围绕 L1 点转动，就好像受到了一个存在的具有质量物体的引力作用。在晕轨道上运行的航天器由于不会出现在合日的位置上，因此地球与之通信将会更加容易。在 20 世纪 60 年代中期到 70 年代间，为了能让这种太阳探测器的运行方式获得批准，科研人员进行了大量的努力。到了 1972 年，人们决定采用 L1 点探测器执行 NASA-ESRO 国际日地探测器计划的第三次任务，这项计划将对地球磁层如何与星际介质相互作用进行一系列的协同观测。国际日地探测器 3 号将放置在晕轨道上，以监测行星际介质和到达地球的太阳风的上游，这可以为 NASA 国际日地探测器 1 号和欧洲空间研究组织国际日地探测器 2 号提供长达一小时太阳风变化的预报，这两个探测器运行在地球高轨[181-182]。国际日地探测器 3 号于 1978 年 8 月 12 日采用德尔它火箭发射，于 11 月 20 日到达预期的晕轨道，本次任务由 NASA 的戈达德航天飞行中心操控。在随后的几年里，探测器得到了有关太阳风、宇宙射线、太阳风暴、伽马射线爆发和各种其他宇宙现象的数据。在 3 年的主任务阶段以后，扩展任务考虑以下 3 个选项：

1）尽可能长时间运行(它消耗的推进剂足以维持 10 年的晕轨道)；

2）为了对知之甚少的地球磁尾开展长达一年的探测，探测器离开晕轨道，探测完成后再返回 L1 点；

3）探测地球的磁尾，然后飞向哈雷彗星或贾可比尼-津纳彗星(Giacobini-Zinner)进行探测。

JPL 通过计算表明，探测哈雷彗星的方案是不切实际的，因为航天器上没有高增益天线，所以在航天器与哈雷彗星交会时地球与航天器距离较远，导致数据传输率太慢而无法实时传输数据，而且没有磁带记录仪可以把数据存储下来供以后回放。有人提出通过日本的两个航天器之一进行中继通信的建议，但被驳回。相比之下，国际日地探测器 3 号与贾可比尼-津纳彗星交会是更有利的，因为交会时距离地球为 7 100 万千米，不仅更接近地球，而且会比其他探测器到达哈雷彗星至少提前 6 个月。可以将贾可比尼-津纳彗星的探测数据同来自哈雷彗星的探测数据进行比较，而且历史性地首次将彗星作为交会目标，将

国际日地探测器 3 号正在进行地面准备工作，后来被命名为国际彗星探测器
(International Cometary Explorer，ICE)

在一定程度上弥补美国没有哈雷彗星探测任务的遗憾。此外，如果通过选择交会时机，使交会时贾可比尼-津纳彗星正处于阿雷西博天线天顶，则航天器下传的有效数据速率可以达到最大值；阿雷西博天线是世界上最大的射电望远镜但不能转动[183]，其直径为 300m。米歇尔·贾可比尼(Michel Giacobini)在 1900 年 12 月 20 日彗星相对明亮时首次发现了它。它的轨道周期约 6.5 年，在 1913 年 10 月 23 日被斯特·津纳(Ernst Zinner)重新发现，因此他们分享了彗星的命名。1985 年，神出鬼没的彗星位于被观测到的第 11 个近日点[184]。因为它是 1933 年和 1948 年壮观的流星雨的母体而被众所周知，当时在彗星飞过几周以后地球就穿过了彗星的轨道[185]。1985 年发表的一篇文章报道了地面的观测结果：彗核是一个扁平的椭球，赤道直径约 2.5km，极直径只有赤道直径的 1/8，自转周期是 1.66 小时。不幸的是，国际日地探测器 3 号没有成像系统，它无法对彗核进行验证[186]。虽然探测器并不是针对彗星任务而研制，但它可以使用 8 个仪器开展彗星观测。探测贾可比尼-津纳彗星比探测哈雷彗星的显著优势在于，贾可比尼-津纳彗星的短周期和非逆行轨道会使交

会时的相对速度（21km/s）慢得多。尽管这颗彗星被认为是相对无尘的，但缓慢的交会在某种程度上将弥补航天器没有防止尘埃撞击保护罩的事实。

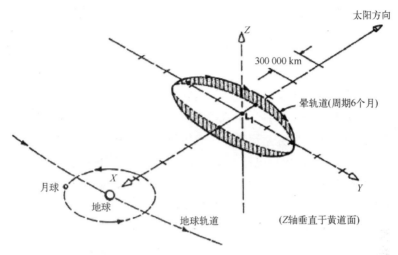

国际日地探测器 3 号最初运行在日−地系的 L1 拉格朗日点的晕轨道

NASA 的天体动力学专家罗伯特·法奎尔（Robert Farquhar）曾进行了晕轨道的概念设计，并为彗星任务开展了前期研究。他在 1982 年 2 月的一次科学会议上提出了贾可比尼−津纳彗星飞掠探测，从而激起了关于使用没有为此目的设计的航天器和仪器开展飞掠任务的优劣性的辩论[187]。1982 年 6 月 10 日，国际日地探测器 3 号离开地球朝向太阳一侧的位置，朝着地球背向太阳一侧的磁尾出发，进行其扩展任务的第一部分。NASA 还没有批准贾可比尼−津纳彗星计划（而且法奎尔还没有解决如何将航天器送入日心轨道的问题），但是人们普遍认识到，如果这个计划被认为是不切实际的，那么在航天器勘查完磁尾以后，它将返回 L1 晕轨道。随着对彗星任务支持的增加，它得到了 NASA 的太阳系探测委员会（Solar System Exploration Committee）和国家科学院（National Academy of Sciences）的共同认可，因此在 1982 年 8 月 30 日 NASA 对任务给予了批准。300 万美元的预算大部分将用于升级深空网的天线，并改装阿雷西博望远镜，用于接收航天器微弱的信号。10 月，国际日地探测器 3 号恰好经过了月球的轨道内侧（月球正处于最接近地球的位置），将于 1983 年 2 月首次通过地球磁尾。这片区域很少被探测：几个卫星曾冒险进入这里，距离远至超过 80 倍地球半径；先驱者 7 号和 8 号分别在 1 000 倍和 500 倍地球半径飞过，但中间范围尚没有数据。特别说明的是，先驱者号探测器的数据没有澄清远距离地球磁尾是完整的还是碎成分开的细丝。国际日地探测器 3 号在多次经过磁尾的过程中，到达深至 240 倍地球半径的位置，发现同地球附近的结构惊人的类似，其内部结构也与地球附近相同。此外，它发现极光暴发出的磁约束等离子体大“气泡”（称为“等离子粒团”）扫过磁尾，“如同水滴从水龙头滴落”[188-189]。科研人员已经设计了一种轨道，在这个轨道上探测器在月球的前导半球和后随半球边缘之间交替进行一系列的月球交会，这些交会将磁尾穿越演变成逃逸机动，将航天器发送至贾可比尼−津纳彗星。在 3 月 30 日进行了首次飞掠。在 4 月 23 日进行了第二次飞掠，然后前往于6月进行的第二次磁尾穿越[190]。在9月27日和10月21日又进行了飞掠。第五次和1983年12月22日的最后一次飞掠仅在距月球表面120km高度处掠过，航天器在月球阴影中度过了28分钟。由于电池在1981年失效，因此有人担心当航天器处于黑暗中，推进剂肼会被冻结，但是温度的下降比预期的要小，航天器再次进入光照区并未受到损伤，当时处于0.93AU和1.03AU之间的日心轨道。不久之后，NASA将航天器更名为国际彗星探测器[191]。

由于成像并不在计划之中，因此没有要求国际彗星探测器同贾可比尼-津纳彗核的光照面交会。它可能被派往彗星上科学家希望探测的任何区域，科学家决定研究这颗彗星独特的狭长等离子体尾，用以探究彗尾磁场和太阳风之间的相互作用。等离子体尾位于彗核下游约10 000km的位置，这里彗尾已经形成但尚未从彗发中显露出来。由于受到与哈雷彗星交会的探测器舰队的几何位置约束，他们不能对哈雷彗星的对应区域进行采样。聪明的科学家设计了一个试验用来记录尘埃微粒撞击航天器本体汽化造成的等离子体爆发，也可通过使用带电粒子探测器内的加压室作为一个"穿刺"检测器用来观测撞击。科研人员还升级了一个软件，这将增加等离子体成分仪器探测太阳风中除氢、氦和其他轻离子以外成分的灵敏度，以分析彗尾中离子的组成[192]。

朝向贾可比尼-津纳彗星的飞行是基于其1979年的闪现而计算的星历，但由于彗星喷流喷出形成彗发和彗尾的物质，受到不可预知的如火箭般的推力，因此它的轨道仍存在不确定性。因而对彗星于1985年返回的预测很容易偏差几个小时。如果误差大到一天，那么剩余推进剂不足以重定向修正交会位置。在1984年4月，人们利用美国基特峰天文台（Kitt Peak Observatory）的4m望远镜重新发现了贾可比尼-津纳彗星，距离1985年9月5日彗星通过近日点之前约一年半时间。这对于国际彗星探测器是幸运的，首批观测结果表明，星历只偏差了0.01天，或者说约15分钟[193]。在1985年4月，当彗星靠近地球时，人们开展了一系列观测用来估计不可预知的扰动，并计算出如果什么都不做，国际彗星探测器将在约172 000km的高度经过。人们取消了4月的轨道修正，取而代之的是在6月5日和7月9日开展两次机动，这种设计不仅减少了交会时探测器同彗星的距离，也带来了最佳的深空网覆盖。进一步精确的观测表明，航天器将在距离彗核8 000km以及距彗尾轴线约600km处通过，彗核现在正在主动排气。在9月8日，即交会的3天前，探测器进行了速度增量为2.3m/s的轨道修正，使它重新回到彗尾轴线位置上。用来增加交会距离到10 000km的最后一刻的机动，被认为是过度的（和太过冒险的），因此并没有执行。与此同时，业余和专业的天文学家、卫星、先驱者号金星轨道器和前往哈雷彗星的日本航天器都在监测这颗彗星以及相关流星群[194-195]。

在9月10日初，距离不小于230万千米，航天器记录到彗星出现的第一个迹象，由于彗星离子被太阳风"拾起"，因此等离子体波试验装置检测到了电场湍流。然后，在交会20小时之前，高能离子被检测到，显然主要是彗核发出的水分子被太阳辐射电离。在80万千米以内，彗星的影响变得更大。人们曾预测在太阳风中存在弓形激波。大约从UTC时间9月11日9时10分开始，距离彗尾轴线188 000km处，等离子体波仪器记录到强劲

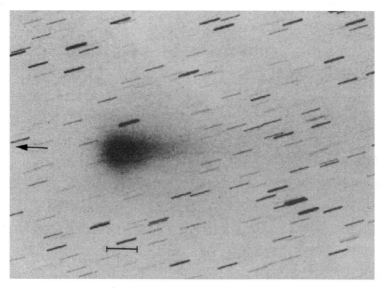

1972 年，贾可比尼–津纳彗星的返回景象。箭头指向太阳，在与太阳相反的方向上可以看见一个模糊的离子尾。从地球上看到彗星位置的距离刻度标记跨度为 100 000km，超过国际彗星探测器飞掠距离的 10 倍(法国普罗旺斯天文台)

的弓形激波现象。磁强计并没有感知到这个现象，但它记录了很多噪声以及大约在 9 时 30 分磁场的逐渐上升。然后探测器穿过了一个约 50 000km 厚的过渡区域，这个区域的特点是存在一个非常湍急的等离子体，使仪器几乎超出量程的上限。穿过这个湍流区以后，航天器发现自身处于磁尾内部平静的磁鞘中。它在 10 时 50 分进入等离子体尾，在接下来的 20 分钟穿过 25 000km 的宽度。磁强计观测到了明显的证据，它发现太阳风捕获的磁力线被覆盖在彗发的后面，磁力线通过限制等离子体尾，维持其狭窄的形状。磁力线预计形成极性相反的两瓣，由一个 100km 厚的完全没有磁场的“中性平面”隔开。人们偶然发现，航天器的路径使它从一个瓣穿过中性平面到达另一个瓣。与此同时，其他仪器监测了等离子体尾中带电粒子的数量、速度和温度。这是一个非常“冷”的等离子体(天体物理学的术语)，而且电子密度急剧增加。虽然等离子体组分仪器的采集技术表明它在彗尾中花费所有时间逐步增加采样范围，但它能够对彗尾的组成进行首次原位分析，检测到大量的水和少量的一氧化碳离子——这与彗核的“脏雪球”模型一致。还有未识别的成分，可能是钠或镁原子。在 11 时 10 分，航天器毫发无损地离开彗尾。正如预期的那样，这颗彗星的尘埃环境是相当良好的，等离子波试验装置每隔几秒钟就检测到一个尘埃颗粒的撞击。航天器受到尘埃撞击并没有导致姿态扰动，也没有任何太阳电池输出的损失。探测器以与接近彗星时相反的顺序观测飞离彗星的各种现象。当航天器在大约 12 时 20 分再次穿过弓形激波时，交会结束。人们计算距离彗核最近点发生在 11 时 02 分，距离为 7 682km。深空网和阿雷西博望远镜对交会进行了跟踪，也采用了日本臼田的深空天线；并增加接收功率可以接收到航天器设计时预期距离的 50 倍，同时使用探测器备用的发射机进行数据发送[196-204]。

在与贾可比尼-津纳彗星交会之后，航天器与地球的距离逐渐增加。1986 年 3 月 28 日，航天器经过哈雷彗星朝向太阳方向 0.21AU 的位置，得到了探测数据，通过报告彗星上游未受扰动的太阳风的状态，来协助解释接近彗星的国际舰队仪器的探测数据。它也比乔托号和苏联的维加号探测的距离远 3 倍，检测到彗星被太阳风吹出的氧离子。国际彗星探测器剩余推进剂的 1/5 用于在 1986 年执行两次中途修正，使它在 2014 年 8 月 10 日飞掠月球。1997 年 5 月 5 日，NASA 终止了对国际彗星探测器的操作和支持，但特意保留了发射机以便进一步跟踪，如 1999 年当它从太阳后面飞过时，使用无线电信号来探测日冕[205]，然后航天器(仍然功能完备)进入休眠状态，至少持续到 2010 年。

为了再进一步拓展国际彗星探测器的任务，2014 年 8 月科研人员在它月球飞掠后曾确定了三个可选方案——假设它仍可以工作。最简单的方案是航天器在离开 L1 晕轨道的位置 32 年后再返回到那里。第二个方案是把它送入地球大椭圆轨道，探测器在穿过上层大气时可以被气动减速以减小远地点高度，直至被回收，这样可以分析彗星物质的涂层，而且航天器最终可以捐赠给史密森美国国家航空航天博物馆(Smithsonian National Air and Space Museum)。第三个方案是调整国际彗星探测器的航向，使之在 2018 年 9 月 19 日进行第二次贾可比尼-津纳彗星飞掠。这个方案最初被提出的基本理由是，如果任务将被拓展，那么探测器将在 NASA 的彗核之旅号(Comet Nucleus Tour，CONTOUR)与彗星交会半个月前与贾可比尼-津纳彗星交会，但不幸的是，彗核之旅号在 2002 年发射后很快就失利了[206]。

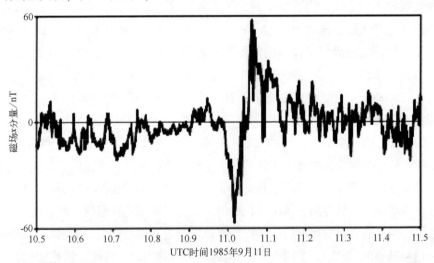

国际彗星探测器记录磁场的 x 分量，在 UTC 时间 11 点 02 分到达以贾可比尼-津纳彗星最近点为中心前后一小时的范围内。穿过中性平面由磁场符号的变化所标记

5.6　但是乔托号探测器在呐喊

当苏联的多个维加号探测器正在接近他们的第一个目标——金星时，国际哈雷舰队的其他三个航天器正准备发射。首先发射的是日本的 MS-T5"先驱"探测器。舰队中日本航

天器的作用是初步估计彗星产生水的速率，以研究喷流和爆发活动，并在其他探测器与彗星交会时监测太阳风的状态。在 1984 年的夏天，一对相同的航天器总装集成后，被送往位于本州岛南端的鹿儿岛(Kagoshima)发射场。虽然坏天气以及发射它的火箭存在问题，使 MS-T5 的发射推迟了三天，但它在 1985 年 1 月 7 日成功发射，直接进入近日点 0.817AU 和远日点 1.014AU 的日心轨道，轨道周期为 320 天。它后来改名为"先驱者"(Sakigake)，虽然它有时也被称为科学卫星 10 号(SS-10)。先驱者是两个超级大国以外的国家发射的第一个深空探测器。推迟发射使得与哈雷彗星的交会距离增加了约 300 万千米，达到 760 万千米，但可以通过在 1 月 10 日和 2 月 14 日的两次中途修正减少到 699 万千米。开始的 6 个星期时间里，科研人员主要对探测器进行轨道、通信、姿态和轨道控制系统的工程测试。在 2 月 19 日和 20 日之间，先驱者号展开了悬臂和其他设备，然后激活并校准了仪器，专心致力于监测空间环境[207-208]。

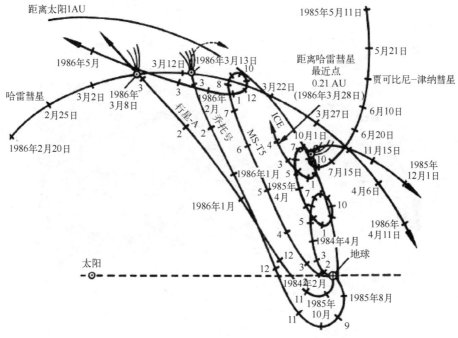

相对于地球旋转参考坐标系下，国际彗星探测器、乔托号、彗星号(行星 A)和先驱者号 (MS-T5)航天器的轨道，以及贾可比尼-津纳彗星和哈雷彗星的轨道(图片来源：ESA)

　　1985 年春末，乔托号抵达南美洲的法属圭亚那。在研制过程中，乔托号在欧洲范围内被运送，它在火灾、罢工、雪灾和车祸中幸存下来[209]！在 6 月 25 日它被安装在火箭上，接着由于天气原因而短暂停留，在进入第一天持续 1 小时的发射窗口 10 分钟后，于 UTC 时间 7 月 2 日 08 时 23 分 16 秒顺利发射。值得注意的是，这个系列的火箭在 20 世纪 90 年代末被不同构造的阿里安(Ariane)5 号运载火箭取代之前，将是唯一使用"经典型"阿里安火箭的深空发射。在进入停泊轨道一天半之后，在测控弧段外，乔托号的补充加速级点火进入 0.731 AU 和 1.078AU 之间的日心轨道。为了补偿固体火箭发动机固有的不稳定性

日本的哈雷彗星航天器单独采用 Mu-3SⅡ火箭发射，该火箭包括 Mu-3S
火箭的 3 级固体推进级以及 2 个捆绑式助推器(图片来源：ISAS/JAXA)

能，在飞行初期准备进行大量的轨道修正，但发动机的性能非常好，因此乔托号还有一定
的推进剂余量。人们开始考虑以前从未提过的规划扩展任务的可能性——当然，假如它能
在与哈雷彗星交会过程中必须承受的激烈"喷砂"下存活下来[210]。8 月 27 日，乔托号进行
了 7.4m/s 的轨道修正，使其轨道移至距离彗星最佳估计位置的 4 000km 以内。就在那时，
深空网开始对已经飞向金星以远的两个苏联维加号探测器进行干涉观测，精确地确定了它
们的位置，为探路者(Pathfinder)任务开展试验[211]。

　　哈雷舰队最后被发射的航天器是行星 A，然而直到先驱者号作为先导已经证明了运载
火箭在深空任务中的性能和航天器系统的可行性以后，它才发射。1985 年 8 月 18 日，行

星 A 发射进入 0.683AU 和 1.013AU 之间的日心轨道，预计交会距离只有 21 万千米，这几乎是完美的。行星 A 更名为"彗星号"（Suisei），并按顺序列为科学卫星 11 号（SS–11）。实际上，逃逸机动非常准确，只在 11 月 14 日飞行过程的末期执行了修正，并且以 12m/s 的速度增量将交会距离降低至 15.1 万千米，使交会的相对速度为 73km/s。任务执行一个月以后，紫外成像仪被激活。紫外成像仪通过观测地球和在紫外谱段强烈发光的恒星进行校准后，人们试图拍摄贾可比尼–津纳彗星与国际彗星探测器交会时的图像，但这颗彗星直到几天后才被探测到[212]。在 1985 年 9 月 27 日，带电粒子包被激活开始进行太阳风的例行监测。

乔托号是首个（实际上也是最后一个）采用早期阿里安运载火箭发射的行星际航天器（图片来源：ESA）

　　尽管乔托号探测器是 ESA 的首个深空探测任务，但它只发生了一些较小的故障。除了获取常规的粒子和场数据外，在巡航过程中，它每周开展 2~3 次临时的科学观测。8 月 10 日，相机最先被激活，并于 9 月拍摄了木星和织女星(天琴座 α 星)的校准图像，用于光学性能测试。在 10 月 18 日和 23 日，它从 2 000 万千米的距离拍摄了地球。虽然地球在图像上只占 27 个像素，但能辨别出澳洲、亚洲和南极洲上空的云层。这个拍摄使相机的挡板转动到一个不常到达的(和潜在危险的)位置来向后越过"乔托号的肩膀"成像，在这个过程中会把阴影投射到体装太阳电池上。值得注意的是在飞行初期，尽管尽力使航天器磁净化，但磁强计仍然被星载电机产生的强磁场严重影响，星载电机用来消旋高增益天线和指向相机的反射镜[213-215]。

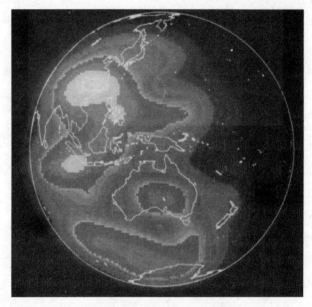

1985 年 10 月，乔托号从 2 000 万千米的距离观察地球。原始图像仅占了 27 个像素(图片来源：ESA)

　　同时先驱者号对太阳风的监测使观测"彗尾断开"事件成为可能。"彗尾断开"是指哈雷彗星的离子尾被一阵高速太阳风等离子扯断的现象。这类事件通常在彗星穿过将太阳磁场两极分开的中性平面时发生，磁尾自身处于与彗星头部极性相反的区域。先驱者号的观测表明，这不是彗星被剥离其离子尾的唯一情况[216]。

　　在 1986 年 1 月下旬出现了一个小小的危机，此时帕克斯(Parkes)射电望远镜不得不终止跟踪乔托号几天时间，以支持旅行者 2 号在大旅行(Grand Tour)任务中飞掠天王星。虽然澳大利亚西部珀斯(Perth)的备份天线被分配用来覆盖这段测控的缺口，但它丢失了几个小时的轨道数据。尽管使用 JPL 金石地面站的天线来救急，但谣言流传开来：ESA 已经把"鸟"丢了[217-218]。在 2 月 9 日哈雷彗星到达近日点的前一天，乔托号探测器和维加号探测器报告了一个高能的太阳耀斑[219]。在 2 月 10 日，维加号探测器开始了它们与哈雷彗星的交会。当时，维加 1 号探测器完成了最后的轨道修正。维加 2 号探测器同等的机动一周后被取消。两个航天器分别于 2 月 12 日、15 日解锁并展开扫描平台，开始校准安装在扫描平台上的仪器；包括对木星和土星成像，为探路者(Pathfinder)试验进行指向精度评估准备。同时在 2 月 12 日，乔托号为了获得最佳成像而抵达哈雷彗星彗核向阳面，进行了第二次轨道修正，这次速度增量只有 0.566m/s。同时，在苏联，35 个以上天文台产生累计约 2 700 个彗星位置的测量数据，使计算的轨道有足够的精度，从而使航天器交会时间预测误差在 10 秒或 20 秒以内[220]。当然，哈雷彗星每天也被世界各地的许多其他望远镜监测，尤其是在智利拉西拉(La Silla)的欧洲南方天文台(European Southern Observatory, ESO)，通过收集位置数据以及图像来记录彗星在 2 月和 3 月大部分时间的动态[221]。人们对 1910 年短暂出现的彗星拍摄了感光底片，研究了其喷流、包层、螺旋等形态学，形成了当时气体和尘埃排放最活跃位置的分布图。人们意识到彗核附近最亮的特征可能是喷气羽流，于是苏联工程师重新设定了维加号探测器相机的程序，来识别并躲避喷流，以使喷流不会引导维加号探测器离开彗核本身[222-224]。维加 1 号探测器的 90 分钟常规成像阶段始于 UTC 时间 3 月 4 日 06 时 10 分，此时距离彗星 1 400 万千米。落后的乔托号在同一天距离彗星 5 900 万千米的地方拍摄了第一幅图片。维加 1 号探测器在当天晚些时候距离彗星约 1 000 万千米时，它第一次以高能粒子形式感觉到彗星的存在。外部区域包括来自彗核的中性分子(主要是水)被太阳辐射电离后又被太阳风捕获并加速。维加 1 号探测器在 3 月 5 日进行了第二阶段的成像，届时其到彗星的距离已减少一半[225]。

1986 年 3 月 8 日，在航天器与哈雷彗星交会的附近时段，地面望远镜拍摄的哈雷彗星图像(图片来源：欧洲南方天文台)

维加 1 号探测器的交会日期是 3 月 6 日。UTC 时间 03 时 46 分,当航天器在距离彗星约 110 万千米以内时,磁强计记录到磁场强度突然上升,等离子体仪器探测到极低频波的急剧增强。这是弓形激波的明显特征。它大约 10 000km 厚。一旦通过弓形激波,维加 1 号探测器进入一个被称为"彗星鞘"的区域(类似于磁层结构)。目前尚不清楚形成原因,但不管是什么原因,这个过程产生了一个与国际彗星探测器在贾可比尼-津纳彗星附近发现的轻微弓形过渡区域非常不同的环境。不像地球、木星或土星等行星的弓形激波,它们标记了太阳风等离子体在障碍物前堆积的位置,而哈雷彗星的弓形激波可能是由于太阳风"装载"了彗星离子所致——回想一下,太阳风主要由质子和电子组成,而水离子更重。主交会序列开始于距离彗核 76 万千米的位置,然后将工作 4 小时 50 分钟。这包括航天器将深入彗发的 20 分钟以及最接近彗核的时刻。探测器在接近彗星的过程中,在 63.7 万千米的位置得到了一个意外收获,美国的测尘计检测到第一批源于彗星的微粒,它们非常小。实际上,彗发将被证明含有比预期更多的小尘埃微粒。同时,内部的彗发和彗核继续在相机的视野中扩大,在交会前 20 分钟彗核(或其临近的物质)最终被分解成几个像素。随着维加 1 号探测器接近到 50 000km 以内,观测和光照的相位开始发生显著的变化。奇怪的是,可以看到较小的彗核,好像是两个明亮的彼此相邻的物体。随着航天器疾行而过,彗核看起来有一个凸起,但是不能说这是由于地形或特别密集的尘埃喷流造成的。图像看起来有点模糊。当时报道说相机略有失焦,但后来才认识到,出现模糊是因为彗核嵌在一个特别密集的尘埃保护层中。当在距离 28 600km 处,欧洲的等离子体波分析仪数据突然丢失时,航天器进入到增厚的尘埃区域,损失了两个仪器中的第一个[226]。另一个惊人的发现是在距离约15 000km 的位置,此时等离子体设备指示航天器已进入没有太阳离子、只有彗星离子的区域。该区域被正式命名为"彗顶"。其他仪器也以高能粒子尖峰的形式记录了边界。彗顶可以被认为是厚的磁垒,它将来自彗发内部的非磁化的彗星等离子体与太阳风(被弓形激波后面的彗星离子减速)分开。事实上,在越过这个边界时记录到了最强的磁场[227-228]。

在 UTC 时间 07 时 20 分 06 秒,维加 1 号探测器以惊人的、非常快的相对速度 79.2km/s 到达最接近彗核点,经计算,距离为 8 890km,误差为 45km。芝加哥大学的尘埃探测仪表明,当时航天器通过了一个密集的尘埃喷流:该仪器之前记录的微粒流量量级为 100 颗/秒,几秒钟之内流量飙升到 4 000 颗/秒的峰值[229]。在离开彗星约 45 000km 的位置发生了一个相关的事件,彗星气体探测器观测到气体密度激增,持续时间长达 10 秒,表明射流至少跨越 500km[230]。到交会的最后,在维加 1 号探测器接近彗星穿过弓形激波不到 10 小时后,在距离彗核 110 万千米处再次穿过弓形激波[231]。交会带来一定的后果,尘埃的撞击使太阳电池板损失了 55% 的可用电能,并损坏了两台仪器,这两台仪器都安装在未受保护的太阳翼上。在交会工作序列的通信弧段结束时,航天器的姿态失去了三轴稳定。但是第二天恢复了控制,并且随着距离的增加对彗星进行了进一步的观测,一直到 3 月 8 日扫描平台发生指向错误才终止了更多图像的拍摄[232-235]。

到达哈雷彗星的第二个航天器是彗星号(Suisei)。它的太阳风探测仪已于 1985 年 9 月 27 日启动,紫外相机于 11 月中旬开始拍照,当时彗星距离太阳还有 2.5 亿千米。11 月和

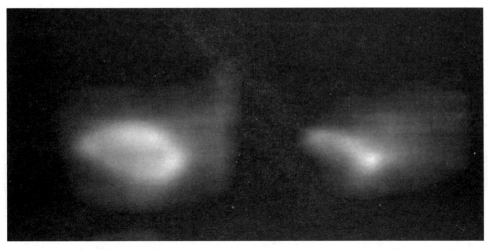

在交会期间，维加 1 号探测器拍摄的两张最好的哈雷彗星彗核的图片

12 月的观测表明，围绕彗星氢云的亮度日复一日地进行周期性变化，而且进一步的分析显示，它正以约 2.2 天(53 小时)的周期进行"呼吸"。人们推断这个节奏符合彗核的自转周期。这种推论得到了 1910 年观测的类似周期可能性的支持[236]。有趣的是，对于彗星号来说，氢云似乎由几个同心壳组成。从航天器的角度观测，1986 年 1 月 10 日，彗星在太空中的位置非常接近太阳，必须暂停紫外观测；但探测器能够在 2 月 9 日彗星到达近日点的那一天恢复观测。氢云中氢的密度分布表明了存在细微结构的迹象。当航天器在到达最近点几天前穿透氢云时，成像仪被切换到测光模式，因为继续拍摄照片毫无意义。在测光模式中，氢云中氢的分布被绘制为到彗核距离的函数。在交会前两天，关闭相机，让带电粒子仪器下行链路优先传输。不幸的是，对于 3 月 8 日交会当天的实时观测来说，只有当航天器进入日本臼田深空天线的视线范围内时，地面才能收到数据。观测开始于距离彗核 20 万千米的位置，恰好在 UTC 时间 13 时 06 分，到达最接近点之前，结果错过了弓形激波和其他接近彗星过程中的现象。尽管在一定的距离处与彗星交会，但彗星的环境与迄今为止观察到的太阳风完全不同，彗星号的姿态在 159 800km 和 174 900km 处受到干扰，改变了探测器自转轴的方向和自转周期，这表明探测器被直径为毫克和微克的颗粒撞击。在前一天，彗星发生了一个大爆发，显然大部分的尘埃仍然在彗核附近[237-238]。太阳风探测仪记录了接近彗星过程最后 34 分钟和飞离彗星 4 小时的数据。在到达最近点时刻附近，它观测到太阳风如何在彗星周围偏转和减速，并注意到来自彗星离子的存在：水、一氧化碳和二氧化碳。在交会后几个小时，距离增加到约 42 万千米以后，等离子体流发生了突变，与探测器穿过弓形激波的过程对应。在交会后的日子里，彗星号又采用紫外相机监测彗星，特别是从 3 月 21 日开始收集的 58 小时连续测光数据，显示出至少 2 个大规模和 4 个小规模的爆发。成像在 4 月中旬终止，因氢云太微弱而无法记录。连续测光发现了多次爆发，似乎与星际舰队其他航天器记录的彗发含尘量的变化有关[239-241]。

随着维加 1 号探测器和彗星号逐渐远离哈雷彗星，维加 2 号探测器正在渐渐逼近。它

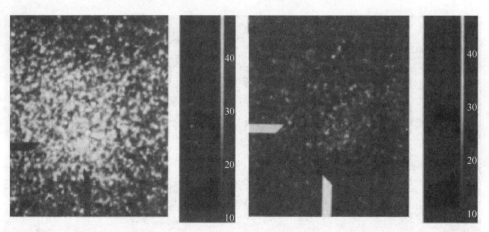

彗星号拍摄的哈雷彗星的两个紫外视图：1986 年 2 月 28 日的最高亮度(左)和 1986 年 2 月 25 日的最低亮度(右)(图片来源：ISAS/JAXA)

在 3 月 7 日大概从维加 1 号探测器成像的距离开始对彗星进行成像，拍摄了 100 张照片，以进一步精确确定彗核位置。在 3 月 9 日的 5 小时 20 分钟通信窗口期内，探测器执行了交会序列。距离彗核约 150 万千米的等离子体波和等离子体温度平稳增加，表示接近过程穿过了轻微的弓形激波，这与维加 1 号探测器记录的相应特征非常不同。实际上，彗发似乎比以往更"安静"，以至于直到距离减少至 28 万千米才探测到尘埃，这个距离不到维加 1 号探测器探测到尘埃距离的一半[242]。维加 2 号探测器实际上只遇到非常少的尘埃，直到距离 15 万千米颗粒密度才激增。在飞离彗星的过程中，距离彗核约 5 万千米处也出现了类似的激增。这些事件可能是穿过尘埃的抛物面导致的，抛物面由太阳辐射压力形成，顶点距离彗核约 45 000km[243]。在整个维加 2 号探测器交会的过程中，彗发的尘埃较少，这个事实被解释为彗核不活跃的一侧朝向太阳，这种说法也支持了彗核的自转周期约 52 小时的论点，因为这个周期时长使维加 2 号探测器的交会在维加 1 号探测器交会约 1.5 个彗星自转周期之后进行。当用于扫描平台指向的主处理器在飞掠 32 分钟前失效时，航天器切换到更简单的备份传感器，并且拍摄了大约 700 张图片。本以为接近彗核的彗发应该能拍摄得更清楚，然而图像没有达到预期效果。维加 2 号探测器在类似维加 1 号探测器的距离穿过彗顶，进入冷("几乎停滞")的彗星离子区域。幸运地，在这种条件下，等离子体仪能够作为质谱仪工作，并分析这个孤立环境的组成——最为丰富的是水离子，其次是二氧化碳激发的离子。值得注意的是，光谱中的尖峰可以合理地归因于铁元素。在哈雷彗星的可见光光谱中从未识别出铁元素，实际上，以前只在近日点非常接近太阳的彗星中才发现过铁元素。不久之后，等离子体试验设备变得沉寂[244]。

两次维加号探测器交会的时间都是安排好的，以便在交会时探测器位于苏联的深空天线视场内，为此，两次交会都发生在当天完全相同的时刻。维加 2 号探测器在 UTC 时间 07 时 20 分 00 秒飞掠彗核，距离为 8 030km，相对速度为 76.8km/s。磁强计的传感器安装在没有保护措施的悬臂上，最外面的三个在最近点彻底损坏了；只有更靠近航天器本体的校准传感器幸存下来[245]。而维加 1 号探测器的高频等离子体波试验装置也在最近点遭到部分损坏[246]。几分钟后，几个尘埃探测器中的一个探测器的声学传感器损坏。最糟糕的是，探测器损失了其太阳翼发电量输出的 80%。讽刺的是，尽管彗发是相对无尘的，但维加 2 号探测器遭到了最大的破坏！实际上，虽然从事该项任务的苏联科学家和工程师得到了国家核武器设计师的帮助，同时核武器设计师对等离子体有相当广泛的了解，但在设计航天器时似乎对尘埃生成的等离子体的重视程度不够，因为许多仪器的失效看起来像是由电荷的累积和随之而来的电弧放电引起的，而不是由直接撞击造成。尽管经历了艰苦的旅程，但维加 2 号探测器在 3 月 10 日和 11 日仍然进行了两个阶段的成像，距离分别为 700 万千米和 1 400 万千米[247-248]。

苏联的哈雷彗星探测任务传回了共计约 1 500 张彗星图像，其中最好的图像是维加 2 号探测器距离彗核 9 000km 时拍摄的。维加 1 号探测器只传回使用三个滤镜(红色、近红外和可见光)拍摄的照片，它们被裁剪到一个 128×128 像素的窗口，该窗口以扫描平台指向系统确定出的彗核所在位置为中心。维加 2 号探测器切换到了备份指向系统，由于备份系统不太精确，因此它传回了使用四个滤镜拍摄的全帧图像。早期的图像显示出在彗核前延伸的彗发的独特抛物线形状。随着距离减小，更多的细节变得可见：最初是显著的不对称，然后是仍不可见的彗核喷射出真实的喷流。对于维加 1 号探测器来说，彗发的尘埃极多，以至于直到最近点时彗核的轮廓仍是不明显的。当在地球上进行图像处理时，图像明显显示出这个神秘物体的外形近似球形("马铃薯形状")，其最长轴似乎指向在最近点时刻的航天器所在的位置。但是在最近点之前和之后拍摄的模糊图片中，可以明显看出，彗核是细长的，并且较大的一端朝向航天器。由于维加 2 号探测器飞掠 72 小时以后，航天器和彗核之间的尘埃较少，因此它能够获得更清晰的图像。不幸的是，由于主指向软件的故障，大多数图像被过度曝光，只有少数是可用的。最好的图像展示了一个"花生状"的物体，其长 14km，宽 7.5km。虽然只能辨别出一些细节，但它似乎具有不规则的形状。实际上，它不是组队飞行的一群物体，这支持了惠普尔(Whipple)在 30 多年前提出彗核是"脏雪球"的观点。在最近点 20 分钟内拍摄的照片表明，彗核的若干部分比其他部分活跃得多。与惠普尔的模型相反，彗核表面不是均匀地升华，而是仅从几个活跃的点释放物质。最好的照片之一是维加 2 号探测器在到达最近点前 15 秒，距离 8 030km 拍摄的，它显示出不规则的彗核具有两个明亮的中心和 5 个(也许 6 个)狭窄的物质喷流。从彗核的尺寸和亮度测量的显著结果来看，其表面的反照率只有 4%：像煤一样黑。换句话说，这使哈雷彗星成为已知的最黑暗的太阳系天体，只有土星的卫星土卫八(Iapetus)神秘黑暗的前导半球和天王星的小卫星可与之比拟。天王星的小卫星在几个星期前由旅行者 2 号发现。这是一个相当大的惊喜，因为人们曾预计彗核是一个跨度约 6km 的明亮冰体。实际上，可以通过它非常黑暗的表面来解释其尺寸明显大于预期的原因。虽然极少正确曝光的维加 2 号探测器图片揭示了哈雷彗星彗核的形状，也揭示了其表面活动是区域性的，但无法推断更多关于单独表面特征的信息[249-251]。

设计用于冷却维加 2 号探测器上红外光谱仪的低温系统有泄漏，因此该仪器无法给出

维加号探测器获得的最好的哈雷彗星图像是由维加 2 号探测器在最近点附近时刻拍摄的。
图像清楚地显示出花生状的彗核以及彗核附近的喷气

哈雷彗星的任何数据。维加 1 号探测器上相应的红外光谱仪发送了一个错误的指令，使其置于校准模式，并在最接近阶段造成了 30 分钟的断电！即使如此，它仍记录了一个跨越几千米的辐射中心。工作在光谱模式下，红外光谱仪检测到彗发中的辐射特征，其特征被解释为具有碳氢化合物分子的碳-氢键(C–H)。维加号探测器探测最重要和最独特的结果之一(因为国际舰队中的其他航天器没有红外仪器)是彗核的温度，测量值为 300～400K，远远高于纯水冰模型的预计值，但低于全黑表面的计算值。然而，如果冰彗核被一层薄薄的黑色绝热物质所覆盖，则互为矛盾的证据可以得到调和。在这种"易碎海绵"的模型中，只有一小部分来自太阳的热量会到达彗星的内部，因为黑暗的外壳会将大部分红外波段的热量辐射回太空中。随着形成的水蒸气泄漏，带走了尘埃和其他物质。然而，在一些情况下，破裂的外壳使冰暴露出来导致大规模的升华，产生喷流。根据苏联科学家的分析，这种黑暗外壳的厚度可能只有几厘米，在某些地方可能仅几毫米[252]。如果有机分子存在于冰中，则该外壳可以认为是当彗核在连续经过近日点而缩小的过程中，在表面建立的"防护层"。像红外光谱仪一样，三通道的光谱仪没有完美地工作。维加 1 号探测器的三通道光谱仪发生了电气故障，维加 2 号探测器的三通道光谱仪损失了紫外通道。然而，该仪器能够检测水及其分解的羟基(OH)自由基、各种碳化合物，包括二氧化碳(其似乎是第二丰富的"母体分子")、甲烷和氨的分解产物和碳氮(CN)自由基——在 1910 年观测哈雷彗星时发现了后者，这引起了人们的担忧，当地球通过彗尾时，可能会污染我们的大气层。探测确定了每种有机物的精确生成速率。维加 2 号探测器测出彗发深处水的生成速率约为 40t/s，但是对于仅由水来产生羟基而言，实际存在的羟基似乎更多。探测器可能也检测到了硫[在 1983 年红外天文卫星-荒木-阿尔科克彗星(IRAS-Araki-Alcock)非常接近地球时，已经发现了硫存在于彗星中][253-254]。

强劲狭窄的尘埃喷流(以尘埃通量中的突然不连续而闻名)被注入到以哈雷彗星-太阳连线为中心线的宽锥体中，并且宽锥体的顶点与图片中看到的喷流源是高度匹配的。尘埃探测器最显著的成果之一是随着航天器飞行了几千千米，维加 1 号探测器和维加 2 号探测器都记录了不同质量的尘埃。这意味着太阳辐射压力通过尘埃的质量来分离微粒必定是非常有效的，并且会快速地扩宽初始狭窄的喷流。实际上，较小的微粒最终从彗发中除掉并冲到尘尾。与预期相反，被探测到的尘埃颗粒在尺寸上恰好小于该仪器能够记录的最小质量的尘埃。然而，彗星环境由质量范围内较重的颗粒占主导地位[255-257]。在维加 1 号探测器交会时，尘埃通量说明产生速率在每秒几十吨的量级，但是当维加 2 号探测器在 3 天后到达时，产生速率仅为之前的一半。实际上，彗发中的高尘埃气体比说明，彗星并不是"脏雪球"，实际上是"雪尘土球"[258]。

维加 1 号探测器的质谱仪获得了 1 000 多个尘埃的光谱。然而，由于严重的电压问题(可能是扫描平台过度工作导致的)，维加 2 号探测器只返回了几百个光谱。结果表明，根据颗粒的组成可以分为三种：第一种类似于碳质球粒陨石，富含钾、镁、钙和铁；第二种富含碳和氮；第三种富含水、水冰和二氧化碳冰[259]。在以最近点时刻为中心的 1 小时内，使用双频无线电对彗星等离子体进行"探测"(当航天器和地球分别位于太阳的两侧时，以在日冕情况下相同的方式进行)，以测量沿视线方向的电子密度。原则上，这个试验也可以测量一个航天器在被尘埃颗粒撞击时是如何减速的，但没有这样的例证[260]。

尽管维加号探测器遭受了影响其科学成果的技术问题，但任务仍获得了巨大成功，它给人们增添了关于苏联已取代美国重新获得了太空领域领先优势的印象，美国的民用空间计划在挑战者号航天飞机失利后陷入混乱。然而，苏联明显的技术优势在几个星期后被打破，当时切尔诺贝利核电站因一次鲁莽的试验导致了历史上最严重的核事故[261]。

第 4 个到达的探测器是先驱者号，在 UTC 时间 3 月 11 日 04 时 18 分到达最近点。它在这期间连续工作了 13 小时，磁强计记录了磁场极性的几次变化，这可能是由航天器穿过日球层中性平面造成的。令人惊讶的是，在探测器穿过彗星时，没有经历彗尾断开的情况，这可能是由太阳磁场和彗星离子尾的相对几何位置决定的。除了为哈雷彗星舰队的其他成员报告了彗星上游约 4 小时未受干扰的太阳风以外，先驱者号还检测到了可能由彗星造成的低频等离子体波和磁场扰动[262-265]。

从维加号探测器和彗星号探测器的探测结果可知，彗发内部是一个充满尘埃的环境，乔托号探测器的研制团队变得沮丧起来。因为乔托号探测器比之前的探测器更近距离地飞掠彗核，如果它经过由维加 1 号探测器发现的喷流，那么它很可能被摧毁。制定通过尘埃喷流的路线是不可能的，这是因为喷流非常不确定并且善于变化。但是如果气体和尘埃的生产速率是成比例的，那么好消息是国际紫外探测卫星(International Ultraviolet Explorer)的监测表明，在乔托号探测器进行飞掠时，气体的产量应该接近最低值[266]。在 8 个月的巡航期间，乔托号探测器进行了 4 小时交会的各种排练。通过 3 月 10 日的最后一次排练，航天器、有效载荷和地面团队都确认准备完毕。正是在这一天，根据探路者项目的结果，乔托号探测器的飞掠距离确定下来。当前轨道将使探测器在距离彗核约 700km 处飞掠。相机科学家想要飞行距离控制在 500~1 000km 范围内，没有要求距离更近，是为了防止控制系统失去对探测器的控制。相比之下，粒子和场的科学家倾向于更近距离飞掠，不惜以失去航天器为代价。作为妥协，决定将飞掠距离缩小到 540km，误差为 40km。因此在 3 月 12 日早些时候，乔托号探测器推力器工作了 32 分钟，将速度调低了 2.5m/s[267]。

在交会前几天太阳风相当安静，这使得预测乔托号何时到达彗星的弓形激波更为容易，如果确实存在的话。在 3 月 12 日下午，距离彗星 780 万千米处，等离子体分析仪成为第一个记录彗星存在的仪器，它通过检测由太阳风吸收的氢离子来发现彗星。此后不久，在距离彗星 750 万千米处，高能粒子试验装置检测到捕获离子。接着，第二个等离子体分析仪检测到彗星和太阳风中电子间的相互作用。在 3 月 13 日早些时候，航天器调整朝向，使其防尘罩恰好朝前，并完全激活了粒子和场组件。首次在 200 万千米的距离检测到了指示彗星存在的磁场变化。在 UTC 时间 19 时 23 分，磁场强度开始增加；10 分钟后到达峰值然后下降，这可能表明探测器在预计的 115 万千米处穿过弓形激波。半小时以后，另一个磁场强度的增加可能是由穿过第二个弓形激波造成的，或者是由彗星磁层内的精细结构造成的[268]。离子质谱仪表明乔托号探测器可能在几分钟的时间内曾多次穿过弓形激波[269]。约翰斯通(Johnstone)等离子体分析仪没有发现与行星磁层上游产生的弓形激波相当的不连续情况，但记录了几个急剧的转变(其中第一个转变发生在距离为 113 万千米和 12.5 万千米之间的区域)，太阳风逐渐减慢和偏转。其他不连续情况包括太阳风速度和密度减小后又恢复的振荡。因此，对于等离子体分析仪，哈雷彗星仅具有带有若干膨胀和收缩前兆的微弱激波。Rème 等离子体分析仪的电子光谱仪部分还以电子密度突然增加的方式记录了激波。除此之外，还有一个过渡区延伸到距离彗核 55 万千米处，其中电子密度和温度剧烈波动。实际上，对于 Rème 等离子体分析仪来说，尽管哈雷彗星尺度更大，但与贾可比尼-津纳彗星的结构非常近似[270-271]。

乔托号探测器在 19 时 43 分激活了相机，执行捕获序列以定位彗星。第一幅图像是在 20 时 55 分距离彗星 767 000km 拍摄的——这个距离是地月距离的 2 倍。在接下来的 3 小时内，航天器朝向接近彗星的方向，在探测器转动的过程中每 4 秒拍摄一张照片，相机工作在单传感器模式下，只有一个 CCD 传感器有效地工作。只要航天器的自转轴和相对速度之间的角度保持很小——即彗星大体上正好在前方，就使用这种模式。最后一刻，指令被发送到相机上，以确保即使相机失去了彗核的踪迹，也会重新获得它[272]。该序列共有 2 043 张图像，用来以低分辨率研究彗发的最深处。它显示了一个扇形喷流，这个喷流从彗核附近的亮点向着太阳的方向扩大到跨度超过 70° 的扇形。在这个宽扇形内部可以看到至少 7 条更微弱的喷流，混合成距离彗核周围不远处的光晕。在彗发的背光面没有看到喷流[273]。在 28.7 万千米的距离，正好在到达最近点 70 分钟之前，尘埃探测器记录到惠普

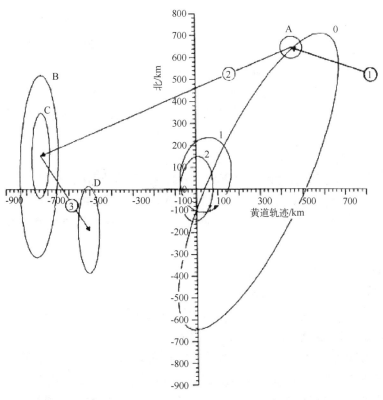

乔托号探测器最近点和哈雷彗星的相对位置。标记为 0，1 和 2 的椭圆分别表示基于地球观测、维加
1 号探测器观测以及维加 1 号探测器和维加 2 号探测器联合观测估计的彗核位置。椭圆 A，B，C 和
D 分别表示在每次轨道修正和确定之后乔托号探测器可能的位置。箭头 1，2 和 3 表示乔托号探测器
三次轨道修正(图片来源：ESA)

尔防护罩上的第一次撞击，在接下来的半小时内又发生了另外 30 次撞击，没有一次有足
够的能量能穿透前罩。人们能够在距离约 14.5 万千米内拍摄的明亮彗发图像中识别到彗
核，并且在距离约 7 万千米拍摄的图像中最终将彗核分辨出来。在此时可以被识别出的是
两个明亮的斑点和一个黑暗的不规则形状，大多数科学家本能地将斑点解释为明亮的彗
核，黑暗的形状是彗核投射到围绕彗星的阴霾上形成的阴影。直到后来科学家才认识到真
相：斑点表示两个相距 5.5km 的显著的尘埃喷流源，黑暗的形状是黑色彗核不活跃区域的
背光面。随着航天器不断接近，每分钟图像的分辨率增加 85m，它探测到了一些微弱的喷
流，并且在背光面看到一个明亮的超出晨昏线的椭圆形，这使人联想到山丘或其他被光线
照亮的表面起伏地势[274]。在 23 时 58 分，当距离彗核 25 000km 时，相机自动切换到使用
CCD 的所有 4 个部分的多传感器模式，拍摄彩色和偏振图像，并发送范围为 74×74 像素的
局部帧。磁场强度一直增加，直到乔托号探测器距离彗核 16 400km 时达到峰值。这标志
着探测器到达了彗顶，在彗顶内部只有来自彗星的物质。太阳风以及它携带的磁场"遮盖"
在彗顶周围，然后随着它继续顺流而下形成彗星离子尾。在最近点之前的 3 分钟，发生了一次撞击将前罩穿透；在整个交会中只有 10 多次撞击产生类似的结果[275]。大约在此刻，星敏感器的遮光罩被尘埃击穿，导致该设备数据无法使用，并且使乔托号首次经历较大的姿态扰动。此后不久，航天器接近 8 000km 距离，这是维加号探测器到达的最近点。

随着乔托号探测器继续接近彗星，指向系统牢牢地锁定在彗星最亮的部分，相机视场显示出彗核部分不断减少。虽然当前的图像分辨率理论上优于 50m，但因为相机的镜头被尘埃喷溅到，因此可能更差一些。当距离彗核 4 660km 时，乔托号探测器成为星际舰队中完全经过彗顶进入彗星电离层的唯一成员，因为彗核没有内禀磁场，并且离子是冷离子，所以电离层内部场强度为零。这个区域是根据彗星与太阳风相互作用和其他无磁场天体(如金星)与太阳风相互作用的相似性预测出来的——甚至包括在 1984 年由主动磁层粒子跟踪探测器(Active Magnetospheric Particle Tracer Explorer，AMPTE)在地球轨道试验而产生的"人造彗星"与太阳风的相互作用[276]。同时，等离子体分析仪记录了稠密的热等离子体云。热等离子体云几乎可以肯定是由尘埃以极高的速度撞击航天器时被汽化产生的。在到达最近点前 44 秒，乔托号探测器记录到了最重的一次撞击——一个 40mg 的微粒撞击，它触发了前罩上的所有 3 个压电传感器。在最近点前约 28 秒，距离彗核 2 050km 时，航天器穿过晨昏线进入彗星朝向太阳的半球。此时，所有的尘埃探测器都达到了峰值撞击率，从地球角度观察，航天器恰好位于一个喷流的位置上。

距离彗核 12 秒和 1 703km 时，相机重启终止了观测。在交会开始时，摄像管已经朝向正前方，但现在它与前向成 40°夹角，相对尘埃来说，相机是一个更大的目标。大约在这个时候，相机散热器的温度升高，可能是由于尘埃撞击导致航天器的自转周期从 3.998 秒减慢到 4.010 秒。最后，在 770km 的距离，令众人担心的事情还是发生了：首先航天器切换到备份发射机，遥测出现短暂波动最后丢失。这是由于距离最近点 7.6 秒时，一个相当大的尘埃微粒偏离中心撞击到防护罩上，导致航天器产生足够大的晃动，以使高增益天线的波束摆动，从而远离地球。在 UTC 时间 3 月 13 日 00 时 03 分 02 秒，乔托号探测器以最小飞掠距离 596km 到达彗核的前方。就在人们以为信号的丢失意味着乔托号探测器已毁坏时，在静默了 21.75 秒后出现了一阵遥测。地面与乔托号探测器进行了间断地通信，信号逐次增强，直到大约 1 分钟后，地面已可以提取相干数据。这表明探测器是活着的并且相对健康，但它在以 16 秒的周期进行章动，这导致高增益天线的波束仅间歇性地指向地球。但是作为自旋稳定航天器的标准配置，乔托号探测器安装了章动阻尼器：充满汞的长管，其中小金属球自由浮动，在章动过程中，通过球的运动与液体摩擦消耗能量，直到它恢复自转轴的初始方向。果然如预期一样，在交会 32 分钟后，乔托号探测器再次将天线指向地球[277]。与此同时，探测器在 3 930km 的范围已离开电离层，在 8 200km 处穿过彗顶。幸运的是，磁强计是自己有数据存储器的几个仪器之一，这些测量数据能够在随后的时间里重新回放。在约 70 万千米处，飞离过程的弓形激波穿越不如接近过程那么清晰，向超声速太阳风的过渡更加平缓。实际上，即使对于在接近过程已经检测到明显冲击的磁强计来说，也只发现一片磁场波动增加的区域。

当工程师们对遥测数据进行研究时意识到，在乔托号探测器处于章动的时间里，探测

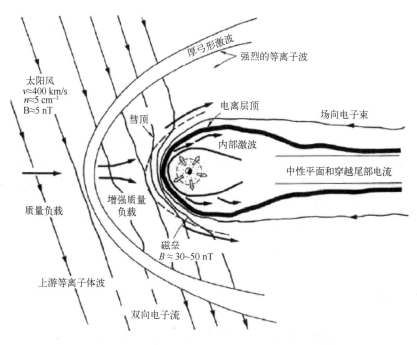

从哈雷彗星飞掠推断的彗星和太阳风之间的相互作用模型(源自 Flammer, K. R., "*The Global Interaction of Comets with the Solar Wind*". In：Newburn, R. L., Neugebauer, M., Rahe, J., (eds.) "*Comets in the Post-Halley Era*", 第 2 卷, 1991 年；经 Springer Science and Business Media 许可转载)

器本体未受保护的部分被彗星微粒喷射, 部分仪器和系统遭到破坏。除了星敏感器和相机挡板损坏之外, 航天器的热控系统存在一定程度的退化。值得注意的是, 太阳电池的功率损失不到 2%。撞击尘埃的蒸发产生的等离子体云破坏了软件, 并且干扰了一些电子设备的运行。防尘罩在被尘埃撞击时温度急剧上升。撞击尘埃的影响非常明显, 航天器的速度已经减少了 23 cm/s。实际上, 尽管它在经过彗发时获得了几克的尘埃, 但由于外围的物质已经损失了 600g 左右, 因此会持续几十度的摇摆。后来的测试表明, 当太阳光不能进入遮光罩时, 星敏感器仍可以在航天器的黑暗一侧使用。科研人员设计了姿态确定的替代方法。尽管由于地球位于太阳的同一侧, 星敏感器不能再定位地球, 但很容易定位相反一侧的火星。同时, 利用一种类似于先驱者 10 号和 11 号探测器所使用的圆锥扫描(Conical Scan, CONSCAN)技术对天线指向进行优化, 即自转轴缓慢地来回摇晃, 直到信号强度达到最大。虽然相机执行了彻底的重启和重新配置序列, 但是仍找不到彗星, 妨碍了飞离过程的成像。当进一步的测试表明相机无法检测到木星时, 人们推断摄像管一定是被尘埃撞碎了, 不能再观测太空。此外, 中性质谱仪已经失效, 离子质谱仪的一个传感器和撞击检测器的一个传感器失效, 一个等离子体分析仪在经过最近点 1.5 小时后停止工作, 另一个等离子体分析仪也损坏了, 但仍能够返回数据。

　　乔托号探测器证实了大部分来自维加号探测器飞掠时关于彗核的推断, 即它是一个非常低反照率的细长物体, 大部分表面是一层非挥发性物质, 只有一小部分是活跃的。但是乔托号也给出了非凡的新见解。就像其他 CCD 一样，安装在乔托号探测器上的相机需要一个冷却系统来使它们能产生没有电子噪声的图像，但是由于质量和功率的限制没有采用，该系统因此相机只能用被动的方法进行降温。实际上，遥测显示传感器的温度超出预测温度 15℃，使图像噪声很大。这需要几个月的时间来校准和消除这种噪声，并且又过了几年才发布最终结果。1986 年发布的照片模糊不清，难以解译(尤其是由于使用了"假"彩色，使现场直播产生公关危机)，最终发布的照片揭示了这颗彗星惊人的细节。

首先，远距离图像被处理，以突出共计 17 个喷流和较微弱的细丝，其中 1 个看起来是来自彗核的背光面——这可能是透视的效果，也可能是这个活动位置有充足的热惯量来保持足够的热量，在黑暗面生产喷流。其中一个喷流似乎直接指向乔托号，而且可能就是这股喷流喷发出的尘埃致使相机失效。由于彗核的背光面在彗发光芒的映衬之下，因此可以相当准确地确定其尺寸，从而确定了从维加号探测器的图像获得的尺寸，长约 16km，宽约 8km。经过近两年的数据处理，乔托号探测器的科学家们能够从不同分辨率的图像中生成拼接图像：由于相机被编程为锁定其视场中最明亮的特征，因此最高分辨率(每像素约 60m)位于距离明亮喷流较近的地方，与其相对的点的分辨率下降到每像素约 320m。相机视场中可见的花生形本体约 75% 处于黑暗中。晨昏线的细节包括：在彗核边缘宽约 2km 的圆形特征，可能是由视角、洼地或某种活跃区域扭曲产生的浅坑；一系列规则间隔的山

哈雷彗星彗核的视图由乔托号航天器上的哈雷彩色相机(Halley Multicolor Camera)以不同分辨率的 68 幅独立图像拼接而成。它显示了在反射阳光尘埃背景下的细长彗核背光面的轮廓。可以看到气体和尘埃的喷流来自彗核上的 3 个区域。彗核黑暗面上中等亮度的斑点可能是一座至少 500m 高的山丘，光线照在它上面。两个活动区域之间的圆形地形可能是火山口(图片来源：H. U. Keller 博士提供；版权 1986 年，Max-Planck-Institut für Sonnensystemforschung, Lindau/Harz, 德国)

丘和靠近最亮的尘埃喷流底部的手指状投影；以及与撞击坑相邻的光滑凹陷，似乎至少包含两个喷流活动点。最后，在早期影像中显著的背光面椭圆形特征显示为距离晨昏线约2.2km的一座山峰，山的基座面积为 1 km×2 km，而且由于山峰至少比周围区域升高500 m，因此峰顶仍可以被照亮。值得注意的是，喷流的来源与通过分析 1910 年出现的彗星图像所绘制的活跃区域相匹配。尤其是，最大的喷射区域似乎发生在那些绘制的喷流源头相互交叉的地方。不幸的是，由于相机没有拍摄交会后的图像，因此只有彗核的半球被记录下来，并且由于飞掠的几何关系，这个半球是夜晚半球[278-280]！

在 3 个小时的观测中，乔托号探测器没有观测到彗星自转的效果，然而对于飞掠的航天器来说，确实很难确定一个天体的自转状态——不仅是自转的周期，还有自转轴的方向和进动的程度。根据彗星号和维加号探测器的探测结果，彗核自转周期似乎约为 52 小时，不确定性只有几个小时。但是地球上的望远镜和地球周围的国际紫外探测者卫星（International Ultraviolet Explorer，IUE）发现，根据一些分子和尘埃的产生速率以及彗星约 7 天的爆发情况，彗星的亮度周期比探测器确定的自转周期长 5 天左右。这些矛盾的观测可以通过自转状态叠加旋转和进动分量来解释。自转周期的确是 7.2 天，但与传统的观点相反，自转轴与彗核的最长轴方向一致[281-282]。

星际舰队中没有一个探测器能够测量彗核的质量，部分原因是它体积太小，但主要原因是它们交会的相对速度较高，这就意味着彗星几乎没有机会偏转探测器的轨道。然而，彗星的质量可以通过它喷流的火箭般的效果改变它的轨道方式来进行估计，而它的体积可以通过航天器图像估计出来，将两者结合可以推导出密度。事实证明，彗核的密度与固体水冰和尘埃的混合物的密度是一致的。中性质谱仪证实，彗发中 80% 是水，每秒钟喷发约16t，离开彗核的速度为 900m/s。彗发其余 20% 的特征并不显而易见，因为只有少数情况下探测器能直接观察到母体分子；在所有其他情况下，必须要建立随着时间和到彗核距离演化的化学模型。探测器发现了一氧化碳、二氧化碳、甲烷、氨和氰酸，以及各种碳氢化合物。实际上，两种有机分子——质子化甲醛和甲醇——在飞掠 5 年后才被识别出来，尽管前者显然是更复杂的分子，但含量与二氧化碳一样丰富[283]。水基离子当然非常丰富，但是碳、氧、钠、硫和铁也被检测到，分子硫和硫化氢可能是母体分子。奇怪的是，一氧化碳的相对丰度似乎随着距离的增加而增加，这表明它不仅被彗核本身释放，而且被喷出的尘埃颗粒释放。哈雷彗星的水（类似在地球上和陨石里）比典型的星际气体含有更多的氘化"重水"。此外，几种元素的同位素比率似乎也表明这颗彗星是在太阳系内形成的，而不是在别处形成并被捕获的。

如同维加号探测器曾发现的那样，彗发中的小尘埃颗粒比模型预测的要多得多。实际上，由质谱仪分析的大部分颗粒的质量数量级为 10^{-16}g。令人惊讶的是，在远离彗核经受长时间太阳能加热的尘埃中，硅、镁和铁同碳、氢、氧和氮等轻质元素混合在一起，这些轻质元素按理说应被蒸发掉了。这可能意味着在该条件下，这些元素作为复杂有机聚合物是稳定存在的。从它们的组成来看，这些聚合物被称为富含碳、氢、氧和氮的分子[284]。但是乔托号探测器和维加号探测器的分析仪没有发现钾和磷等其他元素，如果彗星真能为内太阳系带来生命"种子"(胚种假说的论断),那么这些元素应该存在。尽管如此,复杂有机物的存在意味着彗星可以提供生命的基本构件,即使实际上不是生命本身[285]。尘埃探测器证实,在远离彗核的地方,小尺寸的微粒占主导地位,但当乔托号探测器接近最近点时,活动激增,而且较大的微粒占主导地位。在交会期间共记录了 12 000 次撞击,最大的微粒比最小的微粒大 1 万多亿倍。其中一次撞击使等离子体传感器遭遇了故障,其工作效率受到了影响。作为任务后的改进,每个等离子体检测仪都装有一个可运动的薄盖子,以防止火箭发动机将航天器送入太阳轨道时产生的废气中的颗粒物进入仪器。所有仪器的盖子都被命令在 1986 年 2 月打开,但没有收到任何一个确认动作的信号。与彗星交会时采集的数据表明,盖子确实没有打开,这是地面试验中从未发生过的失利[286-288]！

3 月 15 日,为了让交会任务成功,这些仪器被关闭。在 3 月 19 日至 22 日,乔托号探测器进行了速度增量总计 110m/s 的 3 次轨道修正,以在 1990 年 7 月(恰好在其发射 5 年后)与地球进行近距离的交会,为可能的扩展任务做准备。新轨道计算完成后,4 月 1 日和 2 日的修正精调,确保了航天器在休眠多年之后能再次继续便利地由射电望远镜定位。最后,在 4 月 2 日早些时候,地面发送指令让乔托号探测器调整指向,使其自转轴垂直于轨道平面。虽然这意味着鼓形探测器本体上的太阳电池将在整个轨道上被照射到,但也意味着必须终止与地球的高增益链路。指向调整后,航天器关掉了所有非必要的系统[289]。

当彗星远离太阳时,NASA 的两个航天器与哈雷彗星进行远距离交会:3 月 20 日,先驱者 7 号探测器位于彗星背向太阳一面 1 200 万千米处;3 月 28 日,国际彗星探测器位于彗星朝向太阳一面超过 3 000 万千米处。NASA 宣布国际彗星探测器成为第一个访问两颗彗星的航天器——好像 0.2 AU 的距离构成了一次交会！

在通过近日点期间,哈雷彗星减少了 4 亿吨的水和沙尘,此后哈雷彗星退到外太阳系,它黑暗的地壳逐渐冷却到绝对温标几度的正常温度。不过,这一切还没有结束。1991 年,当它位于土星和天王星轨道之间一半的位置时,一场爆发短暂地重构了彗发。也许温度下降导致结晶冰相位改变成为非晶态冰,这使一些被困的气体和尘埃释放出来[290]。1992 年以后,当哈雷彗星朝向远日点加速时,地面继续观测没有遮蔽的彗核。天文探测器技术发展的速度表明,地面有可能第一次通过它的大部分(如果不是全部)轨道来监测彗星。在撰写本书时,最新的照片是在 2003 年由世界上最大的望远镜之一欧洲南方天文台的甚大望远镜(Very Large Telescope)获得的。此时的彗星日心距离与海王星轨道的半径相当(尽管在不同的平面上),它的彗核是迄今为止观测到的最微弱的太阳系天体。科学家很有可能在 2020 年再尝试对它进行观测[291-292]。它将在 2023 年 12 月达到远日点然后返回。也许在 2061 年 8 月彗星到达近日点时,航天员将会冒险去探测它。一种探测方案是将机器人航天器送入环绕彗核的轨道,以便在彗星重新进入休眠状态时详细研究它。在 2134 年哈雷彗星返回时,将是它一千多年来距离地球最近的一次,这将大大改变它的轨道;实际上,人们无法准确预测它的未来。然而,我们可以说,在几千年的时间里,哈雷彗星彗核中的冰层将会被黑暗蓬松的物质完全覆盖,甚至在近日点时也会保持休眠状态,并且此后历史记录将不会再有类似的使人类着迷或恐惧的天象[293]。

5.7　扩展任务

在正常情况下国际舰队的每个航天器与哈雷彗星交会都能存活下来，因此人们研究了每种情况下扩展任务的可能性。

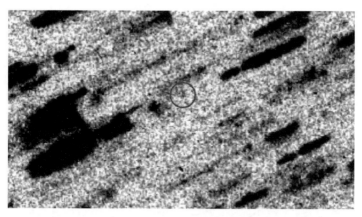

2003 年 9 月，"拖尾"星体阴象的中心黑点是哈雷彗星的彗核。如果它被采用，这会是最遥远的视图(图片来源：欧洲南方天文台)

维加号探测器扩展任务的方案只有在哈雷彗星交会后才宣布，包括一个小型的近地小行星的飞掠、采样流星体轨道和勘查一个休眠彗星的彗尾——如同建议先驱者号金星轨道器去观测小行星奥加托(2201，Oljato)的彗尾，科学家根据奥加托的轨道把它归类为阿波罗型(Apollo)小行星，但实际上可能是一个休眠的彗核[294]。人们特别计划维加 2 号探测器于 1987 年在 600 万千米的距离飞掠另一个阿波罗型小行星阿多尼斯(2101，Adonis)，它被怀疑是年老的彗星[295]。然而，在这样的距离不可能进行成像和其他遥感探测。无论如何，科研人员很快就发现没有足够的剩余推进剂来调整必要的轨道[296-298]。维加号探测器最终执行了一个最低限度的扩展任务，它们穿越了丹宁–藤川(Denning-Fujikawa)彗星、长期遗失的周期性比拉(Biela)彗星和布朗潘(Blanpain)彗星以及哈雷彗星本身的轨道，返回了尘埃流的数据，后面的轨道把探测器带回到最初的交会点。维加 1 号探测器于 1987 年 1 月 30 日用完姿态控制推进剂，地面与维加 2 号探测器的通信持续到 3 月 24 日[299]。虽然维加号探测器是 1971 年火星任务引入的最后一个在深空使用的平台，但已经证明是可靠的，因此被改进用于其他任务。1983 年 3 月，一个没有轨道修正发动机和推进剂贮箱的改进版探测器被送入地球轨道，它携带紫外望远镜和 X 射线谱仪执行天文任务，命名为天体号(Astron)。另一个装有 X 射线和伽马射线探测仪的探测器被命名为石榴号(Granat)，于 1989 年 12 月发射，运行至 1998 年 11 月 27 日[300-301]。

虽然设计寿命只有 18 个月，但日本双子航天器还是携带了大量推进剂，所以能够进行更有趣的扩展任务。两者都于 1992 年返回地球附近的轨道上。如果采取机动来减少

1 500 万千米的飞掠距离，那么可以把它们送到金星(先驱者号和彗星号探测器)或火星(只有先驱者号探测器)。然而，仪器组件并不适合金星的遥感探测，而火星任务是不切实际的，因为航天器的设计状态不适合远离太阳工作。因此，人们研究了其他解决方案。

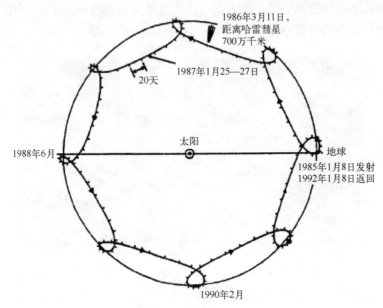

先驱者号探测器从发射到 1992 年第一次返回地球的轨道，均位于与地球一起转动的参照系内(即相对于固定的日地连线上)

　　1987 年 1 月，先驱者号探测器进行了一系列复杂的机动以开展新的任务。在到达地球时，它将进入一个能在地球磁尾多次穿过日心轨道，从而为国际日-地物理(International Solar-Terrestrial Physics)计划做出贡献——日本宇宙科学研究所也打算在 1992 年发射地球磁尾探测卫星(Geotail)。在穿过 4 次地球磁尾以后，先驱者号探测器将在 1996 年 2 月 3 日与本田-马寇斯-帕伊杜萨科娃彗星(45P/Honda-Mrkos-Pajdušáková)在 10 000km 的距离交会，当时这颗短周期彗星在距离地球 2 900 万千米内飞掠[302]。在此时，先驱者号探测器将会从彗星背对着太阳的方向首次接近彗星——从彗尾开始，然后是彗发和彗核，最后穿过弓形激波。即使没有机动，1998 年 11 月 29 日，它也将在 1 400 万千米的距离飞掠贾可比尼-津纳彗星。实际上，先驱者号探测器于 1992 年 1 月 8 日进行了首次地球飞掠，距离发射差不多正好 7 年，这次飞掠使轨道偏转进入 0.916AU 和 1.154AU 之间的轨道，从而深入地磁尾，探测器的磁强计和其他仪器在那里将开展广泛的观测。先驱者号探测器于 1993 年 6 月 14 日返回地球，但这一次由于定轨较差，因此位置误差非常大，于 1994 年 10 月 28 日再次返回地球。因为探测器剩下很少的肼，所以没有尝试更多的机动。在 1995 年 11 月 15 日遥测丢失，但是使用信标信号保持了最小程度的通信，直到 1999 年 1 月 7 日发射 14 周年时关闭了电源。对于彗星号而言，它在 1987 年 4 月到达与地球的最大距离(1.9AU)时进行了机动，使地球飞掠后航天器将在 1998 年 2 月 28 日在距离数百万千米处飞掠坦普尔-塔特尔(55P/Tempel-Tuttle)彗星。作为狮子座(Leonid)流星雨的母体,这个周期为 33 年的彗星极为引人注目,1966 年发生了 20 世纪最壮观的表演之一。人们希望彗星号探测器能够在 1998 年 11 月 24 日再次交会贾可比尼-津纳彗星。但是在 1991 年 2 月 22 日,探测器已经耗尽了肼。它的轨道将在 1992 年 8 月 20 日进入地球 90 万千米以内[303-306]。

早期对于乔托号探测器的一个提议是在 1988 年合日位置重新激活它,以便使用它的无线电来"测量"太阳日冕,但是由于深空网的天线正处于升级过程,为 1989 年旅行者 2 号探测器与海王星的交会做准备,不能用于跟踪乔托号探测器,所以这个提议没有被采纳。

实际上,甚至在乔托号探测器发射之前,ESA 的轨道专家马丁·赫克勒(Martin Hechler)就已经关注到它(或它的残骸)将于 1990 年 7 月返回到地球附近[307]。加速发动机提供轨道的准确程度意味着航天器起飞后不需要立即进行轨道修正,因此与哈雷彗星交会后会剩余大量的推进剂。1985 年 9 月,乔托号探测器团队邀请罗伯特·法库尔(Robert Farquhar)建议在扩展任务期间可以观测的彗星。一个方案是 1992 年 7 月与短周期彗星格里格-斯基勒鲁普(26P/Grigg-Skjellerup)彗星交会[308]。这颗彗星是约翰·格里格(John Grigg)于 1902 年 7 月 23 日在新西兰发现的,1922 年由南非的约翰·弗朗西斯·斯基勒鲁普(John Francis Skjellerup)重新发现。后来,人们认识到它就是 1808 年观测后又遗失的彗星,而且在这段时间里,与木星的一系列接近大大地改变了它的轨道。1922 年以后的观测确定了它的周期为 5 年。从此以后,彗星每次返回都有人进行观测。1982 年,阿雷西博射电望远镜作为雷达的功能探测了它的彗核,发现彗核的直径只有 400m(比哈雷彗星至少小 95%)。由于产水量为几十千克每秒(比哈雷彗星低两个数量级,比贾可比尼-津纳彗星低一个数量级),它将为彗星科学家提供一个进行比较、研究的兴趣点。而且,就像贾可比尼-津纳彗星和哈雷彗星一样,人们知道它是流星雨的母体,尽管它更微弱一些[309-312]。彗星在经过近日点的 12 天中,交会的相对速度仅为 14km/s。不幸的是,因为(如上所述)航天器是为哈雷彗星交会设计的,所以其他几何参数并不有利。需要同时将天线指向地球并最大程度地将太阳电池朝向太阳,这意味着防尘罩将偏离尘埃接近的方向约 70°——实际上,航天器将几乎偏向一侧,并可能对未受保护的太阳电池造成大范围的损害。此外,与太阳距离的增加(1.1AU,而不是 0.9AU)意味着这个距离产生的能量几乎不足以支持航天器工作。虽然还有其他方案可供选择,包括杜图瓦-哈特利彗星(79P/du Toit-Hartley)、哈特利 2 号彗星(103P/Hartley 2)和在 1996 年先驱者号探测器与本田-马寇斯-帕伊杜萨科娃彗星计划交会的几天前进行交会,但格里格-斯基勒鲁普彗星飞掠具有的操作优势是时间最早,从获取能量的角度来说,太阳的距离、热控和地球通信是可接受的折中方案[313-314]。

但是,在扩展任务被批准之前,必须确定航天器的状态。当探测器接近地球时,人们计划对它进行再激活测试。通过西班牙马德里的深空网天线发送指令,1990 年 2 月 19 日 15 时 06 分,一个微弱的未调制的载波证实发射机在经过 4 年静默之后已经启动。地面跟踪的第一天是致力于建立轨道和评估自转速率,然后命令航天器停止转动,并将其高增益天线直接对准地球。在解决一些最初的问题和遥测故障后,它就这样开始了工作。完整的状态数据显示,尽管乔托号在休眠期间遭受了硬件的故障,但整体健康状况良好。太阳电池工作正常，但电池需要进一步的测试。除了惠普尔防护罩损坏之外，热控多层也使探测器过热。通过对航天器惯性特征的分析，太阳电池显示遮光罩不再在其上面投射阴影，证实了相机遮光罩已毁坏的事实，这表明遮光罩的边缘已缺失了一部分质量。人们再次检查了相机，但无法看到任何东西。人们怀疑观察孔被一块破碎的遮光罩挡住了，当人们转动管子试图去除阻塞物时发现徒劳无益。在与格里格–斯基勒鲁普彗星交会中，质谱仪和尘埃光谱仪也无法使用，因为这些仪器已被设定用于从一个精确的方向以很高的速度收集物质，而彗星与探测器的几何关系导致这并不适用。因此，只有等离子体分析仪和光学探测器才能够探测格里格–斯基勒鲁普彗星彗发的组成迹象。当然，尘埃检测器的灵敏度要低得多，部分原因在于这次交会中的微粒只能达到与哈雷彗星交会时速度的 1/5，而且它们以近乎掠过的角度(而不是垂直)撞击传感器。磁强计团队很高兴他们的仪器不再受相机电机产生磁场的干扰！科研人员得出结论，航天器将能够承担一个有意义的任务。

1990 年 7 月 2 日，乔托号探测器成为第一个返回地球附近的行星际航天器。当它在22 731km 的距离飞掠地球时，观测到以前从未探访过的磁层部分。这次交会将航天器的日心轨道从完全位于地球轨道内侧改变为介于 0.994AU 和 1.165AU 之间。两个星期后，乔托号探测器通过一次机动进入到"碰撞航向"上，这个航向是对格里格–斯基勒鲁普彗星在交会时位置的最好估计。本次没有维加号探测器作为探路者来完善星历，这是可以达到的最好情况。由于彗星轨道不确定以及彗核尺寸较小，真实地撞击是不太可能的。7 月 23日，航天器恢复了休眠状态。鉴于已核实了航天器的健康状况，确定了交会的科学目标并建立了轨道，1991 年 6 月，ESA 最终同意向乔托号探测器扩展任务(Giotto Extended Mission，GEM)投入共计 1 400 万美元[315]。

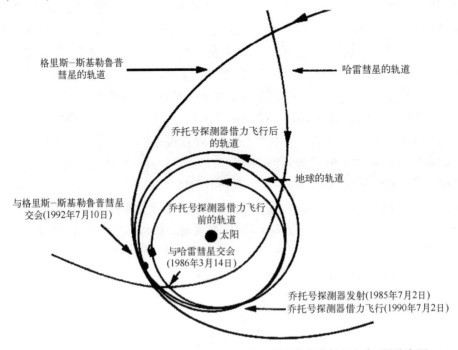

乔托号探测器的轨道显示了它将与哈雷彗星和格里斯–斯基勒鲁普彗星交会(图片来源：ESA)

　　1991 年 9 月，在近日点之前 10 个月，天文学家在西班牙的拉阿托天文台（Calar Alto Observatory）再次发现了格里格-斯基勒鲁普彗星。乔托号探测器于 1992 年 5 月 4 日苏醒开始第二次工作，耗时 3 天。人们一确认探测器没有问题，就对相机进行了最后的测试——这次是命令它直接指向太阳，但只能看到被破坏的遮光罩散射的柔和光芒。实际上，对于科学规划者来说这是一种解脱，因为即使电池可用，最小的功率余量也会使相机与其他仪器同时工作变得困难。7 月 8 日，在南半球的望远镜观测的基础上，航天器进行了轨道修正，将目标点调整了 145km。智利的欧洲南方天文台在交会前 15 小时拍摄的照片显示，这颗彗星已经开始形成一个小规模的沙尘彗尾。

　　7 月 9 日，乔托号探测器的仪器被激活，第二天在 440 000km 的距离探测到彗星出现的第一个证据，水团离子被太阳风捕获和加速。这个数据表明彗核每秒只产生 68kg 的水。与此同时，磁强计记录到一个波动场，其他仪器发现太阳风随着与彗星相互作用而减慢和偏转。在 19 900km 的距离，磁场的平滑变化表明是"冲击波"而不是弓形激波。深入彗发约 4 600km 时，微粒计数开始上升，并且高能粒子撞击监视器（EPONA）仪器在接近阶段检测到速率周期性的峰值与主磁场中水团离子回旋周期的对应性较好。随着距离的不断缩短，仪器开始探测到更重的离子[316]。尽管乔托号探测器进入彗发 50 000km，正如光学探测器探测气体排放所指示的那样，一直到距离缩小至 17 000km，仍没有发现尘埃的证据。根据内部彗发的亮度分布图和磁强计数据，人们计算出飞掠发生在 UTC 时间 7 月 10 日 15 时 18 分，距离不到 200km。这次航天器没有进入接近彗核的电离层，因为磁场在那里会消失。交会的几何关系很难确定，但乔托号探测器似乎飞掠了彗核的"夜晚"一侧，错过了彗星最有趣（也仍然未被探索）的区域之一，在那个区域里夜幕降临彗顶并向下至彗尾。虽然光学探测器检测到被尘埃散射的阳光，但直到最近点后 12 秒也没有记录到撞击。当尘埃探测器被一个 100μg 的颗粒撞击时[主要研究者安东尼·麦克唐纳（Anthony McDonnell）沉浸在科学的喜悦之余将其命名为"巨无霸"（Big Mac）]，部分防护层被穿透了。接着是 3 秒钟后 2μg 的"大麦"（Barley），最终是 40 秒后的 20μg"脆饼干"（Bretzel）。这期间一定也发生了其他撞击，但由于交会的几何关系导致它们没有被检测到。特别是，在飞掠后测得的总速度变化对应于航天器收集了 39μg 的彗星尘埃。此外，在"巨无霸"撞击前 5 秒，天线很可能被"皇堡"（Whopper）击中，这个质量不超过 50μg 的微粒造成的摆动，导致天线偏离地球几秒钟，耗时 90 分钟才把振荡阻尼掉。由于没有撞击尘埃汽化产生的"异常"等离子体，因此可以证明格里格-斯基勒鲁普彗星是一个相对无尘的彗星[317-318]。

　　在到达最近点后不到 1 分钟，光学探测器就开展了一个引人注目的观测——在彗发明亮处探测到第二个峰值。最可能的解释是乔托号探测器在距离主彗核 1 000 km 的一个小型伴核的 50km 范围内通过，伴核尺寸为 10~100m，被自身的彗发包围。其他峰值可能由微粒撞击航天器本体而产生，或者是从彗核中喷发出的狭窄喷流引起的[319]。在 15 时 44 分的飞离过程中，由于明显的弓形激波，微粒计数产生了一个台阶。磁强计检测到弓形激波在 4 600km 以远，距离彗核 25 400km。然后，在穿过弓形激波一小时后，探测器回到太阳风中，微粒计数率出乎意料地激增了大约 10 分钟，磁场偏离了平均值。实际上，这种增强显示出其非常精细的类似格里格-斯基勒鲁普彗星的结构，包括水离子的周期性，表明航天器偶然遇到了距离主彗核 9 万千米的一个非常小的伴核。虽然穿越格里格-斯基勒鲁普彗星的过程中，从冲击波到弓形激波大约 45 000km，但这个二级结构从一侧到另一侧只有约 9 200km。不幸的是，此时望远镜的覆盖面很稀疏，这个二级彗核的存在无法得到证实[320-321]。

从开始到结束，格里格-斯基勒鲁普彗星的交会历时不到 2 个小时。在接下来的几天中，乔托号探测器逐一关闭仪器，对相机进行了进一步的工程测试，并于 7 月 21 日调整了航程，使其将在 1999 年 7 月 1 日于 219 000km 处飞掠地球。在欣喜之余，有人建议把乔托号探测器调转方向，以在 2006 年前后进行第三次交会，但剩下的推进剂(约 4kg)可能不足以完成任务[322]。7 月 23 日，航天器第三次进入休眠。如果不是一个涉及地球磁层甚至是月球的新任务，那么希望能够在 1999 年唤醒它，至少可以评估它长时间在深空中受到的影响。但是，地面的跟踪支持并不是随时可以提供的，它悄然地飞掠了地球。尽管观测者试图拍摄航天器的图像，但是如果没有准确的轨道预报，在如此远的距离很难探测到这样小的目标[323-325]。

5.8　低成本任务：只选一个

1980 年，为了振兴美国的行星探测，JPL 发起了一项名为"太阳系低成本探测"(Low-cost Exploration of the Solar System，LESS)的研究，旨在以更短的时间和更低的成本来进行任务研制。但是这次努力是短暂的，部分原因在于实验室除了水手 5 号是一个备份星，水手 10 号尽可能多地使用现成系统之外，几乎没有低成本任务的经验。水手 10 号没有向保守的工程师们证明极端削减成本的优势，因为它曾经历一系列的事故[326-327]。然而，这个概念很快就被再次提出。同年，NASA 成立了专门的太阳系探测委员会，其任务包括提出一项克服行星探测计划危机的战略。在 1983 年的报告中，委员会建议使用现实的(即更便宜的)预算来开发任务，专注于科学需求，避免昂贵的新技术，尽可能多地使用现成的硬件产品[在海洋卫星(Seasat)的例子中，"标准"电子组件失效，表明需要严格控制所谓的"经过验证"的硬件]。具体来说，报告要求两类任务：行星观测者级(最初称为先驱者级)将在内太阳系中运行，从地球轨道卫星中汲取技术，成本上限为 1.5 亿美元(1982 年)；水手马克Ⅱ级将用于外太阳系，每个花费将高达 3 亿美元。报告认识到，类似海盗号或伽利略号探测器的"旗舰"任务每个都花费约 10 亿美元，不太可能获得批准，这就排除了将样本从行星带回地球的火星移动实验室，以及针对小行星主带内目标的离子推进旅程。

太阳系探测委员会建议 NASA 将其年度预算中的 3 亿美元用于太阳系探测，以防止美国国会必须为每个任务分配"新的开始"的状态，这容易使任务受到政治竞争的影响。人们也认识到，为了应对不那么频繁的任务，有人倾向于在任务中"装载"尽可能多的设备会导致"圣诞树"效应而增加了复杂性和成本。有人认为，更频繁的飞行机会(较低成本的任务)将扭转这一趋势。当然，稳定的预算可以使 NASA 开始计划执行迄今被忽视的目标，

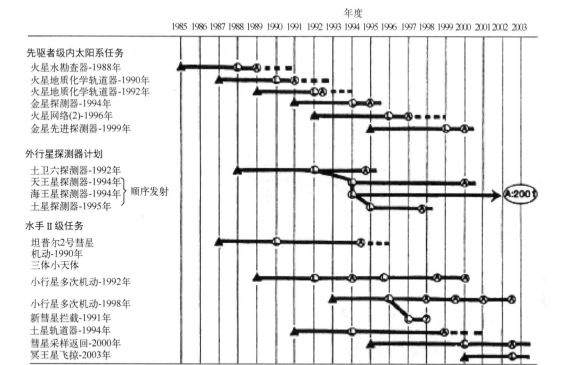

太阳系探测委员会提出的早期时间表。需要注意的是，行星观测者级任务仍被称为先驱者任务。带有 L 的圆圈表示发射时间，带有 A 的圆圈表示到达时间（源自 Waldrop, M. M., *"Planetary Science in Extremis"*, Science, 214, 1981, 1322—1324；转载经 AAAS 许可）

如彗星和小行星[328]。

　　行星观测者级的战略是将通信、气象和地球观测卫星的结构和通信系统改造为适应内太阳系的深空环境，以便用于金星和火星（但因为过热的问题，没有水星）以及可能闯入该区域小天体的任务。这个架构要具有充分的灵活性，来及时回应发现的新对象或现象。包括休斯、通用电气和 TRW 在内的所有主要航天公司都有支持这个概念的卫星平台。除了设计的继承，行星观测者级关键的要求之一是分担研发尽可能覆盖多个任务的基础航天器的投资。这种方法的潜在优势已经被装有物理和天文有效载荷的探测者号（Explorer）卫星所证实。另一个原则是，该计划不需要开发新的"促成技术"以确保成功。然而，人们可以设想一个并行的计划将使新的设备和技术得以发展，以达到充分掌握它们的程度，可以将其成果用于科学有效载荷。航天器将由航天飞机在低轨道上释放，然后使用低成本的补充加速级进行逃逸机动。当然，使航天飞机的飞行更加廉价，对于这个重新焕发活力的行星探测计划的总成本效益来说至关重要。首先是火星地理学/气候学轨道器（Mars Geoscience/Climatology Orbiter，行星观测者任务），用以解决海盗号探测器任务中出现的问题。接下来是月球地理学轨道器（Lunar Geoscience Orbiter）和近地小行星交会任务（Near-Earth Asteroid Rendezvous，NEAR）。此外，金星大气探测器（Venus Atmospheric Probe）可以解决先驱者号金星轨道器和多探测器任务出现的一些问题。其他创意还包括一个运送许多穿透器的火星表面探测器(Mars Surface Probe),一个与研究火星高层大气类似的任务,以及后来的彗星拦截和采样返回(Comet Intercept and Sample Return, CISR)任务[329]。

火星地理学/气候学轨道器行星观测者(Mars Geoscience/Climatology Orbiter Planetary Observer)任务的航天器草图。它的大部分组件都是美国国家海洋和大气局(NOAA)气象卫星和泰罗斯号(Tiros)等气象卫星上使用过的

与"行星观测者"一样,水手马克Ⅱ级任务的探测器也依赖于采用标准化平台,这种标准化平台可易于对一个特定任务所使用的系统和仪器进行重新配置。航天器能够适应各种各样的任务,包括土星轨道器、天王星和海王星飞掠探测器、冥王星交会和彗星/小行星交会探测器。更先进的任务可以扫过彗星的气体和尘埃,并返回到地球附近释放一个进入舱,使物质得到充分的分析。然而,就像哈雷彗星采样返回任务一样,这种采样对于保存物质的物理和化学状态几乎没有作用。更雄心勃勃的任务可能落在彗星的彗核上,以收集和保存样本。航天器可以采用火星借力进入一个利于部分主带小行星的快速飞掠和与其他小行星慢速交会的轨道。另一个建议是为行星观测者级火星地理学/气候学轨道器任务配置水手马克Ⅱ级平台[曾经由太阳电池板供电,而不是放射性同位素温差电池(Radioisotope Thermal Generator, RTG)]。然而,大多数水手马克Ⅱ级任务将专门用于从土星开始的太阳系的外行星探测。一个土星轨道器可以在为期 3 年环绕土星轨道之旅开始时,释放一个进入舱进入土星或者土卫六的大气层,在轨道运行期间它将对多个卫星进行多次飞掠,并使用合成孔径雷达绘制土卫六隐藏表面的地图。基于伽利略任务的大气探测器也可以飞往天王星和海王星。并不缺少有意义的任务!

航天器将使用尽可能包含继承技术的模块化平台。中心舱将容纳通用电子设备,其具有标准化的机械、电气和电子接口。科学仪器和其他传感器将安装在外部,位于悬臂和扫描平台上。稳定的成像将有利于光学导航,其需要细化与彗星和小行星的交会,并瞄准土

20 世纪 80 年代早期计算机渲染的探测土星的水手马克 II 级轨道器

卫六大气探测器的释放。在土星轨道器上，扫描平台可以携带雷达，在每次飞掠卫星的过程中，雷达将持续对准土卫六。特定任务的电子和科学仪器将尽可能地按照符合通用接口和数据格式的"黑匣子"进行设计。运载将采用航天飞机，逃逸段将采用三级固体推进剂的惯性上面级或更强大的半人马座上面级，无论哪种情况都可能增加一个额外的加速发动机，用以需要非常高的起动速度的任务。预计 20 世纪 90 年代将有 4~5 次任务。由于大多数任务需要大量的推进能力进入环绕目标或与目标速度相匹配的轨道，因此平台将包括一个双组元推进剂发动机。人们进行了一项研究，旨在确定是否可以制定单一的标准化发动机以满足所有的需求，或者是否需要在每种情况下使用不同的发动机。大气和地球返回舱将安装在航天器的本体和推进舱之间，因此在释放返回舱之前需要抛弃这些推进舱。不算推力系统、推进剂和背负式探测器，水手马克 II 级探测器约 600kg，其中 100kg 可分配给科学仪器。鉴于着重遥感探测，航天器将是三轴稳定的。除了使用标准化的可重新配置的平台之外，另一个重要的节省成本的关键是自动化，这将使航天器自我管理的能力最大化，而不需要连续地监测和进行地面输入。在漫长的巡航期间，航天器将传送一个内务管理信号，以表明其是自我管理或请求干预。虽然水手马克 II 级将利用上一代深空任务所验证的系统，但人们认识到，许多技术进步是在行星探测计划的间断期取得的，其中部分技术将被采用，特别是现代电子设备、通信系统、没有移动部件的光纤陀螺、用于姿态控制的 CCD 星敏感器、图像压缩算法以及通过使用新兴的因特网向参与者传播数据来降低运营成本[330]。

太阳系探测委员会特别推荐了 4 个新任务。其中之一是"金星环绕成像雷达"的简版，开始的名称为"金星雷达测绘探测器"（Venus Radar Mapper），后来被命名为麦哲伦号

(Magellan)。通过使用旅行者号探测器和伽利略号探测器遗留下来的零部件,并利用一系列硬件和软件的现有产品来传送大部分科学成果,可以大大降低金星环绕成像雷达的成本。第二个任务是火星地理学/气候学轨道器。它在 1984 年被批准为行星观测者级的第一个任务,后来改名为火星观测者(Mars Observer)。水手马克 II 级的任务为彗星交会/小行星飞掠[Comet Rendezvous/Asteroid Flyby, CRAF,非正式命名为牛顿(Newton)]和土星轨道器任务,为纪念意大利-法国天文学家乔瓦尼·多梅尼科·卡西尼(Giovanni Domenico Cassini),土星轨道器以他的名字命名。他一生致力于观测行星、行星环和诸多卫星,探测器将对土卫六的大气进行探测[331-332]。

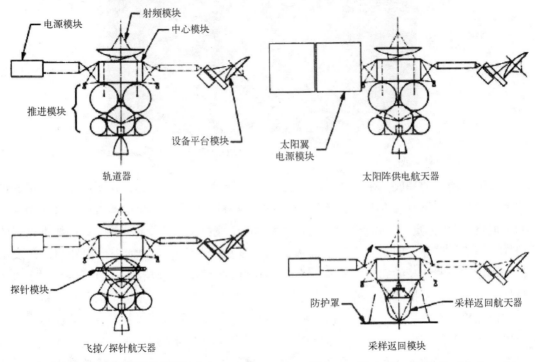

4 个水手马克 II 级行星际平台配置(来自 Neugebauer, M., "*Mariner Mark II and the Exploration of the Solar System*", Science, 219, 1983, 443—449;经 AAAS 许可转载)

1982 年,为了与 NASA 的太阳系探测委员会的研究同步,在欧洲空间基金会(European Space Foundation)和美国国家科学院(US National Academy of Sciences)的赞助下,人们成立了美国与欧洲在行星探测方面合作的联合工作组。工作组建议在 20 世纪末实施合作任务计划。最高优先级是土星轨道器(Saturn Orbiter)和土卫六探测器(Titan Probe)、多任务小行星轨道器和火星巡视器[333]。

不幸的是,即使在 1984 年火星观测者任务获批时,国会仍拒绝给予行星观测者计划财政的连续支持,这正是计划基础的关键部分,而其他任务没有启动资金,计划就此崩溃。由于行星观测者计划假定航天飞机飞行次数将更频繁,而且价格更便宜,因此它无论如何是注定要失败的。作为对此事的回应,科学家们重新开始尝试装载可以容纳所有仪器的少量航天器。在适当的时候，火星观测者将证明采用地球轨道卫星用于深空探测是天真的想法。尽管如此，在经历了多年的不确定性之后，现在美国探测太阳系有了希望，尤其是 JPL，它现在是唯一一个参与行星任务的 NASA 中心。从 1986 年开始，旅行者 2 号在其大旅行的航程中正接近天王星，伽利略号和尤利西斯号(Ulysses)(国际黄道面外任务)准备发射，麦哲伦号和火星观测者号正在开发中，国际舰队正在接近哈雷彗星。由于当时正处在乐观的氛围中，1986 年被称为"国际空间科学年"。不幸的是，在 1 月 28 日，挑战者号航天飞机携带 7 名航天员失事，其余的航天飞机停飞，"消耗性"的火箭几乎全部终止。美国的空间探测计划，特别是行星探测受到严重的质疑，这促使人们重新评估美国进入太空的手段。人们早期决定航天飞机将不作为国家航天运输系统的工具，尤其是不能用来发射商业卫星。常规火箭生产线重新启动。总之，这为行星计划带来了可能性。但是，在 1986 年年中，这个计划遇到严重挫折，NASA 决定不允许航天飞机在其货舱内携带氢动力半人马座上面级。然而，伽利略号、尤利西斯号和水手马克 II 级任务都使用半人马座上面级。在某些情况下，这些航天器太重了，无法转移到另一个运载火箭上。无论如何，它们都需要重新设计，这将增大任务的总成本。然而任务的研制资金特别短缺，因为 NASA 肯定会削减其科学预算，以支付航天飞机的改装费用。

与此同时，苏联采用维加号探测器对金星和哈雷彗星的探测都取得了成功，宣布将恢复火星任务，这是一个雄心勃勃的计划，最终将样品带回地球。两个超级大国之间的关系终于开始解冻，主要是因为苏联新的领导层放弃了冷战的军事扩张和过分猜疑的对抗，并越来越重视社会和经济改革。利用这种协作精神，苏联和 JPL 的工程师、管理者、科学家们建立了多年来的第一次直接联系，以讨论共同感兴趣的问题[334]。

5.9　彗星狂潮

在航天器的国际舰队探测得到哈雷彗星异常的、意想不到的结果之后，它间接地证明了我们对彗星知之甚少，于是各航天机构提出了各种新的更复杂的彗星任务。主要有 4 类：1)为了建立彗星特性统计数据库而调查多个彗核的航天器；2)从彗发中收集尘埃和气体样本并将其带回地球的航天器；3)与单一彗星交会并伴随其轨道进行详细研究的航天器；4)从目标彗核的最表层(和内部)采样返回到地球的航天器。

第一类的代表是灶神星(Vesta)，这是苏联-法国的提案，将在关于小行星任务(见下文)中描述。

在地球上层大气和地球轨道上已收集了彗星的尘埃。20 世纪 80 年代，法国和苏联科学家共同进行了一个有趣的尘埃收集试验，他们在和平号空间站的外部安装了极其纯净的金属靶，并将它们暴露在最活跃的流星雨中进行采样。人们计划对航天飞机和自由号空间站的飞行进行类似的试验[335]。如前所述，反对在哈雷彗星飞掠任务中以类似哈雷彗星采样返回任务的方式返回样品的原因是，物质将由于高速撞击而被"雾化"，导致原有的化学性质丧失。采样返回任务应该返回一个近似于原始状态的样本。当然，彗发采样返回任务的明显优势在于,材料不是通过能力有限的探测器上携带的仪器进行分析,而是使用最先进的方法在实验室中分析。与在彗核上着陆的复杂的采样返回任务相比,彗发采样可以不用太复杂(而且更便宜)的航天器来完成。JPL 的研究员彼得·邹(Peter Tsou)对这一任务重新引起了兴趣,他于 1984 年表示,聚合物泡沫或特殊材料气凝胶等"低致密"材料是一种极低密度的硅基泡沫材料,能够拦截到达速度为 10km/s 的颗粒而不会对材料施加改变其化学性质的热载荷。这引发了大量新的对彗发采样返回任务的研究[336]。在邹的工作成果基础上,美国和欧洲的联合工作组以哈雷彗星采样返回任务方式设计了一个雾化样本返回任务(Atomized Sample Return),通过使用可以捕获完整尘埃的金属靶或低密度材料,从彗星的彗发中获得尘埃样品。样品将直接送到地球,或者通过大气制动进入地球轨道,以便日后可以通过航天飞机回收[337]。1984 年,乔托 2 号探测器任务被提议由 NASA 和 ESA 联合资助。ESA 将提供平台,该平台使用乔托号探测器的基本结构,但使用样本采集机构和进入舱取代固体推进剂加速发动机。进入舱将以美国空军研制成功的科罗纳(CORONA)侦察卫星为基础。一台相机可以在早期确定彗星的位置,使航天器能够精确调整其轨迹,在离彗核 80km 范围内飞行。在那里,"母体分子"在被环境改变其化学性质前被收集。在 20 世纪 90 年代,确定对几个潜在的目标进行拦截,但是由于ESA 的"彗星拦截"团队解散了,因此这些机构对于这个问题考虑得非常缓慢,最终任务一直停留在研究阶段[338]。

许多为乔托号探测器提供试验的科学家着手提出凯撒号(CAESAR)探测器来构建乔托 2号探测器的概念,这个首字母的缩写代表彗星大气交会和采样返回(Comet Atmosphere Encounter and Sample Return)或者彗星大气和采样返回地球(Comet Atmosphere and Earth Sample Return)。它是历史上最有名的彗星之一,即公元前 44 年 7 月尤利乌斯·凯撒(Julius Caesar)遇刺几个月后出现的彗星。航天器将采用一个面积可达 $5m^2$ 的可展开收集器阵列,对彗发中的气体和尘埃进行采样。同乔托 2 号探测器一样,大颗粒会被泡沫聚苯乙烯之类的软介质阻止,并保持相对完整而性质不发生改变。较小的颗粒在撞击时被雾化,并且它们的残余物从收集器单元壁上重新获得。气体将被化学惰性表面收集,其类似于阿波罗任务的航天员在月球表面部署的极其纯净的铝箔的"瑞士旗帜",以捕捉太阳风离子,然后返回地球进行分析。20 世纪 90 年代确定了不少于 38 个采样机会。其中一个机会是凯撒号于 1989 年 12 月由阿里安 3 号运载火箭发射,以便于 1990 年 5 月对施瓦斯曼-瓦赫曼3 号(73P/Schwassmann-Wachmann 3)彗星进行采样,然后返回地球并释放返回舱。在最初的设计中,探测器将使用反推火箭进入地球轨道,以便日后通过航天飞机进行收集。但是随着设计的进行,这个返回舱被修改为直接进入大气层[339-340]。

与此同时,国际彗星探测器(ICE)任务的成功促使戈达德航天飞行中心的科学家设计了一个多彗星采样返回任务,该任务将充分使用自由号空间站。这将需要一个 770kg 的行星观测者级航天器和一对 250kg 的彗发探测器,它们将在 1992 年由航天飞机一起发射,但是各自独立飞行。它们会在行星际巡航中观测太阳。其中一个探测器将在 1995 年 7 月近距离飞掠达雷斯特(d'Arrest)彗星彗核的过程中采集样品,并在返回地球时点火制动火箭进入地球轨道，通过轨道拖船将其取回空间站。与此同时，另外两个航天器将飞掠本田-马寇斯-帕伊杜萨科娃彗星进行彗发采样，并以类似的方式返回地球。主航天器将于1998 年和 1999 年分别与贾可比尼-津纳彗星和坦普尔 2 号彗星交会。同时，空间站上的航天员将在彗发探测器上安装干净的收集器，然后重新发射它们，以在主探测器实现交会的几周内对后两颗彗星进行采样[341]。但是，这个雄心勃勃的想法（被认为与 JPL 的彗星交会/小行星飞掠任务竞争而不是互补）仍处于研究阶段。戈达德团队没有气馁，与 JPL 同行联合提出了将"彗星拦截"（Comet Intercept）和"采样返回"（Sample Return）作为行星观测者级任务。正如人们已经认识到的那样，直接进入是将样品带回地球的最简单和最廉价的解决方案，这项任务设想释放一个科罗纳舱。卡普夫彗星、本田-马寇斯-帕伊杜萨科娃彗星和贾可比尼-津纳彗星都是 1995—1998 年拦截的候选[342-343]。

　　一些曾参与过哈雷彗星采样返回任务工作以及"彗星拦截"和"采样返回"提案的美国人，与日本宇宙科学研究所的研究人员合作，提出彗星彗发地球采样返回（Sample of Comet Coma Earth Return，SOCCER）任务。这次将与木星族的多个彗星之一交会，主要候选包括芬利（Finlay）彗星、丘留莫夫-格拉西缅科（67P，Churyumov-Gerasimenko）彗星、沃塔南（Wirtanen）彗星、杜图瓦-哈特利彗星、卡普夫彗星和威尔德 2 号（Wild 2）彗星。任务基线要求在 2000 年发射，在 2002 年与芬利彗星距离不到 100km（可能只有 10km，以确保收集原始的"母体分子"），并在发射后 4 年返回地球。芬利彗星于 1896 年被发现，是一颗轨道周期为 7 年的小彗星。虽然在 20 世纪，芬利彗星的亮度以及产生的气体和尘埃的速度都急剧下降，但它被认为是收集彗星微粒的理想选择。在返回地球时，彗星彗发地球采样返回探测器的发动机将点火进入一个偏心轨道，这个轨道将通过大气制动圆化，然后由航天飞机回收。日本宇宙科学研究所修改了缪斯-A（飞天号）[MUSES-A（Hiten）]工程化的月球探测器用于测试，即多次通过稀薄的高层大气来逐渐降低轨道的远地点。为了在这个任务阶段保护彗星彗发地球采样返回探测器，将在它的飞行方向上覆盖一层耐高温材料。航天飞机将拆卸下样品容器，并把航天器遗弃在轨道上。作为预演，日本宇宙科学研究所计划在 1995 年由日本火箭发射空间自由飞行平台（Space Flyer Unit）卫星，由航天飞机回收。彗星彗发地球采样返回任务从一开始就被视为一项低成本的任务，而且由于它可以被共享，所以它的吸引力进一步增加。利用日本制造数字影像芯片的经验，日本宇宙科学研究所将提供成像仪、各种仪器和平台。NASA 将提供 JPL 的采样栅格和在轨回收系统。航天器本身是相当普通的，由八边形的平台组成，一端带有集尘系统（在交会的时候还可作为防尘罩），另一端装有高增益天线。6 个太阳翼将从平台向外展开，但在彗星交会期间被收拢。双组元发动机可进行各种机动，包括巡航过程中的轨道修正、最后两次彗星目标点火、大的深空机动、地球捕获、气动"进入"和"走出"，以及最后的轨道圆化，因此必须对发动机的总速度增量进行评估。尽管在大部分时间内，彗星彗发地球采样返回探测器为自旋稳定，但在需要的时候可以采用三轴稳定。CCD 相机将被用来获取用于精确瞄准彗星和科学目的的导航图像——后者包括彗发的远距离研究和彗核的近距离成像，其分辨率和质量可能要比哈雷彗星探测好得多。该航天器将由日本的 M-V 火箭发射（有时也被称为

Mu-5,是一种取代 Mu-3S Ⅱ 的火箭,能够将约 500kg 的载荷提升至逃逸速度)。人们认识到由于受日本宇宙科学研究所发射日程安排的限制,在 2000 年启动发射是不切实际的,于是推迟到了 2001 年。计划在 2002 年 11 月进行卡普夫彗星(22P/Kopff)的飞掠,威尔德 2 号彗星(81P/Wild 2)作为备份。因为卡普夫彗星也被选为 NASA 彗星交会/小行星飞掠任务的目标,所以它得到了很好的观测。当人们认识到卡普夫彗星超出了 M-V 火箭的能力范围时,发射转用美国的德尔它火箭[344-346]。这项任务的研究一直持续到 1993 年,当时日本宇宙科学研究所用缪斯-C(MUSES-C)任务替换了它,缪斯-C 任务是一个近地小行星采样返回任务[347]。

与此同时,JPL 为没有资金的国际彗星任务(International Comet Mission)设计了哈雷彗星飞掠和坦普尔 2 号(Tempel 2)彗星交会,在此基础上着手用彗星交会/小行星飞掠任务恢复一些预期的科学探测。这要求航天器围绕木星家族的一颗彗星的彗核运行,并投放一个穿透器硬着陆在其表面。到 1983 年年底,已经成立了一个科学工作组,以确定这个任务的目标和标称的有效载荷,这是水手马克 Ⅱ 级计划的第一个任务。

彗星交会/小行星飞掠探测器最初计划于 1990 年发射,在飞往与卡普夫彗星交会的轨道上实现小行星坦特(772,Tanete)的飞掠。当启动资金被拒绝时,发射日期重新调整到 1991 年,重新指定为飞掠小行星海德薇格(476,Hedwig)和与威尔德 2 号彗星(Wild 2)交会;但资金再次被拒绝[348-351]。经过重新设计,有两个方案可供选择:第一个是在 1992 年 9 月发射,目标是坦普尔 2 号彗星(10P/Tempel 2);第二个是在 1993 年发射,目标为达雷斯特彗星(6P/d'Arrest)。航天飞机将探测器和半人马座上面级送入近地轨道。实际上,由于坦普尔 2 号彗星轨道平面与黄道面倾斜 11°,直接到达彗星轨道的代价非常大,因此航天器将被送入一个能使地球借力的日心轨道,这将同时增加彗星交会/小行星飞掠任务轨道的远日点,并使其与彗星轨道的倾角相匹配。同时,NASA 于 1985 年 7 月邀请科学家提交该任务的建议书。科学目标包括:描述彗核的地质、形态和组成,并确定它如何随着日心距的变化而变化;调查彗发的化学性质;研究彗尾的动力学及其与太阳风的相互作用。飞往坦普尔 2 号彗星的轨道将提供一个对主带小行星赫斯提(45,Hestia)成像和测量质量的机会。赫斯提小行星是一个约 214km 大小的红色物体,其光谱特征类似于碳质陨石。如果推进剂余量允许,探测器可能尝试进行第二次飞掠,飞掠 17km 大小的莫劳哈小行星(1415,Malautra)[352]。在交会前 100 天,航天器的相机将开始在太空搜索彗核。在此时,坦普尔 2 号彗星将在木星轨道附近的远日点,由于它的轨道周期只有 5 年,距离近日点还有 1 000 天左右。彗核在近日点星历的不确定性很容易增加到几万千米,所以及时定位是至关重要的,通过航天器机动使其位于彗核朝向太阳方向的 5 000km 处。随着彗星交会/小行星飞掠探测器在接下来的 45 天内缓慢地接近目标,它会发送规划后续任务所需的图像和其他数据。除了确定彗核的大小、形状和自转之外,早期特征提取阶段还包括许多近距离的飞掠,以便能够较精确地估计彗核的质量。

采用旅行者号技术的彗星交会/小行星飞掠航天器的最初概念(图片来源：JPL/NASA/加州理工学院)

挑战者号(Challenger)航天飞机发生灾难性事故之前，人们设想的彗星交会/小行星飞掠航天器的水手马克Ⅱ级版本(图片来源：JPL/NASA/加州理工学院)

由大力神 4 号运载火箭发射的彗星交会/小行星飞掠航天器的水手马克Ⅱ级版本，显示部署了穿透器
(图片来源：JPL/ NASA /加州理工学院)

彗星交会/小行星飞掠航天器的最终水手马克Ⅱ级版本，非常类似于打算建造的卡西尼土星轨道器(图
片来源：JPL/NASA/加州理工学院)

探测器将在接下来的 18 个月内，降低至几十千米高度的环绕彗星的轨道上，每圈需要大约一个月的时间。在这个阶段，各种仪器将充分记录彗核静止休眠的状态。随着彗星接近近日点，它开始显现出气体和尘埃的彗发，航天器将后撤几千千米，以安全地观察彗核上的活动，并获得彗发的远景视图，这些研究均在不同的波长上进行。若有必要，一些仪器和其他系统将关闭"防尘盖"启动保护模式。当坦普尔 2 号彗星在 1999 年 7 月到达近日点时，航天器将远距离进入尾部，以研究它的结构和内部的等离子现象。尽管这将结束主任务，但可能执行扩展任务的航天器将研究彗星远离近日点时活动是如何减弱的，并能确定彗核形貌的变化。由于推进剂接近枯竭，航天器很可能会慢速撞向彗核。

在规划彗星交会/小行星飞掠任务时，水手马克Ⅱ级任务将包括一个改装的旅行者号平台，该平台可容纳大部分电子设备和子系统，并且支持几个能够携带磁强计、RTG 和两个扫描平台的的悬臂，其中一个扫描平台用于只需要低精度指向的设备，另一个扫描平台用于需要高准确度指向的设备。就彗星交会/小行星飞掠探测器而言，它将通过一个圆形的太阳电池板来增强供电，这个设计基于一个事实，即在任务中的某个时刻，太阳-彗星-地球的夹角将会非常狭窄，这意味着当高增益天线（本身是从海盗号轨道器继承而来）指向地球时，太阳电池板或多或少会朝向太阳。航天器的干重约为 1 450kg，其大部分结构由一个大型推进模块组成，包括伽利略号探测器剩余的双组元发动机、4t 以上的单甲基肼燃料和四氧化二氮氧化剂。

每个广角和窄角 CCD 相机都有一个可选择滤镜的转轮，用来确定彗星的组成。典型的成像分辨率约为 50cm，但是通过将一个转轮狭槽配置给放大镜，能够以约 5cm 的分辨率对较小的区域成像。还有人提出，如果航天器在飞过小行星带时，相机可以连续工作，那么就可以获得大量米级大小天体的令人感兴趣的数据[353]。其他仪器将包括可见/红外光谱仪，它用 320 个不同的波长来绘制彗核表面的组成，用一个红外辐射计来研究彗核的热结构。另一个仪器将样品收集面暴露于尘埃中，然后使用电子显微镜检查颗粒。探测器装有一台德国的尘埃分析仪，用来确定尘埃颗粒元素的化学组成以及冰和气体的分子组成，维加号探测器和乔托号探测器曾使用过同类设备。尘埃传感器可以监测尘埃的流量和微粒的质量、速度和电荷的分布；它还将提供危险警报，来及时关闭其他仪器的盖子。两个离子光谱仪将测量彗发和电离层中的中性和电离气体的组成，而等离子体仪器则测量它们的通量是如何随彗核的活动而变化的。一台磁强计将测量环境磁场的特性，无线电科学试验装置将测量彗星"大气"中的电子密度和温度，预计彗星交会/小行星飞掠任务的成果将是卓越的科学发现。

哈雷彗星"脏雪球"模型的验证促使对这样一个物体是如何形成的进行建模。该工作的一项成果是提出"原始的碎石堆"模型，即彗核是太阳系形成时遗留下的较小的雪球松散堆积物，这些小雪球主要由彼此的引力结合在一起。这可以很容易地解释为什么彗核有分裂的倾向，并且也预测到一些彗核可能伴随有与母体保持引力束缚的分离碎片。另一项研究是"冰胶"模型，根据这个模型，彗核由多孔耐火物质的巨石组成，由尘埃和冰块的基体结合在一起。乔托号探测器和维加号探测器的图像表明，哈雷彗星上的活动仅限于少数活跃

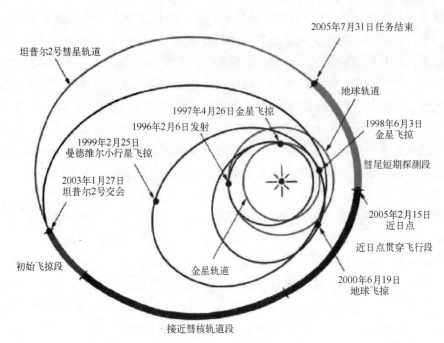

彗星交会/小行星飞掠的轨道利用金星借力来到达坦普尔 2 号彗星，正如 1991
年任务取消之前所预期的那样(图片来源：CRL/NASA/加州理工学院)

区域，有人认为这些活跃区域标志着暴露给太阳的冰基体的位置[354-355]。由亚利桑那大学
的月球与行星实验室(University of Arizona Lunar and Planetary Laboratory)开发的仪器将使彗
星交会/小行星飞掠探测器能够测试验证这些模型的有效性。一个矛状的穿透器将撞击一
个平坦、看起来相对原始的彗核部分，并采用伽马射线谱仪原位确定物质的化学性质，并
测量它的热特性。在维加 1 号探测器的红外光谱仪显示哈雷彗星的彗核比预期的温度高得
多以后，这样的数据变得特别重要，这表明有一层薄的黑色绝热物质。实际上，穿透器可
以用来加热冰，并测量热量是如何在物质内扩散的。穿透器上突出来的收集器会在撞击过
程中摄入少量的物质，这些物质通过热量仪和气相色谱仪进行分析。如果可能，穿透器将
携带相机拍摄彗星表面的照片。6 个加速度计可以监视撞击，以得到表面结构的迹象。穿
透器质量为 18kg，长为 1.18m，前身直径为 6cm。航天器将运动到只有几千米的高度，为
了让穿透器在飞行过程中保持稳定，使之自旋并释放。穿透器将使用自己的发动机，以确
保在彗星表面的定位。该发动机最初是固体火箭发动机，但后来改为液体发动机，以便根
据彗核的质量和密度而调整燃烧持续时间，彗核的质量和密度则根据初期研究确定。根据
彗核外壳的强度，预计会深入冰层至少 30cm。电池将提供约一个星期的电能。航天器能
够容纳两个穿透器，第二个(如果有预算)作为备用，如果第一个成功，第二个将被送到风
险更高的地点，如尘埃喷射口[356-357]。

在 1982 年，航天飞机宣布"运行"时，美国空军十分担心这种飞行器永远无法实现设
计的飞行速度，因此国防部在 1984 年年初发布了空间发射战略，要求引进能够提供航天

飞机级有效载荷至地球同步轨道的消耗性运载[358]。人们决定将成功的大力神 3 号运载火
箭升级为大力神 4 号运载火箭，并使之与为航天飞机开发的半人马座上面级兼容。在挑战
者号航天飞机失利后，NASA 决定不再使用航天飞机，这意味着一些深空任务必须转而采
用尚未飞行的大力神 4 号——半人马座运载火箭。为了使彗星交会/小行星飞掠探测器能
够安装在新型运载的有效载荷罩内，长的推进舱被一个矮粗的装置取代，该装置将发动机
和一组四个贮箱的管路装在一起。德国同意以 7 500 万美元的价格提供这个系统，以换取
尘埃粒子分析仪的飞行。为了减重还进行了其他几处更改。例如，旅行者号时代的结构平
台被伽利略号探测器的轻型平台所取代。然而，即使做了这些更改后，航天器还是太重，
大力神 4 号——半人马座运载火箭将无法按预定轨道发射，因此任务被修改为增加一圈太
阳环绕轨道和金星借力以获取能量。这次飞行需要更长的时间，但在彗星的远日点之后，
它仍然能够与坦普尔 2 号彗星交会。为了预防禁止 NASA 使用钚供电的放射性同位素温差
发电机，人们还研究了一种太阳能版本的航天器，该航天器使用了一个大型的太阳电
池板[359]。

　　到了 1988 年，由于彗星交会/小行星飞掠探测器和卡西尼号探测器研制的进展良好，
NASA 决定在 1990 年把它们合并为一项预算项目，其理由是与各自研制相比，航天器的设
计、管理和操作的通用性可以将总成本降低 6 亿美元。最后，这两个任务都得到了资助！
彗星交会/小行星飞掠探测器将于 1995 年 8 月发射，它的目标是绕太阳运行周期为 6.4 年
的科普夫彗星。目前的任务设计是在 1997 年中期一次地球借力，一个 88km 大小的主带小
行星汉伯加（449，Hamburga）的飞掠，以及在 2000 年 8 月与科普夫彗星的交会。为了利用
这次交会做广告，JPL 和麦当劳快餐连锁甚至签订了合同[360]。为了尽可能降低彗星交会/
小行星飞掠探测器和卡西尼号探测器的总成本，推进舱再次重新进行了设计。为了满足彗
星交会/小行星飞掠的需求（对于卡西尼号探测器来说，在飞行过程中贮箱仅部分加注），
推进舱变成了一个长圆柱单元，而普通的高增益天线则根据卡西尼号探测器的要求进行了
优化。与此同时，发射推迟到 1996 年，新的任务计划包括在 2003 年 1 月与坦普尔 2 号探
测器交会途中，进行一次地球借力、两次金星借力以及对一颗 110km 长的小行星曼德维尔
（739，Mandeville）进行飞掠[361]。毫不奇怪，只要任务最终落地，科学家们不再关心他们
研究哪颗彗星！

　　1991 年，美国国会大幅度削减了彗星交会/小行星飞掠任务和卡西尼号任务的联合预
算，所以这两次发射都不得不推迟到 1997 年。1992 年，白宫宣布由于"低成本"水手马克
Ⅱ级的成本飙升（相当于当今的 18.5 亿美元），最终，NASA 必须取消其中一项任务。
NASA 决定牺牲彗星交会/小行星飞掠任务。德国航天局作为这个项目中唯一的主要国际合
作伙伴，对此表示满意，因为在西德与东德重新统一之后，付出的巨大代价让它急于削减
预算[362-363]。决定的细节没有公布，但卡西尼任务可能受益于国际社会的大力参与（ESA
将为土卫六提供大气探测器，而意大利则提供通信系统的一部分）。对卡西尼号任务的另
一个要求是不能再拖延，因为需要木星借力到达土星。

　　彗星交会/小行星飞掠任务的取消也标志着水手马克Ⅱ级"低成本"深空任务概念的结

束。它在各方面都失败了，特别是这个任务变得如此昂贵，以至于它永远无法履行向多个目标频繁派遣任务的承诺。造成这种情况的原因有很多，特别是在挑战者号航天飞机失利之后对平台进行了大规模的重新设计。当时出现的情况与预期恰恰相反："旗舰"概念，即一个航天器将携带尽可能多的仪器，日程安排非常稀疏，以至于参与者将大部分职业生涯投入到一项任务中。

同时，ESA 在 1984 年成立的一个调查委员会发表了题为"地平线 2000"的报告，建议在 20 世纪末之前进行 4 项"奠基石"科学任务。其中一项是小行星和彗星，另一项是将彗星物质的样本送回地球，它被认为自太阳系形成以来一直保持不变。同年晚些时候，ESA 同法国的马特拉(Matra)公司签订了一个合同，将使用太阳能电推进或者传统的推进来研究这样的任务。

NASA 的太阳系探测委员会还建议在 21 世纪之初开展彗星采样任务。JPL 正在对其雄心勃勃(且昂贵)的火星采样返回的后续任务进行各自独立的并行研究。人们提出从初始的日心轨道到与彗星近日点时的缓慢交会都采用太阳能电推进的概念设想，然后用于电推进供电的大型太阳翼将收拢，而且航天器将转换为化学推进。科研人员甚至考虑探测器没有必要着陆在彗核上，因为当航天器"盘旋"在彗星表面以上 100m 时，绳系钻头可以被卷筒释放并收回[364]。

ESA 成员国的部长们于 1985 年 1 月在罗马举行会议，并通过了"地平线 2000"的报告。当时乔托号探测器准备发射的事件提高了"原始体"的影响力，因此人们决定"奠基石"的科学任务之一应该为彗星采样返回任务。很明显的是，由于这类任务的造价将非常昂贵(至少 8 亿美元)，它可能会作为一个联合研制任务提供给 NASA，用来弥补彗星交会/小行星飞掠任务。1986 年 7 月，在英国坎特伯雷举行了彗核采样返回(Comet Nucleus Sample Return)研讨会，并建议成立联合的 ESA/NASA 科学和技术小组，以使该任务成为一个国际合作项目。随后，ESA/NASA 的任务就成为众所周知的"罗塞塔石碑"(Rosetta Stone)，这块石碑上带有使埃及象形文字被破译的碑文。采用这个命名作为类比是因为人们相信，彗星物质的样本会在理解星际介质和太阳系的起源之间产生巨大的飞跃。罗塞塔任务计划在 21 世纪初期发射，目标是采样木星族的短周期彗星之一。最初的候选是丘留莫夫–格拉西缅科彗星，但是当选择 2003 年的发射日时，施瓦斯曼–瓦赫曼 3 号成为了目标。

NASA 将向罗塞塔任务提供一个装有姿态控制、导航、通信和 RTG 供电的水手马克 II 级平台。着陆器、采样系统和返回舱将由 ESA 提供。深空网将提供跟踪和数据接收。大力神 4 号和半人马座运载火箭把罗塞塔号送入一个日心轨道，航天器在这个轨道上运行并将在 2 年后返回地球，届时地球借力将加大轨道的偏心率足以到达其目标，即木星的轨道附近外侧，这个目标即将接近远日点。罗塞塔号会在彗星附近花费大约 100 天的时间。远距离接近段将确定彗核的主要几何和动力学特征：大小、自转速率、自转轴指向等。随后的轨道观测阶段将评估彗核的活动模式，特别是所有的排气活动，以评估靠近彗核运行的风险。在这段时间内，科研人员将选择着陆点。在根据形貌选择候选位置后，辐射计将评估其地形和粗糙度。然后对所有仪器的数据进行评估，以确定该地点是否满足科学目标。在

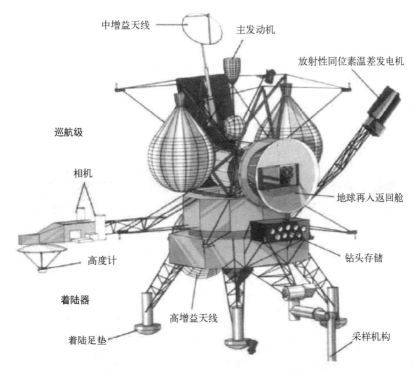

ESA/NASA 联合彗核采样返回航天器罗塞塔的设想（图片来源：ESA）

试图着陆之前，罗塞塔号将部署一个无线电信标来引导下降。着陆器将使用雷达高度计和多普勒雷达来控制其接近过程。鉴于彗核的引力非常弱，在与表面接触时，着陆器将从三个足垫的每个足垫上发射一个鱼叉形装置，以确保在采样操作期间保持稳定。采样设备将装有一个可互换"末端执行器"的机械臂。着陆器使用抓取工具收集一些希望可以代表挥发物和非挥发物的表面样品以后，转而采用取心钻具采集深达 3m 的地层样品。意大利 Tec-nospazio 公司测试了一台功率低至 100W，能够在 -200℃ 下运行的钻机，这样设计是避免其加热彗星的物质[365-366]。将样品放置在样品返回舱的低温储存室后，NASA 研制的上升段将起飞前往地球。ESA 的着陆器可能会配备一个自发电系统，使其能够在彗星接近近日点时进行原位观测。另一种可能是包括某种"探测装置"来研究彗核的内部结构。当返回段接近地球时，它会把 RTG 抛弃在一条将要经过地球的航线上，然后进入轨道释放返回舱。除了提供约 46 亿年前太阳系形成遗留下来的原始物质之外，还希望这种物质可能含有早于太阳系的尘埃和迹象。通过星际微粒中独特的元素和同位素组成可以深入了解银河系核聚变的历史。人们预期在彗星样品中发现的复杂碳化合物，将揭示来自简单分子的复杂化学过程。科学家们特别想知道，彗星是否曾携带有构筑生命的模块来"播种"行星[367-369]。

彗星交会/小行星飞掠任务的取消使人们对于 NASA 是否能够支持罗塞塔号表示怀疑。实际上，ESA 面临财政困难，部分原因是德国统一花费了很大成本。与此同时，欧洲的科学家越来越担心，过多的预算将被分配到赫尔墨斯（Hermes）航天飞机之类的项目，这就像航天飞机发展早期肆虐 NASA 的计划一样威胁到 ESA 的科学计划[370]。作为对所有这些压力的回应,科研人员对罗塞塔号任务中仅 ESA 部分的版本开始了研究,取消了采样返回活动(最初概念实施中最昂贵的部分),最终看起来与彗星交会/小行星飞掠任务非常相似。这次这个项目幸存下来,并在 21 世纪初开始付诸实现。

5.10　害虫的兴起

第一颗小行星发现于 1801 年 1 月 1 日,随后有其他小行星陆续被发现,很快由于数量过多,天文学家把它们当作是"天空中的害虫"。美国于 20 世纪 60 年代就开始讨论发射航天器去小行星[更确切的名称是"小型行星"(Minor Planets)]的可能性。在 1966 年出版的《行星际飞行手册》(Planetary Flight Handbook)中,NASA 甚至公布了谷神星(1, Ceres)和灶神星(4, Vesta)的轨道数据,它们是最大的两颗小行星[371]。欧洲空间研究组织(ESRO)也同样研究了飞往木星途中穿越小行星带时进行飞掠探测的可行性[372-373]。此外,在审查 NASA 行星项目时,小行星探测可能会对行星形成的早期阶段提供深刻的认识,因此美国国家科学院将小行星评为高优先级项目,并建议 NASA 开始着手计划一项探索性的任务,其中一种方案是发射一颗安装有离子推进发动机的航天器,并携带 50kg 科学仪器对爱神星(433, Eros)进行飞掠探测。爱神星的轨道距离地球较近,航行过程大约要花费 1年时间[374]。20 世纪 70 年代,进行的其他研究包括科研人员对将海盗号技术用于在爱神星或者灶神星着陆并取样返回地球的可行性进行了论证[375]。先驱者 10 号和 11 号于 20 世纪 70 年代初期开展了早期的对小行星带的环境研究,当时它们正在飞往木星途中。另一种方案是发射一个太阳能供电的航天器携带西西弗斯(Sisyphus)小行星探测仪和流星体穿透栅格,两种仪器都是为先驱者号研发的,这样能够对距太阳 3.5AU 的小行星带进行一次彻底的勘查[376]。

对小行星天文学的研究成熟于 20 世纪 70—80 年代,人们越来越明显地感到小行星对于研究太阳系的起源和演化非常重要。部分原因是人们相信小行星非常小,它们可能没有经历由放射性元素衰变释放热量所产生的重要热处理过程,因此小行星是太阳系形成初期保留下来的主要原始物质。1975 年,科学家通过类比陨石光谱(通常是模糊的),引入利用光谱对小行星进行分类的方法。S 型小行星与石质陨石相近,暗淡的 C 型小行星与富含碳的球粒陨石相近,M 型小行星与富含铁(金属)的陨石相近。在随后的几年里,又增加了十多种其他类型,V 型小行星(包括最亮的小行星灶神星)与一种稀有的火山陨石相近,这反过来又使探测小行星有了诱人的前景,因为至少有一些小行星也是经过热处理的! 之后,在 1980 年,路易斯·阿尔瓦雷茨(Luis Alvarez)和他的同事发表了一个理论,即 6 500万年前标志着恐龙、翼龙和大型爬行类动物时代结束的白垩纪-第三纪灭绝事件是由千米级小行星撞击地球而引发的。同样是在 20 世纪 70 年代,随着新的小行星分类方法的提出,已知的"近地"小行星的数量急剧增长。1976 年人们发现了阿登型(Aten)小行星的原型,所有阿登型小行星的远日点都刚刚超过地球轨道以远,并且轨道周期小于 1

年[377-378]。基于以上这些原因，加上太阳系内除冥王星外的所有主要天体都已经（或者将要）被探测过，至少也已被初步探测过，于是探测小行星的方案在 20 世纪 80 年代早期被提出来。

1979 年，科学家提交给 ESA 的探测小行星任务的几个新提案之一被命名为阿斯特瑞克斯（Asterex）项目[379]，该项目使用一个三轴稳定、带有双组元发动机和两个大型太阳翼的航天器。其配置的载荷套件非常简单，只有一台"基本"的相机、一台红外光谱仪和一台雷达高度计。任务方案之一是在 1987 年 4 月采用阿里安 4 号运载火箭发射，3.5 年后到达小行星带，与太阳的距离为 3.5AU，至少能够提供 5 次与小行星交会的机会，其中包括与最大的小行星谷神星交会[380]。欧洲科学家认识到很难通过和 NASA 合作来分摊高昂的任务研制费用，因为轻量级的载荷，难以使两者达成满意的分割方案[381]。阿斯特瑞克斯项目被 ESA 驳回，但经过修改，在两年后以阿格拉任务 [小行星重力光学和雷达分析（Asteroidal Gravity Optical and Radar Analysis，AGORA）] 的名字被重新提交上来。任务的基线是在 1990—1994 年发射，对至少两个不同大小和类型的小行星进行飞掠探测，飞掠距离为500km，相对速度在 5km/s 量级，之后再去和一颗直径至少为 100km 的主带小行星进行低速交会，并进入其环绕轨道，灶神星看起来是最佳选择。在交会期间，探测器将释放一个20cm 大小的无源反射器，相机将对无源反射器进行跟踪，通过小行星引力改变无源反射器运动轨迹的方式来计算小行星的质量。这个任务将使用阿里安 44L 型运载火箭发射，这是欧洲当时最大的运载火箭。其中一种飞行方案是将探测器发射到一条前往火星的轨道，并利用火星借力将其远日点延伸到小行星带；另一种方案是利用推力相对较小的离子发动机提供可用的推力（欧洲终于研发出离子发动机），将探测器发射到远日点位于小行星带的一个椭圆轨道上，再通过离子发动机将其轨道圆化。然而，这个方案需要用到巨大的太阳翼（太阳翼跨距 30m），原因包括两点：一是离子发动机采用最大推力需要 4kW 功率；二是探测器进行最关键的轨道机动时，由于距离太阳遥远，太阳光的能量减少[382-385]。

采用离子推进的欧洲阿格拉（AGORA）小行星探测器（图片来源：ESA）

当 ESA 将阿格拉(AGORA)任务否决后，美欧行星探测合作联合工作组(Joint Working Group on US-European Cooperation)利用欧洲设计阿斯特瑞克斯任务和阿格拉任务的经验，修改并推出新方案：太阳能电推进多小行星轨道探测器(Multiple Asteroid Orbiter with Solar Electric Propulsion，MAOSEP)。这就需要一个具有离子发动机的航天器，它将探测最常见类型的小行星(一定有 C 型和 S 型，也可能有 M 型、P 型和 D 型)。一种可选方案是使用阿里安运载火箭发射，探测器对 4 颗小行星进行飞掠探测并对灶神星和海女星(17, Thetis)进行极轨探测。还有另一种可选方案，是使用航天飞机和半人马座上面级发射，探测器最多对 6 颗小行星进行环绕探测。在探测器环绕一颗小行星后，首先进行高轨遥感探测，然后进行低轨的详细探测[386]。其中，高轨探测的轨道周期应为小行星自转周期的若干倍。但在 1985 年年初，NASA 对小行星探测任务并不感兴趣，而 ESA 启动了一项研究项目，该项目旨在研究将欧洲离子发动机试验件用于实施简单小行星交会任务的技术可行性[387-388]。

在 20 世纪 80 年代，欧洲各国也提出各种小行星探测任务。业余无线电爱好者卫星公司(Radio Amateur Satellite Corporation，AMSAT)的西德分支部门提出利用阿里安 4 号运载火箭发射 300kg 级的航天器，并使用离子发动机访问日心距离为 3 AU 范围内的小天体。西德航天局对其进行了可行性研究，林道市的马克斯·普朗克研究所(Max Planck Institute)对可能的有效载荷进行了评估。像业余无线电爱好者卫星公司制造的卫星一样，这种低成本航天器将使用"国产"技术，其主要载荷设备是从乔托号探测器上拆下的相机以及红外光谱仪[389-390]。

意大利国立大学电子计算中心(Centro Nazionale Universitario di Calcolo Elettronico，CNUCE；National University Center for Electronic Computation)于 1983 年开始了一项可行性研究，该研究工作将越地小行星[①]任务(Earth-Crossing Asteroid Mission，ECAM)作为国家级任务，由航天飞机、意大利研究的临时上面级(Italian Research Interim Stage，IRIS)和欧洲静止轨道远地点发动机 1SB 固体推进剂上面级(后者与乔托号探测器使用的上面级一致)组合体共同发射。意大利科学界和太空工业界对其很感兴趣，该提案更名为皮亚齐(Piazzi)，以纪念意大利天文学家朱塞佩·皮亚齐(Giuseppe Piazzi)，他是第一个发现小行星的人。在挑战者号航天飞机发射失利后，这个任务被重新设计为使用常规火箭发射，可以选用欧洲的阿里安 4 号或美国的宇宙神 2 号运载火箭，再次使用意大利研究的临时上面级作为补充加速级。最小有效载荷设备配置基线有 4 台仪器：多光谱相机、反射光谱仪、红外辐射计和雷达高度计。但同时，也考虑了其他设备，甚至考虑了携带穿透器的可能性！希瑞(SIRIO)试验通信卫星的经验将用于设计这个自旋稳定的航天器，发射质量范围在 400~900kg。介于 1996—2005 年的发射窗口将不少于 28 个，探测目标是针对 11 个阿莫尔型(Amor)或 1 个阿波罗型(Apollo)小行星，其中有的小行星还有多次探测机会。因为到达阿登型小行星的交会轨道能量需求太高，所以航天器无法到达阿登型小行星[391-395]。在

―――――――――――――

①　越地小行星是一种近地小行星，运行轨道可能穿过地球轨道，即有可能与地球相撞。——译者注

阿丽塔莉亚公司(Aeritalia)(意大利最大的航天公司)、天文学家、一些大学和国家科学研究机构的支持下,这个方案被提交给新成立的意大利航天局(Agenzia Spaziale Italiana,ASI; Italian Space Agency),意大利航天局认真考虑了这个方案并最终拒绝资助,原因可能是意大利科学界不希望支持他们现有计划的潜在竞争对手[396]。

在探索与美国合作进行小行星探测任务可能性的同时,ESA 还与法国国家航天研究中心(CNES)和苏联国际航天合作局(Soviet Interkosmos Agency)开展了一个名为维斯塔(Vesta)的项目。苏联于 1985 年第一次披露这个任务,当时他们考虑可以使用金星借力或火星借力任务,绕太阳飞行若干圈,以期望与小行星和彗星交会。在某些情况下,交会次数可以多达 20 次[397]!该任务的详细设计方案包括两个不同的航天器,一个由法国人制造,另一个由苏联人制造,它们将由质子号运载火箭一同发射,并飞往金星。

意大利小型皮亚齐探测器正在接近小行星[图片来源:卢西亚诺·安塞尔莫(Luciano Anselmo)]

在抵达金星时,苏联航天器将像维加号探测器一样释放大气进入舱,然后通过金星借力飞向某些近地小行星。法国航天器将通过金星借力返回地球,之后再通过地球借力将远日点抬升至小行星主带区域。科研人员识别了 1991—1992 年的哪些发射窗口更有助于在探测器去往灶神星(这也是为什么这个任务称为维斯塔的原因,灶神星音译为维斯塔)的路上,能够交会周期彗星——卡普夫彗星(22P/Kopff)和格雷尔斯彗星(78P/Gehrels)以及其他小行星。苏联能够通过对已有金星探测器平台或新的火星–金星–月球通用探测平台(UMVL)进行修改,而法国则需要设计一个全新的探测器,两侧太阳翼翼展长 20m,配备

维斯塔探测器被认为是苏联和欧洲的联合任务(图片来源：ESA)

高增益天线、科学仪器平台和雷达高度计。科学仪器包括相机和红外辐射计。如果设计总质量要求能够放宽到 870kg，还可以搭载一台由苏联研制的穿透器[398-400]。当法国人(面临资金短缺问题)要求将任务推迟到 1994 年时，苏联利用这一点将小行星探测安排到新的行星探测项目当中，这些行星探测项目的焦点从已经取得巨大探测成功的金星回到了几乎没有取得过探测成功的火星。现在，重新设计的质子号运载火箭整流罩里包括一个法国航天器，一个苏联的带有两个穿透器的模块，一个苏联火星下降模块和火星-金星-月球通用探测平台。因为取消了金星借力飞行，所以必须对法国的任务计划进行修改。相反，它可以利用多次火星借力来探测灶神星以及其他 3 颗或更多小行星[401-402]。在重新设计的过程中，法国航天器质量增加到 1 500kg，并增加了 500kg 的苏联穿透器模块。法国探测器将在距离 500~2 000km 的位置，以 2~15km/s 的相对速度飞掠目标。在接近目标时，它会旋转穿透器模块，以将其稳定释放。穿透器模块将使用自己的推进系统来降低其相对于目标的速度，通过成像定位，并释放两个穿透器，这两个穿透器将在相距 10~20km 的两处击中小行星，穿透器模块将用 4kg 重的仪器套件分析小行星的化学成分、磁特性和热特性以及地震环境并将数据传回[403-404]。经修订的任务方案于 1988 年提交给 ESA，并将发射日期调整至 1996 年。但该任务与 ESA 的已有任务(如伽马射线探测器、紫外望远镜、天基射电望远镜和 ESA 所参与的卡西尼任务等)相冲突——当时 ESA 在卡西尼任务中研制探测土卫六的大气探测器[405]。在 20 世纪 90 年代中期，俄罗斯把这个方案确定为火星-阿斯特(Mars-Aster)任务，即利用火星借力到达彗星和小行星的任务，利用新型质谱仪分析彗星及小行星尘埃样品，并使用穿透器对其中最大的小行星进行勘查。这个任务的目的是测试保护地球免受危险小行星撞击所设计的拦截器的瞄准技术[406-407]。

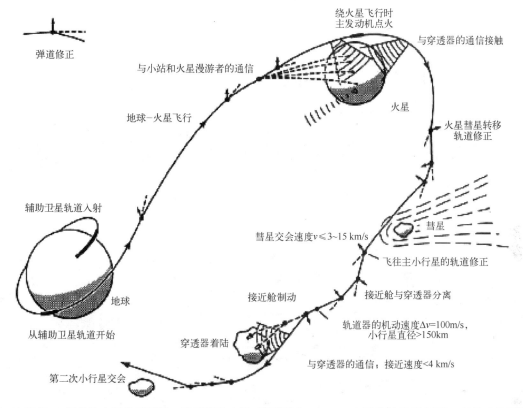

弹道修正

绕火星飞行时主发动机点火

与穿透器的通信接触

与小站和火星漫游者的通信

火星

地球－火星飞行

火星彗星转移轨道修正

辅助卫星轨道入射

彗星交会速度 $v \leqslant 3\sim15$ km/s

彗星

飞往主小行星的轨道修正

地球

接近舱制动

接近舱与穿透器分离

从辅助卫星轨道开始

穿透器着陆

轨道器的机动速度 $\Delta v=100$m/s，小行星直径 >150km

与穿透器的通信；接近速度 <4 km/s

第二次小行星交会

在 20 世纪 90 年代的大部分时间里，俄罗斯的火星-阿斯特（Mars-Aster）任务的飞行剖面一直处于悬而未决的状态（转载自 Surkov, Yu. A.，"从航天器探索类地行星"，Chichester, Wiley-Praxis, 1997）

　　美国还对小行星任务开展了广泛研究。例如，使用弹道轨道（借力与否都包括在内）或离子推进来进行多小行星侦察任务，后一种方案能够与 6 个以上的小行星进行低速交会。此外，小行星飞掠探测被包含在外太阳系行星探测任务的框架中，例如伽利略号、卡西尼号及彗星交会/小行星飞掠（CRAF）等任务中，而在 1983 年，太阳系探测委员会提出，NASA 考虑将近地小行星交会（NEAR）发展为行星观测者（Planetary Observer）级别的专项小行星探测任务。航天飞机发射后，惯性上面级将航天器送到近地小行星附近，航天器实施轨道机动与目标交会。航天器是否能够进入环绕小行星的轨道取决于小行星的质量，如果引力太弱，它将在小行星旁边飞过，并进行轨道机动实施重复接近过程。小行星的形状、质量、地形和成分组成可由 4 种基本载荷设备测得，包括 CCD 相机、X 射线和伽马射线谱仪以及多光谱红外测绘仪。探测器很可能还会有一个高度计和一个磁强计。科学家在阿波罗型和阿莫尔型小行星中确定了许多探测目标，包括第二大近地小行星爱神星（Eros）。随着任务的开展，天文学家发现了一个小的天体，最初将其命名为 1982DB，之后将其正式命名为尼利亚（4660, Nereus），并且天文学家证明这颗小行星是太阳系内除月球外最容易

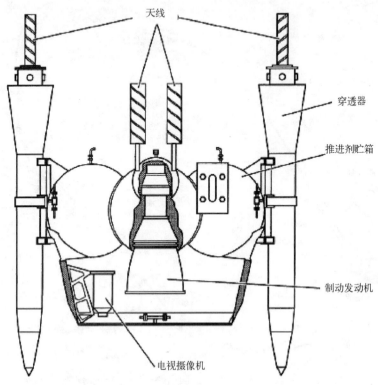

主要特征
接近探测器质量：500kg
穿透器质量：2×30 kg
制动速度：4 km/s

天线

穿透器

推进剂贮箱

制动发动机

电视摄像机

俄罗斯的火星-阿斯特(Mars-Aster)任务的穿透器舱段(转载自 Surkov, Yu. A.，"从航天器探索类地行星"，Chichester, Wiley-Praxis, 1997)

到达的天体，而且也是最容易实施采集样品返回地球的天体。最后，任务基线确定为在 1994 年使用航天飞机发射并用转移轨道上面级(Transfer Orbit Stage)代替惯性上面级，选择俄耳普斯(3361，Orpheus)小行星作为探测目标。但随后行星观测者计划在其第一次任务(即火星观测者号)得到批准后不久就被取消了，并且本有希望的近地小行星交会任务也没有真正实施[408-411]。幸运的是，该提案仍然存在……

5.11　向着太阳的方向

如后文所述，在 20 世纪 70 年代初，欧洲空间研究组织(ESRO，后来的 ESA)使 NASA 有兴趣加入一项在高纬度观测太阳的联合任务。这项任务需要使航天器变轨至一条相对太阳赤道面(或者黄道面，两者几乎重合)倾角极大的轨道平面。尽管欧洲空间研究组织内部研究最开始倾向于使用离子驱动来逐渐增加初始日心轨道的倾角，但当该项目改为欧美联

合探测时，人们决定使用木星极轨借力飞行来实现目标轨道。在研究进行到这个阶段时，
人们开始将这个任务与 1958 年以来一直在讨论的另一个任务相联系。当时，美国国家科
学院辛普森委员会（Simpson Committee of the National Academy of Sciences）为新成立的 NASA
推荐了一个科学计划，使航天器穿透太阳日冕。虽然一直没有做到，但人们对该计划的科
学兴趣依然很高[412]。随着远离黄道任务的批准，以及对大胆的深空任务的热情浪潮，
1975 年重新出现了近日飞行任务的想法。意大利空间动力学专家朱塞佩·科伦坡
（Giuseppe Colombo，乔托号探测器以及许多其他科学探测任务之父）是太阳探测器（Solar
Probe）的主要倡导者。尽管朱塞佩·科伦坡是主张使用木星借力飞行实施远离黄道任务的
发起人之一，但他是绝有力的反对者，他主张除非携带太阳探测器，否则不应该采用木星
借力飞行，他认为采用木星借力飞行的结果将是减少了探测器的几乎全部的日心轨道速
度，并且逐渐向太阳"坠落"。实际上，他认为应该让这个探测器直接冲入太阳周围，就像
他所说的"太阳跳水者"一样，或者更像是一个指向太阳的箭头。作为替代方案，人们也考
虑了近日点约为 4 倍太阳半径的"太阳掠食者"。ESA 科学家对此很感兴趣，准备了一个小
型太阳探测器的初步可行性研究方案。方案认为探测器需要由放射性同位素温差电池
（RTG）提供能源，因为尽管探测器距离太阳很近，但它无法使用太阳电池板发电，因为电
池片会因为太热而无法有效工作；而要采用放射性同位素温差发电机，就意味着需要邀请
NASA 参加这项任务。

　　太阳探测器的科学目标是：测量太阳等离子体的分布、密度、速度和温度；测量磁
场，磁场被认为包含了大部分等离子体的能量；探测等离子体波和高能粒子；探测"重"离
子；探测太阳等离子体被加热并加速到超声速而产生太阳风的区域，其确切的起源仍然是
一个谜。日冕光探测仪（在概念上类似于在探测木星和土星的先驱者任务中使用的偏振测
光计）可以建立日冕中光、温度、密度分布的三维演示。然而，其主要目标是测量那些还
不太确定的重力场参数和相对论参数，掠日轨道特别适合这项任务。可以预期的是，ESA
特别关注航天器的热设计，但后来被证明热的问题并没有先期担心的那样严重。实际上，
理论分析表明，镀铝石墨的两级圆形隔热罩以及通过精心设计的格子将其安装到航天器
后，可以确保在日心距离 0.02 AU 时主体温度不超过 40℃（那时隔热罩前端温度将是
2 400℃）。如果任务得到批准，太阳探测器可于 1982 年发射，于 1983 年 7 月与木星交会，
并于 1985 年 6 月到达近日点。即使探测器不在"太阳跳水者"轨道上飞行，由于热控和构
型限制，使得在接近太阳飞行过程中必须抛弃 RTG，因此太阳探测器也活不过第一次近日
点。尽管可行性研究结果较为乐观，但 ESA 的高层管理人员仍怀疑将黄道外任务与太阳探
测器结合是否合适，因为这样做会拖延黄道外任务的进度，而黄道外任务当时研制进展很
顺利，因此欧洲的太阳探测器就被搁置起来[413]。

　　多亏科伦坡与美国科学家有广泛联系（正是他向 JPL 建议，将水手 10 号投入一条使其
能够周期返回水星的轨道），JPL 对这个任务进行了内部初步评估，确认了这个简单的轻
质量防热罩可以给脆弱的系统进行有效降温。因为 ESA 曾采用两级平面隔热罩，所以 JPL
研究了诸如"屋顶"、倾斜椭圆和锥形隔热罩等解决方案。这个由 RTG 提供动力的 JPL 航

天器的科学目标将与欧洲任务的科学目标相似，但鉴于 JPL 在成像系统方面的专业知识，将采用一台高分辨率相机来研究日冕、光球和色球的结构和行为。任务的支持者强调，近太阳环境的原位探测能提供的认知飞跃，可以与 1965 年水手 4 号第一次与火星飞掠时所提供的认知飞跃相媲美。

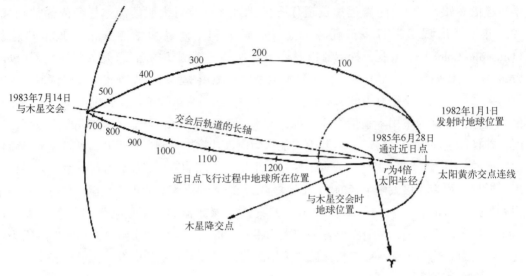

ESA 近日点太阳探测器的轨道示意图，包括与木星交会的轨道形状。美国和苏联探测器将在非常相似的轨道上飞行(图片来源：ESA)

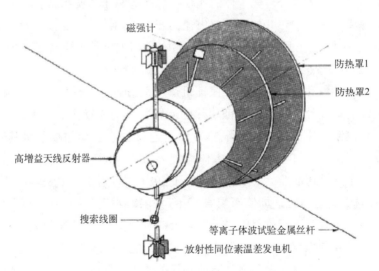

ESA 太阳探测器的构型(图片来源：ESA)

认识到它极高的科学价值后，NASA 空间科学办公室(Office of Space Science)采纳了 JPL 的研究方案，并给了它一个激动人心的名字：星探号(Starprobe)。如果它成功飞行，可能会将其改名为科伦坡号，以纪念 1984 年去世的科伦坡[414]。这个质量为 1 200kg 的航天器的最主要部件为大型圆锥形碳-碳隔热罩，它的阴影能够保护 RTG、二次隔热罩、天

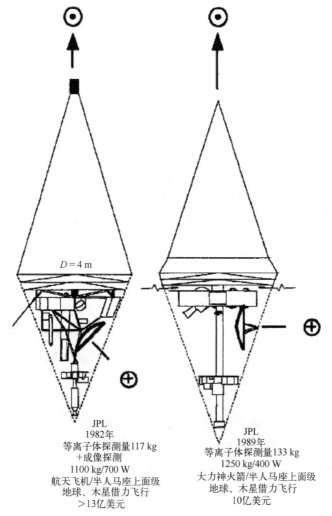

随着设计在 20 世纪 80 年代的演变，JPL 设计出的星探号（Starprobe）近日点航天器的
两种构型。注意大型对日锥形隔热罩，以及指向地球的高增益天线

线、仪器设备以及各子系统等。在靠近近日点处，最多只有几根电缆或附件被完全暴露在
热环境中。一个 1m 直径的可转动天线将一直指向地球，以便在近日点时能够实时传回大
约 200 张太阳图像。然而，那时候，由于日冕和太阳出现在地面接收天线的视场中而造成
干扰，数据传输速率被限制在任务初期的 1/10。因此大部分数据必须记录在航天器上，从
地球上看，在航天器飞出太阳圆面后，再将这些数据以正常的传输速率传回地球。由于航
天器无法削减地球固有日心速度的运动能量，因此此任务不可能从地球直接发射。在科伦
坡作为作者之一的一篇文章里说："在本质上，这样的轨道就好像在我们下车的时候需要
将整个世界停下来一样。"因此，像欧洲的太阳探测器一样，JPL 的星探号也需要用木星借
力飞行来到达太阳。它将由航天飞机发射，并由半人马座上面级将其送往木星。与木星交
会将使它转向太阳飞行，并将其轨道面扭转成与太阳赤道面相垂直。在近日点的极速飞行

段,航天器将在不到 14 小时内从太阳的一极飞到另一极[415-418]!研究仍在进行,但在 1982 年,科学目标中重力和相对论的研究被删除,使任务专注于针对日冕的原位测量[419]。1986 年挑战者号航天飞机失事后,星探号探测器再次被重新设计,以使其能够由大力神 4 号运载火箭及半人马座上面级进行发射,在此过程中,成像目标也被删除。尽管其重要性被多次重申,且科学委员会也将其评为首要任务之一,但小型近日点太阳探测器的想法在 20 世纪 80 年代的剩余年份里失去活力,而且再没有被实施,部分原因在于其预算的成本已经超过 10 亿美元。

在 20 世纪 80 年代,苏联也首次开展对巨行星和太阳附近任务的系列研究。任务的目的是不仅超越 NASA 的先驱者号探测器和旅行者号探测器勘查所获得的知识内容,而且还将跟上伽利略号探测器和远离黄道任务的脚步。苏联的科学家和工程师确定了 3 个基线任务方案来满足这些要求。在第一种方案中,航天器将在 100km 的距离飞过多火山的木星卫星——木卫一,并借用木星引力增加其日心轨道面的倾角,以使其在 3 年后就可以到达距离太阳三百万到四百万千米的位置。然而,由于与木卫一交会的相对速度大于 40km/s,而这样近的距离和这样高的速度产生的角速度大大超过要求值 1(°)/s,所以很难对木卫一进行观测,维加号探测器在接近哈雷彗星过程中曾经试图以 1(°)/s 的角速度跟踪哈雷彗核。第二种方案是将任务限制在木星系统,并释放一个进入舱到木卫一。第三种方案是利用木星飞向土星,航天器进入环绕土星轨道并释放一个土卫六探测器。如果这些可以在美欧联合的卡西尼号探测器任务之前完成就更好了。然而,最满足要求的研究方案是木星-太阳(俄语:Yupiter-Solntsye,YuS;Jupiter-Sun)任务。它获得了科学院、许多研究所以及一些技术领先的科学大学的支持,他们同意参加这项任务。

木星-太阳探测器发射质量为 1 200kg,将包括采用火星-金星-月球通用探测平台(UMVL)的推进系统、轨道控制舱和任务舱。实际上,轨道控制舱才是实际的平台系统。这种平台系统围绕 320cm 直径的抛物面天线建造,该天线可在距离地球超过 60 亿千米处进行通信。作为结构的主构架,平台系统可提供多个贮箱和最多 6 个 RTG(取决于任务)的安装。天线下方是锥形设备舱段,并安装有任务舱支架。在木星-太阳探测器上,任务舱是一个质量为 460kg 的自旋稳定的太阳探测器,其形状像"飞碟",由化学电池供电。任务舱中心是一个用于隔热的球形模块,可容纳大多数系统和电子设备。任务舱通过藏在飞碟背日面的抛物面天线进行通信。一种可选设计方案是建造一个锥形任务舱并安装质量为 60kg 的科学探测设备。轨道舱将携带用于木星飞掠的大多数设备,并将在到达近日点前 10 天左右分离,其部分功能还将持续工作 16 小时,以对日冕进行直接取样,并在 X 射线、紫外线及可见光范围进行高分辨率观测。对于没有探测太阳的方案,轨道舱将携带着陆器、大气探测器等其他舱段。

木星-太阳项目(YuS Project)被命名为齐奥尔科夫斯基号(Tsiolkovskii),以纪念这位 20 世纪初俄罗斯航天学先驱。在 1987 年宣布的时间表上,第一个任务日冕号(Corona)将于 1995 年发射。在一次关于日地关系的国际会议上,有人建议应同时实施日冕号和星探号,以便两者在研究上能够相互补充。两项任务将于 1999 年发射,到达木星大气后将释

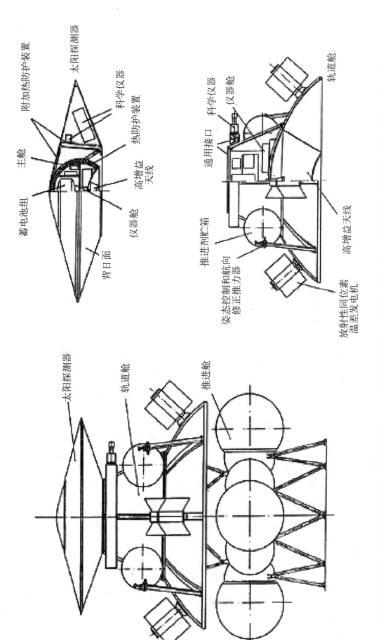

太阳探测器

附加热防护装置

主舱

科学仪器

热防护装置

蓄电池组

仪器舱

高增益天线

背日面

轨道舱

科学仪器
仪器舱

通用接口

推进剂贮箱

高增益天线

姿态控制和航向
修正推力器

放射性同位素
温差发电机

太阳探测器

轨道舱

推进舱

苏联的木星-太阳探测器由一个推进舱、一个轨道舱和一个任务舱组成。设想的任务包括对木星的大气层进行探测，并携带一个土卫六探测器采用木星借力继续飞向土星，或者进入一条近日点很低的轨道，以释放太阳探测器放木星进入探测器，并携带一个土卫六探测器采用木星借力到达土星。木星进入质量为500kg 的探测器，能够承受 1 500g 过载。拉沃奇金(Lavochkin)设计局建造专门的离心机来对它进行测试。土卫六探测器的一种设计思路是用气球作为减速装置，当气球释放了表面探测包后，它将升至约 10km 的高度，并对周围大气环境进行探测，可以持续若干天[420-425]。不幸的是，由于苏联解体后发生了财政危机，齐奥尔科夫斯基项目从未离开绘图板，而俄罗斯的工程师和科学家们继续研究升级版任务，特别是近日点太阳探测器。

5.12　进入无限

值得注意的是，在 20 世纪 80 年代，JPL 正在研究比掠日探测的星探号任务更惊人的任务。20 世纪 60 年代，JPL 就已开始研究实施星际任务的可行性，并在 1976 年 8 月举办了题为"飞越太阳系的任务"的研讨会。尽管当时就很容易认识到将航天器送到另一颗恒星远远超出了我们的能力(现在仍然如此)，但是人们认为有必要派一个航天器来考察太阳系以外的空间环境。在 1976 年 11 月，JPL 启动了一项小型内部研究，制定了科学目标，并且评估了这个星际先驱者任务(Interstellar Precursor Mission)的需求和任务架构。科学目标包括在日球层顶(太阳风无法达到的日球层边界)进行原位采样，识别星际介质的特征，特别是其组成和磁场形态，以便给一些现象划定边界，包括宇宙大爆炸理论模型。因为太阳风改变了银河宇宙线，并且在某些能量等级下甚至可以阻止它们穿透日球层，一旦航天器超出日球层顶，它将能够报告星际宇宙射线的真实通量。另一个有趣的探测是"反向"播放正在远离的探测器的数据，来评估航天器在接近另一颗恒星时可能实施的科学探测。这个星际先驱者所携带的望远镜能够对地球建立数百天文单位基线长度进行探测，可以精确确定恒星的视差(从而得到了距离的数据)。望远镜也可用于观测遥远的银河以及河外星系天体。任务的次要目标是探测冥王星，假如届时冥王星还没有被探测的话。顺便说一句，有趣的是在任务期间(在 21 世纪初期)，冥王星将恰巧越过太阳向点，也就是太阳运动的方向，因此这个方向是日球层顶的最近方向，也是最好确定的方向。

为了尽可能快地抵达日球层顶，给星际先驱者任务提出了一系列的推进技术，包括可行但未经证实的太阳帆和借力飞行，以及科幻小说中提出的激光帆、核聚变发动机和反物质驱动。最终人们选择了相当传统但未经验证的核电推进(Nuclear—Electric Propulsion, NEP)系统。即使用一个小的核裂变反应堆来为一组离子发动机提供动力，这些离子发动机将运行多年以使航天器达到 50~100 km/s 的速度。尽管美国在 20 世纪 60 年代在太空中测试了裂变反应堆，但仅此一次。然而，苏联已经使用过反应堆为其雷达海洋侦察卫星提供动力，所以太空核电技术是现存已有的。然而，尽管经过多年发展，离子发动机在当时仍被视为是验证性技术。核能电推进的助推器将占质量为 90t 航天器的大部分质量，因此航天器不得不由航天飞机分别运输上天，并在轨道上进行组装。描述该任务的文章乐观地观察到，"1977 年的航天飞机发射的这些物品将在 2000 年时才有历史意义"。毫无疑问，从现在看 1977 年的方案是幼稚的，但当时作者肯定不是这个意思！当星际先驱者在前往冥王星的过程中达到太阳系逃逸速度时，它将释放类似于伽利略号探测器所背负的质量为1 500kg 的进入探测器，这个探测器将使用大推力发动机舱段减速，以进入环绕冥王星的轨道。星际先驱者配有 40W 的发射机和直径 15m 的抛物面天线，天线将以航天器的轴为中心展开（轴线上还将安装反应堆、发动机、水银贮箱、散热器及其他系统），并安装环形馈源，用以在发动机高能粒子流周围进行直接传输通信。这样的通信系统能够在 500AU距离上提供相当高的数据传输速率，预计航天器在 50 年内达到 500AU。两个悬臂连接着安装有仪器设备和望远镜的平台舱以及供近距离通信使用的天线[426]。

　　星际先驱者将是发往太空的最快物体，但它将不会超出本星际介质的范围。20 世纪 80 年代，JPL 研究表明，先进的核裂变反应堆和电推进系统的结合组成的探测器通过几个世纪的飞行可以到达临近的恒星，但这仅是理论上可能，还远远超出了当时的技术水平[427-428]。

　　在 20 世纪 80 年代，JPL 负责人卢·艾伦（Lew Allen）将星际先驱者任务作为一项偏爱的计划来对待，并将他一部分可自由支配的资金注入该项目，以努力重振空间探索，推动我们飞出太阳系。技术水平也终于达到了早期研究的要求。实际上，1983 年，美国能源部、国防部和 NASA 开始开发一个用于太空的 100 kW 的核反应堆，主要用于战略防御计划（即"星球大战"计划）。SP-100 反应堆之后将研究兆瓦量级的反应堆。JPL 研究将这种技术用于千天文单位（Thousand Astronomical Units，TAU）的任务，到达 1 000 天文单位的距离需要直线飞行 50 年时间。执行该任务的航天器将是百米尺度的桁架结构，需在地球轨道上组装，桁架结构的一端装有一个 SP-100 反应堆和一个离子推进模块，而另一端装有一个通信舱段和两个独立的科学研究飞船。经过十年推进，它将首次获得太阳逃逸速度并超过这个速度，它还将释放两个航天器。其中一个装有天文学有效载荷，能够测量银河系中的亮星以及麦哲伦星云（它们是小型伴随星系）的视差，还能进行一系列射电天文学研究。另一个航天器将采用自旋稳定的方式勘查日球层顶和星际介质以外区域的磁场、颗粒、灰尘、气体和等离子体。当然，虽然 JPL 建立了"1 000 天文单位量级探测的想法"，但任务仅仅停留在吸引人的论文研究层次。至于恒星视差，不需要建立 100AU 及更远的观测基线，因为只要利用环绕太阳的地球轨道直径级别的观测基线就可以取得重大进展，而在 1989 年，ESA 发射了依巴谷（HIPPARCOS）卫星，测量了超过 120 000 颗星的视差。21 世纪 10 年代以后，盖亚（Gaia）卫星将接替它。此外，星际任务探路者的使命已经被旅行者号探测器完成。

　　后来，人们提出使用核能电推进技术进行其他更现实的深空探测任务的想法，例如进行外行星的环绕探测，特别是土星环绕器，可以利用发动机"悬停"在土星环系统的平面之上，以便对土星环系统的组成、结构和动力学进行详细研究。尽管花费了大量的资金，但SP-100 反应堆的研发进展依然缓慢，并在 20 世纪 90 年代早期被取消（连同兆瓦级反应堆一起被取消），当时苏联的解体促使美军修改其在太空的优先事项，美俄两国共同开展改造俄罗斯的叶尼塞（Topaz-2 / Yenisey）反应堆项目。虽然弹道导弹防御局（Ballistic Missile Defense Organization）[战略防御计划（Strategic Defense Initiative）的后继者]提出通过一次飞

JPL 的星际先驱者航天器与基于伽利略号的冥王星轨道器在一起飞行。星际先驱者的核反应堆和离子发动机位于天线和仪器舱主体的另一侧。根据伞形天线直径为 15m 这一事实可以推断出航天器的尺寸规模(图片来源：JPL/NASA/加州理工学院)

往土星的任务来测试该系统，但 NASA 对此并没有兴趣。实际上，叶尼塞反应堆是个解决方案，一直等待着一个合适的问题[429-432]。

5.13　欧洲奋起直追

　　早在 20 世纪 60 年代初，欧洲人就开始制定深空任务方案，但一个也没有得到实施。原因之一是欧洲不得不使用美国的运载火箭，直到 1979 年推出自己的阿里安运载火箭；原因之二是欧洲的空间科学家主要对天体物理学、空间的场和粒子以及太阳物理学感兴趣，而对探索太阳系几乎没有任何兴趣。这个观点可以被以下事实证明：尽管远离黄道任务(这是欧洲资助的第一个深空任务)使用了木星借力飞行，但它实际上并不是一个行星探测任务，因为它的主要关注点在于粒子、宇宙射线和太阳物理学[433]。

　　欧洲科学家所擅长的领域是彗星天文学，这就解释了为什么在早期提案中有非常多的彗星任务，以及为什么乔托号探测器和彗核采样返回研究如此容易被接受。尽管乔托号探测器取得成功，ESA 也不太愿意进行太阳系探测。就像行星任务一样，所有关于小行星任务的提案（欧洲人所擅长的另一个领域）都被驳回。20 世纪 70 年代末，ESA 将小型极地轨道月球观测站（Polar Orbiting Lunar Observatory）作为真正的行星探测领域的首次方案，并立即认识到可以将它作为标准化、价格适中的行星轨道器的基础方案。在 20 世纪 60 年代，欧洲几乎没有行星科学家，而到 20 世纪 70 年代末，那些曾在美国深空任务中担任过次要角色的新一代欧洲科学家已经成长起来，因此欧洲对行星探测任务也有了广泛的兴趣。这些科学家提出一些火星探测任务，也有一些需要与 NASA 合作，由 NASA 提供并操控轨道器，而欧洲人提供表面巡视器[434-435]。

　　1981 年，ESA 向欧洲空间科学界征集任务提案，选择了 4 项提案做进一步研究。麦哲伦（Magellan）（不要与 NASA 的金星雷达成像探测器混淆）是一个远紫外天文观测任务；迪斯科（DISCO）是一个太阳观测站；阿斯特瑞克斯（Asterex）是一个小行星飞行任务；开普勒（Kepler）是一个行星探测任务，以纪念 17 世纪初的天文学家开普勒，他从天空中火星运行的路径推断出行星运行的定律。开普勒任务计划进入一条环绕火星的近火点较低的周期轨道；测量重力场并了解火星的内部结构；研究全球温度场及大气组成；解决仍然悬而未决的问题，如火星为什么有磁场，并研究太阳风如何与该行星相互作用。此外，开普勒任务提供了与 NASA 合作的可能，因为需要有两个航天器同时环绕火星（美国提供火星观测者号）。在两个航天器之间增加直接通信手段，更有助于在较大纬度跨度和当地时间范围内对大气进行无线电掩星测量，这比单个航天器更为可行[436]。用 ESA 太阳系工作组（Solar System Working Group）的话来说，"通过成本相对较低的开普勒任务，使欧洲科学家得到接触行星科学问题的机会，因为开普勒任务的目标还没有被美国和苏联以前的火星任务覆盖。"迄今仍阻碍欧洲接受深空探测任务的问题是，欧洲的科学家没有制定出一个共同的议程使欧洲和美国这两个主要参与者的雄心壮志相互补充而不是相互竞争。如果获得批准，开普勒将于 1988 年 7 月由阿里安 3 号运载火箭（或具有额外逃生段的阿里安 2 号运载火箭）发射，并将于 1989 年 1 月进入火星环绕轨道。航天器的基线是自旋稳定的鼓状体，其直径为 2.8m，高为 3.3m。总质量 800kg 中的一半以上是推进剂的质量，用以轨道进入机动。科学有效载荷质量为 46kg[437-438]。总成本估计为 1.88 亿"记账单位"（ESA 在引入欧元前所使用的虚拟欧洲货币），约 5 亿美元。

　　开普勒、迪斯科和麦哲伦等提案被推荐做进一步研究，三个中的一个可以立项为科学任务。后来又增加了两个候选项目：红外空间观测台（Infrared Space Observatory，ISO）和 X-80 X 射线天文学任务。红外空间观测台获得了科学界的普遍支持，并于 1983 年被选中。开普勒提案一直悬而未决，之后与磁层卫星星座群（Cluster Magnetospheric Satellite Constellation）和日光层观测台（Solar and Heliospheric Observatory，SOHO，DISCO 后代）进行竞争，后两者的成本都更高，最终开普勒提案于 1985 年终结（其发射时间已经推迟到 1990 年）。ESA 空间科学咨询委员会（Space Science Advisory Committee）的一名成员对此感到遗憾,"欧洲空间研究组织不进入行星领域是一种失败,而失败在开普勒任务上再次上演。"
当时 ESA 正在研究的是一个名为"冒险"(Venture)的涉及多个金星轨道探测器的任务[439]。

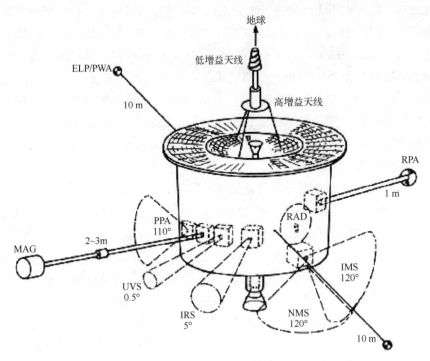

ESA 开普勒火星轨道器可能的构型。研究了两种通信方式。在一种情况下,航天器将携带一
个能够消旋的高增益天线,就如乔托号探测器一样指向地球,或者将高增益天线固定,并使
航天器的自转轴与天线指向方向相同,指向地球。这样尽管取消了对消旋的需求,但使得指
向系统和太阳电池阵系统更加复杂(图片来源:ESA)

水星一直是欧洲行星科学家的兴趣所在。早在 1969 年,水星飞掠方案就已经提交给
欧洲空间研究组织,在整个 20 世纪 70 年代,人们一直在研究水星轨道探测器。实际上,
我们对这个较小的行星所知甚少,研究就是基于这个事实展开的。由于受到水手 10 号飞
掠水星轨道的重复性几何特性限制,水手 10 号的成像只覆盖了水星表面的一半,并且早
期的火星飞行经验告诉科学家们,现有证据还不足以得出一般性结论。水星磁场的起源和
范围是水手 10 号最意想不到的发现,仍然是一个特殊的谜题。尽管进行了几个世纪的望
远镜研究和有趣地误把水手 10 号当做卫星的"事故",但是没有人可以肯定地说水星没有
卫星。事实上,1986 年发表的论文从理论上证明,水星可能在 25 万千米的逆行轨道上有
一颗小卫星[440]。

1985 年 11 月,52 名欧洲科学家的团队向 ESA 提交了一项水星行星轨道器[Mercury
Polar Orbiter,MPO,有时称为赫尔墨斯(Hermes),这也是 ESA 提出的载人航天飞机的名
称]的方案。航天器要进入一条近拱点为 100km 的大椭圆轨道,这个轨道是粒子与场研究
人员期望的远距离探测和成像遥感科学家所需的近距离探测之间妥协的产物。一整套仪器

将全面对水星开展探测并深度覆盖其各个方面。10m 分辨率的相机和激光高度计用于绘制地形图，多谱段红外设备、伽马射线和 X 射线光谱仪将分析其表面组成。紫外光谱仪将对水手 10 号所发现的惊人的外层大气进行分析，一个尘埃检测器将对微流星体的通量进行测量，磁强计会绘制磁场。重力场的研究也优先进行，因为不仅要考察水星的内部情况（内部以铁核为主），还与广义相对论有关（水星的近日点"异常"进动的成因是爱因斯坦理论的第一次验证）。如果探测器还可以扩大质量限制，可以增加 35kg 的穿透器作为有效载荷，穿透器所携带的加速度计可以记录冲击动力学响应，所携带的热流计可以研究风化层的结构，所携带的 α-质子反向散射仪可以分析土壤的化学性质，所携带的地震仪可以研究水星内部结构。人们分析了多种轨道方案。使用阿里安 4 号运载火箭最强大的版本最早可以在 1994 年就发射小型（367kg）的水星行星轨道器（MPO），在途中可以飞掠几个近地小行星，其中包括两个近日点在水星轨道内侧的小行星：伊卡鲁斯（1566，Icarus）和法厄松（3200，Phaethon），而后者是第一个由航天器发现的小行星，由红外天文卫星（IRAS）于 1983 年发现。然而，由于直接飞行方案限制了探测器的规模，因此还考虑了其他方案，包括使用类似于阿格拉（AGORA）小行星任务计划的离子推进系统方案。该提案得到 ESA 太阳系工作组的好评，但被认为价格太过昂贵。与许多其他"昂贵的"提案一样，该提案被建议作为欧美的共同任务进行重新设计[441]。又经过若干年的搁置，当 1992 年 ESA 向科学界征集中等费用的任务提案时，该提案被重新提出。包括其在内的 3 个深空探测提案被提交到最终的候选名单上。在最终任务名单上的，除了几个天文学任务之外，就是环月观测台（Moon Orbiting Observatory，MORO）、分布在火星表面国际站点任务（International Network of Stations to be Distributed Across the Surface of Mars，INTERMARSNET，后续描述）和更名后的水星轨道探测器（Mercury Orbiter）。

　　水星轨道探测器采用相对传统的自旋稳定控制方式，很多科学卫星都采用这种控制方式。它将由为其特制的阿里安 5 号运载火箭发射，整个探测过程需要 4 年，涉及一系列金星和水星的借力飞行。如前所述，航天器将进入一条距离水星 400～16 800km 的偏心轨道，以同时满足遥感探测需求和对粒子及场探测的需求。水星探测的主任务将持续 3 个水星年（约 9 个月），探测成果包括：分辨率达 45m 的水星全球多光谱图像、水星表面组成分布图、水星磁场测量、水星外层大气起源及动力学研究、水星磁层结构、水星内部研究以及水星运行轨道上的行星际介质研究。如果得到批准，水星轨道器会在 2004 年发射，并在 2008 年 4 月达到目标[442]。但是，水星任务再次落选。实际上，3 项深空探测提案都没有被选中。然而，ESA 的空间科学咨询委员会（Space Science Advisory Committee）建议将水星任务和低频引力波探测作为 1995 年向成员国提出的"地平线 2000+"计划（Horizon 2000-Plus Program）的首选方案。

　　实际上，20 世纪 90 年代初并不是只有欧洲在计划水星任务。印度在 20 世纪 60 年代开始实行太空计划，整个 70 年代都试图用本国开发的侦察兵卫星运载火箭（Satellite Launch Vehicle，SLV）发射自己的卫星。印度终于在 1980 年取得成功，成为第 7 个（如果算欧洲就是第 8 个）成功发射自己卫星的国家。在接下来的十年中，印度使用侦察兵卫星

1992 年 ESA 提出的水星轨道探测器(图片来源：ESA)

发射火箭及高级卫星运载火箭(ASLV)发射了许多小卫星，其中一些安装有科学和天文学有效载荷。在 20 世纪 80 年代后期，印度批准开发一种全新的火箭，称为极地卫星运载火箭(Polar Satellite Launch Vehicle，PSLV)。增加低温(推进剂)上面级使其增强为静止卫星运载火箭(GSLV)，预计将在 20 世纪 90 年代的后期首飞[443]。由于这些运载火箭的性能可以与美国德尔它 2 号及欧洲阿里安相媲美，因此它们能够用于国家深空探测项目。印度空间研究组织(Indian Space Research Organization，ISRO)在对火星任务和金星任务进行了初步研究后，决定集中精力探测水星，也许是因为水星是一个相比之下被忽视的目标。20世纪末，静止卫星运载火箭可以发射干重 250kg 的航天器，飞掠金星后与水星交会。印度研究了飞掠和环绕的飞行剖面。轨道器的有效载荷将包括粒子与场传感器、磁强计、分辨率为 50m 的 CCD 相机、紫外光谱仪、伽马射线/X 射线/红外线光谱仪、辐射计等设备[444-446]。这些计划都被搁置起来，等待新火箭的诞生。与此同时，印度未来必须建立一个真正的行星科学组织团体，并开发出航天器深空通信技术。

参考文献

1　Friedman—1980

2　Westwick—2007a

3　Kerr—1979

4　参见第一卷第 165 页关于"世界大战"的介绍

5　参见第一卷第 195~200 页和第 256~260 页关于金星号任务的介绍

6　Elachi—1980

7　Westwick—2007b

8　Adams—1981

9　Muenger—1985

10　Westwick—2007c

11　参见第一卷第 238~255 页关于先驱者号金星

任务的介绍

12	AWST—1980	49	Michielsen—1968
13	James—1982	50	Friedlander—1971
14	NASA—1980	51	Friedman—1980
15	Smith—1982	52	Ulivi—2006
16	Butrica—1996a	53	Tsander—1924
17	Perminov—2004	54	Saunders—1951
18	Wilson—1987a	55	Powell—1959
19	Siddiqi—2002a	56	Schaefer—2007
20	Lardier—1992a	57	参见第一卷第 233~237 页关于紫鸽的介绍
21	Murray—1989a	58	Blamont—1987b
22	Burke—1984	59	Spaceflight—1977
23	Oertel—1984	60	Time—1977
24	Perminov—2004	61	Murray—1989b
25	Kelly Beatty—1984	62	Friedman—1988
26	Burke—1984	63	McInnes—2003
27	Oertel—1984	64	Logsdon—1989
28	Kelly Beatty—1984	65	Kronk—1984a
29	Perminov—2004	66	ESA—1979a
30	Burke—1984	67	Hughes—1980
31	Bockstein—1988	68	Kumar—1978
32	Blamont—1987a	69	ESA—1979b
33	Burke—1984	70	Friedman—1980
34	Kelly Beatty—1984	71	Logsdon—1989
35	Ivanov—1988	72	Calder—1992a
36	Slyuta—1988	73	AWST—1979
37	Kotelnikov—1984	74	Covault—1979
38	Petropoulos—1993	75	Harvey—2000a
39	Basilevsky—1988	76	Kraemer—2000a
40	Schaber—1986	77	Akiba—1980
41	Ivanov—1990	78	Wilson—1987b
42	Alexandrov—1989	79	Hirao—1986
43	Alekseev—1986	80	Hirao—1984
44	NSSDC—2004	81	Hirao—1987
45	Kelly Beatty—1985a	82	ESA—1979c
46	Siddiqi—2002a	83	Olson—1979
47	Maffei—1987a	84	Calder—1992b
48	参见第一卷第 25~26 页关于爱德蒙·哈雷及哈雷彗星的介绍	85	Reinhard—1986a
		86	Dale—1986
		87	Logsdon—1989

88 ST—1946

89 Whipple—1966

90 Lundquist—2008

91 参见第一卷第 25~26 页关于惠普尔和"脏雪球"理论的介绍

92 Janin—1984

93 Calder—1992c

94 Wilson—1987c

95 Dale—1986

96 Jenkins—2002

97 Keller—1986

98 Calder—1992d

99 Barbieri—1985

100 Reinhard—1986b

101 Bonnet—2002

102 Calder—1992e

103 Kissel—1986a

104 Reinhard—1986b

105 Calder—1992f

106 Calder—1992g

107 Sagdeev—1994a

108 Friedman—1980

109 Blamont—1987c

110 Vekshin—1999

111 Perminov—2006

112 Perminov—2005

113 Blamont—1987d

114 Sagdeev—1986a

115 Simpson—1986

116 Sagdeev—1994b

117 Covault—1985a

118 Kissel—1986b

119 Gringauz—1986

120 Somogyi—1986

121 Riedler—1986

122 Grard—1986

123 Klimov—1986

124 Blamont—1987e

125 Blamont—1987f

126 Sagdeev—1986b

127 Perminov—2006

128 参见第一卷第 195~196 页和第 256 页关于标准的金星号着陆器的介绍

129 Bertaux—1986

130 Moshkin—1986

131 Wilson—1987d

132 Perminov—2005

133 Wilson—1987d

134 Kremnev—1986a

135 Kremnev—1986b

136 Blamont—1987g

137 Harvey—2007a

138 Friedman—1980

139 Murray—1989c

140 Wood—1981

141 Farquhar—1999

142 Murray—1989d

143 Logsdon—1989

144 Waldrop—1981a

145 Friedman—1980

146 NASA—1986

147 Davies—1988a

148 Geenty—2005

149 Blamont—1987h

150 IAUC—3737

151 Maffei—1987b

152 Blamont—1987i

153 Sagdeev—1994c

154 Vekshin—1999

155 Blamont—1987j

156 Blamont—1987k

157 Basilevsky—1992

158 Blamont—1987l

159 Preston—1986

160 Sagdeev—1986c

161 Basilevsky—1992

162 Linkin—1986

163 Linkin—1986

164　Moshkin—1986

165　Zhulanov—1986

166　Gel'man—1986

167　Surkov—1986a

168　Andreichikov—1986

169　Surkov—1986b

170　Bertaux—1986

171　Surkov—1986c

172　Surkov—1986d

173　Preston—1986

174　Sagdeev—1986c

175　Perminov—2005

176　Sagdeev—1986d

177　Sagdeev—1994d

178　Dornheim—1985

179　Blamont—1987m

180　Klaes—1993

181　Wilson—1987e

182　Farquhar—1976

183　Farquhar—2001

184　Kronk—1984b

185　Kronk—1988a

186　Sekanina—1985

187　参见第一卷第 192~194 页关于罗伯特·法库尔和早期彗星探测方案的介绍

188　Kerr—1984

189　Farquhar—1983

190　Kuznik—1985

191　Farquhar—2001

192　Eberhart—1985

193　IAUC—3937

194　Farquhar—2001

195　Maran—1985

196　Von Rosenvinge—1986

197　Scarf—1986

198　Smith—1986

199　Oglivie—1986

200　Kelly Beatty—1985b

201　Kerr—1985

202　Cowley—1985

203　Covault—1985b

204　Mudgway—2001a

205　Williams—2005

206　Farquhar—2001

207　Wilson—1987b

208　Hirao—1986

209　Calder—1992h

210　Jenkins—2002

211　Münch—1986

212　Wilson—1987b

213　Calder—1992i

214　Calder—1992j

215　Dale—1986

216　Hirao—1986

217　Bonnet—2002

218　Calder—1992k

219　Calder—1992l

220　Kiseleva—2007

221　West—1986

222　Sekanina—1986

223　Gore—1986

224　Kronk—1999

225　Somogyi—1986

226　Grard—1986

227　Gringauz—1986

228　Somogyi—1986

229　Simpson—1986

230　Keppler—1986

231　Gringauz—1986

232　Sagdeev—1986b

233　Perminov—2006

234　Sagdeev—1986a

235　Kerr—1986

236　Kaneda—1986

237　Uesugi—1986

238　West—1986

239　Hirao—1986

240　Hirao—1987

241 Wilson—1987b

242 Simpson—1986

243 Vaisberg—1986

244 Gringauz—1986

245 Riedler—1986

246 Grard—1986

247 Perminov—2006

248 Lenorovitz—1986a

249 Sagdeev—1986a

250 Kerr—1986

251 Lenorovitz—1986a

252 Combes—1986

253 Krasnopolsky—1986

254 Moreels—1986

255 Vaisberg—1986

256 Mazets—1986

257 Simpson—1986

258 Sagdeev—1986b

259 Kissel—1986b

260 Savich—1986

261 Canby—1986

262 Hirao—1986

263 Saito—1986

264 Hirao—1987

265 Wilson—1987b

266 Festou—1986

267 Calder—1993m

268 Neubauer—1986

269 Balsiger—1986

270 Johnstone—1986

271 Rème—1986

272 Calder—1992n

273 Keller—1986

274 Calder—1992o

275 McDonnell—1986

276 Neubauer—1986

277 Jenkins—2002

278 Keller—1986

279 Keller—1988

280 Sekanina—1986

281 Sekanina—1987

282 Smith—1987a

283 Calder—1992p

284 Kissel—1986a

285 Calder—1992q

286 McDonnell—1987

287 McDonnell—1986

288 Balsiger—1988

289 Wilkins—1986

290 Prialnik—1992

291 Hainaut—2004

292 Hainaut—2007

293 Ferrin—1988

294 McFadden—1993

295 Ostro—1985

296 Sagdeev—1986b

297 AWST—1986a

298 Spaceflight—1992a

299 Perminov—2006

300 Davies—1988b

301 Verigin—1999

302 Bortle—1996

303 Uesugi—1988

304 Dunham—1990

305 Farquhar—1999

306 Siddiqi—2002b

307 Calder—1992r

308 Farquhar—1999

309 Kamoun—1982

310 Kronk—1984c

311 Kronk—1998b

312 Kresak—1987

313 Dunham—1990

314 Calder—1992s

315 Calder—1992t

316 McKenna—Lawlor—2002

317 McDonnell—1993

318 Bond—1993

319 McBride—1997

320 McKenna—Lawlor—2002

321 IAUC—7243

322 Flight—1992a

323 Schwehm—1992

324 Calder—1992u

325 Bond—1993

326 参见第一卷第 166~184 页关于水手 10 号艰难旅程的介绍

327 Westwick—2007d

328 Westwick—2007e

329 Blume—1984

330 Neugebauer—1983

331 Waldrop—1981b

332 Waldrop—1982

333 JWG—1986a

334 Westwick—2007f

335 Borg—1994

336 Farquhar—1999

337 JWG—1986b

338 Tsou—1985a

339 Wilson—1986a

340 Eberhardt—1986

341 Covault—1985c

342 Tsou—1985b

343 Blume—1984

344 Albee—1994

345 Uesugi—1995

346 Kronk—1984d

347 Brownlee—2003

348 Wilson—1986a

349 AWST—1985a

350 Wilson—1985

351 AWST—1985b

352 Cunningham—1988a

353 Cunningham—1988b

354 Whipple—1987

355 Houpis—1986

356 Collins—1986

357 AWST—1989a

358 Weinberger—1984

359 Wilson—1987f

360 Westwick—2007g

361 JPL—1991

362 NRC—1998a

363 Spaceflight—1992b

364 Stuhlinger—1986

365 JP4—1992

366 Elfving—1993

367 Atzei—1989

368 Sedbon—1989

369 Wilson—1986b

370 Carlier—1993

371 NASA—1966

372 Ulivi—2006

373 Alfvèn—1970

374 Stuhlinger—1970

375 Cunningham—1988c

376 Schwaiger—1971

377 Cunningham—1988d

378 Alvarez—1997

379 Russo—2000a

380 Thomson—1982a

381 ESA—1980

382 Cunningham—1983

383 Langevin—1983

384 Balogh—1984

385 Cunningham—1988e

386 JWG—1986c

387 Cunningham—1985

388 Cunningham—1988f

389 Cosmovici—1983

390 Cunningham—1988g

391 Anselmo—1987a

392 Anselmo—1987b

393 Pardini—1990

394 Anselmo—1990

395 Anselmo—1991

396　Anselmo—2007

397　Cunningham—1988f

398　Covault—1985d

399　Lenorovitz—1985

400　Kelly Beatty—1985a

401　Furniss—1987a

402　Lenorovitz—1986b

403　Grard—1988

404　Cunningham—1989

405　Flight—1988

406　Surkov—1997a

407　Kovtunenko—1995

408　Farquhar—1995

409　McLaughlin—1985

410　Maehl—1983

411　Cunningham—1988h

412　McComas—2006

413　Ulivi—2008

414　Friedman—1994

415　Anderson—1977

416　Randolph—1978

417　Bender—1978

418　McLaughlin—1984

419　Anderson—1994

420　Sukhanov—1985

421　Kovtunenko—1990

422　Galeev—1990

423　Furniss—1987a

424　Furniss—1987b

425　Zak—2004

426　Jaffe—1980

427　Aston—1986

428　Forward—1986

429　Nock—1987

430　Etchegaray—1987

431　Day—2006

432　Westwick—2007h

433　参见第一卷第102~103页关于欧洲深空探测
　　计划的介绍

434　ESA—1979d

435　ESA—1979e

436　JWG—1986d

437　Grard—1982

438　Thomson—1982b

439　Russo—2000b

440　Rawal—1986

441　Wilson—1987g

442　Grard—1994

443　Harvey—2000b

444　Flight—1993

445　Spaceflight—1992c

446　Mama—1993

第6章 旗舰任务时代

6.1 苏联最后的溃败

在 NASA 海盗号火星探测任务取得巨大成功后的十年里，鉴于轨道器能够成功发送着陆器到火星表面，美国制定了各种野心勃勃的后续项目，而 ESA 也即将批准开普勒火星轨道器计划，苏联正计划通过一系列日益复杂的任务来恢复对火星的探索[1]。

20 世纪 70 年代后期，苏联人决定开始探索火星两颗卫星中的一颗，并且很快就将注意力集中在更大的靠内侧的火卫一上。最初计划是使航天器在火卫一上着陆，但因为在这个微弱且不规则的引力场下实现着陆极其复杂，所以任务设计师打算使航天器机动到与火卫一相距 20m 以内的地方，并用鱼叉来采集火卫一的样品。考虑到这种操作风险太大后，设计师决定进行遥感探测，使用激光和粒子炮进行主动采样，并部署一些小型着陆器[2]。我们并不清楚为什么苏联对探测火卫一如此感兴趣，事实上这个项目被美国的一些行星科学家调侃为"穷人的小行星任务"，他们的观点是基于火星的卫星是被火星捕获的小行星的猜测[3]。福布斯(Fobos)任务于 1985 年年初才正式获得批准，同年 3 月对外宣布。该任务将涉及许多与设计维加号探测器任务相同的科学和工业参与者，而当时两个相同的维加号探测器中的一个正在飞向金星。虽然维加计划由苏联航天研究院(IKI)科学团队管理得非常成功，但福布斯任务的控制权被转回给工业承包商拉沃奇金(Lavochkin)设计局。最初打算利用 1988 年非常有利的发射窗口发射，但项目进度很快就落后于计划安排；实际上，为了保持项目的正常进行，国际科学团队的会议被安排与维加的会议同时进行。与此同时，苏联创建了新的太空机构——格拉夫宇宙(Glavcosmos)，以协调其民用科学空间计划，并简化其国际联系。此外，这个机构还将参与协助空间探测的两个科学院的研究所——即苏联航天研究院和维尔纳茨基(Vernadsky)地质化学和应用化学研究所——与军方控制的空间工业部门之间建立联系。在行星探测方面，空间工业部门主要是拉沃奇金设计局[4-5]。

来自欧洲各地的许多国家都参与了福布斯任务，包括奥地利、保加利亚、捷克斯洛伐克①、芬兰、法国、东德、西德、匈牙利、爱尔兰、波兰、瑞士和瑞典，甚至 ESA 也参与了。NASA 通过深空网提供跟踪测控支持，美国研究人员在一些研究中起辅助角色。由于长期参与苏联的深空探测计划，法国是该项目中最重要的外方合作伙伴，合作参与了许多仪器的研制和试验的实施，并参与到导航过程中。除此之外，苏联和美国科学家还交换数据以支

---

① 1993 年分裂为捷克共和国和斯洛伐克共和国。——译者注

持他们各自的探测任务。特别是，制定麦哲伦金星雷达测绘探测器(Magellan Venus Radar Mapper)计划的美国人收到了来自金星 15 号和金星 16 号的原始数据磁带；作为回报，美国人将水手 9 号和海盗号的信息和图像提供给苏联人，以协助计算火星小卫星的星历[6]。

　　由于航天器的硬件被分配了较低的优先级，全新的火星-金星-月球通用探测平台(UMVL)历经整 10 年才完成开发。苏联希望这种平台在 20 世纪 90 年代能够促成一些新的任务，最终完成火星表面采样并将样品带回地球；维斯塔(Vesta)探测器能够飞到小行星和彗星，继续金星探测；重返月球探测，月球是自 20 世纪 70 年代中期以来一直被苏联所忽视的天体。火星-金星-月球通用探测平台将推进模块作为其主承力部件建造。推进模块主要由一个环形贮箱和四个外挂球形贮箱组成，贮箱内装填的推进剂用于姿态控制和少量轨道修正。它有 28 个机动推力器，其中 24 个推力为 50 N，其余的为 10 N。另外还有 12 个用肼做燃料的单组元推力器，可提供 0.5N 的推力用于姿态控制。几个电子设备舱段构成了平台的基础部分。在此基础上还可以增加太阳翼、仪器设备、其他装置甚至足垫(若有着陆任务)。姿态稳定系统既可以采用三轴稳定方式，以保持遥感设备的指向要求，也可以采用自旋稳定控制方式。航天器太阳翼法线在始终指向太阳方向的同时，以较慢的角速度绕该法线自旋。姿态控制系统包括星敏感器、太阳敏感器、陀螺与加速度计组合件、控制用推力器和三重冗余的计算机。用于福布斯任务的火星-金星-月球通用探测平台的型号被称为 1F，1F 还携带了两个方形太阳翼，并且在太阳翼尖端配备了全向天线和用于姿态控制的推力器。在太阳翼下方安装了雷达高度计、多普勒雷达和低空雷达天线，所有这些都用于接近火卫一过程的探测，还可以搭载一台可以穿透地面的科学探测雷达(在别处描述)。在 1F 的上面是一个圆柱形塔式结构，里面包括化学电池和姿态控制系统的电子设备、发射机和接收机、数据管理设备和科学载荷设备。圆柱形结构的上面是一台两自由度铰接式高增益天线。有趣的是，1F 平台在某些方面与维加号探测器相比，是一种倒退，因为遥感仪器安装在平台本体上，而不是像维加号探测器那样安装在扫描平台上，这就要求航天器在获取数据的时候需要中断与地球的联系，而且那个小型高增益天线的数据传输速率仅为 4~20kbit/s，而维加号探测器能够以 64kbit/s 的速率进行数据传输。由于这个原因，安装了一个数据记录仪，缓冲区有 30Mbit 的容量。

　　火星-金星-月球通用探测平台包括一个 3 600kg 的自主发动机单元(Autonomous Engine Unit，ADU)舱段，该舱段是拉沃奇金设计局通过重新设计 E-8 重型月球探测器的老旧通用推进舱得到的。对于大多数需要设计新型航天器的任务来说，自主发动机单元[也称为佛雷盖特(Fregat)]可以作为质子号运载火箭的第五级，提供在轨推力。对于火星任务，它由 4 个直径 102cm 和 4 个直径 73cm 的球形贮箱组成，能装载 3 000kg 偏二甲肼(UDMH)和四氧化二氮，唯一的中心发动机安装在一个特殊的悬架和转向系统上，以提供俯仰方向和偏航方向的控制；同时为金星或月球任务设想了其他配置方案。单一的伊萨耶夫 KTDU-425A(Korrektiruyushaya Tormoznaya Dvigatelnaya Ustanovka，中途修正及制动发动机)可以提供 9.8~18.6kN 的推力，总燃烧持续时间可以持续 560 秒，重新启动多达 7 次。算上佛雷盖特上面级和 500kg 的仪器，福布斯探测器总发射质量约为 6 220kg[7]。

　　福布斯任务方案在许多方面是非常规的且从未尝试过的，以至于 NASA 的工程师们私下认为这个计划对于苏联来说太过耗时费力了。首先，由于质子号运载火箭只能向火星发送大约 4.5t 的载荷，而苏联的方案是让火箭 D 级最后点火将 1F 送入远地点为 130 500km 的大椭圆地球轨道，而不是直接进入环日轨道[8]。在适当的时候，佛雷盖特上面级将点火 142 秒，使探测器飞向火星。它将根据需要进行中途修正，在火星周围制动进入初始环绕轨道，随后将这个轨道调成一个与火卫一近似匹配的轨道，然后抛弃佛雷盖特上面级。在缓慢接近和几次过渡轨道机动后，1F 将在距离火卫一 35km 的位置开始近距离探测。接下来任务中的所有"主动"控制阶段，将不得不安排在航天器与地球可视时，以便于通信，或者安排在火卫一表面有阳光时，以便于可见。雷达高度计将在 2km 范围内锁定并对表面进行探测，航天器将缓慢变轨，以约 50m 高度、(2±5)m/s 的相对速度飞过火卫一。在 20 分钟的飞行过程中，航天器将进行遥感成像，拍摄分辨率约 6cm 的照片，并释放一两个着陆器。考虑到火卫一表面粗糙不平，且布满撞击坑、沟槽和裂缝，在低空飞行过程中需要鲁棒性强的人工智能软件，以稳定航天器姿态朝向，但事后想想（特别是鉴于所装载计算机的性能非常一般）飞行能否成功是值得怀疑的。在飞掠之后，两次短期点火将使航天器返回到稳定的火星轨道上，以便对火星进行详细研究，包括火星大气和与太阳风的相互作用，并在各波长下监测太阳活动。苏联将发射两个几乎完全相同的航天器，耗费 4.8 亿美元。整个任务从发射算起将持续大约 460 天。也有人建议，如果第一个航天器能够成功探测火卫一，第二个航天器就可以飞向火卫二，也就是火星相对小的那个卫星[9-10]。

苏联福布斯任务是新的火星–金星–月球通用探测平台的第一次应用。图中显示了其位于火星轨道的示意图，佛雷盖特上面级已抛离

　　苏联采用了同期美国人的"圣诞树"方法给福布斯任务配备尽可能多的科学和工程仪器。最终，装载了将近 30 台仪器用以研究火卫一、火星、太阳风和行星际空间，这是有史以来装载设备最繁重的航天器。

　　当时最吸引新闻界兴趣的载荷部分是配备了一个可移动的机器人来探测火卫一。该项工作从 1983 年开始，历时 4 年。位于列宁格勒的全俄运输机械科学研究所(VNII Transmash)负责该项目，之前所有苏联的行星巡视器都由该研究所负责研发，此外该研究所还开发过几个测量土壤强度的试验装置。为了使机器人能够越过比自己大得多的障碍物，该研究所选择了"跳跃式"运动系统。虽然它质量只有 50kg，但 PrOP-F(用于提升在火卫一越野性能的仪器)的"跳虫"被设计成能够在火卫一极其微弱的重力环境跳跃，火卫一的重力场是地球的 1/2 000。它被安装在航天器中心圆柱体结构的一侧，在低空飞掠期间释放，分离释放装置将决定其初始方向和速度。大概的参数是水平速度 3m/s，垂直速度 0.45m/s。一个桁架结构的阻尼器可以保证着陆器落在火卫一表面后不会过度反弹，还可以防止它沿坡向下滚动。着陆器一停下来，它就会释放阻尼器。之后，机器人将使用 4 个"胡须"来调整自己，并将科学仪器开机。PrOP-F 是一个直径 50cm 的半球形结构，连接着一个朝下的圆锥台，其底部装有科学仪器。X 射线荧光光谱仪将使用放射性的铁和镉源来照射火卫一表面物质，以分析其组成成分。探测器将配备一个磁强计、磁化率敏感器探头、加速度计、重力计以及电阻探头；探测器还装备了动态的透度计，可以将一个楔子插到火卫一表面以下几厘米的地方，以测量火卫一土壤承载能力、可压缩性和剪切强度；探测器还装备了热敏电阻，可以与表面接触以直接测量其温度；探测器还装备了辐射计来测量热通量。探测完成之后，"胡须"就会弯曲，以驱动机器人跳起 20m 后在别的地方进行同样的分析。机器人就这样循环探测一直到 4 小时后电池耗尽。所有着陆器的数据将直接传送给 1F 探测器，机器人停止工作时，1F 探测器将在距离其大约 300km 的地方[11-13]。在土库曼斯坦和堪察加半岛利用直升机进行了着陆试验，系统在低重力下运行的能力安排在经过修改的伊尔-76 飞机上进行测试，航天员通常也是这样进行失重训练的。

图中展示的是探测火卫一的 PrOP-F 跳跃者探测器正在进行总装
(图片来源：全俄运输机械科学研究所)

　　福布斯探测器还将部署第二个固定式的着陆器。这个长期无人观测站(Dolgozhivushaya Avtonomnaya Stanziya，DAS；Long-Duration Autonomous Station)是由拉沃奇金设计局独立研制的。它被安装在 1F 探测器探测平台的顶部，紧挨着圆柱形"塔式"结构，与其他仪器设备的距离很近，还有一对机械臂可以将其向上移动并向外释放。一旦释放之后，冷气推力器将驱动这个低矮而宽的六边形着陆器飞向火星卫星表面，同时使其旋转以保持稳定。底部的传感器在检测到与火星卫星表面接触时，就将点燃使探测器向下运动的固体火箭发动机，之后利用由其绳系连接的鱼叉使着陆器保持稳定的位置。鱼叉预计将插入 1~10m，这取决于火星卫星表面物质的硬度。之后，这个长期无人观测站将等待 10 分钟，在灰尘逐渐飘落之后，它将伸出三条腿，将其仪器平台升高到火卫表面 80cm 以上，并展开三块太阳翼。安装在平台顶部的发射和接收天线使其可以与地球直接通信，而太阳敏感器可以使太阳翼指向合适的方向。设计师认识到在任务的某个时刻，指向地球的天线投下的阴影有可能投射在太阳翼上，因此设计师希望开发软件来解决这个问题，但紧张的进度不允许这样做。同时，虽然苏联和法国的工程师同时开发了两种数据压缩算法供选择，但也没有足够的时间进行比较而选择最好的一种。此外，又由于处理器不具备同时安装两者的能力，因此决定装在福布斯探测器上的长期无人观测站使用苏联的算法，而装在另外一个福布斯探测器上的无人观测站使用法国的算法。法国人提供了一台 CCD 相机，以拍摄火卫一表面高分辨率的"表面级"照片。由于在着陆器任务开始时，数据传输速率是 4bit/s，为期 3 个月的主任务阶段数据传输速率将上升到 16bit/s，而在任务末期速率将降到 8bit/s，因此即使采用高效的数据压缩算法，也需要 3 个或 4 个通信弧段才能传输单帧图像的数据！法国人还提供了追踪太阳位置用的天平动敏感器(Stenopee) 光学试验设备，以监测火卫一的天平动现象。西德提供了一个 X 射线和 α 粒子后向散射光谱仪，以确定表面物质的化学成分。装载了一台甚长基线干涉测量(VLBI)转发器，使得国际射电望远镜网络能够精确地跟踪着陆器(就像在金星大气层中跟踪维加号探测器的气球一样)，以提高火卫一星历的精准程度[14]。长期无人观测站上的其他仪器都是苏联研制的，另外还有一个安装于鱼叉上的地震仪，地震仪上包括温度和加速度传感器，能够当作透度计使用。地震仪能够灵敏地检测出 PrOP-F 跳跃者探测器的弹跳状态。如果第二个福布斯探测器没有重新定向到火卫二，那么它的长期无人观测站将在第一个着陆器落点 5km 附近着陆，人们期望第一个着陆器的地震仪能够记录新到达着陆器的着陆和鱼叉发射造成的地震波。长期无人观测站上使用的带有两个处理器的主计算机是在匈牙利负责开发的，由苏联航天研究院(IKI)提供设计输入[15-16]。

　　轨道器的设备专注于 3 个不同的研究主题：太阳物理学和天体物理学、火星和行星际粒子和场、火星和火卫一的遥感探测。

　　主要的太阳物理学观测仪器是一个由苏联和捷克斯洛伐克研制的太阳望远镜，由一个日冕仪(用遮光板掩盖住光球层以便观测较暗的日冕的望远镜)和两个用于 X 射线波段不同波长的平行物镜组成，所有的光学元件都与图像增强器和 CCD 阵列相匹配。它与地球上的同类望远镜一起，有望给科学家一个完整的 360° 的太阳图像[17]。此外，三通道光度

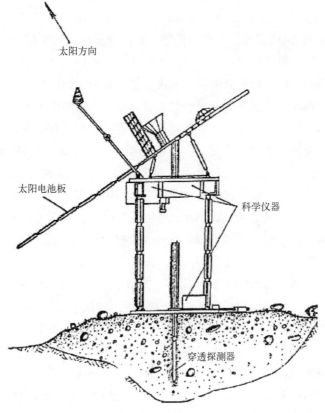

太阳方向

太阳电池板

科学仪器

穿透探测器

火卫一上的长期无人观测站

计能够精确测量太阳辐照度，以检测由于压力和重力振荡模式诱发的太阳照度变化。由法国、ESA、苏联克里米亚天文台和匈牙利协助，由瑞士达沃斯天文台(Swiss Observatory of Davos)开发，这个三通道光度计是第一个专门在太空航行中用于日震学(研究太阳振动情况的学科)探测的仪器，在飞往火星的巡航过程中采集大量数据。苏联提供的紫外辐射计将监测太阳的辐射通量。苏联-捷克斯洛伐克联合提供的由 5 个相同的气体放电单元组成的光度计将在软 X 射线波段下监测太阳的整个圆面。美国的地球静止环境业务卫星(Geostationary Operational Environment Satellite，GOES)携带了具有相似功能的探测器，将它们的数据与福布斯探测器送回的数据结合起来，将能够对太阳的不同半球进行监测[18]。还有两个仪器被用来增强行星际空间中的伽马射线暴航天器监测网[19]。其中之一是由法国提供的专用于探测低能伽马射线暴的仪器，而另一个装有法国电子器件的苏联探测仪则用于探测高能伽马射线暴。在火星时，后者也基本可用作研究表面成分的光谱仪。这两个仪器都安装在其中一个太阳翼的顶端[20]。

　　自从水手 4 号探测器探知火星没有固有磁场后，NASA 后续任务就强调了对粒子和场的遥感测量。福布斯任务与 NASA 的任务不同，而与以前的苏联火星探测器相似，福布斯任务也需要研究火星附近的空间环境，就像研究行星际环境一样。探测器上安装有两个独立的三轴磁通门磁强计：一个是苏联和奥地利的联合项目，用金星号和维加号探测器的仪器组装出来的；另一个是苏联和西德之间的合作项目。它们安装在一个 3.5m 长的悬臂梁上，奥地利的磁强计安装在梁的尖端，德国的磁强计安装在比它距本体近 1m 的位置[21]。ESA、法国国家科学研究中心（National Scientific Research Center，CNRS）、加州大学洛杉矶分校、苏联航天研究院和波兰空间电子实验室共同合作开发了一个等离子体波系统。它包括一个由朗缪尔探针组成的偶极子天线，用于测量电子通量，还有两个相距 1.45m、直径 10cm 的球体，用于接收等离子体不稳定性信号和电磁波的信号。它还用于检测探测器在接近火卫一时采集到的电荷[22]。另一个欧洲仪器是由 ESA、苏联航天研究院、德国林道市马克斯·普朗克研究所和匈牙利中央物理研究所合作研制的。这种低能探测望远镜可以探测到原子质量从氢到铁的原子核，用来测量太阳风和宇宙射线的通量、光谱及组成。这个计划是为了弥补因 1986 年 1 月挑战者号航天飞机发射失利，而推迟到 1990 年发射的 ESA 尤利西斯号任务上一台类似的仪器设备[23]。旋转分析器自动空间等离子体试验装置（Automatic Space Plasma Experiment with a Rotating Analyzer，ASPERA）是一台由瑞典、苏联和芬兰联合研制的仪器，由一个扫描平台和两个光谱仪组成，用于测量航天器周围几乎全空间的离子和电子的组成、能量和分布[24]。一个西德、苏联、匈牙利和奥地利联合进行的试验将分别测量氢和氦离子的能量和角谱，以及在近火星空间中可能存在的重离子[25]。苏联、匈牙利联合开发的静电分析仪将同时检测来自火星附近 8 个方向的电子和离子。美国密歇根大学的科学家也参与了这项研究[26]。探测粒子和场的有效载荷设备是由苏联部署的 3 个气体放电计数器完成的，以监测行星际空间的带电粒子，一个是由苏联、奥地利和西德研发的能量、质量、电荷谱仪，以及一组由苏联、爱尔兰、匈牙利和西德研发的两个相同的望远镜粒子探测仪[27]。

为火星和火卫一准备的遥感套件同样很全面。主要的科学和导航相机包括广角和窄角 CCD 光学相机，像素为 288×505，还有一个集成光谱仪。东德公司为这种仪器开发了一个存储器，能存储 1 000 多幅图像，保加利亚开发了所有的电子器件，并进行最后的组装和测试。在开发的不同阶段，这些团队得到了法国、美国和芬兰同事的帮助[28]。用于红外、可见光和近紫外波长的组合辐射计及光度计是由苏联和法国联合研制的，用于测量火卫一和火星最外层表面的热特性和反射特性，同时测量火星平流层的温度以及大气气溶胶粒子的光学特性[29]。另一个法国和苏联的合作成果是成像光谱仪（首次应用于在轨行星探测器上）在近红外谱段工作。这台设备提取火星表面单个像素的光谱，以提供二氧化碳"柱深度"的信息（间接得到观测点的测高信息），并获得火星和火卫一表面的化学组成和矿物学信息。当航天器飞行时，单像素"扫描"将对表面进行跟踪探测。偏心轨道初始时的数据形成长 1 600km、分辨率约为 5km 的图像数据，但是一旦航天器进入同火卫一类似的轨道，成像的分辨率将达到 30km[30]。最有趣的一个仪器是"热水瓶"（Termoskan）多光谱成像仪（首次应用于在轨行星探测任务）。这个苏联独立研制的设备由光电探测器组成，该光电探测器由低温回路冷却装置进行冷却，使用液氮作为冷却剂，并且在可见光和近红外的两个光谱带中工作。通过在与航天器运动方向垂直的平面上摆动扫描镜，"摄像机"可以产生宽

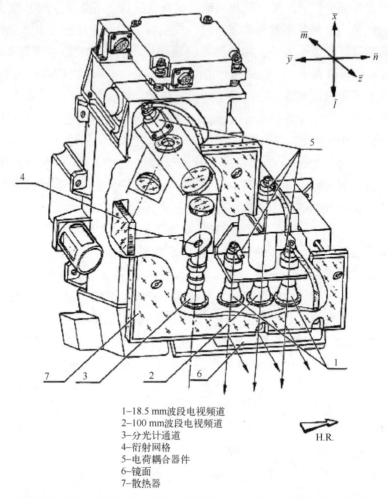

1-18.5 mm波段电视频道
2-100 mm波段电视频道
3-分光计通道
4-衍射网格
5-电荷耦合器件
6-镜面
7-散热器

H.R.

俄罗斯、保加利亚为福布斯任务装配的 CCD 相机和光谱仪(经天文学
与天体物理学期刊许可转载)

度约 650km、长度无限制、分辨率约为 1.8km 的条幅图像。其多光谱数据可用于生成图
像，主要呈现成像区域的温度、热惯性和纹理信息。值得注意的是，尽管人们对"热水瓶"
成像仪的研究内容很感兴趣，但它却是最后时刻才被增加到载荷套件中的[31]。法国和苏
联联合的奥古斯特(Auguste)试验应用了一项开发的技术，即通过在太空中观察大气边缘
的日出和日落来测量地球大气对太阳紫外线和红外线的吸收情况。"热水瓶"成像仪由一个
指向太阳的镜子和一台卡塞格林(Cassegrain)望远镜组成，使光线照进一个分光镜，第一
束光进入的光谱仪用来检测火星大气中的臭氧，第二束光进入的光谱仪用来检测二氧化
碳、水和氘化水，第三束光进入一个干涉仪，用来检测大气中的氧气和水[32-34]。

气体闪烁中子探测器用于识别湿度增大的区域，从而进一步研究生物学证据，以及识
别玄武岩以及铁含量非常高的岩石[35]。伽马射线谱仪在其中一个太阳翼的外边缘处，距
航天器 3m 远，其天然放射性将作为本底数据加以考虑。在初始的偏心轨道上，这台仪器

将对沿赤道附近较窄条带的行星表面暴露的岩石成分进行绘图。人们可能还记得，尽管在 20 世纪 60 年代和 70 年代对火星进行了广泛的探测，但是只能确定两个海盗号着陆点和苏联的火星 5 号轨道器取得遥感数据的有限火星地表区域的构成[36]。在火卫一上进行低轨飞掠时也将进行伽马射线谱探测[37-38]。

为了与火卫一飞掠工程师专门设计了 3 种仪器。激光质谱仪能够分析火卫一表面最外几微米物质组成。当高度计显示航天器低到一定程度时，激光质谱仪将对准毫米级直径的点发射激光脉冲，以使表面物质蒸发，蒸发释放出的一些离子将在航天器飞过时被以静电方式收集并分析。这是苏联、奥地利、保加利亚、芬兰、德国（东德和西德同时参与）和捷克斯洛伐克的科学家共同努力的成果，并由英国科学家协助进行数据分析。激光质谱仪质量为 70kg，它是整个有效载荷中最重的设备。实际上，人们有一些担忧，虽然该原型机并不属于军用天基激光武器，但它的性能使它类似于某些战略防御应用中的激光武器[39]。同时，另一个质谱仪采用一束氩离子轰击火卫一表面并记录离子的散射方式。轰击深度仅能够达到几纳米，但已足够囊括表面风化层的厚度，并且将提供其历史演化信息。这是苏联与奥地利、芬兰和法国的合作项目，由法国提供离子发射枪。大体上，这两个"主动"探测仪器将对火卫一上大约 100 个不同地点进行分析[40]。在与火卫一近距离飞行过程中，多谱段土壤雷达天线安装在一侧的太阳翼之下，能够"监听"至少米级深度的地下信息，以确定是否有分层结构及其介电特性[41]。当然，在飞行过程中，航天器的测轨数据将会提高对火卫一轨道和质量的认识。曾经，JPL 的工程师研究在苏联火卫一轨道器与他们的火星观测者号之间进行通信的可能性，因为他们曾计划与 ESA 的开普勒号（Kepler）轨道器通信，但是通信系统需要进行大量的硬件修改，因此并没有实施[42-43]。

1988 年 7 月 7 日，第一个 1F 航天器作为福布斯 1 号发射，7 月 12 日福布斯 2 号（Fobos 2）发射。两者都成功地进行了新颖的佛雷盖特上面级逃逸机动，发射过程的开放程度甚至超过了维加号探测器。西方记者和官员（包括阿波罗 11 号的前航天员迈克尔·柯林斯和美国空军代表团）被允许访问质子号运载火箭总装大楼，并观看射前准备及发射过程。实际上，发射福布斯 2 号的运载火箭可能是第一个在箭体上打广告的苏联火箭。做广告的是两家意大利和奥地利的钢铁公司，这些公司持续为苏联供货[44]。两个航天器分别于 7 月 16 日和 7 月 21 日进行第一次中途修正，速度增量分别是 8.9m/s 和 9.3m/s，两个航天器预计于 1989 年 1 月底抵达火星。目标是在 1989 年 4 月 7 日使福布斯 1 号与火卫一交会，之后使福布斯 2 号于 6 月 13 日与火卫一交会。发射后的第一批科学数据来自欧洲的等离子体波试验装置，它记录了探测器穿越地球磁层弓形激波的过程，大约距地球 20 万千米。此后不久，伽马射线谱仪开机开始校准[45]。8 月，福布斯 1 号上的太阳望远镜传回了 140 张太阳的 X 射线图像，除了记录光球层的细节外，还捕获到了一次太阳耀斑[46]。

9 月 2 日出现的迹象表明任务的飞行控制并没有做应有的准备，当时对福布斯 1 号的例行呼叫没有收到回复。实际上，地面再也没有收到这个航天器的信号。后来发现在 8 月 29 日的通信弧段中，一个工程师发出了一个错误的指令，本应该启动伽马射线谱仪，而实际上启动了一个驻留在只读固件中的程序，这个程序用于在地面测试姿态控制系统，该程序本应该在发射之前就清除掉，但由于时间不足而没有清除。这个程序在关闭了姿态控制推力器后结束，但探测器从定向姿态缓慢漂移至不稳定的姿态，不幸的是太阳翼背向太阳。地面再次尝试与探测器通信时，它已经耗尽了电池，无法应答。在整个 9 月和 10 月期间，地面努力重新建立通信，希望探测器太阳翼能够朝向太阳一段足够的时间以给电池充电，但依然没有应答。11 月 3 日，苏联宣布放弃了福布斯 1 号。人们并不清楚错误指令如何逃脱飞控管理人员的监测而被发送到航天器上。据相关描述，究竟由莫斯科任务控制中心和耶夫帕托利亚任务控制中心中的谁来负责执行存在争执。从 8 月 18 日起，决定由莫斯科任务控制中心负责执行任务，耶夫帕托利亚任务控制中心负责在指令发送前在地面模拟器上进行测试。而在 8 月 29 日，这个模拟器无法使用，但还是不负责任地照常执行并发出指令。使情况进一步恶化的是，航天器并没有被写入拒绝这种"自杀"指令的程序。用拉沃奇金设计局副局长罗纳德·克莱曼(Roald Kremnev)的话来说，发送错误指令的工程师(也是后来发现错误的工程师)被禁止参加福布斯 2 号的后续操作[47]。

苏联探测器在去往火星途中又一次丢失了。智利拉西拉(La Silla)天文台的欧洲天文学家试图用他们强大的望远镜拍摄照片找到福布斯 1 号，但未能实现[48-51]。可惜这是苏联首次派出一对配置不相同的探测器，只有福布斯 2 号携带了 PrOP-F 跳跃者探测器，而只有福布斯 1 号拥有 X 射线太阳望远镜和科学雷达。此外，任务损失了一个探测器意味着将不能进行主动地震试验。在该试验中，第一个长时间工作的火卫一着陆器将监测第二个着陆器到达造成的撞击地震。由于这起事故，后续时间表被修改，将福布斯 2 号与火卫一的交会时间提前到 4 月初。

同时，福布斯 2 号在行星际巡航期间继续收集数据。例如，它的两个伽马射线爆探测仪共探测到约 200 次伽马射线爆发事件，还探测到 400 次太阳耀斑，以及 10 次"强烈"太阳耀斑和 10 次"软"伽马射线爆发。除了监测它们富于变化的光谱外，科学家们还监测了爆发的精细时间结构，并且数据还揭示了这些爆发的根源。尽管福布斯 2 号在 1988 年 7 月至 1989 年 1 月进行太阳振荡试验期间发生了一些较大的和意外的指向错误，但它还是传回了大量高质量的数据[52]。

福布斯 2 号能够到达火星的预期也不是很乐观。虽然苏联证实了福布斯 2 号遇到严重问题的传言，但是他们坚持认为这些问题并不会影响整个任务。但是，任务期间又传来有关仪器故障和航天器数据传输从高速率转换为低速率的报道，因此国际科学家小组会议先是被推迟，随后被取消而未再重新安排[53]。问题在于，三重冗余的姿态控制系统计算机中的一个已经完全失效，第二个也已出现故障。如果发生故障的计算机也失效后，那么第三台功能正常的计算机就无法对前两台进行投票，任务将只能终结。另外，主发射机已发生故障，而使用的备份发射机功率不够大，降低了传输速率。1989 年 1 月 23 日，失效的福布斯 1 号飞过火星。同一天，福布斯 2 号进行了第二次中途修正，这次速度增量是 20.8m/s，然后在 1 月 28 日，发动机点火减少了 815.1m/s 的速度，以初步进入火星轨道，远火点高度为 81 301km，近火点高度为 864km，周期为 76.5 小时。探测器轨道面相对火星赤道面的倾角仅有 1°，与火卫一相当。

在早期的环绕运行中，ESA 的等离子体波探测仪检测到行星的弓形激波、磁鞘、磁层顶和磁层的交叉点(但它们并不总是可识别的)，它们就像一只前脚掌来回拍打水面一样拍打着这颗星球。在像火星这样的非磁性或弱磁性行星上，这些现象是由太阳风和行星电离层之间的相互作用引起的，所以朝向太阳的弓形激波厚度小于火星半径(而地球上朝向太阳的弓形激波厚度超过了地球半径的 10 倍；木星上朝向太阳的弓形激波厚度超过木星半径的 100 倍，因为这两颗行星都被强磁场包裹着)[54]。实际上，火星提供了一个难得的机会，让人们可以观察太阳风如何直接与行星周围的等离子体相互作用。观测结果表明，两个等离子体之间存在一个过渡区域，太阳风在速度衰减时通常会发生一连串的阶梯状波样特征[55]。同样在前期轨道上，福布斯 2 号在穿过火卫一轨道时观察到等离子体和磁场扰动现象，研究人员认为，可能是由于火卫一轨道上存在气体环或尘埃环。实际上，早在 1971 年就有人提出存在这样的一个环。后来，尽管人们在这个问题上进行了广泛的理论研究，但是这些"火卫一事件"并没有得到明确的解释。2 月 1 日在火卫一和火卫二之间又发生了类似的扰动事件，人们推测这可能是由火卫二阻挡了太阳风引起的[56]。

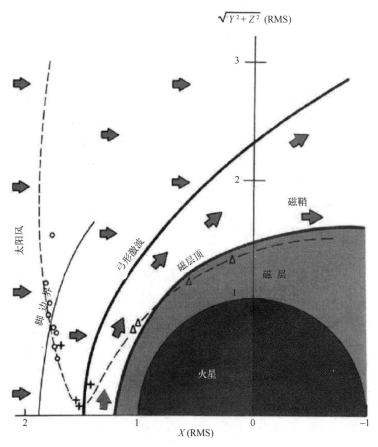

在最开始的 4 圈轨道上，福布斯 2 号上 ESA 等离子体波探测仪观测到火星磁层边界的位置。单位长度为火星半径 3 393km(图片来源：ESA)

随着轨道逐渐降低和圆化，观测器从近火点经过时对火星赤道地区进行了成像。2 月 11 日，第一次"热水瓶"成像仪成像数据覆盖 120° 条带，区域包括埃律西姆(Elysium)、伊奥里亚(Aeolis)、亚马逊(Amazonis)、门奥尼亚(Memnonia)和塔尔西斯(Tharsis)。在接近条带尾部的地方，帕蒙尼斯(Pavonis)火山也进入了相机的视场范围。由于椭圆轨道和近火点高度的影响，被扫描的地区最窄处宽达 120km，分辨率为 300m[57]。大多数伽马射线谱是在这些前期轨道上获得的，每次在近火点处进行 4 小时的数据采集工作和 1 小时校准工作，之后在远火点进行空间环境本底采集工作。遥感数据表明，赤道地区宽阔地带的火星表面成分与北半球两个海盗号着陆地点测得的火星表面成分非常相似。这可能意味着火星上的大部分地区被风沉积的尘埃所覆盖，形成了一个均匀的表层。然而，也有人指出，这些岩石最好的模拟物是在地球海洋岛屿上发现的一种玄武岩[58-59]。在第 4 个近火点时将轨道高度降低成了原来的 1/3，轨道圆化于 2 月 18 日结束，发动机点火减少了 722m/s 的速度，使轨道圆化，平均高度约为 6 270km(仅比火卫一高出几百千米)，轨道周期为 7.66 小时，与火卫一相当。在成功变轨至"观测轨道"后，探测器与佛雷盖特上面级分离，以使大部分载荷设备的视场无遮挡。同时，2 月 17 日，深空网获得了第一批干涉测量数据，用以准确定位探测器，为与火卫一交会做准备[60]。这个圆形轨道非常适合研究火星环境，因为它恰好穿过了电离层与太阳风的界面区域。粒子和场探测仪在多条轨道上取得数据，这些数据表明弓形激波的位置在 0.45~0.75 倍火星半径，这些数据还绘制出过渡层[被称为"行星顶部"，类似于彗星的彗顶(Cometopause)]以下空间的环境情况，在这里发现并记录下大量高密度电子等离子体物质[61-62]。3 月 9 日，探测器观测到 3 天前爆发的太阳耀斑产生的行星际激波。这种位于地球和火星附近的探测器观测到太阳高能粒子爆发的情况并不常见，激波在经过地球后大约 26 小时才会到达火星[63]。

与此同时，在 2 月 21 日，福布斯 2 号第一次飞掠火卫一，在 860~1 130km 对火卫一成像，这样做主要是为了修正火卫一的星历表。值得注意的是，虽然开始时预计火卫一的位置误差是数百千米，但它恰巧出现在第一幅图像的中心位置附近。由于这些以及随后几天拍到的相似的图像结果，到了 3 月初，火卫一的位置误差已在几十千米范围内。随着观测的继续，误差精确到几千米范围内。此外，在 2 月 27 日，福布斯 2 号在距离火卫二约 30 000km 的位置对其进行成像，同时也拍摄到金牛座的恒星区域以及木星。对木星进行了大量的窄视场成像，以对指向系统进行校准，然后利用宽视场相机对木星、火卫二、毕宿五及其他恒星进行成像，以修正自身的轨道参数[64]。在 3 月 7 日及 15 日，福布斯 2 号使用推力器进行了小的轨道调整。3 月 21 日，它到达相对于火卫一的静止轨道，这个轨道与火卫一环绕火星轨道相比，轨道偏心率和轨道倾角差别很小，这种差别使火卫一看上去像是在距离航天器背日侧 200~600km 沿着椭圆轨迹运动，并一直在它的视野范围内。接下来的步骤是建立一条更靠近火卫一的轨道，以便进行火卫一交会并释放两个火卫一着陆器[65]。

到了 3 月的第 3 周，福布斯 2 号已经取得关于火卫一和火星的高质量数据，包括高质量的图像和热成像扫描。在整个任务中，共拍摄了 37 张火卫一的照片，其中 13 张分辨率较高的照片使用窄角相机覆盖 190km 范围，分辨率约为 40m。这些补充了 NASA 水手 9 号和海盗号轨道探测器未获得的图像。最后，福布斯 2 号的遥感观测覆盖了火卫一表面大约 80% 的面积，特别是在斯蒂克尼(Stickney)撞击坑(这是火卫一上最大的撞击坑，以前只能在 100m 分辨率且在很倾斜的角度下成像)西部的一个地区被更详细地绘制出来，并且发现斯蒂克尼撞击坑周围竟然没有辐射出来的沟槽。显然要么这个地区没有产生沟槽，要么它们产生后被风化层掩埋。探测器也可以以低相角①来观察火卫一，也就是说太阳位于航天器后方。虽然缺少阴影藏匿了许多地形的细节(就像从地球看到的"满月"一样)，但是这获得了光度信息，并且发现了许多新生成的撞击坑和沟槽的边缘具有的明亮物质。在分析了这些观测数据后，苏联科学家们选择了探测器将要低空飞掠的区域，以及长期观测的静止着陆器和 PrOP-F 跳跃探测器可能的着陆点。

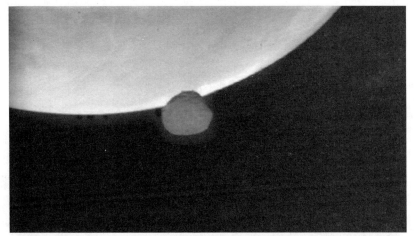

拍摄于1989年2月28日，这幅火卫一悬在火星上的合影是福布斯2号的杰作之一

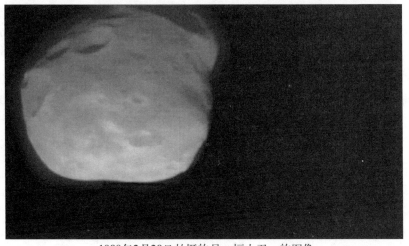

1989年2月28日拍摄的另一幅火卫一的图像

① 天文学上的相角为光源入射到天体的光路和天体反射至观测者光路的夹角。——译者注

对福布斯 2 号的精确跟踪测轨使得火卫一的质量得到准确的测量，加上从图像中估算出的火卫一体积，得出的火卫一密度明显小于海盗号给出的数值，这表明火卫一内部要么是多孔的，要么就是含有大量的冰[66]。

在初始偏心轨道上，法国的成像光谱仪在塔尔西斯地区拍摄了两个高分辨率的条带：第一个穿过帕蒙尼斯火山，第二个穿过比布利斯山和尤利西斯山(Biblis and Ulysses Paterae)。当航天器处于相对火卫一的静止轨道时，该仪器又进行了 9 次观测。除了阿拉伯特拉高地(Arabia Terra)、伊西底斯平原(Isidis Planitia)和黑暗的大瑟提斯高原(Syrtis Major)之外，它还覆盖了塔尔西斯高原和水手谷(Valles Marineris)超过 25%的地区，共获得了超过 3.6 万张光谱图像，对帕蒙尼斯火山的精确高度测量提供了其火山口的详细信息。数据还包含了水手谷、塔尔西斯高原及其他地点的含水矿物质图，特别是塔尔西斯高原上的火山侧面似乎比周围的高原拥有更多的含水矿物质。3 月 25 日探测器在距离 200km 处进行了两次火卫一成像扫描，分辨率为 700m。在这些光谱数据中，火卫一成分似乎与含碳的球粒陨石更接近，而与含水的球粒陨石差异很大。虽然火卫一上各地的矿物质含水程度差异可达 10%，但火卫一明显比火星干燥[67]。一旦航天器运行在圆轨道上，"热水瓶"成像仪沿着星下轨迹的分辨率和垂直于星下轨迹的分辨率就能够匹配起来，提供几乎没有失真的图像。在此轨道上还进行了 3 次火星成像：3 月 1 日一次，3 月 26 日白天和晚上各一次。扫描图像覆盖了绝大部分地形(只有典型极地地形没有被观测到)，包括了各种各样的地质特征，特别是涵盖了整个水手谷地区[68-69]。

当福布斯 2 号接近火卫一时，磁强计产生了令人感兴趣的数据，这表明火卫一可能有一个微弱的内禀磁场，就像一些小行星一样[70-71]。火星是否具有全球性磁场的问题仍然没有答案，虽然当航天器在椭圆轨道上时，这些距离火星较远的任何磁场都是由太阳风造成的，但一旦进入圆轨道，12 小时和 24 小时周期磁场的可能性意味着内禀磁场的存在。瑞典旋转分析器自动空间等离子体试验装置和德国离子光谱仪提供了一些最令人惊叹的粒子和场的分析结果。当探测器处于火星的电离层时，这些仪器检测到高得令人吃惊的氧离子通量，这些氧离子或者被太阳辐射所激励，或者被太阳风"捕获"。火星几乎每秒钟就会失去千克量级的氧气，这就解释了它是如何失去其最初浓密的大气层以及水分的。这种质量损失与地球磁尾中测得的质量损失相似，对于我们星球浓密的大气层而言，这种损失速率微乎其微。然而，对于火星来说，这意味着火星在太阳系历史上失去的水量相当于深度为 1~2m 的全球海洋的水量[72-73]。尽管太阳追踪系统遇到了些问题，但法国的奥古斯特(Auguste)仪器依然在高空发现大气臭氧，测量了大气中的含水量，提供了温度高度分布曲线，测量了大气中尘埃的不透明度，并发现了一个光谱特征，这表明可能存在甲醛———一种暗示生命可能存在的化学物质。在穿过火星边缘进入火星阴影的过程中共进行了 32 次太阳掩星观测，但由于姿态稳定困难，在离开阴影时仅进行了 1 次观测[74-79]。

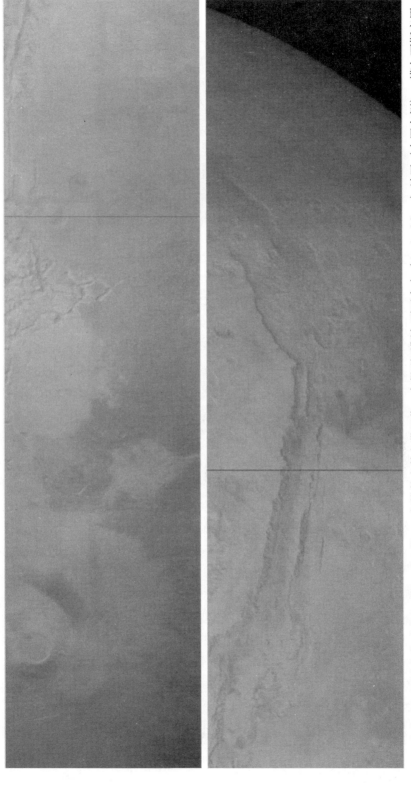

福布斯 2 号 "热水瓶" 成像仪于 1989 年 3 月 26 日扫描的完整条带图像。它得到了阿尔西亚火山（Arsia Mons）地区（上图左侧），塔尔西斯高原凸起地区峰顶附的诺克提斯迷宫（Noctis Labyrinthus，上图中心）以及水手谷复杂区域的一部分（下图）

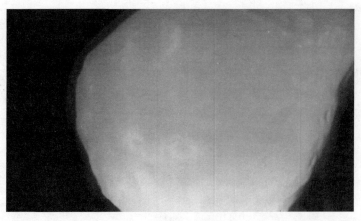

1989 年 3 月 25 日福布斯 2 号拍摄的火卫一图像

尽管取得了这些成功，但福布斯 2 号还是发生了严重问题。特别是 3 台姿态控制计算机中的第二台仍在故障中，而且依然只有备份发射机可用。3 月 25 日，深空网进行了第二轮干涉跟踪观测。两天后的 3 月 27 日，探测器再次旋转以拍摄另一系列的火卫一导航图像，为 4 月 9 日或 10 日的慢速飞掠做准备，着陆探测器将被释放。为了这次成像，航天器将关闭发射机，转动后对火卫一成像，之后再转回来，重新与地球建立通信。在通信中断 4 个小时后所能收到的只是一个持续了 13 分钟的微弱信号。当这个信息最终被解译出来时，人们意识到航天器正在绕着一个非设定的轴旋转，除非设法使它的太阳翼很快面向太阳，否则它的电池将会耗尽。不幸的是，地球与探测器失去了联系。

拉沃奇金工程师为了自我开脱，给出的第一个简单解释是，航天器被火卫一轨道上的天体撞击而失效，但是所有的模型(由苏联航天研究院和美国 JPL 建立)表明，与天体撞击的风险是微乎其微的，不像是任务失败的可能原因。最可能的原因是第二台姿态控制计算机失效了，唯一能正常工作的计算机在其他两台都失效的情况下无法进行三取二投票。在成像期间，电池电量不足可能是另一个失效的原因，拉沃奇金没有设计一个选择程序(以前的航天器有这种程序)，使航天器在电力不足的情况下关闭所有非关键系统，以延长恢复过程的可用时间。本着"改革"(Perestroika)①的精神，苏联航天研究院批评这次任务欠缺规划并且准备不足。项目立项和航天器发射仅间隔 3 年时间，显然没有足够的时间让苏联航天工业在航天器系统设计和软件开发方面发展稳健性[80-81]。

值得一提的是福布斯 2 号失踪还有个相当不可思议的"解释"。因为航天器与火卫一几乎处于相同的轨道，而且速度也几乎相同，所以，"热水瓶"成像仪拍摄的火星图像经常会出现火卫一投射在火星表面呈黑色长圆形类似雪茄的影子。一些特别天真的飞碟爱好者认为，这个影子证明了是巨大的外星飞船接近苏联探测器并将其击落的[82]！

一方面，福布斯 2 号可以被归类为一个成功的任务，因为它取得了火星和火卫一以前

———————————

① Perestroika 特指戈尔巴乔夫推行的改革。——译者注

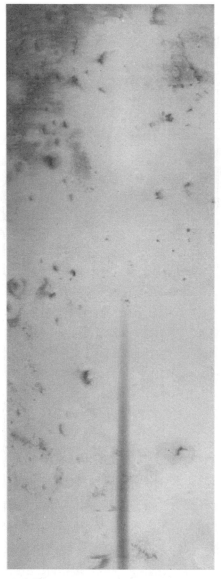

福布斯 2 号"热水瓶"成像仪的最后一次扫描条带的部分图像。火卫一正在以与航
天器几乎相同的速度绕火星飞行，因此，在这种飞行模式下的成像使火卫一在火
星表面的投影看起来有黑色雪茄形状的特征

从未有过的数据，甚至比以往所有苏联火星探测器取得的数据还要多；但是另一方面，它
没有完成探测火卫一的主要探测目标，也没能对火卫一表面进行化学遥感分析或者释放着
陆器。有人建议在 1992 年发射备份探测器作为福布斯 3 号来重获未实现的科学目标，但
可能因为没有时间来更改原来的设计缺陷，这个计划也没有被实施。不过，苏联的科学家
和工程师们还在继续考虑探索火卫一。

福布斯任务新闻发布会。站立者是拉沃奇金设计局局长维亚切斯拉夫(Vyacheslav Kovtunenko)。在麦克风后面的是苏联航天研究院(IKI)所长罗尔德·沙加迪夫(Roald Sagdeev)。最右边的是尤里·科普捷夫(Yuri Koptev),他是拉沃奇金的成员,他后来于 20 世纪 90 年代初成为俄罗斯航天局负责人

6.2　对地狱成像

在金星环绕成像雷达(VOIR)任务取消之后不久,参与金星射电天文学的 JPL 工程师和科学家们开始研究如何用低成本任务实现科学目标,这在政治上将更可能被接受。据估计,通过去除雷达以外的所有载荷设备,重新使用尽可能多的现有硬件并简化任务,可使成本减半。修改后的提案被称为金星雷达测绘探测器(VRM)。

节约成本的措施有很多种。首先,取消金星环绕成像雷达的高分辨率雷达成像模式,从而将雷达测绘的分辨率限制在相当于光学分辨率 200~500m 的水平[尽管如此,还是比苏联的金星号探测器(Venera)有很大进步],并大大降低了数据传输速率需求。所有涉及大气层和电离层的科学目标也被删除。携带的载荷设备仅有合成孔径雷达和雷达高度计。雷达高度计将在 2~20km 提供垂直高度信息,测量精度达到 5m,但考虑到轨道的不确定性,总的高度分辨率在 30~50m。也可以用雷达天线和接收器作为辐射计来观测被动微波辐射。在飞过金星边缘时,对航天器进行无线电跟踪可以获得有关大气的信息,长期跟踪将提供有关火星重力场的数据。使用椭圆轨道而不是圆形轨道进行测绘也可以降低成本,因为航天器不需要为将椭圆形轨道变成圆形轨道而实施复杂的气动减速(几乎未经验证),也不需要配备进行轨道调整的发动机。此外,原始设计中需要两个天线,一个用于收集雷达数据,另一个用于实时传输到地球,如果航天器使用椭圆轨道,则使用单个天线就可以

在近拱点采集雷达数据并记录，在远拱点将数据传输回地面。虽然航天器在首次接近近拱点以及后续远离金星过程中开启雷达时的高度及速度一直处于变化过程（高度在 300 ~ 3 000km 变化，相对于金星的速度在 8.4 ~ 6.4km/s 变化），并导致分辨率有所降低，但在计算上的新发展意味着先进的数字合成孔径雷达处理技术［与海洋卫星（Seasat）和金星环绕成像雷达（VOIR）的模拟系统相比］将补偿这些变化产生的效应。尽管如此，为了优化雷达在距离和速度变化过程中的性能，脉冲重复频率之类的参数在近拱点探测飞掠过程中被改变了数百次之多。如果这是为使任务能够完成而必须付出的代价，那也只能如此，关键是要使这次科学任务能够恢复实施。

虽然金星雷达测绘探测器不是行星观测者（Planetary Observer）或水手马克Ⅱ级计划（Mariner Mark Ⅱ Programs）的一部分，但它是以它们为设计原则而建造的，特别是借用了其他项目所开发的硬件。平台和双用途雷达及高增益天线是旅行者号的备份产品；动力、姿态控制和指令系统以及磁带记录仪来自伽利略号；中低增益天线来自海盗号和水手号；推力器来自旅行者号和天空实验室（Skylab）；推进系统阀门和过滤器来自旅行者号；射频放大器来自尤利西斯号（Ulysses）；用于贮存肼的贮箱来自航天飞机辅助动力单元等。通过缩小科学探测目标，换用椭圆轨道，大力推行使用现有硬件产品的策略，任务估价 3 亿美元，约为金星环绕成像雷达的一半。这个任务是太阳系探索委员会推荐的 4 个项目之一，并且在 1984 年被 NASA 批准为多年来第一个新的行星任务。丹佛市的马丁·玛丽埃塔（Martin Marietta）公司获得了 1.2 亿美元的合同来设计、组装并测试该探测器，并协助发射和在轨飞行操作。为先驱者金星轨道器制造合成孔径雷达的休斯太空与通信公司，将为探测器提供新的雷达系统[83-86]。

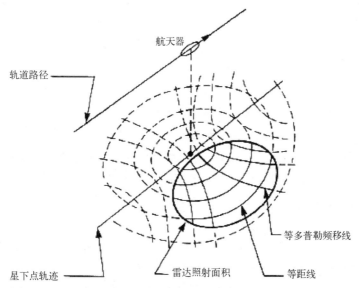

麦哲伦号探测器合成孔径雷达的几何观测示意图。探测器垂直于轨迹的横向分辨率是通过时间延迟或距离坐标得到的，而沿轨迹方向的分辨率则来自多普勒频移坐标。雷达波束只能照射地面轨迹偏向一侧的区域，否则将无法区分回波究竟来自左侧还是右侧

1985 年，根据 NASA 新的行星探测器命名规则，金星雷达测绘探测器(VRM)被命名为麦哲伦号，以纪念葡萄牙航海家费迪南德·麦哲伦(Fernão de Magalães)。他从 1519 年开始航行，直到 1521 年去世，领导了首次环球航行，第一次对地球进行了全球性的了解，正如探测器雷达将要对金星所做的探测一样。

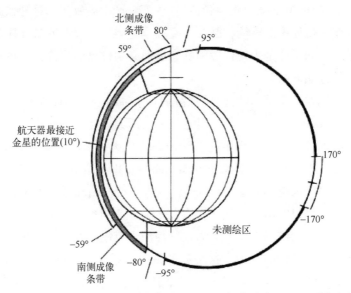

当麦哲伦号探测器在金星偏心轨道的近拱点时，它将在覆盖北部高纬度地区和覆盖南部高纬度地区的两种模式下进行交替雷达扫描成像。在剩下的时间，它将把它的天线指向地球，以传输雷达探测数据

麦哲伦号将于 1988 年 4 月由一架航天飞机发射升空，并由半人马座 G 上面级负责逃逸去往金星，半人马座 G 是改装用于航天飞机的半人马座两个版本中较短的一个。麦哲伦号将于 1988 年 10 月进入金星轨道，其主任务持续 243 天，这正是金星自转一周的时间。轨道高度在 250~8 000km，轨道周期为 189 分钟，轨道倾角约 86°。由于获知在北纬高纬度地区有一些有趣的地形特征，因此将近拱点设在北半球，以获得北纬高纬度地区的准确数据。金星近乎完美的球形意味着轨道将会非常稳定，连续近拱点的星下点在赤道方向仅差 20km，这样由于雷达条带的尺寸是 25km 宽，15 000km 长(被戏称为"面条")，因此很容易覆盖 20km 的间隔。此外，为了排除北极地区的过度重叠，每条测绘通道将从北极开始，到南纬中间地带结束，或者从北纬温带开始，到更南的纬度结束。在每个条带，航天器都会旋转，以维持观测金星表面的视场角稳定变化，同时还要保持天线指向与航迹线的一侧始终成 35°角(与金星号探测器与航迹线一侧成 10°角不同)，以更好地区分表面地形粗糙程度。每轨只有 37 分钟用于采集雷达数据。在剩下的时间里，航天器将天线指向地球，以传输数据并承担其他工程维护任务，如重新校准姿态控制系统，以保证每条雷达扫描条带定位准确，并且保证地球指向准确，使数据以尽可能高的速度传输。在其主要任务期间，麦哲伦号预计将对表面 70%以上的地区进行测绘。如果任务能够扩展，就可以覆盖任何缺口(称为球面三角区)，而且可以对有趣地貌进行不同角度成像，以进行立体分析，

还能增大对南半球的覆盖范围。在任务结束时，科学家们期望对金星已探测区域的面积超过地球，因为我们的地球大部分被水覆盖。

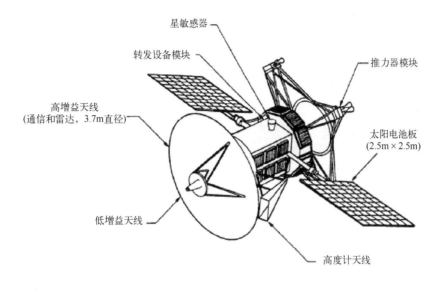

星敏感器

转发设备模块

推力器模块

高增益天线
(通信和雷达，3.7m直径)

太阳电池板
(2.5m×2.5m)

低增益天线

高度计天线

麦哲伦号航天器

　　虽然挑战者号航天飞机发生的灾难性事故影响了麦哲伦任务，但它的影响要比当时正在酝酿的其他美国行星探测任务的影响小得多。取消半人马座 G 上面级意味着麦哲伦号探测器必须改用惯性上面级。由于不知道航天飞机是否会在 1988 年 4 月的发射窗口复飞(实际也没有)，因此决定推迟发射。而下一窗口在 1989 年 11 月，这就要求麦哲伦号探测器必须在伽利略号探测器发射后数天内完成发射，伽利略号探测器在通往木星的漫长征程上也将飞掠金星。JPL 没有指望在这么短的时间内能够连续两次发射航天飞机，而是设计了一个前所未有的"第四类"飞行轨道，使麦哲伦号探测器的发射窗口拉长到一个月，即从 1989 年 4 月底到 5 月底，环绕太阳的行程增加到一圈半，而不是通常的半圈。虽然这个轨道在离开地球总能量和抵达金星总能量方面有一些优势，但是它需要探测器在主任务前进行 15 个月的巡航并且能够承受合日遮挡导致的无线电中断 18 天。如果这个发射窗口被错过，下一个转移到金星的窗口常规要等到 1991 年 5 月。

　　麦哲伦号航天器质量为 3 453kg，航天器最主要的部件是来自旅行者号的天线，这个天线既可用于采集雷达数据，又可用于通信。天线直径为 3.7m，占满了航天飞机的有效载荷舱。为了在高增益天线和中增益天线都不能指向地球的时候也能通信，在主天线馈源处装有一个来自水手 9 号的低增益天线。高增益天线的传输速率有 268.8 kbit/s 和 115 kbit/s 两档，速率取决于地面深空网所使用的天线尺寸。经过近拱点取得的雷达扫描数据将被存储在两台冗余的来自伽利略任务的磁带记录仪上，当麦哲伦号靠近远拱点时，数据通过两个 57 分钟的测控弧段传回地球。1.5m 长的雷达高度计喇叭安装在主天线的旁边，其指向与主天线轴线成 25°角，这样当合成孔径雷达看向侧面时，雷达高度计将近乎垂直地观察金星表面。在天线后面是一个 1.7m×1m×1.3m 大小的方形舱段，其内部安装了所有的雷达电子设备、一些通信系统设备(包括从一侧突出的中增益天线，中增益天线主要在巡航期间和近金制动期间使用)、姿态控制系统的动量轮、用于姿态确定的星敏感器以及蓄电池。在该设备舱的外部安装热控百叶窗，以将功耗为 200W 的雷达电子设备保持在其允许的温度范围内。挨着设备舱的是旅行者号的十面体平台舱，平台跨度 2m，高42.4cm，装有主计算机、磁带记录仪和其他一些系统。在平台舱中心有一个能装载132.5kg 肼的贮箱，足以使麦哲伦号在金星轨道上运行多年。平台舱两侧各有一块太阳翼，该太阳翼铰接在航天器的框架上以便发射，并且在其展开的状态下可以倾斜，以便追踪太阳。单个太阳翼长 2.5m，在金星轨道上能产生 1 200W 的功率。探测器的后面是一个推进模块，上面有一个十字形桁架，每个桁架顶端安装一组推力器舱室，包括一对 445N 的推力器、一个 22N 的推力器和三个 0.9N 的姿态控制推力器，这些推力器将被用作修正探测器在金星的轨道。在这个桁架上还安装了一个小氦气瓶，用以保持肼贮箱内的压力。推进模块还将在发射时为航天器提供与惯性上面级连接的结构承载点，以及连接用于近金制动的质量为 2 146kg 的 STAR-48B 固体火箭发动机(此类发动机常用于类似的补充加速级运送地球同步轨道卫星)。麦哲伦号从高增益天线的馈源到推进舱总长 4.6m，太阳翼展开后跨距 10m[87-88]。

　　尽管推动此任务时相对比较便宜，但在准备发射时，麦哲伦号的价格几乎翻了一番，达到 5.5 亿美元；部分原因是挑战者号航天飞机发生灾难性事故造成任务延期，另外成本也超支了，主要是雷达的研发成本(JPL 曾一度重新获得承包商的控制权)，以及重新设计并改造航天器的成本，虽然能力更强大了，但是成本也更昂贵了。实际上，早在 1984 年，JPL 就已经为改善麦哲伦号航天器并提升其性能确定了许多"50 万美元量级的子项目"，其中一些项目是在航天飞机停飞的那几年中实施的。一项没有得到资助的改进是在天线周围放置一条 30cm 的铝制裙围，以提高其雷达性能。另一个超支来源是，麦哲伦号修订计划后被安排在伽利略号之前发射，而不是之后发射，这意味着原本可能从伽利略号获得的一些备件必须留给伽利略号使用，而麦哲伦号不得不制造新产品[89]。制造商于 1988 年 10 月初将该航天器运到卡纳维拉尔角，但是在 10 月 17 日发生了一次意外事故，操作人员将测试电池的插接器插错了，造成了短路起火，但火很快就被扑灭了，航天器也仅仅遭受轻微损伤。那时雷达、高增益天线和通信电子设备还没有安装，而且由于"飞行前拆除"的保护罩都还没有拆除，大部分已安装的设备都没有损坏。然而，需要几天的时间来清理航天器上的烟尘和油脂。总之，这个事故花费了 8 万美元[90-91]。

　　1989 年 4 月 28 日，发射亚特兰蒂斯号航天飞机的 STS-30 任务进行第一次试射，由于航天飞机上的一个泵有问题，在点火前 31 秒中断了发射。5 月 4 日，尽管等待天气转好推迟了 1 个小时，但发射终于成功了。这是美国自 1978 年先驱者号金星多探测器任务(VMPM)和国际彗星探测器任务后第一次发射行星探测器，也是第一次由航天飞机执行行星探测的发射任务，行星和科学探测计划遭受了这样的拖延，大多数科学家与之无关。

　　在发射后的第 5 圈，亚特兰蒂斯号航天飞机释放货舱里的货物，包括带有两级火箭的

麦哲伦号探测器与惯性上面级组合体正在与亚特兰蒂斯号航天飞机货舱分离

惯性上面级和航天器，其中惯性上面级为近金制动提供动力，它们此时位于洛杉矶西南 1 000km 处，海拔 296km。此后不久，航天员目视确认太阳翼已经展开到位。尽管展开的太阳翼在轨道机动中会引入柔性问题，而惯性上面级的姿态控制系统不得不克服其带来的异常动力困难，但工程师们还是决定在这时展开太阳翼，以免它们遭受惯性上面级滚转方向推力器羽流喷射而破坏。与航天飞机分离 60 分钟后，惯性上面级按照飞行程序进行两级点火，将麦哲伦号送入 1.011AU×0.699AU 的预定日心轨道。4 天后，亚特兰蒂斯号航天飞机在进行了多种微重力试验后返回加州爱德华兹空军基地[92]。

10 月 7 日，麦哲伦号在金星轨道内侧飞过，并且第一次到达近日点，当然这次并没有抵达金星。之后在 1990 年 3 月初抵达位于地球轨道上的远日点，并开始向内侧运动。在 1989 年 5 月 21 日、1990 年 3 月 13 日和 7 月 25 日进行了 3 次中途修正，以修正去金星的轨道。巡航过程中遇到了一些小问题，包括由太阳质子撞击星敏感器造成的虚假信号，编写软件补丁以拒绝大多数的错误信号，从而恢复星敏感器的能力，这对于确保航天器在每圈金星轨道上的姿态稳定度都能保持在 1°以内是非常重要的。遥测记录显示主探测平台和推力器上都产生过较高的温度，在肼内产生了热诱导气泡。平台过热问题通过转动航天器使高增益天线阴影投射于高温区域得以解决[93]。在巡航期间进行了两次雷达测试：1989 年 12 月进行了基本测试，之后在 1990 年 5 月进行了一次时间长度等价于 20 轨成像任务的模拟飞行测试[94]。

　　麦哲伦号在去往金星途中，罗德岛布朗大学(Brown University)的两位研究人员提出了一个有争议的理论，认为金星经历了一种类似于地球上发生过的板块构造的过程。他们特别指出，在先驱者号金星轨道器的低分辨率雷达图像中，赤道阿芙罗狄蒂高地很像大西洋中部扩展地区，这里不断生成新的岩石圈。此外，椭圆形区域奥华特区(Ovda Regio)长 3 500km，位于阿芙罗狄蒂高地，与冰岛有惊人的相似之处，都是在开阔山脊上形成的高原。这两位研究人员预测，麦哲伦号获得的更高分辨率图像将揭示更多细节，证明他们所提出理论的正确性[95-96]。

离开了航天飞机之后，麦哲伦号展开了太阳电池板

　　1990 年 8 月 10 日，麦哲伦号点燃其固体火箭后进入环绕金星轨道，轨道误差控制在预期的 100km 范围内。点火控制十分精确，使探测器环日轨道高度在 289~8 458km，周期为 3.26 小时，相对赤道倾角 85.5°，近拱点位于 10°N 的环金星轨道，不需要轨道修正就进入成像轨道。麦哲伦号是美国第二个进入环绕金星轨道的探测器。实际上，1978 年首个到达金星的先驱者号金星轨道器仍然在运行，它还试图进行一项有趣的工程试验，即用它的偏振测光计以金星黑暗半球为背景对麦哲伦号探测器的发动机羽流进行测量，但由于羽流太弱而未能成功。这个完美的轨道是非常令人高兴的，因为剩余的推进剂可以用于扩展任务，填补地图上的空白探测区域，也可以改变航天器及其雷达的观测几何关系，因为雷达回波（以及由它们产生的图像）取决于雷达波束在金星表面的入射角度，在某个入射角看不到的地形可能会在另一个角度看见，或者当波束的偏振方向改变时出现。麦哲伦号此时又遭受了几次小故障：在近金制动约 1 分钟后，姿态控制系统 4 个陀螺中的 1 个发生故障，并自动关闭；在火工品被引爆以抛弃废弃发动机壳体几秒钟后，备份存储器损坏[97]。

　　经过几天的检查，雷达在 8 月 15 日开机，工程师们开始"调整"雷达，以便获得最佳图像。如果一切进展顺利，科学家们打算在未来几天开始试验成像，并于 8 月 29 日开始进行常规的测绘成像。但是，就在科学家们庆祝初始试验数据中图像"惊人的清晰度"时，深空网丢失了麦哲伦号的遥测信息，这发生在麦哲伦号实施星敏成像以进行远拱点姿态更新的过程中。一个微弱的信号在 14.5 小时后被检测到，随后又消失，并且每间隔 2 小时重复出现，这表明该航天器正在缓慢地自旋，每转一圈就将其天线波束扫过地球一次。10 小时后，麦哲伦号收到稳定姿态指令，使其中增益天线指向地球。当记录的遥测数据被下载后，工程师推断出姿态控制计算机失去了检测健康"心跳"的能力，这促使航天器进入"安全模式"，终止所有操作并将通信切换到低增益和中增益系统。在这种情况下，本应该进行快速调姿以使天线指向地球并使太阳翼指向太阳，但是用作调姿参考的两颗恒星要么丢失了，要么弄错了，并且航天器以一种非预期的姿态结束了自旋，在这种姿态下无法与地球通信。几个小时之后，姿态控制系统中的一系列故障导致它切换到 1KB 的只读存储器中的一个更简单的"原始"定向控制程序，该程序使用推力器而不是动量轮来进行操纵。在那时，当航天器开始圆锥旋转时（按照预定程序），它的天线扫过地球，使人们能够重新控制它[98]。

　　但麦哲伦号恢复正常状态的时间很短，因为在几天之后的检测过程中，它再一次出现了姿态失控并与地面失去了联系。在等待与航天器重新建立联系的 4 个小时之后，JPL 控制人员既担心探测器太阳翼可能未指向太阳，消耗电池电能，又担心探测器可能尝试计划外的地球搜索模式，从而浪费宝贵的燃料，因此决定让深空网盲发命令。又过了 4 个小时，还是没有信号，于是发出禁用监视"心跳"软件的命令，终于重新控制了探测器。然而，工程师们对于解释探测器发生了什么事情仍各执一词。虽然浪费了几千克肼，但仍然有足够的燃料支持多年在轨运行。当工程师试图确定这个问题时，科学家们提供了一个由早期测试数据生成的直径 34km 的火山口古布金娜（Golubkina）的初步拼接图像。它的分辨率高达 120m，比金星号探测器所提供的图像分辨率要高一个数量级，并首次展示出中央高峰、梯田墙和周围喷射物的细节。每个人都渴望尽快完成测试并开始执行正式测绘任务。

在问题发生后的两个星期，姿态控制回归正常。9 月 12 日，高增益天线在近一个月内第一次正常指向地球，最大数据传输速率恢复正常，这使得自第一个异常问题发生以来所有存储在探测器上的工程数据都能够被下载下来，工程师对问题进行了详细分析。与此同时，由于受到远拱点星敏感器对恒星成像的影响，探测器继续遭受姿态控制问题的困扰。

不管怎样，雷达于 9 月 14 日重新启动，第二天就开始定期测绘制图[99-100]。从 10 月 26 日至 11 月 10 日，任务不得不暂停，因为金星位于地球太阳连线的另一端的上合位置。没有覆盖到的成像区域将在一个金星日后弥补，时间在 1991 年 6 月至 7 月。探测器在后续的时间里仍然小问题不断，如姿态控制系统异常使太阳翼振动载荷过大，以及组件过热等。最糟糕的问题发生在成像任务开始后的第 3 个月，即 12 月，当时两台磁带记录仪中的一台错误率急剧升高，不得不将其关闭[101]。1991 年 5 月 15 日结束的第一阶段成像任务覆盖了 83.7% 的金星表面。麦哲伦号取得的探测数据量大大超过了以往所有行星任务加起来的总和。但随着过热问题的逐步恶化，越来越多的成像时间(最坏的情况是 55 分钟)被用来"避暑"，即利用探测器高增益天线的阴影遮蔽电子设备。当轨道条件使推进舱受日照更多时，更需要这种"避暑"。之后，在 5 月 10 日，麦哲伦号遭受了第五次也是最长的一次信号丢失故障，这一次信号丢失持续了 32 小时。但这也是最后一次，因为在 7 月份终于找到了问题的原因。在某些特定情况下，一种软件捷径算法将姿态控制计算机置于某种逻辑循环之中，而在近金制动时损坏的内存加剧了这个问题的严重程度[102]。

第二阶段成像任务在第一阶段成像任务结束之后立即开始进行，这次成像条带在星下点轨迹右侧，而不是在之前的左侧，以便以不同的光照角度对地形成像。第二阶段成像弥补了第一阶段由于无法通信以及设备过热、磁带记录仪关闭而未探测的区域，并将覆盖范围扩大到南部高纬地区。

麦哲伦号的无线电系统针对雷达观测已经进行过优化，利用双频无线电技术可以在掩星试验中探测大气，地球传送的信号首先通过金星大气层到达航天器并返回，信号在航天器的两个工作频率上传输。试验只在第二阶段成像任务中的 1991 年 10 月 5 日至 6 日的 3 个连续轨道上进行一次，这两个频率探测到大气在 34km 的高度就有吸收特性。信号的极化同时被用来检测云和闪电等现象，虽然没有检测到类似现象，但试验确实提供了金星大气中各种气体，特别是气态硫酸丰度的详细分布曲线[103]。

1992 年 1 月 4 日，高增益天线的主份发射机发生故障，数据回传中止。备份发射机的缺陷是功耗太大，导致设备过热，结果给数据传输引入"噪声"，从而造成数据受损。当对其进行开机测试时，它能够传回数据，但由于温度过高，开机 25 分钟后就不得不关闭。如果这两个发射机都不能恢复工作，测绘任务就不得不结束，到目前为止，这个任务已覆盖了金星表面 96% 的面积。即便如此，人们还可以使用中增益天线获取重力场信息。当月末采取的解决方案是让备份发射机以 115kbit/s 的低传输速率工作，以克服过热问题。

在对麦哲伦号测绘雷达进行测试成像时所拍摄的 340km 直径撞击坑古布金娜(Golubkina) 的图像，对照金星号探测器所拍摄的相同景观的图像，麦哲伦号分辨率的提高是惊人的(图片来源：JPL/NASA/加州理工学院)

雷达成像在第 3 个金星日恢复，目标是填补剩下的几处未探测区域。而无法使用雷达的那一周也并没有浪费，因为那几天对传输过程的多普勒频移进行了监测，以便采集重力测量的初步数据[104-105]。

科学家们在第一阶段轨道上进行了一些特殊的雷达试验。1991 年 7 月 12 日，5 圈轨道被安排进行一项高分辨率测试，这项测试需要麦哲伦号维持其雷达波束相对于金星地表约 25°的入射角恒定不变，而不允许雷达波束入射角在从两极的约 15°到近拱点的 45°之间变化。这使得"沿迹"方向的分辨率有效地提高了一倍，达到 60m。从 7 月 24 日开始，有几圈轨道被用来先左后右地采集图像，即雷达首先采集在星下点轨迹左侧的图像，之后再采集右侧图像，以便对南半球的一些地区进行立体成像。由此产生的"成对立体"图像使单个特征的高度精度能达到 70~100m。由于这次测试非常成功，因此人们调整了第 3 圈任务

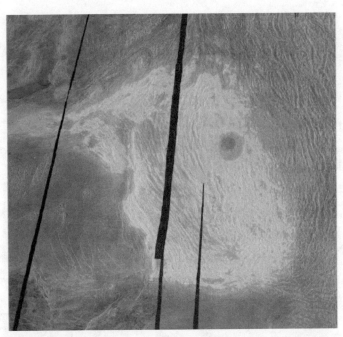

一个显示麦克斯韦山脉结构复杂的麦哲伦号雷达成像条带。地形抬升区域亮度异常的原因可能是表面有对雷达波强反射特性的物质。克利奥帕特拉火山口(Cleopatra)的双环清晰可见。黑色条纹是数据丢失造成的结果(图片来源：JPL/NASA/加州理工学院)

规划，将重点集中在采集立体成像数据上。1991 年 12 月 13 日，有几圈轨道专门安排用于对瑞亚山(Rhea)和希亚山(Theia)进行极化观测。航天器围绕其滚转轴旋转了 90°，以便收集垂直极化的无线电回波，对早先收集的水平极化无线电回波加以补充。通过两种雷达回波，可以测得金星表面的介电常数。最后，计划定于 1992 年 1 月 24 日至 2 月 7 日，对麦克斯韦山脉、西弗山(Sif)和格拉山(Gula)进行立体成像。科学家们特别希望分析麦克斯韦山脉一侧的悬崖，这一侧悬崖非常陡峭，以至于高度计无法测准它的高度。然而，这些观测只能在航天器的远拱点[①]被金星遮挡的时候才能实施，而在这个时候回传数据可能受到限制。而且，这次观测机会发生在备份发射机以较低的速率投入运行的几周后，这进一步限制了数据的回传。虽然观察最终还是完成了，但由于麦克斯韦悬崖处于视场内的时机恰逢磁带记录仪改变磁道且反转磁带方向之时，所以未能对麦克斯韦悬崖成功成像——磁带共有 4 条磁道，向前和向后各两条[106]，在使用时有时需要切换。

当麦哲伦号轨道的远拱点位于金星的另一侧时，受限于通信，测绘任务不得不缩短时长，但是近拱点位于面向地球一侧的条件对重力测量来说非常有利。在这些轨道上，高增益天线指向地球以接收和返回信号。除去地球与金星的相对运动以及探测器绕金星运动带来的影响，剩余的多普勒频移可以用来测量大约与航天器轨道高度一样宽的金星表面的引

---

① 由于金星自转缓慢，当时相对麦克斯韦山脉成像只能在远拱点进行。——译者注

麦哲伦号所取得的数据拼成的半球视图，以经度 180°为中心（图片来源：JPL/NASA/加州理工学院）

力差异。该测量技术灵敏度非常高，因为小于 1mm/s² 的加速度就会产生可测量的多普勒频移。1992 年 4 月 22 日至 5 月 16 日进行了第一批数据采集，采样地点位于阿芙罗狄蒂高地的许多裂缝之一的阿尔忒弥斯峡谷（Artemis Chasma）。与此同时，著名的先驱者号金星轨道器正在测量南半球重力数据，但不幸的是，它在 10 月份进入金星大气层并坠毁[107-108]。

麦哲伦号上的备份发射机在 1992 年 7 月再次遇到过热问题，为了在第 3 圈后期执行任务，它被关闭而避免损坏，因为第 3 圈后期执行的任务将最终填补全金星测绘覆盖的较大空白区域。而截止到这个圈次结束前的 9 月 13 日，雷达测绘已经覆盖了 98% 的金星表面。不幸的是，无法实施干涉测量试验，在这个试验中，用不同圈次在相同几何位置关系采集到的雷达数据进行比较，将能够得到非常精细的表面信息[109]。第 4 圈及后续的时间将用于重力测量，高增益天线的低速率足以传回这些测量数据。

麦哲伦号的每一轨测绘都产生了大约 100Mbit 数据量的图像和相关数据，这几乎与金星 15 号和金星 16 号雷达产生的数据量总和相同。数据的流入如此巨大，以至于 JPL 的计算机经常在几周后才能处理完成这些数据。遇到的另一个挑战是对生成的图像进行初步检查判断，图像如此之多，以至于项目科学家们一般都要邀请同事带着他们的博士后和研究生来协助完成这项任务。麦哲伦任务还促成了苏联（及后来的俄罗斯）和美国科学家在新时代下的合作关系，3 名曾在莫斯科维尔纳茨基研究所负责解译金星号探测器取得数据的地质学家被招募来辅助进行数据分析。

麦哲伦号证实了金星是一个以火山活动为主的世界，火山地形至少覆盖了金星表面的80%。火山结构千差万别，从直径几千米的圆顶形火山到跨度至少 100 km 长的盾形火山，几乎整个表面都被成千上万一簇一簇集中在一起的小火山群点缀。盾形火山(个别的火山与地球上最大的火山相似)位于金星大型隆起区域的顶上，这些区域表面以下的深处很可能还有能够上升的岩浆，因此这些火山仍然可能喷发。此外，火山周围有数万平方千米的熔岩平原。这些熔岩似乎黏度较低，并且流动的方式与月海相似。但与月海以及火星沙漠不同的是，从金星平原的介电特征可以看出，它们一般含有较硬的土壤。一种更为黏稠且流动缓慢的熔岩形成了直径超过 50km 的薄饼形结构，它有着陡峭的边缘，边缘抬升高度不超过 1km。这些火山都或多或少反复喷发过，形成链式的层叠结构。随着熔岩在薄饼结构上消退，它在上层表面上留下了沟槽和凹坑。尽管地球上也存在类似的穹顶形结构，但金星上的这类结构至少比地球上的要大 50 倍，这也许是因为金星表面环境的温度非常高，以至于熔岩在冷却和凝固之前能够流动得较远。值得注意的是，我们可以知道薄饼结构的组成，因为在金星 8 号探测器的目标椭圆内就有这样的结构特征，而金星 8 号是第一个对表面进行伽马射线谱分析的着陆器。另一个在金星号探测器雷达图像中首次出现的显著特征是"蛛网状"结构。这些类似于蜘蛛网(因此得名)的辐射状山脊是金星特有的，这可能是由火山作用和地质构造联合作用的结果[110]。

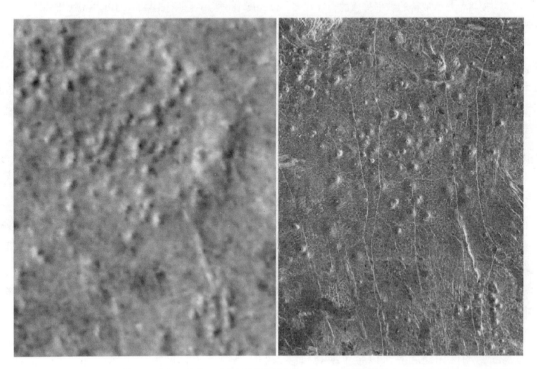

从麦哲伦号拍摄的图像(左)可以看出，金星号拍摄图像(右)上的很多斑点实际上是小火山(图片来源：JPL/NASA/加州理工学院)

麦哲伦号拍摄的那瓦卡(Navka)地区的图像，覆盖了金星 8 号着陆位置的不确定椭圆的大部分区域。因为圆形结构(右上)是薄饼状火山，所以着陆器分析的很可能是来自于该火山的熔岩(图片来源：JPL/NASA/加州理工学院)

　　金星另一个独特的火山地貌是曲流河，它不是由水构成，而是由一种黏度非常低的熔岩构成，如碳酸盐岩(富含熔化的碳酸盐和盐)。熔岩只是刚好比金星表面的温度高，可以流动很长距离并且蚀刻出深深的沟渠。执行阿波罗 15 号任务的航天员在 1971 年发现的月球上的哈德利(Hadley)月溪熔岩河道与之相似，但是要短很多。这些金星河流(科学家们戏称为运河)中最大的是巴尔蒂斯谷(Baltis Vallis)，在金星号拍摄的低分辨率影像中可以很明显地看到它的一部分。巴尔蒂斯谷虽然只有几千米宽，但有 6 800km 长，被认为是太阳系里最长的河道，这相当于是地球上从纽约到罗马的距离！虽然金星上的河流都缺少湖泊、支流，但是部分河流体现出三角洲等其他类似河流的特性。这些河流相对较为古老，因为在局部表面向上隆起地区，河流向上坡流动[111]。

　　麦哲伦号对麦克斯韦山脉拍摄的图像与从苏联金星号探测器的数据得到的结论相反，克利欧佩特拉(Cleopatra)是一个 100km 宽的双环形撞击坑，而不是火山口，因此不再称之为克利欧佩特拉火山口(Cleopatra Patera)，其主要证据是周围的溅射物层。然而，如金星16 号拍摄的图像所示，它也有火山特性，最为显著的是一条从其东北边缘的裂口延伸出来的河流[112]。一种理论认为，金星的山脉受到均衡的支撑，就如同低密度的岩石块"浮动"在密度更高的地幔物质上；另一种理论认为是地幔柱主动抬升。其实，麦克斯韦山脉西部高达 35° 的陡峭斜坡表明，这座金星最高山脉的起源仍有待发现。正如 20 世纪 70 年代研究人员所发现的，最高山脉具有异常高的雷达反射率。与麦哲伦号的雷达图像并行产生的数据表明，这不是由于该地特别粗糙，而是由于其表面的电介质特性所导致，其表面

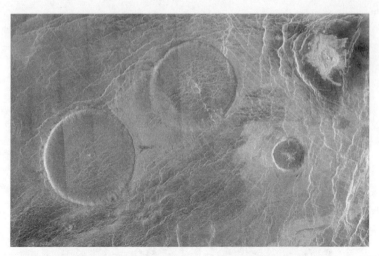

麦哲伦号拍摄的艾斯塔里(Eistla)地区的图像,有 3 个薄饼状的火山和 1 个小撞击坑(右上角)(图片来源:JPL/NASA/加州理工学院)

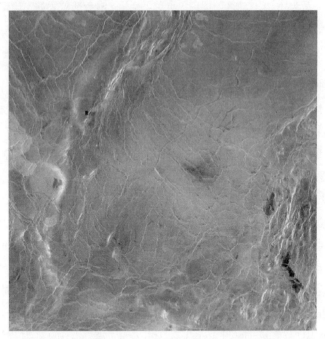

这幅麦哲伦号拍摄的图像中部蜿蜒曲折的地貌是巴尔蒂斯谷的一部分,它是太阳系中最长的河道(图片来源:JPL/NASA/加州理工学院)

似乎被金属物质覆盖[113]。开始人们认为这是黄铁矿,但被证明其在该环境中不稳定,后来人们认为它更有可能是金属盐,涉及氯、氟和硫等富含金属的矿物。这个区域存在一个强烈的热梯度,地表温度会随海拔升高而降低,并且上述金属物质会在低洼的地形蒸发,也可能会在超过地面 3.5km 高的地方凝结,并产生一个几毫米甚至 1cm 厚的雷达反射面[114]。

在沿金星赤道大部分地区，人们看到一个由山脊和裂谷组成的网络，它从大陆状的阿芙罗狄蒂高地到贝塔区延伸，并穿过了亚特区（Atla Regio）的高地。这些（和其他）地形清楚地表明其表面曾经受过地壳构造应力。虽然没有明显的扩张区域，如地球上大西洋中脊或东非裂谷系统，或像太平洋的"火山圈"那样的俯冲海沟，但有一些特征有一定的相似之处。例如，位于阿芙罗狄蒂高地的黛安娜和达利峡谷群（Diana and Dali Chasmata）的两个长峡谷，一边存在凸起的边缘，有几千米高的悬崖，另一边有向下倾斜的斜坡，表明地壳层可能曾发生碰撞和挤压，一层被挤压到另一层的下面并把它推起来，形成了陡峭的悬崖。此外，部分"大陆"中央似乎有大型的火山和峡谷，可以证明地壳正在向外扩张。但实际上，火山并没有以火山链的形式存在（甚至沿着裂缝，火山作用也仅局限于深谷群中独立的火山，而没有作用在相关联的山脊线位置），这表明地球意义上的板块构造过程并没有起到作用。引起这一点的原因是有争议的。也许与地球上水的存在有关，因为水被吸附到隐没带，刺激了火山活动；或者"热"金星地壳具有更大的可塑性；或者与星球释放内核热量的内部对流方式的不同有关。

冕是金星上另外一种地球上不存在的结构。它们是跨度几百千米的圆形区域，在外围有一圈同心圆的山脊。最大的是阿尔忒弥斯，跨度 2 100km，被 120km 宽的山脊带环绕。其中大约有 350 个可以标记出上升的岩浆流导致表面凸起。它们的中心通常包含放射状的裂缝、火山穹顶和流动物质，可以看出曾反复发生火山爆发。当地表抬升被撤回时，冕结构松弛下来并且围绕其外围形成山脊。麦哲伦号探测器记录了它们演化过程各阶段的地貌特征。就像大火山，它们总是和金星赤道地区的阿特拉（Atla）、贝塔、泰米斯（Temis）的地理结构相关。金星号探测器发现的镶嵌木板地形可以标记出下降流使表面变形、断裂、堆积的位置。然而，这种解释是有争议的，另一种说法涉及上升流影响。可能与地幔中垂直运动相关的另一种结构类型是平行和均匀间隔的皱纹状脊，这似乎是为形成其他地形而施加在地壳上的压缩应力影响的结果。实际上，这些皱纹状脊是金星上最常见的地表特征，而且它们大部分看起来与阿芙罗狄蒂高地大陆对齐。

虽然地球上的板块构造论不适用于金星，但金星明显是一个板块运动活跃的星球。它的板块构造形式被戏称为"团块构造"，因为地壳是垂直运动而不是水平运动[115]。但退一步说，由于我们并没有数据，因此这种关于地幔涌升和沉降的推断是基于假设的。如果执行阿波罗任务的航天员留在月球上的地震仪网络能够部署在金星上，我们就可以对它的内部有所了解，但是恶劣的表面环境提出了严峻的技术挑战。苏联建议制造长寿命金星着陆探测器的主要目标就是开展地震研究，但是这个任务并没有执行，依然有待尝试[116-120]。

麦哲伦号发现了数千个撞击坑，由于最终"原始"图像的分辨率为每像素 120～300m（取决于表面高程），因此它证实了金星号的结论，即没有直径小于 1km 的撞击坑。苏联科学家们认为那些能够形成更小撞击坑的物体是无法到达地表的，因为他们会在金星非常稠密的大气里烧毁。同样的效应作用在地球上，也排除了产生直径小于 100m 的撞击坑的可能。金星上的许多撞击坑似乎是非对称的，可能是因为撞击物下降时被大气分解成了碎

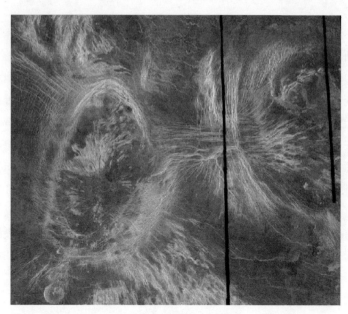

麦哲伦号拍摄的福图纳(Fortuna)地区的图像显示了两个冕：巴哈(Bahet，左)约 230km 长、150km 宽，奥纳塔(Onatah，右)跨度超过 350km(图片来源：JPL/NASA/加州理工学院)

片。数量惊人的撞击坑中都有一片平坦的底部和一个中央峰。撞击坑好像被平滑的斑点包围，那些斑点在雷达图上看着是黑色的，可能是岩石被先于下降物体的大气冲击波击碎的尘埃。没有中间撞击坑的平滑地形的圆形斑点，表明那些地区可能是冲击波已到达地面，但物体已经在空中爆炸的位置。部分"斑点"上的明亮中心可以标记出相关碎片抛洒到表面的位置。围绕其他撞击坑的雷达明亮(也就是粗糙的)地形，可能是撞击引发本地火山活动时的撞击熔体或熔岩爆发的流动流体。而延展到一些撞击坑西边的雷达黑暗(也就是平坦)的 U 形或抛物线形的尾部是由流星冲击波、大气和地形相互作用形成的[121]。和一些撞击坑连在一起的宽阔的扇形雷达明亮区，可能是达到足够高度的喷出物在退去之前被超级旋转气流带到好几千米之外而形成的。另外一些撞击坑好像有长长的雷达明亮的尘埃尾巴。虽然金星号着陆器测得地表的风是温和的，但由于大气非常稠密，意味着大气能够带动起尘埃和沙子。和火星的情况一样，这些"风条痕"的方向使得人们能够研究金星上区域性和全球尺度上的空气环流。在其他一些地方发现了沙丘，在金星最大的撞击坑附近，位于阿芙罗狄蒂高地的 280km 直径的多环结构米德(Mead)类似于地球上的雅丹地貌，即被风沙侵蚀形成的岩石走廊。地球上的雅丹地貌只形成于非常脆弱的地貌中，米德周围的地貌一定也同样是脆弱的。

　　从撞击坑的地理分布还有它们的大小和形状统计表明，由于金星大气的屏蔽效应，不仅缺少小的撞击坑，也缺少大的撞击坑。这(与水星、月球相比撞击坑的数量较少)表明某些演化过程已经破坏了最古老、最大的撞击坑，这些现存的撞击坑是"近代"新发掘的，大约在距今 500 亿~800 亿年形成。此外，和火星完全不同的是，火星是古老的多坑地形和新的相对原始地形的混合，而金星上的撞击坑分布基本均匀。另一条线索是，金星上很少有撞击坑会被火山或地壳运动覆盖或衰退。正如科学史上多次发生过的那样，为了试图解释这些特点，地质学家分成了灾难派和均变派。灾难派认为金星在 500 亿年前曾由火山或其他地质运动重新塑造，从那以后，金星就不再有极剧烈的地质活动了。均变派认为金星一直在某种程度上活动，但表面重塑非常有效，除了最新形成的撞击坑以外，所有的活动印记都被擦除了。当前普遍的看法是，大约 5 亿年前，在金星上确实有一次全球尺度的火山活动形成了一层崭新的表面，后来这个活动一直维持在一个明显较低的水平。问题的关键在于，一些地表结构非常巨大以至于它们只能在大规模的火山活动中形成，而对于维持大气的"失控的温室"效应，这种活动看起来也是必要的。然而，3 个测绘周期的数据没有发现任何能够证明金星在进行地质运动时景观上的变化（1991 年 8 月有一次假警报，在一个周期拍摄的影像似乎发现近期出现了山崩，但是它只是从不同的视角看到相同地形的假象）。可是像萨福火山口（Sappho Patera）周围这样的大区域完全没有撞击坑，这有力地说明了一定程度的火山运动还在持续。

在麦哲伦号雷达图像中的黑色圆形斑块，例如在拉克希米（Lakshmi）地区，被认为标记了地面受到在稠密金星大气中爆炸的流星体的冲击波影响的位置（图片来源：JPL/NASA/加州理工学院）

　　麦哲伦号的图像无法揭示金星在近乎全球地形重塑事件之前是什么样子。很多证据表明，这个星球的早期环境更为优良，表面可能存在液态水，而且可能有持续的生命，也许是本地产生的，也许是来自地球或火星的陨石"受精"的结果（如果火星曾经存在生命）。可能当这个星球变得不宜生存时，微生物移居到了大气层高处更适宜的环境，因为在海拔50km，气温稳定且适宜，而且有充足的水分来维持简单生命，并且超级旋风通过缩短夜晚时间增加了类似光合作用的范围。能够证明大气中存在生命的一个方法，是在一定高度收集样本进行实时分析或带回地球。但是寻找金星早期包括生命演化等历史记录的最佳（也许是唯一)地点就是我们的月球。这是因为月球表面一定收集了整个太阳系的碎片，科学家估计在月球一侧每 10km 的区域内，除了收集在整个太阳系的历史阶段来自地球的 2 万千克物质和来自火星的 180kg 物质外，还收集了 30kg 来自金星的物质[122-123]。

到第 3 个周期结束时，麦哲伦号有效地完成了雷达测绘工作，解放了航天器，以实现其他科学目标，特别是第 4 周期将进行的重力测量。并且科学家为了重力测量，在 1992 年 9 月 12 日把近拱点降到了 180km。

但是由于重力测量只有在麦哲伦号位于偏心轨道上的 10°N 的近拱点 30°范围以内才可获得有意义的数据，这样就会错过很多有趣的特性，例如麦克斯韦山。显然，最好能降低远拱点和圆化轨道以获得全球重力数据[124-125]。然而，靠推进机动来实现变轨需要 900kg 的推进剂，而实际上只有 95kg 可用。因此最终决定金星环绕成像雷达任务将使用大气制动技术将轨道圆化，为雷达测绘做准备。首先，通过麦哲伦号发动机点火来降低它的近拱点，以连续掠过大气产生的摩擦力降低探测器的速度，并且将远拱点降到最终圆轨道需要的高度，然后发动机再次点火以升高近拱点。有人担心在这个过程中太阳电池阵的电子元件可能会损坏，部分太阳电池可能开裂甚至脱离，但由于任务已完成了它的主要科学目标，因此人们决定冒这个风险。即使麦哲伦号被损坏，这次大气制动也能间接测量上层大气的情况(主要是密度和温度)，并且这次尝试还可以作为一个工程试验，有助于规划未来的行星任务。然而，1993 年，NASA 的预算取消了彗星交会/小行星飞掠任务，大大减少了对麦哲伦号的资金投入。为了进一步执行扩展任务，1992 年分配的拨款必须分期使用，以维持一直到 1993 年中期的工作。科研人员从 20 世纪 80 年代后期开始考虑麦哲伦号的大气制动方案，并计划在 1991 年执行，但是 JPL 最初估计它至少需要 4 000 万美元和一个 200 人的团队来使轨道圆化，并实施两个周期的重力测绘。这远远超出了 NASA 的支付能力，因此 JPL 提出了一个需要花费 820 万美元，团队包括 30 个人的方案。如果 NASA 没有出钱，那么麦哲伦号将成为第一个在飞行中就被终止的行星任务。实际上，在内太阳系内，除了先驱者号航天器的资金在 30 年后被终止，所有的深空任务都一直坚持到它们失效或是推进剂耗尽。1993 年 8 月，麦哲伦任务可能从火星观测者号(Mars Observer)的失败中受益，因为火星观测者号的资金将被分配给其他任务[126]。

在 1993 年 5 月 25 日的第 4 周期结束时，大气制动开始了，称为"步入式"机动，将近拱点下降至大气层中。然后麦哲伦号转向使太阳板的背面对着飞行的方向，高增益天线在后面提供被动式的空气动力来保持平稳，中增益天线或多或少地可以对着地球。第一次大气制动穿越了上层大气层持续了 4 分钟，航天器承受的气动阻力为 9N(与地球上 1kg 的质量接近)。工程师设计的动压限制为 0.32Pa。明显偏低的压力使得制动效率太低，改变预期的轨道需要更长的时间，如果压力再增大些可能会熔解太阳板的焊接点或使高增益天线的蜂窝复合材料脱粘。航天器再次出现的时候，它的天线对准了地球，除了一次缓慢地来回摆动以外，空气动力基本是稳定的，温度也在安全范围内。因此，大气制动继续进行，每隔几圈轨道，JPL 就计算推力来修正到近拱点转移的偏差，以避免过低或过高。在整个大气制动过程一共进行了 12 次这样的修正。如果有数据表明航天器正处于紧急危险之中，

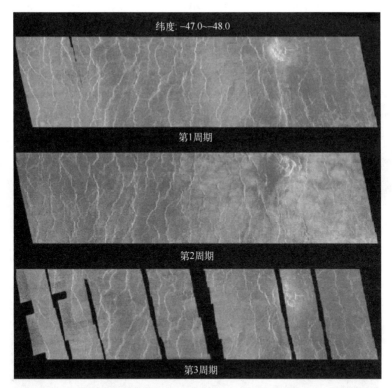

纬度: -47.0~-48.0

第1周期

第2周期

第3周期

麦哲伦号在以 1 个金星日为间隔的 3 个周期拍摄的地形，包括了一系列皱纹脊和一个小火山。虽然火山右侧的地形在第 1 和第 2 周期发生了变化，但是第 3 周期表明这个变化是由条带的几何关系变化造成的，因为第 1 和第 3 周期的雷达图是从天底点的左侧观察，而第 2 个周期是从右侧观察，实际上雷达照亮的表面也不同（图片来源：JPL/NASA/加州理工学院）

就会在下一个远拱点执行一次紧急机动来提高它的近拱点。所有的这些机动都需要一定高度的适应性，因为轨道参数以不可预测的方式变化。幸运的是，在长期的轨道任务和最终进入大气期间，先驱者号金星轨道器（Pioneer Venus Orbiter，PVO）收集了重力场和外层大气大量的数据。7 月，轨道跨过了晨昏交界线，大气制动开始在夜晚进行，大气密度发生了变化。每次进入都会将轨道周期减少 5~12 秒，远拱点下降 5~15km。8 月 3 日，远拱点下降到了 540km，这个高度可以提供高分辨率的重力数据，这次"步出式"将近拱点提升到更稳定的 180km，正好在大气层的上方。大气制动取得了巨大的成功，不仅是因为仅消耗 37.8kg 的推进剂就将远拱点降低了 7 927km，还因为探测器在 730 次大气穿行中完好无损。实际上探测器的情况还得到了改善，因为其表面污染物在前期过热情况下已经被清除了[127-128]！继大气探索者 C（Atmospheric Explorer C）进行地球大气试验以及日本飞天号（Hiten）月球探测器之后，麦哲伦号成为第一个演示这种大气制动操作技术可行性的探测器，任务规划人员可以利用它来减少推进剂载重，降低操作复杂性和任务成本，特别是在火星任务中。

　　第 5 和第 6 周期几乎完全是在近圆轨道上进行重力测量。一幅分辨率为 200km 的重力强度变化分布图展示出重力和地形具有高度相关性,地势高的地方场强大,反之亦然。因此人们可以得出结论,阿芙罗狄蒂高地"大陆"由均衡论支持,阿特拉和贝塔区的高地由动态论支持,因为需要的均衡补偿深度相当大。科学家尤其希望绘制米德的重力场,它宽280km、深1km,是最大的撞击坑,也是研究岩石圈层结构的唯一机会。至少有10个连续轨道探测到了这个撞击坑,结果表明撞击坑及其环绕地带均无法支持均衡论。在初始椭圆轨道的第4周期绘制了低纬度地区,但是阿尔忒弥斯、亚特兰大(Atalanta)、泰索斯(Tethus)、阿伊努平原(Aino Planitia)和拉达高地(Lada Terra)等高纬度地区存在缺口,由于天体力学的约束,麦哲伦号只有持续工作到1995年3月才能完全填补缺口,但是到目前为止,太阳电池板上的整串电池已经失效,能否坚持到那个时候还不好说[129-132]。

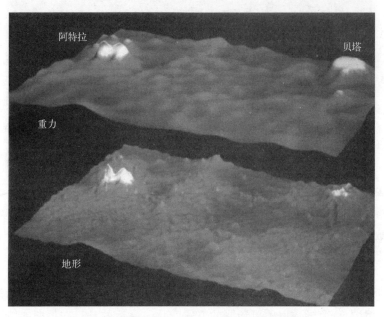

麦哲伦号的数据显示,重力异常与地形密切相关

　　麦哲伦号在低轨道上运行,也产生了作为副产品的大量其他结果,包括金星星历和自转轴指向的改进。在1994年3月到4月,几次推力器点火进一步修正了麦哲伦号的轨道参数,尤其是将远拱点降低到350km。在第6个周期除了重力测量,还进行了几次其他试验。1994年1月,当金星位于上合点时,麦哲伦号的无线电信号用来"探测"日冕的结构和太阳附近的电子密度[133]。然后,进行了双基地雷达探测,即用探测器无线电载波对准金星,并在地球上记录了它的反射值,特别研究了由于多样地形带来的波形极化的变化[134]。在另一个试验里,近拱点降低到172km后探测器再次掠过上层大气层。然而,这次太阳翼以相反的角度倾斜,类似于螺旋桨的叶片(因此被称为"风车试验"),使用了反作用轮防止麦哲伦号自旋。反作用轮的遥测可以测量大气加在探测器上的转矩,从而计算重要的空气动力和热力参数,并用于辅助规划未来的大气制动任务。第一次风车试验在1994年8月30日实施,9月经历了一场"战役"。在这场"战役"中,一共经历了13次进

入，有 2 次太阳翼的角度为 10°、20°、30°、45° 和 70°，3 次是 90°。因为磁带记录仪还不可用，使用高增益天线对准地球以保证实时遥测。9 月 28 日，麦哲伦号机动到了更低的近拱点，在 10 月 11 日，为了进行最终的一系列风车进入过程，又一次机动到 138km。为了保证航天器的安全，所有不必要的系统都被关闭。第一次进入将太阳翼角度转到 30°，然后增加到 75° 左右，这个角度太阳翼提供的功率很小，电池很快就被反作用轮用光。虽然这几次进入过程近拱点没有什么变化，但远拱点连续几圈急剧下降，最终接近 280km。UTC 时间 1994 年 10 月 12 日 10 时 02 分，在第 15 032 圈轨道，麦哲伦号由于电力不足与地面失去了联系，人们估计在两天之内它就会烧毁。这个非常成功的航天器遗骸的安息之地也因此无法得知了[135]。

　　地基雷达探测金星天文学在 20 世纪 60 年代初期繁荣一时，麦哲伦任务标志着这个天文学学科的结束。虽然在地球上还可以进行一些天文学研究（如设法找到金星上的雨），但绘制地图就不再富有成效了，雷达天文学家不得不寻找新的研究目标，后来终于发现用雷达探测和绘制地球周围的小行星和彗星值得一试[136]。麦哲伦任务的另一个影响是一切关于金星的猜想都得到了证实，但是金星的内部还是完全未知的，这阻碍了对雷达数据的充分理解。而且，麦哲伦号在研发时受到金星环绕成像雷达被取消的影响，研究大气的载荷设备被取消，但是这项科学研究还需要继续进行。最终，金星上是否存在地质活动还是不清楚。然而，除了在几次飞往其他星球执行任务时顺便飞掠金星外，金星基本上被忽略了十几年。

6.3　勉强的旗舰

　　基于 20 世纪 70 年代早期先驱者号探测器执行木星任务（Pioneer Jupiter Missions）的成功，以及十几年初步研究的成果，NASA 的艾姆斯研究中心开始计划下一步开展木星的探测，即发射一个环绕木星的航天器并向它的大气层释放一个大气探测器，这个任务被称为先驱者号木星轨道器及大气探测器（Jupiter Orbiter with Probe，JOP）。木星轨道器及大气探测器大量采用已有硬件。尤其是，轨道器是先驱者号木星自旋稳定平台的升级版，配有轨道进入发动机和安装大气探测器的支架，大气探测器本身是先驱者号金星多探测器任务（VMPM）的舱体的衍生品。1975 年，艾姆斯研究中心被授权开始研发这个任务，计划1982 年采用航天飞机发射，ESA 为其提供木星轨道进入机动的推进舱。但是几个月后，NASA 总部将这个项目同飞到火星的海盗号探测器一起转交给了 JPL，JPL 曾担心旅行者号发射一年后没有新的任务支持会丢掉行星探测领域的业务。在新的协议中，由 JPL 提供轨道器，艾姆斯研究中心提供进入舱。

　　鉴于艾姆斯研究中心的轨道器曾经计划搭载勘查粒子和场的仪器，因此自旋平台的设计是理想的选择，可以搭载基本的成像仪、光度计、辐射仪和光谱仪，然而 JPL 设计了一个三轴稳定的水手号木星轨道器，将搭载高分辨率相机和其他需要精确定向的遥感仪器。因为一个完全稳定的航天器不太适合探测粒子和场，因此 JPL 建议航天器一进入木星轨道后，就释放一个带有探测粒子和场设备的自旋子卫星。ESA 被邀请提供这个子卫星，但是遭到了拒绝，因为这个任务毫无挑战。然而，西德同意投资这个任务[137-138]。JPL 终于将这两个任务目标达成了一致，轨道器有一个自旋的部分用来搭载粒子和场仪器，还有一个三轴稳定的"反自旋"部分用来搭载其他仪器。虽然这使探测器相当复杂，但它没有超过航天飞机的预期能力。另一方面，这种双重旋转的设计是一种创新，技术开发成本增加了任务的花费。实际上，人们早就意识到，这个预算已经超出了常规发射一对航天器的费用。为了防止其中一个失败对任务产生不良影响，人们通常会发射一对航天器。发射单个航天器需要更高程度的可靠性，进而需要更高的经费。但是现在 JPL 充满信心，它有丰富的经验来成功完成任务[139]。

1976 年 8 月，木星轨道器及大气探测器作为 NASA 的一个"新起点"被提出，开始得到福特政府管理和预算办公室的资助，后来是卡特政府，然而在不到一年项目要被取消时，某种程度上得到了前所未有的一个公共活动的支持(包括一个《星际迷航》粉丝会)，最终在 1977 年 7 月得到了白宫的支持。同年，另一个"新起点"任务获得批准：空间望远镜，由于空间望远镜任务和木星探测任务一样都要靠航天飞机发射，因此它分享了木星轨道器的许多设计成果。木星探测器团队认识到空间望远镜在科学界的重要性，同时考虑到20 世纪 70 年代早期大旅行(Grand Tour) 任务与空间望远镜的直接竞争导致了大旅行任务的取消，尤其是空间望远镜项目在国会有强大的支持者，于是他们选择不把木星探测与空间望远镜对立起来。在某种程度上，这个策略使任务经费得以批准，保守估计在 2.7 亿美元[140]。

1978 年年初，木星探测器被命名为伽利略号，以纪念意大利天文学家伽利略，他在1610 年首次对木星进行天文研究，并发现了木星的 4 个主要卫星。计划在 1982 年用航天飞机+三级固体过渡上面级(后称惯性上面级)发射。尽管这个由波音公司为空军建造的惯性上面级是当时能用于航天飞机的搭载能力最强的上面级，但它还是不能直接将伽利略号送达木星，而是需要规划一次火星飞掠才能够在 1985 年将航天器送到木星。随着航天飞机首飞日期推迟至少一年，伽利略号的发射计划也推迟到 1984 年。不幸的是，这时的火星借力效果不明显，此外，航天飞机搭载能力也减弱了。NASA 没办法把伽利略号的运载工具更换成发射海盗号和旅行者号使用的大力神Ⅲ E 运载火箭+半人马座上面级，因为发射重型载荷正是航天飞机所吹捧的。此外，更换运载工具还需要从空军那里购买火箭，需要在卡纳维拉尔角改造大力神 3 号的发射台来适应这个特别的航天器，这些都需要增加任务费用。综合这些因素，JPL 需要抉择一下，要么减少推进剂并且砍掉一些科学仪器，要么将任务一分为二，其中一枚火箭发射环绕木星轨道的航天器，另一枚发射木星大气探测器。

幸运的是，在这个时候，NASA 的刘易斯研究中心(Lewis Research Center) 开始着手改造半人马座低温上面级来用于航天飞机，它决定取消惯性上面级的三级和二级版本。因为半人马座的能力提升近 50%，所以可以将最初设计的伽利略号直接送到木星。然而，由于半人马座需要到 1984 年才能准备好，伽利略号为此要推迟发射一年。1981 年 4 月，航天

20 世纪 80 年代初，伽利略号木星轨道器和大气探测器的示意图

飞机首次飞行，在第四次飞行后宣布第 2 年可以进行运营。但是当时的里根政府正考虑取消伽利略任务，最终由于以下几点原因还是幸存下来：1）它的研发已经到了末期，取消后只有很少的经费可以省下来；2）它得到了科学界和公众的大力支持；3）JPL 提出了它在国家军事上的重大意义，因为它是一个高度自主的航天器，就像一个军事卫星在战斗时需要的那样，还有就是它的防护罩能够保护航天器的电子系统免受木星高能粒子环境的影响，这可以给如何在核战争中更好地使用卫星提供信息。正当任务前景看起来有把握的时候，通过 NASA 的中心和航天公司的游说，最终将取消惯性上面级的决定撤销，伽利略号又回到原来使用惯性上面级的方案。不幸的是，这时发射时间推迟了，以至于飞掠火星已经不可能了。JPL 因此修改了计划，惯性上面级将伽利略号送入椭圆形的日心轨道，在远日点航天器机动进入一个可以在两年后飞掠地球的轨道，从而可以借力到达木星。这个迂回路线不仅增加了几个月的时间，还需要很多的推进剂来进行深空机动，航天器只能减少在木星系的旅行。另一方面，伽利略号会在 3 000 万千米的地方飞过哈雷彗星。然而，1982 年 7 月，理智占据了上风，半人马座上面级再次复出，不仅要发射行星任务，还试图重新从欧洲阿里安号运载火箭夺回通信卫星市场。伽利略号又被转移回半人马座上面级直接进入木星。不利的是，由于半人马座的改造，发射又被延迟到 1986 年。实际上半人马座的两种型号都充分利用了航天飞机载荷舱的宽度。半人马座 G 会更短一些，以适应国防部的大航天器，这类航天器会直接进入地球同步转移轨道。半人马座 G-优级版（伽利略号使用的）会更长一些，以便携带更多的推进剂，性能超过宇宙神运载火箭（Atlas）3 倍[141-142]。

1982 年，最初定的伽利略号发射日期到了，但人们发现如果按时发射，航天器将需要在它飞向木星的过程中承受较多的辐射，这会严重影响它的科学操作。因此在 1983 年，决定将大部分脆弱的电子器件换成"坚硬"的版本来经受木星附近的辐射，这些辐射几乎摧毁了先驱者 10 号，并且严重影响了旅行者 1 号。

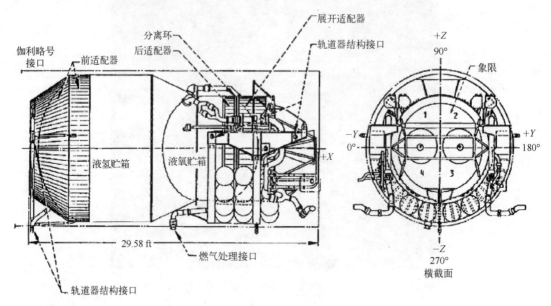

备受争议的半人马座 G-优级版液氢液氧上面级，用来发射伽利略号和尤利西斯号国际太阳极区任务
(Ulysses International Solar Polar Mission)前往木星。麦哲伦号使用的半人马座上面级 G 要短一些。航天
飞机用的半人马座 G 和半人马座 G-优级版的研发在挑战者号航天飞机发生灾难性事故后被取消了，
虽然它已经花费了 7 亿美元

伽利略号探测器有一个围绕主轴以每分钟 3 圈的速度自转的部分，还有一个以精确的相同速率反自转的部分，正好可以使整器"保持不动"。在特别重要的事件中，如主推进机动和大气探测器分离，这两个部分可以锁紧在一起，整器以较高的速率旋转来增强稳定性。自转部分要比反自转部分大很多。在顶部是双波段高增益天线。由于直径 4.8m 的天线比航天飞机的载荷舱宽，因此人们设计了一个镀金钼丝网贴在 18 个石墨环氧的肋上，一旦航天器进入转移轨道，肋将天线以开伞的形式展开。虽然这种机构基于被取消的大旅行任务的设计，但它在 1983 年发射的跟踪和数据中继卫星(TDRS)得到了验证。天线将从木星提供 134kbit/s 的码速率，等于除了其他科学、工程和内务数据以外，每分钟从主相机传回一帧。提供天线馈源安装的塔以及用于肋的保持系统也安装了一些科学载荷，在天线的顶端有一个低增益天线，可以提供高达 7.68kbit/s 的码速率来传输科学和工程数据。

天线下面是一个继承了旅行者号的小舱，用来存放电子系统和其他系统。2 个 5m 桁架固定在这个小舱上，每一个顶端都有一个单独的 RTG，发射时一共可以提供 570W(任务末期预计是 485W)功率。这些单元可以通过上下微调来保持整器自转的平衡，尤其是可减少使用推进剂导致转动惯量变化时带来的影响。小舱的另一边伸出了一个 11m 的悬臂，搭载了自转部分的仪器，包括两个磁强计，一个在中间，另一个在顶端；还有两个等离子波"须状"天线，设计成和顶部垂直的朝外方向。下一层是推进舱。由于早期进行了欧洲参与

可能性的讨论，因此推进舱由西德的 MBB 公司建造，这是西德在这个任务里最主要的贡献，此外德国人还提供了一些仪器和科学团队。推进舱包括 4 个同样的钛贮箱，其中 2 个装有一甲基肼，另外 2 个装有四氧化二氮，还有用于加压的氦气罐。这个舱给伽利略号带来独特的"球状腰身"的外观。探测器总共携带 925kg 的推进剂。两组（6 个）10N 推力器用来进行小的机动修正，以控制航天器的姿态和自转。在两个短悬臂的末端安装了弯曲的防护罩，以保护航天器免受燃烧排放的影响。由于 400N 主发动机的喷嘴将会一直被大气探测器挡住，直到木星释放大气探测器几个月后，它才被点火 3 次：1）一次短暂的标定点火；2）轨道进入；3）抬高近拱点。在推进舱研发测试过程中，发现推力器严重过热，无法承受连续点火超过 8 分钟，只能承受几秒钟。然而 NASA 决定任务可以通过多个短脉冲点燃推力器的方式实行，尽管这会使机动过程更复杂，执行过程延长，推进剂的消耗量增加[143]。

在推进舱的底部是自转轴承组件，安装在短的反自转部分的接口上。这个组件包括自转驱动电动机、监视自转速率的光学编码器、从接口传送电力的集电环和一个转换信号的旋转变压器。为了保证数据通过旋转变压器传输而不受航天器其他部分和空间环境的噪声影响，这个组件的研发工作消耗了大量精力。

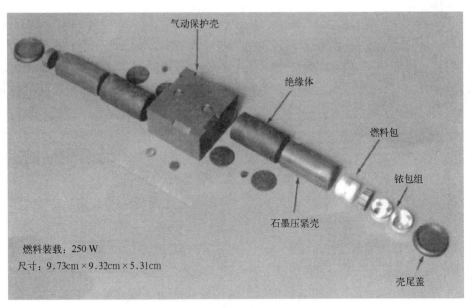

这个"通用热源"不仅包括钚燃料，也包括防止爆炸和意外再返回地球的保护装置。18 个这样的组件安装在一个转换单元里形成了伽利略号和尤利西斯号航天器使用的 RTG

两个平台安装在反自转部分。一个是扫描平台，搭载了成像、光谱测量和辐射测量的仪器。方位指向通过反自转发动机控制，由平台自身控制高度。另一个平台装有一个直径为 1.1m 的抛物面天线来跟踪进入木星大气的探测器。最后，反自转部分的底部连接探测器的环形对接法兰，它也是主发动机的裙部。

伽利略号的高增益天线在地面测试期间的展开构型。"伞"未能在飞行过程中展开,极大减少了任务可以传回的数据总量

　　伽利略号的姿态控制系统是已经发射的行星航天器中最复杂的一个。它使用了太阳和星敏感器;加速度计,用于监视旋转速率和主发动机的性能,尤其是在轨道进入机动过程中;陀螺平台,用来监视扫描平台的高精度指向;光学编码器,用于监视自转部分和反自转部分的相对位置,等等。此外,航天器除了有大量的炭黑覆盖层可以起到绝热和微小陨石撞击保护的作用外,还有一些小的电子加热器和 120 个同位素加热器可以为电子器件保温,以抵抗太空严寒。考虑到在木星磁层循环流动的带电粒子的通量,覆盖层被接到轨道器本体,以防发生静电放电。

　　轨道器满载状态的发射质量为 2 233kg。安装在其底部的是 339kg 的大气探测器,它是基于先驱者号金星多探测器任务(VMPM)形成的大探测器,并且同它一样由艾姆斯研究中心同休斯公司和通用电气(General Electric)公司签约建造。它 1.24m 宽,86cm 高,包含3 个部分:一个圆锥形的 152kg 防热罩,一个圆顶形尼龙后盖和一个 121kg 的球形下降舱。防热罩主结构是铝制的,上面覆盖一层厚厚的碳酚醛的防烧蚀材料。在以 47km/s 的速度进入木星大气的过程中,防热罩承受的热量几乎会蒸发掉它一半的质量。实际上,进入舱会瞄准在黄昏边缘的赤道附近的方向进入,这样上层大气层的 10km/s 的转速会使相对速度减少 1/6。如果在黎明边缘以和木星自转相反的方向进入,那它的速度将达到 70km/s,将使热通量增加近 3 倍。与金星先驱者号不同,探测器不是密封的,实际上是用一个"烟囱"来平衡内部和外部的压力。这样既是为了节省质量,也是因为探测器经受的最大压力没有金星那么大。只有一部分设备和系统需要置于密封壳体。大量的隔热层使电子器件处于可接受的温度范围,直到探测器的压力降到大气层中 10hPa 以下。为了备份,它有两个独立的无线电系统来传输数据。伽利略号的轨道器有一个 600m 的磁带记录仪，能存储 900Mbit 的数据。这是应对可能偶然发生的消旋系统故障导致与地球中断通信的措施，消旋系统通过转动来跟踪大气探测器。大气探测器在行星际飞行时是保持休眠的，只有在它的主定时器工作时才会被释放。定时器会在它到达前 6 个小时开始启动一系列操作，而任务主要的进入和下降段是由加速度计启动的。在巡航阶段，大气探测器会从轨道器获得动力来进行周期性的自检，一旦释放之后，大气探测器由 39 个锂/二氧化硫电池供电，以保证它在大气中 60~75 分钟的工作时间。

在经历峰值过载达 250g(实际上，大气探测器可承受的设计值是 400g)，并在当前环境中已经减到大约 0.9Ma 之后，自适应算法会点燃穿过尾罩的弹伞筒来打开引导伞，然后引导伞拉下盖子拽出直径 2.4m 的达克朗(Dacron)降落伞。3 个微微倾斜的叶片使进入舱在降落过程中以 0.25~40r/min 的速度旋转，否则舱内的科学仪器会受到损害，或者和轨道器之间的多普勒频移会过大[144]。1982—1983 年，大气探测器和它的伞降系统在新墨西哥州的罗斯韦尔市上空 30km 的高度进行了空投试验(20 世纪 60 年代、70 年代的旅行者号和海盗号着陆器的伞降系统也在那里进行的试验)，然后又在风洞里消除了一些缺陷[145]。

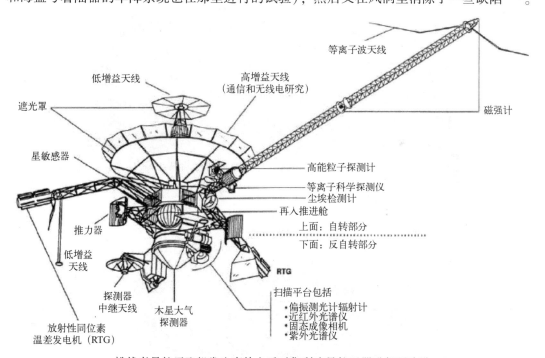

挑战者号航天飞机发生事故之后对伽利略号航天器进行了改进

伽利略号进入舱的科学目标包括：在最后的接近过程中，随着与木星的距离逐渐减小，对木星环境数据进行采样；随即在进入木星大气的过程中，全面测定大气的化学成分、云团微粒尺寸、云团分层情况、能量通量等。人们曾认为木星大气中氢气的含量与太阳中氢气的含量几乎相同，实际上略低些(这个结果是旅行者号飞掠时测定的)，而碳、氮、硫和氧元素的含量要高于太阳中的含量。其他惰性气体及其同位素比值则尚未可知。

基于金星先驱者任务的伽利略号大气探测器密封舱

伽利略号大气探测器密封舱在进行风洞试验

伽利略号大气探测器的降落伞在 NASA 的兰利研究中心进行风洞试验

而对上述元素进行测定可以为大气的演化研究提供信息。木星探测器还可以对大气层中压力及温度的分布曲线进行原位探测，在飞掠过程中曾测得了矛盾的结果。伽利略号大气探测器计划交会 3 层云团。众所周知，氨气在 600hPa 的压力条件下（即 0.6 个大气压）会构成可见的表面。建模分析表明，在约 1 500~2 000hPa 的压力下，氨的氢硫化物（NH_4SH）会形成一层冰晶，而在 4 000~5 000hPa 的压力下，会形成一层水蒸气。

　　探测器安装了 7 台仪器。1）一台中性质谱仪，采用前部机身的两个入口进气，可以在不同的大气层深度对其化学成分和同位素组成进行测量。除了最常见的原子种类以外，这台仪器还可以搜寻到惰性气体，例如氩、氪和氙，以及试图求证（基于旅行者号遥感测量结果的假设）甲烷和氨受到光照是否会发生化学反应形成更复杂的有机分子。2）大气结构测量仪器，可以对大范围高度上云层的温度、压力、密度和平均分子质量等开展测量。它的测量数据除了传输给轨道器外，还将作为其他仪器探测的原位参考。3）浊度计，将测量云滴的尺寸、密度、形状等，主要的测量方式是通过发射红外激光束穿透云层间隙，经由一台短机械臂上的 5 个小镜子将光束反射回仪器。4)一台净通量测量仪，由两台辐射计组成，一台朝上测量，另一台朝下测量，以此将木星接收到的太阳能量和其内部辐射的能量进行比较，开展热平衡估计。这台仪器还可以为分析云团的结构和分层提供测量数据。后 3 台仪器是由德国公司制造或参与联合研制的。5)氦探测仪，可以精确测量氦-氢比，人们认为这个比值自木星形成之初始终保持不变。而探测到的比值数据将用来校正"宇宙大爆炸"理论。6)闪电探测仪，安装在探测器尾部支架上，由一个天线和两个光敏二极管组成，每个二极管透过鱼眼透镜进行光线检测。它可以对环境的光强如何随大气深度变化进行监测，并检测附近风暴瞬间的光学闪光和远处风暴的电气干扰。木星不存在固态表层，会在相邻的云团间形成闪电放电(实际上，在地球上这是最常见也是最难理解的闪电现象)。探测仪天线也可以用来检测背景无线电噪声和磁场。7)高能粒子探测仪和闪电探测仪共用同一个电子学系统，是唯一能够在进入木星过程的最后几小时采集数据的仪器设备(特别是从到达木卫一轨道后一直深入到木星大气层顶部的过程)，而并非在开伞过程中使用。它的作用是对粒子进行分析，而这些粒子有足够的能量可以在探测器穿过木卫一轨道上的等离子体环、木星辐射带和木星环及其小卫星所在区域时穿透防热罩。此外，到达伽利略号轨道器的无线信号可以用来检测在信号穿过大气层和电离层时的衰减情况；同时，一台超稳定的振荡器可以通过分析多普勒频移来重新规划探测器在进入木星大气后的轨道，还可以测定风速；特别是可以通过确定木星表面可见的条带和区域是否延展到了大气层深处，来揭示能量源和驱动喷流风的机制[146]。

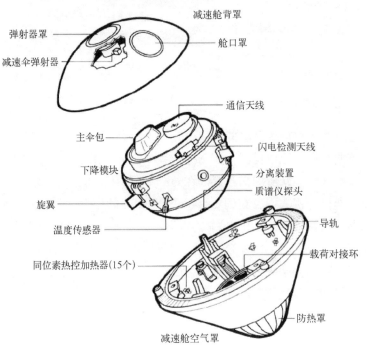

伽利略号探测器的主要构成

伽利略号探测器的轨道器有 9 台设备：5 台安装在自转部分，用来探测粒子和场；另外 4 台安装在反自转部分的扫描平台上，用来对木星及其卫星进行遥感探测。

在巡航飞行过程中以及在木星系中，尘埃探测仪可以对尘埃进行采集和分析。与维加号探测器、乔托号探测器和尤利西斯黄道外探测器上使用的类似的仪器一样，它也由德国科学家研制和操控，主要基于在 ESA 的高偏心率轨道卫星(Highly Eccentric Orbit Satellite, HEOS)上进行飞行验证的传感器。高能粒子探测仪可以对木星电磁层内的电子以及原子质量范围从氢至铁的离子进行探测，以此研究它们是如何消失和更替的。在挑战者号航天飞机发生灾难性事故后，科研人员对探测器进行了重新设计，通过增加一次在轨飞行试验提高了探测器的能力。磁强计使用两组的 3 支传感器，一组强磁场磁强计安装在 11m 磁强计悬臂上 7m 处，而另一组弱磁场磁强计则安置在悬臂顶端。使用磁强计不仅可以对木星系的磁层进行测绘，同时可以尝试发现是否有木星卫星存在自身的磁场。先驱者 10 号曾发现，受到太阳风的影响，木星磁层一直可以延展拖尾到土星轨道。而在伽利略号任务规划中，包括了至少一次大偏心率轨道航行，其远木星点可以到达磁尾。此外，还配置了两台等离子体分析仪，对低能量电子和离子进行分析，并测量它们的组成、能量、温度、运动和空间中的三维分布。在磁强计悬臂顶端的须式天线可以对木星磁层等离子体中的静电及电磁波进行探测。通常，无线电科学研究团队将对天体力学、相关性、行星际介质、无线电掩星等开展研究。挑战者号航天飞机发生灾难性事故以后，伽利略号还增加了重离子计数器这一工程测量仪器，对深空环境和木星磁层中重离子造成的辐射危害进行测定[147-148]。

在遥感仪器中，近红外测绘光谱仪是一台可以通过天体的反射谱对无大气天体(如小行星和伽利略卫星)表面的化学成分进行分析的科学仪器，而对于有大气天体，主要通过探测天体的吸收谱进行分析。实际上，这台仪器输出图像的每一个像素都表征其所处位置的频谱。然而，其空间分辨率较低。光谱仪可以检测到的气体分子包括氨、磷化氢、水和甲烷。偏振测光计可以分析木星云层及雾层，从而确定微粒及水滴的尺寸和形状。这台仪器包括光度计和辐射计，从而可对木星卫星开展偏振、辐射和光谱测量，以确定这些卫星表面的自然特征。这些仪器的主要目标之一就是精确测量行星的热平衡。旅行者号曾安装了偏振测光计，但这个设备在飞行过程中遇到了许多问题，因此没有获得关于木星的有用数据。由于伽利略号的科学仪器敏感度远至红外，因此可以通过探测不同深度的热辐射波长变化的情况，测量木星内部的热能。紫外仪器可以用来检测木星大气层中复杂的烃类分子，开展如高层大气的极光和大气辉光的监测等研究。它也可以监测木卫一圆环，并且搜寻卫星周围的气态包层，特别是可以开展氮原子核离子、硫、原子氢和氧的研究。这台仪器由两部分组成，在扫描平台放置了一台紫外光谱仪，旋转部分放置了一台极紫外光谱仪，而后者是在挑战者号航天飞机发生灾难性事故后的空档期，额外增加的一台来自旅行者号备份的产品。

与以往一样，JPL 任务的主要仪器(质量不超过 30kg)是固态成像仪，它由一个直径为 176mm，焦距为 1 500mm 的卡塞格林望远镜组成，并配备了德州仪器公司生产的 800×800 像素阵列的 CCD。在 20 世纪 60 年代 CCD 刚发明不久，JPL 注意到这种小尺寸、低功率的器件是深空成像设备理想的必备产品。尤其是，CCD 不存在光导摄像管的任何短板：不均衡的光度感应(即图片部分区域比其他部分更亮)以及几何畸变,迫使科学家们不得不在敏感器的面板上蚀刻"网格"作为参考,以便后续进行修正。尽管伽利略号是 JPL 第一个使用 CCD 的任务,但发射却一直被推迟,直到这项技术已经执行了多次飞行任务——包括苏联的维加号探测器和欧洲的乔托号探测器。这个敏感芯片有 1cm 厚的钽金属层装在除其光学窗口之外的所有侧面,从而可以吸收除了最强烈的木星辐射以外的所有辐射。8 位转轮所携带的滤镜可以对各类结果进行优化,也可以进一步重建彩色图像。值得一提的是两个集中在甲烷气体波长的近红外光谱滤镜,分别用于进行中等强度近红外光的吸收和较强近红外光的吸收。甲烷气体的红外数据可以用于研究和推测木星大气层的深度特征。对于大多数对木星的成像,通常需要使用两个带宽在甲烷吸收带之间的滤镜进行滤波[149]。在短暂的飞掠过程中,旅行者号拍摄了数千张木星及其卫星的图像;而伽利略号将进入木星轨道,拍摄至少 50 000 张图片以开展全面研究,每一张图像质量都比之前任务通过光导摄像管拍摄的要高。此外,通过更灵敏的 CCD 可以观测到非常微弱的木星环,同时还可用来搜索木星背光面的极光和闪电(光导摄像管几乎很难捕捉到)。当然,在更近距离飞掠木星卫星时,伽利略号可以获得比旅行者号最好图像的分辨率还要高 100 倍的拍摄结果。

　　伽利略号的发射任务是有史以来最具雄心的一次航天飞机飞行计划,它将在 1986 年 5 月的木星发射窗口发射,与美国-欧洲联合的尤利西斯黄道外任务安排时间相同:挑战者号航天飞机在 5 月 14 日发射尤利西斯,发射代号为 STS-61F,并在 5 月 19 日返回地球。翌日,亚特兰蒂斯号航天飞机将发射伽利略号探测器,发射代号为 STS-61G。除了担心繁忙的发射计划会给地面支持团队无法估量的压力以外,半人马座上面级的存在导致这次任务被称为"死亡之星"。这是由于人们担心在航天飞机发射的应力下,半人马座 G 级和 G-优级贮箱结构的完整性问题。另一个问题是当航天飞机在遇到发射中止而必须紧急着陆的情况时,如何处理半人马座上面级的低温推进剂。同时也有一些关于航天飞机自身的考虑,即使航天飞机按其额定推力的 1.09 倍输出,也只能将沉重的半人马座上面级送到较低的 169 km 轨道高度[150-151]。

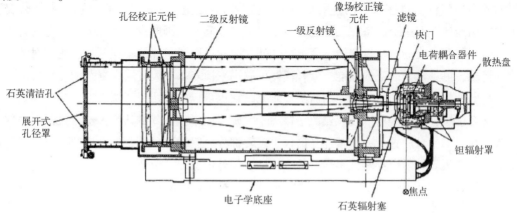

尽管为伽利略号任务研发的固态成像仪的使用标志着行星探测器第一次使用 CCD 器件,但伽利略号的一再推迟意味着这项技术已经经历了多次飞行任务。与其他航天器不同,伽利略号仅携带了一台窄视场相机(图片来源:JPL/NASA/加州理工学院)

　　出于对航天飞机发射伽利略号入轨安全的考虑，航天动力学家朱塞佩·科伦坡（Giseppe Colombo）提醒 JPL 的轨道工程师们对已记录的数千颗小行星轨道进行分析，这可以为伽利略号的行星际航行提供可能的"交会目标"。分析表明，通过一次较小的轨道修正，探测器将于 1986 年 12 月 6 日在 10 000 km 高度飞掠安菲特律特（29，Amphitrite）小行星，从而导致伽利略号直到 1988 年 12 月才到达木星，比原计划延后 3 个月。而安菲特律特是阿尔伯特·马尔斯（Albert Marth）于 1854 年 3 月 1 日发现的一颗 S 类小行星（意味着主要成分是石质陨石），直径约为 200km，以相对较快的 5.4 小时的周期自转。另外两颗备选小行星是布丽塔（1219，Britta）和一行（1972，Yi Xing），但是这两颗都要小得多，而且人们对其知之甚少。在 1984 年 12 月，NASA 批准了预算为 1 500 万美元的安菲特律特小行星"绕行"任务，目的是对于"太空害虫"之一的小行星进行全人类首次观测[152-154]。任务设计人员对伽利略号到达木星后的工作进行展望，勾勒了一次"迷你大旅行"（Mini-Grand Tour）的航行计划，其中，探测器将采用飞掠伽利略卫星这个几乎不用付出代价的方法，持续变换轨道形状，目的是在 2 年的使命飞行任务中，从不同的层面开展对木星系的研究。

　　在 1985 年 12 月，伽利略号装车运至佛罗里达州进行推进剂加注，安装 RTG，进行检测并与半人马座上面级进行对接。在 1986 年 1 月 28 日，进行最后一轮检查，没有发现能影响发射进度的"明显故障"，而当天挑战者号航天飞机发射升空用于释放第二个研究近日点哈雷彗星的跟踪和数据中继卫星（TDRS），飞行 72s 后发生了爆炸，导致 7 名航天员罹难。此后，尽管尤利西斯号和伽利略号很明显无法再在 1986 年发射，但飞行工作仍在准备中，以确保可以在 1987 年的窗口发射。NASA 规定，航天飞机的发动机不允许以 1.09 倍推力输出，于是 JPL 提出采用装有一半推进剂的半人马座上面级先将伽利略号送至共振轨道，在此轨道上，探测器可以在 24 个月后返回地球，以采用地球借力获取能量飞抵木星。因此，航行时间增加了两年。不幸的是，在 6 月份，由于NASA 认定低温级运送带有航天员的航天器过于危险，因此取消了用于航天飞机的半人马座上面级。截至当时，NASA 已花费了 7 亿美元用于研发新的半人马座，改进了航天飞机使其得以携带它，并创建了能供给两个半人马座及其载荷并行工作的基础设施。半人马座的取消使得 JPL 不得不重新设计伽利略任务以匹配惯性上面级——通过这种方式有望不需要将探测器一分为二。

　　1986 年 8 月，轨道工程师设计了一条可以让整个探测器在 6 年内到达木星的轨道。其发射窗口是 1989 年 10 月，是航天飞机回归服役执行的第 15 次任务。按照计划，将会在内太阳系执行一系列的借力以增加其自身能量。惯性上面级会将伽利略号带入能够进行金星飞掠的路线，在经过两次地球借力后两年，于 1995 年 12 月到达木星——比任务设计之初预想的晚了 11 年。而在此期间，木星几乎已经环绕了太阳一周。和其他类似的方案不同，这条轨道的设计不需要进行较大的深空机动。它的优势在于省下的大量推进剂能够用于后续木星系环游任务。假若伽利略号错失了 1989 年的发射窗口，NASA则准备要求使用国防部新研制的土星 4 号重型运载火箭，保证在 1991 年 5 月发射伽利略号。若航天飞机能够准时发射伽利略号，土星4号将会成为尤利西斯号的备份运载火箭，同时成为彗星交会/小行星飞掠彗星任务的首选发射装置[155]。

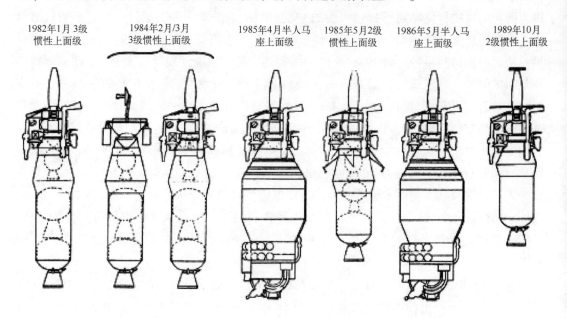

1982年1月3级惯性上面级　　1984年2月/3月3级惯性上面级　　1985年4月半人马座上面级　　1985年5月2级惯性上面级　　1986年5月半人马座上面级　　1989年10月2级惯性上面级

自20世纪70年代概念形成直到1989年发射，伽利略号探测器的多种结构形式及其推进级

　　曾有人质疑，倘若伽利略号能和旅行者号一样，设计更简单，预算更小，那它从设计之初就能使用土星Ⅲ E-半人马座上面级发射；而实际上，各种麻烦不断出现，直到发射都未曾终止……[156-157]新的任务剖面是使伽利略号像金星轨道的距离接近太阳运行，而它在设计过程中未曾考虑这类环境影响。为了避免高增益天线受照过热损坏，在折叠伞的顶端安装了一个遮光罩。因此需要探测器调整姿态，使其主轴指向太阳，而一个更大的遮光罩被安置在天线下端，用来保护本体结构。伽利略号的大天线原定在入轨后不久就展开，后来改为直到完成第一次地球借力后并到达原定设计的环境条件下再进行展开。因此，在大天线展开之前，只能使用低增益天线。然而，由于探测器在地球轨道内必须保持太阳定向的姿态，不得不在一个RTG悬臂上安置一个低增益且可转动的天线，目的是适应对地指向的角度变化。这就是由一个问题引发的另一个问题的案例。

　　另一方面，新的轨道也为巡航飞行阶段的科学研究提供了机遇。首先，伽利略号可以在麦哲伦号雷达成像卫星到达金星前几个月先期开展金星探测；根据观测结果为麦哲伦号的设备提供有效标定数据。接下来，伽利略号将两次穿越小行星带，第一次是发生在两次地球借力之间，第二次是在飞向木星时。一项研究结果显示，探测器在每一次飞经小行星带时都很容易改变交会的小行星目标：1991年10月交会加斯普拉(951，Gaspra)，1993年8月交会艾达(243，Ida)，1992年4月飞掠92km大小的奥索尼亚(63，Ausonia)。然而这些预期显然都不是经过详细计算的结果[158]。加斯普拉以黑海的一个克里米亚(Crimean)旅游圣地命名，是于1916年7月由诺伊明(G. N. Neujmin)在克里米亚的西米斯(Simeis)天文台发现的。艾达小行星则以克里特岛（Crete）的一位宁芙女神命名，她是在年幼的朱庇特躲避其父亲农神萨顿时抚养他的女神。同时，也是年幼的朱庇特居住过的克里特岛上的山的名字。1884 年 9 月，约翰·帕利萨（Johann Palisa）在维也纳发现了这颗小行星。而除了知道加斯普拉和艾达小行星都是 S 类小行星之外，人们对它们知之甚少，红外测量的结果显示，两个小行星直径分别为 15.5km 和 32.5km。

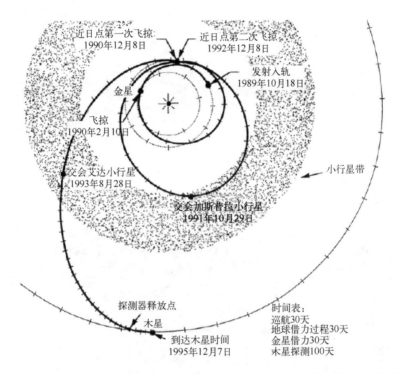

伽利略号飞向木星的环绕之旅，包括进行飞掠、地球借力和两次穿越小行星带

与此同时，乌克兰切尔诺贝利的核泄漏事故引发的辐射对伽利略号产生了负面影响，人们对于发射携带 RTG 的航天器表示了忧虑。有反对的声音指出，倘若航天飞机再次像挑战者号那样发射失利，爆炸会向大气层中释放致命的二氧化钚毒气。其实早在 1964 年，上面级发生的一次故障导致国防部的一颗卫星坠入大气层，核能辅助能源系统（SNAP）向上层大气泄漏了钚，因此后续对设计进行了改进，不仅仅是防止爆炸，也包括对再入过程的保护。1968 年，在 NASA 的卫星因发射事故而失踪后，两个类似的动力装置成功从海床搜到并回收。1970 年，阿波罗 13 号登月舱坠入太平洋，携带的 RTG 也未出现任何泄漏污染的迹象。官方立场表明，RTG 是安全的，这是因为使用的钚同位素已经以热量的形式释放了大部分的能量而消除了辐射（这也是使用它的原因），并且如果 RTG 外壳破裂，其内部的陶瓷颗粒不会粉碎，也不会释放污染环境的尘埃。尽管在最后一刻被提起诉讼，白宫还是认定无论何时美国的核能航天器都会升空，因此同意发射[159]。

伽利略号准备与惯性上面级对接，由亚特兰蒂斯号航天飞机于 1989 年发射入轨

6.4　微小行星中的小行星

　　伽利略号的发射窗口自 10 月 12 日开始，一直持续到 1989 年 11 月 21 日为止，最初几天的发射窗口仅持续 10 分钟，可以说是航天飞机发射任务中最紧张的一个。被推迟近一年，让航天飞机再次服役，意味着这仅是后挑战者号航天飞机时代的第 6 次飞行。同时，探测器还需要做一些适应性修改和修整，以及对一些需要重建或者替换的部组件进行调整，其中包括木星大气探测器的降落伞和电池(实际上，包括在木星系轨道标称两年运行的经费在内，最终经费会高达 13.6 亿美元)，这又会额外增加 2.2 亿美元的开销。轨道器

和探测器在当年 6 月先后运抵了肯尼迪航天中心。

在发射当日，两架携带了 RTG 冷却装置的美国空军飞机降落在发射中心，随时待命飞到摩洛哥或西班牙，以防航天飞机无法横跨大西洋。还有一架飞机获得了能源部的许可，可以将相关人员运送到任何可能有钚泄漏的地方。10 月 12 日，由于主发动机出现了故障，在航天员登上航天飞机前发射被取消，这导致了发射被推迟 5 天。第二次发射则由于佛罗里达的坏天气和加州惯性上面级控制中心地震的影响而夭折。然而，在 UTC 时间 10 月 18 日 16 时 45 分，亚特兰蒂斯号航天飞机成功升空，开始执行代号为 STS-34 的发射任务。起飞两个小时后，开始检查有效载荷，并对惯性上面级的无线系统进行了测试，第一级万向转轴的运动范围也在电视摄像机的监视下进行了测试。承载 19t 的惯性上面级和伽利略号的支架在最后检查时，开始倾斜了 30°，而最后倾斜到 58° 的展开位置，由此释放与轨道器连接的脐带电缆。在发射后 6 小时 21 分钟，环形支架释放了连接载荷的夹具，弹簧以 15cm/s 的速度轻轻弹出载荷。这项操作过程被 IMAX 电影摄像机拍摄下来。1 小时后，随着航天飞机后退了 80km，惯性上面级第一级点火随后抛离。2 分钟后，第二级点火。整个过程的机动将日心速度降低了 3.1km/s，从而进入了近日点 0.67AU，远日点 1AU 的轨道。惯性上面级对姿态进行了修正并释放了伽利略号探测器，伽利略号探测器以 2.9 转/分钟的速度起旋并保持姿态稳定。在释放分离后 8 小时 12 分钟，探测器通过太阳遮光罩保护高增益天线。亚特兰蒂斯号航天飞机进行了 5 天的飞行任务，开展了各项医学和其他科学试验，包括研究平流层的"臭氧空洞"，随后返回了地球[160]。期间，对伽利略号探测器进行了检查，一些设备依次开机标定与测试，同时将数据存储在磁带上，以便于后续通过低增益天线进行下传。在预留时间内探测器释放空腔气体和湿气以后，红外成像探测仪盖子打开，拍摄了外部空间的热"图像"，以评估各个悬臂和附件对视场的遮挡情况。这张模糊的自拍照几乎是探测器在行星际巡航任务中的第一张自拍图片[161-162]。尽管深空网的无线信号跟踪结果表明，惯性上面级任务执行得非常成功，但仍需要通过 10N 推力器点火以校正姿态。在 1989 年 11 月 9 日，通过推力器重复脉冲点火提供了 2m/s 的速度增量。测定结果表明，推力器能指供 102% 的额定推力。这是个好消息，因为这意味着推力器消耗推进剂的速度可以稍微降低些。12 月 22 日对航向进行了一次中途修正，以此精确修正了金星飞掠的轨道，以至于原计划的第三次中途修正也得以取消[163]。

在"高速"轨道上巡航飞行了 4 个月后，伽利略号于 1990 年 2 月 10 日以距金星中心 16 106km 的高度飞掠了金星，且与目标点相距在 5km 以内。在引力弹弓的作用下，探测器的日心速度方向发生了偏转，速度增加了 2.3km/s，最终到达近日点 0.7AU、远日点 1.29AU 的轨道上，并将在 10 个月后开始第一次地球飞掠。尽管与金星交会并不是任务的设计目标，但提供了一次可以实现科学仪器标定和测试的机会，探测器多数仪器设备都获取了有用数据。根据磁强计、离子及等离子体探测仪数据的分析结果，接近轨道会掠过金星激波的下游侧面。在距离最近点 17 小时前，可以通过扫描平台观测到金星(之前被高增益天线的遮光罩遮挡)。近期对金星背光面的望远镜观测研究表明，在一定的近红外光谱谱段，寒冷的高层大气可从较热的低层大气，甚至从行星表面传递热辐射。因此，伽利略号探测器规划在接近段通过近红外光谱仪对背光面进行两次扫描。通过等离子体波试验设备搜索闪电中的射电暴，在最近点前 45 分钟，相机拍摄了可见光图像，希望能检测到闪光。偏振测光计和紫外光谱仪也对背光面进行了整体扫描。在经过最近点后，伽利略号采用相机对行星边缘的雾霾层进行了详细的研究，然而在飞离阶段的观测主要目标是粒子和场[164]。在长达 7 天的交会过程中，CCD 相机总共拍摄了 81 张图片，其中有 77 张是有用的。由于高增益天线始终保持收拢的状态，所获取的科学数据存储在探测器上。3 张图片通过低增益天线缓慢地回传，目的是评估它们的质量。后来人们发现一个程序错误导致相机额外多拍了 452 张图片，但这些图片没有被保存在磁带中。所有的数据一直保留到航天器接近地球后，通过低增益天线以较高的码速率回传。在伽利略号飞掠金星两周后，到达距近日点 0.7AU 的位置时，经历了一次没有温度遥测的问题。在返回地球的过程中，伽利略号对围绕在两个明亮的长周期彗星——奥斯汀(Austin)和列维(Levy)周围的氢云层进行了紫外观测[165-166]。

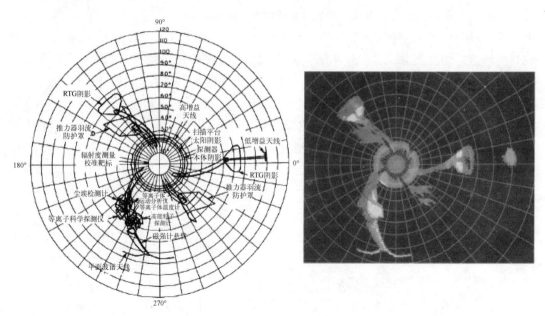

伽利略号是第一个进行在轨自拍的航天器。然而，在这张近红外成像探测仪拍摄的图像中，自旋的探测器显得被扭曲了[图片来源：罗伯特·卡尔森，转载自卡尔森等人发表的"*Near-Infrared Mapping Spectrometer Experiment on Galileo*"，Space Science Reviews，60，1992，457-502。得到斯普林格(Springer)科学与商业媒体许可]

在 11 月中旬，金星交会的数据传回了地球。在接近段开展的红外测量为金星气象学研究提供了最为行之有效的科学数据。实际上，通过在两个红外波长进行观测，不仅可以对不同高度的云层结构进行识别，而且如果忽略大气层的影响，图片的结果表明许多"热点"和一些已为人熟知的金星表面地形特征尤其相关。通过确认大气层在一些波段确实是透明的，伽利略号简直为后续开展金星表面特性的研究任务打开了大门。光学相机拍摄了背光面的 10 张照片，用以寻找闪电的闪光，然而曝光的结果表明，相机虽然拍到背景上的星光，但没有捕捉到闪电。在向光面，进行了紫外、透明和近红外滤镜成像，以深入大气层不同的深度。紫外图片很清晰地表征了众所周知的云顶层的特征，包括 Y 形深色标记、明亮的极区等，近红外的结果则揭示了一些前所未见的现象。一个位于中纬度的螺旋状的图案在紫外谱段仅依稀可见，而在近红外谱段则非常清晰。这表明子午圈（即沿着子午线）的风速在更深的云层比云顶层的慢。在近红外谱段，极区很暗。探测过程中发现了一个从北到南经过赤道，在日下点上方的强烈的亮度不连续特征，可能表示出了 Y 形标记的"深处的根"。将近红外和紫外图像结果进行比较，结果证实高层大气以"高速旋转"，所带来的大气环流风速是金星自转速度的几十倍。随着大气层高度的降低，风速也逐步降低，直到金星表面停滞。等离子体波探测仪的探测结果揭示了 9 次极其微弱的射电爆发，而闪电则是最有可能的诱因，因此佐证了十年前金星号的观测结果[167-170]。

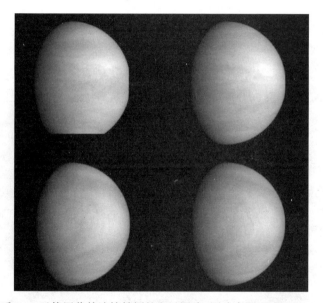

伽利略号在飞掠后 4~6 天使用紫外滤镜拍摄的金星图片（图片来源：JPL/NASA/加州理工学院）

　　速度增量为 35m/s 的中途修正使地球飞掠分别在 4 月 9 日和 5 月 11 日开展。这次轨道机动是在释放大气进入器（到达木星 6 个月前）之前速度增量最大的一次。伽利略号在几乎完全与太阳相反的方向接近地球，以此在地球磁尾"向上"的飞行过程中提供了极其宝贵的科学观测机会。在与金星交会的 30 天前，粒子和场探测仪开机，并在距离金星560 000km 检测到进入磁尾。伽利略号在 UTC 时间 1990 年 12 月 8 日 20 时 35 分，以最低960km 高度飞掠非洲上空。日心速度增加了 5.2km/s，进入了近日点 0.9AU、远日点2.27AU 的轨道，并将于 1992 年 12 月 8 日再返回到地球附近。飞掠过程的几何关系也增加了相对于黄道轨道的倾角，从而可以飞掠到加斯普拉小行星。在飞离的过程中，伽利略号最终可以对地球的背光面开展观测，并对澳大利亚和南极洲拍摄了大量的照片，进行识别以标定成像设备，并向公众宣传。近红外光谱仪观测到了极高纬度区的云层，对"臭氧空洞"模型提供了参数限制。在经过最近点 2.5 天以后，相机每分钟采用一组 6 片滤镜对地球进行成像，成像时间为 24 小时。这些成像结果最终形成了令人惊叹的覆盖整个地球自转过程的影片。此外，科学家还开展了科学探测成像和其他对月球的测量。在接近过程中捕捉到了新月图像，在飞离过程中对明亮的前导半球进行了成像。对获取到的效果好的月球成像进行多光谱拼接，以用来区分月球表面的不同物质成分，东方(Orientale)盆地的"牛眼"恰好位于圆面的正中心地带。伽利略号在交会地球后一星期，持续开展了观测。除了获得大量的粒子和场的探测数据外，还拍摄了约 3 000 张图片。跟踪结果表明，伽利略号的速度意外地额外增加了约 4.3mm/s。尽管这对于整个任务来说微乎其微，但出现的反常现象仍不可忽视，因为它不能用地球引力来解释，除非对地球物理参数的某些测量结果包含难以置信的误差。正如众所周知的"先驱者号异常"，已经提出了多种奇异理论用于解释这种现象[171-172]①。

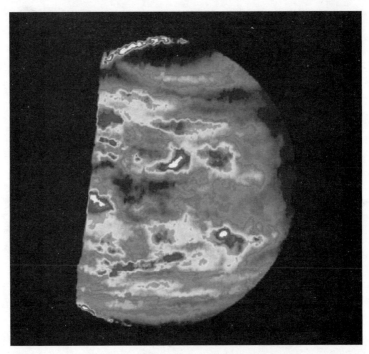

伽利略号的近红外测绘光谱仪对金星中层大气层的温度场进行测量(图片来源：JPL/NASA/加州理工学院)

　　1990 年 12 月 19 日，伽利略号修正了飞行目标朝向加斯普拉小行星。在 1991 年 1 月 11 日经过近日点，在 4 月 11 日，直接展开了高增益天线。系统采用一对安置在探测器主轴的冗余电机来驱动一组滚珠螺杆、承载环和推杆，来转动 18 个肋进入指定位置，同时将格网展开成对称结构。电机开始转动时，13 个肋通过它们的锁栓得以释放，其余 5 个则

---

　　① 先驱者 10 号和 11 号在飞行过程中，发现探测器微波信号出现跳变，多普勒频移出现了振荡，运行轨迹明显偏离了万有引力计算轨道。——译者注

在托架机构中卡滞了。此外，一条肋则由滚珠螺杆旋转进行释放，另一条肋在转动两次后也释放了。然而相邻的 3 个肋则保持在原位，随着连杆逐渐推动基座，发生了弯曲，变成弓形而引发了锁栓"插进"插座，加强了紧固力。当滚珠螺杆弯折过大时，导致机构卡滞。滚珠螺杆需运动 8.6cm 才能完全展开天线，却仅仅运行了 1.5cm。天线的展开原本设计为只需 3 分钟，然而电机运行了 8 分钟后，探测器上软件定时将其关闭。倘若天线可以按计划展开，由角动量守恒定律，航天器自转速率会减慢。当工程师们发现标志着展开过程完成的微动开关并未发生动作时，他们根据伽利略号的自转变慢推断天线确实展开了，而因为某些原因传感器发生了故障。然而，通过进一步的研究表明，自转部分并未像预想中减缓那么多，以此表明在天线展开的过程中出现了问题。JPL"异常现象研究小组"的工程师们通过遥测结果判读出天线展开电机工作时间比预想的更久，同时，太阳敏感器被部分展开的肋周期性间歇遮挡。通过仔细分析，他们推断出天线的构型。早期有一些关于天线如何被钩挂的观点，包括意外地裸露胶带导致黏结缠绕，以及在天线塔末端的遮阳罩出现了缠绕，然而测试结果表明，电机其实有足够的能力克服这些障碍[173]。

伽利略号在首次飞掠地球时拍摄的南极洲罗斯冰架的拼接图像(图片来源：JPL/NASA/加州理工学院)

　　这个不易被发现的问题原因很快就被找到。锁栓和插座的连接应力过高导致天线发生弹性形变，从而损害了锁栓的涂层。在反复穿过美国的运输途中，以及在数年的存储期内，天线始终保持锁定状态，与3根在顶部的肋在同一水平方向，因此也受到了极大的振动，从而损耗了原本用于锁栓和插座之间的干燥的润滑剂，由此在真空中产生了强大的摩擦力，造成了"冷压焊"。不幸的是，没有人预先考虑到在锁栓存储的时候进行润滑处理；而同样的异常故障却未损坏跟踪和数据中继卫星(TDRS)(因为伽利略号探测器采用火车陆路运输，而跟踪和数据中继卫星由飞机空运)，因为跟踪和数据中继卫星天线在装运之前就进行了润滑处理。对于伽利略号，仅在锁栓上涂覆了一次润滑剂，这一次距离最终发射整整隔了十年之久！与此同时，由于担心天线出现故障而没有备份替换，因此并未开展对天线的全面测试。尽管NASA曾短暂地考虑过一个"应急"计划，研制一个中继卫星，由大力神4号运载火箭发射，送入快速飞向木星的轨道来拯救这次任务，但是这个计划改为利用中心轴和肋的不同热膨胀系数，松开天线的锁栓[174]。伽利略号需要变换其指向，使天线塔在光照和阴影中交替地保持数日，希望能通过这种方式实现一系列的冷/热循环，从而让锁栓松开。未来的其他措施为"锤击"锁栓，主要通过运行电动机或者推力器点火实现；如有必要，还可以通过增加旋转速度得到额外的离心力。天线驱动机构没有收拢再打开的设计，测试结果表明，这样将会损害机构特性。此外，如果尝试重新收拢天线，格网很有可能会无法展开。最初的两次"低温浸透试验"分别在1991年7月和8月开展，然而毫无用处，进一步的努力一直推迟到伽利略号在1991年10月29日飞掠加斯普拉小行星之后[175-176]。

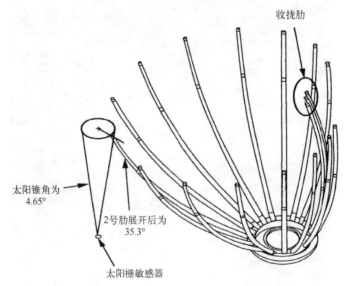

伽利略号高增益天线的肋部分在展开状态下的内部构型

　　在宣布加斯普拉作为第一个交会的小行星目标之后，天文学家们迅速地罗列出对于这颗小行星的所有已知信息，信息并不多，然后天文学家制定了后续的观测计划。观测结果是，这颗小行星的尺寸是 10km×11km×18km，自转周期为 7 小时。同时也表明，这颗小行星是一个庞大的小行星家族的成员之一，这个家族的动力学特征和轨道特性与花神星（8，Flora）极为类似，意味着它们是一个曾经受到撞击的更大星体的碎片。伽利略号在1 600km 的轨道高度飞过了加斯普拉小行星，相对速度达到 8km/s，在这条轨道上获得了较好光照和高分辨率的观测结果。运行上最大的挑战是减小这颗小行星星历的不确定性，因为最初只知道小行星位置位于数百千米之内，这远远超出了飞掠距离相机的视场。9 月伽利略号开始根据背景星图对目标小行星进行导航成像。由于先前的高增益天线展开发生故障，原计划拍摄 40 余张照片，结果仅拍了 4 张。然而，相机采用了多种曝光模式，在一帧图像中进行了 64 次曝光拼接成像。根据这次结果，进行了两次中途修正以校正目标。伽利略号并不具备自主能力，或者探测器上具有软件定位跟踪目标（先前的哈雷任务具备这种能力）的功能。取而代之的是，地面小组预测了目标的位置，计算并上传了所需的姿态和扫描平台的角度。

交会小行星当日，相机和红外光谱仪也开展了观测，粒子和场探测仪开机尝试检测出小行星的存在。在最近点前半小时，伽利略号拍摄了 9 帧图片，扫过了足够大的天域，以确保至少获取一张 160m 分辨率的完整的小行星彩色图像。接下来，拍摄了 49 帧单色图片的拼接图。在目标隐约出现时，最高分辨率的拼接图片是由最近点前 10 分钟在 5 300km距离拍摄的一对图像组成。最后一帧图片在几分钟后成像，分辨率达到了 50m，不过只捕捉到了部分视场。扫描平台的最高转速为 1(°)/s，不足以将目标始终保持在视场内，因此，在 UTC 时间 10 月 29 日 22 时 37 分，在距离为 1 604km 的飞掠过程中，没有安排拍摄图像。据估计，小行星有 95% 的机会位于 9 帧彩色图像中。在 11 月，部分图像通过低增益天线以极低的令人痛苦的 40bit/s 速率传回地球，佐证了小行星确实位于视场中，3 个滤镜所成图像的相对关系也随后发送回地球（在这个速率下，传输全部的彩色图像需要 3 天之久）。最终，150 帧需高增益天线传回的相机图像被存储起来，以备天线展开时回传或者等到 1992 年第二次飞掠地球时传回地球。

不出所料，加斯普拉被证实是一个不规则的天体，而且是探测器所遇到的最不规则的天体。近红外观测发现其两端的物质成分存在差异，表明这颗小行星实际由两个更小的部分连接在一起。同时观测到了许多小撞击坑，最大的直径约 1.5km，撞击坑叠加在光滑的表面上。根据高分辨率图像进行分析，可以推断这些撞击坑多数是小坑且形成时间并不长，而加斯普拉小行星表面则有 2 亿年之久。小行星表面还有微小的沟壑、山脊以及低洼，两个大的凹陷可能是加斯普拉小行星从母体分离时所形成的断层[177-178]。

1992 年 1 月，伽利略号到达近日点并穿过了合日点。在近日点附近，探测器再次转动将其高增益天线背向太阳，以获取长达 50 小时的"极寒浸透"，但是松开卡滞的锁栓仍然未果。虽然仿真结果表明需经过 6~12 次冷热循环才能松开锁栓，但是这个结果必须建立在假设锁栓的位置和摩擦载荷一定的基础上，这个假设也可能是错的。在 2m 长桅杆末端的低增益天线被收回了 6 次，目的是通过急停产生的摇动触动锁栓，结果却不尽如人意。在 1992 年 9 月，经过了 7 次温度循环后，一个锁栓都没有被松开，同时每次转动重新进行天线定位将会消耗 4kg 的推进剂[179]。

作为备选方案,工程师提议通过推力器点火推动天线电动机移动,每一次点火都可以将滚珠螺杆转动部分角度,从而增大释放锁栓的力。天线塔的热膨胀程度在近日点附近的 3 个月会达到最大,人们认为同时"锤击"滚珠螺杆可以释放一条肋,因此对其他肋也增加了能够释放的载荷。1992 年 10 月对此项技术进行验证,同时对肋和天线的正确的固有频率开展了研究,以试图精确调节所需的力。同时,人们决定如果在 1993 年 3 月问题还未解决,那么高增益天线退役,接下来的所有任务都仅采用低增益天线。通信策略最终使用了磁带记录仪存储探测器与木星系卫星在每次近目标点的交会数据,并在朝向远日点的不紧张的飞行段以 10bit/s 的码速率传输信号——此码速率仅比 1965 年水手 4 号飞掠火星的速度略快。由于在 10bit/s 的码速率下,回传一幅图像需要一周的时间(传输单个木星卫星交会采集的数据都需要数年的时间),因此实现探测器上的数据压缩算法(特别是图像压缩)需要对主要的数据计算机进行程序再设计。同时结合深空网升级,包括布置天线阵列等,器上的改进可以迅速提高数据传输效率,能够以 100 倍的速率回传,足以覆盖整个木星接近段过程,同时可以几乎连续覆盖主要的工程和粒子及场的测量数据。在主要的飞行过程中,通过磁带记录了全部 6 次近木点探测数据和 4 次在木星位于地–日连线位置的近木点探测的部分数据。据估计,尽管最初预想的 50 000 幅图像中有 4 000 幅可以传回地面,完成整个任务中科学探测目标的 70%,但是鉴于进行全局测绘不切实际,需要对基于所有区域低分辨率成像和局部区域高分辨率成像的结果进行综合分析。

与此同时,在 1992 年中期,伽利略号接近地球开始其最后一次借力飞行,NASA 正式安排了 2 年的木星系"迷你飞行",可以交会除木卫一外的每一个大卫星。而不交会木卫一的原因是其轨道位于木星辐射带内。整个飞掠过程将持续 23 个月,包括 4 次近距离交会木卫三和木卫四,3 次交会木卫二,以及一些远距离交会,150 倍木星半径沿着木星磁尾飞行和在总辐射剂量下存活下来。作为意外的收获,探测器必须在木卫一的轨道内开展轨道进入机动,因此在接近轨道上可以对这个充满活跃火山的天体进行一次近距离飞掠。到达木星的时间被设定为 1995 年 12 月 7 日,对推进剂余量进行了精确的估计。通过对推进剂进行估计,并基于加斯普拉小行星飞掠所获取的经验,NASA 批准在 1993 年交会艾达小行星。实际上,NASA 宣布未来所有的太阳系外行星探测任务中在行星际巡航时至少包括一次小行星飞掠,目的是对这一类天体获得更多的观测数据[180]。

在 1992 年 6 月对加斯普拉小行星的观测数据恢复下传,复原了最高分辨率的一对图像(50m 分辨率),其中在一帧图像中覆盖了小行星的 20%,另一帧图像中覆盖了小行星其余部分。其余的科学探测数据在 11 月份下载了 2 天,近红外测量数据揭示了加斯普拉的热惯量,表明其表面既非"贫瘠的石块",也并非被厚厚的风化层覆盖。其实,加斯普拉应该是被石块、风化层以及粗糙的和细小的颗粒物质混合覆盖着。总而言之,图像可以佐证人们对于小行星的"印象"。最大的惊喜莫过于磁强计的测量数据,显示出来自太阳风的两次干扰。第一次干扰在两者距离最近点的一分钟前出现,第二次则发生在四分钟之后。期间,磁场向量旋转指向了加斯普拉小行星。尽管不能排除偶发巧合的可能性,但普遍认为小行星被弱磁化了。这就可以解释，加斯普拉前身的星体应该体型庞大，以至于在经历了热分化后由于铁集中在其核心而被磁化。这一结论通过红外光谱仪在小行星表面搜寻到的含铁的化合物得到了证实，而这些化合物会"石化"成剩余磁场。在一定程度上，加斯普拉小行星的交会任务发现了从"小行星"（字面上的意思可解释为"看上去像星星一样"）到"小型行星"这类天体的演化过程[181-182]。

伽利略号是首个勘探小行星的探测器。所获取的加斯普拉小行星的拼接图像最高分辨率达 54m

在下载加斯普拉小行星交会数据后不久，伽利略号开始了第二阶段的地球飞掠过程。由于随着距离减少，低增益天线的码速率增加，因此有可能对一些带宽要求高的设备进行校准，同时对进入探测器开展安全检查。同之前的飞行一样，伽利略号会飞经地球磁尾。这次研究近地小行星的天文学家们，努力尝试在 806 万千米的距离通过望远镜找到探测器。在接近地球的过程中，它以 110 300km 的高度飞经月球北半球时，可以对 20 世纪 60 年代月球探测任务关注较少的区域开展极富价值的观测，而这些区域的测绘覆盖也非常有限。紫外光谱仪探测到了极为微弱的氢元素的辐射，而一些科学家认为这些元素富含在永久处于阴影区的撞击坑中。它也在近地小行星 4179 号图塔蒂斯中短暂地搜索到了彗星的挥发物，而当时图塔蒂斯小行星非常接近地球。UTC 时间 1992 年 12 月 8 日 15 时 09 分，伽利略号飞经地球，在地球借力的作用下，获得了 3.7km/s 的速度增量，将其日心速度提升到 39km/s，满足了飞至木星的要求。然而，在 304km 的高度，大气会对探测器产生足够大的曳力影响，这导致无法对首次飞掠时的"异常现象"进行验证。距离地球最近点的位置是南非和阿根廷之间的大西洋上方。飞离地球时，伽利略号对安第斯山脉进行了高分辨率成像，再一次研究了南极上空的云层和平流层中的臭氧层。新的轨道近日点为 0.98AU，远日点为 5.30AU。伽利略号努力尝试在 3 年内到达木星，这与原本用航天飞机和半人马座上面级发射到达的时间类似。

在两次地球飞掠过程中，伽利略号开展了一些非比寻常的试验。在第一次交会地球时，卡尔·萨根(Carl Sagan)设计了试图通过探测器开展对生命，特别是智慧生命探测的试验。除了探测大气中的水、氧气、甲烷的成分和几何图案，以及呈现出的"一种常见的吸收红色素"，即覆盖在地球表面的叶绿素外，还拍摄了背光面的图片来寻找城市的灯光。然而，这些结果只能微弱地表现出生命的存在。实际上，智慧生物存在的唯一强有力的证据是窄带宽的无线电电波突变[183]。在第二次地球交会后的飞离过程中，伽利略号尝试检测到通过地面望远镜发射给它的激光束，以证明在深空中进行光学通信的可行性。最后的成果是，在交会 8 天以后，从探测器的视角观测到月球从地球前方经过，正好位于地球上方，经过 14 个小时，获得了一张独一无二的由 50 张彩色照片组成的"全家福"，展现出地球自转时月球划过的痕迹。在飞掠过程中，总共拍摄了 6 800 张图片[184-185]。

伽利略号飞经近日点时，高增益天线塔处于最大的热膨胀状态，控制器执行了最终释放卡住的肋的动作。从 1992 年 12 月 29 日到 1993 年 1 月 19 日，进行了 15 000 余次的"锤击"脉冲。第一次脉冲使滚珠螺杆在再次停止之前进行了不止一次的全速旋转。这使得已释放的肋打开得更大一些，但其他肋上的锁栓仍被卡滞。3 月，继续开始锤击，探测器自转至最高速 10.5 转/分钟，还是毫无用处。因此 NASA 宣布"天线机构展开不会再有任何明朗的前景"。然而，人们首次开展了高增益天线的发射机加电的工程测试，以确定这支难以控制的天线是否能够产生一些可利用的"增益波瓣"。在 1993 年春，伽利略号、火星观测者号(飞向火星)和尤利西斯号(正在飞过太阳南极)联合开展了整个太阳系引力波传播的研究。

在第二次地球飞掠后不久，为对深空任务中激光通信进行评估，从地球上向 140 万千米外的伽利略号发射激光束。伽利略号探测器上的相机反复扫描地球，以记录黑暗中从美国新墨西哥州阿尔布开克空军飞利浦实验室的星火光学测距中心(图中右侧的明亮光点组成的线)和从加州桌山(Table Mountain)天文台(图中左侧明亮光点)发射的激光脉冲(图片来源：JPL/NASA/加州理工学院)

在宣布艾达小行星是第二个小行星飞掠交会的目标后，望远镜观测结果表明，这是一个细长的天体，平均直径为 28km，自转周期仅有 4.63 小时。艾达属于科朗尼斯族（Koronis），这个族由一个 100km 大小的母体分裂而成。动力学研究结果表明，这次分裂发生在 2 000 万年前，艾达小行星表面看上去比加斯普拉小行星年轻很多。交会艾达的过程与交会加斯普拉类似，但是由于伽利略号不会再回到地球附近，因此全部数据必须在未来的数月内由低码速率传回地球。为了最少传输代表黑色太空背景的像素，采用了"狱栏"的技术，使每张图片仅有若干条线传回地球，在确定了艾达在图片中的位置后，仅把相应位置的像素传回地球。在 1994 年春使用了这项技术后，器-地距离处于下一次最短距离时，可以使用约 40bit/s 的码速率传输。在交会过程中发生了一些小问题。第一个问题是在自转和反自转之间的连接处出现了短暂的电路短路，而通过进入"安全模式"，器上计算机终止了所有的既定程序的活动。在 1991 年发生了 3 次类似的事故，一直到交会前两个月才终止。由于探测器恢复正常需要一定时间，若在飞掠前数小时发生短路事故，则会在被动状态下飞掠小行星。幸运的是，短路对小行星交会唯一的影响是用于导航的 5 张图像损失 2 张。尽管如此，另外获得的 3 张足够用于导航。实际上，这 3 张图像的导航效果非常好，在后续仅需要开展一次中途修正以朝向交会目标。另一个问题是在飞掠艾达前一周，深空网的最大天线需要中断对伽利略号的跟踪，转为搜索火星观测者号，原因是后者在接近火星时陷入了沉寂。尽管由于接收天线需要开展优先级更高的任务而导致 75% 的末段导航图像丢失，但是获取的部分图像对于确定轨道也足够了。在伽利略号飞掠前的 52 小时，深空天线任务的优先权又转回到伽利略号。在最后令人激动的飞掠前 4 小时 16 分，当探测器诡异地接收到"进入巡航模式"命令时，便收起了扫描平台！这种情况在接下来的一小时内通过精确地发送定时指令而得以恢复，只是出现轻度的图像退化。

在 UTC 时间 1993 年 8 月 28 日 16 时 52 分，伽利略号以 2 410km 的距离飞掠艾达，相对速度达到 12.4km/s。总共拍摄了 150 帧图像，考虑到小行星位置的不确定性，有一半的图像是按预先设计的大范围的拼接图像。75 帧序列图像拍摄用时 5 小时，尽管分辨率较低，但通过艾达一次完整的自转就可以识别整个表面特征。接下来的 4 幅拼接图像分辨率有所增强，其中第二幅还包含了红外光谱信息。由于第 4 帧和最后的 15 帧拼接图像仅对部分椭圆目标进行了覆盖，因此表明小行星的星历还存在不确定性。捕捉艾达小行星平坦表面的机会预计仅有 5 成。第三幅由 30 帧的"狱栏"技术拍摄的黑白拼接图像预计几天后才能下传，以确定艾达的位置。在近距离时分为 5 帧图像拍摄，几乎是拍摄的序列图像中分辨率最高的。结果是，艾达第一幅拼接图于 9 月份展现在世人面前，由 31~38m 的分辨率图像组成[186]。这幅图像展示了这个小行星是一个有棱角的天体，其大小为 54km×24km×21km，表面遍布各种尺寸的撞击坑，一些撞击坑看似崭新，而另一些撞击坑则由于撞击发生在边缘和底部而有明显的退化。实际上，艾达上的撞击坑密度是加斯普拉的 5 倍，表明艾达的年龄至少有 10 亿年。很显然的是，要么是对科朗尼斯族母体分裂的动力学的研究存在缺陷，要么是艾达看起来比实际年龄要久远，因为它是在母体分裂过程中由碎片喷涌出来的。在第一幅拼接图中，东部边缘显示了一组 5 个撞击坑，其大小在 5~8km

(小行星平均直径的很大一部分),其中,集中了大量超过 100m 直径的巨型卵石。在相同区域内存在沟壑,有一些绵延至数千米,表明形成大撞击坑时在地下的"岩床"产生了断裂[187]。

在 9 月下旬,从地球的角度看伽利略号距离太阳非常近,而数据暂停回传一直持续到了翌年 2 月。与此同时,10 月初进行了一次中途修正,伽利略号重回飞向木星的旅程。艾达小行星的数据下载直到 1994 年 2 月 16 日才得以继续,并一直持续到 6 月 26 日。最初码速率达到 10bit/s,随着距离的减少,增加至 40bit/s。艾达小行星飞掠过程中最惊人的发现是在第二天,当回传采用"狱栏"技术的第二幅彩色拼接图像中的一帧时。图像的拍摄时机是在飞掠前 14 分钟,飞掠距离为 10 870km。相机团队的一员安·哈赫(Ann Harch)对"狱栏"图像进行了详细分析,她注意到在艾达的一侧存在一个小物体。伽利略号恰好观测到另一个小行星飞过的这种概率极低,因此这一定是小行星的卫星——尚属首次发现。这被几天后红外光谱仪的观测结果所证实,在其视场内也发现了这颗卫星。人们对交会过程数据回放的计划进行了修正,以确保这颗卫星的所有数据都能够恢复——这个过程整整用了 47 帧图像。经过证实,这是一个 1.6km×1.2km 的卵形天体,其上遍布了直径 300m 的数十个撞击坑。飞掠过程的几何关系不利于得到卫星轨道的较好的位置测量数据,但可以得到一定的限定条件,小行星轨道不可能过低,否则摄动的作用会使该小卫星迟早撞在艾达小行星上;同时,运行轨道也不会太高,因为考虑到外部引力的干扰会使其逃逸。后续采用哈勃空间望远镜进行观测,在 1994 年 4 月观测艾达时未发现这颗卫星。综合考虑这些因素,可以对艾达的质量和密度进行测量,其结果证实小行星是相对多孔的,由多石块累积而成,而非从母体上分离出来的一整块。随着更多的数据回传,不断更新着对艾达外形的认识。其一端是棱角分明的,另一端则是很明显的"瓶状"大洼地。仅有最后一帧包含了部分边缘信息,分辨率达到 24m。温度测量结果表明小行星表面存在厚的风化层,与平坦的撞击坑和其他特性保持一致。近红外光谱结果表明,小行星及其卫星表面富含铁硅成分,且两者只有微小差别。这种相似性结果表明,艾达小行星与其卫星密切相关。在加斯普拉小行星上,磁强计测量结果表明行星际磁场方向发生了偏转。国际天文联合会将艾达小行星的卫星命名为艾卫(Dactyl),以希腊神话中达克堤利(Dactyli Idaei)之名命名,而他曾居住在艾达山上。艾达-艾卫(Ida-Dactyl)系统是如何形成并保持稳定的?有的理论认为他们都是从科朗尼斯母体中逐渐分离出来的,迅速受到引力的束缚;有的理论认为艾卫是从艾达小行星中分离出来的[188-189]。在 20 世纪 80 年代,小行星卫星的观念逐渐成熟,数十颗类似的发现随后展现在世人面前,包括一些环绕木星特洛伊带的小行星和近地小行星,有的甚至包括两颗卫星[190]。

在下载艾达小行星观测数据后不久,伽利略号开始继续任务,这一次是 20 世纪 90 年代最引人注目的天文大事件之一。1993 年 3 月,在从帕洛玛山上通过望远镜对近地小行星和彗星开展摄影搜寻的过程中,卡罗琳(Carolyn)和尤金·休梅克(Eugene Shoe-maker)、大卫·利维(David Levy)和菲利普·本多亚(Philippe Bendoya)在木星附近发现了模糊的条状物体,从外表看似一颗被压扁的小型彗星。众所周知,彗星休梅克-利维

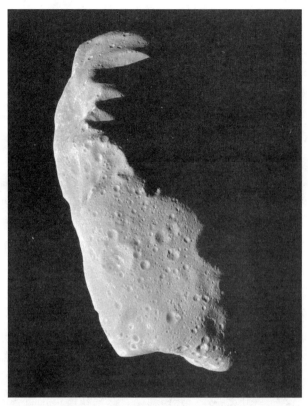

撞击坑遍布的 243 号小行星艾达的高分辨率拼接图像，大小为加斯普拉的 5 倍。值得注意的是沿着晨昏交界线撞击坑的尺寸（图片来源：JPL/NASA/加州理工学院）

（Shoemaker-Levy）9 号被证实由一串 20 片新分裂的彗核组成。通过对累积的碎片位置进行测量，表明这颗彗星的彗核在数十年前就被木星捕获，由于其轨道距离这颗巨行星非常近，在 1992 年 7 月的近木点，约数千米大小的微弱内部结构的天体，终于由于潮汐应力的影响，彻底分裂成了一堆碎石。当人们发现这颗彗星时，它已经转移到一个周期为 2 年的轨道上，并开始逐渐接近远木点。然而，由于太阳和木星卫星摄动的影响，几乎所有的碎片都会在 1994 年 7 月历时一周落入木星！鉴于这种奇观前所未见，没人知道会发生什么。同时，对于彗星的形态、撞击的物理特性也知之甚少，因此人们预计可能会从看不到丝毫迹象到看见火球，并在木星大气中留下长时间光斑。然而让天文学家极度失望的是，所有的碎片（被以字母 A~W 进行了命名）都会撞击到木星上，而每次撞击的位置都恰好在木星的早晨边缘之外，因此在地球上无法观测到这一天象。尽管如此，由于木星自转较快，当太阳升起数十分钟后，撞击的位置就会呈现在人们面前。许多环绕地球的天文学卫星，包括最近修整过的哈勃空间望远镜，都会对其撞击及余波进行观测。而对于行星际探测器，旅行者 2 号的视线使它可以观测木星的背光面，不幸的是，器上操作相机的软件被删除了，图像团队也解散了，并且不管怎样，距离过于遥远，木星仅占几个像素，实际上只有对撞击进行光度测量是可行的。由美国国防部管理操控的克莱门汀号探测器在与小行星交会的过程中,可以对撞击木星进行观测,但在两个月之前,它遭遇了故障并丢失了。从伽利略号的视角来看,人们最初认为撞击发生在木星圆盘边缘以外的区域,而 1994 年获得更精确的轨道数据后,才意识到撞击是可以被伽利略号观测到的。在约 2.38 亿千米的距离处,木星大约在 CCD 上呈现出 60 个像素。颇具讽刺意味的是,如果伽利略号当时已经处于环绕木星的轨道上运行,科学家们反而就不会这么幸运了,因为探测器很可能位于看不见撞击发生的远拱点一侧,也可能磁带记录仪刚好记满了其他数据。

器上将使用 5 台设备对撞击开展观测:相机、红外光谱仪、紫外光谱仪、偏光计和等离子体波试验设备。如果彗星的碎片残留导致尘埃流增强,那么探测器的尘埃计数器会在撞击后期数月发现这些尘埃流。而一个复杂的因素是每次撞击时间只能在几分钟的范围内预测,因此需要一种处理时间不确定性的方法。人们决定让相机以两种模式工作:在一些撞击的过程中,采用图像拼接模式,使相机在几秒的时间内开展最多 64 次曝光成像,并将成像结果并列保存在一帧图像中;在其他撞击过程中,木星会缓慢移动经过视场,需要用一些这样的"带"在一帧记录整个过程。然而,尽管第一种技术有希望得到撞击和最终的惊人的火球图像,但第二种技术则可以连续(但是快速扫描)记录撞击,而根据记录结果,科学家们可以对火球(若存在)出现的准确时间进行确定。一旦确定时间,就可以传输用于研究火球迅速变化过程的数据,以节省下行链路资源[191]。实际上,撞击要好于人们最乐观的预期,当撞击区出现在边缘时,天文学家们惊讶地发现大多数的碎片在木星大气中产生了深色的"黑眼",在多数情况下,还伴随着喷发物的圆环光圈,喷发物虽然看上去很暗,但是在红外光谱中异常明亮。在一些情况下,甚至在撞击位置转入视场之前,哈勃空间望远镜观测到了膨胀气体的羽流遮蔽了太阳。伽利略号观测到部分撞击。对于碎片 K 和

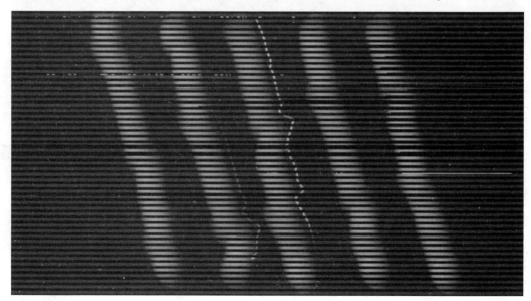

在休梅克–利维 9 号彗星碎片 K 撞击木星时,伽利略号拍到的漂移扫描图像。在这种模式下,木星漂过相机视场对火球光变曲线进行了更详细的重构

N，伽利略号使用相机的缓慢移动模式，在几分之一秒内对撞击进行了计时，记录了火球亮度的演变过程。K 碎片（已识别的最大碎片）产生了长达 37 秒的火球，透过甲烷滤镜观测，在其峰值可以达到木星整个圆面 10% 的亮度。7 月 22 日，尝试通过多种曝光模式获取 W 碎片撞击的时序，闪光使 CCD 在几秒内达到饱和。其他撞击过程包括 G、H、L 和 Q1 的碎片，通过偏振测光计对木星的整体亮度以每秒 4 次的速率进行测量，因此产生了"光变曲线"，可以计算火球的温度；而碎片 Q1 的温度则超过了 10 000K。红外光谱仪的测试结果可以推测出火球的大小、高度和温度：例如，在碎片 G 撞击后的数秒，火球的速度增加到 1km/s 以上，灼热的温度高达 2 000℃[192-194]。

6.5　伽利略号探测器成为木星的卫星

1995 年 1 月下旬，伽利略号完成了对科学家所选的休梅克–利维 9 号彗星的数据回放。在 2 月，主计算机装载了新的软件，标志了深空任务中重要的"第一次"。在 3 月，对大气探测器进行了测试，为日期临近的释放做准备。在交会艾达小行星后，航天器进行了一次中途修正，进入了木星的碰撞航向，但是为保证大气探测器在进入木星大气后存活，需要进入一条要求严苛、非常狭窄的走廊。在 4 月 12 日，经过一系列 64 次脉冲点火，进行了 8cm/s 的速度增量修正，保证大气探测器可以沿走廊中心飞行。在确认探测器的滑行计时器和重力开关运行正常后，在 7 月 11 日，切断了其同主探测器的脐带电缆。第二天，伽利略号调整了方向，确保当大气探测器被释放时，能够以合适的姿态进入大气。其调姿方式是单旋模式，并逐步增加转速到达 10.5r/min，以保证一旦释放成功后，能够最大程度地保证稳定。在 UTC 时间 7 月 13 日 5 时 30 分，通过三个爆炸螺栓爆炸，释放了大气探测器，压紧弹簧的推力产生了 0.3m/s 的相对速度。轨道器的速度变化首先证实了分离操作获得成功。在大气探测器上，只有滑行计时器被激活。若按照原计划，将会启动长达 5 个月的飞行序列，直到到达木星前数小时再停止。导航数据结果表明，进入位置的纬度和进入角与设计值偏差不到 1°，大气探测器将仅仅比预计晚 2 秒到达木星。由于伽利略号曾采用一条使大气探测器经过 8 200 万千米长的弹道进入木星的轨道，因此伽利略号如今不得不进行轨道机动以避免重复相同的命运。大气探测器的释放最终让出了主发动机喷嘴的位置。为了在轨道进入机动之前测试发动机并对其性能进行标定，需要通过轨道器开展偏斜向点火。在 7 月 24 日，经过长达 2 秒的点火以"清洗发动机喉部"后，在 7 月 27 日，速度增加了 62.2m/s，消耗了约 40kg 的推进剂。这是伽利略号在整个巡航过程中速度增量最大的一次轨道机动，同时也是整个任务到达木星所需的 26 次中途修正计划的第 23 次。当点火后压力单向阀失效无法关闭时，导致氧化剂的烟雾由管道到达燃料贮箱，造成爆炸的风险，人们认为这是曾引发火星观测者号失效的原因。尽管如此，工程师们认定他们可以通过监控温度和氧化剂的挥发率控制烟雾的迁移。

在 8 月 28 日，伽利略号修正了轨道，为了在飞向木星的过程中能够以 1 000km 的距离经过木卫一。9 月，伽利略号遭遇了在太空中最强劲的尘暴区，每天记录的撞击次数高

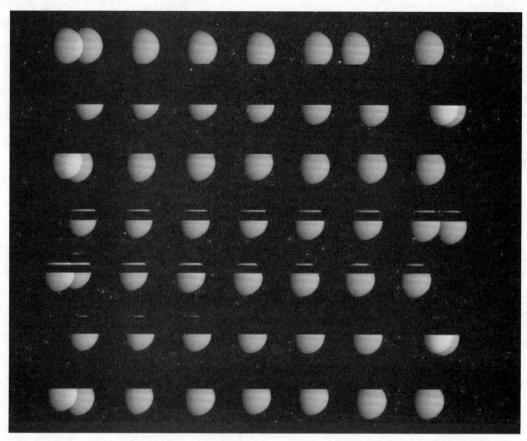

这是最原始的图像拼接模式拍摄的图像,以记录休梅克-利维 9 号彗星 W 碎片撞击过程。在最上一行最后 3 帧图像中,火球在背光面的边缘附近也清晰可见

达 20 000 次。之前尤利西斯号已经记录到了尘暴,尽管它在伽利略号之后发射,还是在 1992 年经过一条更直接的转移轨道抵达了木星。尘暴显然与木星密切相关,但是找出其准确的源头是在数年之后。与此同时,聚焦在木卫一的火山及撞击喷射物、木星主环及"薄"环和由休梅克-利维 9 号留下的尘埃的推测不断涌现[195-196]。

　　10 月 11 日,伽利略号拍摄了仅在接近过程中的图像。通过使用不同的滤镜进行了几帧曝光成像,获取了"半相位"的木星圆面的彩色图像,同时大气探测器的进入区也囊括在视场中,此外还包括了木卫三和木卫一[197]。接下来的任务就是对磁带记录仪进行倒带,并回放每一帧图像,而通过低增益天线回传则需要数周时间。在此紧要关头,伽利略号发生了新的硬件故障。尽管磁带记录仪的电机一直在运转,但磁带仍旧不动。倘若磁带断裂了,这将会成为继高增益天线功能丧失而不得不依赖磁带记录仪之后的又一灾难性事故。没有了磁带记录仪,伽利略号可以实时回传的数据就极为有限。不考虑成像探测,此任务将转变为进行粒子和场的探测研究。9 天后的测试结果表明,磁带可以行进,却粘在了消磁头上,倘若倒带运行,将会失去拉力并开始打滑。为防止磁带在卡滞的过程中发生磨损，人们决定令磁带前进一点，重新确定磁带开始记录的位置。同时也决定直到大气探测器传输的数据已经存储并回放的时候才能够使用记录仪。在接近过程中不使用磁带记录仪，这意味着不仅会丢失近期拍摄的木星图片，同时包括接近过程中最后两天规划的大气探测器进入区的研究，以及所有的木卫一的图像、木卫二南极区的图像，而这些图像在伽利略号环绕轨道上是无法再次拍摄到的（实际上，到达木星的日期是经过特别甄选的，以确保获取这些观测结果，而这些结果将会极大地扩展旅行者号对这些引人入胜天体的探测成果），以及在远距离的小卫星木卫五和木卫十五的观测结果。尽管仍然记录了在木卫一轨道上等离子体环粒子和场的数据，但由于不再需要将成像扫描平台精确指向木卫一，因此取消了最后的 3 次中途修正。由于伽利略号恰好在木星合日的 12 天前到达木星，这意味着不仅太阳会影响无线电通信，还会给地球望远镜观测进入区带来重重障碍，因此丢失大气探测器进入区图像的后果极为严重。

　　在 11 月，伽利略号将多台设备逐一启动、测试和校准，同时对木卫一的圆面进行紫外观测。和旅行者号不同的是，后者接近木星的活动极为忙乱，而伽利略号则非常平静，仅仅记录了尘埃和磁场数据。它在 11 月 16 日第一次穿过弓形激波时，随即发生了一系列的常规事件，如木星磁层随着变化的太阳风压而振荡，于 11 月 26 日最后穿过激波时，距离木星为 900 万千米。

　　人们在 3 年前就已经决定，1995 年 12 月 7 日这一天将成为伽利略号的大气探测器进入木星大气的时间，而主探测器在到达最接近木星的位置，并记录来自大气探测器上的数据之后，会成为第一颗环绕木星的人造卫星。到达木星的 9 个小时前，伽利略号在32 958km 的距离飞过了木卫二的南半球。大约超过 4.5 个小时之后，在 UTC 时间 17 时 46分，伽利略号在木卫一的赤道上空 898km 掠过（约占 1/4 木卫一直径，最接近点的纬度为8.5°S）。木卫一的接近飞掠原本设计在既定任务中，其目的不仅是对这颗令人着迷的天体开展成像，最主要是通过木卫一的借力飞行稍微减缓探测器的速度，以确保在即将到来的轨道进入机动过程中，能够节省 95kg 的推进剂。当伽利略号穿过木卫一轨道时，飞经了等离子体环并深入到辐射带中。在 21 时 53 分到达距离木星最近点，在 215 000km 的高度飞掠云层顶端，高度高达 4 倍木星半径。14 分钟之后，开始接收大气探测器的传输信号。

　　在 7 月大气探测器释放分离前起动的计时器，于 UTC 时间 16 时 01 分到达了设定时间，这一时间恰巧在其穿过木卫一轨道之前，在预计进入大气前 6 小时。按照原计划，计时器将启动一系列飞行事件，包括无线通信系统加电和标校多台设备。3 个小时后，大气探测器的高能粒子探测仪降至 8 000km 高度，比主探测器粒子和场探测仪距离木星更近，开始对电子、质子、氦原子核和重离子通量进行直接采样测量。在进入大气前 16 分钟，大气探测器开始监测加速度计和阻力探测仪对防热罩材料烧蚀情况的测量结果。为节省在大气层内采样的电池消耗，大气探测器并非实时将测量数据回传，而是将早期的数据存储在固态存储器中。与大气层的接触定义在大气探测器到达 1 000hPa 压力级别以上的 450km高度的位置。后续的分析结果表明，这一过程发生在 UTC 时间 22 时 04 分 44 秒。大气探测器以低于水平面 8.6° 的攻角进入大气层，相对速度达到 48km/s。当 58 秒后，减速过载

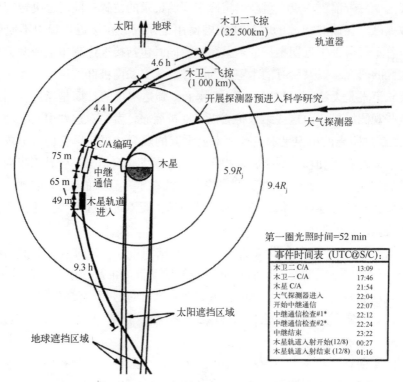

在伽利略号到达木星系当天的详细飞行事件时间表(R_j：木星半径)

到达峰值228g时，大气压力达到了"火星"的水平，而防热罩的温度峰值高达16 000℃。122秒后，重力开关发出指令，弹出制动伞，而下降速度降至120m/s后，尾罩释放，在2秒内2.5m直径的主伞释放展开。几秒后，抛出防热罩。这一过程通过净通量辐射计视场朝下的敏感器进行了观测。而质量为152kg的防热罩的安全裕度设计为40%，防热材料中的传感器测量结果表明，约82kg重的材料受到了灼蚀——尽管在预计之内，但在发动机喷嘴处的烧蚀程度比预计的小，在侧面的烧蚀程度比预计的大，这可能主要是由一些未曾预计的热传导机制导致的。

安装了浊度计透镜的机械臂一转动展开，大气探测器就为开展科学探测完成充分配置，而在进入后192秒，大气探测器在主探测器从其正上方飞越后开始向其传输数据。实际上，经后来确认，由于减速开关的线路故障而导致降落伞开伞比预计晚了53秒。原计划在1 000hPa大气层之上50km高度开展采样工作，也因为开伞延迟而比预计的工作高度低了25km。直至此时，JPL仍无法得知大气探测器的情况，直到几天后科学家们才对"快照"的初步数据进行详查。为了证实下降过程切实按计划执行，轨道器在中继通信期间两次向地面发送了数据片段，以确保大气探测器的两个遥测信道均可用，同时，轨道器的接收机也能正常锁定。这表明，大气探测器存活了下来！在进入大气后36分钟，实现了对1 000hPa压力级进行科学探测的目标。获取数据及数据传输工作没有明显问题，探测过程一直未间断，直到51分钟时，由于大气压升高，发射机壳体变形，因此丢失了一条遥测信道，其他信道开始无规则的跳变。最终，在 61.4 分钟时，随着大气探测器在距离开始传输时的位置再深入大气层 180km，飞行速度逐步降低至 27m/s。周围大气压力达到了 23 000hPa，温度超过了 150℃，发射机因过热失效，终止了任务。从大气探测器穿透的深度看来，由于仅仅飞行了木星半径 0.22% 远的距离，几乎没有"产生划过木星表面的痕迹"。在通信中断时，木星带着大气探测器自转朝向黄昏线飞行，15 分钟后到达那里。数小时后，周围的温度继续上升，大气探测器的组件和结构首先熔化、气化，并向大气层中释放铝和钛元素。在大气探测器陷入沉默后 20 分钟，伽利略号结束了中继通信任务，关闭了接收机，收拢了中继天线。天线在中继时，曾 4 次重新调整位置指向，始终保持与大气探测器通信。除了因噪声引发一条信道丢失了 1 秒数据外，这一过程近乎完美。除了在接近和进入段时，大气探测器存储在固态存储器中的数据进行回放外，全部时长 57.6 分钟的数据得以实时记录保存。

　　大气探测器的无线电载波由甚大阵（Very Large Array）的所有 27 台射电望远镜和 6 台较小的澳大利亚望远镜小型天线阵（Australian Telescope Compact Array）开展跟踪，并与伽利略号独立开展多普勒风速试验。尽管地面接收到的信号强度是伽利略号接收的十亿分之一，但大气探测器、地球和木星的相对位置与几何关系相对确定，意味着以这样方式测得的风速带有较小的不确定性。此外，伽利略号几乎位于大气探测器正上方（以确保接收信号强度最大），意味着难以通过多普勒数据对大气探测器的水平运动情况进行判断——由于微小的垂向运动会导致多普勒频移，纬度方向的运动会产生高达 12 倍频移，经度方向的运动则会产生高达 25 倍频移。与之相反，从地球到大气探测器的视线几乎与纬度风向平行。从伽利略号测量得到大气探测器的下降速率，以及从地面监测得到大气探测器如何受横向风的影响，这两组多普勒数据刚好可以互相补充[198-199]。

　　由于采用了单轴自转模式，伽利略号转速升至 10.5r/min，达到了最大稳定性。在 UTC 时间 12 月 8 日 00 时 27 分，伽利略号主发动机点火，轨道开始进入机动，该过程持续了 48 分 59 秒。当加速度计测量达到目标加速度后，发动机关机。不幸的是，锁栓卡住的高增益天线并未由于 400N 发动机点火和关机的振动而松开。645m/s 的点火速度增量使得伽利略号进入 215 000km×19 000 000km 的环木星轨道，成为其第一颗人造卫星。轨道平面相对木星赤道面略微倾斜 5°，四大卫星在这条轨道上运行。最初两次交会（与木卫三）使轨道面和赤道面几乎平行，将轨道周期从 7 个月减少到约 70 天。尽管伽利略号对其系统进行了加强升级，使其在进入辐射带时受到的辐射剂量小于旅行者号，而后者星敏感器由于受辐射影响，丢失了老人星导航目标。轨道进入后 9 小时，从地球的视角看来，探测器飞到木星尾部边缘后方，但是通过无线电掩星对大气探测的结果似乎未被发布——最大的可能是由于无线电信号波束穿透大气后产生了不确定性，因为轨道进入机动后，轨道器位置无法迅速准确得到。

　　出于对磁带记录仪的可靠性考虑，伽利略号尽可能在其固态存储器中记录探测器上的数据。在轨道进入后一周内，将部分数据回传地面，然后无线电系统用于在木星穿过合日位置时探测太阳日冕。固态存储器在 1 月初又读取了两遍数据，以确保能够消除传输中的错误。科学家利用合日的间隙读取了来自大气探测器的原始数据。分析结果表明，降落伞展开延迟了53秒，导致大气采样工作位置深度超过预期。这会导致对云顶层的大气开展的望远镜观测研究和大气探测器发现的关联性变得更加复杂。在回传全部数据之前，磁带记录仪进行了测试，以评估其工作参数。在第一次高速测试时，磁带记录仪虽然出现了卡滞，却仍以8~800kbit/s的数据速率工作。当开始以100kbit/s的速率传输数据时，在2秒内又出现了卡滞，然后在最低速时失效！然而，工程师想出了常规使用记录仪的方法。1996年1月下旬，开始将记录仪中大气探测器的数据传回地面。最终，成功传回了100%的信息，因此实现了任务最初的目标之一[200-201]。

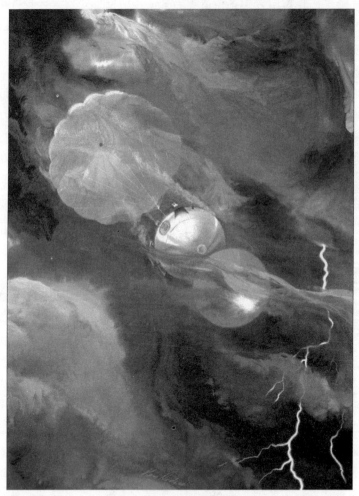

20世纪80年代初期，伽利略号大气探测器释放防热罩的效果图

大气探测器的探测成果丰富，且许多情况下超出人们预期。但是这一任务准备发射的时间和行星际航行的时间过长，导致当航天器到达目的地时，许多设备的研制团队都在哀悼其创始成员的离世。

高能粒子探测仪在大气探测器穿过木星磁层内部并继续进入的过程中经历了3次爆

发，人们对其进行了数据采集。大气探测器在木星环与木星之间发现了一条一直延伸向下的进入木星云层顶端以内 30 000km 的辐射带。其粒子密度非常高，包括来源不明的高能氦离子。而这条辐射带可能是高频的木星无线电发射的源头[202]。

　　进入点位于明亮的赤道区和黑暗的北部赤道带之间，在系统Ⅲ内的 6.57°N、4.94°W 的位置。系统Ⅲ是一个与木星自转固连的经度系统，自转由木星无线电发射所表征，因此与大气的自转略不同步。对于大气探测器，由于无法在其防热罩内部直接进行数据采集，因此在进入大气边缘时，根据减速结果推算大气成分以及密度、压力和温度的分布曲线。外层大气的数据主要与旅行者号任务的太阳和恒星掩星结果一致，而向下延伸超过 200km 的等温层以下出现了温度的振荡。获得的测量数据可用于进入大气路径的重建。由于闪电探测仪的搜索线圈天线在大气探测器绕本体轴旋转时，扫过了木星磁场，因此可以通过磁场的调制对自转速度开展测量。结果证实了大气探测器在进入木星之前的自转速度与 7 月释放时一致——10.5r/min。在进入大气后，大气探测器自转速度约高达 33r/min，很有可能是因为烧蚀的防热罩形成了纵向凹槽（是由于气动摩擦对进入的飞行器形成的凹槽，最初见于弹道导弹测试后的弹头）。在抛开防热罩后，大气探测器的自转速度迅速降至 25r/min 以内，再逐步降至 14r/min（最终测量结果）。大气探测器带有旋转叶片从而抑制了转速，同时也减少了信号传输中的多普勒频移，而同样能够印证这一结果的是轨道器的接收机在 35 秒内就锁定了大气探测器的信号[203-205]。

　　人们通过对器上遥测数据的研究发现，在开伞下降初期，几乎所有设备的温度都比预计值低，在开伞末期时都比预计值高，因此需要在数据可靠处理之前进行大量的标校工作。对大气成分的了解有限并不是温度反常的原因；这很可能由于大气探测器气密性不好，而在风洞试验中无法对流经它的气流进行有效的模拟导致的[206]。此外，一个更复杂的问题是减速伞展开延迟，意味着设备开始在 420hPa 的大气压下工作，比预期的压力值高出约 300hPa。按照预先设想，大气探测器最初下降会穿过正好在白色氨冰云上端的一层温度极低的棕色烃溶胶烟雾区。在氨冰云下面的一段距离是一层薄的氢硫化铵云层，然后是一层水冰晶连着翻滚着富含水汽的云层，再下面是澄澈的大气层。由于打开降落伞的时间出现了延后，原定设备初始化时机是在进入氨气云层前，而实际上在设备开机时大气探测器已经进入了氨气云层。令人惊讶的是，浊度计没有测量到任何氨气云的迹象。在 460~550hPa 的气压下测到了氨气烟雾，而其在大气探测器附近很稀薄。在 690~1 550hPa 虽然存在密度略高的氨气云层，但可见度仍然超过了 1km，这里曾经可能是氢硫化铵云层——大气分析仪发现氨和硫的浓度水平相当，且足以形成云层。大气探测器在 1 900hPa 穿过一层极薄的云层，随后是连续的薄雾和其他微弱的特征。尽管在更深的云层探测到的信号有所减弱，但直到下降了 40 分钟，探测仪器的输出才因为高温出现错误数据。没有探测到明显水蒸气层的迹象。实际上，根据这台探测仪的输出结果，在进入区"天气"其实足够晴朗。浊度计实时采集到大气探测器周围的环境数据，而净通量辐射计根据光学厚度和云层垂向分层对云层结构展开了分析。在大气探测器到达 600hPa 大气层时亮度变化突然终止，表明其很可能已经进入了氨气云层。浊度计没有在附近区域实时探测到氨气的事实可以明确表明这一区域云层分布不均,大气探测器恰好落入了云层间隙——尽管大气探测器未处于云层内,但一旦其落入顶层云层之下,太阳的位置将远在水平线之下,从而形成一致的光照环境。这个探测仪器也同样没有观测到水云层,实际上,其他仪器的观测结果证实了大气层是出人意料的强酸性。

　　毋庸置疑,来自大气探测器最大的惊喜是,它由休梅克-利维 9 号彗星撞击过程产生的羽流而推断出水蒸气的含量为 10%。形成水分子的氧元素,在木星的含量也比太阳中的含量要少(在更深层出现的浓度较高,而这一结果也因在测试时探测仪器过热而饱受争议)。实际上,若这些测量结果能够揭示木星典型的特性,那么大气的干燥条件会对太阳系形成理论造成强烈的冲击,特别是能够表明在木星的化学历史中,富含水的母体天体撞击没有起到至关重要的作用。对于地球而言,一些科学家认为是彗星撞击才形成了大量的海洋。通过地面和地球轨道的望远镜对木星的红外和可见光谱成像是唯一的观测手段。不幸的是,木星正在逐渐接近合日位置,哈勃空间望远镜不能指向天区中太阳附近的位置,在大气探测器到达前 2 个月它停止了成像。在 11~12 月,地面望远镜对木星进行成像。翌年 1 月份,在木星离开合日位置时,地面再次进行成像。尽管成像分辨率较低,但可以通过获取的图像了解到,大气探测器的进入点在一个深蓝色点状区域内(或在其南部边缘地带),这片区域的温度要高于其周边区域,就如同是透过氨气云层的间隙,可以窥视到深处更加温暖且呈酸性的内部区域。十分侥幸,大气探测器进入了"热点",其大小约等于地球上的沙漠面积,不到整个木星可视表面积的 1%。闪电探测仪没有记录任何闪光,表明大气探测器周围没有水云层,因为降水是产生雷雨的先决条件。然而,大气探测器确实在数百千米(或更可能是在数千千米)外,探测到了数千次闪电的"无线电噪声"。尽管在一定的时间间隔内,木星每平方米面积出现的闪电比地球少,但木星系风暴仍然比典型的地球风暴能量更强。

　　根据太阳系形成理论和先前探测任务的测量结果,木星的氦、氢分子数比与太阳外层类似,即为 13%±2%。但是,氦丰度探测仪初步获取的结果是该数值的一半,因此增加了一种可能性,即多年来氦雨一直从外层大气向巨大内核移动——同样的情况也在土星发生——尽管木星的演化模型无法对这一现象进行说明,但是考虑到木星大气温度比预期值高,在完成数据重新校正后,氦、氢分子数比达到了 13.6%。但是氩、氪、氙元素的含量远高于其在太阳中的含量,表明木星的元素一定曾被增加过。那么在木星形成时,木星到太阳的空间温度应该非常高,使那些气体从太阳星云中凝结出来。因此,有人提出了这样的假设:木星在距太阳更远的位置形成,向内螺旋前行直至到达当前的轨道。除惰性气体外,中性质谱仪还探测到了甲烷,它的含量与木星大气形成的理论一致,还包括浓度异常高的氨气。然而,一些数据很可能由于受到仪器表面附着的水珠干扰而出现错误。除了甲烷,还明显地探测到了乙烷以及微量磷化氢(红色的磷化氢存在时间很长,可能是木星主要颜色成因之一,或是木星大气的"色基")。至多 2~3 个碳原子的有机分子匮乏则对一项假设提出了挑战,在旅行者号飞掠木星后有人提出假设:闪电能够驱动产生天然的米勒-

尤里(Miller-Urey)实验室①，合成复杂的生物分子——并非简简单单的原料。当然，一些人假想提出的漂浮的生命形式如今表明是不切实际的。实际上，碳和硫元素含量远高于太阳中含量的现象表明，木星曾吸收并正在持续不断地吸收大量的小天体和彗星进入其内部。

根据轨道器和地面射电望远镜对大气探测器的多普勒跟踪结果表明，携带着大气探测器的喷流速度高达180~200m/s，这与地面测量设备和旅行者号在同纬度区域根据测量的大气特征而计算出来的风速结果一致。多普勒跟踪的一个目的是测定木星的喷流是限于顶层大气内还是源自深处。远在云顶层之下的风速保持恒定的事实明确表明，木星喷流由其内核释放的热量产生，而不是由太阳能量驱动。实际上，在10 000hPa气压层之下，周围的光照仅为初始光照的0.01%，而太阳辐射通量几乎为零。虽然在下降过程之初遭遇了数米每秒的下降流，但在更深处发现的其他偏移很可能是由发射机的振荡器过热造成的。实际上，多普勒跟踪极为灵敏，甚至可以探测到降落伞上大气探测器的振动和摇摆。

大气探测器落入没有水蒸气的云层间隙，这使得与轨道器的无线通信链路的衰减可以用来绘制氨浓度随深度变化的曲线，结果表明在6 000hPa以下存在大量的氨气；这一测量结果与净通量辐射计的测量结果一致。地面跟踪大气探测器可以一直到7 000hPa的大气层深度，因此表明在其进入区没有出现水云层，否则水分子的出现会较早对信号产生衰减[207-220]。

当科学家们对大气探测器的原始数据完成了初步分析时，在1996年3月14日，伽利略号正接近其初始轨道的2 000万千米的远日点，主发动机进行了速度增量为378m/s的最后一次点火，目的是通过将其飞行速度加倍而将近木点从4倍木星半径提升至11倍木星半径，从而到达木卫二外侧轨道，并逃离木星辐射带辐射最强的区域。在此次轨道修正后，探测器约剩余90kg推进剂(最初加注量的10%)，用于在木星系环游过程中"修正"点火。若干天后，探测器最后一次尝试"锤击"高增益天线转动电机，然而卡滞了3根肋的栓锁仍旧岿然不动。

5月份，伽利略号主计算机的飞行软件进行了升级，以确保探测器开展木星系环游。在接下来的几周内，探测器从其最初远木点返回，此软件用于下传在12月执行的轨道进入过程之前木卫一飞掠所获取的粒子和场的探测数据。当探测器位于遍布火山的卫星最近点时，木星磁场的测量数据出现了40%的衰减，表明木星磁场受到这颗卫星中心偶极磁场的影响。另一方面，在木卫一附近发现了出乎意料的高密度等离子体，包括与木卫一相对静止的等离子体，这一等离子体的出现为木星磁场受到的干扰提供了另一种解释。木卫一的等离子体一直蔓延至其表面900km高度以上——远高于先驱者10号的无线掩星测量结果——包括电离氧、硫和二氧化硫，这一现象表明这些元素产生于木卫一的火山活动过程，其范围和密度都在发生变化。根据多普勒跟踪结果，获得了一个关于磁场的明显的

---

① 1953年，美国芝加哥大学的学生米勒在导师尤里的指导下，开展了一项在原始地球大气中进行雷鸣闪电产生有机物的模拟，以验证生命起源的化学过程。——译者注

"不容忽视的"答案,而自12月4日起一直到大气探测器开始进入大气前的"监听"阶段前2小时,始终连续不断地进行多普勒跟踪。这一过程为木卫一、木卫二和木星的质量估计提供了改进的结果,对木卫一的星历进行了更新(在这次任务中具有极为重要的意义),并为研究木卫一内部结构提供了切入点。其结果表明木卫一呈分化结构,其内核所占比重很高,占整个星体半径的36%~52%,内核成分是纯铁或者铁与硫化铁的混合物决定了占比不确定度。这样的内核易产生偶极化磁场。因此木卫一是继地球之后,太阳系中第二个有铁质内核的星体——曾有人假设月球和水星的内核是铁,但结果大相径庭。等离子体波试验装置对木卫一圆环及其附近区域的电子密度进行了测量,测量值是旅行者1号测量值的两倍;因此可以表明,电子的最终来源——火山——比1979年更活跃。小颗粒的尘埃聚集在木卫一附近的现象也引发了人们的推测,即木卫一是木星系尘埃的本源(由于木星磁层和木卫一火山活动产生的射入太空中的带电尘埃的相互作用,使尘埃微粒通量变化周期较大,探测器在未来两年内能够获得的数据表明,木卫一是尘埃之源。此外,尘埃粒子受到了木星磁场影响而加速,最终逃逸到木星系外形成了尘埃流,探测器在行星际航行时便遭遇了尘埃流)。伽利略号也同时开展了"磁流管"的首次原位探测,这是一条将木卫一和木星通过木星磁力线连接起来的管道,数百万安培的电流沿着这根管道流动。旅行者1号以毫厘之差错过了这条磁流管,而伽利略号则选择了一条能够穿过磁流管的轨道。在木星大气层高纬度磁流管穿过的地区,产生了强烈的极光[221-226]。

1996年6月23日,伽利略号在靠近近木点的位置开始对木星和木卫一的等离子体环进行拍照和紫外观测;对行星的大气开展偏振和红外测量,尤其是大红斑以及伽利略卫星。6月26日,伽利略号飞过木卫四的轨道(尽管木卫四并没有在附近),在经过24个小时多一点之后,伽利略号第一次掠过了距离木卫三835km的上空。这次交会的几何关系使木卫三的背向木星半球可以被看到(即"背面",因为这个卫星的自转与轨道周期同步),而朝向木星半球处于黑暗中。成像的目标首先是确定木卫三最亮部分的表面是否已经重新被冰火山的喷发所覆盖,因为之前旅行者号观测到了木卫三的光滑表面,表明它们是冰质的平原;其次,可以描述形成表面的构造特征;再次,描述表面的撞击坑,从年轻的碗状撞击坑到古老的已变平坦的"变余结构";最后研究表面的成分。这次飞掠也将航天器的轨道周期从210天缩短到72天。真正的"马拉松"从此刻开始,所有来自飞过近木点的数据需要及时下载才能开始下一个,同时要持续地、实时地提供工程、粒子以及场的数据。相应地,所有的遥感序列在6月30日停止传输,在第二天重新开始。第一批返回的数据在7月10日的新闻发布会上被展示出来,提供了从17年前旅行者号飞掠以来木星系的第一批特写图像。第一批图像拍摄的是乌鲁克沟(Uruk Sulcus),它是位于黑暗的伽利略和马里乌斯(Marius)区域(分别用木星四个大卫星的发现者和可能的独立同时发现者名字命名)之间的明亮区域。75m的分辨率足以说明乌鲁克沟没有想象中的那么平坦,而实际上是广阔的山脊和沟槽,它们以冰壳的延伸、破裂和切变的形式而形成。

在接下来的两个月,至少有127张(共129张)照片的部分内容被传回地球,除此之外还有一系列的其他发现,包括1995年12月7日拍摄的经过木卫一的等离子体环时得到的

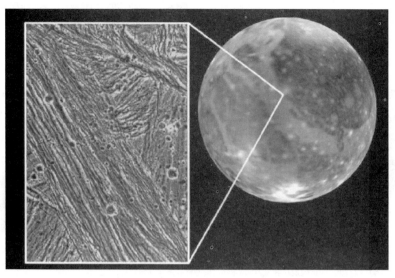

伽利略号第一次经过近木点时拍摄的乌鲁克沟的图像(图片来源：JPL/NASA/加州理工学院)

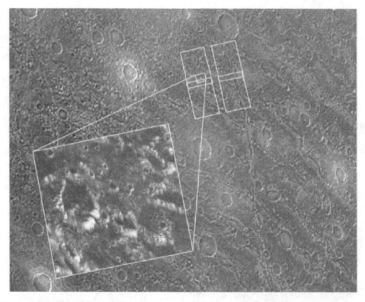

伽利略号第一次经过近木点时拍摄的木卫三上伽利略区的 4 帧拼接图像的细节(图片来源：JPL/NASA/加州理工学院)

数据，但是自从红外光谱仪损坏导致数据无法压缩后，它的数据就再也没有传回地球[227]。拍摄的木卫三的图像分辨率从距离最远时的 13km 到最近时的 11m。伽利略区展现出了古老的带有圆丘状山的多撞击坑的表面，以及其他表面曾有冰火山的结构。一些撞击坑被断层和裂缝改变形状，这是构造过程在起作用。许多谷底都是黑暗的。撞击坑的底部也非常黑暗，但是它们的边缘出现了很多亮点(如此之亮以至于 CCD 饱和)。红外光谱仪看到了表面有充足的水，尤其是沟壑里。通过辐射计测量到向光面的温度在 90~160K，这表明表面的冰肯定与石头一样硬，但也有可能非常脆。阴影区也被冰所覆盖，但是呈现出的更多的是含水矿物质。近距离的飞掠使伽利略号探测到了电离层。之后，哈勃空间望远镜的光谱分析发现了很薄的氧气层。然而，关于木卫三最大的意外发现是通过等离子波试验装置和磁强计探测到的无线电噪声的爆发和磁效应，这表明木卫三自身有一个磁场，因为探测到的磁场强度比木星在这个位置的磁场强度要大很多倍，这个磁场非常强，事实上这是由于木卫三形成了一个界限分明的磁层嵌套在木星的磁层中[228-229]。

在木星上，捕捉到的大红斑图像序列的分辨率高达 30km，无论是在木星圆面的中心还是在边缘，拍摄时间远大于行星一次自转的时间。在反气旋系统里，个别特征的位移被用来测量风速和风向。在不同的波长拍摄的图像可看到不同深度的大气层。大红斑位于氨气云顶底部 20km 的位置，它的底部被一圈温度相对较高的环包围。附近形成的亮斑(在旅行者号拍到的图像中)经常被截断，人们发现它是由铁砧形的风暴顶部在氨气云顶上方投影数千米所导致的。通过波浪形的特征推断出风的存在，这似乎可以排除大红斑的根深蒂固。

伽利略号还观测到了一些之前在地球上通过红外望远镜看到的红外"热斑"，并且与大气探测器进入大气层的位置类似。航天器的数据证实"热斑"是干燥的，至少在 8 000 hPa 压力级的深度。大气中更加寒冷区域的类似探测发现了成千上万倍的水存在。尽管科学家已经提出不同的理论来解释为什么大气探测器发现那么少的水，但是这些观测已经使大多数的科学家确信大气探测器在一个非典型的区域进行了采样，因此之前对于木星大气环境的猜测都是正确的。遗憾的是，在发现这些之后没多久，红外和极化探测设备都被辐射造成了短期的损害。

一张由 6 幅近红外图片拼成的木星大红斑图像(图片来源：JPL/NASA/加州理工学院)

掠过近拱点后很快伽利略号就飞向了木卫二。与木卫二的距离为 155 000 km，只比旅行者 2 号近了一点，但是此次拍摄的相机更好。伽利略号一共拍摄了 12 张分辨率相当高的图片，这些图片拍摄的是旅行者号已经看到的一类黑色带状区域。照片中可看出条纹边界比较模糊，就像是有喷泉在向外喷射黑色物质。事实上，所有其他证据证实，这些狭窄的黑线和宽带是由冰壳裂缝涌出的水和尘土形成的。此次拍摄的图片中新发现了一个之前从没看到过的直径为 30km 的撞击坑。木卫二表面仅有少量的撞击坑表明其表面非常年轻。在这个撞击坑的南边有一个明显的地形，黑色物质从冰壳上一条长长的弯曲裂纹涌出来填满了裂缝。这些区域也包含了旅行者号拍摄的图片中看到的弯曲形状。事实上，这些弯曲和尖尖的裂痕就像是"摆线曲线"（摆线是圆上的一点进行无滑动的转动和平移的轨迹），展现出它们是如何形成的，但是准确的机理仍需进一步发现。

自旅行者号飞掠以来，伽利略号获得了首批木卫一的高质量图片，它们是在接近过程和掠过近拱点时拍摄的。相机共拍摄了三组完整圆面的彩色图片，两组新月状的图片以及两张木星阴影下的木卫一的清晰照片。即使是在像素较低的完整圆面图像中也可以看出木卫一发生了重大的变化，包括出现了新的亮黄色的流体和弹道的沉积物，尽管产生这些物质的火山口大部分目前并不活跃。值得注意的是，旅行者号发现雷帕特拉（Ra Patera）的盾形火山附近有新的流体和物质，雷帕特拉火山位于马杜克（Marduk）羽流附近。哈勃空间望远镜的观测者对这个区域的变化产生了怀疑，认为是距离造成了望远镜分辨率的下降。如果伽利略号在 1995 年 12 月近距离飞掠木卫一时已经可以拍摄照片，那么雷帕特拉火山将会是一个主要的目标。在埃维亚熔岩流（Euboea Fluctus）附近新的沉积物以及很多更小的地貌被发现。但是在其他活跃的高温区域内［如洛基（Loki）火山］，并没有发生变化。这些沉积物的形态不同，表明火山活跃的方式不同。雷帕特拉火山被确信是喷射中等温度的富含硫的熔岩，洛基火山喷射的则是与地球上火山极为相似的富含硅的熔岩。尽管强烈的红色表明这个火山最近可能处于活跃期，但贝利（Pele）火山周围的沉积物似乎并没有发生变化。在苏尔特（Surt）火山和阿登（Aten）火山周围没有发现贝利火山那样的沉积物。在木卫一边缘的图像中只看到两个活跃的羽流：雷帕特拉火山（旅行者号掠过的时候还处于休眠期）100km 高的羽流和伏尔隆德（Volund）火山附近的羽流。贝利火山上的羽流只是用绿色滤镜拍摄的照片初步探测得到的。洛基火山看上去并没有处于活跃期。在光照遮挡时拍摄的木卫一的照片可看到至少 5 个"热点"，其中两个分别位于贝利火山和马杜克火山，另外三个较小的点位于科尔基斯区（Colchis Regio）。实际上，贝利火山是这些位置中最亮的，因此也可能是最热的，这表示它跟洛基火山一样喷发物是硅酸盐。在光照遮挡的照片中还发现了由极光产生的微弱的光以及氧气和硫发射出来的气辉。光照遮挡时所观察到的木卫一有效地展示出了新鲜的熔岩沉淀物在黑暗中发光，于是人们决定在随后的航天器飞过近拱点时多拍摄一些这样的照片[230-232]。

在 8 月 24 日，由于指令和数据分系统进入"安全模式"，数据下传中断。因为用于精确调整下一次交会木卫三的轨道修正即将来临，所以采用备份系统接收指令，并在 8 月 27 日成功执行了机动。尽管在 8 月 29 日重新获得了对航天器的完全控制，而且在 9 月 1 日重新开始了常规工作，但数据下传仍然暂停，为第二次近拱点观测做好准备。

1996 年 9 月 6 日，伽利略号飞掠了木卫三，获取了位于伽利略区北部明亮"极斑"的

伽利略号第一次掠过近拱点时拍摄的木卫一的照片。第二幅图中可看到洛基火山黑色"熔岩湖",第三幅图中可看到贝利火山的羽流物中典型的"心形"沉积物(图片来源:JPL/NASA/加州理工学院)

最佳图像。260km 的高度是航天器两年的主任务阶段离任意一颗卫星最近的距离。除了略微减少轨道周期至大约 2 个月以外,这次飞掠调整了轨道平面,使之与 4 个大卫星的轨道共面,使飞掠除木卫三以外的其他卫星更为便利。旅行者号拍摄到的高纬度的明亮撞击坑底部曾被认为是被冰火山重构,现在发现仅是覆盖了一层霜。事实上,在撞击坑的边缘和凹面的背阴处,冰霜是尤其常见的。通过一个直径为 350km 变余构造的高清照片可看出,整个结构有微弱的亮度变化,但是它的边缘亮度没有减弱,这说明构造是平整的。科学家通过这个现象认为变余构造很可能是火山喷出物的厚厚沉积,而不是大撞击坑均匀松散的边缘。区别于 6 月份所拍摄的乌鲁克沟图像,这次在不同的角度进行了拍摄,得到了它的三维地貌的重构。这次飞掠还拍摄了与马里乌斯区相邻的尼普尔沟(Nippur Sulcus)。交叉的沟和脊构成的网络显示出表面的剪切和旋转。另外,可以证实这颗卫星周围存在磁场。

初始两次木卫三交会的多普勒数据跨越了较大的纬度，从而可以计算出这个卫星的重力参数。可推断出其内部共分为 3 层，从内向外分别为直径为 400~1 300km 的金属内核、硅酸盐地幔以及水冰外壳——最外层可能包含了液态水层和冰水混合层组成的"泥浆"。如果它的内核完全是液态的并如发电机般运行，那么就可以解释所观测到的磁场。然而，像木卫三这样小的卫星内核应该很早就已固化了。如果磁场确实是由发电机原理产生的，那么就必须存在一个能够提供热量使内核维持液态的机制。有一种猜测是木卫三曾经存在一个与木卫二轨道共振的短暂时期，产生的引力潮将它的内核融化。如果内核是固态的，那么磁场肯定是其他作用产生的结果。重力场的"不均衡"表明有相对大质量密度物质（质量瘤）的存在，这种物质可以类比那些重力场已经被详细研究的其他岩石类行星和卫星上的物质。木卫三上重力场的不均衡性存在两个最突出的特征：一个（正异常）在北纬高纬度区域，另一个（负异常）在低纬度区域，但是在卫星表面并没有明显相关的地貌特征（有趣的是，随着任务的开展，在其他伽利略卫星上没有发现质量瘤，木卫三在这一方面是独一无二的）[233-235]。

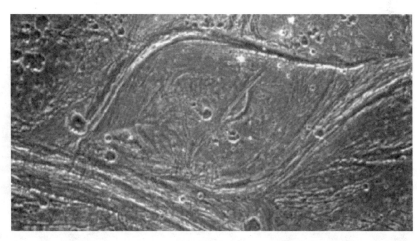

伽利略号在第二圈轨道观测的木卫三马里乌斯区边界上一个 80km 的透镜状地貌。可能是由构造应力产生的剪切和旋转所致（图片来源：JPL/NASA/加州理工学院）

第二次飞过近拱点包括与其他大卫星进行非常近距离的交会，也是航天器第一次可以拍摄到木卫五的照片。尽管红外光谱仪再次发生故障，但还可以恢复正常并且设法定位到木卫四表面二氧化碳结霜的位置。同时还观测到了木卫一上马利克火山（Malik Patera）附近的一个"热点"，并且记录了一些其他喷发活动。对木卫一的边缘成像捕捉到了普罗米修斯（Prometheus）火山上方的羽流以及可能在库兰（Culann）火山上的另一个羽流。尽管卡滞的滤光轮使偏振测光计在此次飞过近拱点时无法使用，但将设备置于一系列巧妙的冷热循环之后滤光轮恢复工作，然而不幸的是滤光轮后来再次卡滞[236]。

11 月 4 日，在第三次接近近拱点时，伽利略号在 1 136km 的高度飞掠了木卫四。在所有的伽利略卫星中，木卫四是旅行者号观测最不顺利的卫星。伽利略号从这个卫星背对着木星且在黑暗中的一面接近，然后穿过晨昏线到达阳照面。伽利略号拍到了阿斯加德（As-

gard)和瓦尔哈拉(Valhalla)多环状的盆地。一个令人惊讶的发现是，尽管巨大的瓦尔哈拉
盆地构造看上去已经有数十亿年之久，但它的中心非常平坦，没有受到撞击的影响——至
少在最高达 60m 分辨率的图像情况下——极少数存在的撞击坑非常"松散"，以至于边缘
基本是平坦的。事实上，这明显说明某种液体曾流经表面并平整了盆地的底面。这和旅行
者号得到的木卫四是太阳系中撞击坑最密集的天体的结论形成对比。当发现没有尺寸小于
几千米的撞击坑时，引发了这样的推测：这颗卫星表面正经历着某种类似的重新铺平的
过程。伽利略号还拍摄了瓦尔哈拉北部的一连串撞击坑的图片。在休梅克-利维 9 号彗星
被发现之前，这种"链坑"的可能形成过程是一个有争议的问题，但是当观测到解体的彗核
碎片大量降临在木星后，就可以充分说明一系列的撞击坑是由类似机制产生的。一些撞击
坑的侧壁上出现的滑坡现象表明冰中混合了大量的岩石和尘土。多普勒跟踪数据表明，
木卫四与木卫三、木卫一相反，它由水和岩石非常均匀地混合而成。很显然，并没有足够
的热分化来形成一个岩石内核。尽管交会轨道对于探测任务非常理想，但是并没有证据证
明有内禀磁场存在。然而，等离子体集中的现象表明有稀薄大气层存在。木卫三受到木星
以及临近卫星潮汐热的作用，与木卫三不同，木卫四的轨道更远，因而受到的应力
更小[237-239]。

伽利略号第三圈轨道拍摄的木卫四上瓦尔哈拉盆地北部一连串撞击坑的局部照片，分辨率为每像素
160m。图中几乎没有小撞击坑，可看到黑色物质的覆盖层以及顶峰和斜坡上的明亮物质(图片来源：
JPL/NASA/加州理工学院)

　　在飞往近拱点的路上，伽利略号在距离 244 000km 的位置飞掠了木卫一，这是主任务
过程中能够接近这颗卫星的最近距离。红外光谱仪探测到许多已经被发现的火山以及一些

"热点"(不幸的是，这之后没多久，这个设备 17 个传感器中的一个坏掉了)。在主相机拍摄的中等分辨率的图像中可看出背向木星的半球有许多山峰。通过表面的二氧化硫的分布图可以确定喷口以及它们喷射的不同沉积物的位置。

　　飞离过程提供了一次在相对远的距离上与木卫二交会的机会，交会距离为 34 800km。实际上，这是第一次"非定向"交会——从某种意义上讲，相对于定向交会而言，这个轨道没有被特别选择用来建立这次交会。这次交会的目标是在 10 万千米的距离进行中等分辨率的成像，从而得到大卫星全球范围的覆盖。非定向交会不要求对交会的几何关系进行控制，并且不需要形成演化的轨道。在这种情况下，"黑暗楔子"分辨率为 400m 的图像表明，这里是地壳构造展开的地形，冰壳被撕裂使液态水涌到表面并且结冰。

一张木卫四上形成的瓦尔哈拉最外层环的断层崖的高分辨率图片(图片来源：JPL/NASA/加州理工学院)

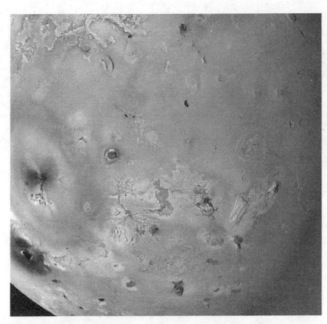

在伽利略号的第三圈轨道上,距离木卫一 244 000km 拍摄了这个火山卫星的主任务中最佳的图像。左侧是羽流物质的环围绕着贝利火山(图片来源:JPL/NASA/加州理工学院)

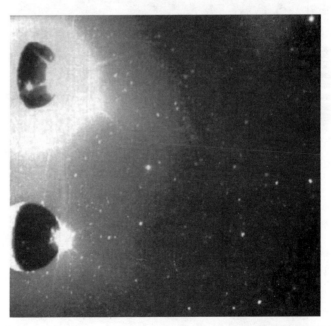

通过一个透明滤镜(上图)和一个黄-绿滤镜(下图)对木卫一进行双重曝光的图片。黑暗中亮点是来自贝利火山的热辐射。边缘的光辉是普罗米修斯火山的羽流。木卫一周围的太空中大部分辐射是硫的辉光(图片来源:JPL/NASA/加州理工学院)

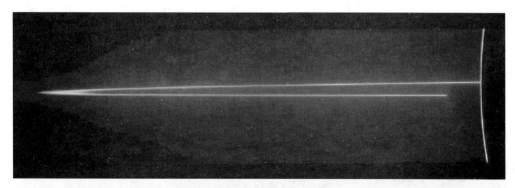

伽利略号在木星阴影中拍摄的 4 幅图像的拼接图，显示了前向散射阳光中的环。请注意环脊的细节（图片来源：JPL／NASA／加州理工学院）

当伽利略号远离木星时，它先进入了地球遮挡区域，然后进入了太阳遮挡区域。由于后者刚好发生在航天器在木卫四的轨道以外并且持续了 4 个小时，这是主任务中最佳的掩日时机，与许多年前旅行者 2 号非常相似。除了在前向散射阳光中观测木星环以外，航天器还可以观测木星的背光面，检测在中纬度靠近西向喷流的闪电——正如旅行者 1 号看到的那样。在高纬度地区，木卫一的磁流管底部，伽利略号还观测到了极光。在木卫一新月状态下对其进行了长时间的曝光，以研究这颗卫星周围空间硫的辉光，尽管相机被普罗米修斯火山的明亮羽流所干扰，但硫的辉光依然可以清晰地显露出来。

在伽利略号航行中第四次近拱点探测是最受期待的，因为它第一次提供了获得木卫二近距离影像的机会，这个神秘的被冰覆盖的卫星被认为是太阳系中（除了地球）取代火星最有可能存在生命的天体。主要的目标是描述卫星与木星磁层之间的相互作用，以期望确定在冰盖下是否存在液态水的海洋。另一个谜团是木卫二的自转周期是否与轨道周期同步。几个动力学特性表明，它的自转速率可能略快于轨道同步，在这种情况下，深处的海洋可能会使外壳与内核分开。特别是随着年代变化的线状地形的方向，以及前导半球和后随半球之间没有不对称的碰撞的现象，强烈地表明自转与轨道周期不是同步的[240]。这条轨道还将允许对木卫一进行例行研究（最近点是相对较远的 32 万千米）；对更靠近木星轨道上的较小卫星进行观测；对木星遮掩地球及遮掩太阳进行掩星观测；几次太阳掩星将提供寻找木卫二周围电离层或大气层的机会；这是主要航行中考察木卫二在木星磁层中所产生的尾迹的最佳时机；并利用远红外数据描绘了木卫三和木卫四的表面组成。然而，因为木星相对地球在太阳的远端，1997 年 1 月发生的合日使这次和接下来的两圈轨道的航天器数据速率将大大降低，所以第四次近拱点序列中产生的 69Mbit 的数据缓存将是迄今为止主任务里所有轨道中最少的。

1996 年 12 月 19 日，伽利略号与木卫二交会。由于光照的原因探测器观测了后随半球，最近点位于背光面上方 692km 的位置。成像的区域是在旅行者号图像中辨识很差的地点——它最近的交会距离是伽利略号交会距离的 300 倍。在接近的途中，伽利略号拍摄了少数几个撞击坑中的一个撞击坑的中等分辨率的图像。这个撞击坑被命名为皮威尔

(Pwyll)，它是一个新的撞击坑，被冰折射出的明亮的光线所包围。在第二圈轨道期间，伽利略号拍摄了相同半球的低分辨率的图像，展现出一个跨度为 100km 的黑点。在高分辨率下看这个黑点——卡兰尼什(Callanish)——是一个多环状的盆地，与木卫四和木卫三上的盆地相似。冰的可塑性使地壳变得均衡，将撞击坑改变为混乱地形的中心斑点以及一连串的圆形构造。作为古老年龄的见证，卡兰尼什后来被山脊和棱线所穿过；但是这些又被侵蚀所改变。伽利略号拍摄的 100m 分辨率的图像揭示出山脊和棱线被光滑的、无坑的平原和混沌地形所破坏和中断。只看到了少数小撞击坑位于最古老的山脊地形中。一幅在较近距离拍摄的 26m 分辨率的图像显示在一片区域中，包含了十字交叉的线状地形、一个多丘陵的凸起和一个圆形的小块土地，在这小块土地上的山脊地形似乎已经转变成一个小池塘，并且恰好在这个"冰场"的中间有一个直径 250m 的撞击坑。当航天器接近木卫二时，磁强计检测到一个突然的旋转磁场，在接近最近点时检测到磁场的一个巨大变化，在这颗卫星前经过时又检测到另一个变化。尽管这些磁场扰动可能是由连接木卫二和木星磁层的电流引起的，但也可能是因为木卫二含有内禀磁场。在这种情况下，这个磁场除了偶极子外还有一个大的四极子部分，这意味着(如同天王星和海王星的磁场)它可以被表示为轴线偏离天体中心的偶极子——这是一种特别令人感兴趣的可能性，因为地下海洋可以产生这种特征。科学家非常有希望在未来交会时通过观测解决这个问题[241-242]。在整个穿越近拱点的过程中，航天器被木卫二遮掩而失去信号不少于 3 次，分别在 12 月 19 日、20 日和 25 日，飞入和飞出时的大部分探测数据表明存在稀薄大气[243]。

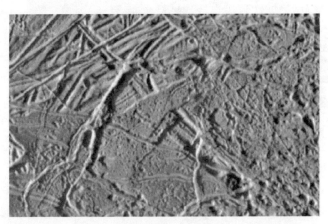

在伽利略号第四圈轨道拍摄的一个 100m 分辨率的木卫二图像，展现了横切的山脊、沟壑、凸起、少量的撞击坑和楔形的冰流(图片来源：JPL/NASA/加州理工学院)

　　在远拱点之后，伽利略号于 1997 年 1 月 19 日转向返回并通过了合日的位置，这天是旅程中第五次到达近拱点的前一天。由于在合日位置前后 10 天内与航天器通信是不切实际的，因此这一次没有交会卫星的计划。事实上在太阳穿过地球和伽利略号之间的视线时，它正在经历日冕物质抛射，这正是太阳科学探测的绝佳时机[244]。一旦通信重新恢复，在一个月轨道的剩下时间就可以用来下传之前飞掠木卫二的数据。通过深空网的堪培拉和

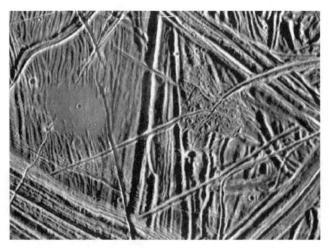

木卫二的一张分辨率为每像素 26m 的细节图。注意图中左侧那片引人注目的"冰场"（图片来源：JPL/NASA/加州理工学院）

金石地面站的天线阵列联合帕克斯（Parkes）射电望远镜，提升了通信的数据率。帕克斯射电望远镜定期对太阳系探测做贡献。在使用阵列之前，当伽利略号在 50 倍木星半径以内时，通过低数据率来保证粒子和场数据的实时接收；当离木星较远时，通过器上记录或者实时下传来扩展粒子和场的探测覆盖。地面天线阵列为粒子和场的数据增加了充足的下传数据容量，在大部分的轨道上地面都可以连续接收。

在第一次交会木卫二的两个月以后，伽利略号进行了第二次交会，刚好在第六次到达近拱点之前。不幸的是，此时航天器已经失联，在合日期间磁强计处理器停止工作，事实上磁强计在整个下一圈轨道中全程保持关闭，意味着这个设备无法提供数据来进一步调查木卫二存在磁场的可能性。

交会的工作序列开始于 1997 年 2 月 17 日，运行了整整一个星期。这次飞经的科学研究目的包括收集粒子和场的数据；对木卫一及其圆环进行连续监测（最近点高度为 400 000km）；使用所有的遥感设备观察木星南温带的"白色卵形"，那里出现了类似大红斑的反气旋风暴系统。飞掠木卫二在几何关系上与第一次飞掠相似，人们对磁层进行观测，并采用多普勒收发两用无线电跟踪试验设备来测定这颗卫星的重力场和内部的构造。此外，在这个轨道上计划开展 4 次无线电掩星试验：两次采用木卫二，另外两次分别采用木卫一和木星。

在 2 月 20 日，伽利略号在 586km 的高度飞掠了木卫二，仅仅在到达最近点之后 16 秒，航天器被木卫二所遮掩，在它背面持续了 12 分钟。由于交会的几何关系与第一次飞掠时相似，因此观测到的是同样的区域。最高分辨率的图像拍摄到的是康纳马拉（Conamara）的黑暗区域，位于标记为"X"的两条突出的棱线交叉处附近。这个区域被解析为多边形的冰片，它们曾经破裂、转移和倾斜形成了一个混杂物，像地球上的浮冰。"冰山"的运动与其曾漂浮在冰介质中而不是液体介质中的现象不一致。如果事实如此，那么这个区域冰壳的厚度可能只有几千米。几千米宽的小山丘标记了冰壳由于外力作用而被抬升的位置，很可能是温度较高的冰的底辟构造抬升了冰壳，当它们冲出表面时或许喷出了液态的水[245]。观测到的少量撞击坑主要位于最古老的发生位移的块状物上。事实上，块中间的基体是无坑的，这表明块状物位移的进程可能发生在近几百万年[246]。但是关于木卫二的地表年龄是存在争议的，一些科学家主张它可能有数十亿年。事实上，像卡兰尼什这样年代较为久远的盆地似乎已经穿入冰壳进入海洋，而像皮威尔这样新的撞击坑还没有进入，这表明冰壳的厚度在随着时间推移而增加。阿斯忒里俄斯线（Asterius Linea），即与康纳马拉区相邻的"X"山脊的一个分支，被揭示出其由一系列的平行山脊组成，每一个高度都不超过180m，一共6km宽。一条双脊线延伸到康纳马拉北部，叠加在各种退化状态的十字交叉山脊的复杂地形上。

在伽利略号第六圈轨道上近距离飞掠木卫二时，拍摄到了分辨率为每像素54m的康纳马拉的图像，揭示出它是由漂浮在液态基体上的破裂的并且发生位移的冰筏组成的（图片来源：JPL/NASA/加州理工学院）

人们从两次飞掠木卫二获取的多普勒数据深入了解了卫星的重力场和内部构造。它看上去有一个较深的内部构造，其构成有两种可能：一种是金属内核和岩石地幔，另一种是石头和金属无差别地混合在一起。无论哪种情况，相对低的容积密度意味着有一层厚度为100~200km的水构成的外壳。尽管重力数据不能辨识出水是固态还是液态（因为它们密度相近），但是木卫二的次表层海洋的液态水似乎比地球表面的要多[247]。

对木星上"白色卵形"进行观察是特别有趣的经历，因为当它们在经度方向独立漂浮时，有两个已经被捕捉到并且使低洼地带气旋系统的形状发生了变形。在气旋系统被其中一个反气旋卵形扰乱的时候，在高处形成了白云[248]。不幸的是，在飞过近拱点的过程中，红外光谱仪上的另一个传感器开始工作异常。

虽然伽利略号穿过了木星阴影，但这次没有分配时间进行观测，因为只要进行观测，航天器就得转动面向行星，而任务规划者已经决定为后续任务节省推进剂，不执行该动

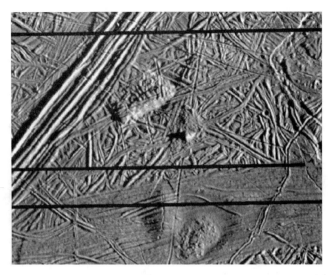

一幅部分损坏的康纳马拉区西部的图像，展示了一个投下阴影的山峰；一个直线形的块状地形，其顶部的山脊似乎被抬升起来；一个低洼地区内的圆丘和阿斯忒里俄斯线内的"三条带状结构"（图片来源：JPL/NASA/加州理工学院）

作。2 月 26 日，伽利略号位于木卫一 300 万千米的距离被遮掩，这一次提供了卫星的电离层和稀薄大气层的新数据——事实上，这是自 1973 年先驱者 10 号被木卫一遮掩后第一次有这样的机会，那次遮掩过了很长时间，科学家才发现这颗卫星存在活火山。

这次飞掠木卫二将航天器的轨道周期略微提高至 6 个星期。下一个近拱点将要拍摄的图像扩展成大卫星的全球测绘图，还要拍摄 3 个较小的卫星、一次对木卫二在 23 500km 距离的非定向观察以及在 4 月 5 日距离 3 102km 飞掠木卫三。事实上，由于木卫三的自转与公转同步并且这将是主任务中近拱点之后唯一一次与木卫三交会，因此这是高分辨率地观察其地貌特征的唯一机会。尼克尔森(Nicholson)区看上去与之前看到的类似黑暗地带不同，表明这是一个经历构造运动过程而导致严重断裂的古老景象。在某些情况下，古老的撞击坑被沟壑所截断。个别撞击坑作为重点观测目标，包括一些位于极区冰层"底座"上的撞击坑，它们似乎已经被撞击所融化并且在撞击坑的边缘重新冻结，恩基坑链(Enki Catena)包含了不少于 13 个排成一条直线的小坑。木卫二中等分辨率的图像揭示了提尔黑斑(Tyre Macula)是一个直径 140km 的多环结构(在旅行者号拍摄的图像中，它显示为一个黑点；现在可以确定它是撞击的位置，因此可以不必将其归类为斑点)。红外光谱仪还瞄准了提尔黑斑，不仅发现了水的痕迹，还发现了很可能是一种盐的化学物质[249]。

在木星上，红外光谱仪拍摄了北半球的条带，令人惊讶的细节显示出交错的地带和区域结构，最高分辨率的大红斑的温度分布图还没有完成。此外，这个设备拍摄到了木卫四的低分辨率的矿物分布图[250]。

木卫一在阴影中和全光照条件下都被观察过。令科学家惊讶的是，近几个月用望远镜观察正处于爆发期的洛基火山，没有可见的显著变化。

在康纳马拉北部区域的双重山脊几乎没有受损，因此很年轻。它的宽度为 2.6km，比相邻的地面高出 300m(图片来源：JPL/NASA/加州理工学院)

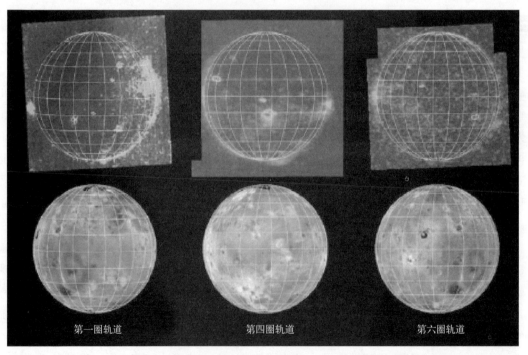

第一圈轨道　　　　　　第四圈轨道　　　　　　第六圈轨道

伽利略号早期轨道上捕捉到木卫一遮挡太阳的图像。为了便于观察，下面一排的星球提供了参考。太阳光被遮挡时，注意已知火山和"热点"之间的相互关系(图片来源：JPL/NASA/加州理工学院)

到当时为止，伽利略号已经拍摄了一个或两个卫星的背景中至少有一颗明亮恒星的图像。这些图像在探测器上被处理，只选择出卫星的边缘部分和预测的恒星位置的周围，这

在伽利略号第六圈轨道拍摄到的拼接图，展示出在木星大气层中一对"白色卵形"中的气球形旋涡被压扁和拉伸(图片来源：JPL/NASA/加州理工学院)

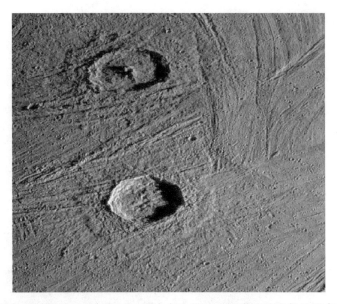

伽利略号在第七圈轨道拍摄的一张斜视图。图中在木卫三北极附近的沟壑地形中有两个看上去是新的撞击坑。裂片状的抛射沉积物表明撞击融化了大量的冰，而融化的冰向外飞溅时被冻结(图片来源：JPL/NASA/加州理工学院)

些数据在地球一被分析，就分别确定了对每一个轨道的 3 次微调机动：第一次是在远拱点附近；第二次在马上到达下一个近拱点的目标交会之前；第三次刚好在到达之后。然而，在这次木卫一交会之后，这颗大卫星的星历足够准确，因此终止了光学导航，从而相继释放了磁带记录仪的空间并下传科学数据。

　　5月7日，伽利略号在1 603km的高度飞掠了木卫三，这是它的主任务中第四次也是最后一次定向交会这颗卫星。除了拍摄到了马里乌斯区的提亚玛特(Tiamat)沟、拉格什(Lagash)沟、伊瑞奇(Erech)沟和西巴尔(Sippar)沟以外，还拍摄到了明亮的变余结构布托光斑(Buto Facula)。这些沟展示出有趣的差异性。例如，虽然伊瑞奇沟具有很明显的与地球上断裂峡谷相似的构造特征，但是几乎垂直地与伊瑞奇沟横切的平滑的西巴尔沟似乎被冰淹没。事实上，三维高程模型显示，在西巴尔沟冰火山作用过程中，在更黑暗和更粗糙地带之间的低洼区域中形成了明亮的光滑水塘。西巴尔沟中长约55km的马蹄形特征的目标图像，被证明是木卫三以往冰火山活动的最好证据[251-252]。

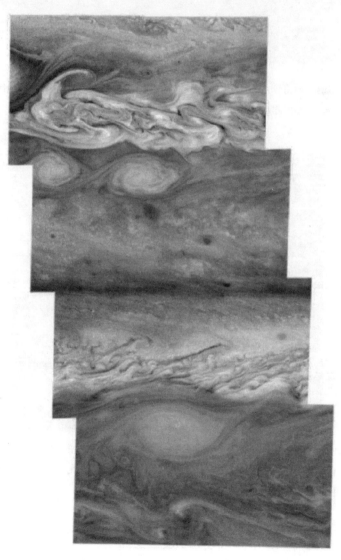

伽利略号在它的第七圈轨道上拍摄的木星大气层的拼接图像，图像展示的是在10°N到50°N带状环流系统的交错喷流(图片来源：JPL/NASA/加州理工学院)

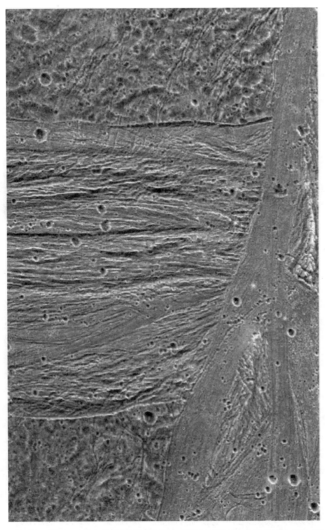

伽利略号在第八圈轨道飞掠木卫三时拍摄的图像，展示了在宽阔的伊瑞奇沟的南边尽头和更平
坦的（并且更低的）西巴尔沟之间的交叉口（图片来源：JPL/NASA/加州理工学院）

　　与木卫三的 4 次近距离交会说明这颗卫星的磁力线在磁极上方是"开放的"，与木星的磁场合并在一起。这个构造使木星磁层内循环的带电粒子撞击到极区的表面。很显然，开放和闭合的磁力线之间的边界与明亮的极冠和较低纬度的黑暗区域之间的边界是接近的，这表明可能是放射性物质释放出的霜覆盖着极区[253]。

　　尽管距离木卫一的最近点约 100 万千米，但这一次的几何位置非常有利，展示出木卫一的向光面、背光面以及在光照遮挡时观测到的"热点"。木卫二之所以很少受到关注，且没有拍摄图像，是因为航天器靠近它的最近距离都大于 100 万千米。伽利略号在距离33 100km 的位置非定向飞掠了木卫四，观察到了这颗卫星之前无论是旅行者号还是伽利略号从来没有看到过的部分，因此对南极区域进行了测绘，同时也对木星进行了大量的遥感探测以及粒子和场的观测。这次近拱点的其他成果包括：拍摄木星南半球的拼接图，与之前拍摄的北半球的图像进行了匹配拼接；对木卫七(它是位于木星远距离轨道上的小卫星之一)进行了紫外观测，为了验证它们是被捕获的小行星或者彗星的假设，寻找能够支持这些假设的证据[254]。

木卫一遮挡住太阳时拍摄的另外一张图像，在表面显示出了火山"热点"以及与之相关的钠辉(图片来源：JPL/NASA/加州理工学院)

　　伽利略号在第九次到达近拱点时，在距离木卫三 79 700km 的位置进行了非定向交会，并且在 6 月 25 日距离木卫四 418km 的位置进行了定向飞掠，拍摄到了以木下点为中心有大量撞击坑的地方，详细地绘制了这个区域的形貌。此外，在航天器靠近木卫四时，不仅仅掠过了木卫四的阴影区域，还在主任务中唯一一次实现了木卫四的无线电掩星试验。事实上，这个轨道可以提供特别多次的掩星机会：木星 1 次、木卫三 3 次以及木卫一不少于 5 次(包括 1 次掠射成像)。相机在进遮挡和出遮挡的过程中都对木卫一进行了观测。在皮拉乌(Pillan)和普罗米修斯火山上可以看到羽流，并且后者几乎是从正上方被拍摄，因此可明显地看到高高的羽流在地面投下长长的影子[255]。同时还对木卫二进行了观测。在木星边缘附近观测到大红斑西侧的湍流，斑点恰好不在视场里。然而这圈轨道最显著的成就，既不是对这些卫星的观测，也不是掠过近拱点，而是在距离 143 倍木星半径的远拱点直接在太阳的下游区域研究了木星磁层的尾部。木卫四飞掠是为了这次到达远拱点做准备，这 3 个月的轨道飞行中的大部分时间是在磁尾中。尽管旅行者 2 号曾对这一区域进行了相当深入的探测，而且先驱者 10 号在距离太阳和土星轨道一样远的时候被它的末端扫过，但这仍是木星系一个相对未被探测过的区域。这圈轨道被安排在木星冲日时，由于离地球最近，因此能最大程度地提高码速率，并允许几乎连续地实时传输粒子和场数据。

　　9 月 17 日，伽利略号从磁尾飞行中返回，进行了第三次对木卫四的定向飞掠，这是主任务的最后一次飞掠。木卫四在其轨道上的位置与 6 月交会时是相同的，因此同样被照亮，但这一次最近点高度为 539km，位于向光面上方，而不是背光面上方。由于在近拱点附近不会有无线电掩星，因此可以进行连续的多普勒跟踪来测量这颗卫星的重力场和内部结构。事实上，本次和之前飞掠的数据一经分析，人们就明显地发现虽然卫星的内部最初看起来是无差别的，但事实上它确实经历了部分的热分化，这促使人们注意到它是"半熟的"。这次飞掠的主要成像目标是一条直的辐射状的 700km 长的条带区域，通向阿斯加德盆地，从中央平原向外延伸到结构的边缘。有趣的是，位于中央平原上的 50km 大小的撞击坑多哈（Doh）的中心拥有一个横跨 25km 的穹顶。沿着径向在一些撞击坑的边缘有山体滑坡、明亮的冰隆起、标记盆地内环结构的山脊、似乎不是由撞击或许是内生活动形成的神秘的深洞和较小撞击坑以及一些标记了盆地外边缘的地槽[256]。在飞掠之后，红外光谱仪对向光面的边缘进行了 6 分钟的扫描，以寻找气辉的放射。它检测到一个极其稀薄的二氧化碳大气层，其表面压力相当于地球表面大气压的十亿分之一——事实上，它将在几十年内因为没有补给而消失，该大气层通过内部排气或者通过木星粒子辐射产生（辐射也在木卫二和木卫三创建了微弱的大气层）[257]。磁强计有一个惊人的发现，最终发现了一个非常弱的磁场特征。这似乎与木卫二类似，因为磁场是由木星磁层中的电流与次表层液态水相互作用而引起的。因为木卫四的内部只经历了部分的分化，所以不太可能如同木卫二的方式拥有一个深海，但也有可能有一个泥泞冰的过渡层。然而，木卫四没有与木卫二类似的表面特征，意味着液体可能位于更深的深度——建模表明如果泥泞层厚度有 10km，那么一定是在表面以下 100~200km。此外，由于木卫四没有受到与木卫二相同的引力强度，因此其内部的热量主要是由放射性同位素衰变产生的，而且由于这些放射性同位素不会被浓缩到一个岩石内核里，所以热量的来源会更广泛地分布[258]。

近拱点探测包括为寻找高海拔雾霾和极光而对木星北极进行的遥感勘测，对木卫六的紫外观测（另一颗外围的小卫星）和对木卫一火山的进一步监测。7 月，哈勃空间望远镜看到了喷发的皮拉乌火山，科学家们热切地检查该地点的变化。新的图像显示，那里有一个直径约 400km、黑暗的呈圆形的喷发物区域。这个沉积物没有显示出富含硫的熔岩的颜色特征（红色、白色、黄色），表明这是一种不同的成分。因为旅行者号的数据曾表明火山口的温度是 700K，这就排除了硅酸盐熔岩的存在，并促使人们相信火山口喷发出了富含硫的熔岩。但在 20 世纪 80 年代，地面望远镜测量的温度超过了 900K，因为液态硫在这个温度下无法在真空中存在，所以很明显至少有一些火山一定喷发出了富含硅酸盐的熔岩（根据将会晚一些呈现的伽利略号红外扫描数据和木卫一在阴影中的图片，木卫一上的一些熔岩的温度甚至比地球表面喷发熔岩的温度还要高）。探测器识别出了不少于 30 个这样的高温点，皮拉乌火山就是其中之一[259-260]。然而，重复穿越强辐射带对探测器造成了损伤，在这次飞经近拱点的过程中，等离子体波仪器的一个功能严重地退化了，直至后来彻底丧失。

10 月 5 日，伽利略号经历了 19 个小时的光照遮挡。因为这发生在离木星相当远的地方，所以有足够的时间对前向散射阳光下的木星环、木星的背光面、木卫一和木卫二进行

在第九圈轨道上，伽利略号对木卫四上的木星星下点附近 50km 宽的哈尔(Har)撞击坑进行了成像，显示其底部隆起成穹顶状(图片来源：JPL/NASA/加州理工学院)

观测。此外，长时间的无线电掩星提供了一个探测大气层的机会[261]。强化处理后的旅行者号图片表明，在主环的外面有一个"薄纱"环。伽利略号在太阳遮蔽时的图像不仅证明了"薄纱"环的存在，而且还将其分解为两个嵌套的环，其中一个比另一个密度大。一项详细的研究显示，这些环由对内侧小卫星的撞击而产生的尘埃组成。主环似乎来自木卫十五和木卫十六，它们恰好位于比环更远的相似轨道上。"薄纱环"似乎由类似的过程形成，但是涉及较大的木卫五和木卫十四[262-263]。由于伽利略号进入了木星的"影锥"，因此它还拍摄了木卫二一系列的背光面图像，以寻找诸如水喷泉之类的冰火山活动的证据。虽然一无所获，但是长期曝光的图像恰好捕获了几乎在木卫二前面的环系统，该图像提供了一些自伽利略任务以来最令人赏心悦目的图像[264]。

伽利略号短暂地访问磁尾后返回，在 1997 年 11 月 6 日完成了主任务最终的定向交会——在 2 042km 的高度飞掠了木卫二。高分辨率勘查得到的地貌特征是一种脊状平原，它部分被破坏，进而形成了一堆杂乱的山脊、沟槽、土丘和山峰，很可能是开始融化造成的，类似于在康纳马拉地区形成"冰山"的机制。此外，此次勘查还观察到一片新的混沌地形，附近是一条长长的起伏不平的灰色地带。就像"黑暗楔子"一样，这个地带显然是一个延展的地貌。冰壳被撕裂时穿过断层渗透出的物质覆盖了，随着时间的推移形成了一系列与它的轴线平行的黑暗和明亮的线条。"支流"的存在表明地壳板块曾遭受旋转力和延伸力[265]。

首批 11 圈轨道上获得的木卫二的光谱显示了特有的广泛的吸收带，它意味着除了水冰分子外还有其他分子的存在。事实上，这种"非冰物质"集中在较黑暗的区域，包括一些线状地形。与实验室数据的比较表明，矿物质是水合盐，与硫酸盐和碳酸盐的混合物是最匹配的。这种盐可能是由水热作用或海底的火山喷发形成的，然后通过冰壳上的裂缝到达表面。让地外生物学家特别感兴趣的是这个过程可能会在海洋里加入支撑生命所需的离子[266]。在木卫二表面，辐射轰击将硫盐转变成硫酸——这在探测器的光谱中也很明显。事实上，最黑暗的区域似乎与最高酸浓度的区域相匹配，因为硫酸是无色的，因此这种相关性表明该区域是被与木星辐射相互作用产生的硫聚合物所覆盖的。此外，表面上存在明显运行的硫循环，在不同形式的含硫分子之间达到辐射诱导的平衡[267]。然而，科学家不可能确定硫是内生性的起源，它可能是木卫一的火山喷发到太空的物质然后又被"涂"在了木卫二上；如果后者是真的，那么木卫三也应该在一定程度上被硫覆盖。内生性起源的学说是有吸引力的，因为盐的存在会形成一种优良的电解质，其在木星磁层的诱发下会使表层下的海洋生成电流，因此产生了观测到的磁场扰动。红外光谱仪还在木卫二表面发现了相当高浓度的似乎是过氧化氢的物质。事实上，这种分子易于发生反应，这意味着它必须不断地得到补充，很可能是来源于水冰的辐射轰击（或"辐射分解"）[268]。

这些观测的意义在于，20 世纪 80 年代和 90 年代在地球海洋上的发现意味着在木卫二冰层下的海洋里生命发展的设想是合乎情理的。科学家相信地球上所有的生命都来自一个基于光合作用的食物链，正如它的名字所说明的那样，它需要光的存在。由于这个原因，在阳光照射不到的海底被认为是没有生命的，或者最多是一些依靠从海洋表面落下的有机物为食的生物。但是，科研潜水器发现，在火山口附近的海底，复杂的生态系统蓬勃发展。火山口喷出的过热的水是黑色的，因为它富含矿物质。这些孤立的生态系统的食物链基于嗜热细菌，它们可以耐高温环境，并利用火山口提供的营养物质存活下来。如果在木卫二的海底有一个水热作用的喷口，其依靠类似于木卫一潮汐加热的过程提供能量（尽管是在缩小的尺度上），就可能存在一个完全独立于阳光的类似的生态系统[269]。

在第 11 次也是主任务最后一次近拱点过程中，伽利略号还在 5~9km/pixel 的分辨率下对所有小的内侧卫星进行了成像（木卫五、木卫十五、木卫十六和木卫十四）；拍摄了木卫一和木卫四的远距离图像；还有木星的大气层和环的图像。当航天器飞离时，一个无线电掩星试验"探测"了木星中北部纬度的大气层[270]。

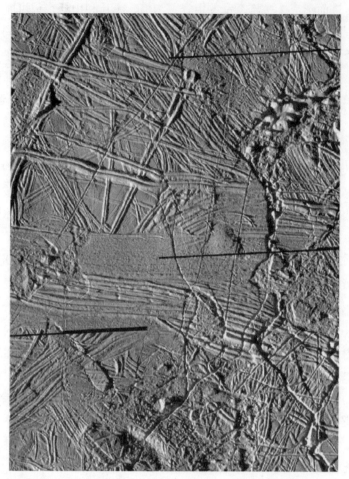

伽利略号在第 11 圈轨道拍摄了分辨率为 68m/pixel 的木卫二拼接图像。它展示了山脊、沟槽、混沌地形、土丘、平原和一些海拔 500m 的冰峰(图片来源:JPL/NASA/加州理工学院)

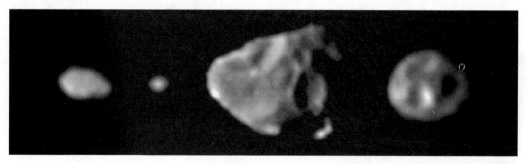

由伽利略号拍摄的木星的内侧小卫星的图像:从左至右依次是木卫十六、木卫十五、木卫五和木卫十四(图片来源:JPL/NASA/加州理工学院)

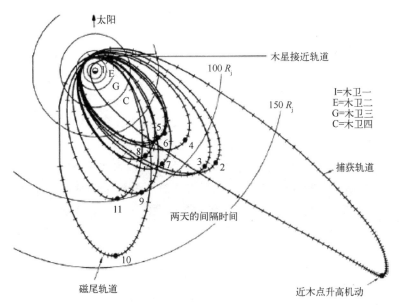

伽利略号在其主任务期间的轨道。注意大椭圆捕获轨道和第 10 圈轨道，它沿着磁尾飞行，与太阳方向相反

6.6　返回木卫二和木卫一

　　1997 年 12 月 7 日，尽管第 11 圈轨道的数据回放需要几天才能完成，但伽利略号的主任务已经完成。在木星轨道运行的两年时间里，航天器总共传回了 2.1Gbit 的数据，包括木星、木星的卫星和木星环系统的 1 645 张图像。极其精确的导航将航天器位置的不确定性限制在 10km 以内，这又将用于修正不断演化轨道的推进机动降至最小。结果，航天器剩余大约 60kg 的推进剂。尽管强烈的辐射造成了许多故障，但航天器的状态比预期要好，例如，只有一个存储单元失效，而不是预期的 20 个。虽然伽利略号还在飞向木星的行星际巡航过程中，JPL 已经规划将该系统的工作时间延长到两年以上，但这并没有获得较大的支持，而且 NASA 也因为成本较高对该规划不为所动。但是当伽利略号安全地在木星轨道运行后，一个小团队就对许多扩展任务的选项进行评估——包括聚焦木卫二和木卫一的综合全面的研究；大倾角粒子和场的测量；在轨道距离木星较远进行的小卫星的飞掠，人们对其几乎一无所知；使用伽利略号作为木卫二着陆器的无线电中继；甚至从木星逃逸以勘查在日木系统拉格朗日点上的特洛伊小行星群，拉格朗日点位于木星前方 60° 或者木星后方的位置并在围绕太阳运行的轨道上。被认为最具科学意义的任务是对木卫二进行后续观测，并以木卫一近距离研究作为任务结束。伽利略木卫二任务（Galileo Europa Mission，GEM）运行两年至 1999 年 12 月 31 日，包括 8 次木卫二飞掠，以确定冰壳的年龄和厚度，寻找冰火山当前活动的证据，并调查是否有地下海洋；然后，通过 4 次木卫四飞掠降低近拱点用于 6 次经过木卫一圆环，作为两次飞掠木卫一探测其火山活动、内部结构、大气和

磁场特性的前奏。虽然科学家渴望对木卫一开展近距离勘查,但伽利略号第一次穿越木星系时由于磁带记录仪的故障而放弃了。由于这个卫星位于木星辐射带最强烈的部分,因此留到最后。近拱点工作序列将会比主任务中的序列时间短,持续 2 天而不是 7 天,但是任务会更加聚焦。尽管伽利略号被辐射损伤的风险随着暴露时间的累计越来越大,但人们认为航天器在与木卫一的交会中仍有一线生机。

扩展任务的最初阶段将非常集中,在近拱点进行的大多数观测都将致力于木卫二,对于木卫二探测数据的平均统计至少占返回数据的 80%。连续的粒子和场数据的覆盖将不会确保遍及整个轨道,部分原因在于任务目标的更改,也因为深空网有时会被要求支持更高优先级的任务。扩展任务的 3000 万美元预算将通过一系列节约成本的措施来实现,包括减少劳动力——尽管有必要让人们保持对航天器特性的了解。在主任务末期科学团队人员减少之前,扩展任务中的大部分计划都完成了。由于只剩下最后的细节待完成,因此将简化通常较为消耗时间的生成观测序列的过程。但是,木卫一飞掠的规划是开放式的,以便能够对最后时刻的发现做出反应。

在扩展任务第一圈轨道的近拱点接近过程中,伽利略号在距离木卫三 14 389km 的位置进行了非定向飞掠,在这期间拍摄了 4 幅吉尔伽美什(Gilgamesh)多环结构的图像,它似乎是这个卫星上最年轻的撞击盆地。在 1997 年 12 月 16 日,伽利略号的轨道恰好在赤道以南 205km 的高度掠过了木卫二,这次掠过提供了一个研究这颗卫星磁场的绝佳机会。相机对木卫二拍照的一个目标是背对木星半球上“黑暗楔子”的延展特性。拍摄的几张图片显示,楔形区域被两道山脊横切,山脊的顶部有明亮的物质,很可能是纯净的冰。在楔形区域上以及在山脊顶之间的谷底,存在一些较深色的(污浊的)物质。根据撞击较少而存在楔形区域、山脊和凹槽较多的情况,清楚地表明了卫星表面在“最近”的过去遭受了相当大的构造活动。此外,探测器拍摄了穿过康纳马拉地区的从东到西条带的甚高分辨率图像(最高 6m/pixel),科学家对断裂块之间的基体进行了研究。结果表明,它是湍流迅速冻结形成的。“冰山”的边缘形成陡峭的悬崖,其底部是堆积的碎片。康纳马拉的最西部被位于南方一定距离的皮威尔撞击坑形成时产生的二次撞击所冲击。二次撞击形成撞击坑的统计数据表明皮威尔撞击发生在一千万年至一亿年之前。人们采用成对的立体图像对“黑暗楔子”和皮威尔撞击坑进行了三维研究。一个令人感兴趣的问题是,皮威尔撞击坑如何对抗地壳均衡的力量维持了一个中央峰。计算机仿真显示,为了支持这个山峰,地壳至少有 3~4km 厚[271]。在各次交会积累的多普勒数据修正了对于木卫二的重力场、扁率和内部的认识。虽然这些数据与冰壳下是金属和硅酸盐未分化的混合物的推测一致,但分化的内部结构也是合理的,这是一致的观点。如果探测器在气态包层中有任何阻力,那么它应该在最近点时被检测到,但没有发现这样的效果[272]。

此外,对木星进行了红外和紫外扫描,并在每个有效波长上对木卫一开展了远距离观测。与此同时,工程师们发现姿态控制陀螺中的一个电子设备误读了航天器的转向。当综合测试证明这是受辐射影响导致的损坏时,人们决定改变交会序列,使用星敏感器替代陀螺传感器来维持稳定。在这种模式下,航天器对于遥感探测工作来说将是一个更不稳定的平台，并且高能粒子击打在敏感器上可能会造成误报警。不幸的是，用于诊断和纠正这一问题的工程努力所花费的时间意味着，在第 12 次飞过近拱点期间所采集的数据中有 30% 不能传回地球。其他硬件也受到频繁穿越辐射带的影响。特别地，高能粒子探测器的存储器损坏了，在近拱点经过时停止了运行。幸运的是，等离子体波探测仪在木卫二附近获得重要的磁层数据之后才停止工作。这两种仪器都能在航天器远离木星后恢复正常。

在伽利略号第 12 圈轨道拍摄的 9m/pixel 的甚高分辨率影像，展示了木卫二的康纳马拉地区的冰筏边缘（图片来源：JPL/NASA/加州理工学院）

伽利略号于 1998 年 2 月 10 日返回木卫二，但由于木星接近合日位置通信受限，所以没有进行遥感观测。地面进行了多普勒跟踪，但在 3 562km 高度飞掠的价值非常有限。伽利略号下一次飞掠是在 3 月 29 日，刚好在第 14 圈轨道近拱点之后，距离为 1 645km。光照提供了木卫二良好的提尔撞击坑的图像，揭示了这是一个直径 40km 的撞击坑，周围被一连串的宽度最大为 140km 的山脊形成的环所围绕，整个结构均衡地松懈下来。对菱形的深色地形也进行了成像，显示其标记了外壳分裂后黑色泥泞的冰到达表面并被冻住的区域。几个类似的地形被断层联结在一起。赤道附近一个黑点的高分辨率图像显示，它是一块光滑的冰的低洼地带，可能与其他的"溜冰场"的形成方式类似。有趣的是，这个水池已经淹没了许多明亮的山脊和小的二次撞击坑，证实了它的形成时间晚于其他地形[273]。此外，伽利略号还拍摄了木卫三的远距离彩色图像，得到了关于其半径、形状和光度特性的最新数据。一次距离为 25 万千米的较近地飞掠是对木卫一火山活动常规监测的补充，产生了迄今为止对于极区年代的最好图像，分辨率为每像素 3km。这次交会序列以一种独特的对木卫四后随半球的红外扫描结束，距离为 1 200 000km。

与此同时，在对陀螺问题的分析过程中发现，一个电子元器件对陀螺输入的响应不成比例，科研人员决定开发软件补丁，以提供一个修正的比例系数，这个系数的值将在每一次经过近拱点时重新确定。在数据回放即将结束的前两天，姿态控制系统在微调点火过程中出现了异常，导致航天器进入了"安全"模式。

在 5 月 31 日，也就是到达第 15 个近拱点的前一天，伽利略号在 2 515km 的高度飞掠

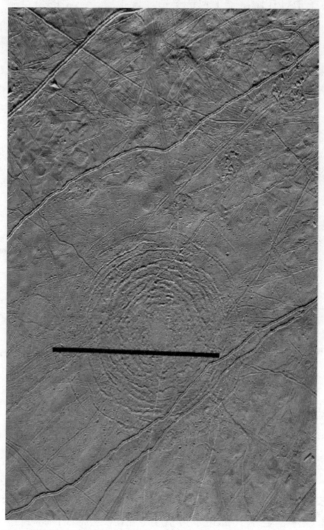

伽利略号在第14圈轨道上拍摄的木卫二的提尔多环盆地的中等分辨率图像的拼接图
(图片来源:JPL/NASA/加州理工学院)

了木卫二。相机拍摄的图像对喀利克斯(Cilix)斑点的三维研究有帮助。在旅行者号的图像
上看,这个黑色的圆形斑点似乎是一个撞击坑,但在伽利略号一次非定向交会中所拍摄的
远距离视图里是一个小丘,这表明它是一个23km大小的撞击坑,拥有一个中央穹顶。因
为旅行者号在第182圈刚好处在它的中心的正上方,所以天文学家决定将这个撞击坑作为
绘制木卫二网格系统的一个参考点。由于受到航天器下行链路的限制,只能传回少数的彩
色图像。在迈诺斯线(Minos Linea)附近的一个区域的彩色图像的拼接图显示,尽管光滑的
平原是纯水冰,但是穿过它的两个山脊曾挤压出富含矿物质的流体。这一观察结果为解释
木卫二上其他地方的类似地形提供了一个校准点。提尔撞击坑的东南地区受次级撞击而表
面存在小坑,被不同朝向的山脊穿过,主要包括两个区域:一个是粗糙基质的小块区域,

含有尺寸长达几千米的"筏";另一个小块区域似乎已经融化得更为彻底,产生了一个只包含一些小筏的纹理细致的基质[274]。远距离红外扫描被用来绘制组分图。多普勒跟踪是为了收集更多的卫星重力场和磁场数据。

这次飞过近拱点也提供了两次在星食中观察木卫一的机会。科研人员分析了在这期间拍摄的 16 幅星食照片以及之前经过时的照片,使得许多现象被描述为:一种氧化钠的蓝色辉光标记着火山羽流的位置;原子氧的红色辉光在两个极区任意一个的上方都特别明亮,这取决于木卫一与其等离子体环的位置关系;而原子钠的绿色辉光位于背光面的上方。随着时间的推移,当木卫一深入到木星的阴影中时,气辉看起来会逐渐减弱,这可能是由稀薄大气的坍缩和冻结导致的,但是火山的辉光不会减弱[275]。在伽利略号对木卫一观测的前几天,天文学家注意到洛基火山开始了一次大爆发(持续 8 个月,后来被证明是有观测记录以来持续时间最长的一次喷发)。

伽利略号第 16 圈至第 19 圈轨道的近拱点全部用于木卫二观测,结果成败参半。

在 7 月 20 日的第 16 次飞掠近拱点之前的几个小时,处理指令和数据的主份计算机发生了一系列类似于 1993 年的与艾达小行星交会之前发生的"瞬态复位"。备份计算机自动被激活,但它被重启导致使航天器进入"安全"模式,从而终止了所有的科学操作。这是主份计算机和备份计算机第一次均被重启。两天后,JPL 的工程师们才使伽利略号恢复正常运行,但伽利略号已驶离木卫二。除了在重启之前获得的少量数据之外,所有的观测结果都丢失了。这次距离为 1 837km 飞掠的目标包括阿革诺耳线(Agenor Linea)、蒂尼亚线(Thynia Linea)、色雷斯(Thrace)"黑点"和塔里辛(Taliesin)撞击坑。然而,一些早期对木星的红外和光度扫描存储在磁带上,这些数据被传回地球。失去木卫二的观测数据是令人沮丧的,因为木星位于冲点附近将使下行数据速率最大化,但这个机会也没有被浪费,因为粒子和场的观测数据交叉存储到之前交会时的低优先级数据中——这些数据明显没有被覆盖[276-277]。

第 17 次的近拱点观测也几乎失败了。在距离交会序列开始之前不到一天,陀螺的电子学设备发生故障,并被自诊断系统隔离,结果导致没有其他选择,只能依靠星敏感器来确定姿态。在航天器到达木卫二的 20 小时之前,红外光谱仪获得了这个卫星罕见的向木面半球的远距离图像和光谱。9 月 26 日,伽利略号在距离南半球中纬度 3 582km 的高度进行了飞掠,在一定程度上弥补了先前轨道上丢失的观测结果。高分辨率成像的目标之一是阿斯泰巴利亚线(Astypalaea Linea),在南极地区跨越了数百千米,它首先出现在旅行者 2 号的图片中,被解释为一个平移断层,标记了冰壳裂开以及两个块水平位移的位置,位移的方式类似于加利福尼亚州著名的圣安德雷斯(San Andreas)断层。伽利略号在约 40m 的分辨率下,对 800km 地形的最北部的 300km 进行了成像。通过对线状区域每一边的地形进行匹配,不仅可以确定它是平移断层,还可以确定它已经经历了约 50km 的位移。在它的大部分长度上,实际的裂缝由一个非常狭窄的山脊所标示。当断层移动时,它的锯齿状线产生的开口使得流体能够上升,并形成类似于先前被勘查过的"黑色长菱形"的带尖角的地形。山脊将线状区域横切的事实表明它不是一个新的特征。虽然阿斯泰巴利亚像圣安德雷斯一样是一个平移断层,但后者是一个特殊情况,它与板块构造的过程有关,被称为转换断层;而阿斯泰巴利亚是一个断裂,其运动是每天由木星施加的潮汐应力造成的。当木卫二靠近近拱点时,断层会打开;随着潮汐隆起(由于卫星轨道的偏心)的迁移导致断层的移动,然后又在接近远拱点时靠近,从而两方形成了漫长的可观的相对运动。一个类似的但更快速的过程产生了摆线形的"弯曲"。当表面在潮汐应力作用下变形时,形成了垂直于潮汐隆起方向的裂缝,这些裂缝随着应力场的变化沿着弯曲的路径传播,只有当衰减的拉应力减小到低于冰所能抵抗的水平时才停止。在一连串的轨道上,这个过程产生了一系列半径更小的摆线,直到应力不再打开裂缝。为了使这一过程能够运行,在冰壳下必须有大量的海洋,并且潮汐的幅度需足以给予打开裂缝所需的应力[278-279]。虽然不知道这些地形是在多久前形成的,但事实是这一系列中的每个圆弧在单个环绕木星轨道期间(85 小时)都会打开,而且完成这个结构将只需要几十圈轨道,使它成为已知的最快速的非瞬时地质学特征之一。

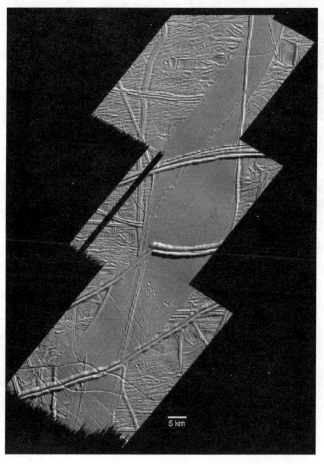

伽利略号在第 17 圈轨道上拍摄的木卫二南半球的沿着阿斯泰巴利亚线的压缩折叠的细节(图片来源:JPL/NASA/加州理工学院)

该图像也被用来制作两个大"黑点"席拉(Thera)和色雷斯的三维模型。结果证明,与相邻的地形相比,席拉的地势略低,而色雷斯的地势较高。席拉的内部有很大的平板,表明它由地表塌陷形成;而色雷斯只有圆丘状球顶,表明是一个上升过程。利比亚(Lybia)线横切色雷斯的位置形成了新的褐色的冰流,证明了这一地区冰层的厚度(出于这个原因,对于试图穿透冰层,对下方海洋进行采样的任务来说,色雷斯可能是一个理想的着陆地点)。阿革诺耳线的截面,即位于席拉和色雷斯西边的一个异常明亮的"三重地带",被发现不是一个山脊,而是一个相当平坦的区域。事实上,它包含了几条平行的带和表明冰壳扩展的细小条纹,其中只有一个带是非常明亮的。依据经验,明亮意味着新鲜的冰,阿革诺耳曾被预测是木卫二上最年轻的地形之一,但它被各种地形所横断,甚至被很小的撞击坑所破坏,这说明它实际上更为古老。

红外光谱仪利用光谱继续绘制木卫二上非冰物质的组成图。偏振测光计和辐射计仪器测量了背光面的温度,科学家惊讶地发现最低值位于赤道附近,并且随着远离赤道而增加。人们提出一些看法来解释这个现象。最有趣的想法是认为内生活动正在使冰壳变暖,并计算出如果冰是被加热到所观测温度,那么冰壳厚度必须小于1km。然而,没有这些"热点"的证据,在这种活动停止的几十年后,这些热点应该仍可以被探测到[280]。为了进一步深入了解这个卫星的重力场,连续采集了 20 个小时的多普勒数据。

对木星开展了第 17 次近拱点探测。1939 年,在自身异常明亮的南温带(South Temperate Belt)形成了 3 个深棕色条纹,天文学家们经过多年观测发现这些条纹在经度方向上伸展,将明亮条带的剩余部分压缩成 3 个卵形。卵形在纬度方向上被限制,但可以独立地在经度方向上迁移。1997 年 2 月,伽利略号观测到两个卵形陷入到低洼的风暴中,并且在 1998 年 2 月"失去能量"时,两个椭圆融合在一起。那时,由于木星处于合日的位置,航天器处于非活跃状态,导致合并的结果现在才被观察到。另外人们还研究了最近形成的一个"黑点"。"黑点"是非常稀有的,而这个"黑点"是曾经观测到的最黑的"黑点"之一,甚至比由休梅克-利维 9 号彗星碎片的撞击产生的"黑眼睛"还黑。光度计显示这是一种类似于伽利略号大气探测器穿透云层造成的破裂。最后,伽利略号在不同的相位角测量了木星环的亮度。

不幸的是,在 11 月 22 日到达第 18 个近拱点之前的 2 个小时,伽利略号再一次遭受了假信号造成的复位,使其进入"安全"模式,并取消了原定在到达近拱点之后 4 个小时在 2 273km 高度对木卫二飞掠的大部分观测计划。在木卫二的南极点上观测到的凹坑和高原、山丘、黑暗和明亮的平原,偏振测量和成分数据等都丢失了。对木卫三和木卫一的观测,以及磁层测量数据也丢失了。不过,多普勒追踪测量已经完成,而且,对木星合并的"白色椭圆"进行远距离的紫外、红外和辐射的扫描数据也被挽救回来,其在接近段记录在磁带上。从好的方面说,在主要的观测序列之前,进入安全模式的事件在漫长的爬升到远拱点进行其他观测期间,由于大部分数据丢失,因此释放了大部分的回放时间,并且在那个时候进行了一次重要的相机校准试验,目标为土星和土卫六、天王星以及海王星的星合。

1999 年 2 月 1 日,在第 19 次经过近拱点期间,飞掠木卫二的主要目标是对处于黑暗

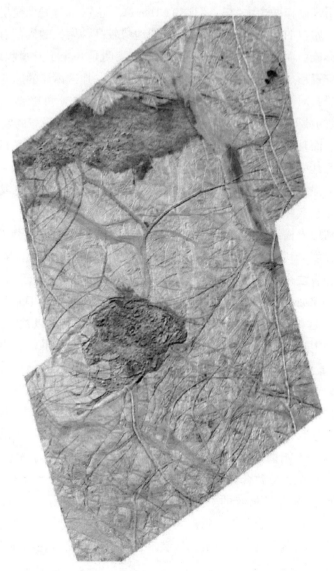

在伽利略号第 17 圈轨道上拍摄的两个"黑点"——席拉(下)和色雷斯(上),分辨率为
220m/pixel。利比亚线横切色雷斯的南端(图片来源:JPL/NASA/加州理工学院)

中的向木面半球进行热扫描,但人们也曾决定尝试使用红外光谱仪测量表面是如何对切向
入射角的太阳光进行折射的,测量结果表明冰是晶体并因此是年轻的,或者冰是由于长时
间暴露在木星磁层内循环的带电粒子中而形成的非晶体。这次通过的序列是不同寻常的,
因为它需要前所未有地在三个方向上进行姿态转动,以便为扫描平台上装载的仪器提供一
个无障碍的视野,这个转动通过旋转段的附件来完成。成像目标包括拉达曼提斯线(Rada-
manthys Linea)。近距离(1 439km)和相对较低的纬度(31°N)的飞掠也提供了一个新的几
何关系来研究木卫二的磁场信号。尽管伽利略号在到达近拱点后 4 个小时进入了安全模式
(这一次是因为它不能在快速转动中重新捕获太阳),但在这段时间内对木卫二的最近点观

伽利略号拍摄的两张不寻常的照片。左图：在第 10 圈轨道，木卫二的背光面在"木星的光芒"中发光，行星的光环在图片的前方出现。右图：在第 18 圈轨道上拍摄的土星

测大部分已经完成。然而，木星、木卫三和木卫一的大部分观测结果都丢失了。探测器在一个高的相位角上对木卫二进行了边缘扫描，以寻找间歇泉羽流，而紫外仪器则在寻找大气的排出。后来科研人员确定，在自旋和反自旋舱段之间的滑环连接器上聚集了颗粒碎片，产生了瞬间的短路，可能导致航天器进入安全模式。一旦了解了原因，工程师就编写了软件补丁用以识别，进而忽略这些短暂的事件。

　　这一次木卫二的飞掠导致伽利略号轨道的远拱点增加到 1 100 万千米。与此同时，木星经过了合日点。1999 年 5 月 5 日，当航天器调头返回时，在木卫四赤道区上空 1 315km 的高度进行了一次飞掠。第 20 圈轨道开始了近木点降低活动（Perijove Reduction Campaign），1 次在近拱点之前，3 次在近拱点之后，然后将会逐渐地降低近拱点。这次虽然使近拱点下降到 593 000km，把它置于木卫二和木卫一轨道之间，但远拱点也被减小到 800 万千米。在木卫四，伽利略号对阿斯加德对面的半球进行了成像。这些图像证实了缺少尺寸不足 1km 的撞击坑。三种主要的遥感仪器对 100km 的布兰（Bran）撞击坑进行了协同研究，通过撞击曾挖掘出的物质来确定"深壳"的组成成分。伽利略号再次发生了复位，但这次识别出了复位原因并忽略了它，然后开始在木星的阴影下对木卫二进行红外和紫外扫描；但不幸的是，部分紫外数据由于辐射被破坏了。这一次近拱点探测最重要的成果是对木星气象的洞察。大气科学家们还在争论能源的来源，这种能源驱动了急速的风，并创造了表面的带和区域结构。在这次飞经过程中，伽利略号追踪了一场从背光面到向光面的风暴。这场风暴就发生在南赤道带（South Equatorial Belt）大红斑（Great Red Spot）的西侧，跨度大约有 4 000km，升高到 50km。结果显示，夜间的巨大雷暴和闪电与白天观测到的高耸的砧状云相对应。据计算，这些对流系统在可见的云盖底下产生了 1 000 万亿瓦特的能量，这驱动了高速的风力。在地球上，可以通过一个类似的过程将热能转化为大气中的

动能[281]。

随着近木点降低活动的继续，伽利略号将会更深入地进入内磁层，从而提供了对木卫一圆环原位观测的机会。在 6 月 30 日的第 21 次近拱点，在 1 047km 高度进行了木卫四飞掠，在几乎垂直的光照下获得了瓦尔哈拉盆地底面的图像和其他数据，用于研究小撞击坑缺乏的线索。此外，利用多普勒跟踪对卫星重力场和内部结构的模型进行了修正。这次经过近拱点也提供了一次与木卫一相对较近的交会，最近的交会点发生在 12.4 万千米范围内。航天器在木卫一的圆环内花费了将近一天的时间，粒子和场仪器对它进行了采样。伽利略号拍摄了木卫一两个序列的图像，一个在远距离提供了全球覆盖，另一个在较近距离提供了区域性的覆盖，使用 1~2km 的分辨率监视表面变化和羽流喷发活动；而且在马苏比(Masubi)火山发现了羽流。此外，伽利略号在史无前例的 60km 分辨率下绘制了一幅红外地图，显示出其表面组成。为了监测云层顶部的温度和化学随时间的变化，伽利略号也获得了木星的红外扫描数据。与此同时，大大小小的技术问题继续在经过近拱点时出现。例如，姿态控制问题是由星敏感器误以为辐射尖峰是恒星而造成的，但这只会在那种环境下发生。另一个问题是星敏感器探测微弱恒星的能力减弱了，因为辐射逐步地模糊了它的光学部分。

在第 22 次经过近拱点的过程中，科研人员决定不仅要在 8 月 14 日以 2 296km 的高度飞掠木卫四期间获得多普勒数据，还要在最接近点附近探测太阳和地球的掩星现象，以"探听"这个卫星的电离层和测量自由电子的垂直分布。虽然这一次伽利略号只到达了距木卫一 73 万千米范围内，但它对圆环进行了一次特别深入的的短暂访问。除了木卫一和木星的照片外，也获得了木卫五在 9km/pixel 分辨率下的照片。在红外部分，获得了木卫二后随半球的全球扫描，特别是黑暗表面物质的浓度，并对木卫一上的"热点"和羽流进行了监测，以帮助在稍后两圈轨道中实现飞掠的规划。不幸的是，由于辐射引起的小故障，一些观测结果丢失了。事实上，这次深入内部磁层导致了前所未有的 3 次平台复位，包括 1 次使磁带记录仪停止工作。此外，紫外光谱仪光栅驱动的编码器故障阻止了仪器采集光谱。在这次经过近拱点的过程中，伽利略号再次对遥远的土星和土卫六拍摄了校准用的图像，尽管这次任务是在飞掠木卫四的前一天完成，而不是在巡航至远拱点的飞行期间。

近木点降低活动中的第四次也是最后一次木卫四飞掠任务发生在 9 月 16 日，约 1 057km 的距离，在第 23 个近拱点期间。伽利略号进行了木卫四掩星以及木卫一圆环和木星极光的极紫外观测，但是没有通过相机、红外光谱仪或偏振测光计进行观测。事实上，这次交会的目的主要是研究磁层科学，得到了木卫一圆环 6 个小时的粒子和场数据，木卫一圆环近期接收了从木卫一火山活动喷涌的大量物质。当航天器离开木星时，它的远拱点已经减少到 39.3 万千米，这意味着返回时，它的轨道将勉强与木卫一的轨道相交[282]。

在扩展任务之初就开始计划第 24 圈轨道上的木卫一交会，但是陀螺的恶化和星敏感器对辐射诱导信号的敏感性强加了一些限制。特别是由于陀螺的问题，木卫一飞掠不得不使用恒星进行姿态测定，通过太阳敏感器进行备份。同时，在考虑轨道进入的问题时，一旦星敏感器在接近木星时被辐射"致盲"就会丢失老人星(Canopus)，它是南部天空中最亮的星之一。一些恒星被挑选出来作为参考点，它们对于传感器来说足够明亮，以至于被辐射充斥时仍有很大机会保持锁定；研制人员写了一个软件补丁，使航天器可以使用单颗恒星来实现这个操作，尽管必须有一个备份计划以防止这颗恒星丢失。该软件在第 22 次近拱点时被测试，并在所有后续的轨道上出色地成功使用，没有恒星被错误识别或丢失。在考虑深入木星辐射带时的成像问题时，决定使用"快速模式"，在 2.6 秒内即可完成一个图像的拍摄，相机的软件会执行均值、像素求和以及压缩，并将数据存储在磁带上，以减少数据花费在 CCD 上的时间，也减少了容易受辐射影响变坏的时间。另一种方法是只使用 CCD 阵列上部拍摄快速、全分辨率的条带。重新控制紫外光谱仪的测试结果证实它是不可用的，所以决定在这次经过时关掉它（不幸的是，它仍然无法使用）。现在，能量粒子探测器也表现出无法预测的行为。由于扩展任务只提供了两次木卫一飞掠，伽利略号必须非常努力地应对这颗不平常卫星的许多方面：地质、重力、结构、大气、表面组成、磁场和圆环。事实上，这个交会计划也考虑了观测的需求，这次观测可以为木星接近轨道进入阶段的观测提供补充，以便更好地描绘这颗卫星的高层大气和电离层。

在 1999 年 10 月 11 日，当伽利略号以 5.5 倍木星半径的距离经过后，在穿过这颗卫星的轨道前方时，人们热切期待的飞掠发生了。它从木卫一在快速旋转的内磁层中产生的尾流的上游开始接近，观测卫星的背光面，几乎笔直地从洛基火山上方飞过，然后从赤道晨昏线的黎明上方通过。这次最近点的距离为 612km。这次飞离提供了向光面的视野。科研人员希望它能有机会通过羽流，并进行前所未有的原位观测。

由于在最近点前 19 小时进入了安全模式，早期的粒子和场的观测数据已经丢失了，这也威胁到对接近飞行段的遥感观测。幸运的是，为规避因辐射损坏的内存位而开发的软件补丁及时地在交会前上传到航天器上。这个内存位曾被用于偏振测光计和红外光谱仪，这两种仪器都是在接近夜晚半球时进行热扫描，以定位"热点"，并测量它们的温度，以便对它们熔岩的构成加上一些限制。尽管在近拱点观测到的粒子和场的数据已经丢失，但这些仪器仍能够对木卫一启动 50 分钟的测量，以研究这颗卫星是否确实有自己的磁场。

在图像回放时，科研人员发现辐射损坏了相机的"快速模式"，然后它们采取了额外的分析和处理，以修复失真的乱码数据——尽管如此，部分帧的数据依然无法被修复，并且光度计的损坏意味着无法再拍摄彩色图像了。然而，由于仅使用 CCD 阵列的上部拍摄快速、全分辨率的条带时工作较好，因此决定在下次交会时只使用这种方法。红外光谱仪也受到辐射的影响，一个卡住的光栅将它限制在仅有 13 个波长。一方面，受限的光谱范围排除了进行两个判定的可能性：黑暗区域是否确实是硅酸盐熔岩，期望发现之前在表面从未被探测到的分子；另一方面，仪器在可用范围内单位波长的观测量增加了许多，从而增加了信噪比，改进了温度测量。

在接近途中，红外光谱仪在黑暗中扫描了不寻常的洛基火山的"熔岩湖"。它的视野首先捕获了湖内的岛屿和它较为温暖的 3.5km 宽的黑暗裂缝，然后扫描行进至湖的西南角，穿过火山口壁，离开移到平原之上，转移到下一个目标。数据显示，火山口的温度是均匀的，比周围地形的温度高出 100℃以上。一个高温点可能与在 8 月下旬开始的火山喷发地点相对应。其他地区似乎是温暖的，但正在冷却，并可能在 1998 年下半年活跃。

下一个目标是贝利火山，它位于晨昏线的位置。因为它持续高温而不产生熔岩流，因此也认为它拥有一个熔岩湖，尽管实际上这从未得到证实。当伽利略号经过其正上方时，拍摄了许多照片。通过近红外滤镜的一个图像显示，一个黑暗的表面被一条明亮的蜿蜒的线穿过，这条线长达 10 多千米，但宽度只有几十米。这条线的亮度表明它的温度超过了 1 000K，人们推测它是熔岩湖与火山口边缘接触处暴露的炽热熔岩。在接下来的几个小时内拍摄的低分辨率照片显示贝利火山正在喷发，表明伽利略号以毫厘之差错过了对喷发中心的观测。哈勃空间望远镜此时正监视着贝利火山，并探测到羽流中硫和二氧化硫的存在。分子硫会被太阳紫外线聚合，在贝利火山周围产生特有的红色和粉红色的光晕，当它第一次被看到时，震撼了旅行者号的团队[283]。下一个是皮拉乌火山，位于贝利火山光晕的外边缘，那时伽利略号刚好经过晨昏线，因此是白天。近年来，皮拉乌火山已经释放了羽流，并引起了表面最剧烈的变化。伽利略号以 10~30m 的分辨率进行了拍照，包括近期汇集在低洼地区的熔岩流，以及附近一片被小坑、圆顶、水渠和悬崖遍布的平滑区域和粗糙区域的结合区域。这个区域可能是由热熔岩蔓延至一个易挥发物的表面(如二氧化硫形成的雪)而形成的。伽利略号的数据表明，皮拉乌火山确实喷出了一种硅酸盐熔岩。

旅行者号并没有对扎玛马(Zamama)火山进行观测，而伽利略号在远距离"火山观察"中发现了它。扎玛马火山产生了一个长长的熔岩流，伽利略号沿着它的长度拍摄了 13 幅连续的图像。虽然被辐射破坏了相机的"快速模式"，但当图像在地球上重建时，它显示了一种类似于光滑玄武岩的特征，这种光滑玄武岩被夏威夷语命名为"结壳熔岩"(意思是"你可以行走在上面的熔岩")。普罗米修斯火山位于白昼半球的中心。伽利略号拍摄的 120m/pixel 分辨率的图像特别显示了直径为 28km 的半圆火山口，以及与之相关的蜿蜒流动的网络。火山的最东部是静止的，但西部是活跃的。自从 1979 年被发现以来，该火山点一直在不断地喷发。伽利略号竖直向下观察到无所不在的羽流，羽流的基部从被旅行者号看到的位置移动了约 80km，并且有一个黑色的熔岩流连接这两个地点。很明显，这个羽流是由硫磺雪的蒸发造成的，因为硫磺雪被在低洼地区聚集起来的熔岩流淹没了。这个观点被红外光谱仪检测到羽流中的气态二氧化硫所支持(在地球表面或接近地球表面的熔岩与水的相互作用中也发生了类似的现象)。在报道发现普罗米修斯火山的"蜿蜒羽流"的论文中，作者开玩笑地说："传说中的普罗米修斯被绑在了木桩上，而木卫一上的普罗米修斯则没有受到任何物理或神话的约束。"[284]

当伽利略号离开时，它看到了阿米拉尼(Amirani)火山和毛伊(Maui)火山。人们认为这两个火山是截然不同的，但是毛伊被证明是一个 250km 长的熔岩流的活跃锋线，这个熔岩流起源于阿米拉尼。附近是木卫一上最令人印象深刻的山脉。在旅行者号的报道中，这些山脉比周围地势高 16km，看起来与火山活动无关，因为它们没有火山口，也没有侧面的熔岩流。从表面看，迅速重新覆盖表面的速度已经压缩了地壳，并将其粉碎成大块，这些大块隆起，形成在悬崖上终止的斜坡。500m/pixel 分辨率的塞西亚(Skythia)山和吉什吧

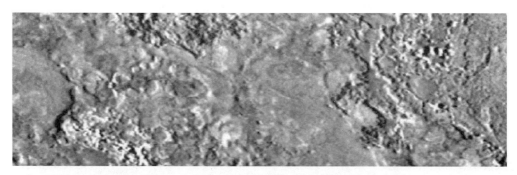

伽利略号在第 24 圈轨道上拍摄到的近期从皮拉乌火山喷出的熔岩流的高分辨率图像，显示了 9m 宽的细节（图片来源：JPL/NASA/加州理工学院）

伽利略号在第 24 圈轨道上的另一个高分辨率的影像，在皮拉乌火山附近光滑的一小片区域显示出凹坑和圆顶（图片来源：JPL/NASA/加州理工学院）

（Gish Bar）的图像显示了年轻的棱角和圆形的古老山峰，有证据显示斜坡正在坍塌。令人惊讶的是，在许多情况下，山脉似乎都位于火山口附近，表明它们之间有一定的关系。没有火山穹顶或黏性熔岩流表明，富含硅的熔岩具有足够的浮力以形成永久的地壳。相反，整个表面看起来是一种非常薄的外壳，可以迅速回收到地幔中。即使在最高分辨率的视图中也没有发现撞击坑。虽然撞击肯定发生过，但撞击坑肯定很快被火山沉积物所掩埋[285-288]。

成像序列以一个全球彩色图像和木卫一进入木星阴影时的观测结束。由于在近拱点进入安全模式，几乎没有获得任何规划中关于木星或其他卫星的遥感观测。伽利略号总共拍摄了 156 帧的木卫一图像，其中 122 帧在一定程度上被辐射破坏；但其中许多都被矫正了，最终共有 135 张图像可用。幸运的是，损坏的内存位并不是用于初步图像处理和压缩的部分！此外，航天器获得了良好的粒子和场的数据。特别地，伽利略号明显地检测到与一氧化硫离子相对应的等离子体波。在木卫一 10 倍半径范围内飞行的观测结果，连同接近段至轨道进入过程和来自旅行者 1 号的数据，帮助阐明了木卫一的外逸层和电离层的动力学，以及物质向圆环内注入的机理[289]。

航天器在远拱点进行了一次机动，将木卫一的第二次飞掠从赤道带上空转为南极上空（就像最近的那次飞掠一样）。引人注目的是，木卫一的火山似乎被分为两种类型：一种是位于赤道或靠近赤道的火山，如洛基火山、普罗米修斯火山和贝利火山，这些火山是长期喷发的火山；而另一种是位于高纬度地区的火山，短时爆发，喷发的熔岩量更大。尽管有迹象表明，在高纬度地区一定会出现羽流，但迄今为止还没有发现。两次近距离交会都是针对背木面半球，在第 21 圈轨道上拍摄了全球彩色背景图像。伽利略号在第 25 圈轨道上飞抵近拱点和木卫一，在 8 642km 海拔飞掠木卫二，并第一次观察了木卫二的北极地区，也在大约 1km 的分辨率下观察到很少见的向木面半球。伽利略号对木下点进行成像并采用偏振计进行扫描，这里地形主要以线状地形和其他类型的裂纹为主，这些裂纹可能来自引力潮汐所造成的冰壳的应力。到目前为止，对木卫二的覆盖范围只有很小的缝隙，更广的探测范围有待将来的任务填补[290]。

在 11 月 26 日持续向近拱点行进的过程中，当伽利略号进入木卫一圆环时，开始了为期 6 小时在高时间分辨率下记录粒子和场数据的阶段，偏振测光计加入进来对木卫一的背光面进行热扫描。但是，在通过圆环的半路上，航天器进入了安全模式，并停止了观测。时间至关重要，因为距离近拱点只剩下 2 个小时的时间，距离木卫一只剩下 4 个小时的时间。更糟糕的是，此时 JPL 是全国假日的下午 4 点。工程师们报告说他们不能识别出故障，但可以确定如果未知的原因再次发生，没有任何硬件会被置于危险之中，于是决定允许航天器以修改后的序列行进。伽利略号在 300km 的高空掠过木卫一后短短 4 分钟就恢复了观测。科研人员后来确定，安全模式是由安装的软件补丁和一个已经存在但未被检测到的软件缺陷之间的相互作用引起的，软件补丁用来避免在上一次木卫一飞掠中发生的内存位损坏。虽然在接近过程中对这颗卫星的夜间观测结果有所损失，但获得了向光面的观测结果。不幸的是，丢失的序列包括对木卫一是否拥有自己的磁场的勘查，这是选择飞过极区的主要原因，丢失的还有南极和几个高纬度火山口的高分辨率成像。然而，艾玛空（Emakong）火山能够在中等分辨率下成像。这是火山喷口最大的例证之一，近期的熔岩流在红外图像中没有显示出"热点"，这意味着它当时处于休眠状态。低黏度流动的明亮熔岩流可能富含硫。这次交会中最令人惊奇的发现是瓦史塔链（Tvashtar Catena）中的火山口。因为它位于北纬高纬度，伽利略号仅能采用一个倾斜视角，但结果却是一个戏剧性的景象，火山喷发出一排"火喷泉"，高度为 1.5km；比地球上典型的喷泉高 100 倍。这个"火幕"非常热和明亮，以至于 CCD 饱和，电子从一个像素溢出到相邻的像素，造成白色像素的"猛增"。它还使红外光谱仪饱和了，因此温度无法直接测量，但最高温的不饱和像素至少显示为 1 000K。在几个小时内，NASA 的红外望远镜设施和位于夏威夷的 10m 凯克（Keck）望远镜观测到了这次喷发，结合它们的观测结果和伽利略号的数据，表明熔岩温度高达 1 800K。地球上最热的熔岩只有 1 500K。像木卫一上这么热的熔岩在地球上已经有几十亿年没有喷发过了。随着行星内部的熔化，熔体中铁和镁的含量随着熔化程度的增加而增加。根据压力估计，熔岩在 1 800K 时有高达 30% 的部分熔化，这说明木卫一的内部是岩浆中部分熔融的"糊状物"晶体[291]。彩色的库兰火山的图片令人扫兴！航天器之前所有观测表明这是一个"热点"，有时还会看到一缕微弱的羽流。红外光谱仪将其解析为两个独立的活动中心[292-294]。

在这次近拱点过程中，伽利略号也能以前所未有的 3.6km 的分辨率对阿玛西亚成像。这些图像不仅分辨出一个大坑，还识别出山脊等地形。虽然有一些明亮的点和条纹可能是附近撞击坑碎片的沉积物，但这些区域似乎是离质量中心最远的地方，在那里较弱的重力可能会使喷出物更易于逃逸。

当伽利略号第二次接近木卫一时，它在瓦史塔链中的一个火山口发现了一个"火帘"。熔岩非常热以至于使 CCD 饱和了，产生了"流血"的假象

虽然这圈轨道结束了伽利略号木卫二任务，但它直接进入了第二个扩展任务。这个伽利略号千年任务（Galileo Millennium Mission）的亮点是将与卡西尼号开展联合研究，因为卡西尼号正飞向土星。在 2000 年 10 月到 2001 年 3 月，它们将监测突发的太阳风如何与土星的磁层相互作用。因为当卡西尼号在 12 月 30 日飞过时，距离木星 970 万千米，所以它将依然在弓形激波之外。那时，伽利略号将会到达近拱点。许多观测站，无论是在地面还是在太空，将在无线电到紫外的波长范围内研究木星。特别是哈勃空间望远镜将研究木星极光。卡西尼号还将按照惯例远距离对木星及其卫星进行成像，这是由于伽利略号高增益天线存在展开故障。当不参与联合活动时，伽利略号将继续勘查木卫一和木卫二，以协助规划未来的任务，特别是收集关于木卫二磁场的新数据，希望能解决在冰壳下是否有海洋的问题。航天器在辐射中很好地存活了下来。然而人们一直期望会有一个扩展任务，而第二个扩展任务是切实可行的，主要是由于导航非常精确，使推进机动减至最少，以至于航天器剩余 37kg 的推进剂。另一个限制是能量。由于钚燃料的衰变和用于将热转换为电的热电偶的退化，RTG 的功率输出每年下降 7 W，但在 2000 年仍有 450W。然而，为了节省电能，它决定永久关闭所有不再需要的系统，包括主发动机的催化剂珠加热器和坏掉的的紫外光谱仪加热器。

第 26 次的近拱点探测，即第一个伽利略号千年任务，在范围上是非常有限的，其中一个原因是飞行控制团队规模减小了，另一个原因是没有时间在 2 月交会前下载数据。事实上，这个阶段的部分时间用于回放第二次木卫一交会时的一些数据，包括瓦史塔的图像。

2000 年 1 月 3 日，伽利略号进行了与木卫二的最后一次交会，在 351km 的高度恰好经过著名的皮威尔撞击坑的西南位置。这一次，设计用来忽略复位的软件工作得很好，没有丢失任何观察数据；伴随着掠过的光照，对可能的冰火山的流动、两个山脊的交叉位置和卡兰尼什盆地周围的喷出物拍摄了高分辨率图像。但是这次交会的主要目的是进一步研究木卫二的磁场。木星磁场的轴线相对于木卫二轨道平面是垂直的，其结果是有时这颗卫星在磁层的北部，有时在南部。由于磁场线在磁赤道的北部朝向远离木星的方向，而在南部朝向木星，根据这次飞掠时木星磁场的相位及指向与之前飞掠时相反的事实，可以确定木卫二的磁场是内在的还是感应的。磁强计发现，偶极场的一半几乎完全指向远离木星的方向，这应该是一个感应场。虽然有许多导电材料可能导致这种反应(包括金、铁等)，但在这种情况下唯一可信的是存在着接近表面的咸水海洋[295-296]。除了提供进一步的跟踪数据来探测这颗卫星的内部以外，这次飞掠还包括一个无线电掩星，它对大气层的范围进行了限制。

就在到达近拱点之前，伽利略号拍摄了木卫五、木卫十四和木卫十六迄今为止最高分辨率的图像。在这次和其他几次飞过时拍摄的木卫十四的照片中，最高分辨率为每像素 2km，照片显示存在一个 40km 的撞击坑——仄忒斯(Zethus)——位于一个 60km 宽的小卫星相对光滑的表面。木卫十六被发现是一个小的细长天体，但即使是最高分辨率的图像也看不到任何表面细节。木卫五仍然是一个几乎无法分辨的光点。当航天器从木星飞离时，它以 212 000km 的距离从木卫一飞掠，拍摄了新的远距离图像和洛基火山的红外扫描。

2 月 22 日，伽利略号第三次接近木卫一，距离其火山表面仅 198km。探测器收到两次复位信号，但都忽略了它们并且得到了观测结果。在观察背光面时，偏振测光计扫描了洛基火山和代达罗斯(Daedalus)火山附近，红外光谱仪绘制了代达罗斯火山、洛基火山、贝利火山和穆隆古(Mulungu)火山的熔岩流高分辨率红外图像。通过设计，大多数目标都是在前两次交会中看到的地形和现象，以便能够识别变化。在地面的望远镜显示洛基火山在升温之后，伽利略号的偏振测光仪被用来直接扫描它的熔岩湖。与 1999 年 10 月相比，它发生了巨大的变化。熔岩湖的西南部分在 10 月份曾经是热的，现在已经冷却，但湖的剩余部分温度升高了 30~40 K，好像是之前"热点"的热量通过熔岩流的散布沿着火山口被重新分配[297]。这次飞经木卫一最令人称奇的图像是恰克火山(Chaac Patera)的底面和侧壁，分辨率为 10m/pixel，它的绿色沉积物被称为"高尔夫球场"。普罗米修斯火山的新图像与第一次交会(134 天前)的图像对比显示，大约 60 平方千米的区域被新鲜的熔岩覆盖，类似的区域被明亮的富含硫的沉积物覆盖。这一覆盖率是基拉韦厄(Kilauea)火山的 10 倍，基拉韦厄火山是地球上最活跃的火山之一。事实上，在这次交会和之前交会中拍摄的图像和红外测量，使科学家们能够开发出一个详细的普罗米修斯火山的岩浆室、裂隙、熔岩管、熔岩流和沉积物的模型。另外伽利略号还拍摄了扎尔(Zal)火山和沙姆舒(Shamshu)火山，托希尔(Tohil)山和阿米拉尼-毛伊复合体的照片，以及一幅瓦史塔的彩色图像。虽然在之前的交会中看到的熔岩帘已不再活跃，并且这个地点已经冷却到 500~600 K，但现在有一个高温流出现在链中的另一个位置[298-300]。

当木星接近合日位置时，降低的数据速率限制了可传回的数据量。虽然在接近阶段只传回了少量的粒子和场的数据，但是一个木星的近掩星"探听"到了北极地区大气的最高层，在与木卫一交会的过程中多普勒数据被用来改进其重力场和内部结构的模型。除了木卫一以外，唯一的相机活动是木卫二某些很少看到的经度的彩色图像。在这之后，一次平台复位中断了数据收集，但由于大部分计划的观测已经完成，所以决定放弃使用在自转舱段上装载的极紫外光谱仪对木星和木卫一圆环进行扫描（扫描平台上的紫外仪器现在无法工作）。

伽利略号的下一次交会是在 5 月 20 日，这是两次木卫三飞掠的第一次，它将为伽利略号和卡西尼号在 2000 年晚些时候的联合观测建立轨道。成像目标包括：研究在高分辨率下黑暗地形的特性；对最光滑明亮的地形进行低入射角光照条件下的立体视觉研究；研究过渡区域和各种地形之间的关系；在高分辨率条件下研究光滑明亮的小道及其与沟槽和黑暗地形的关系；在中分辨率及高分辨率条件下研究一个扇形的洼地，以确定其是否是结冰的火山活动——后一种条件显示了一个平滑的内部和斑驳的纹理，这与冰火山活动现象一致，并且洼地似乎在一个熔化的蓄水池上崩塌了，然后经历了构造运动，但是没有流锋及类似结构的证据[301-302]。在相距 809km 的飞掠过程中，航天器穿过了木卫三内禀磁场强度与木星磁场相当的区域，从而研究了这两个磁层是如何相互作用的。结果显示这颗卫星的磁场包含两个特征：一个是已知的内禀磁场；而另一个显然是感应磁场，由位于 200~300km 的深度只有几千米厚的导电层产生。就像木卫五和木卫二情况一样，这一层很可能是地下的咸水海洋。支持这一假说的证据是，红外光谱数据显示在木卫三表面有一种非冰物质，似乎是某种水合盐[303]。

这个近拱点探测序列包括两次掩星：一次是被木星遮掩，另一次是被木卫三遮掩。除此之外，该偏振测光计的目标是木卫一、木卫二和木星的高层大气，但红外光谱仪只研究了木卫三和木星。特别的是，这条轨道允许对木卫三的边缘进行扫描，以描述其稀薄的大气。木星上的主要成像目标是被忽视了数月的大红斑，以及合并后的白色卵形。此外，伽利略号对木星环以前所未有的倾斜角度进行了成像。由于磁带记录仪仍然保留了以前交会时的许多高分辨率数据，所以没有对木卫一进行新的观察。然而，当伽利略号离开木星时，在之前轨道上获得的木卫一圆环的观测数据丢失了，大约 17 天的极紫外光谱仪观测圆环向光面和背光面的环脊数据也丢失了。

木卫三的飞掠将伽利略号的近拱点提升到木卫一和木卫二的轨道之间，以减少其对辐射的暴露，这也标志着与卡西尼号的木星磁层联合研究的开始，在此期间，伽利略号只准备了两个轨道。第一个轨道将持续 7 个月，其远拱点位于磁层相对未被探索的"暗面"，距离木星约 2 070 万千米（290 倍木星半径）。需要下载的数据除了收集到的粒子和场数据外，还包括积压的磁带数据，特别是木卫一的图像。然而，由于最近深空任务的复兴，再也无法给伽利略号分配常规连续的覆盖，以便实时传送高分辨率粒子和场数据[304]。6 月，航天器对变星天文学做出了意想不到的贡献。星敏感器临时丢失了天社三(delta Velorum)，它是天空中 50 颗最亮的恒星之一，然后又找回了它。1989 年，伽利略号开始航行后不久也发生了类似的事件。出于好奇，控制小组的一名成员询问了一个专门研究变星的业余天文学家协会，该协会指出，天社三是一个双星系统，其中一颗恒星每 45 天会遮挡另一颗恒星。这一现象得到了伽利略号的证实，在预测的 2001 年 2 月 1 日的掩星到来之前，它将星敏感器对准了这颗恒星[305]。2000 年 10 月 26 日，当伽利略号距离木星约 200 倍木星半径时，开始了为期 100 天的磁层粒子和场勘查。事实上，当时航天器在磁层之外。它在经过弓形激波和磁层顶时获取了数据，完成了近拱点飞掠，并回到了太阳风中。同时，卡西尼号监测了木星太阳风上游的情况。

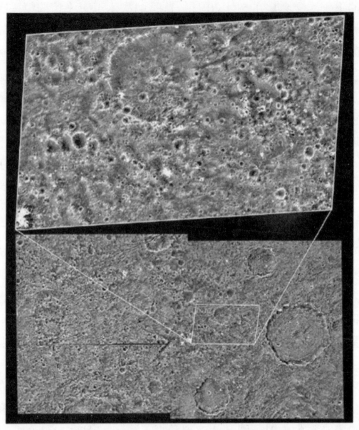

伽利略号在第 28 圈轨道上拍摄的木卫三上的尼克尔森地区(Nicholson Regio)黑暗地形的高分辨率图片(图片来源：JPL/NASA/加州理工学院)

伽利略号于 12 月 28 日开始了它的第 29 次近拱点的交会序列，一次无线电掩星掠过木星的北极，提供了这部分电离层电子密度的分布曲线。刚从掩星出来不久，它就在 2 337km 的距离掠过了木卫三，距离最近点时刻是在卫星进入木星阴影后 15 分钟，发生了 109 分钟的星食。偏振测光计收集了木星表面在进入黑暗后如何冷却并在阳光恢复后如何升温的热数据，以便深入了解表面的热惯性和表面纹理。与此同时，相机试图拍摄星食时

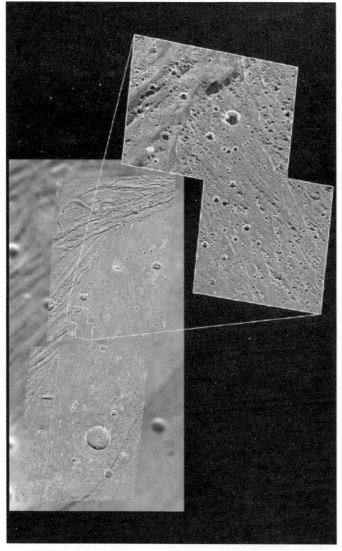

伽利略号拍摄的一幅分辨率为每像素 16m 的图像，显示了木卫三上明亮的哈帕格亚沟（Harpagia Sulcus）的一部分，在旅行者号的低分辨率视图中，哈帕格亚沟看起来很平滑（图片来源：JPL/NASA/加州理工学院）

卫星极区的极光。计划还包括监控"热点"和木卫一上的极光，并且与卡西尼号合作跟踪木星的特性，但这些观测数据大多数在辐射异常诱导时丢失了，导致图像完全饱和——尽管一系列内存重新加载和循环加断电等工作成功了。木卫一的观测结果受到了特别的影响，但是一些全球的图像被抢救回来以用于"火山观察"，并且补充了卡西尼号由于距离较远而在较低分辨率下的连续成像。在对普罗米修斯火山的长时间曝光中，尽管图像中部分像素受损，但还是获得了清晰的羽流图像。令人惊奇的是，在全球的彩色图像中显示瓦史塔地区产生了一个直径约 720km 的贝利火山样式的圆环。据计算，形成它的羽流必须上升到近

400km 的高度。形成的羽流无论尺寸大小,都会成为在高纬度地区发生火山喷发的第一个证据[306]。木星的图像也丢失了,但是勘查环系统的平面外结构和其他特征是不受影响的。与此同时,红外光谱仪对所有伽利略卫星进行了观测,此外还与卡西尼号合作观测了木星大气。

卡西尼号和伽利略号的粒子和场观测阐明了太阳风中阵风的效果对木星磁层和极光的影响,以及对将木卫一连接到木星电离层极区的磁通管的影响。特别是在2001年1月10日,当太阳风的低压和高压部分之间的激波前沿掠过木星时,两个航天器在半小时内先后遇到了磁层的弓形激波。这让我们了解了木星的磁层是如何对这样的事件做出反应的。在那时候,卡西尼号附近的弓形激波仍然面对着低压的太阳风,并且已经膨胀,但是在伽利略号的位置,弓形激波被高压太阳风压扁。在这中间一定有一个"结",标志着激波前沿的通过。3天后,哈勃空间望远镜看到了木星上一个小而亮的卵形极光,并且发射一些无线电噪声,可能是由太阳风中通过冲击波造成的[307-309]。

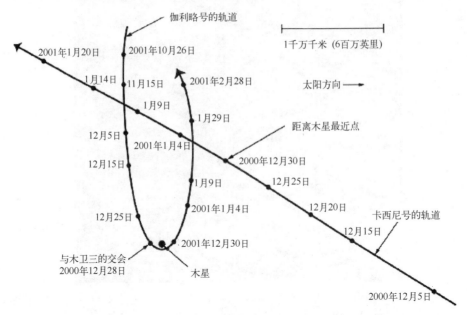

伽利略号和卡西尼号在联合探测任务期间在木星系中的轨道(图片来源:JPL/NASA/加州理工学院)

与此同时,科研人员正在制订结束伽利略号任务的计划。在它的最后几圈轨道上,伽利略号将追踪关于木卫一的一些关键问题,特别是它的磁场是内禀磁场还是起源于诱导;测量其热量的输入和输出,以阐明潮汐压力为其火山活动提供热量的过程;喷发机理的细节以及山脉的起源。然而,在任务的最后阶段,首先交会的是飞掠木卫四以返回近拱点,为了靠近木卫一的轨道以准备最后3次飞掠木卫一:第一次在北极地区,第二次在南极地区,最后一次在赤道地区。

第30次近拱点的探测序列是从木星的一个2.5小时的无线电掩星开始的,伽利略号"探测"了以前未被探测到的北半球的纬度。虽然3个软件被重新加载并且在相机的程序中已经写入了开机/关机的循环，以使它能够从故障中恢复，但大多数图像尤其是木卫一、木星和木卫五的所有图像都是饱和的。木卫一的图像中包括了朝向木星半球在星食过程中出现的"热点"，前导半球的彩色图像，以及在瓦史塔地区上羽流经过紫外滤镜的画面。仅一条来自地球的重新加载指令成功地挽救了两次木卫三观测中的一次和所有的木卫四的图像。5 月 25 日的木卫四交会是不寻常的，因为探测器沿着木卫四的阴影锥飞行，在星食中花费了近 1.5 个小时。此外，持续约 1 个小时的无线电掩星"探测"了它的电离层。这次飞掠发生在 138km 的高度。红外光谱仪绘制了地表成分，特别是针对迄今未被观测到的区域，以及布兰(Brain)撞击坑和阿斯加德盆地。就像之前的交会一样，偏振测光计沿着黎明的晨昏线扫描，以确定刚开始被太阳加热的物质的热性能。相机获取了晨昏线上这些位置大量的高分辨率图像，以及整个前导半球的彩色图像序列——事实上这是轨道航行中第一个这样的序列。在 100m/pixel 的分辨率下，对木卫四上与瓦尔哈拉盆地在星球的另一面正对着的点进行了成像，以寻找类似于水星上与卡洛里斯(Caloris)盆地在水星另一面正对着的位置存在的圆丘状地形[310]。在 6 月 4 日至 24 日，当木星通过了合日点时，伽利略号再次同地面失去联系。事实上，最后一次对木卫四的飞掠所获得的数据相对较少，而且大部分数据都是在 7 月份下载的。

由于推进剂几乎耗尽，伽利略号将不得不终止它的任务。尽管科学家们相信，任何搭乘的微生物都会被木星的辐射杀死，但他们还是决定将这个航天器抛入木星的大气层，以排除这个失效的航天器撞击木卫二并污染这颗卫星可能拥有的任何生态系统的可能性。第 31 圈近拱点将提供 3 次近距离飞掠木卫一的第一次飞行，这不仅提供了在这个卫星上获得新数据的机会，还能建立潜入木星的轨道。据计算，到那时航天器只剩下 2.4kg 的肼，仅占最初推进剂加注量的 0.25%。在任务最后阶段第一次与木卫一交会的过程中，从操作的角度来看是不寻常的，因为深空网中唯一可见的马德里站天线在进行离线升级工作，所以伽利略号在近拱点附近时会有几个小时无法被跟踪到。与此同时，工程师们已经弄明白为什么相机会产生饱和的图像。在一定条件下，辐射会导致一个运算放大器饱和。例如，当将泛光灯均匀地照在 CCD 芯片上以清除之前的图像时就会被激活。为了在连续不断的问题中尽可能多地挽救木卫一的科学任务，科学家决定将远距离成像添加到序列中，以描述大尺度的表面变化(实际上，这种预防措施将会收到成效，因为这是本次交会中唯一可用的木卫一图像)。所有 3 种现存的遥感仪器的观测对象都是木星，特别是"白色卵形"和两极地区，因为在研究大气动力学时它们是特别令人感兴趣的。

在 8 月 6 日伽利略号接近木卫一的背光面，红外光谱仪勘查了几个已知的"热点"。最近点发生在高度 194km，位于 78°N 的位置，伽利略号刚好穿越了晨昏线。因此，离开时拍摄的木卫一视图是完全照亮的圆面。这个相机的首要任务是拍摄远距离图像，以确定瓦史塔地区是否有羽流。然而相机什么也没拍到，但如果存在羽流，它不会含丰富的气体，而是一种"隐形"的全蒸汽羽流。然而，这台相机的确在一个之前未被识别出的高纬度的火山上方探测到了一股羽流，该火山命名为托尔(Thor)。羽流上升到 500km 的高度，这是在木卫一上看到的最高的羽流。航天器直接从瓦史塔地区上方飞掠，如果出现羽流，将会从羽流的边缘穿过。虽然等离子体试验设备探测到稀薄的气体，但这可能是托尔火山的羽流。最近点拍摄的图像全部都丢失了，包括马苏比火山和阿米拉尼-毛伊火山复合体的特写。此外，在这次接近中，一个南半球的"热点"也是红外光谱仪的目标，它在上一圈轨道上被发现。接下来，拍摄了光照圆面的低分辨率的全球图像。这些都没有受到相机问题的影响，而且显示了在达日博格(Dazhbog)和苏尔特火山附近新出现的掉落的大量的羽流沉积物。高纬度地区已知的巨大羽流或它们的沉积物增加到 4 个。在这次近拱点经过中也得到了木卫四和木卫五的向木面半球图像——当后者被近距离勘查时，修正了不规则小卫星的星历，为第 34 次和倒数第二次近拱点探测做准备[311-312]。

鉴于伽利略号存在受到辐射威胁的风险，并排除了阻止航天器撞击木卫二的计划，剩下的两次木卫一飞掠都经过了精心策划。

在 10 月 16 日第 32 次经过近拱点时，飞掠了木卫一，最近点大约位于 79°S 的位置，高度为 184km。在交会之前，偏振测光计观测到了木星的北极区域和南半球的"白色卵形"。木卫一的探测序列从远距离开始，卫星处在星食中。偏振测光计获取了北纬"热点"数小时的高分辨率辐射温度数据。从气压为 1 000hPa 以上、高度为 25 000km 的位置，一个无线电掩星"探听"了木星的电离层和大气层。与此同时，红外光谱仪扫描了贝利火山和洛基火山以及一些南纬的"热点"，并绘制了南北极地区二氧化硫的分布图。

2001 年 8 月 4 日，伽利略号拍摄了一幅木卫一上 500km 高的托尔火山的羽流图像，这是迄今为止观测到的最高的羽流

当木卫一从木星的阴影中出现时，相机开始工作。它的软件改进了自我诊断和修复功能，并对指令循环进行了修改，以确保尽可能多地拍摄图像。此次拍摄的主要目标是恢复之前经过时丢失的观测结果。在晨昏线附近洛基火山的高分辨率图像显示，最近的熔岩沉积物看上去是扁平的、玻璃状的，并且由于反光看起来是明亮的而非黑暗的。火山口的边缘不超过 100m 高。附近的山峰上升了 1 000m。由红外仪器获得的洛基火山的高分辨率温度图显示，熔岩湖区域正在冷却过程中。这个熔岩肯定是在过去的 80 天内被挤压喷出的，

并且以每天 1km 的速度扩散。这个熔岩的冷却模型显示它只有 1m 厚[313]。接下来，一组 5
张夜间的贝利火山的图片显示，有一个熔岩区域温度大约为 1 400K，这表明它含有硅酸盐
成分。忒勒戈诺斯门萨（Telegonus Mensae）地区的一处悬崖出现了下坡运动。在艾玛空火
山边沿附近的熔岩沟渠的高分辨率图像显示出明亮的物质、外壳包裹区域等形成的岛状
物。同时红外数据显示，火山口的底面是温暖的，这表明了最近有活动，但是在之前轨道
上的成像没有显示任何变化。托希尔山在晨昏线附近被成像，测量其高度超过 9km。在托
希尔山的顶峰附近的一个线状山脊可能是一个火山口，但没有岩浆流出。附近的拉德盖斯
特（Radegast）火山可能会回收从托希尔山掉落的碎片。看来它最近喷发过，因此非常的温
暖。图潘火山（Tupan Patera）的彩色拼接图像显示了红色的富含硫的区域和可能是硅酸盐
的深色区域。绿色区域可能是两种类型喷发物发生化学反应的地点。在特写镜头中，瓦史
塔地区似乎很安静。它因最近的爆发而显示出放射状条纹。在第 27 圈轨道上发现的喷发出
的黑色流体似乎随着冷却而消退。利用几乎总是出现在正上方的光照获取了吉什吧火山和山
峰的拼接图像。在从地球上探测到的一场爆发活动中，新的黑色熔岩流在火山口的部分地区
运行了 30km，它可能喷发于 1999 年 10 月。最后的观测结果包括两个横跨晨昏线的条带的
图像，揭示了迈锡尼（Mycenae）和科尔基斯地区以及新羽流地点中的地形细节。这其中包
括了翠高步山（Tsûi Goab Tholus），尽管它是一个不引人注目的土丘，但似乎是一种罕见的
爱奥尼亚（Ionian）盾状火山（木卫一上的熔岩流很少构建大的结构）。其他画面则捕捉到了
托尔火山地区的裂缝和沉积物。两个全球低分辨率彩色拼接图像结束了这一序列[314-315]。

　　在这次和之前的交会过程中获得的磁强计数据表明，与入轨时获得的迹象相反，木卫
一没有产生内禀磁场。但是追踪数据证实它有一个金属内核。值得注意的是，科学家刚刚
提出了一种新的木卫一岩浆成分和内部结构的模型，其中金属内核的对流被抑制，结果导
致没有磁场[316]。这使在木卫一附近的固定等离子体成为观察到磁场的原因。最后，获得
了木卫一、圆环和磁流管之间相互作用的新数据。

　　这次近拱点过程也拍摄了一幅木卫五的图像，并最后一次观察了薄纱环，粒子和场仪
器收集了大量的数据，这取决于试验情况，时间跨度在 12~15 天。当航天器从木星离去
时，一项测试显示，在整个旅程中出现了多次问题的偏振测光计已经神奇地自愈了！因此
在最后一次交会中，该仪器将能够提供其完全的辐射测量能力。另一方面，在 2001 年 11
月 13 日的状态调节序列中，磁带记录仪的老问题又有复发的迹象。这是很可能的，因为
在 1995 年发现磁带卡滞的问题，卡滞的点被确定为一个"停止"点，作为磁带头部例行地
停在这里的结果，这个点越来越老化了。

　　最后一次飞掠木卫一发生在 2002 年 1 月 17 日。这一序列以一个持续 2 小时 42 分钟的
无线电掩星开始，"探听"了木星北纬的大气。航天器接近木卫一的背光面，越过了晨昏
线，离开了向光面。粒子和场仪器收集了数据，特别是对木卫一的圆环结构进行了详细的
勘查。遥感观测开始时，对普罗米修斯火山和马杜克火山的"热点"进行了热扫描。在距离
最近点前大约 28 分钟，发生了一次平台重启，重启类型属于改进的软件编程时没有绕过
去的情况，所以伽利略号自身进入安全模式。这是不幸的，因为这次交会提供了第一次也

唯一一次对是木卫一的向木面半球进行高分辨率成像的机会，以及对一个区域在 1km/pixel 分辨率下拍摄彩色图像的机会，没有任何一个航天器以优于每像素 10km 的分辨率观测过该区域[317]。当伽利略号在 101.5km 的高度通过中南部纬度时，它没有进行探测。事实上，这是它在整个旅程中离任何一颗木星卫星都最接近的地方。极其接近的目的是获得所需要的引力弹弓，它可以将远拱点提高到 350 倍木星半径，这距离木星已经非常远，航天器在这样的轨道上运行容易受到太阳的干扰，使得航天器在未来某个指定的日期坠入木星。多普勒跟踪不受安全模式的影响，探测数据对木卫一重力场的认知有重要的贡献。丢失的遥感数据包括木卫一火山特征和山脉的红外扫描和视觉成像，木卫十四的图像以及木星和木卫二的极化研究。然而，工程师们能够及时地恢复伽利略号至正常工作模式，从而获得两张木卫五的新照片，以进一步修正它的星历。然后，像机拍摄了木卫二面向木星半球的彩色图像序列。事实上，这是相机提供的最后的科学数据。红外光谱仪完成了最后一幅木星的全球拼接图像，这是一幅多光谱图，用来描述云层的形态。

　　当伽利略号从木星离开时，极紫外试验设备开始进行太空的莱曼-α(Lyman-alpha)巡天观测，此次观测几乎贯穿了下一圈完整轨道。2 月，在 180 倍木星半径处发生了一次平台重启，这是离木星最远的一次，因为在数据回放过程中没有使用处理这种事件的软件，探测器进入了安全模式。与此同时，在近期近拱点"意外"重启的原因已经被确定，工程师为最终的轨道设计了一个新的软件补丁。3 月，像机和红外光谱仪被校准，以完成伽利略号的遥感操作。现在，数据记录仪上的磁带已经卡滞在磁带开始位置的"虚拟"擦除磁头上，以及在两个回放磁头中的一个或两个上。经过 2 个月的诊断，人们决定让磁带以最快的速度前进，并成功地释放了它。在 7 月发生了合日，在 8 次合日过程中完成了第 7 次日冕探测。由于技术原因，仅 1998 年那次合日被错过。其中 3 次合日是在太阳活动极大期，3 次在太阳活动极小期，而剩下的 1 次在太阳活动上升阶段[318]。与此同时，工程师们设计了一些措施使这台记录仪能够在木卫五的飞掠

伽利略号在第 32 圈轨道上拍摄的分辨率为每像素 50m 的一张拼接图像，从左到右：托希尔火山口中黑暗和明亮的流体，黑暗的圆形拉德加斯特火山口和托希尔山的山峰及滑坡

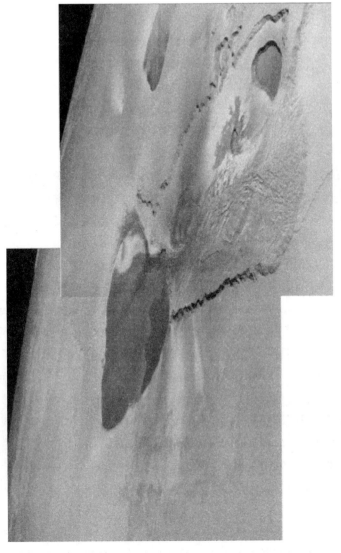

伽利略号在第 32 圈轨道上对瓦史塔链拍摄的分辨率为每像素 200m 的图像，展现了自从
早期飞掠后它的变化情况

中运行——这是第一次也是唯一一次与非伽利略卫星的近距离交会。幸运的是，磁带的问
题没有在更早的时候发生。尽管有媒体呼吁 NASA 提供 115 万美元以利用这个独一无二的
机会来近距离观测木卫五，但在第 34 次近拱点时没有遥感探测的计划，因为不可能产生
有用的结果[319]（事实上，轨道也提供了最好的几何关系用于对木卫一的向木面半球成像，
包括皮拉乌火山、贝利火山和洛基火山——后者具有史无前例的每像素 500m 分辨率）。
然而，粒子和场仪器将对一个区域内的内辐射带进行测量。由于该区域存在环的尘埃，导
致等离子体和尘埃的混合物近似于年轻恒星周围的原始行星盘的条件。尘埃探测器将对薄
纱环进行原位观测。因为木卫五的形状已经被旅行者号和伽利略号的图像所确定，因此它

的体积是已知的,一旦伽利略号在飞掠跟踪过程中获得了对这颗卫星质量的估计,就可以计算出它的密度并了解它的起源。交会期间的姿态控制是特别困难的。尽管交会时不需要进行遥感勘测,但需要精确地了解航天器自转的轴线和周期,以说明其他数据。但是,陀螺无法被可靠地使用,而且航天器将在木星阴影处的近拱点附近停留一个小时,这意味着不能使用太阳敏感器。当然,在如此接近木星的情况下,星敏感器会受到非常多的辐射干扰,以至于失去了它的参考点。科研人员决定让星敏感器监测织女星(Vega),它是天空中最亮的星之一,安排软件重新启动和重复数据序列,并接受航天器姿态有一些微小的漂移是不可避免的[320]。

在 2002 年 10 月下旬,伽利略号开始报告实时探测到的粒子和场数据。当时探测器正处于太阳风中靠近弓形激波的位置。探测器一进入磁层后,就进行了 6 次电流层穿越,并标记了行星磁场两极之间的分界线。这次勘查的范围非常大,以至于探测器需要用磁带记录仪 4 条磁道中的 3 条来存储数据。11 月 5 日,探测器以相对距离 244km、相对速度 18.4 km/s 飞掠了木卫五。由于辐射环境非常强烈,地面无法维持双向无线电连接,只能从备份的单向载波中获得有限的多普勒数据。尽管如此,通过长时间的分析也估算出了木卫五的密度,预计小于 $1.0g/cm^3$,这表明它是多孔的岩石和水冰的混合物,可能形成于太阳系外围,后来被木星捕获[321]。在飞掠木卫五 17 分钟后,伽利略号(此时探测器耐受的总辐射剂量已超过了其设计指标的 4 倍)的运行开始不稳定,它自己识别到了故障并转入安全模式,大约在距近木点 2.3 倍木星半径处停止了数据收集工作。发生的问题是 1 次平台的复位,但与之前不同,之前问题都出现在消旋段,而这次是出现在自旋段,尽管自旋段能够更好地防止辐射,但问题还是发生了。6 分钟后探测器启动了木星无线电掩星探测,但没有得到可用的科学数据。在飞掠木卫五后约 65 分钟,伽利略号到达了距木星云层顶部 71 500km(2 倍木星半径)处的近拱点。目前只有先驱者 11 号和伽利略号的大气探测器曾冒险进入了小于 2 倍木星半径的位置。根据探测器的程序设定,即使在进入安全模式使科学仪器停止工作之后,探测器的星敏感器也仍保持运行并获得了一些有趣的发现,在最接近木卫五和木星的时候发现了一些闪光。假如这些闪光不是简单的辐射干扰,那么闪光数据表明在那个时候,在探测器的 5 000km 范围内存在一些约 5km 大小的卫星[322]。传感器读数还间接测量了粒子通量。在木卫一的轨道上度过了大约 9 个小时后,伽利略号最后 1 次飞向轨道的远拱点。3 天之后当检查记录的数据时,磁带再次出现了粘连的迹象。但这次也有迹象表明是由于电机无法运行导致的。可能的原因是辐射损坏了硬件,或者雾化了控制磁带运动的光学传感器。大量的测试也未能确定原因,但事实证明记录仪可以在 20 分钟内可靠地连续工作,并且可以重放木卫五的数据。

2003 年 1 月 14 日,伽利略号的探测任务接近完成,伽利略号调整至将进入木星大气层的姿态。在 3 月上旬,探测器成功安装了用于最终潜入过程中传输实时数据的科学指令序列。在接下来的 6.5 个月里,地面与探测器进行每周一次的通信,用于确认它的状态。4 月 14 日,它到达了极椭圆轨道的远拱点,距离木星 2 640 万千米(370 倍木星半径)。8 月,探测器经历了它的最后一次合日并进入了飞往木星的轨道,这个轨道在木星大气层中有一个理论上的近拱点，比木星 1 000 hPa 的大气压力界面高度低 9 700km。探测器在 14 倍木星半径、约撞击之前 19 个小时开始了科学探测活动，并且工程师们准备好了紧急事件序列，在遇到麻烦时可随时接管探测器。约 4 小时后，伽利略号穿越了木卫一的轨道。约 1 小时后，不断增加的辐射导致星敏感器失去了目标。1 小时后在 3 倍木星半径处，磁强计在它饱和之前给出了最后的读数。伽利略号随后穿越了内部卫星的轨道，在那里，星敏感器被专门用于探测闪光，以进一步研究小天体存在的可能。在 9 月 21 日，UTC 时间 18 时 50 分 54 秒，探测器在距离云层之上只有 9 283km(0.13 倍木星半径)处穿越了大气边缘，并在 7 分钟后，离开了地球的视线进入黑暗之中，以 48.2km/s 的速度进入木星大气层。探测器此时的进入点位于赤道以南 0.2°，经度为 191.6°[323-324]。伽利略号在木星轨道上的运行时间差 3 个月满 8 年，并且陪伴这个星球度过了它绕太阳公转 3/4 圈的时间。

6.7　飞越海格力斯之柱

地球绕太阳运行的轨道平面被定义为黄道面，同时太阳的自转轴相对黄道面倾斜了大约 7°，这意味着像先驱者号和赫利俄斯号(Helios)这样运行于内太阳系绕日公转轨道且轨道与黄道面重合的探测器只能采集源于太阳赤道纬度附近的太阳风。科学家们想知道这个区域的太阳风数据是否能代表整个太阳。事实上，在日食发生时对日冕和浸入太阳风中彗星彗尾的观测结果表明，太阳风的性质是随太阳纬度的变化而变化的。在纬度 40°的地方，太阳风看起来更平静，速度也可能更快。此外，太阳黑子似乎被限制在一个相对狭窄的赤道地带。而且太阳磁场似乎被分为两个极性相反的半球，其中一个半球的磁场线指向太阳，而另一个半球的磁场线远离太阳。在赤道平面上，两个半球被一个本质为电流层的平面隔离。轨道在黄道面上的探测器会时常穿过这个电流层，从一个极性区域飞向另一个极性区域。在日地距离的轨道上，这种现象通常每 7 天出现一次。在更高纬度的固定极性区域，只有先驱者 11 号对其进行了少量采样，探测器在木星和土星之间的轨道相对于黄道面倾斜了近 20°。充分了解流动太阳风在星际介质中形成的气泡结构——即日球层——对于粒子天体物理学来说也很有价值，因为太阳风减缓了银河宇宙射线到达地球的程度[325]。一个脱离黄道(Out-Of-Ecliptic，OOE)的任务概念在 1959 年美国科学家举行的一次圆桌会议上被首次提出，使美国航天获得新的领先地位。这个任务就当时的技术水平而言难度很大并且耗资巨大，事实上该任务即使放在现在面临的问题也一样。

举例来说，若将一个探测器送入垂直于黄道面的 1AU 圆形轨道，不仅需要消除它从地球继承而来的黄道面内速度(大小约为 30km/s)，还需要在黄道的垂直平面恢复相同的速度。两个作用叠加在一起，将需要一个与地球运动方向相反且与黄道成 45°夹角的速度增量，大小约为 42 km/s，这种机动需求已经远超最强火箭的运载能力。即使将最强大的土星 5 号运载火箭与半人马座上面级组合使用，采用最陡的脱离黄道角度，也只能将一个质量为 580kg 的物体送入 1AU 的轨道，与黄道面的夹角也只能达到 35°，速度增量约为 18 km/s。在 20 世纪 60 年代，美国和欧洲天体力学方面的专家找到了一个更为经济的方法，就是利用飞掠木星的引力弹弓来改变探测器的轨道平面，不过它也有一个缺点——需要采用远大于 1 AU 的轨道。通过仔细计算探测器到达木星的途径，可以得到多种脱离黄道角度和近日点距离，但远日点都需要保持在木星轨道附近[326-327]。

在 20 世纪 60 年代末至 70 年代初，NASA 对脱离黄道任务进行了研究，所有的方案设想都需要利用木星引力来改变轨道。第一个方案将测试外行星温差航天器(Thermoelectric Outer Planet Spacecraft，TOPS)，完成基于该探测器实施大旅行(The Grand Tour)前的准备；另一个方案是使用备用的先驱者号木星探测器。同一时期，亚瑟·查理斯·克拉克(Arthur C. Clarke)的小说《2001：太空漫游》中也提到相关内容："高倾角探测器 21 号(High Incli-nation Probe 21)在黄道面上爬升缓慢。"在 20 世纪 60 年代，欧洲科学家设想将一个探测器送入 13°倾角的轨道，并在黄道面上方和下方 3 500 万千米的位置进行探测。1968 年，英国国家空间研究委员会(British National Committee on Space Research)提出一个英美联合探测任务，计划先将探测器送入近地轨道，然后利用离子发动机逐渐抬升运行轨道相对于黄道的倾角。起初这个计划并没有得到英、美任何一方的支持，于是在 1971 年 1 月这个建议被转而提交给欧洲空间研究组织，该组织是一个负责研究运载火箭、轨道设计和有效载荷的机构。任务最初的方案设计中，探测器使用离子推进，干重为 336kg，其中 20kg 为科学载荷。计划使用木卫二 3 号(Europa Ⅲ)[尚未建造，但是为后续研制的阿里安 1 号(Ariane 1)运载火箭打下了基础]、宇宙神+半人马座上面级或大力神 3 号运载火箭发射。探测器一旦进入日心轨道后，它将缓慢地抬升轨道倾角，并计划在 3 年任务的末期到达太阳纬度 50°的区域[328]。在 1973 年年末，脱离黄道任务被列为 20 世纪 80 年代的优先任务之一。该任务成为欧洲空间研究组织与 NASA 的几个合作项目之一，不过他们对于轨道倾角抬升方案存在分歧，其中欧洲空间研究组织倾向于使用离子推进，而 NASA 倾向于使用木星借力。在 1974 年年末，NASA 单方面做出决定，命令 JPL 停止这项任务所使用的离子推进的研制工作。欧洲空间研究组织的阿斯福德(W. I. Axford)提出建议，如果研制两个探测器，两家机构各负责 1 个，将能够完成对太阳的立体探测。与此同时，欧洲空间研究组织合并进入了 ESA，1977 年 ESA 正式批准了双探测器探测任务。在 1978 年被提交至美国国会的时候，这项任务被命名为国际太阳极区任务(International Solar Polar Mission，IS-PM)；据称，这一名称是由 NASA 局长罗伯特·A. 费罗施(Robert A. Frosch)为避免向议员们解释"黄道"一词的含义而更改的[329]。

国际太阳极区任务由两个相似的探测器组成，其中一个由美国的 JPL 负责研制，另一个由欧洲方面负责研制。每个探测器的质量为 330~450kg，采用自旋稳定并保证天线轴指向地球，由 RTG 提供能源。两个探测器将携带相似的载荷，但美国的探测器还将安装一个消旋平台并搭载一个可见光日冕观测仪和 X 射线/紫外线望远镜。由于太阳极区具有一定的位置优势，可以通过光学仪器监测一些特征从开始到消失的整个演变过程。这种观测在黄道是不可能实现的，因为一个特征从一个边缘开始可见到另一个边缘消失仅有 13 天的观察时机。探测器计划串联安装在惯性上面级并由航天飞机送入地球轨道，在 1983 年 2月有 14 天的发射窗口。当到达木星附近后，两个探测器将分离并分别调整轨道，分别飞越木星的南极和北极。在此过程中，它们将同时开展行星际环境测量。1984 年 5 月的木星借力将使一个探测器转移至黄道面的北方，而另一个探测器转移至黄道面的南方，它们将在距离太阳 2AU 的位置经过太阳极区。在穿越黄道面到达近日点之后，两个探测器将在太阳系的另一面穿过相反的极区，并向木星轨道折回，不过它们到达木星之后距离不会很近。此项任务计划在 1987 年 9 月正式完成[330-331]。

但在 1980 年这项任务遭遇了连续挫折中的第一次，此时 NASA 宣布要推迟一些科学项目，以缓解研制航天飞机所带来的财政压力。国际太阳极区任务的发射日期从 1983 年推迟到 1985 年。然而，ESA 在建造探测器方面已经取得了很好的进展，并在重新评估之后决定按原计划完成研制，然后将探测器进行封存。现在回想一下，ESA 的这次决定其实是因祸得福，因为事件发生后探测器经历了两个较长时间的贮存，并且第一次贮存为第二次贮存（计划外的和更长的）提供了宝贵的经验。1981 年，为了应对空间科学预算的急剧减少，罗纳德·里根总统上任后，NASA 决定取消国际太阳极区任务的一部分内容。尽管欧洲的探测器将能够在一年内同时访问太阳两极，但同时观测已不可能，这极大地降低了科学家对该任务的兴趣。此外，这一决定对于本次任务的公关工作是一次灾难，因为新闻报纸上将不会出现此次任务所描述的壮丽场景。事实上几年以后，本次任务的管理者们开始后悔没有在欧洲的探测器上安装任何相机[332]。尽管科学家们向 ESA 提交了一项研究报告，建议两个探测器均使用 NASA 提供的分系统及仪器设备，但 ESA 并没有认真考虑过。不过幸运的是，通过将一些专用设备从被取消的探测器转移至幸存的探测器，能够实现大多数的科学目标[333]。根据新的计划，ESA 负责提供探测器和半数的有效载荷，并监测探测器的运行；NASA 负责提供剩余的有效载荷、RTG 能源装置、1 次航天飞机发射任务、深空网和由 JPL 执行的飞控操作。在决定取消国际太阳极区任务探测器的研制前不久，NASA 终止了惯性上面级的研制，转而使用低温半人马座 G-优级版，并附加使用固体推进剂的逃逸级，但是对于发射单个探测器来说不需要使用后者。由于将更改为半人马座上面级，发射任务又推迟了一年，即 1986 年。不幸的是，1987 年年末的木星借力轨道并不太好，原因是木星刚好越过近日点，此时探测器相对木星的速度最大，将会稍微减小可到达的太阳最高纬度。探测器由德国多尼尔（Dornier）领导的欧洲工业联盟建造，并于 1983 年由 ESA 完成了测试和验收，然后被拆分为部组件贮存于充氮转运容器内。仪器设备返还给科学团队进行安全保存和定期标定[334-338]。

此次任务的科学目标涵盖了行星科学、太阳科学和天体物理学。行星际物质的特性预计会在太阳高纬度区域发生变化。太阳风的特征似乎与被称为"日冕洞"的大型 X 射线暗区有关，这些暗区以至少 11 年为周期在极区的中央位置出现。太阳的自转使太阳风和相关磁场在黄道上形成一个复杂的旋涡，随着纬度的增加，它可能会变得更平滑（而且可能是径向的）。本次任务有望开展立体无线电脉冲观测，该观测方式始于法国的立体（STEREO）试验，其安装在苏联火星 3 号（Mars 3）探测器上。它通过测量穿过太阳系日球层极区弱磁场区域的宇宙射线，可对恒星天体物理学研究做出贡献，并且可以通过携带的伽马射线爆发和重力波探测器来增强行星际网络[339]。

探测器由长 3.2m、宽 3.3m 的铝蜂窝方形结构组成，包含一个平台，用于安装部分电子设备和一个可携带 33kg 肼的贮箱。RTG 能量模块安装于探测器方形结构一侧的桁架结构上。桁架结构的设计既要考虑能承受发射载荷，又要考虑在发射失败后能够承受紧急着陆载荷。在探测器的另一侧(距离 RTG 尽可能远的位置)安装有电子系统、一对冗余的磁带记录仪和大部分的科学仪器，还有一个长 5.56m、用于安装部分设备的悬臂梁(通过双铰链机构安装，初始为收拢状态)。在探测器另外两侧的一个面上装有一个可以通过离心力展开的机构，展开跨度可达 72m。在探测器顶部，主仪器平台的梁结构上安装了一个直径为 1.65m 的高增益天线，可以用于 X 频段和 S 频段的通信，同时在天线末端馈源上装有一个低增益天线，可以在地球附近使用。在探测器底部的短悬臂上安装了另一个低增益天线、一个 7.5m 长的单级天线和热调节散热器。探测器的结构设计开始于 1979 年，此时航天飞机货物舱的发射条件定义并不明确，因此结构在设计时决定留有足够的余量，以能够轻易适应多种运载工具，包括航天飞机-半人马座的上面级、航天飞机/惯性上面级甚至大力神号系列运载火箭。与大多数研究粒子和场的任务一样，探测器需以 5 转/分钟的速度进行自旋以保持稳定。探测器使用太阳敏感器确定姿态，而自旋保持则是通过将高增益天线轴与自旋轴间设置小量偏移，并通过使用类似于外太阳系先驱者号的圆锥扫描系统来实现。在探测器两侧的一对吊舱上共安装有 8 台 2N 推力器，用于控制姿态和进行小的航向修正(由于没有"主引擎"，所以对从地球逃逸阶段遗留下来的轨道进行重大修正的空间很小，因此每一次小修正都需要确保精确)。美国方面提供的 RTG 与伽利略号任务使用的型号一样。它内含 10.75kg 的氧化钚，在任务初期能够提供 285W 的功率，到任务末期将下降至 250W。科学仪器占用了 370kg 发射质量中的 55kg。本次任务 ESA 总的硬件花费为 5 700 万美元[340-341]。

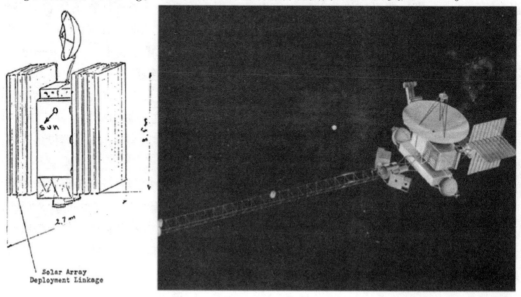

左图为欧洲空间研究组织为国际脱离黄道任务设计的离子推进探测器草图，其可以从近地绕日轨道到达太阳高纬度区域；右图为 NASA 设计的探测器，但在 1981 年由于空间科学预算大幅削减而被里根政府取消(图片来源：ESA 和 JPL/NASA/加州理工学院)

ESA 用于脱离黄道任务的最终版——尤利西斯号探测器，安装在富有争议的航天飞机半人
马座上面级 G-优级版的顶部

　　探测器共有 9 台科学仪器，其中 4 台由美国研制，3 台来自欧洲，而另外两台来自国际合作项目。两组设备用于测量太阳风粒子的密度、速度和运动方向；其中一个用于电子探测，另一个用于离子探测。还有一项试验可以测定太阳风粒子的组成成分，元素测量范围可从氢元素到铁元素。径向悬臂上装有两个磁强计，一台为磁通门型，另一台为氦型。3 项试验可以从宽谱能量上监测源自太阳的活性粒子和宇宙起源时产生的活性粒子，其中一项试验可以观察正在进入太阳系的星际氦原子。通过使用径向有线悬臂和短一些的轴向悬臂可以开展一项无线电试验，能够检测太阳的无线电噪声爆发和局部形成的等离子波。一台具有两个独立探头的仪器用于测量伽马射线爆发和太阳 X 射线。一台半球形的传感器可以测量尘埃粒子的质量、速度、电荷和运动方向。通信硬件设备可以做一些额外的试验，包括在合日时"探听"日冕，以及尝试探测从宇宙其他地方爆发而产生的并正在通过太阳系的引力波[342]。

　　当探测器在贮存时，它被重新命名为尤利西斯号，源于一个古希腊的英雄（出自但丁的《神曲》），他追随太阳神探险并越过了已知世界尽头的海格力斯之柱（Pillars of Hercules）。

　　在几乎长达两年的贮存期之后，尤利西斯号重新进行了集成和测试，并于 1986 年 5 月运抵 NASA 的发射基地准备发射。当探测器正在进行包括与半人马座上面级匹配性等最后阶段的测试时，挑战者号航天飞机在任务（STS-51L）发射中发生了爆炸，航天员全部遇难。显然，其余的航天飞机必须停用相当长的一段时间，于是尤利西斯号被运回欧洲并重新贮存，这次的贮存时间充满了不确定性。NASA 决定弃用半人马座，改用惯性上面级作为尤利西斯号、伽利略号和麦哲伦号的逃逸级。尽管惯性上面级的动力比不上半人马座，但是增加了一个额外的有效载荷辅助舱(PAM, Payload Assist Module), 能够将尤利西斯号送入一个更快地飞往木星的轨道。由于对航天飞机采取了新的安全措施, 在一个木星发射窗口发射两个行星任务已经不太现实。NASA 安排伽利略号于 1989 年发射, 尤利西斯号于 1990 年 10 月 5 日至 23 日的窗口发射。在 1989 年年中从贮存状态恢复的时候, 尤利西斯号开展了一系列新的检查测试以确保其能够执行任务。探测器于 1990 年 5 月运至 NASA, 于 7 月 31 日与惯性上面级对接, 并安装进发现号航天飞机的载荷舱。最后的操作是安装 RTG, 时机为载荷舱门关闭之前[343-346]。直到发现号航天飞机被运至发射场后, 都不能确定能否在窗口内如期发射。这是因为哥伦比亚号航天飞机发生了氢泄漏, 而亚特兰蒂斯号航天飞机也出现了小范围的氢泄漏, 初期泄漏出现在外置贮箱和轨道器之间的管路, 后来出现在主发动机上, 这些现象引发的前景不容乐观, 怀疑可能存在一个通用的问题, 其余的航天飞机只能在地面等待。在问题一个接一个地被解决之后, 发现号航天飞机为 STS-41 任务完成了一次完美的发射。有趣的是, 尽管尤利西斯号是 ESA 第一个立项的深空探测项目, 但是由于在地面等待了太长的时间, 以至于其发射时间远落后于 ESA 探测彗星的乔托号任务。

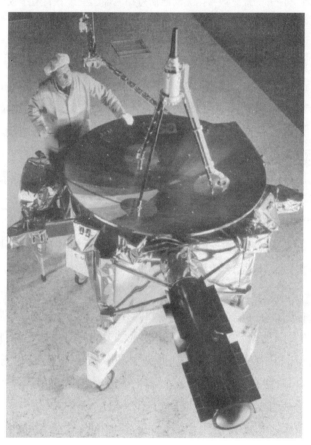

尤利西斯号探测器, RTG 安装在图中前方突出位置的悬臂上(图片来源: ESA)

尤利西斯号宇宙尘埃分析仪的圆形顶盖。背景中的弧形物体是太阳风离子成分光谱仪(图片来源：ESA)

　　在尤利西斯号和惯性上面级完成检测之后，倾斜台提升至工作角度，然后释放探测器、上面级及辅助舱的组合体。在惯性上面级的两级和有效载荷辅助舱成功点火之后，也就是发射后的 7 小时 25 分，尤利西斯号成功飞往木星。发现号航天飞机在完美地完成了飞行任务之后，于 10 月 10 日在地球着陆[347~350]。尤利西斯号是航天飞机承担的第三个深空探测发射任务，令怀疑者惊讶的是，每次任务均成功在发射窗口内完成。但是由于航天飞机具有运行成本高等缺点，美国决定未来的任务将使用"可负担"的火箭完成发射。

　　尽管被赋予深空探测任务有史以来最快的飞离速度，尤利西斯号到达了 0.9696AU×17.038AU 的轨道，但它也不可能在轨道远日点位置到达天王星附近。探测器在入轨后的第一个月进行了两次轨道修正，1991 年 7 月又进行了一次修正，几次修正使探测器在飞掠木星时处在距目标点 250km 以内的区域。轴向悬臂发生了一个问题，由于其在太阳的光照受热下产生轻微的弯曲，使自旋的探测器发生了抖动，进而导致高增益天线很难保持指向地球。不过随着时间的流逝，轴向悬臂越来越多地处于探测器的阴影之中，减轻了这个问题的影响[351]。同时，探测器上的仪器进行了校准，并在黄道熟悉的环境中首次开展了对行星际介质的观测。在 1990 年 12 月，探测器到达了与地球相反的位置，并测试了一个后来被用于尝试探测引力波的方法。如果确实存在引力波，将在跟踪数据中留下轻微的标记。事实上，探测器的抖动致使数据分析工作变得复杂[352~353]。1991 年 8 月 21 日，尤利西斯号处于合日位置，从地球上看，探测器在略微上方的位置从后面近距离经过太阳，对日冕进行了双频无线电探测[354~355]。在合日结束的三个月后，探测器开始准备与木星的交会，对仪器进行了最后的校准，并进行了初步的科学观测。

　　尤利西斯号于 2 月 2 日穿过(太阳风碰撞木星磁场的)弓形激波，此时距离木星仍有

113 倍木星半径的距离，随后它穿透了木星磁层顶。基于上游太阳风的状态，之前飞掠任务所建立的木星磁场模型使科学家们已经预期木星磁场会被太阳风压扁。在木星磁场内，太阳风光谱仪和其他仪器发现了来源于木卫一火山的硫离子和氧离子。这些源自木卫一的离子遍布于所有纬度的磁层之中。尤利西斯号从木星的前方接近，并略高于木星的太阳轨道平面，因此到达了相对较高的磁场纬度。在到达木星纬度 40°、9 倍木星半径高度的位置后，宇宙射线探测仪发现探测器可能穿透了极冠区域，此处带电粒子的通量突然减少到行星际介质的典型通量。从地球的角度看，木星极冠也许是一个磁力线"打开"进入行星际空间的区域。同时，地基望远镜及卫星提供了相关的数据。特别是，哈勃空间望远镜首次用于支持行星交会，尽管它仍然受到球面像差的影响，但它在探测器交会时提供了北极极光的紫外图像，形态与以往的任何一次观测结果均不相同。在 UTC 时间 1992 年 2 月 8 日 12 时 02 分，尤利西斯号从木星云顶之上 379 000 km (5.31 倍木星半径)的高度飞掠木星，成为第五个到达木星的探测器。不到 2 个小时，尤利西斯号从北向南穿过了占据木卫一轨道的等离子体圆环，共花费了 5 个小时。探测器的无线电"倾听"了圆环，以获得沿地球视线方向的电子密度。结果显示，稠密和高热的区域具有令人意外的不均匀性，这些不均匀性的变化如此大，以至于对当前木星—圆环的模型发起了挑战。同时，地球上的望远镜正在监视木卫一，发现最著名的洛基火山正处于休眠状态，同时火山的爆发数量也接近于历史最小值。这次飞掠使探测器的轨道转向南方，偏向了木星的黄昏侧。在飞离木星的过程中，探测器经过了一片很少探测过的空间，并意外地发现磁场已经被太阳风卷回磁尾。在整个穿越过程中尘埃探测仪仅记录了 9 次撞击，这个现象确认了木星的磁场和强烈的带电粒子流有效地将尘埃从内部磁层清除，特别是木卫一产生的尘埃。在 2 月 16 日最终再次进入行星际介质之前，尤利西斯号于 109 倍木星半径和 149 倍木星半径处再次穿越了弓形

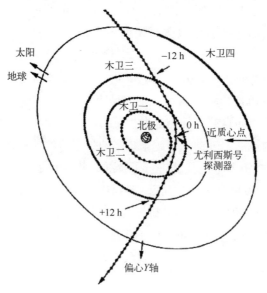

尤利西斯号穿过木星系的轨道(图片来源：JPL/NASA/加州理工学院)

激波。木星交会阶段以此告终。部分仪器为防止接近木星时遭受剧烈辐射而选择间或关机，探测器最终也毫发无损地离开[356-363]。尤利西斯号飞离了木星，航行轨道为 1.341AU×5.408AU，与黄道的夹角为 79°。当把太阳自转轴与黄道的夹角考虑在内时，这条轨迹意味着尤利西斯号穿过太阳极区的纬度将超过 80° 以上，这非常完美。

虽然木星环境中的尘埃看起来是良性的，但在尤利西斯号从木星离开的几个月里，它注意到了来自与木星方向平行的尘埃暴，周期约为 28 天，这个周期与太阳外部区域日冕的自转周期相似。如前所述，伽利略号发现这些尘埃来自木卫一的火山。在充电的过程中，尘埃粒子被木星的磁场"捡起"、加速并送入行星际空间。一个更令人惊讶的发现是这些粒子的形态，其速度和方向竟然与那些正在穿过太阳系且没有被束缚的星际尘埃一致。大部分这种物质来自太阳绕银河系运动的方向，即太阳向点。人们确信，太阳风和磁场可以阻止星际尘埃到达内太阳系，不过在 3 AU 之外，微米大小的星际尘埃粒子的通量超过了同样大小的太阳系物质的通量[364-366]。

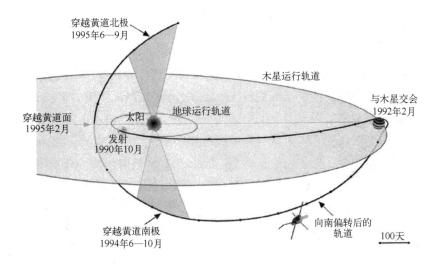

从黄道平面上方 15° 的视角看到的尤利西斯号探测器的日心轨迹(图片来源：ESA)

地面通过对探测器 28 天的连续跟踪，开展了引力波试验，并于 3 月 18 日结束。1993年 3 月，尤利西斯号联合了伽利略号和火星观测者号共同开展了同样的试验[367]。1994 年6 月 26 日，在离开木星 28 个月之后，尤利西斯号开始了第一次太阳南极之旅。而实际上，本次飞越已经被随意地定义为太阳纬度超过 70° 的飞越。132 天之后的 11 月 5 日，当探测器再次经过此纬度时，本次穿越结束。由于尤利西斯号飞向近日点，它与日心的距离也由2.8AU 降为 1.9AU，9 月 13 日在到达 80.2° 的最南纬度位置时，探测器与日心之间的距离为 2.3AU。在飞越期间，无线电探测仪监听到了休梅克-利维 9 号彗星的碎片撞击木星发出的信号。和预期一样，在 1994 年 10 月至 1995 年 2 月期间，太阳-尤利西斯号-地球的相对几何关系再次将轴向悬臂暴露于阳光之中，并再次引发了振颤，幸好圆锥扫描系统进行了主动减振设计，振颤并没有导致太多数据丢失。在 3 月 13 日到达近日点的同时，尤利西斯号穿越了地球轨道与火星轨道之间的黄道，并飞向北方。在合日的时候，探测器的无线电系统对日冕进行了一次快速的纬度方向扫描。探测器的北极飞越从纬度 70°开始，开始于 1995 年 6 月 17 日，结束于 9 月 29 日，并于 7 月 31 日穿越了 80.2°的极限纬度。两次飞越太阳的时间均接近于太阳黑子 11 年周期的最小活跃期，此时日冕被中高纬度的大型冷"洞"所支配；根据黄道面的观测结果，当大型冷"洞"到达低纬度时，预计会释放出快速的太阳风。这些现象正是尤利西斯号在随着太阳纬度增加时所看到的。首先，每个太阳自转周期内都会出现一次快速太阳风，快速太阳风之间是常见的慢速赤道太阳风。这种"河间"太阳风的速度会逐步升高，在到达 40°纬度之后，探测器将完全沉浸于 750km/s 的快速太阳风之中——比接近黄道时的速度快两倍。在整个南极飞越过程中，这种情况一直持续，直至 1995 年 2 月才结束，此时赤道太阳风在 22°的地方突然出现(而实际上，科学家曾预计尤利西斯号会早一点脱离快速太阳风，因为卫星监测显示日冕洞位置与赤道之间的纬度差值不小于 60°)。这些结果显示，至少在接近太阳的位置，太阳风的特征无法被定义为完全的放射状模式。在为期 2 个月的休息之后，探测器再次进入了快速太阳风，开始了北部穿越，又重复了此种模式。

太阳风成分探测仪的探测结果表明，快速太阳风实际上起源于大气温度比赤道区域冷 100 000℃的区域，而极地太阳风明显比赤道区域含有更丰富的氧等难电离的元素。尽管大部分探测结果符合预期，但是极区的磁场比预期的偶极结构(像条形磁铁一样)还是复杂得多。这迫使科学家们重新思考太阳风是如何携带磁性并将其朝赤道方向重新分配的。偶极子磁场原本被认为可以让宇宙射线轻易地到达极区上方，但根据观测结果，宇宙射线通量只有相对较小的增加——可能因为这些"宇宙射线漏斗"被磁场的不规则性所关闭，特别是由于磁场方向的突变性。另一个发现是高纬度区域可能存在"旋转激波"现象(或者至少是其效应)。在高速太阳风的喷射物撞击的地方之前释放低速风，在那里可以看到磁场更强、密度更大、温度更高的区域，以与太阳自转相同的速度旋转。科学家一直认为旋转激波只在黄道或者接近黄道的地方生成，但其效应在 70°纬度的地方仍然能被观察到。尤利西斯号也发现星际物质在进入太阳系之时被电离，并被太阳磁场"捡起"。这是第一次从星际物质中检测出碳、氧、氮和氖离子。探测器还第一次测量了临近太阳系的星际空间中氦的密度。星际尘埃的流动连绵不绝，不过大部分的星际尘埃都集中于黄道面，在极区几乎看不到。

在尤利西斯号完成太阳北部的穿越之后，ESA 决定拓展此次任务至 2001 年年末，计划在南、北极再各进行一次飞越，恰好此次飞越时间为太阳活跃年。此外，在 1997—1998 年，当尤利西斯号位于木星轨道附近以外的远日点时，将能够与 ESA 的太阳及日球层天文台(SOHO)开展一次联合探测，此时太阳及日球层天文台位于地球附近的日心轨道[368-371]。1996 年 5 月 1 日，尤利西斯号在 3.7AU 日心轨道的一次观测数据令人吃惊，它记录到一次太阳风密度的突然下降，并伴随着磁场的扰动和重离子的出现。两年后，人们才意识到尤利西斯号当时遇到了两个十年一遇的"大彗星"之一的遥远的彗尾。在这一天，百武彗星(C/1996B2，Hyakutake)穿过 0.23 AU 处的近日点，而探测器刚好穿透了壮观的离子彗尾的外边缘。实际上人们后来发现，此次事件只是几个类似事件的第一个。1990 年、1995 年和 2001 年行星际磁场的增强似乎是源于德威科（122P，De Vico）彗星，并表明浓密的尘埃流将会覆盖这颗与哈雷彗星同类的彗星轨道[不过其中一次磁场增强可能与庞斯–布鲁克斯（12P，Pons-Brooks）周期彗星相关]。随后在 2000 年，尤利西斯号穿过了麦克诺特–哈特雷（C/1999T1，McNaught-Hartley）彗星的彗尾，不过也可能是索霍（C/2000S5，SOHO）的彗尾。在 2007 年 2 月连续 4 天的时间里，出现了太阳风速度的升高和大量源于彗星的重离子流，此时探测器正在穿过麦克诺特（C/2006P1，McNaught）彗星的彗尾，这是探测器与彗星交会时间最长的一次。尽管彗星离子流距离彗核已经达到 1.6AU，但是还没有与太阳风达到平衡状态[372-374]。

　　当尤利西斯号第二次接近太阳时，很明显和前一次接近存在差异。特定纬度上的均匀快速的太阳风已经消失，简单重复的太阳风结构也被一个更复杂的结构所取代，这种现象只有在孤立的日冕洞突然爆发时才出现。在飞越南极和随后的穿过黄道的飞行期间，并没有发现太阳纬度与太阳风速度之间有什么必然联系。结论是太阳风的速度在所有纬度上大体上较慢，变化更为剧烈。只有当探测器到达太阳北纬的高纬度时，才会在新的极区冕洞产生高速的太阳风，此现象与太阳活动极小期时的观察相似。离开极区后，环境又恢复到太阳活动极大期的现象。太阳活动极大期的一个特点就是"日冕物质抛射"现象，实际上是大量的等离子体以非常高的速度从太阳表面喷出。2001 年 5 月在近日点时，尤利西斯号遭受到了物质喷射波的冲击，并探测到整个航天时代最强烈的行星际磁场和最高密度的太阳风。它还能直接观测到两极磁场的反转，这种现象也在太阳活动极大期内发生。实际上，当尤利西斯号到达北极时，发现了前一年在南极观测到的相同极性。此外，每个太阳自转周期发生一次的高能粒子增加的现象不再出现[375-376]。

　　在尤利西斯号开始第二次极区穿越的时候，ESA 和 NASA 批准了另一次扩展任务，任务截止于 2004 年 9 月。在接近远日点时，它成为记录一系列强烈太阳耀斑现象的许多探测器中的一份子，并传回了第一组数据，此次太阳耀斑发生在 2003 年 10 月和 11 月，被称为"万圣节"耀斑。所有探测器中，只有尤利西斯号距离太阳足够远，所以也只有它能够在没有仪器工作饱和的情况下测量太阳能量输出。在尤利西斯号绕太阳运行两圈的时候，木星环绕太阳一圈多一点，所以当探测器到达远日点时，它和木星在太阳的同一侧。尤利西斯号到达木星最近点是在 2004 年 2 月 5 日，位于木星轨道平面北侧约 7°，距离 1.2 亿千米（1 684 倍木星半径；0.8 AU）的位置。因为相比 1992 年，RTG 仅能刚好提供足够的能源来维持探测器运行，所以 ESA 和 NASA 决定开展 40 天的连续跟踪，以便将科学数据实时地传回地球；因此不用耗费能源来运行磁带记录仪。这个决定是引人注目的，因为当时深空网正在追踪至少 8 个其他深空探测器，而且它们中的大多数比尤利西斯号拥有更高的优先级。为了适应日益减少的功率输出，不得不设计了硬件和仪器分时共享的策略。尽管只公布了少量的结果，但发现至少有 17 个不同的尘埃流来自木星（是第一次交会的 2 倍还多），而且在极区检测到了射电爆发——由于极光出现，该现象同样被哈勃空间望远镜、钱德拉 X 射线天文台（Chandra X-ray Observatory）所检测到。

2005 年，出现了一个不同寻常的现象。星际尘埃流通常从太阳向点方向到达探测器，而现在尘埃流的起源位置却向南方偏移了 30°[377-378]。

在第二次木星交会期间，ESA 批准了第三个扩展任务，以在 2008 年 3 月探测器任务结束之前再完成一次太阳两极飞越。不过很难再得到 NASA 提供飞控服务的保证，因为此时 NASA 正在积极地节约开支，并且正在缺乏远见地考虑结束某些其最长久的任务，尽管它们实际上仍在提供有用的数据。事实上，任务在 2005 年年末才获得 NASA 的支持[379]。

在第三次接近太阳的过程中，尤利西斯号继续传回有趣的科学数据。特别是，尽管太阳比 1993 年更接近于 11 年周期的最小期，但是探测器必须在把变化的赤道太阳风抛在后面之前到达一个更高的纬度。尤利西斯号在 2007 年 2 月飞越了南极，并随后在 2008 年 1 月飞越了北极。与此同时，它又得到了一项扩展任务(很可能也是最后一项)，这项任务将持续 1 年，截止于 2009 年 3 月。然而一个潜在的小意外威胁到了这项任务，并可能导致任务的终结。由于探测器能源不足，必须采取谨慎的措施来避免姿控推力器所需的肼推进剂(其冰点仅略高于水)发生冻结；并且在日心距离较大处仅保持最少的科学仪器开机，以节约能量提供给热控系统的加热器[380-381]。在北极穿越的时候，地面决定临时关闭备份 X 频段发射机(主份发射机于 2003 年 2 月失效)，以将 60W 的功率分配给肼加热器和科学仪器。而在 2008 年 1 月 15 日再次开机的时候，发射机并没有完成启动。失败的原因确定为能源供给问题，这意味着额外的能源甚至无法提供给加热器。在多次尝试激活 X 频段失败之后，只能得到一个大家都不愿意看到的结论：在后续的任务中只能使用慢速 S 频段进行通信。不过幸好还有一部分仪器能够在每天几小时的时间内以 128bit/s 的速率传输科学数据，探测器最终于 2008 年 3 月 15 日完成了北极穿越。由于高速遥测的缺失，仅从热模型来预测推进剂肼何时冻结变得十分困难。等到肼冻结之时，尤利西斯号和地球的轨道运动将导致器上的天线不再指向地球，仅在一周之内可以保持联系。任务工程的努力方向聚焦于在 2008 年 7 月 1 日任务名义上结束之前获取尽可能多的数据。为了在 2013 年探测器到达下一个近日点时能够使高增益天线对准地球，有人提议改变探测器的方向，以期待探测器与地球之间的通信能够在 5 年休眠之后恢复，因为到那时太阳光照将可以使肼解冻，并在几个月后可以再次拥有控制探测器的能力。即使不能恢复，尤利西斯号任务也充分证明了其 12 亿美元的开发、发射和运行成本是合理的。科研人员仅设计了半圈太阳轨道，但尤利西斯号实际下传了一圈半的探测数据，能够在 4 维上对太阳开展有效的研究[382]。

在失去动力很久之后，尤利西斯号将很有可能与木星进行一次近距离交会，这将极大地干扰探测器的飞行轨道，甚至可能将其弹出太阳系。

6.8　至暗时刻

为了追赶 20 世纪 70 年代海盗号任务的成功，JPL 研究了几项"紫色鸽子"任务，但是它们都未能吸引到资金拨款。在 20 世纪 80 年代早期，JPL 提出了火星地质学/气候学环绕器(Mars Geoscience/Climatology Orbiter, MGCO)，计划于 1990 年 8 月由航天飞机发射，采用 350km 高度的近圆形火星极轨,利用至少 1 个火星年(687 个地球日)的时间去深入研究火星表面的地形、化学成分和矿物学特性;研究大气中挥发物和尘埃的特征;研究大气的构造以及重力和磁场的特性。与此同时,NASA 正在开展"低成本"的行星观测者和水手马克 II 级项目的概念研究,概念中的标准化平台将应用于一系列的行星际探测任务。行星观测者计划以商业卫星为平台,通过最小程度的修改来适应不同的行星任务,行星观测者配有一个仪器安装盘,有了它将不需要执行复杂任务各自独特的集成组装工作。科研人员给出的一个建议是改进自旋稳定的休斯(Hughes)平台 HS-376,并配备一个消旋的载荷平台,用于承载 60kg 的科学仪器。不过最终采用的提案是通用电气(General Electric)[其在 1993年改名为马丁·玛丽埃塔,随后变为洛克希德·马丁宇航公司(Lockheed Martin Astronautics)]提出的。它融合了三轴稳定的卫通 K(Satcom K)通信卫星平台,以及国防气象卫星计划(Defense Meteorological Satellite Program,DMSP)和泰罗斯(Tiros)气象卫星的分系统和部件[383]。在 1984 年,火星地质学/气候学环绕器任务成为行星观测者系列的第一个任务,并于 1986 年更名为火星观测者(Mars Observer)。在改革后的财务分配计划中,制造商的利润将取决于探测器运行期间传回的科学数据量。不幸的是火星观测者号的研制费用上升很快并失去了控制,截至 1987 年几乎花费了 5 亿美元预算的 2 倍。同时 NASA 已经接受了载荷的重新设计,以容纳更多的仪器——从而混淆了行星观测者体系结构的基本原理。此外,成本剧增的部分原因是部分仪器不是"现成的"货架产品,而是需要大量研发成本的产品。

在 1986 年挑战者号航天飞机的悲剧发生之后,科学家们竭力主张 NASA 将火星观测者的运载工具由航天飞机改为运载火箭,以期能够赶上 1990 年的发射窗口,不过后来 NASA 将运载工具又改为了商业大力神 3 号运载火箭,很明显发射任务将会推迟。实际上,将发射日期推迟至 1992 年秋天的下一个发射窗口也符合财务预算[384]。这明显是一个短见薄识的显著案例,两年时间确实节约了 7 000 万美元,不过代价是使整个研制费用增加了1.25 亿美元!与此同时,火星观测者的预算也被砍掉了 5 000 万美元,以应对航天飞机重新飞行所需的成本和空间站设计不断膨胀的花销。事实上,JPL 利用探测器的延迟发射提高了产品的性能,但进一步增加了成本。结果是,截至 1993 年 8 月,包括运载在内的此项任务的开支达到 8.31 亿美元(另一种说法是 9.59 亿美元),为初始计划的 3 倍。随后一个由 JPL 发起的独立调查发现,在火星观测者立项批准的 6 个月之内,实验室就放弃了低成本的行星观测者概念[385-386]。

火星观测者号探测器的本体是一个 1.1m×2.2m×1.6m 的长方体结构。探测器本体上安装了一根 5.3m 长的悬臂,上面装有一个直径为 1.5m 的高增益天线。太阳翼单翼尺寸为 3.7m×7m,由 6 块小帆板组成,不过直到进入火星轨道才完全打开,功率可达 1 130W;另外,还有一个安装磁强计和伽马射线谱仪的长窄桁架。姿态测量系统采用陀螺、太阳敏感器和星敏感器。姿态控制通过 4 个反作用轮和一套单组元推力器系统实现。双组元推进系统作为主要的机动执行机构,包括两组冗余的 490N 发动机和 4 个 22N 推力器,推进剂采用一甲基肼和四氧化二氮。燃料贮存于平台主推进管路里的贮箱内,氧化剂装填在两个独立的贮箱内。所有双组元推进系统中的姿控推力器都是相互独立的[387]。探测器的发射质量为 2 565kg,其中包括 166kg 的科学仪器和 1 440kg 的推进剂。

尽管之前阿波罗任务(范围上不及某些苏联轨道器)已经在靠近月球赤道的位置使用伽马射线谱仪测量了铀、钍、硅、铁和钾等元素并绘制了分布图,同时苏联的火星 5 号(Mars 5)和福布斯 2 号轨道器也收集了少量的此类数据,但火星观测者号依然是 NASA 第一个配备伽马射线谱仪的行星探测器。此外,探测器配置了热辐射光谱仪,可以用来分析岩石和冰的组成成分;激光高度计,能够以高垂直分辨率来测量地形;红外辐射计,用来测量大气的温度分布曲线,并能够检测温度随时间和地点的变化情况;超稳定振荡器,用于无线电掩星观测;磁强计和法国制造的电子反射计,用于探测磁层(其存在是有争议的)以及太阳风与火星的相互作用方式。不过,作为 JPL 研制的探测器,最重要的仪器必然是成像系统。成像系统包括一对使用蓝色和红色滤光镜的焦距为 11mm 的相机,用于绘制火星圆面的全幅低分辨率气象图,和一个用于拍摄火星表面、分辨率约为每像素 1.5m 的窄角伸缩相机。事实上这是迄今为止执行行星探测任务中所使用的分辨率最高的成像系统,然而这意味着为了存储图像,必须配备一个存储速度高达 96MB/s 的固态存储器,而且下行容量的限制将导致高分辨率成像仅能覆盖火星表面最多 1% 的区域。相机使用了推扫式线性 CCD 传感器,所有的成像和遥感仪器都是相互校准的,并布置于探测器平台上朝向火星方向的固定位置,以消除不同观测敏感器之间的误差。这不难理解,科学家们在超过15 年的时间里第一次抓住机会将这些仪器送入太空,因此提供了一套比最初计划更广泛、更复杂且更昂贵的配套设备。例如,对于本次任务关于气象学的目标观测,最初的想法并不要求仪器具备高分辨率的成像能力。事实上为了重新控制预算,一些"新增的"仪器被撤下,包括可见光和红外光谱仪以及雷达高度计——后者由激光高度计所取代。但是火星气

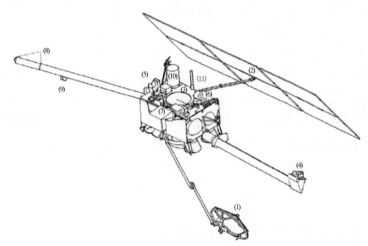

火星观测者号探测器:(1)高增益天线;(2)太阳电池板;(3)指向火星的设备安装板;(4)伽马射线谱仪;(5)热辐射光谱仪;(6)激光高度计;(7)压力调制红外辐射计;(8)磁强计;(9)电子反射计;(10)相机;(11)气球中继天线(图片来源:JPL/NASA/加州理工学院)

球中继通信试验(Mars Balloon Relay Experiment)则保留了下来。这是一个法国研制的仪器包，可以使探测器为火星气球和地面测控站之间提供中继通信，这套仪器曾计划在俄罗斯的火星94任务中使用。尽管火星观测者号没有一台设备由东欧国家制造，但是至少从1989年开始有10个俄罗斯科学家在许多科学团队中拥有一席之地，苏联解体唯一起到的作用就是提高了研制团队的合作精神[388-390]。

命运坎坷的火星观测者号安装在轨道转移级上，其中探测器顶部的大圆柱形物体是窄角伸缩相机

　　火星观测者号于1992年年中运抵佛罗里达州，并于8月初与12吨的轨道转移级(Transfer Orbit Stage，TOS)进行了对接，轨道转移级其实就是单级的惯性上面级，为了纪念已故的NASA局长而被命名为托马斯·潘恩(USS Thomas Paine)。在8月底探测器和推进级与商业大力神3号火箭完成了对接。但那时安德鲁(Andrew)飓风横扫了发射场，尽管探测器被封闭在运载火箭的气动整流罩内，但是仍然被尘埃污染，需要拆下进行彻底的清洁。由于发射窗口只能从9月16日延续至10月13日，所以研制团队还是有一种强烈的紧

迫感[391]。探测器于 9 月 25 日发射。尽管科研人员之前有些担心轨道转移级的遥测系统会失效，不过探测器还是在预定的时间进行了通信，并报告它在预定轨道上。探测器出现了几个小问题：天线需要比预期更长的时间才能锁定到位，姿态控制发动机出现了一个轻微的泄漏，太阳敏感器失效并转为使用备份件[392-393]。在发射前 7 个月，研制团队就已经决定将探测器双组元推进系统中贮箱的增压工作推迟，时机由最初的发射后 5 天改为到达火星的前几天；这样做的目的是避免出现海盗 1 号曾遭受的问题：推进系统的阀门在整个行星际巡航飞行期间一直在承受高压[394]。因此探测器在 1993 年 2 月 8 日和 3 月 18 日的两次轨道修正中，是使用推进系统的"吹除"模式完成的。飞行程序原计划在到达火星前 20天时进行一次轨道修正，不过后来认为没必要就被取消了[395-396]。探测器在飞行期间还曾有 4 次短暂的失联，可能是由恒星姿态定位系统的缺陷而导致的，不过工程师们有信心在探测器到达目的地之前解决这个问题。在行星际巡航期间，火星观测者号还联合其他探测器一起对两个完全不同的天体物理现象进行数据收集。在 3 月和 4 月它同伽利略号和尤利西斯号共同探测了经过太阳系的引力波。无线电信号在空间穿行时是沿直线运动的，但如果引力波扰动了空间，信号的传播将出现微妙的多普勒效应[397]。之后探测器的伽马射线谱仪与尤利西斯号的伽马射线探测仪和 NASA 位于地球轨道的康普顿伽马射线天文台(Compton Gamma-Ray Observatory)进行联合观测。3 个探测器共观测到 11 个事件，包括 1个可能的"连发"现象和 1 个位置限定在 1×4 弧分跨度"盒子"区域内的爆发事件[398]。从 6月开始，探测器的相机就对星空和木星的成像进行了测试，并在 7 月 26 日从 580 万千米外拍摄了第一张火星图像，表明大气非常干净并且尘埃稀少，这对于成像系统来说确实是个好消息。

此照片为火星观测者号于 1993 年 7 月 27 日使用窄角伸缩相机拍摄的图像，此时距离火星 580 万千米，大约还需 28 天抵达火星。尽管探测器正在接近火星的南部，但此时南极处于黑暗之中。著名的大瑟提斯黑暗区域在火星圆面光照区域的中心位置可见(图片来源：JPL/NASA/加州理工学院)

火星观测者号预计在 UTC 时间 8 月 24 日 20 时 42 分进行双组元推进系统发动机点火 1 730s，目的是减速 761.7m/s，从而进入一个高度偏心的轨道，该轨道位于一个基本垂直于火星赤道的平面上，其近火点为 498 km，周期为 75 小时。11 天后，探测器将环绕周期降为 23 小时，并在成像轨道上等待合适的方向和光照条件。在这个 32 天的间隙期间，所有的仪器设备开机(激光高度计除外)，并传回火星的第一批科学数据——当然可能也包含火卫一的数据。10 月，探测器通过两步将飞行轨道修正为任务最终的圆形轨道，高度为 378km，环绕周期为 118 分钟。在完成对仪器设备的检查之后，于 12 月开始进行对火星主要的测绘工作[399]。圆形轨道对于地球卫星来说是非常常见的，但是迄今为止行星任务一直使用的是椭圆轨道，很大程度上是因为轨道的圆化从能量角度来说是非常昂贵的。事实上，火星观测者号从初始轨道到进入成像轨道，需要的速度增量高达 1 367m/s，推进剂消耗量是探测器到达火星所需的 2 倍。

截至 8 月 22 日，火星观测者号距离目的地还有 400 000km，距离入轨还有 68 个小时，此时探测器需要通过起爆火工品打开阀门，给双组元推进系统增压。但是由于无线电电子设备中较为敏感的元件没有开展过相关验证，确定其能够在开机状态下承受火工品起爆的力学冲击，因此在进行增压期间地面关掉了探测器的通信发射机。在 UTC 时间 00 时 40 分遥测按计划停止，但 14 分钟之后没有按预期重新出现。不过这并不代表探测器就彻底失联了，因为它的自主程序可以自行尝试进入特定的轨道并完成一系列操作，旨在恢复与地面的通信，但地面仍没有收到探测器的任何消息。9 月底，地面发射了一个信号，命令探测器切换至用于气球试验的中继通信链路，寄希望于这个微弱的信号(1W)能够揭示探测器的状况。深空网的 70m 直径天线被焦德雷班克(Jodrell Bank)射电望远镜增强了，但是仍一无所获[400]。科研人员希望恢复通信，同时也并没有发现探测器在尝试进行入轨，他们在火星飞掠 30 天后提出了一个重大的轨道修正的计划，用于 10 个月后的第二次机会[401]，但是所有的努力都付诸东流。显然，在探测器给双组元推进系统增压的过程中，发生了某种灾难性的破坏事件。飞掠火星将使探测器或者其残骸的轨道发生偏移，进入一个 1.69 亿至 2.41 亿千米、周期 585 天的日心轨道。

在火星观测者号丢失之前，NASA 刚刚经历了另外两次令人尴尬且代价高昂的失误：哈勃空间望远镜的球面像差和伽利略号的高增益天线展开失败。这只是 JPL 在轨丢失的第四个深空任务探测器；上一个是 1967 年的月球任务。NASA 成立了两个调查委员会，一个在 JPL 内部，而另一个是由 NASA 局长丹尼尔·S. 戈尔丁(Daniel S. Goldin)任命的。

早期的推测指向了主备份时钟的晶体管，同一批次产品也导致了其他卫星的失效事件；尤其是美国国家海洋和大气局 1 号(NOAA1)卫星仅在火星观测者号"异常"之后的 1 小时就出现了问题。备份时钟可能在任何时间失效，因为它在行星际巡航期间从未开机。推进系统充压引发的冲击可能导致了主份时钟失效[402]。调查结果于 1994 年 1 月发布，并重点提出了可能导致问题的 4 个方面：1)主备份发射机几乎不可能同时发生失效；2)由于推进火工品起爆产生的高回路电流导致两台主计算机失效的可能性很低；3)供电系统存在严重的短路，导致功率损失；4)双组元推进系统内部的问题。最后一种情况中有 3 个可能的原因已被确认。第一个可能原因是氧化剂泄漏。经计算,探测器在地面的6个星期和太空11个月的时间内最多有2g的四氧化二氮从阀门泄漏。如果氧化剂在推进增压过程中与肼混合,将会发生化学反应,并导致管路破裂,使肼同高压氦气一同泄出。这样的泄漏将明显导致探测器失去平衡。必须指出的是,这种情况永远无法在地面试验中复现,因此被认为是可信的,但不太可能成为导致失败的原因。第二个可能的原因是四氧化二氮贮箱阀门的压力调节器被腐蚀和堵塞,导致贮箱超出其最大设计压力,并在30~200s后破裂。必须注意的是,压力调节器继承自火星观测者号所基于的平台的推进系统,因此在设计之初采用发射后几天内就打开调节器的方案,而不是在承受深空热环境和强腐蚀性化学物质的侵蚀近一年时间才打开,随后的地面测试证明这是最可能导致失败的原因。第三个可能原因是用于打开增压系统阀门的15g火药包中的某一个可能发生故障,火药产生的气体以高达200m/s的速度排出,从而刺穿了相邻的肼贮箱。在第二个、第三个原因中,探测器将经历"立即发生的关键物理伤害"。贮箱增压时遥测信号的缺失导致无法对事件进行实时动态的监测。在贮箱增压期间关闭发射机这一决定的背后,是项目经理当初为了节省375 000美元而决定不对敏感电子产品进行试验验证[403-407]。

马丁·玛丽埃塔公司"鉴于任务失败",退回了已经支付给公司的1 700万美元,并宣布放弃了对2 130万美元的争取,这笔经费原本是探测器在火星轨道运行达到预期表现时需支付给该公司的[408]。有传闻说火星观测者2号将使用备份组件建造,不过事实并不是这样。NASA也拒绝了使用国防部克莱门汀(Clementine)任务(更晚些时候)所使用的低成本探测器上一些具备飞行履历设备的建议,因为NASA反对军事用途"污染"民用项目。但是这个建议也引领出火星勘探者(Mars Surveyor)计划,火星探测似乎是由于失去了火星观测者号而被注入了新的生命[409]。

非常明显,伽利略号和火星观测者号经历的异常现象突出了单一探测器开展任务的风险——相对发射两个探测器策略而言——JPL并没有在航天飞机时代修改策略,航天飞机不仅不可能在一个发射窗口内完成两次飞行任务,而且正如卡尔·萨根所说:"几乎贵得离谱。"[410]

6.9 过期且过于昂贵

鉴于海盗号轨道器和着陆器的成功组合,JPL开始计划两个类似的任务,其中一个任务是设计一个着陆器外加一个可以在星球表面行走几百千米的巡视器;另外一个任务则是设计一个可以采样并能够将样品运回地球的着陆器。不过JPL迅速意识到这类任务的花费实在是太高了:仅两个简化的巡视器任务就将花费至少15亿美元[411]。但无论如何,这些任务目标的排名仍然非常靠前,同时随着20世纪80年代中期行星任务研究的兴起,JPL开始利用火星观测者任务的预期成功而规划一个任务。JPL很快确定将采样返回任务作为最符合逻辑的下一个任务计划,因为采样返回是载人航天任务的短板。着陆器将携带移动机器人着陆,移动机器人负责运送典型的岩石、尘埃、泥土等样品给上升器。这套方案反映了从海盗号着陆器在火星上寻找生命过程中所吸取的教训——也就是说无论通过就位探测仪器能有多少新的发现，都无法与对返回地球样品进行全面分析相提并论。

在经过多次讨论后，NASA 决定将这些研究的不同方面合并为一个长期的火星巡视采样返回（Mars Rover and Sample Return，MRSR）任务。当然，此项任务必须选择航天飞机发射，并计划采用半人马座上面级 G-优级版推进舱完成地球逃逸。然而使用航天飞机同时发射探测器和推进舱，将探测器的最大发射质量限制在 7 800kg，这对于执行如此复杂的任务来说根本不现实。因此 NASA 决定使用一个航天飞机将轨道器、着陆器、巡视器、上升器和返回器的组合体发射至地球轨道，并使用另一个航天飞机发射半人马座上升级。这个策略可以使探测器的质量限制升至 12 750kg。因为计划花费 10 年时间来研制任务所需的各项技术和仪器，因此发射窗口被定为 1996 年和 2005 年之间。2001 年的窗口作为首选，因为在这个窗口返回任务将发生在火星与地球“大冲”期间，探测器完成火星逃逸所需的能量最小，故可以将返回器设计的质量最大化。完整的任务将持续 3 年时间。在挑战者号航天飞机灾难性事故发生之后，人们对这项计划进行了修正。航天飞机将仅发射轨道器、着陆器和巡视器。大力神 4 号运载火箭将发射上升器和返回器，另一个大力神号运载火箭将发射推进级。为避免探测器需要为火星轨道进入而准备推进剂，修改后的任务采用一个较为冒险的火星大气俘获机动方案，探测器将以低于水平面 15° 的姿态进入大气，从而产生一个较大的阻力，使探测器进入一个大椭圆火星捕获轨道。巡视器和轨道器将被一起密闭在一个外壳内，外壳在探测器机动时朝向前方。事实上因为 6km×2 000km 的捕获轨道不是很稳定，探测器将会在第一个远火点处实施发动机点火进行一次小的变轨，以便在进入 500km 圆轨道之前将轨道近火点抬升至大气层以外。

NASA 计划使用火星防热罩的缩比模型，在地球轨道上验证大气制动和大气捕获过程。1990 年 NASA 与麦当纳道格拉斯公司（McDonnell Douglas）签订了合同，计划于 1994 年在 STS-82 任务开展气动辅助飞行试验（Aeroassist Flight Experiment）。试验中，一旦试验模型完成展开，将使用自身的推进系统进行大气制动试验，然后完成状态恢复并返回地球[412]。

一旦探测器进入运行轨道，轨道器和返回器将一起与探测器分离。着陆器、巡视器和上升器的组合体将使用外壳和气动升力精准地飞向目标着陆地点，着陆区地形应平坦并且在 30km 之内至少有两处具有地质研究价值的区域。着陆下降的最后一步是使用反推火箭减速。到达火星之后，巡视器将在火星表面巡视 300 天，收集火星样品并转移给上升器。JPL 设计的巡视器包含一个铰接式车体（其带有三个两轮车厢）、280W 的 RTG、立体相机、机械臂、采样钻和样品贮存系统。1m 直径的轮子和关节式设计可以使巡视器越过 1.5m 高的障碍物并且可以在 30° 的斜坡上行走。通过半自主导航系统，巡视器可以每天行进几千米。一种可选的方案是释放几个小巡视器，每一个小巡视器均能够在主巡视器收集样品时探测尽可能宽阔的区域。上升器预期将使用 2~3 个固体燃料推进级，能够携带 5kg 样品起飞，并达到 4.5km/s 的入轨速度。但是一个更先进的概念设想是使用推进剂原位制造（In-Situ Propellant Production，ISPP）模块，RTG 能够从火星大气中的二氧化碳分离出氧气，氧气与从地球携带来的甲烷作为推进剂燃烧能获取更大的能量。探测器起飞大约需要

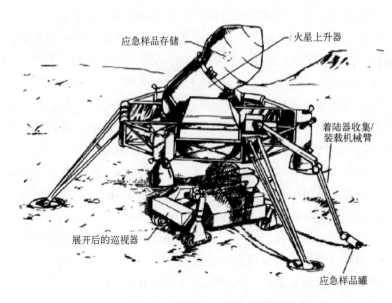

一种用于火星巡视器和采样返回探测器的构型方案

1 吨的氧气。在升空之后，上升器一旦到达轨道器的附近就将释放样品容器，轨道器将自动追踪样品容器并完成交会对接。然后样品容器将被传递至返回器，返回器通过固体火箭飞向地球。在到达地球时，样品容器将通过固体火箭或气动捕获进入环绕地球轨道，等待空间站的航天员回收。当然，着陆器和巡视器均配置相机、气象仪器、水检测试验装置等，并通过地球的指导来补充分析这些物质[413-416]。

　　按照 NASA 的设想，这次任务将是测试在行星上的各种移动性和运动技术的好机会。与地球和月球机器人简单通过地球遥控或"遥操作"不同，火星巡视器必须尽可能地自主，主要原因是通过地球遥控的耗时太长，从地球发出遥控指令，火星巡视器接收并执行指令到将执行结果反馈回地球，时间长达 45 分钟。因此火星机器人只能靠自己完成导航、识别障碍、"理解"在任何特定情况下它可以执行哪些任务以及不能尝试进行哪些任务。为了研究移动性，JPL 使用了由通用汽车公司研发的巡视器样机，该样机是在 20 世纪 60 年代中期为勘察者二代(Surveyor Block Ⅱ)月球着陆器而研制的，不幸的是该项目从未得到资金支持。它是一个配置 3 个车厢、6 个轮子的小车，不同车厢间采用弹簧连接。在加装最新的电子设备、立体相机和基本的导航软件之后，这辆车改名为"蓝色漫游者"。20 世纪80 年代中期，部分试验由美国军方赞助，在 JPL 校园附近的阿罗约锡科(Arroyo Seco)进行[417]。在火星巡视及采样返回任务的设想里，NASA 创建了探路者行星巡视导航试验台计划(Pathfinder Planetary Rover Navigation Testbed Program)，以证明自主导航的可行性。在这个项目的支持下，并借助蓝色漫游者的研制经验，JPL 设计了一个名叫罗比(Robby)的大型演示验证器，罗比一名源自 20 世纪 50 年代经典科幻电影《禁忌星球》(*The Forbidden Planet*)。罗比专门用于评估在崎岖地形中的导航和危险规避技术。和蓝色漫游者类似，罗比也有 3 个铰接的车厢，不过为了提高移动性，每节车厢都能相对其他车厢进行转向和滚动,并通过编码器感知相对位置,使控制简单并更加精准。最前方的车厢装有一个商业机械臂以演示采样过程;中间车厢装有一个高的电子设备箱,设备箱内部装有设备硬件,顶部装有两对用于导航的立体相机。尾部的车厢装有蓄电池组。总体来说,罗比的外形为4m 长、2m 宽、2.5m 高,质量为 2 000kg。

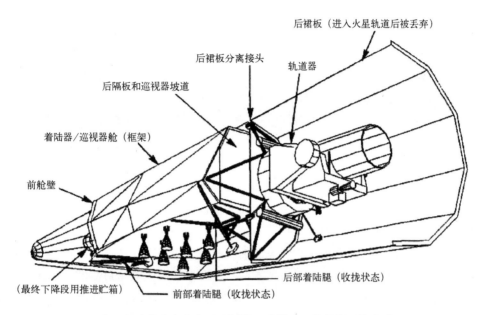

位于气动外壳中的火星巡视器、采样返回轨道器和着陆器

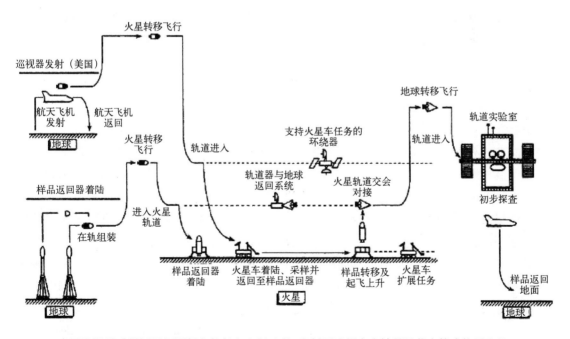

火星巡视及采样返回探测任务的复杂飞行过程(发射可选择大力神号运载火箭或航天飞机)

不过开发能在粗糙地形上工作的机械系统仅仅代表了挑战的很小一部分。而主要的问题是导航，特别是导航软件。JPL 研究了 3 种包含不同人工干预程度的控制策略。计算机辅助遥控驾驶(Computer-Aided Remote Driving，CARD)最初是为蓝色漫游者而开发的，依赖地面对立体图像的分析来识别安全路径，并生成巡视器可执行的控制序列。半自主导航(SAN)可以由巡视器自己解读前方地形的投影信息，包括范围和障碍物，有时可能通过从轨道器图像中增强对火星地表景观的认识，最终可以全自主地规划一条行进路线。行为控制(Behavior Control，BC)只需为巡视器提供所需的终点、大致的路线和朝向，而让巡视器自己去尝试到达终点。罗比在配备立体视觉和经过优化的软件之后，证明可以在 4 小时之内在未知地形上行进 100m。

在火星表面采集样品，轮式巡视器唯一一个真正的竞争者是蜘蛛行走机器人，由卡内基梅隆(Carnegie Mellon)大学研发，研制的样机称为漫步者(Ambler)。机器人沿着两个中心轴线在不同的高度上装有 6 条腿，每条腿装有两个平行于水平面的踝关节、膝关节以及一个可展开足，使机器人保持稳定。样机的中心本体与各轴保持连接，同时也承载着电子设备和计算机。激光测距仪用于识别漫步者前方地形的三维结构，这比使用立体相机更快速、可靠。整个过程可由力和力矩传感器、陀螺和其他各种传感器进行监控。漫步者这类足式机器人的优势是只需要找到几个与地面的接触点即可，而轮式巡视器则必须找到一条完整的运行路线。漫步者火星机器人高达 5m，长度达 7m，需要 600W 的功率来使质量为 3 000kg的机身保持 7.5cm/s 的移动速度。具有讽刺意味的是，这个设计会让人想起威尔斯(H. G. Wells)在他的小说《世界之战》(The War of the Worlds)中所描述的火星人入侵地球所使用的行走机器人[418-419]。

其他研究的技术包括危险识别和避障系统，用于在着陆火星过程中规避巨砾、石块、悬崖和其他障碍物；还包括自主系统，用于在样品容器进入环火星轨道后使轨道器实现与其交会和对接。

当乔治·H. 布什总统在 1989 年 7 月发表纪念阿波罗 11 号着陆月球 20 周年的讲话，并要求 NASA 将人类重返月球和载人火星探测作为下一步的工作目标时，火星巡视采样返回项目获得了短暂的推进。不过有一点大家都很关心：聚焦于载人任务的空间探测倡议(Space Exploration Initiative，SEI)将花费至少数千亿美元，可能会像 20 世纪 70 年代研制航天飞机一样，以同样的方式破坏科学机器人探测项目的开展；或者它可能会使机器人探测项目与 1983 年太阳系探索委员会确立的科学目标发生偏离，从而限定在为载人探测做准备的相关议题上。事实上，载人火星探测任务的研究正在逐渐削弱通过机器人获取样品的诉求——即使载人采样需要考虑火星环境对人类造成的生物学危害。在几个月的研究之后，NASA 提出了一个以载人为导向的火星探测方案，其中包括 1996 年开展的火星观测者 2 号(Mars Observer 2)任务；1998 年的火星全球网络(Mars Global Network)任务，由 24 个穿透器组成，被运输遍布至火星全球，测量地下水分布，表征地震的活动性和提供长时间的气象资料；2001 年的两个火星采样返回任务，任务中将携带小型的巡视器；2003 年的高分辨率定点观测和通信的轨道器；2005—2009 年的每两年开展一次能力更强的火星采样

火星巡视和采样返回探测任务的样机是一个名为罗比的巨型三体轮式巡视器(图片来源：JPL/NASA/加州理工学院)

返回任务；2011 年开展的两次火星采样返回任务，携带小型巡视器探测精心挑选的地点；并最终在 2015 年完成一次搭乘 5 名航天员的载人探火任务。这当然是一个雄心勃勃的计划，不过布什总统的演讲仅仅是鼓舞人心，并没有进行相应的财务准备，于是在仅仅一年之内空间探索倡议就作为不现实的梦想进入了 NASA 的档案[420-421]。火星巡视和采样返回任务也随之而去，很大原因就是 5kg 火星样品的采样返回任务预计花费约 100 亿美元。不过在地球实验室里进行火星样品研究的呼声依然很高。

参考文献

1　参见第一卷第 233~237 页关于"美国后海盗时期火星探测计划"的介绍

2　Sagdeev-1994e

3　Cunningham-1988i

4　Lenorovitz-1986b

5　AWST-1986b

6　Butrica-1996b

7　Lardier-1992b

8　Clark-2000

9　Furniss-1987c

10　AWST-1987a

11　Surkov-1997b

12　VNIITransmash-1999

13　VNIITransmash-2000

14　Mudgway-2001b

15　Surkov-1997b

16　Lenorovitz-1989

17　Sobel'man-1990

18　Garcia-1991

19　参见第一卷第 188~190 页和第 249~252 页关于"伽马射线爆发"的介绍

20　D'Uston-1989

21　Riedler-1989

22　Grard-1989a

23　Grard-1989b

24　Lundin-1989

25　Rosenbauer-1989

26　Shutte-1989

27　Rosenbauer-1989

28　Avanesov-1989a

29　Ksanfomality-1989

30　Bibing-1989

31　Selivanov-1989

32　Korablev-2002

33　Blamont-1989

34　Krasnopolsky-1989

35　Surkov-1997d

36　参见第一卷第 161 ~ 162 页关于"火星 5
　　号"的介绍

37　Surkov-1989

38　Surkov-1997c

39　CIA-1988

40　Surkov-1997e

41　Garvin-1988

42　Zaitsev-1989

43　Rocard-1989

44　Lenorovitz-1988

45　Grard-1989b

46　Sobel'man-1990

47　Waldrop-1989

48　Sagdeev-1994f

49　Harvey-2007b

50　Waldrop-1989

51　Krupp-2006

52　Bruns-1990

53　Flight-1989a

54　Grard-1989b

55　Dubinin-1998

56　Baumgärtel-1998

57　Selivanov-1989

58　Surkov-1989

59　Surkov-1997c

60　Mudgway，282-283

61　Riedler-1989

62　Grard-1989a

63　Aran-2007

64　Kolyuka-1991

65　Nasirov-1989

66　Avanesov-1989a

67　Bibing-1989

68　Selivanov-1989

69　Selivanov-1990

70　Mordovskaya-2002a

71　Mordovskaya-2002b

72　Lundin-1989

73　Rosenbauer-1989

74　Korablev-2002

75　Blamont-1989

76　Krasnopolsky-1989

77　Snyder-1997

78　Zaitsev-1989

79　Rocard-1989

80　Sagdeev-1989

81　Perminov-1999

82　Oberg-2000

83　Butrica-1996c

84　Smith-1982

85　AWST-1983

86　Smith-1984

87　Young-1990

88　Dornheim-1988

89　Butrica-1996d

90　AWST-1988a

91　AWST-1988b

92　Covault-1989a

93　AWST-1989b

94　Flight-1989b

95　Kerr-1990

96　Kerr-1991

97　Dornheim-1990a

98　Dornheim-1990b

99　AWST-1990a

100　AWST-1990b

101　Saunders-1991

102　Westwick-2007i

103　Steffes-1992

104　Spaceflight−1992d

105　Spaceflight−1992e

106　Rokey−1993

107　Sjogren−1992a

108　Sjogren−1992b

109　Saunders−1991

110　Head−1991

111　Kargel−1997

112　Tyler−1991

113　Phillips−1991

114　ST−1995

115　Kerr−1991

116　参见第一卷第 262~264 页关于"长寿命金
　　　星探测器"的介绍

117　Saunders−1999

118　Stofan−1993

119　Cattermole−1997

120　Kelly Beatty−1993a

121　Phillips−1991

122　Schulze−Makuch−2002

123　Armstrong−2002

124　Doody−1993

125　Sjogren−1993

126　Kerr−1993

127　Doody−1995

128　Giorgini−1995

129　Sjogren−1997

130　Konopliv−1996

131　Banerdt−1994

132　Sjogren−1994

133　Naudet−1996

134　Simpson−1994

135　Tolson−1995

136　Butrica−1996e

137　Russo−2000c

138　ESA−1975

139　Westwick−2007j

140　Meltzer−2007a

141　Murray−1989e

142　Meltzer−2007b

143　Dornheim−1989

144　Lorenz−2006

145　Meltzer−2007c

146　Young−1996

147　Meltzer−2007d

148　AWST−1989c

149　Belton−1996

150　Geenty−2005

151　Dawson−2004

152　Cunningham−1988j

153　Bonnet−1994

154　Meltzer−2007e

155　Dornheim−1988

156　Murray−1989f

157　Meltzer−2007f

158　Meltzer−2007g

159　Meltzer−2007h

160　Covault−1989b

161　Carlson−1992

162　Carlson−2007

163　Meltzer−2007i

164　Johnson−1991

165　O'Neil−1990

166　O'Neil−1991

167　Carlson−1991

168　Belton−1991

169　Gurnett−1991

170　Harland−2000a

171　Antreasian−1998

172　McCullogh−2007

173　Dornheim−1991

174　Flight−1991a

175　O'Neil−1991

176　Meltzer−2007j

177　Belton−1992

178　O'Neil−1991

179　Meltzer−2007k

180　O'Neil−1992

181　Kivelson−1993

182　Harland−2000b

183　Sagan−1993a

184　O'Neil−1993

185　Kelly Beatty−1993b

186　O'Neil−1993

187	Belton-1994	229	Kivelson-1996b
188	Kelly Beatty-1995	230	Belton-1996
189	Harland-2000c	231	Carlson-1996
190	Cunningham-1988k	232	Harland-2000e
191	O'Neil-1994	233	Anderson-1996b
192	Spencer-1995	234	Schubert-1996
193	Martin-1995	235	Anderson-2004
194	Weissman-1995	236	O'Neil-1996
195	Meltzer-2007l	237	Gurnett-1997
196	Graps-2000	238	Khurana-1997
197	O'Neil-1995	239	Anderson-1997a
198	Atkinson-1996	240	Geissler-1998
199	Folkner-1997a	241	Kivelson-1997
200	O'Neil-1996	242	Khurana-1998
201	Meltzer-2007m	243	Harland-2000f
202	Fischer-1996	244	Efimov-2008a
203	Lanzerotti-1998	245	Pappalardo-1998
204	Lorenz-2006	246	Carr-1998
205	Seiff-1997	247	Anderson-1997b
206	Rust-2006	248	Harland-2000g
207	Young-1996	249	Harland-2000h
208	Seiff-1996	250	Harland-2000i
209	Ragent-1996	251	Schenk-2001
210	Sromovsky-1996	252	Harland-2000j
211	Niemann-1996	253	ST-2000a
212	Orton-1996	254	Harland-2000k
213	Lanzerotti-1996	255	Harland-2000l
214	von Zahn-1996	256	Harland-2000m
215	Atkinson-1996	257	Carlson-1999a
216	Folkner-1997a	258	Khurana-1998
217	Atkinson-1997	259	McEwen-1998
218	Kelly Beatty-1996a	260	Harland-2000n
219	Meltzer-2007n	261	O'Neill-1997
220	Harland-2000n	262	Burns-1999
221	Kivelson-1996a	263	Harland-2000o
222	Frank-1996	264	ST-1999
223	Anderson-1996a	265	Harland-2000p
224	Gurnett-1996a	266	McCord-1998
225	Grün-1996	267	Carlson-1999b
226	Graps-2000	268	Carlson-1999c
227	O'Neil-1996	269	Carroll-1997
228	Gurnett-1996b	270	Mitchell-1998

271　Turtle-2001

272　Anderson-1998

273　Harland-2000q

274　Harland-2000r

275　Geissler-1999

276　Mitchell-1998

277　Harland-2000s

278　Hoppa-1999

279　Hoppa-2001

280　Spencer-1999a

281　Gierasch-2000

282　Erickson-1999

283　Spencer-2000a

284　Kieffer-2000

285　McEwen-2000

286　Spencer-2000b

287　Lopes-Gaultier-2000

288　Harland-2000t

289　Russell-2000

290　Hoppa-2000

291　Keszthelyi-1999

292　McEwen-2000

293　Spencer-2000

294　Lopes-Gaultier-2000

295　Khurana-1998

296　Kivelson-2000

297　Spencer-2001

298　McEwen-2000

299　Spencer-2000

300　Lopes-Gaultier-2000

301　Head-2001

302　Spaun-2001

303　McCord-2001

304　Erickson-2000

305　Otero-2000

306　Turtle-2004

307　Kurth-2002

308　Gurnett-2002

309　Hill-2002

310　参见第一卷第 176~177 页和第 179~180
　　　页关于"卡洛里斯盆地"的介绍

311　Theilig-2001

312　Turtle-2004

313　Davies-2003

314　Turtle-2004

315　Milazzo-2002

316　McEwen-2002

317　Turtle-2004

318　Efimov-2008b

319　AWST-2002

320　Theilig-2002

321　Anderson-2005

322　IAUC-8107

323　Bindschadler-2003

324　NASA-2003

325　Page-1975

326　Rosengren-1990

327　Bromberg-1966

328　Ulivi-2006

329　Hufbauer-1992

330　Kozicharow-1979

331　JPL-1978

332　McGarry-1997

333　ESA-1976

334　Wenzel-1990a

335　Eaton-1990

336　Leertouwer-1990

337　Russo-2000d

338　Furniss-1990a

339　Wenzel-1990b

340　Hawkyard-1990

341　Mastal-1990

342　Caseley-1990

343　Wenzel-1990a

344　Eaton-1990

345　Leertouwer-1990

346　Furniss-1990a

347　Furniss-1990b

348　Furniss-1990c

349　Beech-1990

350　Hengeveld-2005

351　Mudgway-2001c

352　Bertotti-1992

353　Bertotti-2007

354　Marsden-1991

355　Bird-1992a

356　Barbosa-1992

357　Smith-1992

358　Bird-1992b

359　Spencer-1992

360　Caldwell-1992

361　Angold-1992

362　Marsden-1992

363　McLaughlin-1992

364　Grün-1993

365　Grün-1994

366　Krüger-2007

367　Bertotti-1995

368　Marsden-1995

369　Marsden-1996

370　McGarry-1997

371　Marsden-1997

372　Jones-2002

373　Jones-2003

374　Neugebauer-2007

375　Marsden-2000

376　Marsden-2003

377　Krüger-2005

378　Krüger-2007

379　Lawler-2005

380　McGarry-2004a

381　McGarry-2004b

382　Angold-2008

383　Steffy-1983

384　Flight-1987

385　McCurdy-2005a

386　Westwick-2007k

387　Guernsey-2001

388　NASA-1993a

389　Furniss-1992a

390　Mecham-1989

391　Spaceflight-1992f

392　Furniss-1992b

393　Spaceflight-1992g

394　参见第一卷第 209~212 页关于"海盗 1 号
　　增压问题"的介绍

395　Guernsey-2001

396　Esposito-1994

397　Armstrong-1997

398　Laros-1997

399　NASA-1993a

400　Mudgway-2001d

401　Esposito-1994

402　Friedman-1993a

403　JPL-1993

404　NASA-1993b

405　Stephenson-1994

406　Guernsey-2001

407　Westwick-2007l

408　Flight-1994

409　Westwick-2007m

410　Sagan-1993b

411　Westwick-2007n

412　Furniss-1990d

413　NASA-1987

414　Wilson-1986c

415　Smith-1987b

416　AWST-1987b

417　Mishkin-2003a

418　Weisbin-1993

419　Mishkin-2003b

420　Smith-1989

421　Henderson-1989

第7章　更快、更省、更好

7.1　太阳帆的回归

由于在哈雷彗星交会探测任务中没有被选中，"太阳帆"计划便半途而废了，但在20世纪90年代早期人们对太阳帆技术的兴趣有了短暂的复苏，并在太空中对一块小型太阳帆进行了展开测试。

20世纪80年代，法国南比利牛斯（Midi-Pyrénées）地区的政府决定以月球为目标推进太阳帆竞赛。政府方面希望这个比赛能够吸引来自全世界的参与者，但没能够获得资金赞助。1988年12月，美国国会的克里斯托弗·哥伦布500周年纪念委员会（Christopher Columbus Quincentenary Jubilee Commission）提出了一个类似的竞赛方案，计划将其作为1992年庆祝发现美洲500周年庆典的一部分。这次竞赛的目标是火星，3支比赛代表队分别来自北美洲、欧洲和苏联。根据比赛规定，推进系统只允许使用太阳光作为驱动方式，发射日期限定为10月12日（哥伦布发现美洲的周年纪念日），探测器的发射质量不能超出500kg，需携带一块纪念牌匾，并需要安装一台相机，可以展示太阳帆展开和整个飞行过程的其他亮点。"太阳帆杯"的参赛队伍需相继完成太阳帆展开、地球引力逃逸、接近月球、最终到达火星几个阶段，由以上阶段的完成情况决定优胜者。

北美洲的建议书由美国麻省理工学院（Massachusetts Institute of Technology，MIT）和加拿大共同制定；欧洲的建议书由英国、法国和意大利制定。英国的计划名为尼娜（Nina），由剑桥咨询公司（Cambridge Consultants）负责设计。尼娜采用一块直径为250m的圆形太阳帆，可以在发射时折叠成直径为4m的圆柱体。尽管尼娜被认为是技术最先进和最具想象力的参赛作品，但"太阳帆杯"组委会最终还是选择了意大利的计划，认为在欧洲参赛作品中其是"最现实和合理，且更为壮观和完整"的方案[1]。该方案由都灵的阿丽塔莉亚公司设计，吸引了众多工业、研究中心和大学的浓厚兴趣，计划被命名为卡皮塔纳·意大利卡[Capitana Italica，意大利文艺复兴时期的"意大利旗舰"；另一个可选的名称是哥伦布的圣玛丽亚号（Santa Maria）]。该方案中，太阳帆是一块方形的聚酯薄膜，展开面积达10 000m²，在10m长桁架的末端装有一个太阳能驱动的载荷舱，并安装了几台相机和科学试验设备用于火星研究。探测器使用阿里安4号（Ariane 4）运载火箭发射，在进入环绕地球轨道后将首先展开4个可充气的圆锥形桁架，而后展开5μm厚的太阳帆，并使所有横梁聚合以保持稳定。位于桁架底部的执行机构将使有效载荷模块相对于太阳帆移动，以产生姿态控制所需的扭矩。太阳帆将缓慢地盘旋驶出地球轨道，在288天之后穿过月球轨道，并进入去往火星、周期为4.8年的日心巡航轨道[2-4]。

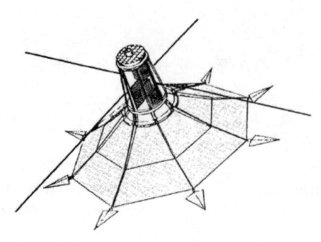

俄罗斯的参赛卫星,将使用太阳帆进行姿态和轨道控制

　　然而,与 20 世纪 80 年代的月球太阳帆比赛一样,这项飞往火星的太阳帆竞赛也从来没有获得充足的资金支持。

　　尽管苏联的太阳帆计划后来变更为里格塔(Regatta)空间实验室,但它是唯一得以延续的计划。研究深入到如何对太阳帆进行姿态控制,以及在某些特定情况下进行轨道控制。如果里格塔项目证明使用太阳帆在地球轨道开展太阳和天文学研究是可行的,接下来的任务可能是使这样一个太阳帆探测器在拉格朗日点运行,等待重新定向至飞向小行星或者彗星轨道。这个项目已经进行得非常深入,以至于在苏联解体的时候,外国合作伙伴(包括意大利)已经几乎可以提供研究太阳的科学仪器。虽然里格塔没有完成实施,但它确实促成了在和平号空间站上成功地进行一项无动力的太阳帆测试[5-8]。

7.2　新希望

　　20 世纪 80 年代启动的水手马克Ⅱ级和行星观测者计划原本旨在振兴美国的行星探测,但没有达到预期目标,因为每种类型只获批了一个型号,两个计划都在反复多次的初步评估后宣告终止。因此,在 20 世纪 80 年代末,即使考虑到之前积压的飞行任务在未来几年将会执行,行星探测计划也仅仅比 80 年代初期略微得到一些好转。1989 年在 NASA 太阳系探测部门(Solar System Exploration Division)组织的专题讨论会上,为研究是否可以建立一个新的、更成功的、低成本、目标明确的行星任务计划,而专门成立了一个小型任务项目组(Small Mission Program Group)。但由于水手马克Ⅱ级和行星观测者并没能成功履行大幅降低成本的诺言,鉴于这些经验教训,科学家和工程师虽接受了这个新计划,但仍保持着怀疑态度。在专题讨论会上,一位来自约翰·霍普金斯大学(Johns Hopkins)应用物理实验室(APL)的科学家斯塔玛提奥·克里明吉斯(Stamatios Krimigis),将与会者的注意力成功吸引到一个 NASA 的小型科学卫星探测项目,该项目能够以低成本成功地获取科学成果。因此太阳系探测部门决定评估通过启动发现级(Discovery)项目开展低成本行星探测任务的可行性。

发现级项目要求任务的研发费用不能超过 1.5 亿美元，在轨飞控费用不能超过 3 500 万美元，发射费用不能超过 5 500 万美元，且发射运载质量不能大于德尔它 2 号运载火箭。发现级任务应采用小型探测者(Small Explorer)项目管理结构，其中首席研究员(Principal Investigator，PI)对任务负全部责任。事实上，相较于传统制度上由 NASA 中心或实验室提出的任务设想，首席研究员为了使项目能够立项，需要确认任务的目标，组织大量的学者来提供必要的科学设备，并得到工业承包商的支持。这种方法十分有助于使任务始终关注其科学目标。这也意味着 JPL 在主导美国行星探测 15 年之后将会直面竞争。部分提案来自艾姆斯实验室，该机构已经成功研发了先驱者号系列任务所使用的探测器和伽利略号任务所使用的大气探测器。但在学术机构第一次发挥主导作用时，首个被选中的提案来自应用物理实验室。

由于严苛的成本和时间限制，发现级项目的探测器只能简化设计并安装比之前常规配置更少的设备。此外，与早期的体系结构不同，发现级项目将受益于 20 世纪 80 年代的军事研究和发展的成果；特别是为响应战略防御计划(Strategic Defense Initiative，俗称"星球大战"计划)而进行的研究，除此之外，其他成果包括小型或者非常小型的概念探测器，例如弹道导弹拦截器。其中一些研究是 JPL 自己开展的，让其工程师在行星探测任务间断期间有薪工作。在这些项目研究成果中，包括质量仅有几千克的推进系统、微型惯性平台和质量不到 1kg 的星敏感器。值得注意的是，与公众的看法相反，20 世纪 80 年代美国在空间技术上的大部分进步并不是由 NASA 资助，而是由军方资助。NASA 主导的研究和发展的项目很少，主要受限于航天飞机和自由号空间站(Space Station Freedom)的研制。随着火星观测者探测器的失利，像水手马克 II 级和行星观测者这类依赖"现成"成熟技术的项目，其缺点很快变得非常明显。与之不同，发现级项目试图通过利用军方开发的最先进的小型化技术来降低成本。事实上，发现级任务的成本已经压缩得很低，这主要得益于 10 年来庞大的军事投资——如果发现级任务从最开始是用自身的项目资金来开发这些技术，很可能就不可行了。当然，冷战的结束使获取军事技术变得更加容易。发现级项目的另一个特点是任务研制的周期更短，这意味着一支单独的工程师和科学家队伍就可以胜任从项目概念到完成的全过程，这个改变也意味着航天领域恶名昭彰的严苛文档控制要求就可以稍微放宽一点。

与许多 20 世纪 80 年代废弃的项目架构一样，开始时发现级任务需要通过多年努力，划分成多个独立子任务进行资助。这样做的意义是，可以避免 NASA 将每个提案的预算均当作独特的"新开始"对待，不仅可以大大地简化提案流程，也可以保护提案免受国会中政治冲突的影响。这合乎丹尼尔·戈尔丁(Daniel Goldin)的想法，他从 1992 年就开始担任 NASA 局长。作为前空间工业的项目经理和太阳系探测的狂热分子，他提倡利用军事技术助力小型科学卫星的发展。白宫管理和预算办公室表示支持戈尔丁，这意味着与水手马克 II 级和行星观测者不同，发现级项目获得了可进行多年发展的承诺。研制项目进展迅速，第一批两个项目获得了立项，第一个任务是由应用物理实验室负责的近地小行星交会(Near-

Earth Asteroid Rendezvous，NEAR)任务，这个任务是应用物理实验室从行星观测者计划中恢复的一个提案。第二个任务是来自 JPL 的提案，为开展火星环境勘查(Mars Environmental Survey，MESUR)所进行的一项"探路者任务"——向火星表面发射一系列小型科学站[9-11]。1992 年 11 月，在圣胡安–卡皮斯特拉诺(San Juan Capistrano)举办的研讨会上，一共提出了约 100 项提案。这些提案包括了地球轨道行星望远镜、月球的环绕器和着陆器、凯龙小行星(2060，Chiron)(位于土星轨道之外，兼具小行星和彗星的特点)飞掠任务以及冥王星侦察任务(由电池供电)。甚至还有一个俄罗斯和美国的联合提案，建议立项研制金星着陆器，为其配置最先进的科学仪器[12]。大会选取了 11 个提案来进行深度研究[13-15]。

被选择的提案包括：

水星极地飞掠(Mercury Polar Flyby)：一个类似于水手 10 号的探测器，质量为 400kg，装备有光学成像仪和雷达，计划至少进行 3 次极地飞掠，完成水星表面的初步测绘，并描述其极地环境特征。发射窗口在 1996 年和 2000 年[16]。

赫尔墨斯水星轨道器(Hermes Mercury Orbiter)：一个来自 JPL 的提案，计划使用现有的硬件开展探测，将探测器送入环水星轨道并持续进行几个水星年的侦察，侦察内容包括水星表面的地形和组成，以及大气层和磁层的特性。发射日期预计在 1999 年[17-18]。

金星多探测器任务(VMPM)：由哈佛大学、JPL 和休斯公司联合提出，用以收集金星超级旋转大气的数据。任务计划重新使用金星先驱者号的组件，探测器包括圆柱形平台和 14~18 个小型金星大气探测器，每个小探测器仅安装一个发射机。任务设想在 1999 年年中发射，并于 9 月到达金星。主探测器(平台)在金星交会前 37 天将首次同时释放部分小探测器，在 16 天之后释放剩余的小探测器。两组小探测器和主探测器将会以相差几小时的飞行轨迹穿过金星大气层。跟踪它们的无线电信号，将提供整个金星朝向地球一侧的温度分布、风向、风速的详细数据，这些均有助于加深对金星深层大气(例如低于 20km 高度的区域)的理解，之前的探测器还没有进行过如此精确的研究[19-20]。

金星多探测器发现级任务是仿照金星先驱者任务而提出的

金星成分探测器：一个来自科罗拉多大学（University of Colorado）的提议，主张利用包括金星先驱者在内的多个任务的经验，发射一个探测器来穿透金星大气，并在 42~75km 的高度范围内开伞，随后释放一个压力容器，可以在自由下落至金星表面的过程中进行热平衡测量。

火星上层大气动力学、热力学及演化任务（Mars Upper Atmosphere Dynamics, Energetics and Evolution Mission, MUADEE）：一个来自密歇根大学的任务，建议发射一个小型自旋探测器进入火星极地轨道，用以研究火星 62~200km 范围内的高层大气和低层电离层[21]。

彗核之旅（Comet Nucleus Tour, CONTOUR）：一个来自康奈尔大学的任务，计划于 2003 年发射，至少完成与 3 颗彗星彗核的交会，包括恩克（2P, Encke）彗星、坦普尔 1 号（9P, Tempel 1）彗星和达雷司特（6P, d'Arrest）彗星。

小型小行星/彗星任务（Small Missions to Asteroids/Comets, SMACS）：一个来自国家光学天文台（National Optical Astronomy Observatory）的任务，计划于 1998—2000 年使用尽可能小的固体火箭［从空中发射的飞马座（Pegasus）XL 全固体火箭］来发射 4 个探测器与小天体交会，目标包括一颗原始天体［拉-舍拉姆彗星（2100, Ra-Shalom）］、一颗发生过演化的天体（临时名为 1986DA，小行星 6178）、一颗彗星［芬利彗星（15P, Finlay）］和一颗已死或休眠的彗核［小行星法厄同（3200, Phaeton）］。

彗星彗发化学成分（Comet Coma Chemical Composition, C4）任务：一个来自艾姆斯公司的提案，计划发射一个简单的自旋稳定探测器与彗星在近日点交会，随后在其周围飞行 100 天，并对彗发进行取样，从而研究彗发是如何演变的。发射日期为 1999 年，此次任务将计划与坦普尔 1 号交会。

近地小行星采样返回任务（Near-Earth Asteroid Returned Sample, NEARS）：一个来自美国地质调查局的提案，建议将近地小行星交会任务的硬件产品与一个用于返回间谍卫星胶片的返回舱进行组合，可以在一颗近地小行星的 6 个不同位置完成采样并返回地球。候选目标包括阿波罗型涅柔斯（4660, Nereus）或者阿莫尔（10302, 1989ML），当时它们都还没有正式的名字。在 2000 年和 2002 年将有两个发射窗口[22]。

地球轨道紫外木星观测者任务（Earth-Orbiting Ultraviolet Jovian Observer）：一个来自约翰·霍普金斯大学的提议，计划使用位于地球高轨的探测器，花费 9 个月的时间来观测木星系。

太阳风采样返回任务：一个来自 JPL 的提议，计划在地球磁场之外飞行两年时间来收集太阳风样品。

然而，就在 NASA 正在启动发现级项目的时候，另一个美国机构也正在开展低成本行星探测任务方面的工作。深空项目科学试验（DSPSE）由弹道导弹防御局（Ballistic Missile Defense Organization, BMDO）（战略防御计划的后续）资助。该项目的探测器由海军研究实验室（Naval Research Laboratory）研制，使用的科学仪器来自劳伦斯·利弗莫尔国家实验室（Lawrence Livermore National Laboratory）。深空项目科学试验计划的目的是测试光学敏感器，这些传感器本来是为了探测和跟踪地球大气层之上的军事目标而开发的，但随着冷战结束后弹道导弹防御局预算的缩减,该目标已无法实现。项目负责人斯图尔特·诺泽特(Stewart Nozette)于1992年向NASA提出了一项建议,使用月球或者小行星这样的天体来进行测试,并且有必要通过NASA的深空网络进行跟踪。NASA组建了一个包括13名行星科学家的团队来评估这个建议。这项任务被命名为克莱门汀(Clementine),计划在月球极地轨道花费2.5个月的时间对月球进行多光谱测量和地形勘查,然后在1994年8月31日前往小行星地理星(1620, Geographos)的100km飞掠轨道。地理星于1951年被发现,是一颗阿波罗型小行星。它将在距离地球500万千米以内飞掠,这次飞掠是未来至少两个世纪以内距离地球最近的一次。作为一个小型快速移动的天体,它是测试深空项目科学试验敏感器的理想目标。此外,探测器与地理星交会之后极有可能留有足够的推进剂,在1995年10月完成与阿莫尔型小行星维里尼娅(3551, Verenia)的交会[23]。

克莱门汀号的有效载荷包括4台相机,可以覆盖近紫外、可见光和近红外波段。将不同滤光镜拍摄的图像组合在一起生成的多光谱图像,可以揭示目标天体的表面成分。相机之外的唯一科学仪器是一台激光高度计,能够以40m的精度持续测量探测器距离目标表面的高度,并揭示星球表面的地形特征。克莱门汀探测器的外形为八边形,最大宽度为1m。探测器的侧面安装了由遮光罩保护的光学相机和两块太阳帆板。探测器包括主发动机和姿控推力器,包括所需推进剂在内的发射质量为482kg。克莱门汀号本来计划使用大力神2号运载火箭发射,但它已于1987年退役,于是转而使用大力神2G号(Titan ⅡG)发射。整个任务的花费相对便宜,约为7 500万美元。

克莱门汀号于1994年1月25日从加利福尼亚海岸的范登堡空军基地(Vandenberg Air Force Base)发射升空,成为美国首个从卡纳维拉尔角(Cape Canaveral)以外地点发射的深空任务。2月19日,克莱门汀号进入了月球轨道,成为了自1973年来首个进入月球轨道的探测器。本次任务的月球测绘阶段非常成功,共生成了超过180万张图像和1张全球高度地图,同时获得了极区的雷达反射数据,雷达数据主要用于检验永久阴影撞击坑中存在水冰假说的正确性[24]。月球阶段任务完成后,主发动机于5月3日点火4.5分钟,脱离月球轨道并飞往地球飞掠点,将使探测器在轨道上与地理星交会。不幸的是,克莱门汀号在5月7日与地面失去联系,一个"软件异常"使姿控发动机点火11分钟,结果不仅耗光了所有的姿控推进剂,而且使探测器的自转速度达到了80转/分,导致无法完成对地理星的清晰成像。因此本次任务的第二阶段被迫取消。克莱门汀号转而进入地球大椭圆轨道。由于姿态控制问题,电池能源也很快耗尽,当这个无法动弹的探测器于7月20日飞掠月球时,被月球引力射入日心轨道。探测器的飞控追踪工作于8月8日停止。在1995年年初,探测器的方位开始变得对电池充电有利,2月8日地面开始尝试与探测器恢复联系,并于2月20日获得成功。在接下来的几个月里,探测器的主发动机点火,用以降低自旋速度,并进行了对相机的工程试验。任务最终于1995年5月10日终止,此时克莱门汀号正处于1.023AU×1.063AU的轨道上,与地球轨道相似[25]。为了配合本次任务,地面的望远镜和雷达一直对地理星进行观测。20世纪70年代以来的光学观测结果表明,这颗小行星的外形非常细长。从1994年8月28日开始,在6天时间内获得的400幅雷达图像证实了这一点。精度最高的雷达数据显示，地理星的长度为 5.11km，宽度仅为 1.85km[26]。

美国国防部的克莱门汀号月球轨道器和小行星飞越器正在进行准备工作（图片来
源：弹道导弹防御局/NRL/LLNL）

　　尽管 NASA 参加了克莱门汀号任务，还是有一些科学界人士对将进入太阳系探测领域
用于军事表示担心。批评者还认为，事实上克莱门汀号在其相对有限的任务中的早期阶段
就失败了，这表明采用低成本策略来完成深空任务本身就是有缺陷的[27]。

　　事实上，深空项目科学试验本来是作为双探测器项目而构想出来的。克莱门汀 2 号
也将由海军研究实验室负责管理和研制，并为美国空军的空间作战中心（Space Warfare
Center）服务。探测器将由另一枚大力神 2G 号运载火箭或者一枚金牛座（Taurus）小型全
固体火箭发射。项目的最初目的是测试使用自燃肼和五氟化氯推进剂的高性能推进系
统，探测器将携带 4 个小型机动"导弹杀手"，这些装置称为轻型外大气层炮弹（LEAP，
Light Exo-Atmospheric Projectiles），将会在与几颗近地小行星交会时开火。其他任务构
想在政治和技术上更容易被人接受，其中包括使用轻型外大气层炮弹运送质量为 1kg 的
"昆虫机器人"去月球。不过最终还是决定保留在 50~100km 距离交会 3 颗近地小行星的
任务内容[28-30]。在交会前 3 小时，克莱门汀 2 号将释放一个 1m 长的探测器，由电池能

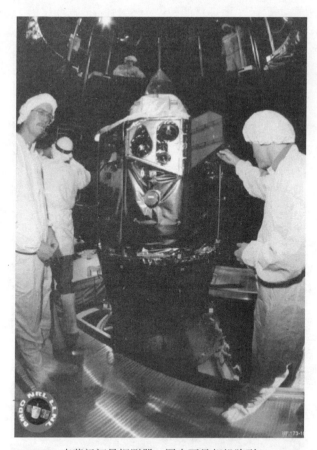

克莱门汀号探测器，图中可见相机阵列

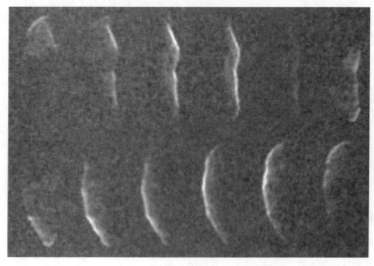

地理星的一组雷达观测图像，显示其拥有细长的外形。如果克莱门汀号没有受到软件故障的影响，它将在 1994 年飞掠这颗小行星，并且提供"真值"来评估雷达研究的效果(图片来源：JPL/NASA/加州理工学院)

源驱动。依靠光学敏感器、星敏感器和冷气推进组成的自主导航系统，这个质量为20kg的探测器将以10~18km/s的速度飞向并撞击目标，它将在途中传回近距离拍摄的图像和几微秒的冲击动力学数据。探测器将通过多谱段相机和其他公用的30cm望远镜的仪器监测撞击点。另一个选择是使主探测器穿越小探测器撞击所产生的溅射物云团，利用微型质谱仪和尘埃分析仪来探测其成分组成。不论通过遥感还是就位探测，观测溅射流和新形成的撞击坑均能够获得近地小行星的成分组成和强度特性；当发现小行星可能与地球发生碰撞时，这些数据可以为转移或者摧毁此类目标的任务提供支持。本次任务其他可能的科学目标包括监测伽马射线爆发和在太空中搜寻阿登型小行星，由于这类小行星长期处于地球轨道内部，所以很难从地面发现[31]。最初的计划拟进行一次30km的爱神(433，Eros)小行星飞掠，随后完成50km的图塔蒂斯(4179，Toutatis)小行星飞掠，后者是已知的对地球威胁最大的近地小行星之一[32]。对图塔蒂斯小行星的直接观测将为雷达对此类天体的成像方法提供"真值"资料。事实上，1992年12月8日，当图塔蒂斯小行星以小于10倍地月距离的位置经过地球时，拍摄到的高分辨率图像显示其由两个不规则的部分组成，一个宽4.5km，另一个宽2km，彼此之间紧密连接并处于混沌的旋转状态。图像显示出了足够的细节，可以发现在较大的那个部分上有一个700m的撞击坑[33]。此次任务的其他可能目标还包括睡神星(14827，Hypnos)和直径530m的格勒夫卡(6489，Golevka)小行星[34-35]。

　　然而，持怀疑态度的科学家和政治家认为，由于任务的目的是测试可用于拦截卫星和导弹的技术，克莱门汀2号任务实际成为太空"武器化"的"特洛伊木马"。作为回应，任务工程师说，由于难以将1km大小目标的测试数据缩放到一个只有导弹或弹头大小的目标上，研究结果其实对导弹拦截器的设计并没有帮助。另一个批评的声音指出，从这次测试中获得的任何经验都可以从发现级任务"近地小行星会合任务"中获得。1997年10月，克林顿总统否决了预算为1.2亿美元的克莱门汀2号任务，官方原因是担心这次任务可能被解释为违反反导条约[36-37]。

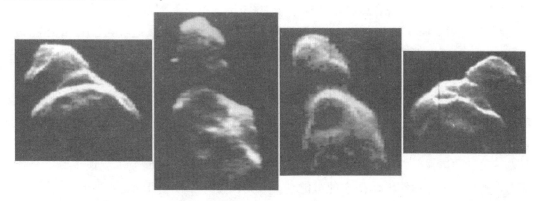

1992年12月获得的4幅小行星(4179)的雷达图像。当时这可能是克莱门汀2号的目标。后来在小行星接近地球时获得了更好的图像(图片来源：JPL/NASA/加州理工学院)

7.3　与爱神相恋

应用物理实验室从来没有规划和管理过一个行星探测任务，不过自20世纪60年代开始，应用物理实验室已经为美国海军研发了一些小型卫星，因此有研制低成本探测器的传统。此外，在20世纪80年代期间，应用物理实验室已经为战略防御计划建造了几个最便宜的探测器。应用物理实验室的近地小行星交会任务是发现级项目中第一个获得批准的任务，任务目标包括确定小行星的总体物理特性，特别是尺寸、形状、质量和旋转特性，测量其成分和矿物学组成，并调查其形态。另外，该任务还计划研究小行星风化层的特性；研究小行星与太阳风的相互作用；寻找小行星的内禀磁场；并在其表面和邻近区域寻找最近活动的证据。当起草该任务计划并提交给发现级项目时，原定的发射时间是1997年，计划与安忒洛斯(1943, Anteros)小行星交会，但等到项目获得批准时，发射时间推迟到1998年1月份，任务飞行过程包括：以17km的距离、9个月的时间飞掠主带小行星范阿尔巴达(2019, Van Albada)，随后进入2年的行星际巡航，并以1km的距离与小行星涅柔斯交会；如果任务到了扩展阶段，后面也有几次与其他小行星交会的机会。但有人担心，小尺寸的涅柔斯小行星可能会限制探测器在其附近停留8个月内传回数据的多样性，探测器将会把时间耗费在涅柔斯邻近区域的探测上，使探测结果变得"无聊"。因此，科学家们开始研究探测器与爱神小行星交会的可能性，爱神小行星是一个阿莫尔型小行星，处于1.13AU~1.75AU的轨道上[38]。在特别有利的条件下的地面观测结果表明，爱神星是一个36km×15km×13km的细长天体，是第二大近地小行星。光谱特性显示爱神星是一颗石质S类小行星，是主带小行星中最普遍的类型，并极有可能与普通球粒陨石有联系。光学和雷达观测测量的自转周期为5.27小时，并确定了自转轴的方向。

由于爱神星的轨道倾角相对较大，因此探测器采用直接转移轨道面临严重的局限性，不过也发现了几种有趣的解决途径。一种是探测器在2003年发射，借助地球引力抬升探测器的轨道倾角，并在飞往爱神星的途中于2005年飞掠恩克彗星。另一个选择是探测器在2000年发射，拥有至少与两颗彗星和两颗小行星交会的机会，但直到2012年才能到达爱神星。人们还发现了另一条轨道，先将近地小行星交会探测器送入一条周期为两年的日心轨道，在远日点附近完成深空机动，并利用地球引力抬升轨道倾角以实现飞向爱神星。使用这条轨道的一个好处是发射能量需求甚至比前往涅柔斯小行星更小，后者具有吸引力的部分正是它的低发射能量需求。1993年年中，爱神小行星被明确为基线目标，发射日期也提前到1996年2月。如果这个新的任务剖面能够实现，近地小行星交会任务(NEAR)将是发现级计划第一个进入太空的任务[39]。1994年，任务设计师研究了近地小行星交会探测器在初始轨道与其他天体交会的可能性，并列出了一张不少于43个候选对象的清单。名单中的大多数天体尺寸很小，最终确定飞越位于小行星主带(火星与木星间)中的玛蒂尔德(253, Mathilde)小行星，但飞越距离高达225万千米。为了将飞越距离减小至1 200km，任务决定接受带来不利因素的绕行方案[40]。虽然玛蒂尔德小行星在1885年就被发现，但除了能估计它的直径为 60km 之外，人们几乎对其一无所知。此次任务还将使其成为人造探测器所造访过的最大小行星。当探测器飞掠玛蒂尔德小行星时，经过调查发现它是一个相当暗的天体，光谱特征类似于碳质球粒陨石，属于 C 类，并拥有一个与众不同的超长自转周期，长达 415 小时——超过 17 天。自转速度如此缓慢的一个原因可能是存在一颗未被发现的卫星与玛蒂尔德小行星间有潮汐作用，所以近距离观测玛蒂尔德小行星成为一个迫切的目标。如果错过前往爱神星的发射窗口，1997 年还有 2 个备份的机会，一个是前往涅柔斯小行星，另一个是前往安式洛斯小行星[41]。

探测器本体是一个直径为 1.47m 的八边形铝蜂窝结构，内部装有一套推进系统，包含 2 个加注了 109kg 四氧化二氮的氧化剂贮箱和 3 个加注 209kg 肼的燃料贮箱。肼为 4 个 21N 和 7 个 3.5N 单组元推力器提供燃料，用于姿态调整和小的轨道修正；肼与四氧化二氮共同为 450N 双组元发动机工作提供燃料，用于轨道修正和轨道进入。主发动机突出于探测器的一侧，并使用金属隔热屏进行保护。探测器组合使用星敏感器、太阳敏感器和新型半球谐振陀螺确定姿态，其中半球谐振陀螺以前还从未在太空飞行中使用过。在探测器的顶部布置姿控推力器机组、4 块尺寸为 1.83m×1.22m 的固定式太阳翼（类似于"风车"的造型），以及 1 个 1.5m 直径的抛物面天线，突出的天线使探测器的总高达到 2.8m。太阳翼在发射后展开，可在 1AU 处提供 1 880W 的电能，在 2.2AU 处提供 400W 的电能。这将是第一个在火星轨道之外使用太阳能的探测器。实际上，探测器在飞行中，太阳、探测器和地球形成的夹角很少超过 40°，因此探测器的设计得以简化，使得高增益天线和太阳翼在均采用固定安装方式的同时，不会带来严重的性能损失。除高增益天线外，探测器还安装了一个扇形波束的中增益天线，在太阳翼朝向太阳和不需要高速传输数据时使用；探测器还安装了一对低增益天线，一个装在探测器顶部，另一个装在底部[42]。大多数固定安装的科学仪器与运载接口一起安装在探测器的底部。多光谱成像仪是在一台应用物理实验室仪器的基础上研制的，该仪器用于 SDI 的中程空间试验（Midcourse Space Experiment，MSX）。它使用 4.8cm 直径的折射光学镜头、1 块 537×244 像素的 CCD 传感器和 8 块彩色滤光镜，并能够在 100km 的距离达到 10m 的成像分辨率。一台 64 通道的近红外光谱仪可在目标天体表面寻找诸如橄榄石和辉石之类矿物存在的证据。最大的仪器是 X 射线和伽马射线谱仪，质量达 27.3kg，用于绘制各种元素的丰度地图，包括镁、铝、硅和钾。激光高度计可测量探测器与星体表面的距离，分辨率达到 0.5m，用于提供全球地形图并在绕飞任务阶段协助进行导航。最后，在高增益天线馈源上安装了一个三轴磁通门磁强计，用于研究太阳风和其与目标天体之间的相互作用。在 805kg 的发射质量中，科学载荷占据了 7%。

近地小行星交会探测器于 1995 年 12 月运至卡纳维拉尔角发射基地。在 1996 年 2 月 16 日由于高海拔风和设备故障，探测器错过了第一个为期 16 天的发射窗口，不过在 UTC 时间 2 月 17 日 20 时 45 分，探测器最终由德尔它 2 号运载火箭成功发射。在进入停泊轨道的几分钟之后，火箭上面级将探测器送入 0.99AU×2.18AU 的轨道。在发射过程中曾有一段令人担忧的时刻，在地球逃逸机动的末期，深空网堪培拉站新安装的接收机没有收到遥

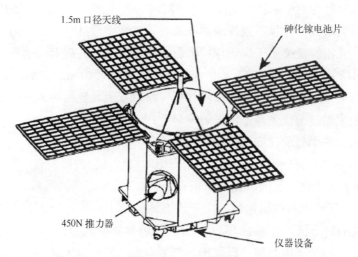

近地小行星交会任务所使用的探测器——发现级项目第一个发射的任务

测信号，不过当天线切换到旧的接收机后，遥测信号重新出现，因此确定是由于地面设备故障而导致的错误[43]。此后不久，多光谱相机在轨完成了标定，在距月球 150 万千米距离处拍摄了 40 张月球图像。在 3 月 24 日，探测器拍摄到被誉为"明亮的彗星"的百武彗星，这颗彗星在当时地球北部的天空十分明显。虽然没有看到彗星特有的细长等离子体彗尾，不过从 1 670 万千米的距离还是很容易看见彗核。这些观察结果证实了探测器具备对快速移动目标成像的能力。在接下来的一年半时间里，近地小行星交会探测器完成了 5 次轨道修正和多次仪器校准。在 1997 年 2 月 19 日，从地球上看去，探测器被太阳遮挡，应用物理实验室和 JPL 均开展了一些工程和科学试验，用以协助规划未来的任务，包括 20 世纪 80 年代星探号(Starprobe)探测器的后续任务，星探号采用了一条近日点距太阳非常近的轨道[44]。

　　随着 1997 年 6 月底探测器与玛蒂尔德小行星的交会，它迎来了第一次真正的高密度工作。从到达最近点前的 42 小时开始，探测器向预测目标方向拍摄了一系列图像用于光学导航，希望从背景恒星中分辨出目标小行星。不过由于探测器是从小行星背向太阳一侧靠近的，所以在太阳的强光下几乎完全看不到暗淡的目标小行星。因为此时探测器与太阳的距离达到 1.99AU，所以太阳帆板发电效率降低，仅能够支持相机工作，其余的仪器都保持非活动的状态。探测器到达距目标最近点前 5 分钟才启动实际的成像工作序列，获得的第一组图像分辨率为 500m/pixel，小行星在图像中呈现出不规则的新月形状。在 UTC时间 1997 年 6 月 27 日 12 时 56 分，近地小行星交会探测器以相对距离 1 212km、相对速度 9.93km/s 飞掠了玛蒂尔德小行星。当时获得的分辨率最高的图像能够记录 160m 尺度的细节。拍照工作到达最近点后持续了 20 分钟，最后共拍摄了 200 张小行星周围环境的照片，用以寻找其卫星，不过并没有发现尺寸超过 40m 的天体。此次飞掠共拍摄了 534 张照片。由于小行星的自转速度非常慢，很可能只拍到了它的一个半球，而且由于没有探测到阴影偏移，因此也无法推断自转轴。根据观测到的半球数据，玛蒂尔德小行星的尺寸为

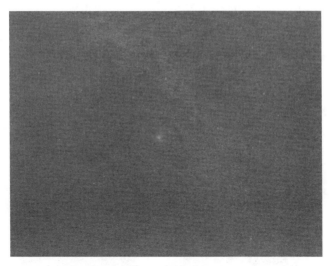

近地小行星交会探测器观测到的百武彗星

66km×48km×46km，并且表面非常暗，仅能反射 3.5% ~ 5% 的太阳光。天体表面至少存在 5 个直径大于 19km 的撞击坑。最大的撞击坑同时也是成像质量最好的撞击坑，直径达到了 33km（达到小行星主轴长度的一半），深度在 5 ~ 6km——由于撞击坑底部在阴影之中，因此很难确定深度。这个撞击坑与另一个直径 26m 的撞击坑有部分的重叠。尽管撞击非常惨烈，但除了存在一些多边形的撞击坑之外，小行星并没有因为这些高强度的撞击事件而出现破裂或缺口，这表明小行星其实是一个"碎石堆"。多普勒跟踪数据支持了这一推断，数据给出了小行星质量的估计值，因此可计算出平均密度，结果非常低。受小行星黑暗表面的启发，国际天文联合会（International Astronomical Union）以地球上的煤矿为玛蒂尔德小行星的黑暗特征命名，将最大的撞击坑命名为"卡鲁"（Karoo）[45-47]。

在 1997 年 7 月 3 日，近地小行星交会探测器执行了一次较大的速度增量为 269m/s 的轨道修正，将轨道近日点由 0.99AU 调整为 0.95AU，使探测器在飞掠地球时能够实施地球借力。在 8 月，磁强计探测到了一股磁场云团，"冲刷"了探测器接近 6 个小时。这些云团可能是日冕物质抛射的产物，几个星期前太阳及日球层天文台曾观测到这一现象。后来又探测到其他一些磁场干扰，这些干扰可能源于太阳的某些现象[48]。在 1998 年 1 月回到地球时，近地小行星交会探测器校准了磁强计和激光高度计。此外，为了测试姿态控制系统的精度，探测器调整了方向，使太阳电池板可以将太阳光反射至地球，使业余天文爱好者能够监视它穿过天空的过程。在 UTC 时间 1 月 23 日，探测器到达了距地球的最近点，位于伊朗西南上方高度 540km 的位置。近地小行星交会探测器利用相机和红外光谱仪进行了两组观测，其中第二组观测覆盖了南极洲。它还拍摄到了月球南半球的图像，以获取散射光的数据。在探测器离开过程中对南极洲的进一步成像被用于制作一部令人惊叹的"地球旋转电影"[49]。后来发现近地小行星交会探测器在本次飞掠过程中获得了 13mm/s 的额外速度增量，但无法弄清其原因。伽利略号探测器也曾发现类似的现象，尽管速度增量较小，但还是被观测到了。近地小行星交会探测器在飞掠中的异常现象是迄今为止所能看到的程度最大的[50]。两个多月后，当探测器距离地球 3 365 万千米时，太阳光可以再次短暂地通过太阳帆板反射回地球，使地面望远镜能够看到探测器，从而创造了从地球对探测器拍照的最远纪录。

近地小行星交会探测器拍摄到的玛蒂尔德小行星的 3 幅图像，其中最底部为分辨率最高的一幅

近地小行星交会探测器在飞掠地球之后拍摄到的地球和月球的南极照片

探测器对爱神星的系统性光学导航开始于 1998 年 11 月，每周进行一次，持续到 12 月 14 日，随后改为每天进行一次，直到 12 月 19 日。按照计划，在 UTC 时间 12 月 20 日 22 时 03 分，探测器的双组元发动机将点火 15 分钟，获得 650m/s 的速度增量，从而使探测器可以与爱神星交会。然而，在经过一系列低推力点火将贮箱中的推进剂沉底之后，主发动机在点火后不到一秒就熄火了。大约 37 秒之后，通信也中断了。在这种情况下，近地小行星交会探测器应该已经进入了自旋稳定"安全模式"，来保证太阳翼朝向太阳，并每 3 小时一次使扇形波束天线指向地球。但地面仍然没有收到任何信号。一种可能性是探测器电池的电量已经耗尽，在充电过程中需要关闭所有系统，包括信号发射机。这是一段令人焦虑的等待时间，然而在 27 小时的失联后，地面终于恢复了与近地小行星交会探测器的联系。在此期间，近地小行星交会探测器的姿态发生了翻滚，在某一时刻太阳翼背离了太阳，并使用了 29kg 的肼推进剂来尝试使探测器停止旋转。此外，发动机的羽流污染了光学镜头，导致之后计算机在处理图像时，需要克服图像质量轻微下降的问题[51]。此时的主要问题是探测器未能成功实施目标交会所需的轨道机动，正在快速地接近爱神星，并将在 24 小时之内以小于 4 000km 的相对距离飞掠目标。为了从这种情况中获取一些科学数据，工程师们准备了一种应急飞行成像策略。UTC 时间 12 月 23 日 18 时 41 分探测器飞掠了爱神星，最近距离为 3 827km，相对速度仅为 965m/s。在到达最近点前 3 小时探测器开始了拍照工作，并持续了 6.7 个小时，获取了 1 026 幅图像[52]。然而，由于爱神星位置的不确定性，只有 222 张图像拍到了它的全貌或局部。图像的最佳分辨率大约为 400m/pixel。从地面观测数据推测，爱神星是一个极度不规则的天体。图像显示其轮廓尺寸为 33km×13km×13km，半球表面凹凸不平，并具有独特的"豆荚"或"肾脏"外形。尽管它有着细长的形状，但是表面有 5 个直径约 1km 的撞击坑和 20km 长的直线条

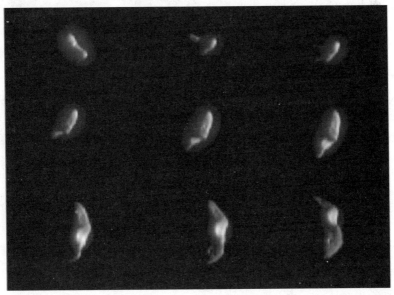

1998 年 12 月飞越爱神星期间，近地小行星交会探测器拍摄到的爱神星图像

纹，表明它是一个固态天体，这与从多普勒跟踪中推断出的质量和密度数据一致。近红外光谱测量结果表明，在小行星表面存在橄榄石和辉石。飞掠过程中接近段和远离段的成像覆盖了爱神星整个引力的影响范围，但结果表明它周围没有尺寸超过 50m 的卫星[53-54]。

这次无准备飞越的结果远远没有达到通过交会对小行星进行详细探测的预期。不过还有一些选择能够弥补缺失的科学成果。如果在接下来几天主发动机能够进行长时间工作，探测器就可以在不久之后重新返回爱神星，不过这样在到达时将只能剩余很少的推进剂用于规划绕飞机动。另一种选择是探测器在 1999 年 1 月初进行轨道机动，可以在一年后接近爱神星，交会后可以留有足够的推进剂用于绕飞轨道的相位调整。但首先要确定的是 12 月 20 日双组元推进发动机没有点火的原因。调查发现，在发动机工作期间，用于检测非受控推力大小的加速度计的阈值设置过低，并且低于发动机的启动值，导致导航软件取消了发动机点火并进入了安全模式。如果改变这个阈值，应该可以使发动机点火[55-56]。在 1999 年 1 月 3 日，探测器完成了 24 分钟的点火，将日心速度提升了 932m/s，并开启了在 2000 年 2 月 14 日重返爱神星的旅程——这个日期是为了节省几个月的飞控成本，同时也是为了庆祝情人节。

1999 年 12 月，当与爱神星的距离减小到 10 万千米时，探测器恢复了对爱神星的定期观察。探测器对最小尺寸 20m 的小卫星进行了大规模搜寻，但是一无所获。2000 年 2 月 3 日，为了飞往预定的交会点，探测器完成了一次轨道机动。UTC 时间 2 月 14 日 15 时 33 分，当从太阳看探测器距离爱神星 200km 时，根据科学观测的要求，探测器的发动机点火，将日心速度降低了 10m/s，探测器因此被小行星的微弱引力捕获——这是首次实现。4 月 30 日，近地小行星交会探测器进行了一系列共 6 次的轨道修正，逐渐从 321km×636km 的初始轨道降低至 50km×50km 的近圆形极轨道。在当时，为了纪念 1997 年去世的尤金·休梅克(Eugene M. Shoemaker)，人们将任务名称改为近地小行星交会–休梅克(NEAR-Shoemaker)任务。休梅克引领了整个关于研究小行星撞击地球影响的科学领域。

由于爱神星具有不规则的形状和较小的质量，探测器的绕飞轨道具有独特的特征。在最高的轨道上，探测器的速度很低，和人行走的速度差不多。太阳辐射的压力影响足以将轨道的焦点从爱神星的质心处最大移动 900m，同时高度低于 35km 的轨道并不稳定。多普勒跟踪和地标观测使探测器能够精确定轨，同时也获得了小行星的质量。通过对激光测高仪数据进行插值，可以计算出小行星的形状，并且确定其平均密度。观测数据证明爱神星的结构与玛蒂尔德小行星不同，爱神星有着完整的结构而非碎石堆。由于细长的形状，爱神星表面的逃逸速度大小随着位置不同而能变化 5 倍[57]。

图像显示，爱神星表面布满了直径为 0.5~1km 的撞击坑。最大的一些个体地形是大小分别为 5.5km 和 7.6km 的撞击坑，以及一个大小为 10km 的不规则凹陷，这些使爱神星具有独特的"马鞍"形状。科学家认为爱神星是一颗较大母星的一部分，是母星受撞击而形成的产物，也许"马鞍"就是在撞击时形成的，或可能形成于母星解体时。国际天文联合会对爱神星的命名借鉴了神话和文学作品。这个 5.5km 的撞击坑被命名为普赛克(Psyche，希腊语中意为灵魂)，"马鞍"被命名为希莫洛斯(Himeros，爱神阿弗洛狄忒和战神阿瑞斯

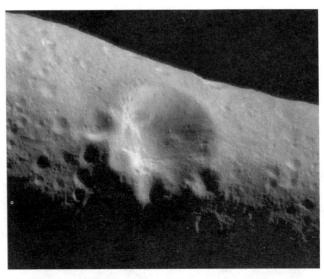

2000 年 3 月 3 日拍摄的一幅爱神星的拼接图像，显示了小至 20m 的细节。图中可以注意到在普赛克撞击坑的底部有巨大的石块（图片来源：JPL/NASA/加州理工学院）

的儿子）。作为这个规则的一个例外，为了致敬科学家休梅克，7.6km 的撞击坑被命名为休梅克。爱神星表面的各种沟、山脊和洼地特征也非常明显。在 1998 年探测器的一次飞掠中观测到了一个山脊，高度达 200m，宽度在 1~2km，延伸长度达到小行星的一半。一个复杂的山脊横跨了北半球的大部分地区，由一系列几十米高、不到 300m 宽的分段地区组成，这可能是由于一次较大撞击使沿线的薄弱部分隆起所致。数以百万计的巨石散落在四周，集中在希莫洛斯撞击坑西部的一个洼地内。然而，并没有明确的迹象表明这些石块是被撞击挤出去的，或者是从斜坡滚下去的。也许它们是低能量撞击下产生的碎片。探测器发现了风化层迹象，风化层似乎覆盖了除最大撞击坑之外的所有撞击坑，形成了爱神星特有的撞击坑大小分布。至少发现有一个区域（"马鞍"区域）的撞击坑密度比平均值要低得多，这表明这个位置的风化层很深，或者该区域的表面通过某种方式改变了。许多神秘而明亮的土壤斑块表明它们可能是近期才暴露于天体表面的。很明显，爱神星并不是因为撞击而从小行星主带中被弹出，因为这样的撞击会抹去大部分的表面特征。也许它的轨道受到了木星轨道共振的影响，或者被与太阳加热相关的缓慢但渐进的雅科夫斯基效应（Yarkovsky effect）扰动。

爱神星的颜色、红外光谱和平均密度均与普通球粒陨石的成分一致。红外光谱仪在 5 月 13 日失效，正好发生在探测器到达南半球进行观测之前[58-59]。X 射线和伽马射线谱仪很难从这么小的天体上仅通过有限的光谱获得更多信息，但从 5 月开始，一系列太阳耀斑将带电粒子覆盖整个小行星，从而使探测器获得了更好的数据，数据表明爱神星不是经历过温度分化的天体，并证实其表面成分与普通球粒陨石类似——尽管还是有些差别[60]。

在获得两个半球的图像之后，科学家们决定进一步研究风化层。10 月 26 日，经过轨道调整，探测器以 6 430m 的高度掠过小行星表面。在此次飞行过程中，探测器以 22km/h 的

从爱神星北半球的视角看，撞击坑普赛克在顶部形成了一个凹口，而"马鞍"形状的希莫洛斯则位于另一边(图片来源：JPL/NASA/加州理工学院)

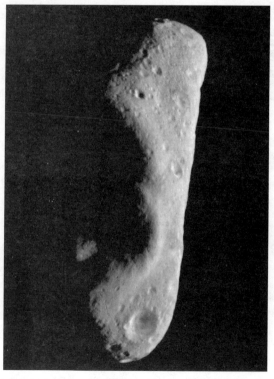

希莫洛斯处于阴影中的爱神星图像(图片来源：JPL/NASA/加州理工学院)

"骑行速度",获得了约 250 张分辨率为 1m/pixel 的图像,并进行了精确的激光测高。平缓起伏的地形证实了表面缺乏直径小于 3.5m 的撞击坑。通过观察部分被掩埋岩石碎片,以及在撞击坑底部几米深的地方发现了光滑沉积物,推断出有大量风化层的存在[61-62]。这些"池塘"似乎集中在赤道附近,科学家假设了各种各样的形成过程,包括在休梅克撞击坑形成时产生了细小的溅射物,而小行星的地震冲击或者静电悬浮使这些溅射物向下坡方向运动[63]。在本次低高度飞掠之后,探测器处于一个不稳定的轨道上,并可能以撞击的方式结束任务,所以在接近轨道最远点时,探测器通过轨道机动进入了一个 200km 的圆形轨道。

此时探测器进行了共计 25 次轨道修正,轨道半径从最初的 365km,下降到 2001 年 1 月 25 日到 28 日的 19km,当时探测器正在以 2.7km 的高度进行一系列的低空飞越,飞过爱神星的"末端"[64]。之前的计划是在探测器进入任务轨道一年之后,通过关闭探测器来结束绕飞任务,但一个更为华丽的设计被提出来——探测器将通过受控低速撞击小行星而结束使命。在 2001 年 2 月 12 日,探测器的轨道首先下降到 36km×7km,在近拱点探测器发动机点火脱离了轨道,并进入垂直下降轨道。在 4.5 小时的下降过程中,探测器又进行了 5 次点火,并在这颗小行星弱引力的作用下向"马鞍"区域下降。在最后的 37 分钟里,探测器拍摄了大约 70 张着陆区域的照片。在高度 1km 以上拍摄的画面中,爱神星表面满是岩石,但在 1km 高度之下,又显示表面存在一块相对平坦的区域,对应的很可能是尘埃"池塘"。最后一张照片拍摄于 129m 高的地方,显示了一个 100m 深的撞击坑底部,有两个小的塌陷坑埋在了尘埃中,约有几厘米深。当探测器与表面接触时,它的方向发生了改变,阻止了天线指向地球,导致丢失了最后一幅图像。近地小行星交会探测器最后以 1.6m/s 的速度轻轻地与表面接触,

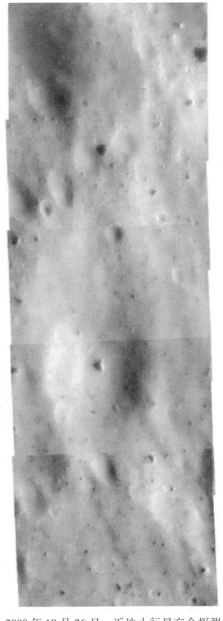

2000 年 10 月 26 日,近地小行星交会探测器在低空飞掠期间拍摄图像的拼接图。注意到图中有平滑的地形和稀少的撞击坑。激光高度计显示,位于顶部中心的圆石直径为 20m,高 7m,这意味着圆石的大部分可能埋藏在细小的风化层颗粒里。高度计的测量轨迹也经过了平坦的"池塘"沉积物,其位于 190m 直径撞击坑的中心

并经历了轻微的反弹，在 UTC 时间 19 时 44 分，预计在南纬 35.7°和西经 279.5°的位置停了下来，几乎可以肯定的是，探测器是通过两块太阳帆板的角和一条边完成着陆的。这是美国探测器首次降落在除月球以外的另一个天体上[65-69]。地面立即收到了信标的信号，接着是遥测信号，表明近地小行星交会探测器状况良好。如果探测器将相机指向水平方向，将会得到一个令人惊叹的小行星表面新视角，但相机已被尘埃所掩埋。另一方面，由于伽马射线谱仪方向朝下，它将能够获取高质量的表面成分数据。因此，为了开展伽马射线的积分分析，任务延期了两周。在此期间，探测器使用低增益天线低速传回了磁强计数据。最后在 2 月 28 日，当"冬天"逼近着陆地点时，地面下载了最后的数据，并命令飞船进入休眠状态[70-71]。

2002 年年末，当太阳重新从着陆地点升起时，地面在 12 月 10 日尝试了一次接收近地小行星交会探测器的信号，但是没有回应，可能是因为探测器在几个月的黑暗中抵挡不住极度寒冷的环境而永久损坏。本次任务取得了巨大的成功，共传回了超过 16 万张照片和 1 100 万次激光"回波"数据，在短暂飞掠了一颗小行星后，又首次详细探测了另一颗小行星。此外，它还确定了低成本行星任务的可行性。

2001 年 2 月 12 日，近地小行星交会探测器下降过程的最后 4 张图像。注意从图右侧的岩石地形到左侧平滑"池塘"地形的过渡。左侧近地小行星交会探测器最后一帧图像中的巨石宽度大约为 5m，探测器着陆在左侧图像边缘的 7m 以外

7.4　完成普查

在发现冥王星后的 40 年中，除了知道它运行在倾斜于黄道面的极端偏心椭圆轨道上外，人们几乎对其一无所知。当时对冥王星的质量、尺寸以及密度和组成的估计都有非常大的不确定性。20 世纪 70 年代初期，人们发现冥王星的自转轴几乎在其轨道平面内，与

天王星的情况相同；这种情况解释了为何自 20 世纪 50 年代以来观测到冥王星的亮度有逐渐变暗的趋势——这是受到季节性的影响，因为当行星接近春分点时，逐渐减少了明亮极冠的曝光程度。20 世纪 70 年代也获得了冥王星粗略的光谱，表明星球表面可能存在冰，特别是水冰。但是 1978 年的发现使人们对冥王星的认识彻底发生了改变，美国海军天文台的詹姆斯·W. 克里斯蒂（James W. Christy）注意到，在望远镜拍摄到的图像中，冥王星有一个凸起，这个凸起从一个晚上到另一个晚上都在有规律地移动——这是一颗卫星！这一发现使得首次精确测量冥王星的质量成为可能，测量证实了它的质量是地球的 0.2%。克里斯蒂将冥王星的卫星命名为卡戎，其质量是冥王星的 1/11。对于卫星和行星的质量比而言，卡戎是太阳系中最大的卫星[①]。

　　科学家很快又有了新的发现。卡戎绕冥王星公转的周期与冥王星的自转周期相同，这一特性使卡戎始终徘徊在冥王星同一地点的上方。从 1988 年开始，在地球上可以看到卡戎处于冥王星的边缘，因此在 1988 年的前后几年，冥王星和卡戎会经历一系列相互的交食和掩星现象。由于这种天体间的几何关系在冥王星绕太阳运行一个周期（248 年）中仅会发生 2 次，所以卡戎的发现算是非常及时。通过对交食和掩星的观测可以计算出两个星体的直径，结合已知的质量信息，可以得到星体密度。另外，当卡戎被冥王星遮挡时，通过测量冥王星的光谱，并将其从两者共同的混合光谱中去除，将有可能推断出两个星球各自的表面细节。在接下来的十年里，通过该观察方法发现，冥王星和卡戎表面是完全不同的。冥王星表面富含甲烷、氮和一氧化碳冰，而卡戎表面看起来覆盖着结晶的水冰。由于在极低温下甲烷冰的结构特性与水冰差异很大，因此卡戎表面可以记录数十亿年前的撞击数据，而冥王星表面相对松软，只能留下最近的撞击痕迹。1988 年对冥王星的掩星观测发现星体亮度发生了反常的变暗现象，表明冥王星表面存在稀薄大气，气压相当于地球的百万分之一，并且可能在靠近星表的区域存在雾霾。不过，对卡戎进行同样的观测没有发现类似的特征。虽然冥王星的大气也可能是它在 1989 年经过近日点时由于冰的升华所形成的短暂特征，但无论如何，冥王星在一定意义上其实是一颗巨大的彗星[72]！

　　事实上，直到最近我们对冥王星这个寒冷的世界还是知之甚少。这并不意外，因为冥王星几乎没有引起过太阳系探测规划者的兴趣。仅在"大旅行"的最初概念中，规划过对冥王星的勘查计划；在旅行者 1 号任务中，观测冥王星的机会让位于对土星的巨大卫星——土卫六的近距离探查，尽管这是一个明智的决定[73]。1989 年，一项专注于冥王星探测任务的研究得以启动，此时恰好是在旅行者 2 号飞跃海王星的 60 天后，其神奇的卫星海卫一（Triton）被认为与冥王星非常相像。由于深空探测任务变得越来越复杂和昂贵，研究人员认为高成本的探测任务将会遭到政府部门的拒绝，因此这项名为"冥王星 350"项目的研究目标，是研制一颗质量仅为旅行者号一半的探测器，总质量为 350kg，将使用 RTG 电源并携带科学载荷。载荷在精简后将仅包括相机、紫外光谱仪以及等离子体和无线电科学包。该任务将解决冥王星这个独特系统的一些基本科学问题，描述冥王星和卡戎的表面特

---

　　① 太阳系内卫星和行星的质量比第二大的是我们自己的月球，其质量是地球的 1/81。——作者注

性，分析冥王星大气和雾霾层的构成，并探查冥王星和海卫一之间是否真的具有相似性。任务计划中特别令人感兴趣的内容是，通过观察了解阻止冥王星明亮的南极冰盖风化和变暗的机制——是由于冥王星的偏心轨道(极端椭圆)和大倾角自转轴引起的季节性效应，还是某种冰火山重新覆盖极地的周期性作用。另外，该任务还将寻找冥王星更小的卫星。值得注意的是，冥王星系统的特点意味着如果不能迅速实施该任务，就会减少所能完成的科学目标。特别是在 20 世纪 90 年代后期的春分时刻，冥王星和卡戎表面均为明亮状态，但到 2015 年它们的南半球都将处于黑暗之中。此外，由于冥王星在飞过近日点后距离太阳越来越远，温度不断降低，如果探测器不能在 2020 年前及时到达，大气层可能由于低温将不复存在。为了节约成本，任务摒弃了使用大运载火箭将探测器直接发射到冥王星转移轨道的方式，而是使用引力辅助技术逐步使探测器获得到达目的地所需的能量。这种轨道设计的关键是使用木星借力，但如果能设计成以金星和地球借力的方式，就可以使用标准德尔它 2 号运载火箭发射。然而具有讽刺意味的是，冥王星 350 计划由于探测器的低质量和任务的高风险遭到了批评。作为回应，NASA 论证了一个造价昂贵的水手马克 II 级飞掠探测任务，该任务的探测器在架构上基于已开发的卡西尼号探测器。在接近冥王星时，主探测器将释放一个由电池供电的小探测器，它与主探测器在环绕冥王星的轨道上位置相差 180°，以便对主探测器不可见的半球成像。不过在科学探测任务预算不断缩减的时期，与造价昂贵但风险低的水手马克 II 级计划相比，还是推荐实施冥王星 350 计划[74]。同时，感谢"冥王星地下组织"(Pluto Underground Group)的游说，这个由美国行星科学家形成的组织对冥王星任务的支持，使得 NASA 太阳系探测委员会推荐其作为下一个十年的优先任务。

　　就在那时，历史发生了意想不到的转折。JPL 的工程师罗伯特·施特勒尔(Robert Staehle)和斯泰西·韦恩斯坦(Stacy Weinstein)从美国太阳系探测系列纪念邮票中获得了灵感，这套邮票中用"未探测"的字眼将冥王星描绘成一个模糊球，他们呼吁 JPL 研究最小型的冥王星探测器，并完成三个关键科学目标：获得分辨率为 1km 的冥王星和卡戎的表面图像；绘制两个星球可见半球的温度图；绘制冥王星大气的剖面图。作为 1981 年太阳日冕 20~30kg 探测器(二代太阳探测器中的一种)研究的发起者之一，施特勒尔已经参与了"微小型探测器"的研制，并熟悉其中面临的挑战。这项冥王星探测任务的研究结果令人惊讶，并且在事后看来，符合"更快、更省、更好"的口号，这个口号在那十年里主导了所有类型探测器的研制。冥王星快速飞掠(Pluto Fast Flyby, PFF)任务中探测器的质量小于 150kg，引发了对探测器设计变革性的探索[75-76]。事实上，冥王星快速飞掠探测器质量小到使用大力神 4 号运载火箭就可直接发射到冥王星转移轨道上，而后经过 7 年 50 亿千米的旅程后到达冥王星。最初的规划中，计划发射两个探测器，先后到达冥王星，并在轨道上相差半圈运行，以便尽可能全面地探测冥王星及其卫星的表面。有效载荷由相机、红外光谱仪和紫外光谱仪组成。当然，探测器的轨道设计会考虑对冥王星和卡戎的无线电掩星进行探测。为了可以研制出总质量不超过 7kg 的有效载荷，并为探测器选定科学仪器，NASA 资助了 7 项工程研究，其中最有意思的是两个高度集成的系统，它们将三台仪器集成在一个单元中，有着共用的结构、电子学甚至(在一种情况下)对光学系统也进行了共用设计[77]。到 1994 年，冥王星快速飞掠探测器将很有希望在新千年的第一个十年中完成研制并发射，其探测器质量达到了 150kg 上限。与此同时，一个更为创新(且风险更大)的冥王星探测任务被提交到发现级项目。该任务的探测器仅装备一台火星观测者的备份相机，并采用电池供电。

　　此时，NASA 的政策发生了前所未有的变化，要求未来所有任务的成本估算需要包含运载发射成本。两发大力神 4 号运载火箭的发射成本超过 8 亿美元，从而将冥王星快速飞掠任务的总成本提高到 10 亿美元以上。丹尼尔·戈尔丁强调除非找到降低发射成本的方法，否则将不会批准该任务[78]。解决方案之一是依然使用大力神 4 号火箭，但仅发射一颗探测器，接受冗余的丧失和探测范围的缩小。二是选择使用较小的运载工具，通过轨道借力技术获得到达冥王星所需的能量。三是开展国际合作。事实上，如果通过金星和木星借力，探测器可以使用闪电号或质子号运载火箭发射并完成任务，这两种火箭均是行星际探测任务的发射主力[79]。用免费发射质子号(价值 3 000 万美元)作为交换，俄罗斯希望参与到该任务中，如设计小型(6kg)探测器，在与冥王星交会前一个月释放，以实现对冥王星大气的直接采样分析。这些被俄罗斯称为“降落探测器”(Drop Zonds)的小型探测器能够携带轻小型光谱仪测量冥王星大气的成分，使用鱼眼相机获取雾霾的边缘特征，或开展其他相关试验。该任务以这种方式，将完成人类对太阳系所有主要天体的初步探测，并且将实现美国和苏联(俄罗斯)这两个主要参与者从竞争到最终合作的转变。事实上，冥王星快速飞掠任务已成为美、俄在较大范围行星探测任务联合研究的一个组成部分，其中包括“火星联合”任务和太阳探测器(计划探测太阳光球层内 3 个太阳半径的区域，这个光球层形成了太阳的“可见”表面)。1994 年年底，俄罗斯宣布将为冥王星快速飞掠任务的发射升空买单，德国马克思·普朗克行星物理学研究所宣布将参与该项目，并在探测器飞掠木星系统时在木卫一上投放一颗探测器。当然，还有一些提议希望利用在冥王星快速飞掠任务执行的间歇期间，实施在 4 年内快速飞掠天王星、海王星或凯龙(Chiron，2060)的计划。凯龙在 1977 年由查尔斯·T. 科瓦尔(Charles T. Kowal)发现，是在土星和天王星之间的偏心轨道上运行的一类半人马小天体的最初成员之一，它要么是一颗可以在近日点形成彗尾的小行星，要么是一颗巨大且几乎处于休眠状态的彗核[80-83]。

　　1995 年，受美国空间研究机构糟糕的财务状况影响，美国与俄罗斯开展任务合作的提议停滞不前，最终冥王星快速飞掠任务的研制计划被中止。该计划被冥王星快车(Pluto Express)任务取代，其保留了原计划中有效载荷的质量，但将探测器的总质量减小到 75kg。如果冥王星快车任务被批准，它将在新千年的前几年发射，并在 21 世纪第二个十年的前几年到达冥王星，恰好可以赶在科学探测机会减少之前完成任务。项目中对 RTG 的替代能源进行了研究，同时也研究了使用不太强大但更为便宜的运载火箭发射探测器的可行性[84]。该任务很快就选定了第二个目标(但同样重要)，并更名为冥王星-柯伊伯快车(Pluto-Kuiper Express，PKE)。20 世纪 80 年代末到 90 年代初，世界最大的天文台使用了更为灵敏的电子探测器，这促使戴维·朱维特(David C. Jewitt)和珍妮·刘(Jane X. Luu)在 1992 年发现了柯伊伯带中的第一个天体。柯伊伯带的天体主要由水冰构成，轨道运行在海王星之外接近黄道面的位置(因此也称为海王星外天体)。1949年,肯尼斯·艾吉沃斯(Kenneth E. Edgeworth)提出柯伊伯带存在的假说,1951年,杰拉伯·柯伊伯(Gerard P. Kuiper)也独立提出了该观点,柯伊伯带被认为是短周期彗星的主要发源地。回顾以往可以明显发现,冥王星和卡戎都是这类天体中较大的一员。戴维·朱维特和珍妮·刘发现天体1992QB1(15760)的大小估计为冥王星的十分之一。据推测约有十万颗"柯伊伯小天体"的尺寸大于100km。到1995年,这类天体以每年几十颗的速度不断被发现。与冥王星类似,这些天体很多也可能是双星系统[85]。值得一提的是阋神星(136199,Eris),它是在2005年由迈克尔·布朗(Michael E. Brown)从2003年的图像中发现的(因此其最初的代号是2003UB313)。基于以上发现,冥王星-柯伊伯快车任务的规划者提出,如果在飞掠冥王星后还有足够的推进剂,探测器将继续探测至少一颗柯伊伯带的其他天体。

1996年,哈勃空间望远镜拍摄的冥王星合成图像,也是地球上能够获得的冥王星的最佳图像[图片来源:西南研究院的艾伦·斯特恩(Alan Stern of the Southwest Research Institute),罗威尔天文台的马克·布伊(Marc Buie of the Lowell Observatory),NASA和ESA]

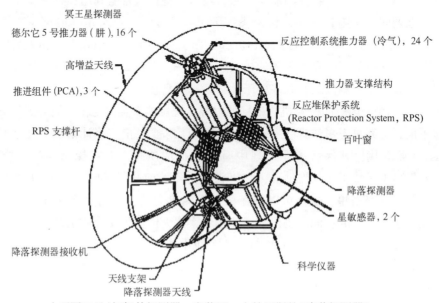

小型冥王星-柯伊伯探测器,安装了一个俄罗斯的"降落探测器"

1998 年，冥王星任务作为 NASA 起源项目(Origins Program)的一部分，成为外行星/太阳探测器计划之一。该计划需要完成 3 项"冰与火"的任务，探测太阳系中最难到达的目标。除冥王星-柯伊伯快车外，还包括欧罗巴轨道器(Europa Orbiter)，用于查明木星的卫星——木卫二(也叫欧罗巴，与探测器同名)的冰壳下面是否存在海洋，以及一个极富野心的太阳探测器(Solar Probe)，将于距太阳光球层小于 3 个太阳半径的位置飞过。暂定的时间表是 2003 年发射欧罗巴轨道器，2004 年发射冥王星-柯伊伯快车，2007 年发射太阳探测器，但为了满足冥王星-柯伊伯快车的发射窗口，在必要的情况下，将推迟发射欧罗巴轨道器。为了最大程度地减少地面干预，这些任务均采用自动化技术实现自主监测和自主控制。任务中，科学载荷被深度集成到探测器中，形成了所谓的"科学探测器"(Science-craft)。3 个探测器的核心软件是通用的，一些通信和推进组件也是如此。设计者希望探测器具有高度的通用性，并结合 JPL 的先进发展计划，使每个任务的成本下降到比已经相对"便宜"的火星探路者号(Mars Pathfinder)更低的程度。此外，可通过从大学生中雇佣相对不太熟练的工作人员进行探测器的跟踪和其他日常活动，实现成本的进一步降低。当然，每个探测器针对任务都设计了独特的系统。例如，由于木卫二的轨道在木星辐射带内，欧罗巴轨道器需要屏蔽大量的辐射。太阳探测器既需防护在近日点来自太阳的热量，又要防护远日点在木星轨道附近的极度严寒。此外，太阳探测器使用太阳帆板和 RTG 供电，而冥王星-柯伊伯快车和欧罗巴轨道器则使用先进的由美国能源部研发的 RTG 供电。冥王星-柯伊伯快车的运载火箭是德尔它 2 号，该火箭虽然成本较低，但性能存在不足。一种解决方案是使用运载火箭/惯性上面级组合的发射形式，此时探测器可以搭载一颗小型的木星深度大气探测器或一颗与俄罗斯降落探测器类似的冥王星微型着陆器[86-87]。

正当冥王星-柯伊伯快车的未来似乎或多或少得到保证时，NASA 在 2000 年 9 月宣布，已下令终止冥王星-柯伊伯快车的研制，以便将资源集中在优先级更高的欧罗巴轨道器上，但几个月后该声明又被取消。NASA 随后表示，冥王星-柯伊伯快车任务已被搁置，因为其预计成本会飙升至 8 亿美元以上。鉴于没有确切的研制恢复日期或者新的发射机会，采用木星借力到达冥王星的方案在 2005 年后将无法实现，同时科学家预计探测器只能在冥王星大气瓦解后才能到达，这些使该任务前景黯淡。然而，全球的科学家、技术人员和太空爱好者联合起来给美国国会施加压力，要求国会督促 NASA 恢复该任务的研制。最终项目重新恢复，以另一个全新项目的形式得以延续，名为"新视野"(New Horizons)。该项目的命运将在本丛书第三卷中描述。

7.5　低成本杰作

在火星观测者任务失败后，NASA 局长丹尼尔·戈尔丁指示 JPL 成立 3 个团队，探讨如何在 1994 年或 1996 年恢复失去的科学目标，包括几种可行途径：研制改进其前身缺陷的"火星观测者 2 号"；采用类似于国防部克莱门汀任务的小型化技术；或者与俄罗斯合作。在整理消化了几个团队的研究成果后，1994 年 2 月，NASA 在其 1995 年的预算中申请了 7 700 万美元用于开展火星勘测者(Mars Surveyor)计划,该计划包括一系列任务。项目由 JPL 管理,总目标是探测火星;寻找过去或现在生命的证据;了解火星目前的气候并调查气候变化原因;勘查火星资源。研究的核心主题是水在这个行星历史上所起的作用。项目设想在 1996 年发射一颗轨道器,之后在每个发射窗口均发射一对轨道器和着陆器,并在 2005 年到 2010 年完成一次低成本采样返回任务。预算限制为每年 1 亿美元,另外还有 2 000 万美元的运行费。

勘测者的名字让人联想到 NASA 在 20 世纪 60 年代为阿波罗着陆任务做准备而发射到月球的月球勘测者系列探测器,这也暗示了机器人探测器将作为先锋,为载人火星探测任务扫清障碍。项目的远期目标包括研究在火星表面原位制造推进剂的方法,将其作为高性价比的无人取样返回任务的一部分,并最终实现载人登陆火星。

在经过短短两个月的筛选过程后,1994 年 7 月 JPL 宣布将于 1996 年发射火星全球勘测者(Mars Global Surveyor,MGS),探测器由曾研制出火星观测者的马丁·玛丽埃塔公司完成设计和制造,该公司位于科罗拉多州的丹佛市。28 个月的研制周期是美国近期空间探测任务中探测器最短研制时间之一。经评估,探测器的研制、发射、奔火以及在火星轨道上运行一个火星年所需的费用为 2.5 亿美元。任务的一个关键创新点是气动减速技术,麦哲伦号探测器曾在金星轨道上测试了该技术。火星全球勘测者将进入周期为两天的火星大椭圆捕获轨道,然后利用气动减速进入周期为 2 小时的圆形测绘轨道,探测器在整个过程中需要完成一系列的推进机动。气动减速明显的优点是进入同样的轨道所需的推进剂更少:火星观测者携带了 1 536kg 推进剂,而火星全球勘测者仅携带了 393kg 推进剂! 火星观测者的发射质量为 2 500kg,使用大力神 3 号运载火箭发射,发射成本超过 5 亿美元;与之相比,火星全球勘测者发射质量仅为 1 062kg,使用德尔它 2 号加上 PAM-D 固体火箭可将探测器送入地火转移轨道,发射成本仅为 5 500 万美元。

探测器使用气动减速到达火星运行轨道的不利之处是造成观测时间的推迟,但整个气动减速阶段仅需几个月的时间,对任务的影响可接受。测绘轨道的高度为 378km,周期为 118 分钟,相对火星的赤道倾角为 92.9°,为太阳同步轨道,与火星公转轨道的进动速率相同。这种轨道的特性使探测器在观测火星表面时总能具备相同的光照条件。综合权衡对所有科学仪器团队的需求,确定探测器每次穿过火星赤道的时间为火星当地时间下午两点。每 7 天或 88 个周期后,探测器的地面轨迹仅向东偏移 59km,因此探测器能够对火星表面任何感兴趣的地点进行一系列观测。

由于对火星大气条件缺乏精确的了解,在约 115km 高度的火星大气中实施气动减速的效果存在一定的不确定性,因此在探测器研制过程中留有足够的设计裕度,以确保其不会过热或发生其他方式的损坏。实际上,气动减速策略的灵活性足以应对高层大气密度的大范围变化——例如,任务将在火星尘暴的高峰季节实施,大气被尘暴加热会发生膨胀而改变大气密度,而不均匀的重力场也会影响大气密度。该项目有很大一部分机动经费用于改进火星的高空大气模型。为了监测气动减速过程中探测器的状态,并对任何异常或计划外事件进行及时响应,在每个气动减速过程中地面均有几乎连续的无线电跟踪,通过 4 个小时的跟踪确定轨道参数并测量气动减速过程的进展情况。该过程将持续到探测器的远火点从 54 000km 降低到 1 800km，且轨道周期变为 2.4 小时为止。之后，探测器将更加活跃，在远火点进行推力器点火逐步将近火点抬升到约 140km，并与不断削弱的气动减速效应保持同步，气动减速效应最终使远火点高度保持在 450km。这种多次进出火星大气的气动减速方式可以确保即使在通信发生中断的情况下，在探测器因气动阻力过大而坠入大气层前，JPL 仍有几天时间可以重新恢复对探测器的控制。当发动机点火将轨道圆化后，标志着气动减速阶段结束。气动减速策略的显著复杂之处在于，最终建立的轨道必须使探测器在当地太阳时间下午两点左右的几分钟内穿越火星赤道。计划中开始对火星进行测绘的时间为 1998 年 3 月。测绘阶段任务将持续 1 个火星年，也就是 687 个地球日。在接下来的 6 个月中，火星全球勘测者将作为中继星，为可能着陆在火星的着陆器提供中继服务。由于探测器未经消毒，为了避免对火星造成污染，在任务结束时探测器将抬高轨道，以免进入火星大气并使残骸落在火星表面。

　　为了降低成本并加快研制速度，马丁·玛丽埃塔公司（后来的洛克希德·马丁宇航公司）提出将火星观测者 75% 的备份硬件和软件用于火星全球勘测者探测器。这种方法不仅节约了元器件的采购周期，也缩减了所需的质量检测工作。事实上，虽然火星全球勘测者采用了新的复合材料结构和推进模块，但是其电子设备均为火星观测者的备份件[88]。与之前由 JPL 进行飞行控制的任务不同，火星全球勘测者以及火星勘测者计划的后续任务，都将由洛克希德·马丁公司设在丹佛市的机构进行飞控。

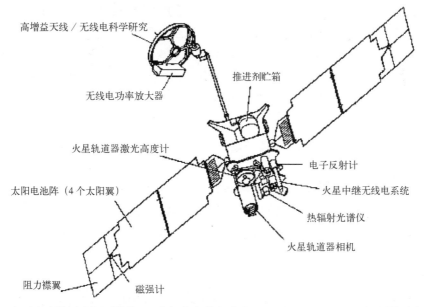

火星全球勘测者探测器的配置图［来自苏尔科夫（Surkov），Yu. A.，"探测器对类地行星的探索"，奇切斯特（Chichester），Wiley-Praxis，1997］

　　火星全球勘测者的外形基本上是一个尺寸为 1.22m×1.22m×0.76m 的长方体。探测器分为仪器舱和推进舱，两舱之间有电缆连接。仪器舱集中了电子器件和绝大多数有效载荷设备，推进舱包括电池、贮箱、气瓶以及所有推进组件。推进系统在设计上特意避免了所有被认为可能是导致火星观测者失败的故障场景，包括推进剂混合。推进系统部分继承了卡西尼号探测器的设计，安装了一台双组元发动机用于主要的机动。这台发动机由英国制造，代号为 Leros-1B，可提供 596N 的推力，是近地小行星交会探测器所使用的发动机 Leros-1 的改进型。探测器的姿态由太阳敏感器、星敏感器、一个水平敏感器和一个惯性平台(包含 4 个加速度计、4 个陀螺和 4 个作为执行器的反作用轮)进行确定。探测器配有 12 个 4.45N 的肼推力器完成微小的中途修正，并为姿态控制系统的动量轮提供卸载[89]。电源由两个太阳翼提供。每个太阳翼由两块宽 1.51m、长 1.85m 的电池板组成，末端装有小型的矩形襟翼。太阳电池板展开后在一条直线上，总长度为 3.88m。每个太阳翼的内板通过铰链和阻尼器连接到 Y 形支座上，支座通过两轴万向驱动机构安装到本体上。每个太阳翼可以单独进行转动。太阳翼的总发电面积为 6m²。每块太阳翼的内板为砷化镓电池片，外板为硅电池片。近地输出功率为 980W，火星轨道输出功率为 660W。太阳电池板的背面在气动减速过程中作为阻力面。实际上，太阳翼在设计之初就考虑了需具备双重功能。例如，太阳翼面积可产生气动减速所需的阻力，因此调整了太阳电池片粘合剂的配方，使太阳翼可以在气动加热的高温下正常工作。研制的后期还在太阳翼末端增加了阻力襟翼。探测器在阴影区由一对镍氢蓄电池组供电。太阳翼和襟翼展开后的总跨度为 12m。气动减速时，太阳翼倾斜使探测器形成"V"字的构型以增大阻力，平台上的仪器设备则朝向背风面受"保护"的方向。探测器的下行链路使用功率为 25W 的 X 频段发射机和安装在 2m 长桅杆上的直径为 1.5m 的高增益天线。探测器同时还搭载了 Ka 频段试验设备。高增益天线在巡航和气动减速阶段处于收拢状态，在测绘阶段展开。由于火星与地球之间距离的不断改变，因此遥测码速率在 10~85kbits 变化。探测器本体上安装了 4 个低增益天线，两个负责接收，两个负责发射，用于低码率通信以及在无法使用高增益天线的紧急情况。探测器有两个冗余的固态存储器，每个容量为 1.5Gbit，用于存储后续回传到地球的科学仪器数据。

在火星勘测者计划中，早期发射的轨道器任务是完成火星观测者未完成的科学目标。因此火星全球勘测者携带了 6 台与火星观测者相同的载荷设备，总质量为 75kg。火星观测者质量为 44kg 的红外辐射计计划与一台新载荷设备一起安装在 1998 年发射的轨道器上；同时重 23kg 的伽马射线谱仪将安装在 2001 年发射的轨道器上。

与火星观测者一样，火星全球勘测者的遥感设备都安装在探测器上朝向火星的一面。这就需要探测器在火星轨道上每运行 1 圈时旋转 360°，并同时保持高增益天线指向地球，太阳帆板指向太阳。

继承于火星观测者的相机含有两个独立子系统。窄视场相机使用焦距为 350cm、光圈为 f/10 的里奇-克莱琴(Ritchey-Chretien)光学系统和 2 048 像素的线阵 CCD。宽视场相机位于窄视场相机挡板的上方，采用一对鱼眼镜头在单一焦面上完成成像，使用 3 456 像素的线阵 CCD。像素阵列垂直于运动方向，以"推扫"模式工作，通过探测器的运动得到任意长度的图像。在测绘轨道上，窄视场相机的分辨率为 1.5m。宽视场相机利用红、蓝滤镜能获得分辨率优于 250m 的全球图像。相机没有调焦系统；通过精确控制光学器件的温度保证焦距不变。相机数据可通过将 CCD 数据直接读入遥测链路下传，也可存储在固态存储器中后续回放下传[90-91]。

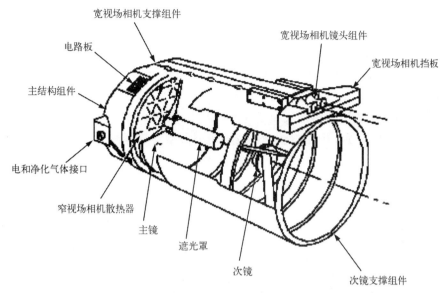

　宽视场相机支撑组件

电路板

主结构组件

电和净化气体接口

窄视场相机散热器

主镜

遮光罩

次镜

宽视场相机镜头组件

宽视场相机挡板

次镜支撑组件

火星全球勘测者的相机使用了火星观测者的备份件，由窄视场相机和安装在望远镜筒上的宽视场相机组成，宽视场相机使用一对鱼眼镜头，装有固定式的红、蓝滤镜

探测器携带的激光高度计测量激光脉冲从探测器发出至到达火星表面并反射回探测器的持续时间，反射光由配备 0.5m 口径光学系统的卡塞格林望远镜观测。激光高度计每秒发射 10 个脉冲，照亮火星表面直径 160m 的足迹，测量高度的精度在几十米以内。这是首个在火星轨道上运行的高度计，获得的数据有望极大地提高对火星地形测绘的精度，之前火星地形图数据来自地面雷达测量、水手 9 号和海盗号的无线电掩星测量、立体图像和大气纵向深度等数据[92]。热辐射光谱仪由一台干涉仪和一台热辐射计组成，各自具有独立的光学系统，分辨率最高的约 1km/pixel。通过使用扫描镜，热辐射光谱仪可以获得边缘大气的数据。该仪器用于测量矿物、岩石和表面冰层的分布；确定大气尘埃的构成和分布；测量火星表面和大气的热特性——表征大气的动力学特性；测量云的成分和温度；研究极地冰盖的生长和消退现象[93]。火星观测者是美国继水手 4 号之后首个携带磁强计到达火星的探测器。磁强计利用在气动减速阶段较低的轨道近火点，研究太阳风和火星电离层、大气层的相互作用，填补此高度区域磁场探测的空白，用于验证之前从苏联火星轨道器传回的少量数据中推断出的火星磁场特性是否准确。水手 4 号在飞掠火星过程中没有探测到磁场，而苏联轨道器飞入了火星电离层中，因此更适合研究弱磁场。火星全球勘测者磁强计由一对三轴磁通门磁强计和一个电子反射计组成，用于测量大气底部到顶部的磁场强度以及电子和电场的分布。不同于火星观测者将磁强计安装在悬臂上，火星全球勘测者将磁强计安装在太阳翼末端，将电子反射计安装在探测器本体的设备板上。为了适应磁强

计的探测需求,太阳翼的剩磁被清理到尽可能低[94]。使用超稳振荡器的无线电科学系统可获得大量重力和无线电掩星数据。加速度计和水平敏感器用于在气动减速过程中采集高层大气的数据。

与火星观测者一样,火星全球勘测者携带了由法国提供的无线电中继试验系统,为火星着陆器提供下行链路。该系统将数据存储在相机的内存中,随后传输到固态存储器,并择机传回地球。除了提供信标信号通知着陆器开始传送数据外,该链路为单向链路。中继天线为1m的螺旋天线,在轨道器与着陆器相距1 300km时的数据传输速率为128kbit/s,在两器相距5 000km时的数据传输速率为8kbit/s。该中继系统的首次应用将为俄罗斯的着陆器提供中继通信,着陆器将由火星96探测器携带并释放到火星表面。火星勘测者计划中的首个着陆器将是1999年深空2号释放的两个微型穿透探测器,并由火星全球勘测者提供中继服务[95-98]。

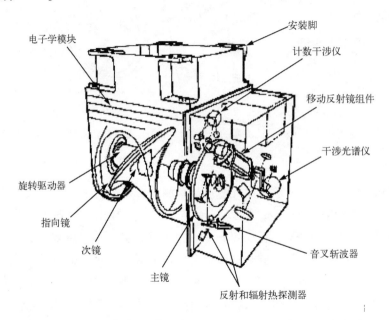

与火星全球勘测者的其他载荷设备相同,热辐射光谱仪是火星观测者的备份件

1996年8月,在海盗1号着陆20周年后的几周,也就是火星全球勘测者发射前的3个月,NASA的一个团队发布了令人震惊的消息:火星上曾经存在生命。这一发现的关键是1984年12月27日在南极洲艾伦山(Allan Hills)冰原上所找到的一块陨石,质量为1.9kg,名为ALH84001。在地球上的其他地方,到处都是杂乱的岩石,陨石很难被发现;而在南极洲则完全不同,陨石躺在冰面上可以很快就被辨认出来。自20世纪60年代以来,在南极发现了上千块陨石。正如一位研究人员所说,南极洲"是穷人的空间探测器"[99]。在最初发现ALH84001时,它被归类为小行星灶神星(4)的火成岩碎片,但在1993年,研究人员发现它的组成更接近起源于火星的辉玻群-辉橄群-纯橄群(Shergottite-Nakhlite-Chassignite,SNC)陨石[100]。但ALH84001仍然与辉玻群-辉橄群-纯橄群陨石有

差异。特别是在陨石年龄上，辉玻群–辉橄群–纯橄群陨石不超过 13 亿年，但 ALH84001 超过 45 亿年。更为详细的研究表明，它在附近撞击坑形成时受到了强烈的冲击，在 1 500 万年前由于受到了另一种冲击而进入太空。在约 13 000 年前落到南极洲，在暴露于地表之前一直受到冰层的保护。

从左到右：韦斯利·亨特里斯（Wesley T. Huntress）（NASA 主管空间科学的副局长），丹尼尔·戈尔丁（NASA 局长），大卫·麦凯（David S. McKay）和艾弗雷特·吉布森（Everett K. Gibson）（合作研究者）于 1996 年 8 月 7 日在有争议的"火星生命"发现新闻发布会上讨论一块代号为 ALH84001 的陨石［图片来源：NASA/比尔·英格尔斯（Bill Ingalls）］

约翰逊航天中心分析陨石的科学家宣布，他们认为 ALH84001 陨石含有火星存在生命的"证据"。虽然他们也承认，他们的研究可能有失偏颇，因为他们（和海盗号试验人员一样）是"根据已知的地球生命寻找火星的生物迹象"。该陨石的一个特征是存在橙色的硅酸盐矿物小球，这些小球的形成需要具有火星特性的水和二氧化碳同时存在。这些碳酸盐的"斑点"被明暗交替的层所包围。较暗的分层被证明其中嵌入了微小的磁性材料颗粒（如磁铁矿和硫化铁），它们在如此近的距离内同时存在需要交替的氧化和还原环境，这种环境是微生物系统的特征，在自然条件下不太可能存在。如果这种几乎没有结构缺陷和杂质的磁铁矿晶体产自地球，会立即被归类为是由于生物过程而产生的。不过有趣的是，地球生物产生磁铁矿晶体是为了使其自身适应地球磁场，而在 ALH84001 陨石中发现的类似晶体则暗示火星可能曾经存在全球磁场。研究发现，碳酸盐小球中充满了复杂的类似多环芳烃的有机分子。虽然这些物质可以通过生物系统产生，但是也可以通过其他化学过程产生，并且也已经在一些"普通"的陨石中发现了它。由于地球上的类似物质主要源自人类的工业活动，且具有不同的组成和特性，因此可以断定陨石中的物质源自火星。事实上，所有陨石样本中都完全没有这种类型的最丰富的"污染物"。此外，ALH84001 中多环芳烃的分布与科学家预计的原位有机物的腐烂结果类似。最弱（但是最有视觉冲击力）的证据是碳酸盐中或附近的细长形状的集群，其长度不超过 100nm。虽然这种情况让人联想到细菌化石，但因为切片和准备陨石样品进行测试的过程可能会产生这种管状结构，所以这种论据说服力不强。而且，由于它至少比目前已知最小的陆生细菌小一个数量级，所以很难在其中找到适合的普通 DNA。正如团队负责人大卫·麦凯(David S. McKay)在 1996 年 8 月 7 日匆忙安排的新闻发布会上宣布的那样："我们有一些证据，这些证据没有一个是权威的。但将这些证据放在一起，最简单的解释是它们是火星生命的遗骸[101]。"

激烈的科学辩论一方面集中在碳酸盐小球的形成时间以及当时的条件。一些分析者认为它们形成于 36 亿年前，另一些人认为形成时间仅有 13 亿年——那时火星可能经历了火山和水热运动。此外，科学家不能确定碳酸盐形成的温度。一种观点认为碳酸盐由温度不超过 80℃的液体形成，但另一种观点认为温度至少为已知任何生命都不可以承受的 650℃。虽然 ALH84001 绝大多数生命特征的证据均有可替代的非生物起源，但很大比例的磁铁矿晶体具有仅与生物起源相吻合的外形和结构。如果磁铁矿晶体曾经遇到高温，其磁场将在冷却过程中变为单一方向，但实际上并非如此[102-103]。这种漫长而痛苦的争论在 ALH84001 的特性是否代表火星生命上并未达成明确的共识。这种结果突显了定义什么是生物和什么不是纳米尺度如此困难，得到的经验教训将指导采样返回任务中物质的分析。如果火星在几十亿年前确实有生命存在，问题就变成了它们现在是否依然存在[104-105]。

在对 ALH84001 进行争论的同时，JPL 开始研究火星勘测者计划中的采样返回任务是否提前到 2005 年甚至是 2003 年实施。一些科学家认为，为了将在一次任务中找到生命证据的机会最大化，需要在 2001 年的先导任务中探测潜在的着陆点，并确定土壤中是否包含生命形式的证据。另一种观点认为，2001 年和 2003 年的先导任务可以释放巡视器采集、堆放感兴趣的岩石，等待 2010 年后的载人任务将其收集[106]。据报道，克林顿总统认为 ALH84001 的发现引人注目，以至于他要求阿尔·戈尔(Al Gore)召开一个"空间会议"，对火星探测计划进行评估[107]。克林顿的政治顾问迪克·莫里斯(Dick Morris)一直致力于推动尽早开展载人火星探测任务，无疑将使宣布载人火星探测具有政治可能性。很多科学家认为这将是一个"灾难性的错误"。正如康奈尔大学的托马斯·戈尔德(Thomas Gold)以其特有的直率表示："你想做的最后一件事是让人到火星，充分污染并永远毁灭火星[108]。"幸运的是，戈尔丁知道这么早的载人任务在技术、经济和政治上没有任何意义[109]。

在 ALH84001 研究成果发布的一个星期后，火星全球勘测者到达了卡纳拉维尔角，探测器采用夜间空运，以避免日光湍流光压对其结构的干扰。最初的计划是通过货车运输，但在伽利略号高增益天线失效原因部分归咎于使用货车在国内反复运输后，决定对火星全球勘测者进行空运[110]。发射窗口从 11 月 6 日到 25 日。由于云和高空风的影响，首日未发射，发射时间改为 11 月 7 日。德尔它 2 号 7925 型运载火箭具有 9 个捆绑式固体助推器。美国空军在阿波罗时代引入的测量飞机位于印度洋上方，监测德尔它运载火箭二级分离后离开停泊轨道，随后星 48B(Star 48B)固体发动机点火，探测器进入 0.98AU×1.49AU 的日心轨道[111]。发射后 1 小时，探测器太阳翼展开。不过早期遥测显示两个太阳翼中的一个未锁定到位。初步故障复现认为带动阻尼器转动的臂(防止太阳翼在急停过程中损伤)挤入

地面准备期间的火星全球勘测者。此面为探测器高增益天线安装面，主发动机位于"本体"下方。
图中可见的唯一设备是位于顶部的中继试验系统的白色"长杆"天线

了内板和支座之间，进入了太阳翼内板一小段距离，使帆板无法到达锁定点。虽然不会对能源产生影响，但由于太阳翼未锁定，需要对气动减速计划进行重新评估。原计划气动减速时两个太阳翼向后倾斜 30°，太阳电池对着背风面，但阻力将推动未锁定的太阳翼向本体方向运动，导致探测器不稳定。最终的方案是将无故障的太阳翼设置在 34°，转动损坏的太阳翼使其太阳电池朝前，然后将其支座设置在 51°，以使其面板在 31°处，平衡气动阻力。为了使火星进入机动能量最小化，行星际转移轨道是围绕太阳大于 180°的圆弧。初始轨道包含一定的偏移量，以确保未经消毒的星 48B 固体发动机不会撞到火星。11 月 21日，探测器进行了 43 秒点火，产生了 27m/s 的速度增量，以消除之前预置的偏移。1997年 3 月 20 日和 8 月 25 日分别对轨道进行了两次修正。取消了原计划 4 月 21 日执行的中途修正。同时，探测器对自身设备进行了标定。在巡航期间，曾经花费几周的时间试图对地球和月球成像,但由于姿态确定过程中产生了几度误差而没有成功。

　　1997年1月9日,探测器的姿态使地球终于进入收拢的高增益天线的波束内,通信也变得更加容易和快速。在巡航阶段,探测器采用自旋稳定方式,同时天线指向地球,太阳翼向后倾斜。探测器拍摄了昴宿(Pleiades)星团的图像用来检查相机光学系统和CCD的对准和焦距是否正确。巡航过程中对火星进行了两次观测。7月上旬的成像观测用于支持火星探路者着陆,与具有更大成像范围及更高分辨率的哈勃空间望远镜共同完成。8月19日和20日的成像观测是为了防止探测器到达火星时发生意外失联。虽然由于探测器距离火星仍有550万千米,图像分辨率低于每像素20km,但图像显示与海盗任务时期相比星体反照率有一些变化[112]。

德尔它2号运载火箭发射火星全球勘测者。由于价格相对低廉,该火箭成为发现级计划和火星勘测者任务的标准运载器

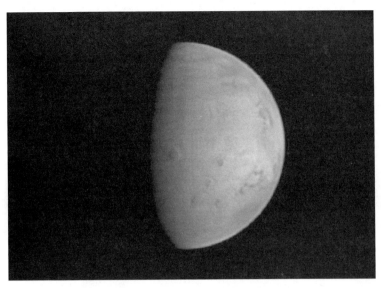

1997 年 8 月 21 日，火星全球勘测者对火星的远距离成像。以奥林匹斯山为中心，可以看到火星塔尔西斯高原的火山痕迹(图片来源：NASA/JPL/MSSS)

　　1997 年 9 月 12 日，火星全球勘测者双组元发动机点火 1 340 秒，相对火星速度改变 973m/s。点火过程中，探测器使用了连续调整姿态保持推力矢量与速度方向尽量一致的新技术，提高了推进剂使用效率。尽管如此，此次机动消耗了探测器 77% 的推进剂。探测器到达近火点 263km(目标为 250km)，远火点 54 026km 的轨道，轨道倾角为 93.3°，周期与目标轨道的 45 小时相比仅短了 25 秒。由于一个太阳翼未锁定到位，探测器对轨道参数进行了微小修正，以减小早期气动减速过程的气动阻力和加热率。运行 3 圈后，气动减速过程的"走进"过程开始。首先，探测器发动机点火将近火点降低到 150km。只要确认此高度的阻力与模型预测一致，探测器继续该过程。遥测显示损坏的太阳翼有偏转，明显是由于压力作用于阻尼臂造成的。在探测器到达火星后第 5 天，火星南半球的春天开始了，随之而来的尘暴将加热大气并使其膨胀。主气动减速阶段从 10 月 2 日第 12 圈开始，此时近火点高度为 110km，每次通过大气时，施加在探测器上 0.53Pa 的平均动压都使轨道周期缩短 75 分钟。压力使损坏的太阳翼偏转了 13°，超出了锁定点，但未进入锁定位置。实际上，似乎有小片石墨从损坏的太阳翼面板上脱落，这些碎片因反射阳光而发亮，并被星敏感器探测到[113]。设计人员担心如果压力显著增加，太阳翼连接座可能断裂使太阳电池受损。从由未知原因导致未展开到位且未锁定的太阳翼的响应看，很明显将会导致异常发生。当在第 15 圈压力上升到 0.9Pa 时，JPL 决定暂停气动减速过程，并利用这段时间分析探测器状态和任务前景。12 月 2 日，近火点抬升到更安全的 172km。虽然气动减速已将轨道周期降低到了 35 小时以下，但很明显这次暂停使得在规定时间内建立具有期望方位的圆轨道变得不可能。

　　在分析了前 15 圈的所有遥测之后，设计人员意识到不仅松脱的太阳翼未锁定，而且

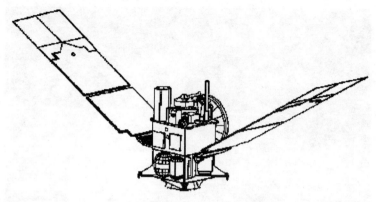

火星全球勘测者标准气动减速构型

所受的损伤比想象的更严重。在太阳翼展开过程中，当无阻尼帆板突然停止，使支架的一边变形时，万向节点附近的碳复合材料和铝蜂窝支架面板可能产生了裂纹。不过，人为破坏的支架测试表明，支架在重新定义的更小的动压限制情况下可以承受1 000个气动减速循环。通过3周的评估，火星全球勘测者恢复了气动减速，以动压不超过0.2Pa为条件，该数值具有足够的安全裕度，可以适应大气密度可能产生的波动。科研人员相应地对轨道圆化计划进行了全面修正。一种选择是将受损太阳翼的角度置于85°，使其停留在支撑座上，这样可以使铰链的负载最小化，但需要探测器更深入地进入大气，带来热控和控制问题，所以这种方法被否定了[114]。新的气动减速计划将轨道圆化分为三个阶段。第一阶段从1997年11月到1998年4月，将轨道周期调整到11.64小时。然后中断气动减速几个月，在此期间探测器将进行初步科学观测并通过火星合日。之后，从1998年9月到1999年2月将再次实施气动减速。两次气动减速之间的轨道称为"科学调相轨道"，将恢复轨道平面相对太阳的方位，但以相反的方式——也就是说，探测器在下午两点不是向北而是向南穿越赤道。这个气动减速计划具有一些风险。例如，当探测器穿过火星阴影区远火点附近时，无光照时间大大超过了电池最大设计值，同时太阳电池环境温度将达到鉴定温度下限。而且当气动减速过程再次中断时，推进剂余量仅够一次"走出"和"走进"过程。

"走进"开始于11月7日，此时近火点高度降为135km，气动减速过程在运行6圈后的11月15日恢复。人们监测了受损太阳翼的几个机械特性参数，以确定支座裂纹是不变还是继续扩大。11月23日，由于局部尘暴平均动压增加到0.32Pa，火星全球勘测者不得不抬升近火点高度以保持安全压力；在12月尘暴减弱后才再次降低高度。整个过程持续进行[115-116]。

在气动减速飞向近火点过程中，探测器开展了大量科学观测。通过精心计划，当火星全球勘测者从气动减速指向进行急转姿态调整，使其高增益天线(悬臂未展开，仍被固定在平台上)指向地球时，窄视场相机可以以较低分辨率成像并下传。火星表面风蚀作用的地形特征无处不在。实际上，绝大多数地区有米级的沙丘、波痕、山脊、冲击层和沟槽，这些或多或少都与风有关。分辨率为5~10m的图像显示水手谷地区有大量50m厚的堆积

层，但无法确定这些堆积层是由火山熔岩的叠加还是
风或水沉积造成的。南极地形图拍摄时正值当地春季，
二氧化碳冰盖开始升华并消退。同时宽视场相机监测
了诸如塔尔西斯高原等高地上云和阴霾的形成，并对
1997 年 11 月底和 12 月初南半球诺亚（Noachis）高地
局部尘暴的演变过程进行了观测。有趣的是，在尘暴
爆发前的 4 天里，火星全球未观测到任何云或阴霾现
象，可能是由于大气中温度分布发生了变化[117]。1997
年 12 月到 1998 年 1 月，观测目标确定为对火星勘测
者计划中第一个着陆器的着陆区成像。当近火点经过
大瑟提斯（Syrtis Major）高原和子午湾（Meridiani Sinus）
等黑暗地区时，热辐射光谱仪测量显示这些地区覆盖
着相似的矿物，包括辉石以及大量的尘土。这些早期
观测结果也用于给碳酸盐的存在施加约束条件。在火
星地质历史上，碳酸盐的缺乏是著名的未解之谜。火
星地形明显受到了水的普遍影响，但由二氧化碳和水
形成的碳酸盐却十分稀少。该仪器也监测到 11 月的局
部风暴，发现底层大气的温度和不透明度均有
增加[118]。

火星全球勘测者窄视场相机早期
图像显示了西部堪德峡谷（Candor
Chasma）山壁的分层（图片来源：
NASA/JPL/MSSS）

激光高度计在 1997 年 9 月 15 日获得了第一个条
带数据，并在探测器高度低于 800km 时工作了约 20 分
钟。激光高度计测点连线横跨北部平原和埃律西姆高
地，埃律西姆高地是一座山顶高出平原 5km 的火山区
域。测量数据表明，在这片高原上具有比美国大峡谷
（Grand Canyon）深 3 倍的狭窄裂缝[119]。通过在 10 月
和 11 月获得的大量数据条带，可以确认火星北部平原
非常平坦，坡度几乎不超过 3°。产生这种平坦地形的
原因不是很明确，但其与地球海洋底部深海平原的相
似之处说明，火星低洼部分可能曾经存在海洋。尽管这种地形覆盖了北半球绝大部分地
区，但填满这一地区所需的水量小于人们认为的火星由于极地冰盖累积与通过大气侵蚀散
发到太空中的损失的水量之和。在分层的极地地形上方，相邻距离大于 1km 的数据点对激
光的散射方式表明此区域主要由冰组成。火星极地撞击坑溅射物的轮廓在很多方面与撞击
进入永冻层的特征一致。一些测高线与塔尔西斯高地相交，有些甚至与火山顶相交，揭示出
地质历史的线索。水手谷上方的测高线发现了最后一次洪水渠道的阶梯状数据，其他数据可
能代表了更早的水线。坡度测量结果对峡谷中洪水的速度和排放情况做了新的评估[120]。

加速度计传回了高度在 110km 以上大气的大量数据，以及一天中不同时间的变化情

况；这方面的测量由两个海盗号着陆器和先于火星全球勘测者几个月到达火星的火星探路者探测器开展。1997 年 11 月下旬的气动减速期间，由于诺亚高地的尘暴使火星大气加热并膨胀，大气密度增加了 130%。也有少量增加可能是由于其他地区的局部尘暴造成的，但无论是火星全球勘测者还是哈勃空间望远镜，都没有观测到这种活动。加速度计数据和诸如气动减速过程中探测器扭矩作用等工程数据也具有一定的科学意义，尤其是高层大气中的纬向(即平行于纬度线)风速数据。相关模型认为在此高度平均风速为 100m/s，但在 11 月尘暴期间，探测器遇到了速度为 300m/s 的大风。绝大多数时间为西北风，与之前的预测一致；但也有一些例外，特别是气动减速后期速度为 200m/s 的东风。由于实际的气动减速过程被拉长，超过了最初计划的 3 个月，使得观察探测数据的季节性趋势成为可能[121-124]。

磁强计探测太阳风和火星电离层的相互作用。探测器穿越弓形激波界面获得弓形激波的分布及形状变化。总的来说，探测数据确认了福布斯 2 号任务的探测结果，并显示火星与太阳风的相互作用方式与另一个未磁化的类地行星——金星——一致。俄罗斯报道的所有火星内禀磁场信息均是在电离层内获得的，但火星全球勘测者在气动减速过程中可以收集电离层下方的数据。9 月 15 日，探测器轨道进入后不久进行了磁场探测，探测结果使研究人员推测火星存在全球弱磁场。不过随后在近火点获得的更多数据表明，磁场被限制在孤立区域内。经过一段时间的探测后，磁场模型将更为清晰(见下文)。总之，探测结果表明火星不具有全球磁场[125]。

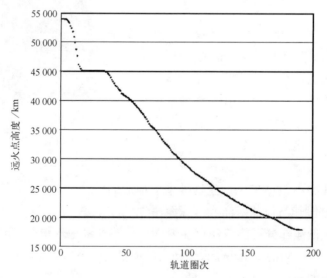

火星全球勘测者在气动减速第一阶段的远火点高度曲线。注意开始阶段高度降低较快，
在调查受损太阳翼期间高度不变，重新恢复气动减速后高度降低速度变慢

1998 年 3 月 27 日，在环绕火星运行 201 圈后，火星全球勘测者根据修订的日程停止了气动减速过程[126]。在接下来的 6 个月中，火星全球勘测者将进行初步科学观测。4 月 5日，探测了声名狼藉的"火星上的人脸"，该地区自从在海盗号拍摄的图像中被发现后，引

起了 UFO 爱好者极大的兴趣。当在火星冬季观察无云层掩盖的塞东尼亚(Cydonia)地区时，发现人脸只是众多的平顶山之一。只有在特定光照条件下且分辨率较低时，图像才与人脸类似[127]。虽然当火星靠近太阳时，地球与探测器的通信能力减弱，当火星在 5 月 12 日被太阳遮蔽时通信中止，但这种现象为太阳科学提供了以掩星发生时刻为中心的为期 24 天的研究机会，使用探测器 X 频段和 Ka 频段发射机对日冕和太阳附近环境进行"探听"[128]。气动减速和科学探测阶段获得了大量数据，包括 2 140 幅图像，数以万计的光谱，数百个无线电掩星分布曲线，激光测高数据和大量磁力感应数据。当然，还包括工程传感器给出的大气数据。尽管由于椭圆轨道造成的温度应力变化难以预测，导致产生无法精密调焦的不利影响，但相机仍输出了清晰的图像。测绘主任务之前的成像工作试图覆盖尽可能大的地形范围和尽可能多的当地时间，防止探测器在最后的气动减速过程中丢失。诺亚高地中

一个 50km 的撞击坑的图像显示撞击坑的边缘有深色的楔形洼地，一些人认为这可能是地下水渗流的证据。而且，撞击坑具有岛屿、港湾和半岛的黑色底部，这表明水曾经积蓄至此，随后蒸发或冰冻。赞提高地(Xante Terra)中的纳内迪谷(Nanedi Vallis)的图像第一次显示了宽广峡谷中依偎着 200m 宽的河道。对一些研究者来说，这是一个"确凿的证据"，说明河道是水流过表面形成的，但地面的崩塌也是一个影响因素。在较高的南部地区和低洼的北部平原交界处的神秘而又被侵蚀的地带的图像显示这里有绝壁、山谷、沟槽和平行山脊，这些是冰川活动的有力证据，但与类似的地球地形有很大差异[129]。

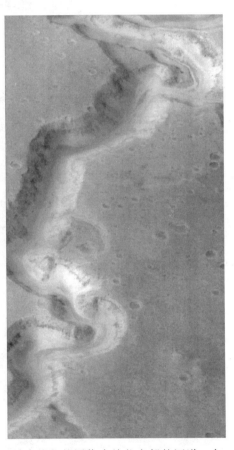

纳内迪谷的图像中峡谷底部的河道。在图片上方的弯曲处尤其明显(图片来源：NASA/JPL/MSSS)

气动减速中断期间，火星全球勘测者有 4 次机会观察火卫一，尤其是 8 月 19 日以 1 080km 的距离飞掠该卫星时。探测器拍摄了高分辨率图像，并进行了光谱测量，希望明确火卫一表面成分并揭示其起源。另外，获得了海盗号和火星探路者着陆地点的高分辨率图像。当探测器运行到远火点时，采取自旋稳定，自转轴保持对日定向，热辐射光谱仪扫描火星南半球高纬度地区。当近火点处于火星北纬时，激光高度计的数据说明冰盖存在于 5km 深的洼地中，高出周围 3km。冰盖的体积约等于格陵兰(Greenland)冰盖的一半，但地形走向表明过去有更多的冰盖存在[130]。

气动减速中断期间火星全球勘测者拍摄的火卫一近景图(图片来源:NASA/JPL/MSSS)

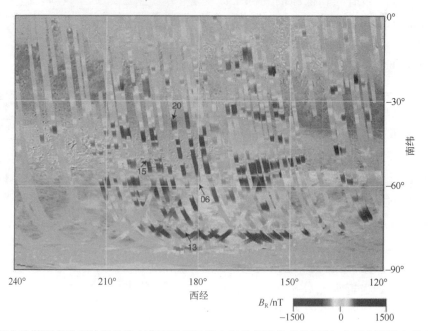

火星全球勘测者磁强计测量的南部高地磁场具有极性相反的条纹图案(在黑白图像中很难区分)(图片来源:JPL/NASA/加州理工学院)

在第 573 圈轨道恢复了气动减速，通过 3 次机动将近火点降低到 120km。实际上由于走进过程前几分钟发生了软件问题，导致探测器转为安全模式，使气动减速推迟一周开始。该阶段未拍摄照片，但磁强计继续采集测量数据。在气动减速过程中，近火点的纬度向南漂移，直至几乎到达南极上方。这揭示了磁场异常集中在南半球的古老地层中。这是此次任务最有意思的发现之一。磁场强度与单独的撞击坑或其他特征不匹配的事实说明磁力源非常古老。实际上，磁力形成的时间先于 39 亿年前的海勒斯和阿尔及尔（Hellas and Argyre）撞击盆地。在塔尔西斯高地、埃律西姆高地、水手谷以及北部平原的低洼地区上方无显著的磁力异常。可惜的是，由于气动减速仅持续几个月，只能对南半球局部进行初步的磁力异常测绘。辛梅利亚大陆（Terra Cimmeria）存在 200km 宽、2 000km 长的平行带，具有大磁矩（大于地球上已知磁矩）和交变极性。当熔岩凝固时，其中所含的铁"锁定"了当时主要的磁场。地球磁场的磁极会不时移动，在海底地壳构造版块之间最新喷射出的熔岩边缘留下磁条纹图案的烙印。火星残存的磁力说明其曾经具有全球磁场，但经过几亿年已经逐渐消失。地球磁场由铁液核心的发电机效应产生。如果发电机效应曾经作用在火星上，然后停止，说明火星内核是不活跃的。磁场为火星早期历史研究提供了有趣的视角。在 400km 高度处测量火星地壳磁场为 200nT，平均值很低，而地球为 26 000nT。不过萨瑞南高地（Terra Sirenum）的磁场强度足以在火星向光面与太阳风作用形成小的弓形激波，以及其他类似地球的各种磁层现象。这可能是福布斯 2 号记录的磁场周期的来源。火星在其早期历史上可能具有全球磁场的发现，为 ALH84001 陨石中火星磁铁矿晶体的来源提供了依据[131-132]。

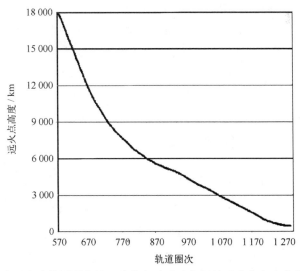

火星全球勘测者在第二阶段气动减速期间的远火点高度曲线

1999 年 2 月 4 日，在环火第 1 284 圈轨道上速度增量为 62m/s 的走出机动将近火点抬升到 377km，结束了轨道圆化阶段。轨道机动的前一天，位于丹佛市的控制中心被水淹了，好在恢复及时，有惊无险。在 891 次大气通过过程中，共实施了 92 次轨道机动控制。

探测器的星下点轨迹于预期时间下午两点通过赤道,轨道周期仅缩短了1.97小时。探测器在该轨道运行了两个星期,进行了88圈跟踪,以获取数据改进火星重力场模型。2月19日,探测器精确机动进入了期望的测绘轨道,在3月9日正式开始测绘任务。前20天的测绘在高增益天线压紧的情况下开展。在"固定高增益天线"阶段,只使用万向节,连续采集7~8圈数据后,在接下来的4~5圈传回地球。由于高增益天线桅杆的弹簧、阻尼器和锁定结构与太阳翼类似,所以这样做是为了防止太阳翼再次出现展开的问题。此外,还担心桅杆可能由于长期保持压紧而被损坏[133]。桅杆于3月29日成功展开,但4月15日天线从其初始方位指向地球时,方位万向节发生了卡滞,导致探测器转入安全模式。通过接下来几天的测试,确认在41.35°位置存在障碍物。经过两个多星期的进一步测试,设计人员发现万向节组件被一个螺钉阻挡而产生急停,在此期间相关载荷设备均关闭(早期认为其他可能的原因还包括齿轮驱动的弯齿或断齿或电缆及热控多层的干涉)。幸运的是,从5月初开始的9个月期间,地球和火星之间的几何关系使天线位于不碰撞障碍物的位置即可满足数传要求。此后,二自由度万向节可以将天线"倒转",使方位角运动方向相反。不过这种方法限制了探测器实时数传的能力,并导致在2000年2月开始的14个月期间无法获得无线电掩星数据[134]。

探测器于1999年5月6日恢复了测绘工作。不久,探测器进行了4个星期的测地学活动。此项工作本计划在火星观测者任务中开展,后来只能推迟到火星全球勘测者任务中实施。宽视场相机拍摄了超过2 000张图像,覆盖了火星表面从南纬70°到北极(北半球夏至为1月)的绝大部分地区,并通过两个视角成像实现了立体覆盖。此外,精确跟踪使得地形的位置可以被准确识别。分辨率为250m的图像数据提供了新的火星地图,在此基础上,叠加了激光测高数据。当12月探测器覆盖范围扩展到南极时,将完成火星全球地图[135]。同时,7月,窄视场相机对火星极地着陆器的各候选着陆点进行了成像;8月,对主选着陆点和备选着陆点进行了持续观测。此外,探测器对计划于2001年在赤道附近着陆的着陆点进行了观测。但不幸的是,1999年12月3日,当火星极地着陆器到达火星时,着陆器及其携带的一对深空2号微型穿透探测器未传回任何信息。从那时起到2000年2月,火星全球勘测者花费了大量时间试图通过中继试验与火星极地着陆器取得联系,随后又对火星极地着陆器和它的降落伞进行了详细搜索。探测器采用了近距离姿态偏置对整个着陆轨迹进行高分辨率巡查,但徒劳无功。为了证明窄视场相机是否能够分辨火星表面的着陆器,人们对海盗1号和火星探路者的着陆地点进行了再次检查,但这些探测器都太小了,以至于无法在分辨率为1.5m的图像中分辨出来。不过,相机可以分辨火星探路者发现的一些较大的岩石,包括名为"库奇"(Couch)的大黑石头。有趣的是,从轨道上拍摄的这些照片显示了波纹状的纹理,但在火星表面拍摄的照片中这种纹理并不明显,这种现象可以归因于在过去某个未知时间里洪水席卷该地区后留下了沉积物。在2000年6月21日到7月火星合日期间,探测器暂停工作。探测器的主要任务在2001年2月1日第8 505圈测绘轨道完成,覆盖了整个火星年。此时,探测器传回了超过2Tbit的数据和83 000张图片,比之前所有火星任务加起来获得的信息还要多。当火星离地球最近时,每天可以获得300

多张图片，离地球最远时，每天可以获得 60 张。事实上，图像通常是先压缩再传输，这样比不压缩能传回更多的数据（估计为 70%），但如果数据流部分丢失，那将导致图像出错。在主任务中大约有 12 000 幅图像因为某种原因损坏，尽管大部分都不太严重。

探测结果出人意料。正如一篇文章对图像进行总结后指出，探测结果表明火星与过去人们了解的不大相同，在某些情况下可以说与过去 20~25 年对水手 9 号和海盗号轨道器数据的分析结果得到的广泛共识大相径庭。此外，"每幅窄视场相机图像，就其本身而言，均讲述了火星地貌和地质历史的本质。"

实际上，最早的观测也证明了从水手 9 号和海盗号任务得到的很多印象都是错误的。通过对撞击坑、峡谷、台地、山谷等成像，火星全球勘测者对火星表面以及地壳的认知水平首次提升到千米量级以内，显示火星表面普遍具有分层结构。这个结果是出人意料的，因为一直以来，火星表面，尤其是南半球被认为与非层状的月球高地相似。例如，海勒斯盆地的北部具有层状地形。最令人印象深刻的是，水手谷山壁上的分层结构似乎延伸到相邻表面下方至少 10km，绝大多数分层结构貌似可追溯到数十亿年前。在其他地方，如子午湾，层状地形延伸了数百千米。在霍顿（Holden）、盖尔（Gale）撞击坑以及泰瑞纳高地（Terra Tyrrhena）的其他地方，具有厚度一致的规则和重复的层状或阶梯状地形。层状地形比较容易出现在可以聚集水的峡谷和撞击坑等特定的位置。这些位置没有水如何到达及如何排干的证据，也没有任何残留的盐分证明水分在原地蒸发。一种可能性是所有这样的流动特性已经被掩埋了。另外一种可能性是水来自自流水源。以子午湾为例，分层地形覆盖了如此广阔而无限制的地区，以至于需要一个广阔的海洋将其淹没！或者分层地形是在火星旋转轴无序振荡产生不同气候的短暂时期形成。另一方面，也许分层地形由不含水的过程形成[136-137]。正如相机团队的首席科学家米切尔·马林（Michael C. Malin）指出的："这些分层地形的存在是火星上的事物发生改变的'确凿证据'。"

对其他看似水流作用地形的研究几乎都不能得到水流持续存在较长时间的证据，同时支流网络的缺乏暗示水源为地下水，而非地表水。即便如此，霍顿撞击坑附近的结构显示有明确的沉积，以及古老的表面液体持续性流动的迹象。例如，一个山谷具有与流域盆地类似的陡峭山壁、平坦的底部和均匀的箱形截面。在山谷的尽头是一个无名撞击坑，可能曾经存在一个尺寸与加利利（Galilee）海相当的湖泊，此处地形为扇形，与河流三角洲沉积物类似[138]。此处特征与火星南半球最大山谷之一——长 900km、宽 10km 的马丁谷（Ma'adim Vallis）相反。激光高度计的测量显示，马丁谷是由于高地上面积为百万平方千米的湖泊发生灾难性的洪水泛滥而形成的。水流冲击了古谢夫（Gusev）撞击坑的南侧，并在此处形成水塘[139]。

2000 年 6 月，科学家宣布了火星全球勘测者探测到的与水相关的最惊人的发现。在几个月的时间里，为激光测高提供支持的图像拍摄了超过 100 个小尺度特征的样本。在每个样本中，均有一个或多个分支沟渠从一个河床的深沟中显露出来，然后逐渐变窄经过一段距离下坡通向宽阔的三角形砂砾层，可以明显看出砂砾层物质进入了沟渠。在三分之一的样本中，这些地形位于撞击坑的侧壁或中央峰，其他样本中这些地形位于尼尔格（Nirgal）

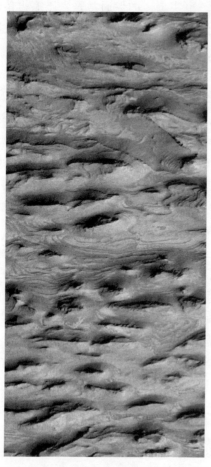 

西南部堪德峡谷引人注目的崖台地形(图
片来源:NASA/JPL/ MSSS)　　　火星南半球无名小撞击坑壁上有趣的沟
壑(图片来源:NASA/JPL/MSSS)

谷和刀(Dao)谷的侧壁。多数样本取自高于 30°S 的古老南部地带朝向南极或北极的斜坡
中。由于通常在沟上没有撞击痕迹,说明这些特征较为年轻,在一些样本中,这些特征叠
加在沙丘和其他由风形成的短期地形上。有趣的是,这些特征出现在特定的集群中,而这
些集群都来自相同的地质层。在地球上,这些特征是由泥石流和水的渗透形成的。虽然由
于压力和温度,火星表面的水不能保持液体状态,但如果地下水从暴露的岩石中流出并向
下流动,会在蒸发前在岩石边缘留下一道沟壑。另外,这种现象也可能仅是简单的干燥滑
坡。不过,纬度和极向方位的相关性以及其他特性支持"这是被隔离开的独立水源"的观
点。可能的情况是地下水的储水层由于存在冰坝、岩石和岩屑而形成了一个水库,当水压
大到能够破坏位于暴露的斜坡上的水库围挡时,就产生了能够短暂流动的液态水,水中掺
入部分化学物质,使水的凝固点降低。形成沟壑需要大量快速流动的水:相当于奥林匹克
比赛标准泳池体积大小的水仅能形成较小的沟壑,而形成大的沟壑需要 100 倍的水量。极
区的二氧化碳在冬天冰冻,春天解冻时也可能形成沟壑[140-142]。

　　通过观测发现,先前水手号首次观测到的风飘型沉淀物和小型沙丘发生了移动。人们发现没有浅色的大沙丘，大沙丘色调都比周围环境暗。但小的波纹或者与周围环境色调相同，或者更浅。这种现象可能是由于颗粒的尺寸或组成不同造成的。在一些地点有"石化"的沙丘区域，这些沙丘的年龄可以由撞击坑推断。实际上，窄视场相机最初的目标之一是1985 年在火星观测者任务中寻找火星古代特征。数以千计的窄视场相机图像显示了大量几米宽的纵横交错的条纹地形。这种特征地形从最高的火山顶峰到最低的盆地底部的所有海拔都存在。这种特征在尘暴席卷火星表面后的图像中显示出来。从较早的轨道图像以及海盗号和火星探路者号着陆器提供的气象数据中，可以推测出尘暴的存在。由非常薄的尘土层组成的条纹地形存在的时间极其短暂。这种地形的频繁出现说明火星尘暴是很常见的。

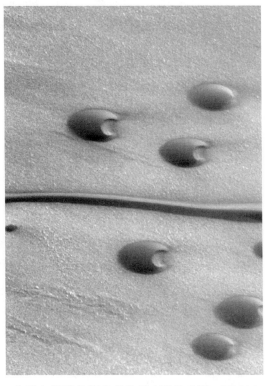

火星上较暗的犄角状沙丘（图片来源：NASA/JPL/MSSS）

阿尔及尔平原上尘暴留下的条纹（图片来源：NASA/JPL/MSSS）

　　因为测绘任务持续了一整个火星年，火星全球勘测者可以依次监测南北极冰的消退。当南极冰盖消退时，在剩余冰盖上出现了明显的像瑞士干奶酪的圆形洼地。在北方，极地表面非常平坦，中间夹杂着尺寸仅为几米的小坑或山丘。极地层状地形的图像显示分层比之前轨道器图像显示得更薄一些。这种薄分层是尘埃沉积和侵蚀周期在时间尺度上远小于单纯由火星自转轴漂移导致的气候变化的证据。极区的沙丘显示为"黑点"和辐射条纹。最初人们认为其形成是由解冻蒸汽小型爆炸而引起的，但后来证明黑色沙子是由风传播的。

　　撞击坑的数量说明阿尔西亚火山的底部最多有 1.3 亿年的年龄，而刻耳柏洛斯（Cerberus）南部平原年龄不超过 1 亿年。年轻的熔岩围绕埃律西姆火山（Elysium Mons）流

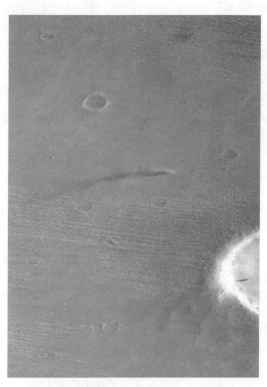

火星全球勘测者捕捉到的代达利亚(Daedalia)平原西部正在活动的尘暴沙柱(图片来源：NASA/JPL/MSSS)

动的证据是此地区撞击坑的密度是月海的1/1 000。但由于火星上的侵蚀性过程，导致基于撞击坑的年龄估计存在偏差，火星是否为火山活跃区的问题今天仍无定论[143]。之前猜测海盗号拍摄的图像中其他较暗特征是由于最近的火山活动造成的，但并无证据。塔尔西斯高地第三大火山的斜坡西北侧翼具有年轻的沉积物，但这些沉积物也可能是来自冰川的遗留物。或许在地质学上，近期火星自转轴的混沌运动在热带地区施加了极区环境条件[144]。

火星全球勘测者的任务目标之一是记录河道中的卵石，以便评估排放速度和流动结构模型，但图像表明这些卵石太小以至于无法分辨。这种情况在火星探路者号着陆在河道后已经确认。人们也没有发现火星历史上某些地点曾经下过雨。在对海盗号轨道图像进行研究后，蒂莫西·帕克(Timothy J. Parker)认为在低洼地区中曾经形成过几个短期存在的海洋[145-146]。火星全球勘测者拍摄了许多照片寻找诸如海滩、分界线、连岛沙洲和河流冲刷形成的三角洲等地形，来验证这种观点。虽然科学家发现这些特征不能被简单地解释，但海岸线的证据有争议。激光高度计发现这片海洋的一个假定边界，即外部的"阿拉伯(Arabia)海岸线"的海拔变化范围超过5km，而内部的"德特罗尼鲁斯(Deuteronilus)海岸线"具有280m的平均海拔。尽管此假设没有被证明，但仍很流行。实际上，曾经存在海洋假说的支持者认为在刚到下午的时候，图像光照条件并不适合辨别海岸线的精细特性，而且这种特性存在的时间较为短暂。例如，覆盖犹他州、内华达州和爱达荷州大部分地区的博纳维尔湖(Lake Bonneville)边缘在不到十万年的时间几乎完全消失[147-149]。

在整个测绘任务中，宽视场相机几乎在每圈轨道都进行成像，产生了分辨率为7.5km/pixel的火星全球地图，对火星大气和季节性表面变化进行了观测。

热辐射光谱仪测量结果显示火星表面占主导地位的两种火山岩具有与它们所在陆地相应的类似物质成分。除了一小块赤铁矿，没有其他矿物的大量聚集。为了进行分析，热辐射光谱仪瞄准了代表无尘埃地区的大片黑暗区域，这些地区在太空时代之前绘制的地图上被视为"海"。古老的南半球看上去具有玄武岩成分，北半球成分类似安山岩，安山岩是富含铝和硅的火成岩，在地球上火成岩代表被后来的火山运动熔化的地壳物质。这与海盗号和火星探路者号着陆器在北部平原进行的土壤分析结果一致，但也有一些明显的异常现象。

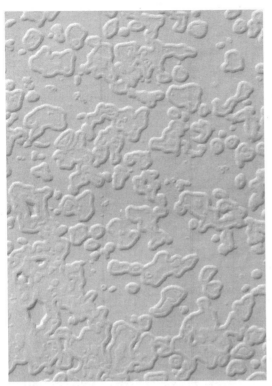

火星南极冰盖附近的"瑞士干奶酪"地形，显示
了高度仅为几米的高台和圆形坑（图片来源：
NASA/JPL/MSSS）

冥河链坑（Acheron Catena）中明显的心形
凹陷（图片来源：NASA/JPL/MSSS）

没有一个区域具有与认为来自火星的贫硅玄武岩陨石相同的成分——在最为匹配的区域该成分仅占表面的 15%，同时，除了 ALH84001 之外的所有陨石均来自火星同一个地区也是不可能的，即使此地区包含了火星最大的火山群。该仪器的一个惊人成果是发现了灰色的水晶赤铁矿，它们位于赤道附近的子午湾、阿伦混沌（Aram Chaos）地形、水手谷的俄斐堪德（Ophir Candor）地区。在某种程度上，这些地区与精细分层地形有关。赤铁矿有两种形式：有细密纹理形式的赤铁矿因为混合到火星的尘土中，分布在火星全球；而灰色赤铁矿颗粒更小。火星上这种矿石的存在之所以如此引人注目，是因为在地球上绝大多数赤铁矿的矿化过程需要长期供应水，而水在溶解的含铁矿物中含量丰富。这种过程通常与水热活动有关。另外，该仪器还发现绿色的铁-镁硅酸盐橄榄石较为常见，由于橄榄石容易被水风化，它的存在说明火星表面已经经历了数十亿年的干旱。测量数据可以区分低铁含量和高铁含量形式的橄榄石[150]。该仪器的主要目的之一是寻找碳酸盐，它（被认为）形成于火星历史上大气稠密气候湿润的时期。人们认为在大量静水蒸发后，会出现碳酸盐沉淀物。但如此大规模的沉淀物并不存在。后来分析发现，红外光谱仪的数据显示存在少量碳酸盐，尤其是尘土中的菱镁矿[151-153]。碳酸盐蒸发岩缺失的问题由几年后的火星探测漫游者(Mars Exploration Rover)在子午湾对赤铁矿采样得到了解答(在本书后续卷册中将进行说明)。

通过电离层无线电掩星和两个粒子及场测量仪的测量,得到了火星在太阳风中阻挡的详细图形。除了具有较强剩余磁场的地区与地球类似外,该图形与金星大致相同。与预期相反,由于弓形激波太高,磁场对激波的位置或高度并无直接影响。福布斯2号探测了火星的磁层顶,但火星全球勘测者将测试数据从几十个扩展到上百个,对该边界的物理性质产生了新的认识。在采集这些数据的过程中,电子反射计成为对电离层原位采样的第二台仪器——之前的研究仅基于海盗号着陆器进入大气过程中的数据。火星全球勘测者也是第一个将火星电离层对太阳耀斑的长期反应数据传回地球的探测器。它是通过使用无线电掩星测量电离层中电子密度分布来实现的。实际上,截至2001年,这种测量进行了1 867次,比之前所有任务进行的测量之和的4倍还多[154-155]。

激光高度计几乎绘制了火星的全球图。该仪器发射和接收了总计5 000亿个脉冲,这本身就是了不起的成绩,因为之前此种仪器还没有工作过这么长的时间。激光高度计获得的数据非常详细,绘制的火星地形比地球一些大陆地区的地形更为精细。例如,塔尔西斯高地被分成一个独立的向北的高地,主要包括亚拔山(Alba Patera),以及矗立着阿尔西亚火山、帕蒙尼斯火山、艾斯克雷尔斯山(Ascraeus Mons)的大高原。除其他影响外,塔尔西斯高地产生的断层压力和径向断裂,促成了水手谷峡谷系统的形成。奥林匹斯山看上去与塔尔西斯高地是物理隔离的[156]。对火星全球勘测者测绘轨道进行跟踪,获得了比以往任务可能得到的更为详细的火星重力场地图。重力数据证实了火星的半球二分法。将此数据与激光高度计数据综合分析,形成了对火星地壳和上地幔厚度的可靠估计。南半球的地壳较厚,几乎没有重力异常。北半球的地壳稍薄,显示出各种各样的重力异常。这些异常与塔尔西斯高地、奥林匹斯山、水手谷和伊西底斯盆地有关。对海盗号轨道器的跟踪显示了与塔尔西斯火山相关的大量质量瘤,以及与水手谷相关的质量亏损。此外,两个半球似乎用不同的方式补偿了上覆地形。北方大部分与地形特征不相关的重力异常可能是存在被火山沉积物或其他沉淀物填充的撞击盆地。其中有一个这样的地点——乌托邦(Utopia),该处很久之前就被认为是一个直径为1 500km的撞击空洞。克里斯(Chryse)也被认为是一个古老的盆地,有明显的重力异常,但已经完全被几大河道的沉积物填满。极区有不同的重力信号,可能是由于结构、组成甚至是年龄不同产生的结果。火星全球勘测者的数据显示地壳从南部地区向北逐渐变薄,这种趋势一直持续到塔尔西斯地区。高度计测量数据显示在古老多撞击坑的南部高地和光滑的北部低地之间有陡峭的分界线。没有地壳的间断与地形学上边界相匹配的事实说明,这并不是火星内部结构的表现。这种现象引起了对北部低地是火星早期历史上巨大撞击盆地遗迹假说的质疑。有趣的是,北部地区的重力剖面显示了疑似被掩埋的河道结构从南部高地向假定的北半球海洋传送水和沉淀物[157-158]。

对火星全球勘测者的跟踪第一次暴露了火星的形状(以及重力场)如何在火星椭圆轨道运行过程中随太阳的"潮汐"而改变。因为火星形状依赖于其内部结构,所以可以通过这一现象对火星内核的特性和状态(液体或其他)进行研究。研究结果排除了完全固态的铁核,认为火星内核是至少在外圈有部分液体，富含如硫等轻质元素的较大内核。对火星陨石的分析和火星全球勘测者发现的化石磁场显示，火星内核富含铁[159-160]。

在火星全球勘测者收发分置雷达试验中，将无线电信号从火星表面反射回地球，或在无线电掩星期间以掠射角在火星表面反弹。这种试验在 1969 年已经由水手 6 号和水手 7 号以及后续的海盗 2 号实施[161]。特别值得一提的是，利用这些观测结果对火星极地着陆器失踪区域的地形特征进行了分析，结果显示该地区为典型的极区[162-163]。

由于火星全球勘测者在其主任务末期仍具有非常好的健康状态，因此开展了扩展任务。在扩展任务期间，设计人员验证了一种获得高分辨率图像的新方法。在这种方法中，探测器具有比通常情况更快的滚转速度。通常，探测器每圈轨道完成一次完整的 360°滚转，使其科学载荷舱面对并垂直俯视火星表面。通过加速滚转，可以使推扫式 CCD 敏感视场中的目标保持更长的时间，从而沿轨道方向获得更高分辨率的图像。实际上，分辨率达到了 30cm（2004 年，这种技术成功用于对火星探测漫游者的成像，对车辙等微小细节进行了辨识）。探测器也对轨道的侧向进行成像，以获得立体图像。

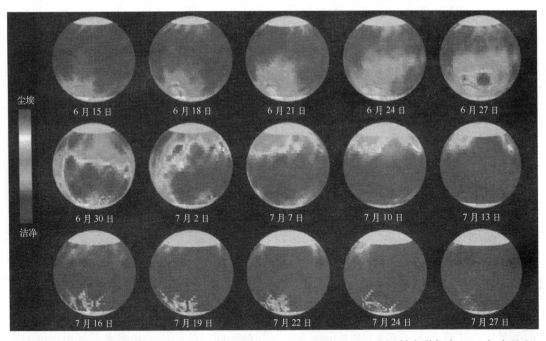

集中在西经 270°（大瑟提斯和海勒斯盆地的经度）的一系列图像显示了热辐射光谱仪在 2001 年火星尘暴期间对火星大气含尘度的测量结果（在黑白图片中很难区分洁净和灰尘的差别）[图片来源：亚利桑那州立大学（ASU）飞利浦·克里斯坦森（Philip Christensen）和 NASA]

在扩展任务期间，火星全球勘测者成为第一个观测火星全球尘暴各个阶段的轨道器。尘暴在 1971 年水手 9 号到达火星时遮蔽了星球。在 1973 年和 1977 年有两次大尘暴，但从面积上说不是全球性的。火星全球勘测者观测到许多区域性尘暴，但此次是第一次观测到火星全球范围的尘暴。2001 年 6 月 15 日尘暴开始时，海勒斯盆地上空出现了少量橙色云。

在接下来的 16 天中，海勒斯和南极冰盖沿线发生了局部区域性尘暴，随后，尘暴在两天中迅速扩展，南到极地冰盖，东到赫斯珀里亚(Hesperia)，北经瑟瑞纳(Thyrrena)高地，到达赤道大瑟提斯。在扩散峰值速率下，尘暴前锋以 30m/s 的速度前进。13 天后火星南半球变得昏暗模糊，北半球的很多地区也发生了同样的变化，但强气流在 60°N 中止了尘暴向北前进的步伐。到 7 月 4 日，发展成了真正的全球性尘暴，与 1971 年的尘暴相同，尘埃存在于 60km 的高度。除了一些刺穿尘暴的较高点以外，火星变成了毫无特征的球体。与全球性尘暴等同于逐步席卷全球的单一性事件的说法相矛盾，观测结果表明大量区域性尘暴沿着主扰动的前沿形成，并维持和帮助全球范围内高海拔尘暴云的传播。热辐射光谱仪记录表明在尘暴高峰期间大气温度上升了 30~40℃，冷暖空气层相互作用产生了猛烈的风，为尘暴提供了能量。尘暴爆发后的 43 个当地日后，大气变清澈的细微迹象是全球性尘暴开始减弱的第一个指征，但区域性尘暴仍与以往一样活跃。北半球大气在不到 20 天的时间里变得清澈，但赤道的水手谷和南部的海勒斯等低地地区仍旧被粉红色的云遮蔽。由于姿态控制问题，探测器在 9 月 6 日进入安全模式，无法观测尘暴的最后阶段。事实上，姿态控制系统在识别参考星时存在困难，这个问题已经持续了一段时间，每次都会导致观测中断。当两个星期后探测器恢复观测时，虽然仍有几个活跃的局部风暴，但大气已经相当清澈了。不过，大气回到平日的通透状态需要几个月的时间。随后的观测表明，尘暴改变了火星表面黑暗和明亮地区的分界线，而温度异常影响了极地冰盖消退的速率。大量变化的气象现象持续了一段时间。实际上，尘暴对火星大气的影响类似于地球上大型火山爆发的效果——最近的例子是 1991 年菲律宾皮纳图博火山(Mount Pinatubo)爆发。在接下来的两个火星年中，发生了其他覆盖部分或全部南半球的大型尘暴，但没有对其进行如此细致的观测。值得一提的是，火星全球勘测者在 3 个火星年的运行中，经历了超过5 700 次局部尘暴[164-165]。2001 年 6 月 30 日，在尘暴肆虐时，激光高度计的激光二极管失效，此后该设备的望远镜仅能作为辐射计使用。

火星全球勘测者在完成自身推迟的主任务后状态依然良好，使其能够辅助后续的探测任务。2001 年后期，火星全球勘测者的相机和热辐射光谱仪为刚刚到达火星、正处于气动减速过程中的火星奥德赛(Mars Odyssey)号提供了火星高层大气状态的每日预报。随后，由于火星全球勘测者所处的轨道平面刚好能使其在 2004 年年初火星探测漫游者到达火星时提供帮助。火星全球勘测者的轨道使其在两个着陆器下降过程中的至关重要的 70 秒期间位于着陆器上方并记录遥测信息。这些工程数据传回地球后，确认了着陆过程按计划实施。在不同情况下，火星全球勘测者作为将火星表面科学探测数据传回地球的主要中继——起到了与火星奥德赛号相同的作用[166]。

火星全球勘测者也用于进行前所未有的工程试验。2003 年 5 月，火星全球勘测者对地球和木星的结合进行了成像，图像能够分辨出南美洲的海岸线。2003 年人们第一次提出了对环绕火星的其他航天器成像的设想，但由于此过程需现役航天器完成一系列非常规机动而被推迟实施。2005 年 4 月 20 日，火星全球勘测者对欧洲的火星快车(Mars Express)轨道器在 250km 距离内进行成像，效果是模糊的条纹。第二天，利用火星奥德赛将在 15km 距离内通过的机会，火星全球勘测者在一个快速定向机动过程中抓拍了两张图像，第一张在交会前 90km 处，第二张在交会后 135km 处。图像经过处理后可以分辨出目标飞行器的太阳帆板、天线和悬臂，演示了该技术在适当条件下可作为诊断其他卫星健康状态的一种手段[167]。火星全球勘测者收集了在火星环境下大量之前未被采集或短期采集的数据。由无线电掩星期间电子分布曲线测量的异常结果证明，2003 年 4 月 26 日在 90km 高度处短暂存在等离子层，该等离子层由火星穿过短周期杜托伊特-哈特雷(du Toit- Hartley)彗星轨道时的流星雨产生。由于地球大气中流星瓦解会产生相似的等离子层，这也是开展射电望远镜观测的早期原因之一[168]。2003 年 10 月，探测器记录了火星磁层对太阳"万圣节"耀斑喷射的大量等离子体的反应。结果显示，火星大气气体损失速率加大，这种情况可能与火星早期历史条件类似。2004 年 1 月到 2006 年 2 月，火星全球勘测者有 40 次与火星快车在相距 400km 的距离内擦肩而过。2006 年 2 月 10 日，两者之间的最近距离仅为 26km。这些时机用于对火星等离子体的同步观测[169]。另一个特殊的试验是测量由广义相对论的兰斯-蒂林(Lense-Thirring)"拖曳"效应引起的轨道微小进动。对 5 年轨道跟踪的分析结果得出了一个有争议的结论，该测量结果比先前地球轨道试验的结果更为精确[170,171]。2003 年8 月，相机团队开始征集公众的成像需求。同年 9 月 4 日，窄视场相机完成了"公众目标项目"中的第一次成像，展示了帕蒙尼斯火山的细节。

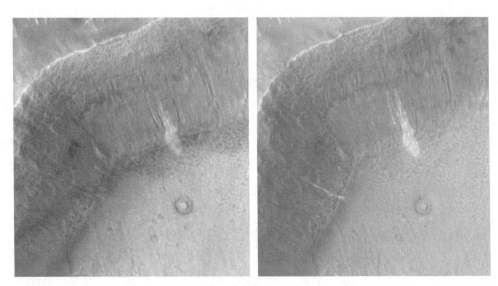

萨瑞南高地无名小撞击坑的两个视图表明在 2001 年(左)和 2005 年(右)之间形成了一条新的明亮的沟 (图片来源：NASA/JPL/ MSSS)

　　扩展任务真正的好处在于有能力监测极地冬夏循环，以及尘暴等中度规模和小规模表面变化等季节性现象。监测结果令人印象深刻。例如，激光高度计对极地冰盖地形的测量将冰盖季节性厚度变化与二氧化碳在冰与大气之间的周期性转化关联起来。大部分转化出现在纬度低于 73°~75° 的地区，而海拔的最大变化为几米数量级，出现在纬度大于 80° 的地区。在大气加热尘暴的过程中，异常的升华速率也得到记录。同时，多普勒跟踪用于测量升华部分的冰的质量(之后得到密度)。测量结果表明冰盖不是被松软的雪或霜覆盖,而是被坚硬稠密的干冰覆盖。事实上,热辐射光谱仪可以分辨火星表面上三种形式的二氧化碳:细颗粒霜、粗颗粒霜和冰块。火星总质量的五百亿分之一参加了这种变换循环,跟踪数据表明重力场随着冰盖每年的消融和冻结不断变化。探测器开展了一个火星年的南极地形观测,用于发现极地地形每年的变化。坑、台地和其他地形特征大多具有几十米的跨度,但高度仅为几米,似乎是由倒塌和侵蚀的联合作用形成的。悬崖消退的速率与干冰升华的速率一致。此外,侵蚀速率似乎表明冰盖释放到大气中的二氧化碳数量每十个火星年增加百分之一。这些观测结果可用于预测火星气候的动态特性[172-174]。

2006 年报道了更多戏剧性结果。科学家对斜坡上的小沟进行了再次观测寻找其变化。在半人马山(Centauri Montes)区域的一个地点发现了 5 年前没有的新沟,而另一个在过去 4 年中形成的新沟位于萨瑞南高地。两处新沟均较长,有分叉并绕着障碍物流动。在提出的各种机理中,最有可能的是由水等低黏度液体流动形成的。浅色调沉淀物可能是由盐水传输了灰尘和或淤泥造成的。不过,如果液体的确是水,仍有较多问题。由于水一定能够从斜坡中漏出,那么它如何在火星表面下保持液态?水来自何处?水分布的广泛性如何?值得注意的是绝大多数沟出现在无冰的地点。2006 年 1 月 6 日,科学家发现的另一个变化是,在宽视场相机拍摄的作为窄视场相机背景的分辨率为 230m/pixel 的图像中,显示了一个之前没有的、尺寸大约为 1km 的暗"点"。接下来的几个月中,窄视场相机瞄准该点成像,发现在其中心位置有一个新鲜的撞击坑。通过与火星全球勘测者和其他轨道器对此地点先前拍摄图像的比较,确定了此次撞击发生在 2004 年 11 月后的某个时间。相机团队迅速制定了新的窄视场相机拍摄计划,对已拍摄地点再次成像——发现了不少于 39 个的新斑点,其中至少有 20 个证明是尺寸在 2m(即最小分辨率)到 150m 的新撞击坑,表明撞击物的尺寸最多为几米量级。绝大多数撞击坑在黑暗区域中心。此次成像表明在许多情况下有多个坑,通常有放射状的射线和其他图案。此项研究的重要性在于对当前的撞击坑形成速率进行了直接测量,并间接确认了一些没有撞击坑的地区确实非常年轻[175-177]。

到现在,火星全球勘测者开始遭受"老龄化"的痛苦。探测器很多元器件的工作时间远远超过了设计寿命。2005 年 7 月和 8 月,探测器第一次发生了严重的计算机问题,主份和备份计算机连续发生故障,使探测器转入安全模式,但最终问题得到了解决。由于姿态控制推进剂可以支持探测器运行到 2010 年以后,因此探测器仍继续执行各种扩展任务。2006 年 7 月 10 日,相机首次对火卫二(Deimos)成像。虽然相机与火卫二相距 23 000km,图像的分辨率低于海盗 2 号拍摄的照片,但该照片仍有助于精确确定此卫星轨道以及了解其地质概况。

2006 年 11 月 2 日,在被赋予第四次扩展任务后,地面向火星全球勘测者发送了常规指令,其将太阳翼偏离太阳指向以改善热控条件。接下来的遥测显示驱动好像被卡住了,且探测器自主切换了备份驱动;备份驱动显示按预期工作。两个小时后当探测器从下一个轨道的掩星中出现时,本应与地面重新建立联系,却从此失去了消息(后来发现 11 月 5 日偶然记录了 4 个零星信号)。如果备份驱动系统在火星阴影区堵转,探测器应该在太阳翼对日能量最优姿态和高增益天线对地通信最优姿态之间切换。地面决定使用一些环绕火星

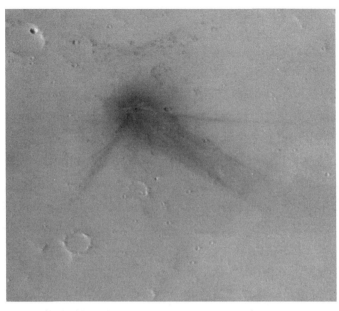

位于尤利西斯山北侧翼直径 20m 左右的新撞击坑(图片来源：NASA/JPL/MSSS)

或者火星表面探测器帮助寻找火星全球勘测者。11 月 14 日，火星快车和刚刚到达火星的火星勘测轨道器(Mars Reconnaissance Orbiter)试图对火星全球勘测者成像——如果已经解体，则对其碎片进行成像。地面也对火星全球勘测者盲发指令，接通中继链路并与机遇号火星车通信。如果机遇号接收到信号，将把试验的诊断数据通过火星奥德赛号中继传回地球[178]。但所有的努力都是徒劳的，2007 年 1 月 28 日，科研人员宣布火星全球勘测者失踪。事故调查及对未来任务提出系统性建议的内部委员会确定了问题原因：25 年前，导致海盗 1 号着陆器失败的内存位置错误问题再次出现，即在 2006 年 6 月，在紧急情况下将高增益天线定位的指令写到了火星全球勘测者计算机的错误地址中[179]。此错误促使探测器将太阳翼驱动到硬限位处，但当时人们误以为发生了万向节卡滞。此外，进入应急模式后，探测器电池直接暴露在太阳下，由于过充电引起电池产生过热的错误信号。在一个电池重复充电而另一个电池未充电的情况下，12 小时内两个电池均耗尽。最坏的情况是，错误的指向参数使高增益天线指向偏离地球，阻止了关键时刻探测器与地球的通信。探测器的轨道将在约 40 年内衰减，并最终在火星大气内烧毁[180]。

　　自火星全球勘测者项目开始以来，总共花费了 3.77 亿美元，是最具有成本效益的探测器之一。无论以何种标准衡量，该探测器都取得了惊人的成功。探测器在火星轨道上运行了 9 年，超过设计寿命 5 倍，远远超过海盗 1 号 4 年的轨道寿命。尤其是相机性能表现突出。相机采集率超过了高增益天线的传输率至少 1 000 倍，相机 24 万幅窄视场图像覆盖了火星 5.2%的表面区域。火星全球勘测者并没有利用窄视场相机对火星全球成像，也没有被期望开展相关任务，但初步提供了完美的火星高分辨率图像，且它的寿命足够长，成功将接力棒交给了下行数据传输能力更强的火星勘测轨道器。

7.6 毁掉遗产

1988 年的福布斯任务是苏联重启火星探测计划的第一步,该计划至少包括轨道器、巡视器和为取样返回铺路的气球等 8 项任务。

通过与传统空间探测伙伴的合作,苏联一直为此项雄心勃勃的火星探测计划发展相关技术。20 世纪 70 年代,由全俄运输机械科学研究所研究设计的巡视器计划通过 4M 任务运送到火星,但 4M 任务后来被取消。在 1988 年,该研究所重新启动了火星步行者(Marsokhods)的研究,研制了米尔(Mir,俄语中为"和平"的意思)号 6 轮"轮式行走"火星车原理样机。该样机由 3 个铰接箱体组成,可以相互旋转越过大的障碍,每个箱体有一对锥形轮,占据了车辆底盘底部的绝大部分空间,几乎不用考虑离地间隙要求——也就是说,车轮与地面的接触最大程度保证了不同地形、松散或密实土壤上的牵引力。为了使车辆底盘更重(从而保证车辆稳定性最大),绝大多数发动机、电子设备和其他仪器均安装在车轮中,通过轮式行走增加了车辆的越野性能,轮式行走通过延长或缩短箱体之间的连接关节,改变每对车轮之间的间隔。在成功完成 200kg 样机的测试后,为满足 20 世纪 90 年代的任务需求,苏联研制了一台更小版本的样机,样机的许多系统都继承了之前的设计。该样机使用全景相机完成导航和科学探测;使用一套取样装置或机械操作手完成样品采集,并交由分析仪器完成地质化学研究;使用天线与轨道器进行通信,但不能与地球直接通信;使用一个 RTG 提供电能。工程师们对火星步行者开展了广泛的测试,并在勘查加(Kamchatka)半岛火山土壤上测试了它的牵引能力。在苏联解体后,行星学会(Planetary Society)——一个专门开展行星探测游说的美国组织,向俄罗斯人提供了 15 万美元,使火星步行者能够在死亡谷(Death Valley)完成了额外的测试。1995 年,在安装了美国制造的仪器和机械臂后,火星步行者又一次在夏威夷基拉韦厄(Kilauea)火山上完成了月球和火星探测任务的演示。协作部门包括拉沃奇金设计局、全俄运输机械科学研究所、行星学会、麦当纳道格拉斯公司和 NASA 艾姆斯研究中心,同时也与意大利工业研究所(Italian Industries and Institutes)签署了合作协议[181-187]。

因为有维加号金星探测任务的成功经验,20 世纪 90 年代苏联的火星任务考虑的另一个载荷是气球。20 世纪七八十年代,法国人雅克·布拉芒是主张使用浮空器进行金星探测的支持者之一。他设想了一种探测器的布局设计,采用一高一低的两个气球,上部是氦气球,下部是太阳能热气球。氦气球体积为 2 000m³,在无太阳光时提供浮力,此时浮空器保持静止,通过一根拖拽绳将载荷静止放置在星球表面。当黎明来临时,太阳光的热能使体积为 3 800m³ 的热气球能够带动浮空器上升几千米的高度,同时利用风力带动浮空器每天可移动 500km。当日落来临时,浮空器又将仪器载荷放置在另一个位置进行分析。火星任务使用与金星气球类似的充气膨胀系统,总质量约 30kg[188]。最终,苏联人决定采用构造更为简单的单氦气球。为了改进技术、测试设备和评估载荷概念,苏联航天研究院和行星协会联合发起了热气球飞行器测试,于 1988 年 8 月在立陶宛(Lithuania)的普列奈

(Prienai)机场进行[189]。为明确探测器的配置,苏联、法国和美国的工程师于 1990 年在莫哈韦(Mojave)沙漠进行了更多次的测试。

穿透器的测试也在考虑之中。穿透器从轨道器上分离,高速撞击火星表面,可钻入几米的深度。穿透器在火星下降阶段使用充气制动器进行减速,将冲击加速度限制在 500g 内。穿透器的能源供给、无线电系统和数据管理设备都基于维加号探测器的设计,经适当改进后可承受穿透时的冲击环境[190]。

为使轨道器进入环绕火星的初始轨道,苏联考虑采用气动捕获的方式,轨道器在穿透火星大气过程中被一个前凸的空气动力学防热罩保护起来——这是 NASA 在雄心勃勃的火星巡视采样返回计划中提出的设想——如果苏联继续这一设想,将会很快放弃这一想法。

1988 年 7 月,在苏联航天研究院举行的一次研讨会上,苏联提出了火星探测任务的框架,计划在 2005 年进行机器人取样返回任务,随后在 2010 年前后进行载人火星探测任务。两个任务的架构都基于使用重型能源号(Energiya)运载火箭技术,以及空间核电推进技术[191]。苏联与美国同时面临着相同的技术权衡:上升器从火星表面起飞后是直接返回地球,还是在环火星轨道与返回级交会对接后再返回地球;到达地球后是直接下降进入大气,还是制动减速至环地球轨道再由航天员控制返回地面[192]。为实现火星表面软着陆,着陆器将采用气动减速器、降落伞和制动发动机 3 种技术相结合。样品可由机械臂从着陆器附近收集,或者由火星车收集,收集完的样品被转移至上升级。一个新奇的想法是上升级与火星车采用一体化设计,这样可以省去火星车导航返回着陆器的过程,但上升级所带来的额外质量将影响火星车的移动性能,并且大大增加移动所需的功率。

全俄运输机械科学研究所研制的火星步行者的样机,其车轮呈圆锥+圆柱的形状,与履带车辆一样,可在松散土壤上移动时提供足够的牵引力

在涉及交会对接的方案中,上升级为两级火箭,可将样品运送至 200km 高的火星轨道;在交会对接中轨道器为主动部分。与美国的设计不同,苏联在自动交会对接方面很有经验,按照其坚固耐用的技术传统,一旦探测器距离极为接近,机械系统将完成最终的对接,从而将复杂电子设备和控制系统的需求降至最低。交会对接完成后,样品容器将被传送到轨道器的返回级中,并保持在密闭环境中,且该环境有温度控制和振动抑制。如果使用能源号运载火箭,发射质量将会更大,由低温地球逃逸级、中途修正及制动发动机和火星探测器组成;火星探测器又由轨道器、各种小型着陆器和穿透器、主着陆器和用于直接返回地球的上升器组成[193]。

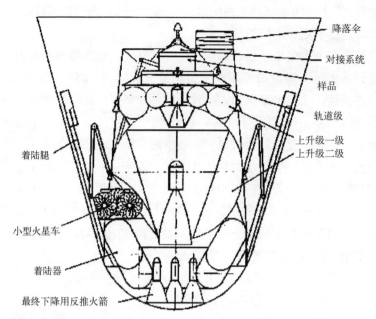

一种苏联火星取样返回任务可能的着陆器构型。该构型上升级带有对接系统(转载自 Lusignan, B., et al., (ed.), "*The Stanford US-USSR Mars Exploration Initiative*", Stanford University, 1991)

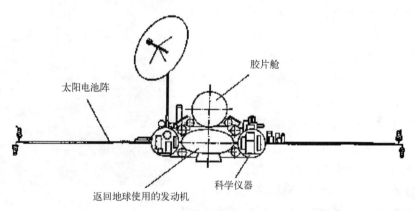

基于火星-金星-月球通用探测平台的火星轨道器，携带一个胶片舱，可携带高分辨率摄影胶片返回地球(转载自 Lusignan, B., et al., (ed.), "*The Stanford US-USSR Mars Exploration Initiative*", Stanford University, 1991)

　　苏联原计划一次使用两个轨道器携带浮空器和小型火星车，分别在 1992 年和 1994 年对火星开展广泛的探测。其中，火星车能够行驶 200km，对着陆区进行先期调查，为未来的着陆器和更大的火星车探测铺平道路。因为 1992 年正好是哥伦布航行 500 周年，苏联就以他的名字命名了此次任务。其他可能的有效载荷包括穿透器、由小型电池或由 RTG 供电的着陆器(单个航天器携带数量可达到 10 个)和用于研究重力场的子卫星。基于火星-金星-月球通用探测平台的轨道器携带一个隔舱，可将高分辨率摄影胶片带回地球，该技

术十分关键，可为火星取样返回任务积累经验。但为了给科学家和工程师更多时间，1988
年的首次任务被推迟至 1994 年——事实上，此时详细设计还没有开始[194]。

　　1989 年年初，苏联提出了详细的火星探测计划，明确了火星 94 任务的目标是利用轨
道器拍摄火星表面的高分辨率图像，同时将气球和着陆器运送至火星表面。第二阶段的任
务推迟至 1996 年，该阶段的轨道器和火星车探测将为 1998—2001 年开展的取样返回任务
铺平道路。火星 94 拍摄的图像将用于火星车着陆点的选择。其中，选择安全着陆点的关
键是可以拍摄到关于火星表面"岩石"的详细信息[195]。1989 年晚些时候，苏联批准了火星
94 任务，先期投入 2 000 万卢布，几个月后增加至 5 亿卢布。火星 94 任务计划于 1994 年
10 月 20 日前后发射，11 个月后到达火星。该时期的航天项目与苏联/俄罗斯政治紧紧交
织在了一起。首先是 1990 年在福布斯号探测器失利后，政府大幅削减了航天预算。接着，
通用机械制造部部长，同时也是航天工业监管者的奥列格·巴克拉诺夫（Oleg Baklanov），
参加了 1991 年 8 月举行的政变，设法阻止苏联的解体，但最终政变失败。1992 年 1 月 1
日后，苏联已不复存在，取而代之的是独立国家联合会（Confederation of Independent
States，独联体），俄罗斯联邦（Russian Federation）是主要成员。为克服苏联航天计划管理
的不足，俄罗斯早期的一项决定是通过建立俄罗斯航天局（Rossiyskoye Kosmisheskoye Agen-
stvo，RKA）来管理国家计划。俄罗斯航天局和俄罗斯科学院都赞同将火星 94 作为国家航
天计划中的一次科学探测基石任务。然而，伴随着苏联衰落而来的经济危机，破坏了苏联
在 1991 年所做出的决定。俄罗斯必须对火星 94 任务进行修改。修改后的火星 94 任务改
为由一个轨道器携带多个小型着陆器和穿透器，气球和火星车改为由火星 96 任务运送。
也是大约在这个时期，后续任务的计划开始变得不明朗。到 1992 年，俄罗斯经济受到重
创，猖獗的通货膨胀使得火星计划到了濒临取消的边缘，唯一的希望是寻求国际资助。德
国和法国已经在该计划中投资了 1.2 亿美元。俄罗斯也寻求美国的帮助，使火星 94 任务
在 1992 年成为布什和叶利钦签署协议的一部分，该协议旨在呼吁增加航天协作，并最终
促使航天飞机访问和平号空间站。借着这个机会，有人提议修改火星 94 任务的有效载荷，
除了俄罗斯的小型着陆器和穿透器外，也携带由美国研制的硬着陆探测器，但美国科学家
并不特别热衷于这一想法。在最终的计划中，美国的贡献只是进行一次由俄罗斯的着陆器
负责实施的试验。

　　不出意料，工作进展非常缓慢。直到 1993 年，航天研究院才能够对外宣布科学仪器
的最终选择。许多航天硬件制造商已经不受莫斯科的控制，因此拉沃奇金在获得所需部件
方面遇到了前所未有的困难。俄罗斯航天局估计其总预算的四分之一都被分配给了火星 94
任务。但即使时间距离发射已不到一年的时间，工作进度仍落后于计划[196]。1993 年 7
月，拉沃奇金的首席设计师凡彻斯拉夫·M. 克夫楠克（Viatcheslav M. Kovtunenko）去世，
他一直致力于基于火星–金星–月球通用探测平台的火星轨道器的研制。随后斯坦尼斯拉
夫·库里克（Stanislav Kulik）接替了他的职位[197]。对俄罗斯的另一个严重打击是在随后的
一个月失去了火星观测者号，其原本用于火星表面探测器的中继通信。俄罗斯的其他轨道
器能够替代火星观测者号完成中继通信，但它们处在椭圆形轨道，不能像火星观测者号一

样在圆形低轨道上提供更长时间的中继[198]。

　　拉沃奇金将为火星 94 任务所开发的火星-金星-月球通用探测平台的版本命名为 M1。航天器的干重约 1 750kg,其中 600kg 是 20 多台仪器的质量。当太阳电池板等其他附件展开后,探测器的高度约 3m,跨度约 9m。探测器总质量为 6 180kg(有些来源称 6 825kg),只比福布斯号探测器略小,包含 2 个小型着陆器,2 个穿透器以及供佛雷盖特发动机工作用的 3 142kg 推进剂。福布斯号圆柱形的设备塔被一块平的顶板所取代,上面安装了两个固定的太阳电池板和一对着陆器的连接点。天线和平台设备安装在设备板上。探测器使用固定抛物面高增益天线传输数据,传输速率在 64~128kbit/s,每天可从火星传回的数据量约为 0.5Gbit。与福布斯号架构不同的是,M1 具有一个铰接可展开的扫描平台,可精确地进行三轴指向,平台名为奥格斯(Argus)。奥格斯平台质量为 115kg,可提供遥感仪器套件的热控和电接口。套件质量 84kg,包含由德国研制的高分辨率和广角相机,由法国研制的可见光和红外光谱仪,以及由俄罗斯研制可用于精确指向的导航相机[199]。奥格斯平台由全俄运输机械科学研究所开发,它之所以引起关注,是因为俄罗斯工程师难以开发出一个足够精确的稳定系统。拉沃奇金曾在一段时间建议放弃奥格斯平台的研制,并建议将遥感仪器像福布斯号一样直接安装在探测器本体上,但如果这样做就会大大缩短探测时间,进而使人们质疑遥感仪器的存在价值。最终的结果是德国派工程师前往圣彼得堡(Saint Petersburg)协助俄罗斯人进行平台的调试。平台方案最后更改为一个更为简单的两自由度的平台,携带一台多通道光谱仪、一台恒星光度计和一台伽马射线谱仪。

　　火星 94 任务得到了 20 个国家和组织的赞助,包括美国、匈牙利、新统一的德国、法国、芬兰、希腊(这是希腊的第一个行星探测任务)和 ESA 等。俄罗斯也与中国科学家进行了会谈,但中国并没有参与到这项任务当中[200-201]。

火星 94/96 探测器的奥格斯扫描平台(图片来源:全俄运输机械科学研究所)

德国参与火星任务的研制开始于西德航天局光电研究所（Institute for Optoelectronics of the West German Space Agency）研制的高分辨率相机，以及由东德科学院宇宙研究所（Institute of Cosmic Research of the East German Academy of Sciences）研制的宽视场相机。在国家统一后，这两台相机的研制项目合并成一个，由多尼尔领导，由耶拿（Jenoptik Carl Zeiss Jena）公司作为分包商。探测目标包括：研究火山、河流、冰川及其他特征的地貌学；研究极区冰盖的特征；研究三维地形；分析地层；研究地形的测光和矿物学；绘制大地测量学和多尺度地图；对着陆区高分辨率成像；研究云和沙尘暴的演变过程；对火卫一和火卫二进行整体遥感。两台相机都设计有分辨率为 5 184 像素的线阵推扫式扫描仪，其中含有多个并行排列的 CCD 传感器。在广角相机中有 3 个传感器，可以进行立体成像，而在高分辨率相机中有 9 个传感器，可便捷地进行多光谱成像、立体成像和光度测量。成像的分辨率取决于航天器在其偏心轨道上的位置，高分辨率相机成像的分辨率最高为 12m/pixel，宽视场相机成像的分辨率最高为 100m/pixel。根据观测要求选择探测器的扫描距离，根据轨道速度来调整 CCD 积分时间。探测器上广泛采用了数据压缩和编码，可将数据量降低至可以传输的量级。探测器上装有一个质量 12kg，容量为 1.5Gbit 的固态存储器，用于两台相机以及其他仪器的数据存储，两台相机的总质量为 48kg[202-203]。

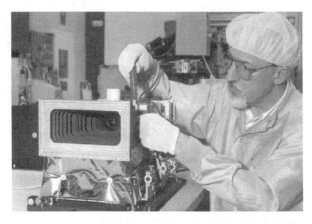

火星 94/96 任务中，德国研制的宽视场相机[图片来源：德国航空航天研究院（DLR）]

一台可见光和红外光谱仪与相机共享奥格斯平台。光谱仪用于绘制火星表面地图，包括表面物质组成和大气、冰、霜的主要成分等。福布斯任务的"热水瓶"成像仪被重新提出，用于获取火星表面的热惯性、温度场、热动力学和热源数据。一台行星傅里叶光谱仪用于对大气的二氧化碳分布进行分析，以确定温度、风和气溶胶的分布。一台高分辨率绘图分光光度计用于分析岩石和大气气溶胶的光谱。一台多通道光谱仪，通过在太阳或恒星发生掩星现象时观察火星的边缘，用于测定火星的臭氧、水、一氧化碳和氧气的垂直分布情况。这台设备有两台探测仪器：一台安装在探测器的固定位置，用于在火星凌日时进行观测；另一台安装在一个小型扫描平台上，用于火星遮掩其他恒星时进行观测。一台紫外分光光度计用于绘制火星大气顶部的氢、氦和氧分布图，通过测量氘，以估算大气中水的逃逸速度，同时对行星际和星际介质进行观察。一台伽马射线谱仪用于绘制火星表面天然放射性矿物的分布图，以推断火星的化学成分。一台中子能谱仪用于绘制湿度、冰和水沉积物的分布图。一台长波雷达用于探测接近火星表面的次表层结构，以及确定地下冰层是否存在。

　　与福布斯号探测器一样，火星 94 任务配置了若干台设备用于研究火星等离子体环境、电离层和磁层，这些设备包括：一台四极质谱仪，用于绘制高层大气和电离层的组成和分布图；一台福布斯号探测器曾使用的旋转分析器自动空间等离子体试验装置中的离子光谱仪和中性粒子成像仪；一台全向等离子体能量和质量分析仪，用于测量火星邻近空间等离子体的结构、动力和起源；两台功能相似的仪器，用于研究电离层的等离子体的来源，以及电离层的主要参数，在被动探测模式中，长波雷达将能够绘制电子在电离层中的分布，以及电离层与太阳风相互作用的动力学过程；一台低能量带电粒子光谱仪，在探测器行星际巡航中用于研究低能量的宇宙射线，在到达火星邻近空间后用于研究火星周围环境。等离子体波探测仪包含 3 个朗缪尔探针①和 3 个感应式磁强计。一台仪器用于绘制电子速度的分布图。一对磁通门磁强计用于研究行星际以及火星邻近空间的磁场。其他磁强计安装在着陆器和穿透器上，期望能明确火星是否存在内部磁场。此外，一台伽马射线谱仪用于研究太阳耀斑，与尤利西斯号探测器以及若干近地人造卫星合作，以精确定位耀斑爆发的位置。同时也将开展火星大气对天体 X 射线源遮掩现象的研究。在探测器巡航期间，一台振荡光度计用于检测太阳和其他恒星，以收集日震和星震学数据。一台仪器用于测量探测器在巡航和环绕火星阶段的辐射剂量，为载人火星任务收集数据，该仪器由若干单元构成，这些单元可监测光子、带电粒子、宇宙射线、X 射线和微流星体[204]。

　　M1 在其顶板上搭载了两个着陆器。与 M-71 着陆器类似，这些"小型工作站"着陆器呈蛋形，在着陆后通过弹簧驱动打开 4 个"花瓣"，使着陆舱姿态保持水平和稳定。花瓣关闭状态下舱体的宽度约为 60cm。着陆器采用直径为 1m 的防热罩完成火星进入和初始阶段的大气飞行。在一个单独的降落伞打开后，降落伞通过一根长 130m 的伞绳，将探测器的速度降低至 26m/s。接着，一个由两个半球组成的球形气囊充气膨胀，犹如一个巨大的海滩球，帮助探测器完成着陆。在着陆过程中没有使用反推火箭(气囊着陆是 20 世纪 60 年代初由苏联在月球着陆器上率先采用的，比公众熟知的 JPL 火星探路者号要早得多)。着陆后大约 10 分钟，气囊完成放气和抛离。在接下来的几分钟内，3 个花瓣打开。每个花瓣的尖端装有弹簧驱动的吊杆，可使探测器要么与地面接触，要么尽可能地远离探测器本体的金属结构。着陆器舱体的总质量只有 33.5kg，其中 7kg 是科学载荷。探测器上有两个 RTG(苏联之前的行星探测任务从未使用过)，尺寸同咖啡杯大小，具有坚硬的外壳，并且通过配置蓄电池组对供电能力进行增强。

---

　　① 朗缪尔探针：向等离子体中插入一根极小的电极，然后加上一定的电压，测定通过的电流与所加电压的关系，可以得到探针的电压-电流特性曲线。再根据曲线上的特殊点就可以求得等离子体的密度、电子温度、等离子体电位和悬浮电位。——译者注

俄罗斯的"小型工作站"火星着陆器。其设计受到了拉沃奇金的月球和火星着陆器设计方
案强烈的影响

"小型工作站"的载荷包括了芬兰-法国-俄罗斯共同研制的成像系统。该系统包含一台 500×400 像素的下降相机，用于匹配着陆地点；同时包含一台 1 048 像素的线阵 CCD 相机和一个水平视场 60°、画面幅宽 6 000 像素，可 360°旋转的全景相机；一台 α 粒子、质子和 X 射线谱仪安装在一个悬臂上，用于确定火星表面元素的丰度，该仪器由德国负责研制，俄罗斯和美国投入了大量研制经费；单轴地震仪安装在着陆器和穿透器上，用于确定火星是否有地震活动，这在海盗号时期是无法实现的。在着陆舱顶部的可扩展舱上装有一个气象探测包，内含温度计、晴雨表、相对湿度传感器、风速计和用于测量大气中尘埃量的光深传感器。着陆器上的加速度计还用于测量进入和着陆过程中的火星大气结构。美国提供了一台设备，用于探测过氧化物和其他氧化物，以验证某种假设——海盗号的生物试验表明，火星土壤支持化学氧化过程，该过程模拟了生物的新陈代谢反应。该设备由 7 个单元组成，每个单元存放了 9 种反应物，每种反应物可分别与不同类型的氧化剂发生反应。两个单元安装在一个传感器头部，暴露于火星大气中，其他 5 个单元通过一根弹簧驱动的悬臂与火星表面接触。该仪器被设计成尽可能地自给自足，这是因为着陆器从着陆开始到一个月后才能为其供电和分配遥测带宽。尽管该仪器的总质量只有 0.85kg，它仍具有自身能源供给和数据存储的能力，由 JPL 花一年时间研发，成本只有 400 万美元[205]。探测器还考虑搭载一个由美国研制的用于研究土壤磁性的仪器，但最终未实施[206]。每个着陆器还携带了一张光盘，名为"火星的愿景"（Visions of Mars），由行星协会赞助，光盘中包含小说、故事、文章、音频剪辑和图像，以表达人类对于这颗红色星球的迷恋，其作为一份礼物送给未来能够登上火星重新获得它的人类（或其他生物）[207]。"小型工作站"在火星表面的工作时间为一个火星年。

火星 94 任务还携带了一对呈矛形、2m 长的钛质穿透器。穿透器在释放后，开始沿纵轴旋转以保持稳定，并点燃其后部的固体火箭制动发动机，控制自身的飞行轨迹，可确保

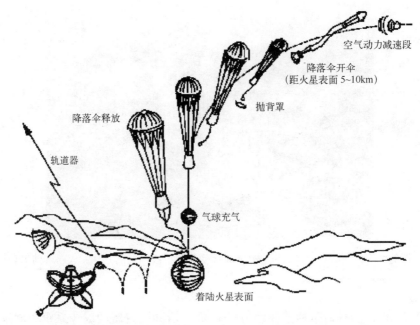

俄罗斯"小型工作站"着陆器的下降过程示意。与火星探路者不同，它不使用反推火箭进行到达地面之前的快速减速

在 20 小时后进入大气层。穿透器前部的直径为 12cm，后部形状为一个锥体，直径由 17cm 扩大到尾部的 78cm，内部空间可容纳减速及充气系统。当穿透器以 4.6km/s 进入大气时，减速器将打开以减缓飞行速度，同时通过将穿透器的攻角限制在一个很窄的范围内稳定穿透器的姿态。在进入大气后的几分钟内，穿透器就像飞镖一样，以 60~90m/s 的速度撞击地面，并分成由缆绳连接成的两部分。后部携带气象传感器、相机、天线和通信系统，将留在火星表面；前部携带其他仪器和控制系统，将掘进 6m 的深度。穿透器承受这种冲击的能力最初在电梯井跌落测试中进行了验证，之后又在直升机跌落测试中进行了验证。穿透器总质量为 120kg，其中科学载荷占 8kg。加速度计由英国和俄罗斯共同研制，用于在前部掘进的过程中测量火星土壤的机械特性。俄罗斯研制的一台 2 018 像素的线阵相机可传回穿透器着陆区域的全景图像。气象探测包可报告着陆区域的环境，就像是一个小型的气象站。伽马射线、α 粒子、质子、中子和 X 射线谱仪由德国、俄罗斯和罗马尼亚共同研制，该仪器不仅能分析土壤的化学成分，还可以测量土壤深处的水含量（如果有的话）。磁强计将测量当地磁场。另一台由俄罗斯研制的仪器可测量土壤的热扩散率、热容、导电率和来自火星内部的热流[208]。穿透器使用 RTG 持续工作半个火星年，在此期间使用地震仪监听火星地震活动，数据将周期性地通过中继星传回地球。

着陆器和穿透器都受到行星保护的制约，即需满足联合国空间研究委员会（United Nations Committee of Space Research）规定的最大生物风险的要求——在探测器外部和内部暴露的表面上每平方米"孢子"数量不得多于 300 个。穿透器和着陆器采用了许多行星保护技术，包括使用伽马射线、干热和过氧化氢进行灭菌，使用酒精和杀孢子剂进行清洁，再加上紫外线照射进行微生物控制，使用无菌洁净间等[209]。

后续的任务还将使用火星-金星-月球通用探测平台。它将携带圆锥形的进入舱，直径为 3.5m，包含由全俄运输机械科学研究所研制的火星步行者火星车，以及由法国国家航天研究中心（CNES）提供的大型气球。在轨道器完成 10 天的勘查成像后，将释放进入舱。进入舱在完成初始气动减速后，容纳火星车和气球的部分将实现分离并独立由降落伞进行减速。火星车被包裹在可吸收着陆冲击的气囊中，着陆在火星表面。在气囊脱落后，火星车将开展为期 2 年的任务，移动的最高速度达 500m/h[210]。在火星车的底盘上装有许多探测仪器，并且安装在机械臂可触及的位置。电视系统有 4 台相机，可拍摄火星表面的全景图像，用于导航和科学探测。激光气溶胶光谱仪可测量悬浮在大气中的尘埃。四极质量分析仪可测量火星表面的大气成分。气象探测包可监测气象环境。可见光和红外光谱仪可测量火星表面的矿物成分。放置一块磁铁在电视系统的视场内，可反映土壤和被风吹来的尘埃的磁性特征。低频无线电可通过"监听"分析出火星表面以下 150m 深的内部结构。机械臂的末端执行器能够挖掘表面 10cm 深度的土壤和研磨过的小块岩石，同时将样品送往热解气相色谱仪进行材料分析。4 台仪器安装在机械臂本体上：一台用于近距离观察岩石的相机，一台 α 粒子、质子和 X 射线谱仪，一台用于研究岩石中铁存在形态的穆斯堡尔（Mossbauer）谱仪，一台用于检测大气中少数物质成分的气体分析仪。甚至有可能携带一台迷你火星车[甚至可能是由 JPL 更晚研制出的岩石号（Rocky）第 4 代]，用于在火星步行者遭遇地形困难时在前面进行地形侦察。

在距火星高度约 8km 时，压缩氦气系统开始工作，气球开始充气膨胀。充气过程需要持续几分钟，在此过程中防热大底将充当配重。膨胀的气球将在距火星表面高度 3km 处被释放。与金星相反，火星稀薄的大气需要的气球较大，因此气球的材料需轻量化，同时能够在寒冷的夜晚维持住氦气压力。经测试证明，一种聚酯薄膜具有大部分火星气球所需的性能。气球探测器质量为 64kg，气球包络为圆柱形，跨度 13.2m，高度 42m，充有5 000m³ 的氦气，悬挂了一个质量为 15kg 的吊舱，带有电池、用于与轨道器通信的发射机以及大多数科学套件。有效载荷包括 4 台相机，包括焦距为 350mm 的高分辨率相机至焦距为 6mm 的可拍摄"鱼眼"图片的全景相机。由俄罗斯和法国研制的红外光谱仪，可沿着飞行轨迹提供多光谱矿物学数据，磁强计可确定磁场如何变化。高度计和反射计的集成装置可测量气球距地面的高度，同时可测量表面的反射率和高度的变化。气象仪器包括压力、温度和湿度传感器。一条 7m 长的绳索从吊舱悬挂下来，用于在夜间保持稳定，尤其可避免吊舱或者气球与地面发生接触。绳索实际上是一些铰接的钛金属段，内部装有科学和工程传感器以及相关的电子设备，包括用于分析火星表面的伽马射线谱仪、温度计和由法国、拉脱维亚和俄罗斯共同研制的次表层雷达——可将绳索作为天线，在火星表面以下100m 内寻找冰的沉积物。气球各部分之间连接的绳索以及尾部的绳索加起来的总长度约为 100m。气球计划在白天飞行，在夜间当气温和气球内气压下降时，通过尾部绳索降落并稳定停留。人们担心的是，如果在恶劣的天气进行降落，则气球可能会被撕裂。气球探测任务设计持续 10 天，期间它即使飞不了上千千米，也能飞行几百千米[211-214]。

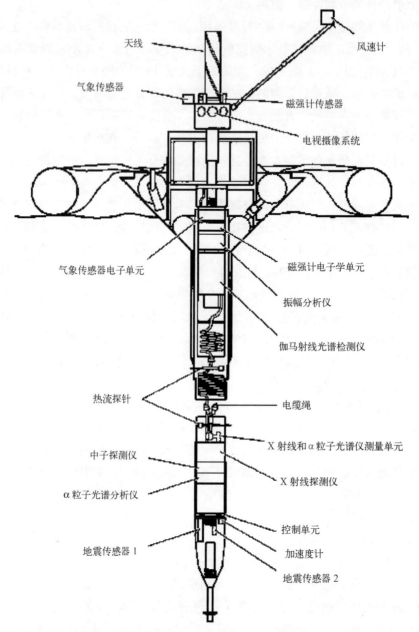

俄罗斯研制的火星穿透器的剖视图(转载自 Surkov, Yu. A., "*Exploration of Terrestrial Planets from Spacecraft*", Chichester, Wiley—Praxis, 1997)

　　1994年4月,俄罗斯告知其合作伙伴(美国),由于经济困难,而且航天器及器上设备的地面测试进展缓慢,首次发射任务将推迟至1996年11月。它将使用与火星探路者和火星全球勘测者相同的发射窗口。任务推迟使得两个俄罗斯航天器有可能同时飞行,但预算并不允许,因此首次火星任务被更名为火星96,第二次任务被更名为火星98。事实上1996年的发射窗口并没有1994年的有利,这意味着必须对航天器进行减重。这是对俄罗

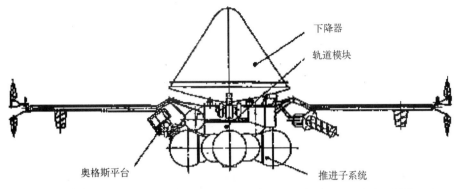

俄罗斯火星 96/98 轨道器，在进入舱内携带了一个火星车和一个气球（巴巴金中心图像；经 Cépaduès Editions 的许可，转载自 Eremenko，A，Martinov，B.，Pitchkhadze，K.，"*Rover in the Mars 96 Mission*". In：*"Missions，Technologies et Conception des Vehicules Mobiles Planetaires"*，Toulouse，Cépaduès，1993）

斯工程师能力的一次证明，在达到减重目标的同时还能不对科学载荷的配置有重大影响。到 1995 年年底，俄罗斯航天局意识到已负担不起发射火星 98 任务的质子号运载火箭，转而采用运载能力稍弱的闪电号（Molniya）运载火箭，该火箭自 1972 年以来就没有在行星探测任务中使用过。虽然航天器的减重工作已经开始，尤其是气球，人们通过将气球包络长度缩短、将整个有效载荷探测包调整至气球尾端缆绳上等方法进行减重，但最终火星 98 任务还是取消了。所有的努力都转向了火星 96 任务，拉沃奇金的工程师们开始了全天候的工作[215]。

　　与福布斯号一样，火星 96 任务探测器因质量太大以至于不能使用质子号运载火箭将其直接送入地火转移轨道。在火箭第 4 级将其有效载荷送入远地点为 314 000km 的椭圆轨道后，佛雷盖特上面级的发动机将为探测器额外提供前往火星所需的 575m/s 的速度增量，而后探测器将完成太阳帆板和小型扫描平台的展开。与火星全球勘测者一样，火星 96 探测器将沿着一条围绕太阳运行的行星际转移轨道绕转超过 180°，于 1997 年 9 月到达火星。在途中，探测器将完成 3 次中途修正，前两次是为了建立可撞击火星的航向；然后，在到达火星前 5 天，在探测器释放"小型工作站"后，立即进行 35m/s 的机动，完成轨道偏转，准备进入环绕火星轨道。"小型工作站"将保持被动飞行，然后以 5.75km/s 的速度进入大气层，航迹保持与当地水平面的夹角约 16.5°。主着陆目标是在 41.31°N，153.77°W 和 32.48°N，163.32°W，两个目标都在低洼的阿卡迪亚（Arcadia）平原上，备选着陆目标是在 3.65°N，193°W，但由于采用直接从行星际进入火星大气的方法，其着陆椭圆的离散程度比从环火轨道进入的方法要大得多，因此着陆的目标是"区域目标"而不是某些特定的着陆点。

　　预计在 1997 年 9 月 23 日，主探测器进行速度增量为 1 020m/s 的近火制动，进入 500km×52 000km，倾角为 100°，周期为 43 小时的初始环火轨道。随后，探测器分阶段地将轨道近火点降低至 300km，将轨道远火点降低至 22 000km，轨道周期缩短至约 14.77 小时。穿透器在到达火星后的 7~28 天被释放。为了提供良好的测震学基线，其中的一个穿

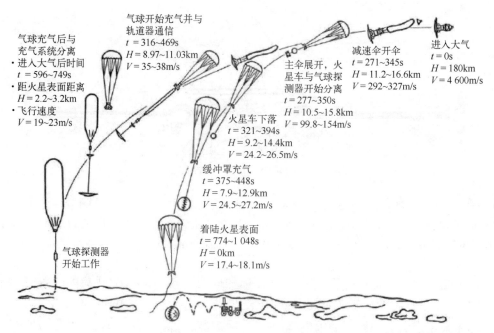

气球充气后与
充气系统分离
· 进入大气后时间
　 $t = 596~749s$
· 距火星表面距离
　 $H = 2.2~3.2km$
· 飞行速度
　 $V = 19~23m/s$

气球开始充气并与
轨道器通信
$t = 316~469s$
$H = 8.97~11.03km$
$V = 35~38m/s$

减速伞开伞
$t = 271~345s$
$H = 11.2~16.6km$
$V = 292~327m/s$

进入大气
$t = 0s$
$H = 180km$
$V = 4 600m/s$

主伞展开, 火
星车与气球探
测器开始分离
$t = 277~350s$
$H = 10.5~15.8km$
$V = 99.8~154m/s$

火星车下落
$t = 321~394s$
$H = 9.2~14.4km$
$V = 24.2~26.5m/s$

缓冲罩充气
$t = 375~448s$
$H = 7.9~12.9km$
$V = 24.5~27.2m/s$

着陆火星表面
$t = 774~1 048s$
$H = 0km$
$V = 17.4~18.1m/s$

气球探测器
开始工作

火星 96/98 任务中火星车和气球的着陆剖面示意图(巴巴金中心图像; 经 Cépaduès 出版社授权, 转载自 Eremenko, A, Martinov, B., Pitchkhadze, K., "*Rover in the Mars 96 Mission*". In: "*Missions, Technologies et Conception des Vehicules Mobiles Planetaires*", Toulouse, Cépaduès, 1993)

透器对准阿卡迪亚, 靠近"小型工作站"着陆点, 而另一个穿透器的着陆点远离乌托邦平原至少 90°。穿透器释放后, 轨道器就将用于携带穿透器的单元抛离, 以能够展开奥格斯扫描平台。此时标志着环绕科学探测任务正式开始, 任务将持续一个火星年。此后, 俄罗斯人曾考虑过尝试利用气动减速将环绕轨道周期缩短至约 10 小时[216-217]。

整个探测器的测试于 1996 年 1 月开始, 同时于 10 月中旬运至拜科努尔。由于资金到位不及时, 导致发射该任务用的质子号运载火箭未能按时交付, 但军方同意提供一枚质子号运载火箭用于发射, 火箭的推迟交付使发射时间推迟至年底[218]。尽管在 11 月 12 日存在发射窗口, 但为了将佛雷盖特上面级发动机的逃逸点火减至最小, 人们决定在 4 天后发射。就在 11 月 16 日探测器发射当天, 任务被命名为火星 8 号(Mars 8)。

苏联曾在全球部署地面跟踪舰队, 为航天任务的测控提供支持, 但俄罗斯负担不起如此高额的费用支出, 因此当火箭第 4 级的发动机在南大西洋上空重新点火以建立初始的椭圆轨道时, 地面与探测器的通信中断了。由于没有遥测信号, 很难弄清楚在这次轨道机动中到底发生了什么, 尤其是不知道发动机是重新点火失败, 还是在点火工作几秒后又关闭了。不管是什么原因, 结果是轨道并没有拉长为远地点很高的椭圆。更为不幸的是, 按照飞行程序, 火星 8 号任务执行了探测器与火箭第 4 级的分离, 错失了对第 4 级进行诊断和重新实施轨道机动的时机。在约定的时刻, 佛雷盖特上面级的发动机点火, 但由于此时探测器仍停留在初始轨道上, 所以这次点火仅抬升轨道远地点高度至 1 500km, 近地点高度也仍然较低(肯定低于 100km;一些报告记载的是 87km,尽管这看起来难以置信),这意味着探测器很快就会坠入大气层。讽刺的是,位于耶夫帕托利亚的深空通信中心收到的首次无线电信号被解读为探测器正安全地飞往火星。美国军方的雷达在南大西洋的覆盖范围有限,但他们报告有一个巨大物体仍处在较低的轨道上。由于俄罗斯的跟踪设备破旧不堪,无法确认探测器是否与第 4 级已经成功分离。探测器在不久后必定会携带着 18 颗外露于表面的 RTG(每颗装有 15g 二氧化钚)进入地球大气层。11 月 18 日,在太平洋的上空,距复活节岛约 560km 处,当巨大的探测器燃烧殆尽后,人们的担心才得到缓解。事实上,17 日火星 8 号就在智利南部上空再入了大气层,很多人都目睹了这一过程,其中不乏一些专业天文学家,人们将其误认为是一颗在夜空中明亮且移动缓慢的流星。事后报告在玻利维亚海拔超过 3km 的乌尤尼(Oyuni)盐沼南部找到了探测器的残骸,该处距智利边境 100km,但俄罗斯没有完成 RTG 回收所需的资金,因此 RTG 就被丢弃了。首次(也是目前唯一一次)俄罗斯深空任务就这样不光彩地结束了。由于在关键的轨道机动时段缺少测控数据,根本无法精准确定是哪个环节出了问题。总之,探测器的姿态控制系统直接控制第 4 级火箭的事实,增加了由于通信问题而导致不能实施轨道机动的可能性[219-224]。

位于拉沃奇金总装大厅内的俄罗斯火星 8 号探测器。容纳"小型工作站"着陆器的锥体在探测器顶部,位于折叠的太阳帆板之间,其中一个穿透器与佛雷盖特上面级相连,在图中的左下方[图片来源:德国航空航天研究院(DLR)]

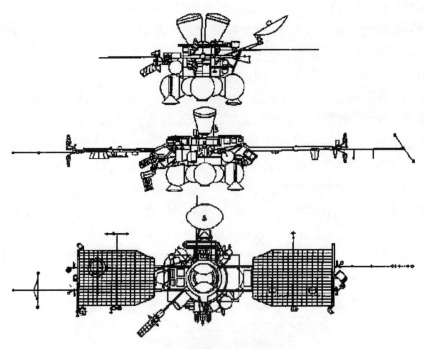

火星 8 号探测器构型示意图

　　尽管如此，很大一部分火星轨道科学探测设备被后续的发射任务重新利用起来，确切地说，ESA 资助的火星快车轨道器就是由此而生的。

　　火星-金星-月球通用探测平台可谓命运多舛，同时有着不光彩的记录——在 3 次任务尝试中只有 1 次获得了部分成功。而安装有自主发动机单元的佛雷盖特上面级成为继承性最好的上面级，可与众多俄罗斯的运载火箭相适应，包括联盟号运载火箭。联盟号-佛雷盖特上面级的组合执行了多次任务，其中包括发射 ESA 的火星快车和金星快车等行星轨道器，以及发射用于研究地球磁层的集群式卫星。

7.7　行驶在火星上

　　在 20 世纪 90 年代初，NASA 的几个研究中心正在各自开展战略研究，以重新对火星表面进行探测。艾姆斯研究中心的火星环境勘查设想了一种集群探测的方法，将一些小型着陆器通过连续的发射窗口送至火星，这些着陆器具有特定的构型，每枚德尔它 2 号运载火箭的载荷运送级可携带 4 个自动进入火星大气的飞行器。在临近火星时，着陆器被依次释放，分别瞄准不同的着陆点完成着陆。为了降低成本，着陆器不会携带高精度雷达和变推力发动机，着陆系统采用了防热大底、制动火箭、降落伞和气囊的组合配置。一旦着陆火星表面，着陆器利用 RTG 供电，对着陆区域进行成像，并进行气象和地震的测量。艾姆斯研究中心计划在 1998 年交付 4 个着陆器，并在 2001 年和 2003 年再各增加 8 个，总共

10 亿美元的经费成本被分摊到几乎整整 10 年。作为艾姆斯研究中心的竞争对手，兰利研究中心则建议开展名为"火星极地穿透器网络"的方案。探测器采用一个小尺寸的海盗号气动防护罩，采用直接进入的方式，并在飞掠南极地区时放置若干个继承彗星交会/小行星飞掠任务的穿透器。JPL 也正在调查使用与火星环境勘查类似的技术来部署由小型穿透器和着陆器组成的网络[225-228]。

　　JPL 在放弃了火星巡视探测和取样返回任务后，要求机器人设计团队设计出比罗比（基于火星巡视探测和取样返回任务开发的巡视探测器）更小且更高效的探测器。而在这之前的想法是必须要设计出一种更加先进的火星车，可以在火星表面运行多年，且能够行驶数百千米。唐·比克勒（Don Bickler）是一位 JPL 的机械工程师，专门针对火星车的悬架结构开展试验。他提出了一种精巧的 6 轮摇臂转向系统，在主摇臂的末端设置一个副摇臂，并使用可独立左右转动的车轮，这种系统不仅能够在任何姿态下使车轮与地面始终保持接触，而且其重量分布比罗比和俄罗斯的火星步行者火星车所采用的悬架系统更好。1989 年，一个名为岩石号的初步原型机完成了研制并通过了全面的测试。岩石号第 2 代的方案设计没有完成，但岩石号第 3 代完成了研制，并且具有更强的越障能力[229-231]。在获悉火星环境勘查方案后，JPL 研制了火星科学微型巡视器（MSM, Mars Science Microrover），质量为 7.1kg。JPL 将其命名为岩石号第 4 代，并向 NASA 推荐将其作为火星环境勘查的有效载荷之一。1991 年 10 月，在 NASA 总部举办的火星科学工作组会议上，艾姆斯研究中心计划于 1996 年发射火星表面着陆勘测器（Surface Lander Investigation of Mars, SLIM），以证实火星环境勘查着陆器（MESUR lander）的概念。火星科学工作组不仅认可了火星表面着陆勘测器，同时也敦促 NASA 将 JPL 的火星车作为有效载荷。NASA 接受了建议并且将火星环境勘查任务和火星表面着陆勘测器都转交给 JPL 完成，由此产生了火星环境勘查探路者（MESUR Pathfinder）项目。

　　NASA 在 1992 年年底向公众介绍了其低成本的发现级项目——火星环境勘查探路者，宣布其研制进展顺利，是火星探测的早期任务之一。NASA 随后又将火星环境勘查的多器探测方案改为单器方案，将任务重新命名为火星探路者（MPF, Mars Pathfinder）。

　　事实上，火星探路者任务并不符合发现级项目的标准，它不是一个首席研究员主导的任务，任务的工程目标优先于科学目标，目的是证明对于小型的着陆器和火星车，采用气囊缓冲方式着陆火星表面是可行的。火星车的成本上限为 2 500 万美元，整个探测器的研发预算为 1.71 亿美元。如果将发射和飞控运行成本也考虑在内，该任务总花费约 2.65 亿美元。虽然 JPL 在行星探测领域的地位保持领先，但火星探路者是 JPL 研制的第一个着陆器[232]。JPL 借鉴了洛克希德的"臭鼬工厂"在研制一些美国最先进军用飞机时所采用的管理模式，创建了一个高度集中的团队。团队中，经验丰富的管理人员带领年轻的工程师，并鼓励年轻人打破传统思维，团队里对创造力的限制很少，允许非正式报告，减轻了日常的官僚文书工作[233]。火星探路者作为技术演示验证，仅携带了有限的科学仪器载荷。着陆器携带一套气象传感器、一台相机和一些位于相机视场中的小磁铁。火星车计划携带一个中子光谱分析仪、一个岩石破碎器和一台用于分析岩石内部结构的光谱仪，并在远离着陆器的区域部署一个地震仪[234]。但受限于质量,JPL 只在火星车上安装了一台仪器,名为 α 粒子、质子和 X 射线谱仪,与计划安装在火星 96 上的小型着陆器上的仪器相同。该设备通过一个简单的机构与单块岩石接触并建立一个高质量的频谱。由于需要长时间通过积分建立频谱,因此这台仪器需要在火星整夜运行。

唐·比克勒于 1989 年研制的首台岩石号原型机,索杰纳号(Sojourner)及其继任者们均由它演化而来(图片来源:JPL/NASA/加州理工学院)

火星车质量为 10.6kg,长、宽、高尺寸为 65cm×48cm×30cm。车体是一个方盒子,内部装有电子设备,用尺寸合适的气凝胶隔热,同时利用同位素热源保温。摇臂及转向架悬架系统安装在车体的侧面。在探测器发射及巡航飞行时,每侧的主转向架收拢呈直线,将火星车的高度减小至 18cm,以能够放置在着陆器内部;在着陆后,一套弹簧和闩锁机构使主转向架恢复成工作状态构型,呈倒 V 形。火星车有 6 个直径为 13cm 的铝制车轮,每个轮子都有独立驱动的电机和独立转向。为改进对多种类型土壤的抓地力,将车轮的胎面设计成不锈钢,并带有防滑条。火星车主要由安装在顶板上的太阳电池阵供电,太阳电池阵的面积为 $0.2m^2$,并辅以不可充电的电池用来供电。火星车有一对立体视觉相机。为了使成本最小化,火星车没有安装专门用于图像处理的计算机,而是从主计算机直接读取 CCD 数据。主计算机的 CPU 采用 80C85,为 8085 芯片的宇航级改进版,1976 年英特尔的第一台家用计算机上就采用了 8085 芯片。这种系统架构的运行速度非常慢,需要花几十秒时间读取一幅图像,这么长的时间在地球上是不允许的,因为传感器由于长时间工作而温度升高,产生噪声而导致图像雾化。但由于火星上的温度足够低,因此时间长也是可行的。相机与 5 个激光头一起安装在车体前方的一个框架结构上。激光头发射出固定图案的激光束,投射在车前的地形上,通过测量图案的变形,软件能够检测车前方的障碍物[235]。计算机辅助远程驾驶(Computer-Aided Remote Driving)系统提供了一个执行序列,采用该系统可以通过地面引导火星车；或者，可采用一套自主行为控制模式决定到达指定地点的路线，调整火星车行驶路径，以避免意想不到的障碍。火星车的最高行驶速度为 1cm/s。火星车的安全配置包括一个倾斜仪，当车体有倾翻风险时，它就会采取干预措施。摇臂转向架能够越过 20cm 高的岩石。这是有史以来工作最为自主的行星探测器。它仅依赖一根小型杆状天线与外界通信，但只能与着陆器通信，不能直接与地球通信。火星车标称任务的持续时间定为一周，在此期间它将一直运行在着陆器附近，但假如一周后仍然能够工作，它将向着更远的距离探测。在车的后方，位于 α 粒子、质子和 X 射线谱仪的旁边，装有一个真色彩相机。火星车还携带了几台技术试验设备，包括测量车轮磨损的传感器，一个用于研究风沙尘埃黏性的太阳电池单元。在成功赢得项目竞标之后，JPL 于 1995 年宣布将火星车命名为"索杰纳"，以纪念索杰纳·特鲁斯(Sojourner Truth)，一位在美国内战中为反奴役和捍卫女权主义做出杰出贡献的代表。另外，JPL 也研制出与飞行状态完全一致的工程模型，将其命名为玛丽·居里(Marie Curie)，以纪念这位著名的法国科学家[236-237]。

着陆器由一个三角形的基座和侧板组成，在发射和飞行时呈四面体形。JPL 的创新技术之一是在着陆器高速着陆时用于缓冲的气囊系统。在 20 世纪 60 年代初，苏联在月球着陆器上就采用了气囊系统，但此次是 NASA 第一次使用。气囊安装在探测器四面体每一侧的下方。每个安全气囊由 6 个呈"台球架"形状布织物气袋组成，每个气袋长 1.8m，由 4 层高强度维克特拉(Vectran)织物(该材料的研制公司也研制航天员的太空服)制成。气体发生器(本质上就是固体火箭发动机)的快速动作对气袋进行充气。气袋充气完成后形成气囊，将着陆器完全包裹起来。当气囊展开后，着陆器长、宽、深的尺寸约为 5.3m×4.3m×4.8m。刘易斯研究中心进行了一系列的跌落测试，测试工况模拟了探测器以各种着陆初始状态和火星环境条件着陆的情况。测试表明织物材料可以承受的最大垂直着陆速度为 14m/s，最大水平着陆速度为 20m/s，可冲击的岩石高度达到 0.5m[238]。探测器四面体构型内是一个形状为截顶金字塔形的设备箱，用于容纳电子设备、电池和与火星车通信的系统——包括一个用于与火星车通信的调制解调器。在探测器外部装有一个短的低增益天线和一个小型的呈曲棍球形状的电动高增益天线。探测器的顶部是火星探路者相机，包含了焦距为 23mm、光圈为 f/10 的光学镜头和一对 256×256 像素的 CCD，每个 CCD 带有一个 12 色滤光轮。相机安装在一个相机盒上，相机盒可以在方位角和俯仰角的方向上进行旋转；相机盒安装在一根可展开桅杆的顶部，桅杆通过卷簧展开后，高度可达 1.5m。相机是着陆器最为脆弱的部分，除相机之外的其他部分都是为适应非常崎岖的地形和岩石设计的。如果着陆器着陆在非常陡峭的区域上，由于重力影响将可能导致桅杆不能正常展开，在这种情况下只能使相机处在收拢状态下开展整个探测任务[239]。火星探路者的图像下传至地面，在半小时内经处理后，合并成一个三维虚拟现实场景，可用于火星车的路径规划[240]。当着陆器的四面体展开后，其跨度为 2.75m，表面装有 2.8m² 的太阳电池阵。这是第一个在火星上利用太阳能工作的着陆器。在两个太阳电池板的端部装有鞭杆，在鞭杆的不同高度上布有热电偶，顶部装有热线风速计。此外，鞭杆上还安装了一个小风向袋，可通过相机拍摄图像进行监控。与海盗号情况相同，着陆器配备了磁铁，其位于相机的视场内,用于监视风吹起沙尘的堆积情况。在着陆器的第三个面内装载了火星车,两者唯一的接口是车轮的轮锁。一旦命令火星车离开着陆器,它将沿着由弹簧展开的盘绕金属滑轨滑动。滑轨共有两条,分别在火星车的前方和后方,以便岩石在阻塞了一个方向的出口后,火星车可以选择另一个方向离开着陆器。着陆器的任务寿命为一个月,但是大气科学家希望能够得到一个火星年的天气报告。

在地面准备期间拍摄的索杰纳号前方视图

图中显示了火星探路者气囊在地面的测试期间,其气袋呈"台球架"布局的形状

在进入火星大气期间,着陆器被一个直径2.65m、高1.5m的气动防护罩保护。为降低研发成本,气动防护罩的材料继承海盗号的研制成果。气动防护罩是海盗号的缩小版,由一个半锥角为70°的圆锥和一个球形尖头组成。防热大底采用更先进的碳-环氧复合材料结构,替代了之前的铝翼梁和桁条结构。这种复合材料结构是将厚度为1.91cm的一层烧蚀材料与加强蜂窝粘接在一起。而海盗号的材料则是用硅树脂粘合剂将软木、硅石混合物和酚醛微球颗粒粘接在一起组成的。来自海盗号的继承性限制了验证测试的手段,仅可采用计算流体力学仿真和电弧喷射测试来证明气动防护罩能够经受比从行星际巡航直接进入

火星大气时更大的热载荷。锥形背罩的结构和热要求不是很高，因此背罩复合纤维层的厚度不到防热大底所用纤维层厚度的一半。在这种情况下，烧蚀材料层的厚度仅为 0.48cm，可采用简单的喷涂方法加工。在背罩内部装有一个转接盘，作为着陆器的附件和连接接口。只有气动防护罩的转接盘是由 JPL 制造，其他都是由马丁·玛丽埃塔公司制造的。在防热大底上不同深度的驻点(即尖头，承受最大热载荷的位置)处布置有 6 个热电偶，测量在大底中部和边缘处的加热量[241]。此外，此处布置了一组加速度计，测量的数据可以推断出火星大气的压力、温度和密度分布。其他加速度计将布置在降落伞开伞系统附近。

　　背罩的顶点处与直径为 2.65m 的盘状巡航级连接，巡航级的另一侧是太阳电池阵。巡航级采用自旋稳定控制，携带了 94kg 肼推进剂用于探测器轨道控制。巡航级没有携带科学载荷，因此在飞行阶段没有获得科学数据，这是历史上仅有的一次。在接近火星时，巡航级释放着陆器。在进入火星大气阶段，最初的减速任务由防热大底承担，但在几分钟后，仍处于超声速飞行时，降落伞将打开，以稳定探测器并进一步减速。接着探测器抛去防热大底，从背罩中拉出一根 20m 长的绳索将着陆器展开，同时着陆器的气囊膨胀。当雷达高度计侦测到探测器距火星表面 80m 时，背罩上的 3 枚固体火箭点火 2.2 秒，使着陆器在距火星表面高度约 13m 处停下来，之后与着陆器连接的绳索被切断，火箭带着背罩和绳索飞离，确保远离着陆区域。随后着陆器将做自由落体运动，然后经历一系列速度递减的反弹过程，运动距离达到数百米。在下降期间，使用仅通过一根全向天线发出载波信号的多普勒效应测量减速过程，由深空网系统完成天线信号监控。在着陆器运动停止后，将发送一个"旗语"信号以表明它还活着。然而这种方法仅当着陆器的天线正好指向上方(天空)时才有效。着陆器运动停止后，气囊完成放气，通过电机驱动线轴收回气囊织物。接着，着陆器通过另外 3 个电机驱动使四面体的 3 个活动面板展开，即使着陆器在停止时恰好倒向一侧，电机也有足够的力量能够打开活动面板，将着陆器翻转并摆正[242]。对于 JPL 团队来说，着陆过程是紧张的，因为他们虽然能够从多普勒信号推断出着陆器已经到达火星表面，但仍需要等待若干分钟才能收到着陆器存活的确认信号。

　　海盗号通过轨道器在释放着陆器之前对着陆点进行预先调查。与海盗号不同，火星探路者的着陆点在发射前便已确定，而后探测器在行星际巡航的过程中通过精确修正轨道以瞄准着陆点。气囊着陆系统较海盗号的着陆系统更适应崎岖的地形，因此着陆约束条件更少。但由于着陆器采用太阳能供电，在 1997 年 7 月探测器到达火星表面时，着陆区域应有光照，因此着陆点必须接近 15°N。1994 年，美国召开了一个行星科学家研讨会，对 20 多个候选着陆点的名单进行了审查。他们在阿瑞斯谷(Ares Vallis)选择了一个 100km×200km 范围的椭圆，这个区域距离海盗 1 号的原计划着陆点不是很远，当时认为此着陆点地形太过崎岖，故而放弃，海盗 1 号实际的着陆点偏离了原计划着陆点 850km。海盗号拍摄的 50m 分辨率图像表明，着陆点似乎是一个洪泛区域①，位于主要流出通道的出口位置。雷达和热惯量数据表明，阿瑞斯谷的地形比火星表面 90% 的区域都要陡峭。这个地区

---

　　① 洪泛区域：易受洪水淹没的区域。——译者注

吸引科学家的主要原因在于，区域中的岩石可能来自其南部的高地——一个面积占火星表面面积的三分之二，但之前没有进行过采样分析的区域。冲积地形上的撞击坑表明，在超过20亿年前可能发生过洪水。洪水的持续时间和体积是未知的，但科学家期望探测器通过就位探测，特别是勘查岩石的分布和受侵蚀的状态，能够解开20亿年前的谜团[243-244]。但不是所有人都对这个任务满意。在一个更新的关于火星探测的报告中，美国国家研究委员会对该任务进行了批评，指出探测器设计构架的主要缺点是缺少一台降落相机，以及火星车的移动性能有限。但是这个评估似乎完全没有意识到该任务其实只是一个技术验证任务[245]。

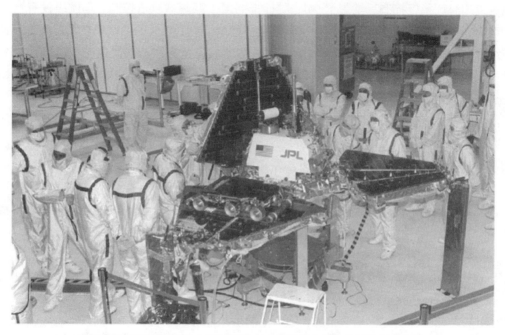

索杰纳号即将被密封在火星探路者内。着陆器上的白色圆柱是摄像头

　　着陆器(包含气囊和火星车)的总质量为360kg。气囊、充气系统和固体火箭的质量为104kg。探测器发射的总质量为896kg，除去着陆器、充气系统和固体火箭外，还包括巡航级和气动防护罩。气动防护罩的防热大底质量为64.4kg，背罩和降落伞系统的质量为56.9kg。

　　火星探路者的主要部件通过货车运至卡纳维拉尔角发射场，到达时间比火星全球勘测者早一天。索杰纳号通过空运在稍晚几周后到达发射场。和大多数发现级任务一样，火星探路者由德尔它2号运载火箭发射，火箭配备了额外的一级用于逃逸机动。发射窗口从1996年12月2日至12月31日。第一天的发射计划由于天气不适宜而取消。第二天由于一个地面故障原因，导致发射在倒计时1分钟时取消。最终火星探路者于12月4日成功发射，进入了0.95AU×1.60AU的地火转移轨道，可先于火星全球勘测者两个月到达火星。除了因一小块掉落的隔热材料遮挡了太阳敏感器的视场，而导致最初不能确定探测器的旋

火星探路者的巡航级和气动防护罩即将与运载火箭上面级对接。图中显示出了分离弹簧的位置

转轴方向外，火星探路者一直处于良好的状态。12 月 17 日，火星车收到了自进入巡航阶段以来的首次健康检查指令。火星探路者于 1997 年 1 月 9 日、2 月 3 日、5 月 6 日和 6 月 25 日分别进行了着陆点目标修正。与此同时，哈勃空间望远镜通过监测火星大气状态来支持探测任务。在火星探路者到达火星前一个星期，哈勃空间望远镜在火星水手谷区域发现了一个小型的尘暴，但由于尘暴在阿瑞斯谷往南 1 000km 的地方，因此预计它不会对着陆器的下降过程产生影响。

巡航级在到达火星 30 分钟前与着陆器分离。从此刻开始，着陆器就不再有改变飞行轨迹的能力，既不能改变旋转速度，也不能改变攻角。指定距火星中心 3 522.2km 处为进入火星大气界面的高度。火星探路者以 7.26km/s 的相对速度进入火星大气层。约 78 秒后，距火星表面高度 33km 处，探测器的减速载荷达到 15.9g 的峰值。距火星表面高度 9km 处，气动减速力使探测器的飞行速度降至 $Ma = 1.8$，此时降落伞展开。20 秒后，距火星表面高度 7.6km 处，探测器将防热大底丢弃。再过大约 20 秒，绳索牵引着陆器从背罩向下释放，同时气囊充气。高度计捕获锁定在距火星表面高度 1 591m 处，这比预期的高度要高一点。通过后期对在轨数据进行分析，表明当火箭点火时，着陆器距火星表面 88m，这明显高于之前预测的高度。最可能的原因是降落伞的拖拽模型建立得不够准确，因此导致大多数随后的事件发生在计划之外的高度上。绳索在距火星表面 21m 的高度被切断。4 秒后，火星探路者以 18m/s 的速度、16g 的载荷撞击地面，而后反弹至 15m 的高度。

在接下来的 2 分 30 秒，加速度计记录了不少于 14 次的幅度逐渐递减的反弹过程。尽管气囊经受的动态载荷高于预期，但仍保持完整没有破损。加速度计在进入大气层 6 分钟后关闭，但火星探路者很可能持续反弹了几分钟，并在反弹过程中移动了约 1km，然后滚动并缓慢上升，在 UTC 时间 7 月 4 日 16 时 56 分 55 秒停在了 19.28°N，33.52°W 的位置，与目标着陆点仅相差 19km。这个位置是由跟踪数据重建而得到的，与后来通过地标识别的位置略有不同[246-249]。马德里深空网地面站收到的存活信号表明火星探路者已经停在了它的基地。这是第 3 个在火星上成功着陆并生存下来的探测器。在收回气囊、展开活动面板、露出其太阳电池片后，着陆器断电等待日出。

探测器在着陆之后利用低增益天线建立了约 4 小时的稳定通信时间。在工程状态检查完成之后，探测器回放了进入和下降阶段存储的数据。火星探路者首次提供了火星的夜间大气数据，结果是既有趣又有争议的。特别是在距火星表面 60km 以上的高度，测量的温度数据比海盗 1 号要低得多，尽管将两者相比并不合适，因为海盗 1 号是在下午晚些时候才进入火星大气层的。与之前相反，测量距火星表面 60km 以下高度处的温度较海盗 1 号的测量结果高 20℃。这种矛盾的观察结果表明，低层的火星大气已经冷却多年。除了一个埋置在防热大底内的热电偶因故障而未获得数据外，所有热电偶都获得了数据，但不幸的是这个故障的热电偶正好位于表面峰值的驻点位置。热电偶的测量结果与预期保持一致，更为重要的是测量结果确认了防热大底设计的健壮性，可用于未来的着陆器设计[250-252]。在对火星探路者的健康状况进行评估之后，相机随即被解锁。一旦相机在天空中确定了太阳的位置，结合当地时间，就能够计算出地球在天空中的位置，并将着陆器高增益天线瞄准地球。遥测结果表明，着陆器在火星表面的姿态几乎水平，仅倾斜了 2°。讽刺的是，这使一些科学家感到了挫败，因为这增大了着陆区域平坦而无趣的可能性！传回的前几幅图像展示出地形的细节，在视野内揭示了大量形状、大小和纹理不同的岩石。此外，虽然邻近探测器的区域相当平坦，但在几米远处有连绵的山脊，在地平线上有两座山峰，一个是圆锥形山峰，另一个是平顶山峰。人们立刻将这两座山峰命名为"双子峰"，尽管其高度都不超过 50m。从这些早期图像发现的唯一问题是，气囊的一部分阻碍了火星车坡道的展开。为此人们进行了一次机构运动的模拟演练，将活动面板部分抬起，然后通过控制线轴电机进一步将织物卷绕收回。

火星探路者的着陆区域是目前火星探测器已造访过的最为崎岖多样的区域。在西面，双子峰的侧面显示出明显的沉积物、沟渠和洪水蚀刻台地的痕迹。在南面，是一片低耸的地区，可能是一个中等大小的撞击坑的边缘，它的喷出物可能与洪水过后留下的岩石和碎屑相混合。考虑到周围有丰富的地形作为参考，最初在海盗号拍摄的图像以及后来在火星轨道器拍摄的高分辨率图像都较容易地确定该着陆点。火星探路者落点距离双子峰北峰，即较平坦的那一座峰 860m，而与另一座峰相距 1km。着陆点向南 2km 多是一个"大撞击坑"，直径 1.5km。透过薄雾也能瞥见几座微微隆起的小山峰，距离最远的山峰约 40km。在着陆器附近的岩石和卵石通常倾斜或对准东北方向，对整个地区的总体印象就像洪水过后的残骸。着陆器附近有小沙丘区域，大部分岩石都被沙子和尘埃层覆盖。岩石表现出各种各样的纹理和形状，从圆形的到有尖锐棱角的。一些岩石显示出风侵蚀过的痕迹，之前在火星上从未发现过，且风侵蚀过的痕迹的方向是一致的。大量的鹅卵石被打磨得圆滑，成因或是洪水、海浪在岸边的击打，或是由于冰川的运动，或岩浆、冲击熔体凝固。天空的景象让人惊讶，因为从海盗号着陆开始多年来一直没有大的沙尘暴，因此原本预计天空会是淡蓝色的，但实际是粉红色的，尘埃必须在火星大气中常年存在才能产生这种景象。气囊在火星表面的摩擦使火星的次表层土壤显现出来，比表层的颜色更深。在全景图像中看到了类似的斑块，其中一些可能是由于着陆器的反弹而形成的。工程师和科学家开始给岩石命名，灵感来自岩石的外观或虚构人物——特别是卡通人物。最终新闻发布会（以及随后的科学论文）发布的岩石名称为由吉（Yogi）、莫伊（Moe）、史努比（Scooby Doo）、库奇（Couch）、骰子（the Dices）、姜饼人（Ginger），甚至黑武士（Darth Vader）。相比之下，火星探路者的着陆器被命名为卡尔·萨根纪念站，以纪念去世的行星学家及科普作家卡尔·萨根[253-257]。

火星探路者着陆后不久拍摄的图像。双子峰在地平线上，索杰纳号火星车仍在其中一个活动面板上，处于未展开的状态。注意到右侧的气囊阻碍了其中一个卷起的坡道的展开（图片来源：JPL/NASA/加州理工学院）

在第一个火星日，探测器所面临的主要问题是火星探路者和索杰纳号在交换了几个损坏的数据帧后，彼此的通信就完全停止了。但探测器在随后便自行解决了问题，索杰纳号最终在第二个火星日"站起来"，这比原计划推迟了一天。随后通信又出现了问题，原因是着陆器和火星车的无线电系统都使用了一种商用改进版的通信系统，各自工作在不同的温度下，导致它们的无线电频率发生了不同程度的漂移，通信互相受阻。事实上，无线电系统配备了小型电加热器，最终通过加热器控温解决了频率漂移的问题。与此同时，出口坡道已经完成了展开。前侧坡道在展开后悬在了空中，而后侧坡道的展开区域是一块没有岩石的平坦区域，并且在不远处就是一块可接近探测的岩石，其表面斑驳，被命名为伯纳寇·比尔（Barnacle Bill）。通过着陆器相机，可以观察到索杰纳号沿着坡道慢慢向下移动，当 6 个轮子都触及火星表面的尘土后便停了下来。从第一辆自主月球车至此，已经过去了 27 年，距第一个火星步行者探测器[258]着陆失败仅过去了不到一年时间。索杰纳号做的第一件事是将它的光谱仪放在火星表面，在火星整晚收集数据，用于确定土壤的化学性质。在完成了初步的全景拍摄且索杰纳号安全移动至火星表面后，火星探路者释放了相机悬臂，由初始的盘绕状态迅速完成展开上升至指定高度。当天晚上，相机就被用以定位火卫二。由于火卫二在黑暗中反射了太阳光，因此它在相机视场中呈现为两个像素大小的光点。

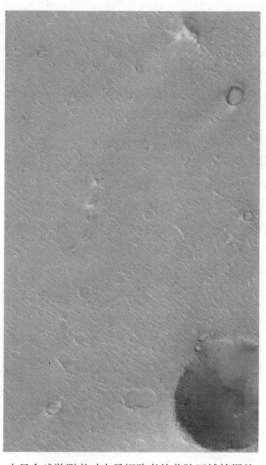

火星全球勘测者对火星探路者的着陆区域拍摄的图像。探测器着陆在接近图像中心的区域。图中中心偏左位置的两个微微隆起的山峰就是双子峰。大撞击坑在图片的底部，北面山峰在图片的上部（图片来源：NASA/JPL/MSSS）

在第三个火星日，索杰纳号到达了第一个岩石探测目标，即伯纳寇·比尔岩石。但在此之前，火星车就已开始了探测活动，即锁定 5 个轮子，利用第 6 个轮子的原地转动刮削土壤。火星探路者对刮削后的土壤进行了成像。在该项工作完成后，火星车假定它处在"碰撞"位置然后进行了倒车，首次尝试就成功将光谱仪与伯纳寇·比尔岩石完成接触。在此探测位置，索杰纳号拍摄了探路者的第一张照片，但由于视角过低，气囊遮挡了着陆器的结构。对伯纳寇·比尔岩石的分析是第一次对火星岩石的就地分析——海盗号只分析了沙子和泥土——分析结果令人惊喜。伯纳寇·比尔岩石中的硅含量很高，这就证明了有石英的存在，表明该岩石与陆地安山岩的成分相似[259-262]。然而值得注意的是，被分析的样品是被风化过的岩石"外皮"，并不是典型的岩石内部结构。第二个探测的目标是一块大的圆形岩石，被命名为"由吉"，它有着有趣的双色外观。因为光谱仪安装在火星车的后方，没有导航传感器，当索杰纳号于第 6 个火星日接近这块岩石时，与岩石发生了碰撞。发生这种问题的后果并不严重，需要做的就是发送指令使火星车驶离，调整方向并重新尝试接近岩石。不幸的是，由于一系列的故障，4 个火星日后仪器才放置在岩石上——导致计划推迟了 1 个星期的时间，任务进度严重滞后。索杰纳号完成了"由吉"岩石的探测后，前往探测"史努比"，它是一块白色的岩石。火星车在去往一块被命名为"圆白菜地"（Cabbage Patch）的沙地区域途中进行了短暂停留。在这次移动中火星车首次采用自动导航系统。接着，火星车分析了岩石名为"羔羊"（Lamb）附近的土壤。与此同时，着陆器对着陆区域进行全景成像，通过拍照记录了火星车在每天结束时所处的位置，以及定期监测风向袋和尘埃磁铁，协助火星车团队进行车辆导航控制。着陆器在监测火星车探测进展的过程中，其拍摄的图像显示出了许多含有亮粉红色材料的小块区域，这些区域由于火星车车轮的作用而裸露出来，但没有受到车轮防滑条的影响。在对由吉岩石附近的"蛋奶酥"（Souffle）岩石完成检查后，工程师们决定让火星车围绕火星探路者进行顺时针移动，沿着唯一安全的路径进入一个有趣的岩石群，其被命名为"岩石花园"（Rock Garden）。

索杰纳号驶离火星探路者时拍摄的着陆器坡道的状态。着陆器的大部分结构都被缩回的气囊覆盖（图片来源：JPL/NASA/加州理工学院）

从索杰纳号的视角看由吉岩石，戏剧性地表现出了火星车相机的低视角（图片来源：JPL/NASA/加州理工学院）

在第 38 个火星日,索杰纳号进入了扩展任务阶段,到达了"岩石花园"的入口处,开始对"楔形石块"(因其形状是楔形而得名)进行检查,这是第三块由光谱仪进行研究的岩石。当火星车尝试进入"岩石花园"时,由于一个导航敏感器发生了漂移错误,使火星车爬上了"楔形石块",触发了车上的倾斜传感器而导致此次探测行动取消。为解决困境,控制团队决定关闭倾斜保护逻辑功能。在接下来的 20 个火星日中,火星车依次对"鲨鱼"(Shark)、"莫伊"(Moe)和"半圆顶"(Half Dome)开展了分析。在第 58 个火星日,火星车电池的电量耗尽,在此之后只能在白天获取光谱仪的探测数据。在第 76 个火星日,火星车仍在"岩石花园",它观察了在岩石群之外谷地中的一块小型的沙丘区域,这片区域在探路者相机的视场之外[263]。

火星车在几个火星日的黄昏和黎明时拍摄了火星天空的图像。通过将这些图像与哈勃空间望远镜的观测数据结合分析,可以评估火星大气的灰尘量和雾度;通过分析太阳电池板每天输出电能的下降速度,可以测量电池板表面灰尘的积聚程度。某些时候,在天空可以看见蓝色的水冰云;对太阳光某些特殊波长的观测结果表明,火星大气中含有丰富的水。在火星车磁体尘埃的成分中,似乎至少含有在潮湿环境中才能形成的铁的氧化物。距火星表面 0.65m、0.9m 和 1.4m 的热电偶记录了下午的最高温度可达-10℃,黎明的最低温度可达-76℃。观测数据还提供了一个有趣的结果:火星表面白天温度比大气高,夜间温度比大气低。而在白天,1.4m 处的测量温度比 0.65m 处低 15℃,在夜间结果与之相反。温差导致形成了吸起尘埃的小旋涡,而这些旋涡形成了一种机制,将尘埃持续地填入火星大气中。在第一个月期间,探路者的风速计和气压计记录了掠过探测器旋涡的其中 4 个。由于处在北半球的夏末,探路者(同海盗号类似)的记录数据表明大气压力不断降低,这是因为火星南极区域从大气中吸取了二氧化碳。

到第 58 个火星日为止,索杰纳号已经利用车轮完成了对土壤、沙丘和表面壳层共 12 次的磨损和刮擦测试,它的光谱仪完成了对 6 处土壤和 5 块岩石的分析。分析结果表明,土壤的化学性质与两个海盗号探测器的分析结果相似,这进一步表明,可能是沙尘暴促使火星全球呈现物质均匀化的状态。一些岩石可能是撞击角砾岩——由小型角状碎片在细颗粒粉状岩石基质中胶结而成。其他岩石则具有层状的外观,表明其可能是在稳定的水体中沉积而成的。伯纳寇·比尔岩石富含硅和钾,如果这种岩石在高地区域普遍存在,将难以与熟知的行星早期地质历史相符。总的来说,火星探路者和索杰纳号提供了强有力的线索,表明火星气候可能曾经是温暖和潮湿的,并且在很长时期内是稳定的。

通过对火星表面着陆器的无线电进行跟踪,获得了其他结果。特别是通过将海盗号和探路者的数据相结合,可以估算出火星自转轴的角度。数据表明,火星自转轴在 21 年的时间内发生了进动,并首次测量出火星的转动惯量。因为转动惯量取决于火星内部构成,测量结果表明火星有一个金属内核[264-273]。

在索杰纳号完成了"岩石花园"的探测之后,任务团队计划对它进行一次测试,通过完成一次真正的横越来评估火星车的能力,为下一代火星车的研制提供帮助。然而探路者的状况不佳,它的电池已不能正常充电,意味着它很快就会停止夜间探测任务。在第 85 个

在第 8 个火星日索杰纳号拍摄了这张照片，图中显示了障碍检测激光条纹之一（图片来源：
JPL／NASA／加州理工学院）

火星探路者着陆点的全景图像。索杰纳号位于由吉岩石的旁边（图片来源：JPL／NASA／加州理工学院）

火星日（9 月 28 日）的上午，探路者与地面失去了联系，人们相信这是因为电池在夜间耗
尽了电量，导致器上的时钟停止。尽管与探路者在日出时探路者能够恢复，但它已经不再
知道时间，这意味着它不能计算出地球在天空中的位置，也就不能成功将高增益天线指向
地球。10 月 1 日地面重新与探路者短暂地建立了联系，10 月 7 日又进行了一次，但都没
有传回数据。夜晚没有了电能的维持，探路者会逐渐变得更冷，直到电子设备在日出时不
再恢复。1998 年 3 月 10 日，地面放弃了向探路者发送"唤醒"命令的尝试。就在探路者发
生故障的几天前，地面向索杰纳号上传了一个紧急程序。如果索杰纳号在穿越过程中发现
自己与探路者失去联系的时间达到 5 天，它将返回着陆器。另一方面，该程序在探路者的
周围定义了一个"避让区"，以排除火星车与着陆器碰撞的可能。这两个相互矛盾的指

令——一个是返回着陆器,另一个是在着陆器周围移动——旨在确保火星车是以绕着陆器转圈移动而结束其使命,除非它遇到了无法逾越的障碍,或者它也发生了故障[274]。

　　探路者总共传回了 300Mbit 的数据,其中包括了 16 661 张着陆器拍摄的图像和 550 张火星车拍摄的图像,15 次化学分析数据和大量的气象数据。尽管与探路者失去了联系,最后一张全景图像数据只传回了 83%,但探路者拍摄的 5 张全景图像较之前图像的空间和光谱分辨率都要高。最棒的景象是一对在西南和东南部出现的亮点,最初认为是防热罩和背罩,推断在着陆下降时是西南风向。随后火星轨道器对着陆点进行了更高分辨率的成像——最近的一次是在 2006 年 12 月由火星勘测轨道器完成的。这些图像揭示了探路者的小细节,例如气囊、大部分索杰纳号曾分析过的岩石以及疑似火星车本体的物体,火星车在探路者南边距离 6m 处,比火星车失去联系时的距离稍稍近一点。图像中没有发现车轮痕迹,很可能是因为风的侵蚀作用而消失不见。尽管从着陆器的视角看背罩和降落伞都在山脊之外,但仍清晰可见。在探路者拍摄的图像中,原先被误认为是背罩的物体,实际上是一块表面有镀铝膜的气囊隔热毯,这可能是着陆后第一次反弹的地点。防热罩在约 1km 之外,由于着陆的冲击,其至少碎成了 3 块[275-276]。

在第 76 个火星日,索杰纳号拍摄的"岩石花园"之外的沙丘景观,这片沙丘在着陆器的视线范围之外

　　探路者寿命已经超过其预期寿命的三分之一。索杰纳号的运行时长已经是原先保守估计值的 12 倍。实际上,火星车寿命大大超过了着陆器。尽管索杰纳号与着陆器的距离从未超过 12m,但它行驶了 100m 的距离。虽然这是第二个发射的发现级任务,但它是第一个获得成果的任务,表明"更快、更省、更好"的战略方针确实是有效的。火星探路者也是互联网时代的里程碑。7 月 8 日,当火星车刚开始执行探测任务时,任务的网站创纪录地获得了 4 600 万次的访问量。

7.8　世界范围内的火星探测

　　在 20 世纪 90 年代初期,美国并不是唯一研究"火星科学站网络"建设可行性的国家。同时期,ESA 也正在开展"火星网络"(MARSNET)项目研究,通过这一中等规模的项目,参与红色星球的探索。在开普勒轨道器计划搁置后,ESA 的设想是发射 3~4 个小型探测器着陆到火星表面，并在 1992 年公布工业研究合同。火星网络计划将配合火星环境勘查、火星 94 和火星 96 任务，完成火星国际网络的建立，该网络包含约 20 个火星表面站。火星网络着陆器的主要载荷是地震仪，同时也携带了全景相机、下降相机、大气和气象仪器，以及一套地质化学试验设备等其他载荷，这些载荷由火星车携带，可在火星表面展开，并在岩石间移动开展探测，火星车采用了苏联 1971 年制造的 PrOP-M 火星步行者的升级版本。着陆器可单独飞行，或由水手马克 II 级探测器携带多个一起飞行，可在塔尔西斯地区建立地震测量网络。测量网络的一种建设方案是将测量站分布在潭蓓谷高地（Tempe Terra）、堪德峡谷和代达利亚平原三个区域，站间的平均距离为 3 500km；另一种方案是将 3 个着陆器以等边三角形的形式布置在火星表面，第四个着陆器布置在火星的另一半球，可提高勘查行星内核的能力。另外，ESA 也开展了穿透器与着陆器联合探测方案的研究，并于 20 世纪 90 年代在实验室内进行了广泛的测试。火星网络原计划在 2001 年或 2003 年由德尔它运载火箭发射升空[277-279]。

日本航天局也开展了火星探测任务的研究，将研究的重点放在了大型火星车上。从 1988 年开始，日本宇宙开发事业集团审查了 5 个可能的任务，包括一个轨道器、一次火星卫星的取样返回任务、一个与火星环境勘查类似的着陆器、一部大型火星车和一次行星取样返回任务。任务的要求之一是探测器必须与日本接下来研制的 H-II 运载火箭兼容匹配。日本宇宙开发事业集团将研究兴趣集中在火星车的研制上，计划研制的火星车质量 435kg，能够在 3 年内行驶 1 600km。日本宇宙开发事业集团制定了 3 条任务探测路线，第一条路线通过赛东尼亚区域的平顶山，第二条路线沿着水手谷，第三条路线始于马格瑞提夫湾（Margaritifer Sinus），止于子午湾。与此同时，日本宇宙科学研究所的工程师们正在研制一种钻头，可安装在火星车上，穿透火星 1.5m 的表层[280-281]。

为了协调火星探测的计划，1993 年 5 月，全球主要的空间探测机构参加了在德国威斯巴登（Wiesbaden）举行的大会。为制定一个共同的战略，大会成立了国际火星探测工作组，并强烈建议在未来下一步的探测任务中，建立一个与火星网络类似的科学探测网络。ESA 将火星网络计划更名为火星表面国际站点任务，成为更广泛的国际合作项目。NASA 为开展"发现级任务"，推进一系列低成本任务的研究进程；欧洲则不同，其战略是计划开展若干个造价昂贵的"旗舰任务"，并增加几个中等规模的任务作为补充。尽管中等规模任务较旗舰任务的造价便宜很多，但仍然接近"发现级任务"造价上限的两倍。1992 年，ESA 开展了中等规模任务的招标工作，火星表面国际站点任务计划就此浮出水面。该方案要求探测器的大体规模应与罗赛塔彗星探测轨道器类似，携带 40kg 的着陆器，总质量为 2 500kg，计划于 2003 年由阿里安 5 号运载火箭发射。着陆器的有效载荷配置与"火星 94"的小型科研站类似，每个着陆器配备下降相机、全景相机、小型气象套件、地震仪、磁强计和 α 粒子、质子和 X 射线谱仪。所有设备在火星表面持续工作 1 个火星年，另外在火星大气进入和下降期间也采集科学数据[282]。不幸的是，ESA 没有批准火星表面国际站点任务方案。在火星勘测者项目的背景下，该方案再次复活，成为与美国合作的联合探测项目。这一次的方案使用了一个较原方案更为简单的轨道器并携带 3 个着陆器，与 NASA 正在开发的方案相似，计划将3个着陆器分别送至古谢夫撞击坑、乌若尼斯高原(Uranius Patera)和库博瑞特(Coprates)高地，但由于种种原因，方案再次没有获得批准[283]。

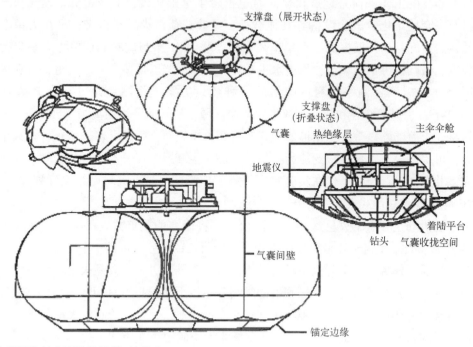

火星网络的半刚性着陆器(转载自 Doengi, F., et al., "*Lander Shock-Alleviation Techniques*", ESA Bulletin, 93, 1998, 51~60)

7.9　同时期的美国

美国对深空探测充满了热情。火星勘测者和发现级计划以"更快、更省、更好"的宗旨，开创了深空探测的良好局面。美国的未来任务也进展良好，未来任务将包括一个火星轨道器和一个火星着陆器。最终，过了不到20年，行星探测似乎进入了第二个黄金时代。

参考文献

1　Flight-1990

2　Bevilacqua-1994

3　Gianvanni-1990

4　Goy-1990

5　Avanesov-1991

6　Avanesov-1989b

7　Luttmann-1992

8　Volare-1989

9　Westwick-2007o

10　McCurdy-2005b

11　Krimigis-1995

12　Surkov-1993

13　NASA-1993c

14　Carroll-1993a

15　Furniss-1993

16　Spudis-1994

17　Nelson-1995

18　Nelson-1997

19　Carroll-1995

20　Divsalar-1995

21　Killeen-1995

22　NASA-1995

23　Goldman-1994

24　Ulivi-2004

25　Chapman-1995

26　Ostro-1996

27　Westwick-2007p

28　Lenorovitz-1993

29　Lenorovitz-1994

30　Robertson-1994

31　Scott-1996a

32　Boain-1993

33　Butrica-1996f

34　Duxbury-1997

35　Hudson-2000

36　Jaroff-1997

37　Freese-2000

38　参见第一卷第 24~25 页关于"爱神星的发现"的介绍

39　McCurdy-2005c

40　Veverka-1997a

41　Farquhar-1995

42　Santo-1995

43　McCurdy-2005d

44　Bokulic-1997

45　Veverka-1997a

46　Veverka-1997b

47　Yeomans-1997

48　Rust-2005

49　Izenberg-1998

50　Antreasian-1998

51　Li-2002

52　Dunham-2000

53　Yeomans-1999

54　Veverka-1999

55　APL-1999

56　Dunham-2000

57　Yeomans-2000

58　Veverka-2000

59　Zuber-2000a

60　Trombka-2000

61　Veverka-2001a

62　Cheng-2001

63　Robinson-2001

64　Cheng-2002

65　Nelson-2001

66　Veverka-2001b

67　Kelly Beatty-2001

68　Asker-2001a

69　Asker-2001b

70　McCurdy-2005e

71　Evans-2001

72　Binzel-1990

73　参见第一卷第 275~276 页关于"旅行者 1 号的轨道"的介绍

74　Stern-2007

75　Sobel-1993

76　Westwick-2007p

77　Staehle-1994

78　Stern-2007

79　Bojor-1996

80　Weinstein-1993

81　Stern-1993

82　NASA-1994

83　Stern-2007

84　Stern-1998

85　Weissman-1999

86　Staehle-1999

87　Woerner-1998

88　Smith-1994

89　Furniss-1997

90　Malin-1991

91　Malin-2001a

92　Smith-1998

93　Christensen-1998

94　Acuña-1998

95　Cunningham-1996

96　Palluconi-1997

97　Albee-2001

98　Lee-1996

99　Sawyer-2006a

100　参见第一卷第 213~216 页关于"火星陨石"的介绍

101　Sawyer-2006b

102　McKay-1996

103　Kelly Beatty-1996b

104　Thomas-Keprta-2002

105　Treiman-1999

106　Anselmo-1996a

107　Anselmo-1996b

108　Rogers-1996

109　Sawyer-2006c

110　Scott-1996b

111　Covault-1996a

112　Malin-2001a

113　Smith-1997a

114　Wilmoth-1999

115　Johnston-1998

116　Albee-1998

117　Malin-1998

118　Christensen-1998

119　Parker-1998

120　Smith-1998

121　Keating-1998

122　Baird-2007

123　Crowley-2007

124　Tolson-1999

125　Acuña-1998

126　Lyons-1999

127　ST-1998

128　Morabito-2000

129　Malin-1999

130　Zuber-1998

131　Acuña-1999

132　Connerney-1999

133　Esposito-1999

134　Smith-1999a

135　Caplinger-2001

136　Malin-2000a

137　Tytell-2001a

138　Malin-2003

139　Rossman-2002

140　Malin-2000b

141　Tytell-2000

142　Tytell-2001b

143　ST-2000b

144　Tytell-2004

145　Parker-1989

146　Parker-1993

147　Malin-2001a

148　Kelly Beatty-1999

149　Head-1999

150　Tytell-2001c

151　Bandfield-2000

152　Christensen-2001

153　Bandfield-2003

154　Brain-2006

155　Mendillo-2006

156　Smith-1999b

157　Smith-1999c

158　Zuber-2000b

159　Yoder-2003

160　Dehant-2003

161　参见第一卷第 230~231 页关于"海盗号双站雷达接收"的介绍

162　Simpson-2000

163　Simpson-2002

164　Cantor-2007

165　Tytell-2001d

166　Edwards-2004

167　Dornheim-2005

168　Christou-2007

169　Brain-2006

170　Iorio-2007

171　Krogh-2007

172　Smith-2001

173　Malin-2001b

174　Paige-2001

175　Malin-2006

176　Naeye-2007

177　Chaikin-2007

178　Covault-2006

179　参见第一卷第 232~233 页关于"海盗 1 号内存位置错误"的介绍

180　NASA-2007

181　Kemurdjian-1992

182　Eremenko-1993

183　VNIITransmash-1999

184　Bogatchev-2000

185　Carroll-1993b

186　McDonnell Douglas-1995

187　Caprara-1992

188　Lenorovitz-1987a

189　AWST-1988c

190　Vorontsov-1989

191　AWST-1988d

192　Lenorovitz-1987b

193　Lusignan-1991

194　AWST-1988d

195　Flight-1989c

196　Burnham-1996

197　Harvey-2007c

198　Friedman-1993

199　VNIITransmash-1999

200　Flight-1989d

201　Spaceflight-1992h

202　Neukum-1996

203　Flight-1991

204　MSSS-1996

205　Lande-1995

206　Flight-1992b

207　Lomberg-1996

208　Galeev-1995

209　Debus-2002

210　Eremenko-1993

211　Laplace-1993

212　Carroll-1993b

213　Carlier-1995

214　Galeev-1995

215　Burnham-1996

216　Surkov-1997f

217　MSSS-1996

218　AWST-1996

219　Oberg-1999

220　Furniss-1996

221　Covault-1996b

222　Flight-1997

223　Harvey-2007c

224　Clark-2000

225　Hubbard-1992

226　Mishkin-2003c

227　Willcockson-1999

228　Burke-1990

229　Bickler-1993

230　Bickler-1989

231　Mishkin-2003d

232　Mishkin-2003e

233　Westwick-2007r

234　Mishkin-2003f

235　Mishkin-2003g

236　Mishkin-2003h

237　NASA-1997

238　Cadogan-1998

239　Mishkin-2003i

240　Becker-2005

241　Willcockson-1999

242　NASA-1997

243　Golombek-1997

244　Bell-1998

245　Asker-1996

246　Spencer-1999b

247　Golombek-1997

248　Schofield-1997

249　Spencer-1998

250　Schofield-1997

251　Kahn-1997

252　Willcockson-1999

253　Golombek-1997

254　Smith-1997b

255　Golombek-1998

256　Collins Petersen-1997

257　Stooke-2000

258　参见第一卷第 116~118 页关于"火星越野性能评估仪"的介绍

259　Golombek-1997

260　Golombek-1998

261 Collins Petersen-1997

262 Rieder-1997

263 Mishkin-2003j

264 Golombek-1997

265 Smith-1997b

266 Golombek-1998

267 Schofield-1997

268 Rover Team-1997

269 Rieder-1997

270 Folkner-1997b

271 Hviid-1997

272 Goldman-1997

273 Bell-1998

274 Mishkin-2003k

275 Parker-2007a

276 Parker-2007b

277 Chicarro-1993

278 Scoon-1993

279 Doengi-1998

280 Maeda-1993

281 Kawashima-1993

282 Chicarro-1994

283 Surkov-1997g

术　语　表

简　称	全　称	中　文
ADU	Avtonomnaya Dvigatel'naya Ustanovka (Autonomous Engine Unit)	自主发动机单元
Aerobraking	A maneuver where a spacecraft's orbit is changed by reducing its energy by repeated passages through a planet's upper atmosphere.	气动减速：飞行器通过重复穿过行星上层大气以降低动能，改变航天器运行轨道的机动方式
Aerocapture	A maneuver where a spacecraft enters into orbit around a planet by slowing it down by a passage through the upper levels of a planet's atmosphere.	气动捕获：飞行器通过穿过行星上层大气进行减速，从而进入环绕行星轨道的机动方式
Aerogel	A silicon-based foam in which the liquid component of a gel has been replaced with gas or, for use in space, effectively with vacuum, to produce a solid with a very low density.	气凝胶：一种硅基泡沫，其中的液体组分被气体替代，或者形成有效的空间，生成的固体具有极低的密度
AGORA	Asteroidal Gravity Optical and Radar Analysis	阿格拉：小行星重力光学和雷达分析
ALH	Allan Hills (meteorites)	艾伦山(陨石)
AMPTE	Active Magnetospheric Particle Tracer Explorer	主动磁层粒子跟踪探测器
AMSAT	The Radio Amateur Satellite Corporation	业余无线电爱好者卫星公司
Aphelion	The point of maximum distance from the Sun of a heliocentric orbit. Its contrary is perihelion.	远日点：在日心轨道上与太阳距离最远的点，与此含义相反的名词是近日点
APL	The Applied Physics Laboratory of Johns Hopkins University.	约翰·霍普金斯大学应用物理实验室
Apoapsis	The point of maximum distance from the central body of any elliptical orbit. This word has been used to avoid complicating the nomenclature, but a term tailored to the central body is often used. The only exceptions used herein owing to their importance were for Earth (apogee) and the Sun (aphelion). The contrary of apoapsis is periapsis.	远拱点：在任意椭圆轨道上与中心天体距离最远的点。用法是在这个词后跟随对应中心天体的名称，经常这样使用来避免根据中心体的不同而使用专门的术语。重要天体比如地球(apogee，远地点)和太阳(aphelion，远日点)有专门的远拱点名称。与此含义相反的名词是近拱点
Apogee	The point of maximum distance from the Earth of a satellite orbit. Its contrary is perigee.	远地点：在卫星环绕地球轨道上与地球距离最远的点，与此含义相反的名词是近地点
AS	Aerostatnaya Stantsiya(Aerostatic Probe)	空气静力观测站

简　称	全　称	中　文
ASI	Agenzia Spaziale Italiana(Italian Space Agency)	意大利航天局
ASLV	Advanced Satellite Launch Vehicle	高级卫星运载火箭
ASPERA	Automatic Space Plasma Experiment with a Rotating Analyzer	旋转分析器自动空间等离子体试验装置
Astronomical Unit	To a first approximation the average distance between the Earth and the Sun is 149 597 870 691 (±30) meters.	天文单位：日地平均距离的一级近似约为 (149 597 870 691±30) m
AU	Astronomical Unit	天文单位
BMDO	Ballistic Missile Defense Organization	弹道导弹防御局
Booster	Auxiliary rockets used to boost the lift-off thrust of a launch vehicle.	助推器：用于在火箭起飞时增加推力
Bus	A structural part common to several spacecraft.	平台：若干航天器的通用结构
C4	Comet Coma Chemical Composition	彗星彗发化学成分
CAESAR	Comet Atmosphere Encounter and Sample Return, or Comet Atmo-sphere and Earth Sample Return	彗星大气交会和采样返回或彗星大气和采样返回地球
CFD	Computational Fluid Dynamics	计算流体力学
CHON	Carbon, Hydrogen, Oxygen and Nitrogen-rich molecules	富含碳、氢、氧和氮的分子
CIA	Central Intelligence Agency	中央情报局
CISR	Comet Intercept and Sample Return	彗星拦截和采样返回
CNES	Centre National d'Etudes Spatiales (the French National Space Studies Center)	法国国家航天研究中心
CNRS	Centre National de la Recherche Scientifique(National Scientific Research Center)	国家科学研究中心
CNSR	Comet Nucleus Sample Return	彗星彗核采样返回
CNUCE	Centro Nazionale Universitario di Calcolo Elettronico(the Italian National University Center for Electronic Computation)	国立大学电子计算中心
Conjunction	The time when a solar system object appears close to the Sun as seen by an observer. A conjunction where the Sun is between the observer and the object is called 'superior conjunction'. A conjunction where the object is between the observer and the Sun is called 'inferior conjunction'. See also opposition.	(恒星、行星等的)合，是指由观察者看去，太阳系天体与太阳靠近的时刻。当太阳处于观察者和天体之间时称为"上合"；当天体处于观察者和太阳之间时称为"下合"。参见"冲"

简　称	全　称	中　文
CONSCAN	Conical Scan	圆锥扫描
CONTOUR	Comet Nucleus Tour	彗核之旅
Cosmic velocities	Three characteristic velocities of spaceflight: First cosmic velocity: Minimum velocity to put a satellite in a low Earth orbit. This amounts to some 8 km/s. Second cosmic velocity: The velocity required to exit the terrestrial sphere of attraction for good. Starting from the ground, this amounts to some 11 km/s. It is also called 'escape' speed. Third cosmic velocity: The velocity required to exit the solar system for good.	宇宙速度：航天器飞行的三个特征速度：第一宇宙速度：卫星环绕地球的最低速度，约8km/s；第二宇宙速度：飞离地球引力球的速度，从地球表面出发约11km/s，因此也称为逃逸速度；第三宇宙速度：飞离太阳系所需的速度
CRAF	Comet Rendezvous/Asteroid Flyby	彗星交会/小行星飞掠
Cryogenic propellants	These can be stored in their liquid state under atmospheric pressure at very low temperature; e.g. oxygen is a liquid below −183℃.	低温推进剂：标准大气压下，在非常低的温度以液态贮存的推进剂，例如液氧，在标准大气压下的液态贮存温度为−183℃
DAS	Dolgozhivushaya Avtonomnaya Stanziya (Long-Duration Autonomous Station)	长期无人观测站
Deep Space Network	A global network built by NASA to provide round-the-clock communications with robotic missions in deep space.	深空网：由NASA提供的全球测控网络，可支持24小时无人深空探测任务的通信需求
Direct ascent	A trajectory on which a deep-space probe is launched directly from the Earth's surface to another celestial body without entering parking orbit.	直接上升：深空探测器直接从地球表面发射至另一天体而不进入停泊轨道
DMSP	Defense Meteorological Satellite Program	国防气象卫星计划
DSN	Deep Space Network	深空网
DSPSE	Deep Space Program Science Experiment	深空项目科学试验
DZhVS	Dolgozhivushaya Veneryanskaya Stanziya (long-duration Venusian probe)	长寿命金星探测器
ECAM	Earth-Crossing Asteroid Mission	越地小行星任务
Ecliptic	The plane of the Earth's orbit around the Sun.	黄道：地球围绕太阳公转的轨道平面
Ejecta	Material from a volcanic eruption or a cratering impact that is deposited all around the source.	喷出物：火山喷发出的或由撞击造成周围沉积层溅射出的物质
EOS	Eole-Venus	厄俄斯项目：风神-金星项目
EPONA	Energetic Particle Onset Admonitor	高能粒子撞击监视器
ESA	European Space Agency	欧洲空间局

简　称	全　称	中　文
Escape speed	See Cosmic velocities	逃逸速度：参见"宇宙速度"
ESO	European Southern Observatory	欧洲南方天文台
ESRO	European Space Research Organization（incorporated into ESA）	欧洲空间研究组织(已并入 ESA)
Flyby	A high relative speed and short-duration close encounter between a spacecraft and a celestial body.	飞掠：航天器以相对较高速度、较短时间、近距离与天体交会的过程
GEM	Galileo Europa Mission	伽利略号木卫二任务
GEM	Giotto Extended Mission	乔托号扩展任务
GMM	Galileo Millennium Mission	伽利略号千年任务
GRB	Gamma-Ray Bursts	伽马射线爆发
GSFC	Goddard Space Flight Center	戈达德航天飞行中心
GSLV	Geostationary Satellite Launch Vehicle	静止卫星运载火箭
HAPPEN	Halley Post-Perihelion Encounter	哈雷彗星近日点后交会
HEOS	Highly Eccentric Orbit Satellite	高偏心率轨道卫星
HER	Halley Earth Return	哈雷彗星采样返回
HIM	Halley Intercept Mission	哈雷彗星交会任务
HMC	Halley Multicolor Camera	哈雷彩色相机
HST	Hubble Space Telescope	哈勃空间望远镜
Hypergolic propellants	Two liquid propellants that ignite spontaneously on coming into contact, without requiring an ignition system. Typical hypergolics for a spacecraft are hydrazine and nitrogen tetroxide.	自燃推进剂：两种推进剂接触后会发生燃烧，不需要点火系统，航天器普遍采用的是肼和四氧化二氮
IACG	Inter-Agency Consultative Group	航天局际顾问团
ICM	International Comet Mission	国际彗星任务
IHW	International Halley Watch	国际哈雷彗星观测
IKI	Institut Kosmicheskikh Isledovanii（the Russian Institute for Cosmic Research）	苏联航天研究院
IMEWG	International Mars Exploration Working Group	国际火星探测工作组
IMP	Interplanetary Monitoring Platform	行星际监测平台
IRAS	Infrared Astronomical Satellite	红外天文卫星
IRIS	Italian Research Interim Stage	意大利研究的临时上面级
ISAS	Institute of Space and Astronautical Sciences	日本宇宙科学研究所
ISEE	International Sun-Earth Explorer	国际日地探测器
ISO	Infrared Space Observatory	红外空间观测台
ISPM	International Solar Polar Mission	国际太阳极区任务

简 称	全 称	中 文
ISPP	In-Situ Propellant Production	推进剂原位制造
ISRO	Indian Space Research Organization	印度空间研究组织
IUE	International Ultraviolet Explorer	国际紫外探测卫星
IUS	Inertial Upper Stage (previously: Interim Upper Stage)	惯性上面级(之前称为临时上面级)
JOP	Jupiter Orbiter with Probe	木星轨道器及大气探测器
JPA	Johnstone Plasma Analyzer	约翰斯通等离子体分析仪
JPL	Jet Propulsion Laboratory; a Caltech laboratory under contract to NASA	喷气推进实验室:加州理工学院的实验室,隶属于 NASA
KGB	Komityet Gosudarstvennoy Bezapasnosti (Committee for the State Security)	克格勃:苏联国家安全委员会
KTDU	Korrektiruyushaya Tormoznaya Dvigatelnaya Ustanovka(course correction and braking engine)	中途修正及制动发动机
Lander	A spacecraft designed to land on another celestial body.	着陆器:设计用于在其他天体上着陆的航天器
LaRC	Langley Research Center	兰利研究中心
Launch window	A time interval during which it is possible to launch a spacecraft to ensure that it attains the desired trajectory.	发射窗口:确保航天器能够达到期望轨道的发射时间段
LEAP	Light Exo-Atmospheric Projectile	轻型外大气层炮弹
LESS	Low-cost Exploration of the Solar System	太阳系低成本探测
Lyman-alpha	The emission line corresponding to the first energy level transition of an electron in a hydrogen atom.	莱曼-α:氢原子中电子第一能级迁跃的发射谱线
MAGE	Moteur d'Apogée Geostationnaire Européen(European Geostationary Apogee Motor)	欧洲静止轨道远地点发动机
MAOSEP	Multiple Asteroid Orbiter with Solar Electric Propulsion	太阳能电推进多小行星轨道探测器
MAV	Mars Ascent Vehicle	火星上升飞行器
MBB	Messerschmitt Bölkov Blohm	MBB 公司
MEI	Moskovskiy Energeticheskiy Institut (Moscow's Power Institute)	莫斯科能源研究院
MER	Mars Exploration Rover	火星探测漫游者
MESUR	Mars Environmental Survey	火星环境勘查
MGCO	Mars Geoscience/Climatology Orbiter	火星地质学/气候学环绕器
MGS	Mars Global Surveyor	火星全球勘测者

简　称	全　称	中　文
MIT	Massachusetts Institute of Technology	麻省理工学院
MORO	Moon Orbiting Observatory	月球轨道天文台
MPF	Mars Pathfinder, MESUR Pathfinder	火星探路者；火星环境勘查探路者
MPO	Mercury Polar Orbiter	水星极地轨道器
MRSR	Mars Rover and Sample Return	火星巡视采样返回
MSM	Mars Science Microrover	火星科学微型巡视器
MSX	Midcourse Space Experiment	中程空间试验
MS-T5	Mu Satellite-Test 5	Mu 卫星试验 5 号
MUADEE	Mars Upper Atmosphere Dynamics, Energetics and Evolution Mission	火星上层大气动力学、热力学及演化任务
MUSES	MU〔rocket〕Space Engineering Satellite	缪斯：MU 火箭空间工程卫星
NAS	National Academy of Sciences	美国国家科学院
NASA	National Aeronautics and Space Administration	美国国家航空航天局
NASDA	National Space Development Agency	日本宇宙开发事业集团
NEAR	Near-Earth Asteroid Rendezvous	近地小行星交会
NEARS	Near Earth Asteroid Returned Sample	近地小行星采样返回任务
NEP	Nuclear Electric Propulsion	核能电推进
Occultation	When one object passes in front of and occults another, at least from the point of view of the observer.	掩星：一种天文现象，指一个天体在另一个天体与观测者之间通过而产生的遮掩现象
OOE	Out-Of-Ecliptic-mission	黄道面外任务
Orbit	The trajectory on which a celestial body or spacecraft is traveling with respect to its central body. There are three possible cases： Elliptical orbit：A closed orbit where the body passes from minimum distance to maximum distance from its central body every semiperiod. This is the orbit of natural and artificial satellites around planets and of planets around the Sun. Parabolic orbit：An open orbit where the body passes through minimum distance from its central body and reaches infinity at zero velocity in infinite time. This is a pure abstraction, but the orbits of many comets around the Sun can be described adequately this way. Hyperbolic orbit：An open orbit where the body passes through minimum distance from its central body and reaches infinity at non-zero speed. This describes adequately the trajectory of spacecraft with respect to planets during flyby manoeuvres.	轨道：天体或航天器相对其中心天体的运动轨迹，分为 3 类。椭圆轨道：是一条闭合轨道，天体或航天器每半周期通过距中心天体最近和最远的位置。环绕行星的天然卫星和人造卫星轨道以及环绕太阳的行星轨道均为此类轨道。抛物线轨道：是一条开放轨道。在有限时间内，天体或航天器通过距中心天体的最近位置后运动至无穷远且速度为零。这虽然是抽象化的轨道，但太阳周围许多彗星的轨道可以用抛物线轨道描述。双曲线轨道：是一条开放轨道。天体或航天器通过距中心天体最近的位置后运动无穷远且速度不为零。航天器相对于行星的飞掠机动轨道可以用双曲线轨道描述

简 称	全 称	中 文
Opposition	The time when a solar system object appears opposite to the Sun as seen by an observer.	冲：是指从观察者的角度来看，行星运行到太阳另一面的时刻
Orbiter	A spacecraft designed to orbit a celestial body.	轨道器：被设计用于环绕天体运行的航天器
PAH	Polycyclic Aromatic Hydrocarbons	多环芳烃
PAM	Payload Assist Module	有效载荷辅助舱
Parking orbit	A low Earth orbit used by deep-space probes before heading to their targets. This relaxes the constraints on launch windows and eliminates launch vehicle trajectory errors. Its contrary is direct ascent.	停泊轨道：深空探测器在前往目标天体前所使用的低地球轨道，这放宽了对发射窗口的约束，并消除了运载火箭的轨迹误差。与其相反的方式是直接上升
Periapsis	The minimum distance point from the central body of any orbit. See also apoapsis.	近拱点：在任意椭圆轨道上与中心天体距离最近的点，参见远拱点
Perigee	The minimum distance point from the Earth of a satellite. Its contrary is apogee.	近地点：在卫星环绕地球轨道上与地球距离最近的点，与此含义相反的名词是远地点
Perihelion	The minimum distance point from the Sun of a heliocentric orbit. Its contrary is aphelion.	近日点：在日心轨道上与太阳距离最近的点，与此含义相反的名词是远日点
PFF	Pluto Fast Flyby	冥王星快速飞掠
PKE	Pluto Kuiper Express	冥王星－柯伊伯快车
POLO	Polar Orbiting Lunar Observatory	月球极地轨道天文台
PrOP	Pribori Otchenki Prokhodimosti (instrument for cross-country characteristics evaluation)	越野性能评估仪
PSLV	Polar Satellite Launch Vehicle	极地卫星运载火箭
PVM	Pioneer Venus Multiprobe	先驱者号金星多任务探测器
PVO	Pioneer Venus Orbiter	先驱者号金星轨道器
'Push-broom' camera	A digital camera consisting of a single row of pixels, with the second dimension created by the motion of the camera itself.	推扫式相机：相机传感器由一维的像素组成，第二维度由相机自身的运动产生
R_e	Earth radii (6 371 km)	地球半径 (6 371 km)
Rendezvous	A low relative speed encounter between two spacecraft or celestial bodies.	交会：航天器和天体间以相对低的速度相遇
Retrorocket	A rocket whose thrust is directed opposite to the motion of a spacecraft in order to brake it.	反推火箭：其推力与航天器的运动方向相反，以便使航天器减速
R_j	Jupiter radii (approximately 71 200 km)	木星半径 (约 71 200 km)
RKA	Rossiyskoye Kosmisheskoye Agenstvo (Russian Space Agency)	俄罗斯航天局

简　称	全　称	中　文
Rover	A mobile spacecraft to explore the surface of another celestial body.	巡视器：用于探测其他天体表面的可移动航天器
RPA	Rème Plasma Analyzer	雷米等离子体分析仪
RTG	Radioisotope Thermal Generator	放射性同位素温差电池
RTH	Radioisotope Thermal Heater	放射性同位素温差加热器
SAR	Synthetic Aperture Radar	合成孔径雷达
SEI	Space Exploration Initiative	空间探索倡议
SETI	Search for Extraterrestrial Intelligence	寻找地外智慧生命
SLIM	Surface Lander Investigation of Mars	火星表面着陆勘测器
SLV	Satellite Launch Vehicle	卫星运载火箭
SMACS	Small Missions to Asteroids/Comets	小型小行星/彗星任务
SNAP	System for Nuclear Auxiliary Power	核能辅助能源系统
SNC	Shergottite-Nakhlite-Chassignite meteorites	辉玻群-辉橄群-纯橄群
SOCCER	Sample of Comet Coma Earth Return	彗星彗发地球采样返回
SOHO	Solar and Heliospheric Observatory	太阳及日球层天文台
Solar flare	A solar chromospheric explosion creating a powerful source of high energy particles.	太阳耀斑：太阳色球层爆炸产生的一种高能粒子源
Space probe	A spacecraft designed to investigate other celestial bodies from a short range.	空间探测器：一种旨在从短距离探测其他天体的宇宙飞船
Spectrometer	An instrument to measure the energy of radiation as a function of wavelength in a portion of the electromagnetic spectrum. Depending on the wavelength the instrument is called, e. g. ultraviolet, infrared, gamma-ray spectrometer etc.	光谱仪：可测量特定波长的辐射能量在电磁波谱中所占比例的仪器。根据所测光的波长命名，如紫外、红外、伽马射线谱仪等
Spin stabilization	A spacecraft stabilization system where the attitude is maintained by spinning the spacecraft around one of its main inertia axes.	自旋稳定：一种航天器稳定方式，通过使航天器绕其惯性主轴旋转以保持姿态稳定
SSEC	Solar System Exploration Committee	太阳系探测委员会
SSED	Solar System Exploration Division	太阳系探测部
STS	Space Transportation System; the Space Shuttle	空间运输系统，即航天飞机
Synodic period	The period of time between two consecutive superior or inferior conjunctions or oppositions of a solar system body.	会合周期，会合周期对于外行星来说就是行星相继两次合或冲经历的时间；对于内行星来说就是行星相继两次上合或下合所经历的时间
TAU	Thousand Astronomical Units mission	千个天文单位任务

简　称	全　称	中　文
TDRS	Tracking and Data Relay Satellite	跟踪和数据中继卫星
Telemetry	Transmission by a spacecraft via a radio system of engineering and scientific data.	遥测：由航天器通过无线电系统传送的工程和科学数据
3-axis stabilization	A spacecraft stabilization system where the axes of the spacecraft are kept in a fixed attitude with respect to the stars and other references（the Sun, the Earth, a target planet etc.）	三轴稳定：一种航天器稳定方式，使航天器相对恒星或其他参考目标（例如太阳、地球、其他目标天体等）保持三个坐标轴固定的姿态稳定方式
TOPS	Thermoelectric Outer Planet Spacecraft	外行星温差航天器
TOS	Transfer Orbit Stage	轨道转移级
UDMH	Unsymmetrical DiMethyl Hydrazine	偏二甲肼
UMVL	Universalnyi Mars, Venera, Luna（Universal for Mars, Venus and the Moon）	火星-金星-月球通用探测平台
UTC	Universal Time Coordinated；essentially Greenwich Mean Time	世界协调时：一般为格林尼治时间
V2	Vergeltungswaffe 2（vengeance weapon 2）	复仇号火箭
Vidicon	A television system based on resistance changes of some substances when exposed to light. It has been replaced by the CCD.	光导摄像管：基于某些物质在光照下阻值会发生变化而开发的一种电视系统，现已被CCD 所取代
VLA	Very Large Array	甚大阵
VLBI	Very Long Baseline Interferometry	甚长基线干涉测量
VMPM	Venus Multiprobe Mission	金星多探测器任务
VOIR	Venus Orbiting Imaging Radar	金星环绕成像雷达
VRM	Venus Radar Mapper	金星雷达测绘探测器
Yarkovsky effect	A force acting on a rotating body in space caused by the emission of thermal photons, carrying momentum. Small asteroids and meteoroids are known to be perturbed by this effect.	雅科夫斯基效应：一种施加在太空中旋转天体上的力，其由携带动量的热光子散射而产生。小行星和流星体会受到这种效应的影响

附录 1　太阳系探测年代表　1983—1996 年

日　期	事　件
1983 年 10 月 16 日	金星 15 号探测器绕飞金星，传回了首幅金星的雷达图像
1985 年 1 月 7 日	先驱者号（Sakigake，日本），首个非美国、非苏联深空探测器发射
1985 年 6 月 11 日	维加 1 号探测器气球是首个在另一个行星（金星）大气层中飞行的"飞行器"
1985 年 9 月 11 日	国际彗星探测者飞掠贾科比尼–津纳彗星
1986 年 1 月 28 日	挑战者号航天飞机爆炸，挫败了美国行星探测活动计划
1986 年 3 月 14 日	欧洲研制的乔托号探测器飞掠哈雷彗星
1990 年 8 月 10 日	麦哲伦号探测器进入环绕金星轨道，传回了金星全球的雷达图像
1991 年 10 月 29 日	伽利略号探测器飞掠小行星加斯普拉
1994 年 9 月 13 日	尤利西斯号探测器首次飞过太阳的一个极区
1995 年 12 月 7 日	伽利略号进入环绕木星轨道，将大气探测器投入木星大气内
1996 年 2 月 17 日	首个低成本发现任务近地小行星交会–休梅克探测器发射
相关的里程碑	
1997 年 7 月 4 日	火星探路者携带着首个火星车在火星着陆
2000 年 2 月 14 日	近地小行星交会–休梅克探测器进入环绕爱神星轨道
2001 年 2 月 12 日	近地小行星交会–休梅克探测器在爱神星表面着陆

附录 2 行星探测器发射列表 1983—1996 年

发射日期	探测器名称	主要目标	运载火箭名称	国家
1978 年 8 月 12 日	国际彗星探路者	贾可比尼-津纳彗星	德尔它 2914	美国
1983 年 6 月 2 日	金星 15 号	金星	8K82K 质子 K/D-1	苏联
1983 年 6 月 7 日	金星 16 号	金星	8K82K 质子 K/D-1	苏联
1984 年 12 月 15 日	维加 1 号	金星/哈雷彗星	8K82K 质子 K/D-1	苏联
1984 年 12 月 21 日	维加 2 号	金星/哈雷彗星	8K82K 质子 K/D-1	苏联
1985 年 1 月 7 日	先驱者号	P/哈雷彗星	Mu-3S II	日本
1985 年 7 月 2 日	乔托号	P/哈雷彗星	阿里安 1 号	欧空局
1985 年 8 月 18 日	彗星号	P/哈雷彗星	Mu-3S II	日本
1988 年 7 月 7 日	(福布斯 1 号)	火星/火卫一	8K82K 质子 K/D-1	苏联
1988 年 7 月 12 日	(福布斯 2 号)	火星/火卫一	8K82K 质子 K/D-1	苏联
1989 年 5 月 4 日	麦哲伦号	金星	航天飞机+惯性上面级	美国
1989 年 10 月 18 日	伽利略号	木星	航天飞机+惯性上面级	美国
1990 年 10 月 6 日	尤利西斯号	太阳环绕器	航天飞机+惯性上面级	ESA/美国
1992 年 9 月 25 日	(火星观测者号)	火星	商业大力神 3 号	美国
1994 年 1 月 25 日	(克莱门汀号)	月球/小行星	大力神 2G 号 卫星运载火箭（SLV）	美国
1996 年 2 月 17 日	近地小行星交会-休梅克	小行星	德尔它 7925-8	美国
1996 年 11 月 7 日	火星全球勘测者号	火星	德尔它 7925A	美国
1996 年 11 月 16 日	(火星 8 号)	火星	8K82K 质子 K/D-1	俄罗斯
1996 年 12 月 4 日	火星探路者号	火星	德尔它 7925A	美国

注：带括号表示任务失利，但福布斯 2 号和克莱门汀号存在争议。克莱门汀号完成了绕月探测任务，但未完成小行星飞掠任务。

附录 3　伽利略号轨道交会天体列表

轨道代号	卫　星	日　期	最小距离/km
J0	木卫二	1995 年 12 月 7 日	32 958
J0	木卫一	1995 年 12 月 7 日	898
G1	木卫三	1996 年 6 月 27 日	835
G2	木卫三	1996 年 9 月 6 日	260
C3	木卫四	1996 年 11 月 4 日	1 136
E4	木卫二	1996 年 12 月 19 日	692
J5	未交会	1997 年 1 月 20 日	—
E6	木卫二	1997 年 2 月 20 日	586
G7	木卫三	1997 年 4 月 5 日	3 102
G8	木卫三	1997 年 5 月 7 日	1603
C9	木卫四	1997 年 6 月 25 日	418
C10	木卫四	1997 年 9 月 17 日	539
E11	木卫二	1997 年 11 月 6 日	2 042
E12	木卫二	1997 年 12 月 16 日	205
E13	木卫二	1998 年 2 月 10 日	3 562
E14	木卫二	1998 年 3 月 29 日	1 645
E15	木卫二	1998 年 5 月 31 日	2 515
E16	木卫二	1998 年 7 月 20 日	1 837
E17	木卫二	1998 年 9 月 26 日	3 582
E18	木卫二	1998 年 11 月 22 日	2 273
E19	木卫二	1999 年 2 月 1 日	1 439
C20	木卫四	1999 年 5 月 5 日	1 315
C21	木卫四	1999 年 6 月 30 日	1 047
C22	木卫四	1999 年 8 月 14 日	2 296
C23	木卫四	1999 年 9 月 16 日	1 057
I24	木卫一	1999 年 10 月 11 日	612
I25	木卫一	1999 年 11 月 26 日	300

续表

轨道代号	卫　星	日　期	最小距离/km
E26	木卫二	2000 年 1 月 3 日	351
I27	木卫一	2000 年 2 月 22 日	198
G28	木卫三	2000 年 5 月 20 日	809
G29	木卫三	2000 年 12 月 28 日	2 337
C30	木卫四	2001 年 5 月 25 日	138
I31	木卫一	2001 年 8 月 6 日	194
I32	木卫一	2001 年 10 月 16 日	184
I33	木卫一	2002 年 1 月 17 日	101.5
A34	木卫五	2002 年 11 月 5 日	244
J35	木星撞击	2003 年 9 月 21 日	—

注：伽利略轨道的名称是依据轨道近拱点飞掠的伽利略卫星而命名的：A 代表木卫五，C 代表木卫四，E 代表木卫二，G 代表木卫三，I 代表木卫一，J 代表未交会伽利略卫星。

参考文献

［Acuña-1998］Acuña, M. H. , et al. , "Magnetic Field and Plasma Observations at Mars: Initial Results of the Mars Global Surveyor Mission", Science, 279, 1998, 1676-1680.

［Acuña-1999］Acuña, M. H. , et al. , "Global Distribution of Crustal Magnetization Discovered by the Mars Global Surveyor MAG/ER Experiment", Science, 284, 1999, 790-793.

［Adams-1981］Adams, R. E. W. , Brown, W. E. Jr. , Patrick Culbert, T. , "Radar Mapping, Archeology, and Ancient Maya Land Use", Science, 213, 1981, 1457-1463.

［Akiba-1980］Akiba, R. , et al. , "Orbital Design and Technological Feasibility of Halley Mission", Acta Astronautica, 7, 1980, 797-805.

［Albee-1994］Albee, A. L. , Uesugi, K. T. , Tsou, P. , "SOCCER: Comet Coma Sample Return Mission". In: Lunar and Planetary Institute, Workshop on Particle Capture, Recovery and Velocity/Trajectory Measurement Technologies, 1994, 7-11.

［Albee-1998］Albee, A. L. , Palluconi, F. D:, Arvidson, R. E. , "Mars Global Surveyor Mission: Overview and Status", Science, 279, 1998, 1671-1672.

［Albee-2001］Albee, A. L. , et al. , "Overview of the Mars Global Surveyor Mission", Journal of Geophysical Research, 106, 2001, 23, 291-23, 316.

［Alekseev-1986］Alekseev, V. A. , et al. , "The Plasma Near the Sun Sounded by Venera 15 Radio Signals: a VLBI Experiment", Soviet Astronomy Letters, 12, 1986, 204-207.

［Alexandrov-1989］Alexandrov, Yu. N. , Krivtsov, A. P. , Rzhiga, O. N. , "Venera 15 and 16 Spacecraft: Some Results on Venus Surface Reflectivity Measurements", paper presented at the XXI Lunar and Planetary Science Conference, Houston, 1989.

［Alfvèn-1970］Alfvèn, H. , "Exploring the Origin of the Solar System by Space Missions to the Asteroids", paper presented at the Third Conference on Planetology and Space Mission Planning, New York, October 1970.

［Alvarez-1997］Alvarez, W. , "T. Rex and the Crater of Doom", Princeton University Press, 1997.

［Anderson-1977］Anderson, J. D. , et al. , "An Arrow to the Sun". In: "Proceedings of the International Meeting on Experimental Gravitation, Pavia, September 17-20, 1976", Rome, Accademia Nazionale dei Lincei, 1977, 393-422.

［Anderson-1994］Anderson, J. D. , Vessot, R. F. C. , Mattison, E. M. , "Gravitational Experiments for Solar Probe", paper presented at the Memorial Conference "Ideas for Space Research after the Year 2000", Padua, 18-19 February 1994.

［Anderson-1996a］Anderson, J. D. , Sjogren, W. L. , Schubert, G. , "Galileo Gravity Results and the Internal Structure of Io", Science, 272, 1996, 709-712.

［Anderson-1996b］Anderson, J. D. , et al. , "Gravitational Constrains on the Internal Structure of Ganymede", Nature, 384, 1996, 541-543 .

［Anderson-1997a］Anderson, J. D. , et al. , "Gravitational Evidence for an Undifferenciated Callisto", Nature,

387, 1997, 264-266.

[Anderson-1997b] Anderson, J. D. , et al. , "Europa's Differentiated Internal Structure: Inferences from Two Galileo Encounters", Science, 276, 1997, 1236-1239.

[Anderson-1998] Anderson, J. D. , et al. , "Europa's Differentiated Internal Structure: Inferences from Four Galileo Encounters", Science, 281, 1998, 2019-2022.

[Anderson-2004] Anderson, J. D. , et al. , "Discovery of Mass Anomalies on Ganymede", Science, 305, 2004, 989-991.

[Anderson-2005] Anderson, J. D. , et al. , "Amalthea's Density is Less than that of Water", Science, 308, 2005, 1291-1293.

[Andreichikov-1986] Andreichikov, B. M. , et al. , "Element Abundances in Venus Aerosols by X-Ray Radiometry: Preliminary Results" Soviet Astronomy Letters, 12, 1986, 48-49.

[Angold-1992] Angold, N. , et al. , "Ulysses Operations at Jupiter- Planning for the Unknown", ESA Bulletin, 72, 1992, 44-51.

[Angold-2008] Angold, N. , "Ulysses, the Over Achiever", presentation at "The Ulysses Legacy" Press Conference, Paris, ESA Headquarters, 12 June 2008.

[Anselmo-1987a] Anselmo, L. , Trumpy, S. , "Low Cost Mission to Near-Earth Asteroids", Paper AAS 87-405.

[Anselmo-1987b] Anselmo, L. , "Proposta di Missione Spaziale agli Asteroidi Apollo-Amor-Aten" (A proposed space mission to Apollo-Amor-Aten asteroids), CNUCE Internal Report C87-11, 17 March 1987 (in Italian).

[Anselmo-1990] Anselmo, L. , Pardini, C. , "Piazzi: a Probe to the Apollo-Amor Asteroids", in: "Proceedings of the 17th International Symposium on Space Technology and Science", Tokyo, 1990, 1879-1884.

[Anselmo-1991] Anselmo, L. , Milani, A. , "Reconnaissance Mission to Near-Earth Asteroids", The Journal of the Astronautical Sciences, 39, 1991, 469-485.

[Anselmo-1996a] Anselmo, J. C. , "Mars Sample Return Still Years Away", Aviation Week & Space Technology, 28 October 1996, 69.

[Anselmo-1996b] Anselmo, J. C. , "Life on Mars? Evidence Emerges", Aviation Week & Space Technology, 12 August 1996, 24-25.

[Anselmo-2007] Anselmo, L. , Personal communication with the author, 8 September 2004.

[Antreasian-1998] Antreasian, P. G. , Guinn, J. R. , "Investigations into the unexpected Delta-V Increases during the Earth Gravity Assists of Galileo and NEAR", Paper AIAA-98-4287.

[APL-1999] "The NEAR Rendezvous Burn Anomaly of December 1998: Final Report of the NEAR Anomaly Review Board", Laurel, The Johns Hopkins University Applied Physics Laboratory, November 1999.

[Aran-2007] Aran, A. , et al. , "Modeling and Forecasting Solar Energetic Particle Events at Mars: the event on 6 March 1989", Astronomy & Astrophysics, 469, 2007, 1123-1134.

[Armstrong-1997] Armstrong, J. W. , et al. , "The Galileo/Mars Observer/Ulysses Coincidence Experiment". Paper presented at the 2nd Edoardo Amaldi Conference on Gravitational Waves, Geneva, 1997.

[Armstrong-2002] Armstrong, J. C. , Wells, L. E. , Gonzalez, G. , "Rummaging through Earth's Attic for Remains of Ancient Life", Arxiv pre-print astro-ph/0207316.

[Asker-1996] Asker, J. R., "Next Missions to Mars May Prove Too Small", Aviation Week & Space Technology, 19 August 1996, 26-27.

[Asker-2001a] Asker, J. A., "Attempt at Hard Landing Set For Asteroid Spacecraft" Aviation Week & Space Technology, 5 February 2001, 42-43.

[Asker-2001b] Asker, J. A., "Cheating Death, NEAR Lands, Operates on Eros", Aviation Week & Space Technology, 19 February 2001, 24-25 .

[Aston-1986] Aston, G., "Electric Propulsion: A Far Reaching Technology", Journal of the British Interplanetary Society, 39, 1986, 503-507.

[Atkinson-1996] Atkinson, D. H., Pollack, J. B., Seiff, A., "Galileo Doppler Measurements of the Deep Zonal Winds at Jupiter", Science, 272, 1996, 842-843.

[Atkinson-1997] Atkinson, D. H., Ingersoll, A. P., Seiff, A., "Deep Winds on Jupiter as Measured by the Galileo Probe", Nature, 388, 1997, 649-650.

[Atzei-1989] Atzei, A., et al., "Rosetta/CNSR- ESA's Planetary Cornerstone Mission", ESA Bulletin, 59, 1989, 18-29.

[Avanesov - 1989a] Avanesov, G. A., et al., "Television Observations of Phobos", Nature, 341, 1989, 585-587.

[Avanesov-1989b] Avanesov, G., et al., "Regatta-Astro Project: Astrometric Studies from Small Space Laboratory". In: Preceedings of the 141st IAU Symposium on the Inertial Coordinate System on the Sky, Leningrad, 1989, 361-366.

[Avanesov-1991] Avanesov, G. A., Kostenko, V. I., "Regatta v Kosmicheskiy Polyet pod Solnetsnim Parusom" (Regatta for flight in space with a solar sail), Zemlya I Vselennaya, January 1991, 3 (in Russian).

[AWST-1979] "OMB Kills Halley/Tempel 2 Mission", Aviation Week & Space Technology, 26 November 1979, 20.

[AWST-1980] "Venus Orbiting Imaging Radar Design Proposals Due This Year", Aviation Week & Space Technology, 24 March 1980.

[AWST-1983] "Hardware From Past Programs Will Cut Venus Mapper Costs", Aviation Week & Space Technology, 14 February 1983, 20.

[AWST-1985a] "Industry Observer", Aviation Week & Space Technology, 29 July 1985, 11.

[AWST-1985b] "NASA Chief Favors ISTP, Ocean Mapping Over Comet Mission", Aviation Week & Space Technology, 16 September 1985, 18.

[AWST-1986a] "New Vega Flyby", Aviation Week & Space Technology, 24 March 1986, 22.

[AWST-1986b] "Glavcosmos Formed by Soviets to Help Run Space Program", Aviation Week & Space Technology, 24 March 1986, 77.

[AWST-1987a] "Soviet Mars Mission Will Use Modular Propulsion System", Aviation Week & Space Technology, 2 November 1987, 81.

[AWST-1987b] "JPL Studying Aeroshell Structure for Mars Rover, Spacecraft", Aviation Week & Space Technology, 3 August 1987, 61.

[AWST-1988a] "NASA Board Nears End of Fire Review", Aviation Week & Space Technology, 24 October

1988, 24.

[AWST-1988b] "Magellan Fire Inquiry Board Urges New Test Procedures", Aviation Week & Space Technology, 14 November 1988, 35.

[AWST-1988c] "U. S./Soviet Balloon Flights May Aid Future Mars Missions", Aviation Week & Space Technology, 29August 1988, 49.

[AWST-1988d] "Soviets Consider Varied Concepts for 1994 Mars Exploration Flight", Aviation Week & Space Technology, 18 July 1988, 19.

[AWST-1989a] "CRAF Will Be First in Series of Missions Using Mariner Mk. 2", Aviation Week and Space Technology, 9 October 1989, 99-109.

[AWST-1989b] "Magellan's Radar Images of Venus to Unmask Cloud-Shrouded Planet", Aviation Week & Space Technology, 9 October 1989, 113-115.

[AWST-1989c] "Galileo Represents Peak in Design Complexity", Aviation Week & Space Technology, 9 October 1989, 77-78.

[AWST-1990a] "Magellan Switched to Safer Mode; Computer Faults Still Puzzle Controllers", Aviation Week & Space Technology, 10 September 1990, 30.

[AWST-1990b] "Magellan Spacecraft Regains High-Data Rate Communications", Aviation Week & Space Technology, 17 September 1990, 41.

[AWST-1996] "Crunch Time for Mars 96", Aviation Week & Space Technology, 7 October 1996, 70.

[AWST-2002] "Quit Fiddling and Image Jupiter Moon", Aviation Week & Space Technology, 8 July 2002, 70.

[Baird-2007] Baird, D. T. , et al. , "Zonal Wind Calculations from Mars Global Surveyor Accelerometer and Rate Data", Journal of Spacecraft and Rockets, 44, 2007, 1180-1187.

[Balogh-1984] Balogh, A. , "AGORA: Asteroid Rendezvous", Spaceflight, June 1984, 242-245.

[Balsiger-1986] Balsiger, H. , et al. , "Ion Composition and Dynamics at Comet Halley", Nature, 321, 1986, 330-334.

[Balsiger-1988] Balsiger, H. , Fechtig, H. , Geiss, J. , "A Close Look at Halley's Comet", Scientific American, September 1988, 62-69.

[Bandfield-2000] Bandfield, J. L. , Hamilton, V. E. , Christensen, P. R. , "A Global View of Martian Surface Compsition from MGS-TES". Science, 287, 2000, 1626-1630.

[Bandfield-2003] Bandfield, Glotch, T. D. , V. E. , Christensen, P. R. , "Spectroscopic Identification of Carbonate Minerals in the Martian Dust", Science, 301, 2003, 1084-1087.

[Banerdt-1994] Banerdt, W. B. , et al. , "Gravity Studies of Mead Crater, Venus", paper presented at the Lunar and Planetary Science Conference XXV, Houston, 1994.

[Barbieri-1985] Barbieri, C. , et al. , "La Halley Multicolour Camera: Contributo Italiano alla sua Realizzazione" (The Italian Contribute to the Halley Multicolour Camera). In: "Le Comete nell'Astronomia Moderna: Il Prossimo Incontro con la Cometa di Halley" (Comets in Modern Astronomy: The Forthcoming Encounter with Halley's Comet), Naples, Guida, 1985, 229-250 (in Italian).

[Barbosa-1992] Barbosa, D. D. , Kivelson, M. G. , "Ulysses Spacecraft Rendezvous with Jupiter", Science, 257, 1992, 1487-1489.

[Basilevsky-1988] Basilevsky, A. T. , "Northern Beta: Photogeologic Analysis of Venera 15/16 Images and

Maps", paper presented at the XIX Lunar and Planetary Science Conference, Houston, 1988.

[Basilevsky-1992] Basilevsky, A. T. , Weitz, C. M. , "The Geology of the Venera/Vega Landing Sites", paper presented to the International Colloquium on Venus, Pasadena, 10-12 August 1992.

[Baumgärtel-1998] Baumgärtel, K. , et al. , " 'Phobos Events'- Signature of Solar Wind Interaction with a Gas Torus?", Earth Planets Space, 50, 1998, 453-462.

[Becker-2005] Becker, S. C. , "Astro Projection: Virtual Reality, Telepresence, and the Evolving Human Space Experience", Quest, 12 No. 3, 2005, 34-55.

[Beech-1990] Beech, P. , Meyer, D. , "Post-Launch Operations and Data Production", ESA Bulletin, 63, 1990, 60-63.

[Bell-1998] Bell, J. . "Mars Pathfinder: Better Science?", Sky & Telescope, July 1998, 36-43.

[Belton-1991] Belton, M. J. S. , et al. , "Images from Galileo of the Venus Cloud Deck" Science, 253, 1991, 1531-1536.

[Belton-1992] Belton, M. J. S. , et al. , "Galileo Encounter with 951 Gaspra: First Pictures of an Asteroid", Science, 257, 1992, 1647-1652.

[Belton-1994] Belton, M. J. S. , et al. , "First Images of Asteroid 243 Ida", Science, 265, 1994, 1543-1547.

[Belton-1996] Belton, M. J. S. , et al. , "Galileo's First Images of Jupiter and the Galilean Satellites", Science, 274, 1996, 377-385.

[Bender-1978] Bender, D. F. , "Ballistic Trajectories". In: Neugebauer, M. , Davies, R. W. , "A Close-Up of the Sun", Pasadena, JPL, 1978, 535-543 .

[Bertaux-1986] Bertaux, J. L. , et al. , "Active Spectrometry of the Ultraviolet Absorption within the Venus Atmosphere", Soviet Astronomy Letters, 12, 1986, 33-36.

[Bertotti-1992] Bertotti, B. , et al. , "The Gravitational Wave Experiment", Astronomy & Astrophysics Supplement Series, 92, 1992, 431-440.

[Bertotti-1995] Bertotti, B. , et al. , "Search for Gravitational Wave Trains with the Spacecraft Ulysses", Astronomy & Astrophysics, 296, 1995, 13-25.

[Bertotti-2007] Bertotti, B. , interview with the author, Pavia, 27 April 2007.

[Bevilacqua-1994] Bevilacqua, F. , Cesare, S. , "A Project for a Solar Sail Propelled Spaceship", Journal of the British Interplanetary Society, 47, 1994, 57-66.

[Bibing-1989] Bibing, J. -P. , et al. , "Results from the ISM Experiment", Nature, 341, 1989, 591-593.

[Bickler-1989] Bickler, D. B. , "Articulated Suspension System", United States Patent No. 4, 840, 394, 20 June 1989.

[Bickler-1993] Bickler, D. B. , "The New Family of JPL Planetary Surface Vehicles". In: "Missions, Technologies et Conception des Vehicules Mobiles Planetaires", Toulouse, Cépaduès, 1993.

[Bindschadler-2003] Bindschadler, D. L. , et al. , "Project Galileo: Final Mission Status", paper presented at the LIV Congress of the International Astronautical Federation, Bremen, 2003.

[Binzel-1990] Binzel, R. P. , "Pluto", Scientific American, June 1990, 50-58.

[Bird-1992a] Bird, M. K. , et al. , "The Coronal-Sounding Experiment", Astronomy & Astrophysics Supplement Series, 92, 1992, 425-430.

[Bird-1992b] Bird, M. K. , et al. , "Ulysses Radio Occultation Observations of the Io Plasma Torus During the

Jupiter Encounter", Science, 257, 1992, 1531-1535.

［Blamont-1987a］ Blamont, J. , "Venus Devoilée" (Venus Unveiled), Paris, Editions Odile Jacob, 1987, 251 (in French).

［Blamont-1987b］ ibid. 285.

［Blamont-1987c］ ibid. , 173-215.

［Blamont-1987d］ ibid. 248.

［Blamont-1987e］ ibid. , 247.

［Blamont-1987f］ ibid. , 250.

［Blamont-1987g］ ibid. , 232-238.

［Blamont-1987h］ ibid. , 302-304.

［Blamont-1987i］ ibid. , 249-250.

［Blamont-1987j］ ibid. , 312.

［Blamont-1987k］ ibid. , 317.

［Blamont-1987l］ ibid. , 320.

［Blamont-1987m］ ibid. , 335.

［Blamont-1989］ Blamont, J. E. , et al. , "Vertical Profiles of Dust and Ozone in the Martian Atmosphere Deduced from Solar Occultation Measurements", Nature, 341, 1989, 600-603.

［Blume-1984］ Blume, W. H. , et al. , "Overview of the Planetary Observer Program", Paper AIAA-84-0454.

［Boain-1993］ Boain, R. J. , "Clementine Ⅱ: a Double Impact Asteroid Flyby and Impact Mission", paper presented at the Workshop on Advanced Technology for Planetary Instruments, 28-30 April 1993.

［Bockstein-1988］ Bockstein, I. , Chochia, P. , Kronrod, M, , "Methods of Venus Radiolocation Map Sythesis using Strip Images of Venera-15 and Venera-16 Space Station", Earth, Moon and Planets, 43, 1988, 233-259.

［Bogatchev-2000］ Bogatchev, A. , et al. , "Walking and wheel-walking robots", paper presented at the 3rd International Conference on Climbing and Walking Robots, Madrid, 2000 .

［Bojor-1996］ Bojor, Yu. , et al. , "Analysis of the Mission Profiles and Means for the US-Russian Project of the Mission to Pluto", paper presented at the First IAA Symposium on Realistic Near-Term Advanced Scientific Space Missions, Aosta, 25-27 June 1996.

［Bokulic-1997］ Bokulic, R. S. , Moore, W. V. , "The NEAR Solar Conjunction Experiment", paper dated 1997.

［Bond-1993］ Bond, P. , "Close Encounter with a Comet", Astronomy, November 1993, 42-47.

［Bonnet-1994］ Bonnet, R. M. , "The Influence of Giuseppe Colombo on the ESA Science Programme", paper presented at the Memorial Conference "Ideas for Space Research after the Year 2000", Padua, 18-19 February 1994.

［Bonnet-2002］ Bonnet, R. M. , "History of the Giotto Mission", Space Chronicle, 55, 2002, 5-11.

［Borg-1994］ Borg, J. , Bribing, J. -P. , Maag, C. , "Main Characteristics of the COMET/COMRADE Experiments", Paper presented at the Workshop on Particle Capture, Recovery and Velocity/Trajectory Measurement Technologies, 1994.

［Bortle-1996］ Bortle, J. E. , "Winter's Express Comet", Sky & Telescope, February 1996, 94-95.

［Brain-2006］ Brain, D. A. , "Mars Global Surveyor Measurements of the Martian Solar Wind Interaction", Space

Science Reviews, 126, 2006, 77-112.

[Bromberg-1966] Bromberg, J. L. , Gordon, T. J. : "Extensions of Saturn", paper presented at the XV II International Astronautical Congress, Madrid, 1966.

[Brownlee-2003] Brownlee, D. E. , et al. , "Stardust: Comet and Interstellar Dust Sample Return Mission", Journal of Geophysical Research, 108, 2003, 1-1 to 1-15.

[Bruns-1990] Bruns, A. V. , et al. , "Solar Brightness Oscillations: Phobos 2 Observations", Soviet Astronomy Letters, 16, 1990, 140-145.

[Burke-1984] Burke, J. D. , "The Missing Link Revealed", Studies in Intelligence, Spring 1984, 27-34.

[Burke-1990] Burke, J. D. , Mostert, R. N. , "A Network of Small Landers on Mars", Paper AIAA-90-3577-CP.

[Burnham-1996] Burnham, D. , Salmon, A. , "Mars '96: Russia's Return to the Forbidden Planet", Spaceflight, August 1996, 272-274.

[Burns-1999] Burns, J. A. , et al. , "The Formation of Jupiter's Faint Rings", Science, 284, 1999, 1146-1150.

[Butrica-1996a] Butrica, A. J. , "To See the Unseen- A History of Planetary Radar Astronomy", Washington, NASA, 1996, 177-187.

[Butrica-1996b] ibid. , 194.

[Butrica-1996c] ibid. , 187-188.

[Butrica-1996d] ibid. , 193.

[Butrica-1996e] ibid. , 204.

[Butrica-1996f] ibid. , 252-254.

[Cadogan-1998] Cadogan, D. , Sandy, C. , Grahne, M. , "Development and Evaluation of the Mars Pathfinder Inflatable Airbag Landing System", paper IAF-98-I. 6. 02.

[Calder-1992a] Calder, N. , "Giotto to the Comets", London, Presswork, 1992, 20-28.

[Calder-1992b] ibid. , 29-38.

[Calder-1992c] ibid. , 65.

[Calder-1992d] ibid. , 69-70.

[Calder-1992e] ibid. , 64.

[Calder-1992f] ibid. , 37 and 45.

[Calder-1992g] ibid. , 114-115.

[Calder-1992h] ibid. , 82.

[Calder-1992i] ibid. , 64.

[Calder-1992j] ibid. , 96-97 .

[Calder-1992k] ibid. , 98-99.

[Calder-1992l] ibid. , 100-101.

[Calder-1992m] ibid. , 105-106.

[Calder-1992n] ibid. , 109-110.

[Calder-1992o] ibid. , 118-119.

[Calder-1992p] ibid. , 135-136.

［Calder-1992q］ibid. , 128.

［Calder-1992r］ibid. , 123.

［Calder-1992s］ibid. , 148.

［Calder-1992t］ibid. , 147-163.

［Calder-1992u］ibid. , 164-197.

［Caldwell-1992］Caldwell, J. , Turgeon, B. , Hua, X. -M. , "Hubble Space Telescope Imaging of the North Po-lar Aurora on Jupiter", Science, 257, 1992, 1512-1515.

［Canby-1986］Canby, T. Y. , "Are The Soviets Ahead in Space?", National Geographic, October 1986, 420-459.

［Cantor-2007］Cantor, B. A. , "MOC Observations of the 2001 Mars Planet-Encircling Dust Storm", Icarus, 186, 2007, 60-96.

［Caplinger-2001］Caplinger, M. A. , Malin, M. C. , "Mars Orbiter Camera Geodesy Campaign", Journal of Geo-physical Research, 168, 2001, 23, 595-23, 606.

［Caprara-1992］Caprara, G. , "L'Italia nello Spazio" (Italy in Space), Rome, Valerio Levi, 1992, 202 (in Italian).

［Carlier-1993］Carlier, C. , Gilli, M. , Laidet, L. , "CNES: The French Space Agency 1962-1992", Paper IAA - 2 - 1 - 93 - 669, presented at the XLIV Congress of the International Astronautical Federation, Graz, 1993.

［Carlier-1995］Carlier, C. , Gilli, M. , "The First Thirty Years at CNES: the French Space Agency 1962-1992", Paris, CNES/La Documentation Française, 1995, 141 and 210.

［Carlson-1991］Carlson, R. W. , et al. , "Galileo Infrared Imaging Spectroscopy Measurements at Venus", Sci-ence, 253, 1991, 1541-1548.

［Carlson-1992］Carlson, R. W. , et al. , "Near-Infrared Mapping Spectrometer Experiment on Galileo", Space Science Reviews, 60, 1992, 457-502.

［Carlson-1996］Carlson, R. , et al. , "Near-Infrared Spectroscopy and Spectral Mapping of Jupiter and the Gali-lean Satellites: Results from Galileo's Initial Orbit", Science, 274, 1996, 385-388.

［Carlson - 1999a］Carlson, R. W. , "A Tenuous Carbon Dioxide Atmosphere on Jupiter's Moon Callisto", Science, 283, 1999, 820-821.

［Carlson-1999b］Carlson, R. W. , et al. , "Sulfuric Acid on Europa and the Radiolytic Sulfur Cycle", Science, 286, 1999, 97-99.

［Carlson-1999c］Carlson, R. W. , et al. , "Hydrogen Peroxide on the Surface of Europa", Science, 283, 1999, 2062-2064.

［Carlson-2007］Carlson, R. W. , Personal communication with the author, 3 December 2007.

［Carr-1998］Carr, M. H. , et al. , "Evidence for a Subsurface Ocean on Europa", Nature, 391, 1998, 363-365.

［Carroll-1993a］Carroll, M. W. , "Cheap Shots", Astronomy, 21, August 1993, 38-47.

［Carroll-1993b］Carroll, M. , "Mars: The Russians are Going! The Russians are Going!", Astronomy, October 1993, 26-33.

［Carroll-1995］Carroll, M. , "New Discoveries on the Horizon: NASA's Next Missions", Astronomy, 23, November 1995, 36–43.

[Carroll-1997] Carroll, M. , "Europa: Distant Ocean, Hidden Life?", Sky & Telescope, December 1997, 50–55.

[Caseley-1990] Caseley, P. J. , Marsden, R. G. , "The Ulysses Scientific Payload", ESA Bulletin, 63, 1990, 29–38.

[Cattermole-1997] Cattermole, P, Moore, P. , "Atlas of Venus", Cambridge University Press, 1997, 50–103.

[Chaikin-2007] Chaikin, A. , "Global Surveyor's Last Hurrah", Sky & Telescope, April 2007, 38–41.

[Chapman-1995] Chapman, R. J. , Regeon, P. A. , "The Clementine Lunar Orbiter Project", paper presented at the Austrian Space Agency Summer School 1995, Alpbach, Germany, 26 July–3 August 1995.

[Cheng-2001] Cheng, A. J. , et al. , "Laser Altimetry of Small Scale Features on 433 Eros from NEAR-Shoemaker", Science, 2001, 292, 488–491.

[Cheng-2002] Cheng, A. F. , et al. , "Small Scale Topography from Laser Altimetry and Imaging", Icarus, 155, 2002, 51–74.

[Chicarro-1993] Chicarro, A. , Scoon, G. , Coradini, M. , "MARSNET- A Network of Stations on the Surface of Mars", ESA Journal, 17, 1993, 225–237.

[Chicarro-1994] Chicarro, A. , Scoon, G. , Coradini, M. , "INTERMARSNET- An International Network of Stations on Mars for Global Martian Characterization", ESA Journal, 18, 1994, 207–218.

[Christensen-1998] Christensen, P. R. , et al. , "Results from the Mars Global Surveyor Thermal Emission Spectrometer", Science, 279, 1998, 1692–1698.

[Christensen-2001] Christensen, P. R. , et al. , "Mars Global Surveyor Thermal Emission Spectrometer Experiment: Investigation Description and Surface Science Results", Journal of Geophysical Research, 106, 2001, 23, 823–23, 871.

[Christou-2007] Christou, A. A. , Vaubaillon, J. , Withers, P. , "The Dust Trail Complex of Comet 79P/du Toit-Hartley and Meteor Outbursts on Mars", Astronomy & Astrophysics, 471, 2007, 321–329.

[CIA-1988] "Soviet Scientific Space Program: Gaining Prestige", Langley, CIA, January 1988, 10.

[Clark-2000] Clark, P. S. , "Launch Profiles Used by the Four-Stage Proton-K", Journal of the British Interplanetary Society, 53, 2000, 197–214.

[Collins-1986] Collins, D. H. , Miller, S. L. , "Comet Rendezvous: The Next Stage in Cometary Exploration", Journal of the British Interplanetary Society, 39, 1986, 263–272.

[Collins Petersen-1997] Collins Petersen, C. , "Welcome to Mars", Sky & Telescope, October 1997, 34–37.

[Combes-1986] Combes, M. , et al. , "Infrared Sounding of Comet Halley from Vega 1", Nature, 321, 1986, 266–268.

[Connerney-1999] Connerney, J. E. P. , et al. , "Magnetic Lineations in the Ancient Crust of Mars", Science, 284, 1999, 794–798.

[Cosmovici-1983] Cosmovici, C. B. , Schmidt, E. , Stanggassinger, U. , "ASTIS: Infrared Spectrometer for the German Asteroids Mission". In: "Asteroids, comets, meteors; Proceedings of the Meeting", Uppsala University, 1983, p. 187–191.

[Covault-1979] Covault, C. , "Funds Cut Forces Comet Strategy Shift", Aviation Week & Space Technology, 3 December 1979, 61–65.

[Covault-1985a] Covault, C. , "U. S. Plans Soviet Talks on Joint Manned Mission", Aviation Week & Space Technology, 7 January 1985, 16-18.

[Covault-1985b] Covault, C. , "First Comet Probe Reveals Structure of Great Complexity", Aviation Week & Space Technology, 16 September 1985, 16-19.

[Covault-1985c] Covault, C. , "NASA Defining Mission to Return Cometary Matter to Earth in 1990s", Aviation Week & Space Technology, 9 December 1985, 115-117 .

[Covault-1985d] Covault, C. , "Soviets in Houston Reveal New Lunar, Mars, Asteroid Flights", Aviation Week & Space Technology, 1 April 1985, 18-20.

[Covault-1989a] Covault, C. , "Magellan Prepared for Course Correction as Astronauts Land Atlantis in Crosswind", Aviation Week & Space Technology, 15 May 1989, 25.

[Covault-1989b] Covault, C. , "Galileo Launch to Jupiter by Atlantis Culminates Difficult Effort with Shuttle", Aviation Week & Space Technology, 9 October 1989, 58-67.

[Covault-1996a] Covault, C. , "Mars Surveyor Leads New Era of Exploration", Aviation Week & Space Technology, 11 November 1996, 22-24.

[Covault-1996b] Covault, C. , "Confusion Marks Mars 96 Failure", Aviation Week & Space Technology, 25 November 1996, 71-72.

[Covault-2006] Covault, C. , "Rescue Ops Over Mars", Aviation Week & Space Technology, 27 November 2006, 53-55.

[Cowley-1985] Cowley, S. W, "ICE Encounters Giacobini-Zinner", Nature, 317, 1985, 381.

[Crowley-2007] Crowley, G. , Tolson, R. H. , "Mars Thermospheric Winds from Mars Global Surveyor and Mars Odyssey Accelerometers", Journal of Spacecraft and Rockets, 44, 2007, 1188-1194.

[Cunningham-1983] Cunningham, C. , "European Satellite Studies of Minor Planets", Minor Planets Bulletin, 10, 1983, 26-27.

[Cunningham - 1985] Cunningham, C. , "European Satellite Studies of Minor Planets Ⅱ", Minor Planets Bulletin, 12, 1985, 29-30.

[Cunningham-1988a] Asteroid diameters are from IRAS data published in: Cunningham, C. J. , "Introduction to Asteroids", Richmond, Willmann-Bell, 1988, 148-164.

[Cunningham-1988b] ibid. , 135.

[Cunningham-1988c] ibid. , 132.

[Cunningham-1988d] ibid. , 93-123.

[Cunningham-1988e] ibid. , 132-133.

[Cunningham-1988f] ibid. , 135.

[Cunningham-1988g] ibid. , 134.

[Cunningham-1988h] ibid. , 136-138.

[Cunningham-1988i] ibid. , 136.

[Cunningham-1988j] ibid. , 133-134.

[Cunningham-1988k] ibid. , 89-92.

[Cunningham - 1989] Cunningham, C. , "European Satellite Studies of Minor Planets Ⅲ", Minor Planets Bulletin, 16, 1989, 20-21.

[Cunningham-1996] Cunningham, G. E., "Mars Global Surveyor Mission", Acta Astronautica, 38, 1996, 367-375.

[Dale-1986] Dale, D., Felici, F., Lo Galbo, P., "The Giotto Project: From Early Concepts to Flight Model", ESA Bulletin, 46, 1986, 22-33.

[Davies-1988a] Davies, J. K., "Satellite Astronomy: The Principles and Practice of Astronomy from Space", Chichester, Ellis Horwood, 1988, 119-120.

[Davies-1988b] ibid., 115-116.

[Davies-2003] Davies, A. G., "Temperature, Age and Crust Thickness Distribution of Loki Patera on Io from Galileo NIMS Data: Implications for Resurfacing Mechanism", Geophysical Research Letters, 30, 2003, 2133-2136.

[Dawson-2004] Dawson, V. P. Bowles, M. D., "Taming Liquid Hydrogen: The Centaur Upper Stage Rocket 1958-2002", Washington, NASA, 2004, 202-207.

[Day-2006] Day, D. A., "The Heat of a Burning Atom", Spaceflight, April 2006, 145-150.

[Debus-2002] Debus, A., et al., "Landers Sterile Integration Implementations: Example of Mars 96 Mission", Acta Astronautica, 50, 2002. 385-392 .

[Dehant-2003] Dehant, V., "A Liquid Core for Mars?", Science, 300, 2003, 260-261.

[Divsalar-1995] Divsalar, D., Simon, M. K., "CDMA With Interference Cancellation for Multiprobe Missions", JPL TDA Progress Report 42-120, 1995, 40-53.

[Doengi-1998] Doengi, F., et al., "Lander Shock-Alleviation Techniques", ESA Bulletin, 93, 1998, 51-60.

[Doody-1993] Doody, D. F., "Grappling for Gravity", Sky & Telescope, August 1993, 20.

[Doody-1995] Doody, D. F., "Aerobraking the Magellan Spacecraft in Venus Orbit", Acta Astronautica, 35, 1995, 475-480.

[Dornheim-1985] Dornheim, M. A., "Soviets' Vega 2 Balloon, Lander Transmit Data from Venus", Aviation Week & Space Technology, 24 June 1985, 22-24.

[Dornheim-1988] Dornheim, M. A., "Magellan Probe Signifies Renewed Interest in Planetary Programs", Aviation Week & Space Technology, 6 June 1988, 38-41.

[Dornheim-1989] Dornheim, M. A., "Galileo Thrusters Approved for Flight, But Mission Plan May be Abbreviated", Aviation Week & Space Technology, 10 April 1989. 23.

[Dornheim - 1990a] Dornheim, M. A., "Magellan Begins Systems Checkouts After Entering Orbit Around Venus", Aviation Week & Space Technology, 20 August 1990, 30-31.

[Dornheim-1990b] Dornheim, M. A., "Magellan Radar Produces Sharp Images, But Computer Problems Vex Controllers", Aviation Week & Space Technology, 27 August 1990, 29.

[Dornheim-1991] Dornheim, M. A., "Improper Antenna Deployment Treathens Galileo Jupiter Mission", Aviation Week & Space Technology, 22 April 1991, 25.

[Dornheim-2005] Dornheim, M. A., "Sat-to-Sat Photos May Help Diagnose Ills of Other Spacecraft", Aviation Week & Space Technology, 30 May 2005, 47.

[Dubinin-1998] Dubinin, E., et al., "Multiple Shocks near Mars", Earth Planets Space, 50, 1988, 279-287.

[Dunham-1990] Dunham, D. W., Jen, S. -C., Farquhar, R. W., "Trajectories for Spacecraft Encounters with Comet Honda-Mrkos-Pajdušáková in 1996", Acta Astronautica, 22, 1990, 161-171.

[Dunham-2000] Dunham, D. W., et al., "Recovery of NEAR's mission to Eros", Acta Astronautica, 47, 2000, 503-512.

[D'Uston-1989] D'Uston, C., et al., "Observation of the Gamma-Ray Emission from the Martian Surface by the APEX Experiment", Nature, 341 1989, 598-600.

[Duxbury-1997] Duxbury, T. C., "Proposed Clementine II Mission", paper dated October 1997.

[Eaton-1990] Eaton, D., "The Ulysses Storage and Recertification Activities: The Managerial Problems", ESA Bulletin, 63, 1990, 73-77.

[Eberhart-1985] Eberhart, J., "The ICE Plan Cometh", Science News, 31 August 1985, 138-139.

[Eberhardt-1986] Eberhardt, P. et al., "The CAESAR Project- A Comet Atmosphere Encounter and Sample Return", In: ESA Proceedings of the 20th ESLAB Symposium on the Exploration of Halley's Comet. Volume 2: Dust and Nucleus, 1986, 243-248.

[Edwards-2004] Edwards, C. D. Jr., et al., "A Martian Telecommunications Network: UHF Relay Support of the Mars Exploration Rovers by the Mars Global Surveyor, Mars Odyssey, and Mars Express Orbiters", paper presented at the LV Congress of the International Astronautical Federation, Vancouver, 2004.

[Efimov-2008a] Efimov, A. I., et al., "Coronal Radio-Sounding Detection of a CME During the 1997 Galileo Solar Conjunction", Advances in Space Research, 42, 2008, 110-116.

[Efimov-2008b] Efimov, A. I., et al., "Solar Wind Turbulence During the Solar Cycle Deduced from Galileo Coronal Radio-Sounding Experiments", Advances in Space Research, 42, 2008, 117-123 .

[Elachi-1980] Elachi, C., "Spaceborne Imaging Radar: Geologic and Oceanographic Applications", Science, 209, 1980, 1073-1082.

[Elfving-1993] Elfving, A., "Automation Technology for Remote Sample Acquisition". In: "Missions, Technologies et Conception des Vehicules Mobiles Planetaires", Toulouse, Cépaduès, 1993.

[Eremenko-1993] Eremenko, A, Martinov, B., Pitchkhadze, K., "Rover in 'the Mars 96' Mission". In: "Missions, Technologies et Conception des Vehicules Mobiles Planetaires", Toulouse, Cépaduès, 1993.

[Erickson-1999] Erickson, J. K., et al., "Project Galileo: Completing Europa, Preparing for Io", paper presented at the L Congress of the International Astronautical Federation, Amsterdam, 1999.

[Erickson-2000] Erickson, J. K., et al., "Project Galileo: Surviving Io, Meeting Cassini", paper presented at the LI Congress of the International Astronautical Federation, Rio de Janeiro, 2000.

[ESA-1975] "14th SOL Meeting", ESA document 4164, 1 September 1975.

[ESA-1976] "Out-of-Ecliptic Mission- Progress Report", ESA document 4327, 3 December 1976.

[ESA-1979a] "Report on Studies for a Comet Mission to Halley and Tempel-2", document ESA 4214, 12 January 1979.

[ESA-1979b] "International Comet Mission", document ESA 8047, containing correspondence, reports etc. dated between 22 March 1979 and 19 April 1980.

[ESA-1979c] "31st SOL Meeting: Paris from 3 May to 4 May 1979", document ESA 4218, 25 June 1979.

[ESA-1979d] "Ad-hoc Panel on polar orbiters of the Moon and Mars", document ESA 4743, July 1979.

[ESA-1979e] "Exploration of Mars", document ESA 4712, 22 November 1979.

[ESA-1980] "32nd SOL meeting : Noordwijk on 22/11/1979", document ESA 4221, 31 January 1980.

[Esposito-1994] Esposito, P. B., et al., "Navigating Mars Observer: Launch Through Encounter and Response to the Spacecraft's Pre-Encounter Anomaly", Paper AAS 94-119.

[Esposito-1999] Esposito, P. et al. , "Navigating Mars Global Surveyor Through the Martian Atmosphere: Aerobraking 2", paper AAS 99-443.

[Etchegaray-1987] Etchegaray, M. I. (ed.), "Preliminary Scientific Rationale for a Voyage to a Thousand Astronomical Units", Pasadena, JPL, 1987.

[Evans-2001] Evans, L. G., et al. , "Elemental Composition from Gamma-Ray Spectroscopy of the NEAR-Shoemaker Landing Site on 433 Eros", Meteoritics & Planetary Science, 36, 2001, 1639-1660.

[Farquhar-1976] Farquhar, R. W., Muhoen, D. P., Richardson, D. L. , "Mission Design for a Halo Orbiter of the Earth", Paper AIAA 76-810.

[Farquhar-1983] Farquhar, R. , "ISEE-3 A Late Entry in the Great Comet Chase", Astronautics & Aeronautics, September 1983, 50-55.

[Farquhar-1995] Farquahr, R. W, Dunham, D. W. , McAdams, J. V. , "NEAR Mission Overview and Trajectory Design", Paper AAS 95-378.

[Farquhar-1999] Farquhar, R. W. , "The use of Earth-return trajectories for missions to comets", Acta Astronautica, 44, 1999, 607-623.

[Farquhar-2001] Farquhar, R. W. , "The Flight of ISEE-3/ICE: Origins, Mission History, and a Legacy", The Journal of the Astronautical Sciences, 49, 2001, 23-73.

[Ferrin-1988] Ferrin, I. , Gil, C. , "The Aging of Comets Halley and Encke", Astronomy and Astrophysics, 194, 1988, 288-296 .

[Festou-1986] Festou, M. C. , et al. , "IUE Observations of Comet Halley During the Vega and Giotto Encounters", Nature, 321, 1986, 361-363.

[Fischer-1996] Fischer, H. M. , et al. , "High-Energy Charged Particles in the Innermost Jovian Magnetosphere", Science, 272, 1996, 856-858.

[Flight-1987] "Mars Observer Delayed", Flight International, 28 March 1987, 135.

[Flight-1988] "ESA Nears Science Mission Decision", Flight International, 19 November 1988, 21.

[Flight-1989a] "Phobos 2 in Trouble", Flight International, 14 January 1989, 13.

[Flight-1989b] "Dress Rehearsal Proves Magellan", Flight International, 20 June 1990, 21.

[Flight-1989c] "Soviets Turn from Mars to Moon", Flight International, 7 January 1989, 7.

[Flight-1989d] "Greece in Space", Flight International, 14 October 1989, 32.

[Flight-1990] "Mars-Race Spacecraft Needs $10 Million Funding", Flight International, 4 April 1990, 28.

[Flight-1991a] "Galileo High-Gain Antenna Failure Blurs Jupiter", Flight International, 8 May 1991, 10.

[Flight-1991] "Dornier Wins Mars Camera Contract", Flight International, 4 December 1991, 16.

[Flight-1992a] "Successful Giotto Set for Third Comet", Flight International, 22 July 1992, 17.

[Flight-1992b] "NASA/Russian Mars Agreement", Flight International, 21 October 1992, 23.

[Flight-1993] "India Aims at Mercury", Flight International, 31 March 1993, 19.

[Flight-1994] "Martin Marietta Drops Observer Claim", Flight International, 19 January 1994, 23.

[Flight-1997] "Mars Find", Flight International, 22 January 1997, 22.

[Folkner-1997a] Folkner, W. M. , et al. , "Earth-Based Radio Tracking of the Galileo Probe for Jupiter Wind Estimation", Science, 275, 1997, 644-646.

［Folkner-1997b］ Folkner, W. M. , et al. , "Interior Structure and Seasonal Mass Redistribution of Mars from Radio Tracking of Mars Pathfinder", Science, 278, 1997, 1749-1751.

［Forward-1986］ Forward, R. L. , "Feasibility of Interstellar Travel: A Review", Journal of the British Interplanetary Society, 39, 1986, 379-384.

［Frank-1996］ Frank, L. A. , et al. , "Plasma Observations at Io with the Galileo Spacecraft", Science, 274, 1996, 394-395.

［Freese-2000］ Freese, J. J. , "The Viability of U. S. Anti-Satellite (ASAT) Policy: Moving Toward Space Control", USAF Institute of National Security Studies, INSS Occasional Paper 30, January 2000, 21-22.

［Friedlander-1971］ Friedlander, A. L. , Niehoff, J. C. , Waters, J. I. , "Trajectory Requirements for Comet Rendezvous", Journal of Spacecraft, 8, 1971, 858-866.

［Friedman-1980］ Friedman, L. D. , "A Proposal for a U. S. Initiative: The International Halley Watch", Paper AIAA-80-0113.

［Friedman - 1988］ Friedman, L. , "Starsailing: Solar Sails and Interstellar Travel", New York, Wiley Science, 1988.

［Friedman-1993a］ Friedman, L. D. , "What Happened to Mars Observer?", The Planetary Report, November/December 1993, 4.

［Friedman-1993b］ Friedman, L. D. , "Loss of Mars Balloon Relay Will Affect Mars '94 and '96 Missions", The Planetary Report, November/December 1993, 5.

［Friedman-1994］ Friedman, L. D. , "Cleverness: Colombo's Legacy to Mission Design", paper presented at the Memorial Conference "Ideas for Space Research after the Year 2000", Padua, 18-19 February 1994.

［Furniss-1987a］ Furniss, T. , "Countdown to Co-operation", Flight International, 5 December 1987, 30-33 .

［Furniss-1987b］ Furniss, T. , "Soviets Plan 1992 Mars Rover" Flight International, 24 October 1987, 35.

［Furniss-1987c］ Furniss, T. , "Phobos - The Most Ambitious Mission", Flight International, 27 June 1987, 43-45.

［Furniss-1990a］ Furniss, T. , "Infernal Device", Flight International, 26 September 1990, 40-42.

［Furniss-1990b］ Furniss, T. , "Shuttle Clear to Launch Ulysses", Flight International, 19 September 1990, 17.

［Furniss-1990c］ Furniss, T. , "Discovery Gives a Boost to Ulysses", Flight International, 17 October 1990, 10.

［Furniss-1990d］ Furniss, T. , "Aerobraking Development Begins", Flight International, 31 January 1990, 17.

［Furniss-1992a］ Furniss, T. , "Return to the Red Planet", Flight International, 2 September 1992, 149-150.

［Furniss-1992b］ Furniss, T. , "Mars Observer en Route after Scars", Flight International, 7 October 1992, 21.

［Furniss-1993］ Furniss, T. , "Low Cost Discoveries", Flight International, 17 March 1993, 27.

［Furniss-1996］ Furniss, T. , "Mars Probe May Be to Blame for Failure", Flight International, 27 November 1996, 26.

［Furniss-1997］ Furniss, T. , "The Mars Burn", Flight International, 26 November 1997, 49.

［Galeev-1990］ Galeev, A. A. , et al. , "K Solntsu!" (To the Sun!), Nauka v SSSR, No. 1, 1990, page unknown. (in Russian).

［Galeev-1995］ Galeev, A. A. , et al. , "Russian Programs of Planetary Exploration: Mars-94/98 Missions", Acta Astronautica, 35, 1995, 9-33.

［Garcia-1991］ Garcia, H. A. , Fárník, F. , "Stereoscopic Measurements of Flares from Phobos and GOES", Solar Physics, 131, 1991, 137−148.

[Garvin−1988] Garvin, J. B. , Ulaby, F. T. , "Dielectric Properties of Meteorites: Implications for Radar Obser-
vations of Phobos", paper presented at the Lunar and Planetary Science Conference XIX, Houston, 1988.

[Geenty−2005] Geenty, J. , "Flights of Fancy. The Lost Space Shuttle Missions of 1986", Spaceflight, 47, Jan-
uary 2005, 26−32.

[Geissler−1998] Geissler, P. E. , et al. , "Evidence for Non−Synchronous Rotation of Europa", Nature, 391,
1998, 368−370.

[Geissler−1999] Geissler, P. E. , et al. , "Galileo Imaging of Atmospheric Emissions from Io", Science, 285,
1999, 870−874.

[Gel'man−1986] Gel'man, B. G. , et al. , "Reaction Gas Chromatography of Venus Cloud Aerosols" Soviet As-
tronomy Letters, 12, 1986, 42−43.

[Gianvanni−1990] Gianvanni, P. , "Capitana Italica verso Marte?" (Italian Flagship to Mars?), JP4, January
1990, 10 (in Italian).

[Gierasch−2000] Gierasch, P. J. , et al. , "Observation of Moist Convection in Jupiter's Atmosphere", Nature,
403, 2000, 628−630.

[Giorgini−1995] Giorgini, J. , et al. , "Magellan Aerobrake Navigation", Journal of the British Interplanetary So-
ciety, 48, 1995, 111−122.

[Goldman−1994] Goldman, S. J. : "Clementine Maps the Moon", Sky & Telescope, August 1994, 20−24.

[Goldman−1997] Goldman, S. J. , "A Sol in the Life of Pathfinder", Sky & Telescope, November 1997, 32−34.

[Golombek−1997] Golombek, M. P. , et al. , "Overview of the Mars Pathfinder Mission and Assessment of Land-
ing Site Predictions", Science, 278, 1997, 1743−1748 .

[Golombek−1998] Golombek, M. P. , "The Mars Pathfinder Mission", Scientific American, July 1998, 40−49.

[Gore−1986] Gore, R. , "Halley's Comet 1986− More than Met the Eye", National Geographics, December
1986, 758−785.

[Goy−1990] Goy, F. , "Regata per Marte" (Mars Regatta), Volare, June 1990, 42−45 (in Italian).

[Graps−2000] Graps, A. L. , et al. , "Io as a Source of the Jovian Dust Streams", Nature, 405, 2000, 48−49.

[Grard−1982] Grard, R. , "Kepler− A Mission to the Planet Mars", ESA Bulletin, 32, 1982, 22−24.

[Grard−1986] Grard, R. , et al. "Observations of Waves and Plasma in the Environment of Comet Halley", Na-
ture, 321, 1986, 290−291.

[Grard−1988] Grard, R. , "The Vesta Mission− A Visit to the Small Bodies of the Solar System", ESA Bulletin,
No. 55, 1988, 36−40.

[Grard−1989a] Grard, R. , et al. , "First Measurements of Plasma Waves near Mars", Nature, 341, 1989,
607−609.

[Grard−1989b] Grard, R. J. L. , Marsden, R. G. , "The Phobos Mission: First Results from the Plasma Wave
System and Low−Energy Telescope", ESA Bulletin, 56, 1989, 81−82.

[Grard−1994] Grard, R. , Scoon, G. , Coradini, M. , "Mercury Orbiter− An Interdisciplinary Mission", ESA
Journal, 18, 1994, 197−205.

[Gringauz−1986] Gringauz, K. I. , et al. "First In Situ Plasma and Neutral Gas Masurements at Comet Halley",
Nature, 321, 1986, 282−285.

［Grün-1993］Grün, E. , et al. , "Discovery of Jovian Dust Streams and Interstellar Grains by the Ulysses Space-craft", Nature, 362, 1993, 428-430.

［Grün-1994］Grün, E. , et al. , "Interstellar Dust in the Heliosphere", Astronomy and Astrophysics, 286, 1994, 915-924.

［Grün-1996］Grün, E. , et al. , "Dust Measurements During Galileo's Approach to Jupiter and Io Encounter", Science, 274, 1996, 399-401.

［Guernsey-2001］Guernsey, C. S. , "Propulsion Lessons Learned from the Loss of Mars Observer", Paper AIAA-2001-3630.

［Gurnett-1991］Gurnett, D. A. , et al. , "Lightning and Plasma Wave Observations from the Galileo Flyby of Venus", Science, 253, 1991, 1522-1525.

［Gurnett-1996a］Gurnett, D. A. , et al. , "Galileo Plasma Wave Observations in the Io Plasma Torus and Near Io", Science, 274, 1996, 391-392.

［Gurnett-1996b］Gurnett, D. A. , et al. , "Evidence for a Magnetosphere at Ganymede from Plasma-Wave Observations by the Galileo Spacecraft", Nature, 384, 1996, 535-537.

［Gurnett-1997］Gurnett, D. A. , et al. , "Absence of a Magnetic-Field Signature in Plasma-Wave Observations at Callisto", Nature, 387, 1997, 261-262.

［Gurnett-2002］Gurnett, D. A. , et al. , "Control of Jupiter's Radio Emission and Aurorae by the Solar Wind", Nature, 415, 2002, 985-987.

［Hainaut-2004］Hainaut, O. R. , et al. , "Post-Perihelion Observations of Comet 1P/Halley. V: rh = 28. 1 AU", Astronomy and Astrophysics, 417, 2004, 1159-1164.

［Hainaut-2007］Hainaut, O. R. , Personal communication with the author, 9 June 2007.

［Harland-2000a］Harland, D. M. , "Jupiter Odissey: The Story of NASA's Galileo Mission", Chichester, Springer-Praxis, 2000, 45-49.

［Harland-2000b］ibid. , 57-62.

［Harland-2000c］ibid. , 72-78.

［Harland-2000d］ibid. , 111-125.

［Harland-2000e］ibid. , 138-143, 186-189, 250-255 and 301-306 .

［Harland-2000f］ibid. , 190-196.

［Harland-2000g］ibid. , 265.

［Harland-2000h］ibid. , 204-207.

［Harland-2000i］ibid. , 265-268.

［Harland-2000j］ibid. , 155-160.

［Harland-2000k］ibid. , 268.

［Harland-2000l］ibid. , 313.

［Harland-2000m］ibid. , 173-174.

［Harland-2000n］ibid. , 313-315.

［Harland-2000o］ibid. , 285-288.

［Harland-2000p］ibid. , 208-211.

［Harland-2000q］ibid. , 219-222.

[Harland-2000r] ibid., 223-226.

[Harland-2000s] ibid., 226-227.

[Harland-2000t] ibid., 330-348.

[Harvey-2000a] Harvey, B., "The Japanese and Indian Space programs", Chichester, Springer-Praxis, 2000, 3-37.

[Harvey-2000b] ibid., 127-189.

[Harvey-2007a] Harvey, B., personal communication with the author, 15 November 2007.

[Harvey-2007b] Harvey, B., "Russian Planetary Exploration: History, Development, Legacy and Prospects", Chichester, Springer-Praxis, 2007, 251-252.

[Harvey-2007b] ibid., 266-275.

[Harvey-2007c] ibid., 281-284.

[Hawkyard-1990] Hawkyard, A., Buia, P., "The Ulysses Spacecraft", ESA Bulletin, 63, 1990, 40-49.

[Head-1991] Head, J. W., et al., "Venus Volcanism: Initial Analysis from Magellan Data", Science, 252, 1991, 276-288.

[Head-1999] Head, J. W. III, et al., "Possible Ancient Oceans on Mars: Evidence from Mars Orbiter Laser Altimeter Data", Science, 286, 1999, 2134-2137.

[Head-2001] Head, J., et al., "Ganymede: Very High Resolution Data from G28 Reveal New Perspectives on Processes and History", paper presented at the XXX II Lunar and Planetary Science Conference, Houston, 2001.

[Henderson-1989] Henderson, B. W., "NASA Scientists Hope Mars Rover Will be Precursor to Manned Flight", Aviation Week & Space Technology, 9 October 1989, 85-94.

[Hengeveld-2005] Hengeveld, E., "The Reluctant Space Shuttle", Spaceflight, December 2005, 460-464.

[Hill-2002] Hill, T. W., "Magnetic Moments at Jupiter", Nature, 415, 2002, 965-966.

[Hirao-1984] Hirao, K., "The Suisei/Sakigake (Planet-A/MS-T5) Missions". In: "Space Missions to Halley's Comet", Noordwijk, ESA SP-1066, 1984.

[Hirao-1986] Hirao, K., Itoh, T. "The Planet-A Halley Encounters", Nature, 321, 1986, 294-297.

[Hirao-1987] Hirao, K., Itoh, T., "The Sakigake/Suisei Encounter with Comet P/Halley", Astronomy & Astrophysics, 187, 1987, 39-46.

[Hoppa-1999] Hoppa, G. V., et al., "Formation of Cycloidal Features on Europa", Science, 285, 1999, 1899-1902.

[Hoppa-2000] Hoppa, G. V., et al., "Europa's Sub-Jovian Hemisphere from Galileo I25: Tectonic and Chaotic Surface Features", paper presented at the Lunar and Planetary Science Conference XXXI, Houston, 2000.

[Hoppa-2001] Hoppa, G. V., et al., "Europa's Rate of Rotation Derived from the Tectonic Sequence in the Astypalaea Region", Icarus, 153, 2001, 208-213 .

[Houpis-1986] Houpis, H. L. F., Gombosi, T. I., "An Icy-Glue Nucleus Model of Comet Halley", In: ESA Proceedings of the 20th ESLAB Symposium on the Exploration of Halley's Comet. Volume 2: Dust and Nucleus, 1986, 397-401.

[Hubbard-1992] Hubbard, G. S., et al., "Mars Environmental Survey (MESUR): Science objectives and mission description", paper presented at the Lunar and Planetary Institute Workshop on the Martian Surface and

Atmosphere Through Time, 1992.

[Hudson-2000] Hudson, R. S. , et al. , "Radar Observations and Physical Model of Asteroid 6489 Golevka", Icarus, 148, 2000, 37-51.

[Hufbauer-1992] Hufbauer, K. , "European Space Scientists and the Genesis of the Ulysses Mission, 1965-1979". In: Russo, A. (ed.), "Science Beyond the Atmosphere: the History of Space Research in Europe", ESA, Proceedings of a Symposium held in Palermo, 5-7 November 1992.

[Hughes-1980] Hughes, D. , "Mission to the Comets", New Scientist, 10 January 1980, 66-69.

[Hviid-1997] Hviid, S. F. , et al. , "Magnetic Properties Experiments on the Mars Pathfinder Lander: Preliminary Results", Science, 278, 1997, 1768-1770.

[IAUC-3737] "International Astronomical Unit Circular No. 3737", 21 October 1982.

[IAUC-3937] "International Astronomical Unit Circular No. 3937", 12 April 1984.

[IAUC-7243] "International Astronomical Unit Circular No. 7243", 23 August 1999.

[IAUC-8107] "International Astronomical Unit Circular No. 8107", 4 April 2003.

[Iorio-2007] Iorio, L. , "High-Precision Measurement of Frame-Dragging with the Mars Global Surveyor Spacecraft in the Gravitational Field of Mars", Arxiv pre-print gr-qc/ 0701042.

[Ivanov-1988] Ivanov, M. A. , "The Results of Morphometric Study of the Tessera Terrain of Venus from Venera 15/16 Data", paper presented at the XIX Lunar and Planetary Science Conference, Houston, 1988.

[Ivanov-1990] Ivanov, B. A. , "Venusian Impact Craters on Magellan Images: View from Venera 15/16", Earth Moon and Planets, 50/51, 1990, 159-173.

[Izenberg- 1998] Izenberg, N. R. , Anderson, B. J. , "NEAR Swings by Earth en Route to Eros", Eos Transaction American Geophysical Union, 79, 1998, 289-295.

[Jaffe-1980] Jaffe, L. D. , et al. , "An Interstellar Precursor Mission", Journal of the British Interplanetary Society, 33, 1980, 3-26.

[James-1982] James, W. , "Unveiling Venus with VOIR", Sky & Telescope, February 1982, 141-144.

[Janin-1984] Janin, G. , "Towards the Halley Comet". In: "Mathématiques spatiales pour la préparation et la réalisation de l'exploitation des satellites/Space mathematics for the preparation and the development of satellites exploration", Toulouse, Cépaduès, 1984, 1051-1071.

[Jaroff-1997] Jaroff, L. , "Dreadful Sorry, Clementine", Time Magazine, 27 October 1997, page unknown.

[Jenkins-2002] Jenkins, R. M. , "The Giotto Spacecraft plus ' Why was Giotto Special? '", Space Chronicle, 55, 2002, 12-30.

[Johnson-1991] Johnson, T. V. , et al. , "The Galileo Venus Encounter", Science, 253, 1991, 1516-1518.

[Johnston-1998] Johnston, M. D. , et al. , "Mars Global Surveyor Aerobraking at Mars", Paper AAS 98-112.

[Johnstone-1986] Johnstone, A. , et al. , "Ion Flow at Comet Halley", Nature, 321, 1986, 344-347.

[Jones-2002] Jones, G. H. , "Ulysses's Encounter with Comet Hyakutake", paper presented at the Asteroids, Comets, Meteors - ACM 2002 International Conference, 29 July-2 August 2002 .

[Jones-2003] Jones, G. H. , et al. , "Possible Distortion of the Interplanetary Magnetic Field by the Dust Trail of Comet 122P/De Vico", The Astrophysical Journal, 597, 2003, L61-L64.

[JP4-1992] "Tecnospazio e le Comete" (Tecnospazio and Comets), JP4, April 1992, 11 (in Italian).

[JPL-1978] "Solar Polar Fact Sheet", Pasadena, JPL, 26 July 1978.

[JPL-1991] "Outward to the Beginning: The CRAF and Cassini Missions", JPL Brochure 400-341, June 1991.

[JPL-1993] "Mars Observer Loss of Signal: Special Review Board Final Report", JPL Publication 93-28, November 1993.

[JWG-1986a] Joint Working Group on Cooperation in Planetary Exploration, "United States and Western Europe Cooperation in Planetary Exploration", Washington, National Academic Press, 1986.

[JWG-1986b] ibid. , 146-147.

[JWG-1986c] ibid. , 149-157.

[JWG-1986d] ibid. , 59-64.

[Kahn-1997] Kahn, R. , "A Martian Mystery", Sky & Telescope, October 1997, 38-39.

[Kamoun-1982] Kamoun, P. , et al. , "Comet Grigg-Skjellerup: Radar Detection of the Nucleus", Bulletin of the American Astronomical Society, 14, 1982, 753.

[Kaneda-1986] Kaneda, E. , et al. , "Strong Breathing of the Hydrogen Coma of Comet Halley", Nature, 320, 1986, 140-141.

[Kargel-1997] Kargel, J. S. , "The Rivers of Venus", Sky & Telescope, August 1997, 32-37.

[Kawashima-1993] Kawashima, N. , et al. , "Development/Drilling Test of Auger Boring Machine on Board Mars Rover for Mars Exploration". In: "Missions, Technologies et Conception des Vehicules Mobiles Planetaires", Toulouse, Cépaduès, 1993.

[Keating-1998] Keating, G. M. , et al. , "The Structure of the Upper Atmosphere of Mars: In Situ Accelerometer Measurements from Mars Global Surveyor", Science, 279, 1998, 1672-1676.

[Keller-1986] Keller, H. U. , et al. , "First Halley Multicolour Camera Imaging Results from Giotto", Nature, 321, 1986, 320-326.

[Keller-1988] Keller, H. U. , Kramm, R. , Thomas, N. . , "Surface Features on the Nucleus of Comet Halley", Nature, 331, 1988, 227-231.

[Kelly Beatty-1984] Kelly Beatty, J. , "Radar Views of Venus", Sky & Telescope, February 1984, 110-112.

[Kelly Beatty-1985a] Kelly Beatty, J. , "A Radar Tour of Venus", Sky & Telescope, June 1985, 507-510.

[Kelly Beatty-1985b] Kelly Beatty, J. , "Comet G-Z: The Inside Story", Sky & Telescope, November 1985, 426-427.

[Kelly Beatty-1993] Kelly Beatty, J. , "Working Magellan's Magic", Sky & Telescope, August 1993, 16-20.

[Kelly Beatty-1993b] Kelly Beatty, J. , "The Long Road to Jupiter", Sky & Telescope, April 1993, 18-21.

[Kelly Beatty-1995] Kelly Beatty, J. , "Ida & Company", Sky & Telescope, January 1995, 20-23.

[Kelly Beatty-1996a] Kelly Beatty, J. , "Into the Giant", Sky & Telescope, April 1996, 20-22.

[Kelly Beatty-1996b] Kelly Beatty, J. , "Life from Ancient Mars?", Sky & Telescope, October 1996, 18-19.

[Kelly Beatty-1999] Kelly Beatty, J. , "In Search of Martian Seas", Sky & Telescope, November 1999, 38-41.

[Kelly Beatty-2001] Kelly Beatty, J. , "NEAR Falls for Eros", Sky & Telescope, May 2001, 34-37 .

[Kemurdjian-1992] Kemurdjian, A. L. , et al. , "Soviet Developments of Planet Rovers in Period of 1964-1990". In: "Missions, Technologies et Conception des Vehicules Mobiles Planetaires", Toulouse, Cépaduès, 1993.

[Keppler-1986] Keppler, E. , et al. , "Neutral Gas Measurements of Comet Halley from Vega 1", Nature, 321, 1986, 273-274.

[Kerr-1979] Kerr, R. A. , "Planetary Science on the Brink Again", Science, 206, 1979, 1288-1289.

[Kerr-1984] Kerr, R. A. , "Probing the Long Tail of the Magnetosphere", Science, 226, 1984, 1298-1299.

[Kerr-1985] Kerr, R. A. , "New Plasma Physics Lab at Giacobini-Zinner", Science, 230, 1985, 51-52.

[Kerr-1986] Kerr, R. A. , "VEGA's 1 and 2 Visit Halley", Science, 231, 1986, 1366.

[Kerr-1990] Kerr, R. A. , "Will Magellan Find a Half-Sister of Earth's?", Science, 249, 1990, 742-744.

[Kerr-1991] Kerr, R. A. , "Magellan: No Venusian Plate Tectonics Seen", Science, 252, 1991, 213.

[Kerr-1993] Kerr, R. A. , "More Venus Science, or the Off Switch for Magellan?", Science, 259, 1993, 1696-1697.

[Keszthelyi-1999] Keszthelyi, L. , et al. , "Revisiting the Hypothesis of a Mushy Global Magma Ocean on Io", Icarus, 141, 1999, 415.

[Khurana-1997] Khurana, K. K. , et al. , "Absence of an Internal Magnetic Field at Callisto", Nature, 387, 1997, 262-264.

[Khurana-1998] Khurana, K. K. , et al. , "Induced Magnetic Fields as Evidence for Subsurface Oceans in Europa and Callisto", Nature, 395, 1998, 777-780.

[Kieffer-2000] Kieffer, S. W. , et al. "Prometheus: Io's Wandering Plume", Science, 288, 2000, 1204-1208.

[Killeen-1995] Killeen, T. , Brace, L. , "MUADEE: A Discovery-Class Mission for Exploration of the Upper Atmosphere of Mars", Acta Astronautica, 35, 1995, 377-386.

[Kiseleva-2007] Kiseleva, T. P. , Khrutskaya, E. V. , "Pulkovo Astrometric Observations of Bodies in the Solar System from 1898 to 2005: Observational Database", Solar System Research, 41, 2007, 72-80.

[Kissel-1986a] Kissel, J. , et al. , "Composition of Comet Halley Dust Particles from Giotto Observations", Nature, 321, 1986, 336-337.

[Kissel-1986b] Kissel, J. , et al. , "Composition of Comet Halley Dust Particles from Vega Observations", Nature, 321, 1986, 280-282.

[Kivelson-1993] Kivelson, M. G. , et al. , "Magnetic Field Signatures Near Galileo's Closest Approach to Gaspra", Science, 261, 1993, 331-334.

[Kivelson-1996a] Kivelson, M. G. , et al. , "A Magnetic Signature at Io: Initial Report from the Galileo Magnetometer", Science, 273, 1996, 337-340.

[Kivelson - 1996b] Kivelson, M. G. , et al. , "Discovery of Ganymede's Magnetic Field by the Galileo Spacecraft", Nature, 384, 1996, 537-541.

[Kivelson-1997] Kivelson, M. G. , et al. , "Europa's Magnetic Signature: Report from Galileo's Pass on 19 December 1996", Science, 276, 1997, 1239-1241.

[Kivelson-2000] Kivelson, M. G. , et al. , "Galileo Magnetometer Measurements: A Stronger Case for a Subsurface Ocean at Europa", Science, 289, 2000, 1340-1343.

[Klaes-1993] Klaes, L. , "The Soviets and Venus- Part 3", Electronic Journal of the Astronomical Society of the Atlantic, April 1993.

[Klimov-1986] Klimov, S. , et al. "Extremely-Low-Frequency Plasma Waves in the Environment of Comet Halley", Nature, 321, 1986, 292-293.

[Kolyuka-1991] Kolyuka, Yu, et al. , "Phobos and Deimos Astrometric Observations from the Phobos Mission", Astronomy & Astrophysics, 244, 1991, 236-241 .

[Konopliv-1996] Konopliv, A. S. , Sjogren, W. L. , "Venus Gravity Handbook", Pasadena, JPL, 1996.

[Korablev-2002] Korablev, O. I. , "Solar Occultation Measurements of the Martian Atmosphere on the Phobos Spacecraft: Water Vapor Profile, Aerosol Parameters, and Other Results", Solar System Research, 36, 2002, 12-34.

[Kotelnikov-1984] Kotelnikov, V. A. , et al. , "The Maxwell Montes Region, Surveyed by the Venera 15, Venera 16 Orbiters", Soviet Astronomy Letters, 10, 1984, 369-373.

[Kovtunenko-1990] Kovtunenko, V. M. , et al. , "Unifitsirovanniy Avtomaticheskiy Kosmicheskiy Apparat Dlya Provedeniya Issledovaniy Dalniy Planet Solnechnoy Sistemy Meshplanetnogo Prostranstva i Solntsa (Proyekt 'Tsiolkovskii')", (Unified Space Probes to Observe the Distant Planets of the Solar System, the Interplanetary Space, and the Sun (Project 'Tsiolkovskii')), 1990 (?). (in Russian).

[Kovtunenko-1995] Kovtunenko, V. M. , et al. , "Opportunity to Create the System for Space Protection of the Earth Against Asteroids and Comets on the Base of Modern Technology", paper presented at the Planetary Defense Workshop, Lawrence Livermore National Laboratory, May 1995.

[Kozicharow-1979] Kozicharow, E. , "Timing, Budget Spur Solar Polar Mission", Aviation Week & Space Technology, 29 October 1979, 46-47.

[Kraemer-2000a] Kraemer, R. S. , "Beyond the Moon: A Golden Age of Planetary Exploration 1971-1978", Washington, Smithsonian Institution Press, 2000, 225.

[Krasnopolsky-1986] Krasnopolsky, V. A. , et al. , "Spectroscopic Study of Comet Halley by the Vega 2 Three-Channel Spectrometer", Nature, 321, 1986, 269-271.

[Krasnopolsky-1989] Krasnopolsky, V. A. , et al. , "Solar Occultation Spectroscopic Measurements of the Martian Atmosphere at 1.9 and 3.7 mm", Nature, 341, 1989, 603-604.

[Kremnev-1986a] Kremnev, R. S. , et al. , "The Vega Balloons: A Tool for Studying Atmosphere Dynamics on Venus", Soviet Astronomy Letters, 12, 1986, 7-9.

[Kremnev-1986b] Kremnev, R. S. , et al. , "VEGA Balloon System and Instrumentation", Science, 231, 1986, 1408-1411.

[Kresak-1987] Kresak, L. , "The 1808 Apparition and the Long-Term Physical Evolution of Periodic Comet Grigg-Skjellerup", Bulletin of the Astronomical Institute of Czechoslovakia, 38, 1987, 65-75.

[Krimigis-1995] Krimigis, S. M. , Veverka, J. , "Foreword: Genesis of Discovery", Journal of Astronautical Sciences, 43, 1995, 345-347.

[Krogh-2007] Krogh, K. , "Iorio's 'High-Precision Measurement' of Frame-Dragging with the Mars Global Surveyor", Arxiv pre-print astro-ph/0701653.

[Kronk-1984a] Kronk, G. W. , "Comets: A Descriptive Catalog", Hillside, Henslow, 1984, 308-309.

[Kronk-1984b] ibid. , 254-255.

[Kronk-1984c] ibid. , 255-256.

[Kronk-1984d] ibid. , 248-249.

[Kronk-1988a] Kronk, G. W. , "Meteor Showers: A Descriptive Catalog", Hillside, Enslow, 1988, 189-194.

[Kronk-1988b] ibid. , 57-59.

[Kronk-1999] Kronk, G. W. , "Cometography: A Catalog of Comets" Volume 1: Ancient-1799, Cambridge University Press, 1999, 375.

［Krüger-2005］ Krüger, H. , et al. , "Dust Stream Measurements from Ulysses' Distant Jupiter Encounter", paper presented at the Dust in Planetary Systems conference, 26-28 September 2005, Kaua'i .

［Krüger-2007］ Krüger, H. , et al. , "Interstellar Dust in the Solar System", Arxiv astro-ph0706. 3310 preprint.

［Krupp-2006］ Krupp, E. C. , "Lost in Space", Sky & Telescope, September 2006, 40-41.

［Ksanfomality-1989］ Ksanfomality, L. V. , et al. , "Spatial Variations in Thermal and Albedo Properties of the Surface of Phobos", Nature, 341, 1989, 588-591.

［Kumar-1978］ Kumar, S. , "Science Strategy for Halley Flyby/Tempel-2 Rendezvous Mission", paper presented at the Workshop on Experimental Approaches to Comets, Houston, 11-13 September 1978.

［Kurth-2002］ Kurth, W. S. , et al. , "The Dusk Flank of Jupiter's Magnetosphere", Nature, 415, 2002, 991-994.

［Kuznik-1985］ Kuznik, F. , "Visit to a Small Comet", Space World, July 1985, 23-26.

［Lande-1995］ Lande, A. L. , "The Mars '94 Oxidant Experiment (MOx): Creation of Something from Nothing om 1 Year", Acta Astronautica, 35, 1995, 69-78.

［Langevin-1983］ Langevin, Y. , "The New European Project for the Exploration of Asteroids: AGORA", paper presented at the XIV Lunar and Planetary Science Conference, Houston, 1983.

［Lanzerotti-1996］ Lanzerotti, L. J. , et al. , "Radio Frequency Signals in Jupiter's Atmosphere", Science, 272, 1996, 858-860.

［Lanzerotti-1998］ Lanzerotti, L. J. , et al. , "Spin Rate of Galileo Probe During Descent into the Atmosphere of Jupiter", Journal of Spacecraft and Rockets, 35, 1998, 100-102.

［Laplace-1993］ Laplace, H. , Morelière, M. , Gorse, C. , "The Mars 96 Balloon Guiderope: an Autonomous System in Extreme Environment Conditions". In: "Missions, Technologies et Conception des Vehicules Mobiles Planetaires", Toulouse, Cépaduès, 1993.

［Lardier-1992a］ Lardier, C. , "L'Astronautique Soviétique" (Soviet Astronautics), Paris, Armand Colin, 1992, 275 (in French).

［Lardier-1992b］ ibid. , 279-280.

［Laros-1997］ Laros, J. G. , et al. , "Gamma-Ray Burst Arrival Time Localizations: Simultaneous Observations by Mars Observer, Compton Gamma Ray Observatory, and Ulysses", The Astrophysical Journal Supplement Series, Vol. 110, May 1997, 157-161.

［Lawler-2005］ Lawler, A. , "NASA Plans to Turn Off Several Satellites", Science, 307, 2005, 1541.

［Lee-1996］ Lee, W. , "Mars Global Surveyor Project Mission Plan", JPL Document D-12088, November 1996.

［Leertouwer-1990］ Leertouwer, J. P. , Eaton, D. , "The Ulysses Launch Campaign", ESA Bulletin, 63, 1990, 56-59.

［Lenorovitz-1985］ Lenorovitz, J. M. , "France Designing Spacecraft for Soviet Interplanetary Mission", Aviation Week & Space Technology, 7 October 1985, 50-51.

［Lenorovitz-1986a］ Lenorovitz, J. M. , "Both Soviet Vega Spacecraft Relay New Data From Halley", Aviation Week & Space Technology, 17 March 1986, 18-20.

［Lenorovitz-1986b］ Lenorovitz, J. M. , "Soviets Urge International Effort Leading to Manned Mars Mission", Aviation Week & Space Technology, 24 March 1986, 76-77.

［Lenorovitz-1987a］ Lenorovitz, J. M. , "French Offer Balloon Platform for Use on Soviet Mars Mission", Aviation

Week & Space Technology, 3August 1987, 63-65.

[Lenorovitz-1987b] Lenorovitz, J. M. , "Soviets Advance Definition Work on 1990s Unmanned Mars Mission", Aviation Week & Space Technology, 26 October 1987, 72-73.

[Lenorovitz-1988] Lenorovitz, J. M. , "Launch of Two Phobos Spacecraft Begins Ambitious Mission to Mars", Aviation Week & Space Technology, 18 July 1988, 16.

[Lenorovitz-1989] Lenorovitz, J. M. , "Soviets to Study Phobos Surface from Fixed-Site, Mobile Landers", Aviation Week & Space Technology, 29 August 1989, 48-49 .

[Lenorovitz-1993] Lenorovitz, J. M. , "Asteroid Flyby Proposed Using LEAP Penetrators", Aviation Week & Space Technology, 28 June 1993, 27-28.

[Lenorovitz-1994] Lenorovitz, J. M. , "LEAP Lander Proposed", Aviation Week & Space Technology, 6 June 1994, 25-26.

[Li-2002] Li, H. , Robinson, M. S. , Murchie, M. , "Preliminary Remediation of Scattered Light in NEAR MSI Images", Icarus, 155, 2002, 244-252.

[Linkin-1986] Linkin, V. M. , et al, "Vertical Thermal Structure in the Venus Atmosphere from Provisional Vega 2 Temperature and Pressure Data" Soviet Astronomy Letters, 12, 1986, 40-42.

[Logsdon-1989] Logsdon, J. M. , "Missing Halley's Comet: The Politics of Big Science", Isis, 80, 1989, 254-280.

[Lomberg-1996] Lomberg, J. , "Visions of Mars", Sky & Telescope, December 1996, 30-34.

[Lopes-Gaultier-2000] Lopes-Gaultier, R. , et al. , "A Close-Up Look at Io from Galileo's Near-Infrared Mapping Spectrometer", Science, 288, 2000, 1201-1204.

[Lorenz-2006] Lorenz, R. D. , "Spin of Planetary Probes in Atmospheric Flight", Journal of the British Interplanetary Society, 59, 2006, 273-282.

[Lundin-1989] Lundin, R. , et al. , "First Measurements of the Ionospheric Plasma Escape from Mars", Nature, 341, 1989, 609-612.

[Lundquist-2008] Lundquist, C. A. , "Fred L. Whipple, Pioneer in the Space Program", Acta Astronautica, 62, 2008, 91-96.

[Lusignan-1991] Lusignan, B. , et al. , (ed.), "The Stanford US-USSR Mars Exploration Initiative", Stanford University, 1991, Vol. 1, 721-725 and 734-743.

[Luttmann-1992] Luttmann, H. W. , "Russen Testen Sonnensegel" (The Russians to test solar sails), Flug Revue, October 1992, 86-87 (in German).

[Lyons-1999] Lyons, D. T. , et al. , "Mars Global Surveyor: Aerobraking Mission Overview", Journal of Spacecraft and Rockets, 36, 1999, 307-313.

[Maeda-1993] Maeda, T. , et al. , "The Robotic Mars Rover". In: "Missions, Technologies et Conception des Vehicules Mobiles Planetaires", Toulouse, Cépaduès, 1993.

[Maehl-1983] Maehl, R. , "The TIROS-based Asteroid Mission", Spaceflight, December 1983, 430-435.

[Maffei-1987a] For one of the best popular accounts of the history of Halley's comet see: Maffei, P. , "La Cometa di Halley" (Halley's Comet), Milan, Mondadori, 1987, 149-315 (in Italian).

[Maffei-1987b] ibid. , 362-363.

[Malin-1991] Malin, M. C. , et al. , "Design and Development of the Mars Observer Camera", International

Journal of Imaging Systems and Technology, 3, 1991, 76-91.

[Malin-1998] Malin, M. C., et al., "Early Views of the Martian Surface from the Mars Orbiter Camera of Mars Global Surveyor", Science, 279, 1998, 1681-1685.

[Malin-1999] Malin, M. C., "Visions of Mars", Sky & Telescope, April 1999, 42-49.

[Malin-2000a] Malin, M. C., Edgett, K. S., "Sedimentary Rocks of Early Mars", Science, 290, 2000, 1927-1937.

[Malin-2000b] Malin, M. C., Edgett, K. S., "Evidence for Recent Groundwater Seepage and Surface Runoff on Mars", Science, 288, 2000, 2330-2335.

[Malin-2001a] Malin. M. C., Edgett, K. S., "Mars Global Surveyor Mars Orbiter Camera: Interplanetary Cruise through Primary Mission", Journal of Geophysical Research, 106, 2001, 23429-23570.

[Malin-2001b] Malin, M. C., Caplinger, M. A., Davis, S. D., "Observational Evidence for an Active Surface Reservoir of Solid Carbon Dioxide on Mars", Science, 294, 2001, 2146-2148.

[Malin-2003] Malin, M. C., Edgett, K. S., "Evidence for Persistent Flow and Aqueous Sedimentation on Early Mars", Science, 302, 2003, 1931-1934.

[Malin-2006] Malin. M. C., et al., "Present-Day Impact Cratering Rate and Contemporary Gully Activity on Mars", Science, 314, 2006, 1573-1577.

[Mama-1993] Mama, H. P., "An Indian Spacecraft to Mercury?", Spaceflight, June 1993, 211.

[Maran-1985] Maran, S. P., "On the Trail of Comet G-Z", Sky & Telescope, September 1985, 198-203.

[Marsden-1991] Marsden, R. G., Wenzel, K. -P., "First Scientific Results from the Ulysses Mission", ESA Bulletin, 67, 1991, 78-83.

[Marsden-1992] Marsden, R. G., Wenzel, K. -P., "The Ulysses Jupiter Flyby- The Scientific Results", ESA Bulletin, 72, 1992, 52-59.

[Marsden-1995] Marsden, R. G., "Ulysses Explores the South Pole of the Sun", ESA Bulletin, 82, 1995, 48-55.

[Marsden-1996] Marsden, R. G., Smith, E. J., "Ulysses: Solar Sojourner", Sky & Telescope, March 1996, 24-30.

[Marsden-1997] Marsden, R. G., Wenzel, K. -P., Smith, E. J., "The Heliosphere in Perspective- Key Results from the Ulysses Mission at Solar Minimum", ESA Bulletin, 92, 1997, 75-81.

[Marsden-2000] Marsden, R. G., "Ulysses at Solar Maximum and Beyond", ESA Bulletin, 103, 2000, 41-47.

[Marsden-2003] Marsden, R. G., Smith, E. J., "News from the Sun's Poles Courtesy of Ulysses", ESA Bulletin, 114, 2003, 61-67.

[Martin-1995] Martin, T. Z., et al., "Observations of Shoemaker-Levy Impacts by the Galileo Photopolarimeter Radiometer", Science, 268, 1995, 1875-1879.

[Mastal-1990] Mastal, E. F., Campbell, R. W., "RTGs- The Powering of Ulysses", ESA Bulletin, 63, 1990, 50-55.

[Mazets-1986] Mazets, E. P., "Comet Halley Dust Environment from SP-2 Detector Measurements", Nature, 321, 1986, 276-278.

[McBride-1997] McBride, N., et al., "The Inner Dust Coma of Comet 26P/Grigg-Skjellerup: Multiple Jets and Nucleus Fragments?", Monthly Notices of the Royal Astronomical Society, 289, 1997, 535-553.

[McComas-2006] McComas, D. J. , "Solar Probe: A Long Time Coming", Astronomy, December 2006, 47.

[McCord-1998] McCord, T. B. , et al. , "Salts on Europa's Surface Detected by Galileo's Near Infrared Mapping Spectrometer", Science, 280, 1998, 1242-1245.

[McCord-2001] McCord, T. B. , Hansen, G. B. , Hibbitts, C. A. , "Hydrated Salt Minerals on Ganymede's Surface: Evidence of an Ocean Below", Science, 292, 2001, 1523-1525.

[McCullogh-2007] McCullogh, M. E. , "Can the Flyby Anomalies be Explained by a Modification of Inertia?" Arxiv pre-print astro-ph/0712. 3022.

[McCurdy-2005a] McCurdy, H. E. , "Low-Cost Innovation in Spaceflight: the Near Earth Asteroid Rendezvous (NEAR) Shoemaker Mission", Washington, NASA, 2005, 6.

[McCurdy-2005b] ibid. , 18-19.

[McCurdy-2005c] ibid. , 14-15.

[McCurdy-2005d] ibid. , 35-37.

[McCurdy-2005e] ibid. , 47-49.

[McDonnell-1986] McDonnell, J. A. M. , et al. , "Dust Density and Mass Distribution near Comet Halley from Giotto Observations", Nature, 321, 1986, 338-341.

[McDonnell-1987] McDonnell, J. A. M. , et al. , "The Dust Distribution within the Inner Coma of Comet P/Halley 1982i: Encounter by Giotto's Impact Detectors", Astronomy and Astrophysics, 187, 1987, 719-741.

[McDonnell-1993] McDonnell, J. A. M. , "Dust Particle Impacts During the Giotto Encounter with Comet Grigg-Skjellerup", Nature, 362, 1993, 732-734 .

[McDonnell Douglas-1995] "Kilauea: A Terrestrial Analogue for Planetary Exploration", McDonnell Douglas brochure, Undated but probably 1995.

[McEwen-1998] McEwen, A. S. , et al. , "High-Temperature Silicate Volcanism on Jupiter's Moon Io", Science, 281, 1998, 87-90.

[McEwen-2000] McEwen, A. S. , et al. , "Galileo at Io: Results from High-Resolution Imaging", Science, 288, 2000, 1193-1198.

[McEwen-2002] McEwen, A. S. , "Active Volcanism on Io", Science, 297, 2002, 2220-2221.

[McFadden-1993] McFadden, L. A. , et al. "The enigmatic object 2201 Oljato: Is it an asteroid or an evolved comet?" Journal of Geophysical Research, 98, 1993, E2, p. 3031-3041.

[McGarry-1997] McGarry, A. , Angold, N. , "Ulysses 7 Years On- Operational Challenges and Lessons Learned", ESA Bulletin, 92, 1997, 69-74.

[McGarry-2004a] McGarry, A. , Castro, F. , Hodges, M. , "Hydrazine Operations at Near Freezing Temperatures During the Ulysses Extended Mission", paper presented at the 4th International Spacecraft Propulsion Conference, 2-9 June 2004 Chia Laguna.

[McGarry-2004b] McGarry, A. , Castro, F. , Hodges, M. L. , "Increasing Science with Diminishing Resources - Extending the Ulysses Mission to 2008", paper presented at the SpaceOps 2004 Conference, 17-21 May 2004, Montreal.

[McInnes-2003] McInnes, C. R. , "Solar Sailing: Mission Applications and Engineering Challenges", Philosophical Transactions of the Royal Society of London, 361, 2003, 2989-3008.

[McKay-1996] McKay, D. S. , et al. , "Search for Past Life on Mars: Possible Relic Biogenic Activity in Martian

Meteorite ALH84001", Science, 273, 1996, 924-930.

[McKenna-Lawlor-2002] McKenna-Lawlor, S. M. P. , "Overview of the Observations Made by the EPONA Instrument During the Giotto/GEM Mission", Space Chronicle, 55, 2002, 51-69.

[McLaughlin-1984] McLaughlin, W. I. , Randolph, J. E. , "Starprobe: to Confront the Sun", Journal of the British Interplanetary Society, 37, 1984, 375-380.

[McLaughlin-1985] McLaughlin, W. , "Near Earth Asteroid Rendezvous", Spaceflight, December 1985, 440-441.

[McLaughlin-1992] McLaughlin, W. I. , "Ulysses Swings by Jupiter", Spaceflight, May 1992, 166-167.

[Mecham-1989] Mecham, M. , "Mars Observer Begins New Era Using Proven Spacecraft Design", Aviation Week & Space Technology, 9 October 1989, 79-82.

[Meltzer-2007a] Meltzer, M. , "Mission to Jupiter: A History of the Galileo Project", Washington, NASA, 2007, 9-36.

[Meltzer-2007b] ibid. , 37-59 and 65-66.

[Meltzer-2007c] ibid. , 61-62.

[Meltzer-2007d] ibid. , 118-148.

[Meltzer-2007e] ibid. , 66-68.

[Meltzer-2007f] ibid. , 71-84.

[Meltzer-2007g] ibid. , 94.

[Meltzer-2007h] ibid. , 96-103.

[Meltzer-2007i] ibid. , 151-152.

[Meltzer-2007j] ibid. , 171-179.

[Meltzer-2007k] ibid. , 180-181.

[Meltzer-2007l] ibid. , 195-197.

[Meltzer-2007m] ibid. , 202-209.

[Meltzer-2007n] ibid. , 209-221.

[Mendillo-2006] Mendillo, M. , et al. , "Effects of Solar Flares on the Ionosphere of Mars", Science, 311, 2006, 1135-1138 .

[Michielsen-1968] Michielsen, H. F. , "A Rendezvous with Halley's Comet in 1985-1986", Journal of Spacecraft, 5, 1968, 328-334.

[Milazzo-2002] Milazzo, M. P. , et al. , "Eruption Temperatures at Tvashtar Catena, Io From Galileo I25 and I27", paper presented at the Lunar and Planetary Science Conference XXXⅢ, Houston, 2002.

[Mishkin-2003a] Mishkin, A. , "Sojourner: An Insider's View of the Mars Pathfinder Mission", New York, Berkeley Book, 2003, 13-37.

[Mishkin-2003b] ibid. , 38-51.

[Mishkin-2003c] ibid. , 65.

[Mishkin-2003d] ibid. , 57-58.

[Mishkin-2003e] ibid. , 66-81.

[Mishkin-2003f] ibid. , 95.

[Mishkin-2003g] ibid. , 134-144.

[Mishkin-2003h] ibid. , 97-123.

[Mishkin-2003i] ibid. , 248-249.

[Mishkin-2003j] ibid. , 282-301.

[Mishkin-2003k] ibid. , 301-303.

[Mitchell-1998] Mitchell, R. T. , et al. , "Project Galileo The Europa Mission", paper presented at the XLIX Congress of the International Astronautical Federation, Melbourne, 1998.

[Morabito-2000] Morabito, D. , et al. , "The 1998 Mars Global Surveyor Solar Corona Experiment", JPL TDA Progress Report 42-142, 2000, 1-18.

[Mordovskaya-2002a] Mordovskaya, V. G. , Oraevsky, V. N. , Styashkin, V. A. , "The Peculiarities of the Interaction of Phobos with the Solar Wind are Evidence of the Phobos Magnetic Obstacle (from Phobos-2 Data)", Arxiv pre-print astro-ph/0212072.

[Mordovskaya-2002b] Mordovskaya, V. G. , Oraevsky, "In Situ Measurements of the Phobos Magnetic Field During the Phobos-2 Mission", Arxiv pre-print astro-ph/0212073.

[Moreels-1986] Moreels, G. , et al. , "Near-Ultraviolet and Visible Spectrophotometry of Comet Halley from Vega 2", Nature, 321, 1986, 271-272.

[Moshkin-1986] Moshkin, B. E. , et al. , "Vega 1, 2 Optical Spectrometry of Venus Atmospheric Aerosols at the 60-30 km Levels: Preliminary Results" Soviet Astronomy Letters, 12, 1986, 36-39.

[MSSS-1996] "Mars 96", Malin Space Science Systems Internet site.

[Mudgway-2001a] Mudgway, D. J. , "Uplink-Downlink A History of the Deep Space Network 1957-1997", Washington, NASA, 2001, 216-219.

[Mudgway-2001b] ibid. , 280-281.

[Mudgway-2001c] ibid. , 324-326.

[Mudgway-2001d] ibid. , 329.

[Muenger-1985] Muenger, E. A. , "Searching the Horizon: A History of Ames Research Center 1940-1976", Washington, NASA, 1985, 250.

[Münch-1986] Münch, R. E. , Sagdeev, R. Z. , Jordan, J. F. , "Pathfinder: Accuracy Improvement of Comet Halley Trajectory for Giotto Navigation", Nature, 321, 1986, 318-320.

[Murray-1989a] Murray, B. , "Journey into Space", New York, W. W. Norton & C. , 1989, 125-129.

[Murray-1989b] ibid. , 243-251.

[Murray-1989c] ibid. , 257-263.

[Murray-1989d] ibid. , 271-273.

[Murray-1989e] ibid. , 185-219.

[Murray-1989f] ibid. , 221-237.

[Naeye-2007] Naeye, R. , "Flowing Water on Today's Mars?", Sky & Telescope, March 2007, 17.

[NASA-1966] "Space Flight Handbooks Vol. Ⅲ Part 5: Trajectories to Jupiter, Ceres and Vesta", NASA, 1966.

[NASA-1980] "To Explore Venus- Venus Orbiting Imaging Radar Mission", NASA Brochure 1060-145, July 1980.

[NASA-1986] "Space Shuttle Mission STS-51L Press Kit", Washington, NASA, 1986.

［NASA – 1987］ "A Preliminary Study of Mars Rover/Sample Return Missions", Washington, NASA, January 1987.

［NASA-1993a］ "Mars Observer Mars Orbit Insertion Press Kit", Washington, NASA, August 1993.

［NASA – 1993b］ "Mars Observer Mission Failure Investigation Board Report", Washington, NASA, 31 December 1993.

［NASA-1993c］ "Discovery Program Workshop Summary Report", NASA TM-108233, 1993.

［NASA-1994］ Joint U. S./Russian Technical Working Groups, "Mars Together and Fire & Ice", NASA CR-19884, October 1994, 65-90.

［NASA – 1995］ "Near – Earth Asteroid Returned Sample (NEARS) Final Technical Report", NASA CR-197297, 1995.

［NASA-1997］ "Mars Pathfinder Landing Press Kit", Washington, NASA, July 1997.

［NASA-2003］ "Galileo End of Mission Press Kit", Washington, NASA, September 2003.

［NASA-2007］ "Mars Global Surveyor (MGS) Spacecraft Loss of Contact", NASA Release, 13 April 2007.

［Nasirov-1989］ Nasirov, P. P., et al., "Unikal'nyi Eksperiment Pa Nevestoy Mekhanike" (A unique experiment in celestial mechanics), Zemliya i Vselennaya, 1989, 6, page unknown (in Russian).

［Naudet-1996］ Naudet, C. J., Border, J. S., Woo, R., "Magellan Radio Scattering Measurements in the Solar Wind", paper presented at the Spring 1996 Meeting of the American Geophysical Union.

［Nelson-1995］ Nelson, R. M., et al., "Hermes Global Orbiter: A Discovery Mission in Gestation", Acta Astronautica, 35, 1995, 387-395.

［Nelson – 1997］ Nelson, R. M., "Mercury: The Forgotten Planet", Scientific American, November 1997, 56-67.

［Nelson-2001］ Nelson, R. L., Whittenburg, K. E., Holdridge, M. E., "433 Eros Landing: Development of NEAR – Shoemaker's Controlled Descent Sequence", paper presented at the XV Annual AIAA/USU Conference on Small Satellites, Logan, 2001.

［Neubauer-1986］ Neubauer, F. M., et al., "First Results from the Giotto Magnetometer Experiment at Comet Halley", Nature, 321, 1986, 352-355.

［Neugebauer-1983］ Neugebauer, M., "Mariner Mark II and the Exploration of the Solar System", Science, 219, 1983, 443-449.

［Neugebauer-2007］ Neugebauer, M., et al., "Encounter of the Ulysses Spacecraft with the Ion Tail of Comet McNaught", Center for Solar-Terrestrial Research preprint, 2007.

［Neukum-1996］ Neukum, G., et al., "The Experiments HRSC and WAOSS on the Russian Mars 94/96 Missions", Acta Astronautica, 38, 1996, 713-720.

［Niemann-1996］ Niemann, H. B., et al., "The Galileo Probe Mass Spectrometer: Composition of Jupiter's Atmosphere", Science, 272, 1996, 846-849.

［Nock-1987］ Nock, K. T., "TAU- A Mission to a Thousand Astronomical Units", Paper AIAA-87-1049.

［NRC-1998a］ National Research Council, European Space Foundation, "U. S. -European Collaboration in Space Science", Washington, National Academy Press, 1998, 61-62.

［NSSDC-2004］ NASA NSSDC Internet site, Venera 16 proton flux data.

［Oberg-1999］ Oberg, J., "The Probe that Fell to Earth", New Scientist, 6 March 1999, 38.

[Oberg-2000] Oberg, J. , "The Strange Case of Fobos-2", Space. com website, 30 June 2000.

[Oertel-1984] Oertel, D. , et al. , "Venera 15 and Venera 16 Infrared Spectrometry: First Results", Soviet Astronomy Letters, 10, 1984, 101-105.

[Oglivie-1986] Oglivie, K. W. , et al. , "Ion Composition Results During the International Cometary Explorer Encounter with Giacobini-Zinner", Science, 232, 1986, 374-377.

[Olson-1979] Olson, R. J. M. , "Giotto's Portrait of Halley's Comet", Scientific American, 240, 1979, No. 5, 160-170.

[O'Neil-1990] O'Neil, W. J. , "Project Galileo", paper presented at the AIAA Space Programs and Technologies Conference, Huntsville, 25-28 September 1990.

[O'Neil-1991] O'Neil, W. J. , "Project Galileo Mission Status", paper presented at the XLⅡ Congress of the International Astronautical Federation, Montreal, 1991.

[O'Neil-1992] O'Neil, W. J. , et al. , "Galileo Completing VEEGA- A Mid-Term Report", paper presented at the XLⅢ Congress of the International Astronautical Federation, Washington, 1992.

[O'Neil-1993] O'Neil, W. J. , et al. , "Performing the Galileo Jupiter Mission with the Low-Gain Antenna (LGA) and an Enroute Report", paper presented at the XLIV Congress of the International Astronautical Federation, Graz, 1993.

[O'Neil-1994] O'Neil, W. J. , et al. , "Galileo Preparing for Jupiter Arrival", paper presented at the XLV Congress of the International Astronautical Federation, Jerusalem, 1994.

[O'Neil-1995] O'Neil, W. J. , et al. , "Galileo on Jupiter Approach", paper presented at the XLVI Congress of the International Astronautical Federation, Oslo, 1995.

[O'Neil-1996] O'Neil, W. J. , et al. , "Project Galileo at Jupiter", paper presented at the XLVⅡ Congress of the International Astronautical Federation, Beijing, 1996.

[O'Neil-1997] O'Neil, W. J. , et al. , "Project Galileo Completing its Primary Mission", paper presented at the XLVⅢ Congress of the International Astronautical Federation, Turin, 1997.

[Orton-1996] Orton, et al. , "Earth-Based Observations of the Galileo Probe Entry Site", Science, 272, 1996, 839-840.

[Ostro-1985] Ostro, S. J. , "Radar Observations of Asteroids and Comets", Publications of the Astronomical Society of the Pacific, 97, 1985, 877-884.

[Ostro-1996] Ostro, S. J. , et al. , "Radar Observations of Asteroid 1620 Geographos", Icarus, 121, 1996, 46-66.

[Otero-2000] Otero, S. A. , Fieseler, P. D. , Lloyd, C. , "Delta Velorum is an Eclipsing Binary", Information Bulletin On Variable Stars No. 4999, 7 December 2000.

[Page-1975] Page, D. E. , "Exploratory Journey out of the Ecliptic Plane", Science, 190, 1975, 845-850.

[Paige-2001] Paige, D. A. , "Global Change on Mars?", Science, 294, 2001, 2107-2108.

[Palluconi-1997] Palluconi, F. D. , Albee, A. L. , "Mars Global Surveyor: Ready for Launch in November 1996", Acta Astronautica, 40, 1997, 511-516.

[Pappalardo-1998] Pappalardo, R. T. , et al. , "Geological Evidence for Solid-State Convection in Europa's Ice Shell", Nature, 391, 1998, 365-368.

[Pardini-1990] Pardini, C. , Anselmo, L. , "Missione Piazzi: Importanza Scientifica e Fattibilità Tecnica" (The

Piazzi mission: scientific importance and technical feasibility), CNUCE Internal report C90 – 36, 10 December 1990 (in Italian).

[Parker-1998] Parker, S., "Mars Global Surveyor: You Ain't Seen Nothin' Yet", Sky & Telescope, January 1998, 32-34.

[Parker-1989] Parker, T. J. et al., "Transitional morphology in west Deuteronilus mensae, Mars: Implications for modification of the lowland/upland boundary", Icarus, 82, 1989, 111-145.

[Parker-1993] Parker, T. J. et al., "Coastal geomorphology of the Martian northern plains", J. Geophys. Res., 98, 1993, 11061-11078 .

[Parker-2007a] Parker, T. J., et al., "HiRISE Captures the Viking and Mars Pathfinder Landing Sites", paper presented at the Lunar and Planetary Science Conference XXXVⅢ, Houston, 2007.

[Parker-2007b] Parker, T., Manning, R., "Mars Litter Inventory: Using HiRISE to Find out Stuff", presentation dated 28 February 2007.

[Perminov-1999] Perminov, V. G., "The Difficult Road to Mars: A Brief History of Mars Exploration in the Soviet Union", Washington, NASA, 1999, 76.

[Perminov-2004] Perminov, V., "Perviye Otechestvyenniye Radiolokatsionniye Karti Veneri" (The first national radar maps of Venus), Novosti Kosmonavtiki, No. 9, 2004, page unknown (in Russian).

[Perminov-2005] Perminov, V., "Aerostaty v Nyeve Veneri: K 20-Letniyu Poleta AMS Vega" (Aerostats in the atmosphere of Venus: on the 20th Anniversary of the Flight of the Vega Probe), Novosti Kosmonavtiki, August 2005, 60-63 (in Russian).

[Perminov-2006] Perminov, V., "Vstretsa S Kometoy Galleya- K 20-Letniyu Poleta AMS Vega" (Encounter with Comet Halley: on the 20th Anniversary of the Flight of the Vega Probe), Novosti Kosmonavtiki, May 2006, 68-72 (in Russian).

[Petropoulos-1993] Petropoulos, B., Telonis, P., "Physical Parameters of the Atmosphere of Venus from Venera 15 and 16 Missions", Earth Moon and Planets, 63, 1993, 1-7.

[Phillips-1991] Phillips, R. J., et al., "Impact Craters on Venus: Initial Analysis from Magellan", Science, 252, 1991, 288-297.

[Powell-1959] Powell, B. W., "Solar Sail: Key to Interplanetary Voyaging?", Spaceflight, October 1959, 116-118.

[Preston-1986] Preston, R. A., et al., "Determination of Venus Winds by Ground-Based Radio Tracking of the VEGA Balloons", Science, 231, 1986, 1414-1416.

[Prialnik-1992] Prialnik, D., Bar-Nun, A., "Crystallization of Amorphous Ice as the Cause of Comet P/ Halley's Outburst at 14 AU", Astronomy and Astrophysics, 258, 1992, L9-L12.

[Ragent-1996] Ragent, B. et al., "Results of the Galileo Probe Nephelometer Experiment", Science, 272, 1996, 854-856.

[Randolph-1978] Randolph, J. E., "Solar Probe Study". In: Neugebauer, M., Davies, R. W., "A Close-Up of the Sun", Pasadena, JPL, 1978, 521-534.

[Rawal-1986] Rawal, J. J., "Possible Satellites of Mercury and Venus", Earth, Moon, and Planets, 36, 1986, 135-138.

[Reinhard-1986a] Reinhard, R., "A Brief History of the Giotto Mission", ESA Bulletin, 46, 1986, 19-21.

[Reinhard-1986b] Reinhard, R., "The Giotto Experiments", ESA Bulletin, 46, 1986, 41-51.

[Rème-1986] Rème, H., et al., "Comet Halley-Solar Wind Interaction from Electron Measurements Aboard Giotto", Nature, 321, 1986, 349-352.

[Rieder-1997] Rieder, R., et al., "The Chemical Composition of Martian Soil and Rocks Returned by the Mobile Alpha Proton X-Ray Spectrometer: Preliminary Results from the X-Ray Mode", Science, 278, 1997, 1771-1774.

[Riedler-1986] Riedler, W., et al. "Magnetic Field Observations in Comet Halley's Coma", Nature, 321, 1986, 288-289.

[Riedler-1989] Riedler, W., et l., "Magnetic Fields near Mars: First Results", Nature, 341, 1989, 604-607.

[Robertson-1994] Robertson, D. F., "To Boldly Go...", Astronomy, December 1994, 34-41.

[Robinson-2001] Robinson, M. S., et al., "The Nature of Ponded Deposits on Eros", Nature, 413, 2001, 396-400.

[Rocard-1989] Rocard, F., et al., "French Participation in the Soviet Phobos Mission", Acta Astronautica, 22, 1990, 261-267.

[Rogers-1996] Rogers, A., "Come in, Mars", Newsweek, 19 August 1996, 41-45.

[Rokey-1993] Rokey, M. J., "Magellan Radar Special Flight Experiments", Journal of Spacecraft and Rockets, 30, 1993, 715-723.

[Rosenbauer-1989] Rosenbauer, H., et al., "Ions of Martian Origin and Plasma Sheet in the Martian Magnetosphere: Initial Results of the TAUS Experiment", Nature, 341, 1989, 612-614.

[Rosengren-1990] Rosengren, M., "Orbit Design and Control for Ulysses", ESA Bulletin, 63, 1990, 66-69.

[Rossman-2002] Rossman, I. P. III, et al., "A Large Paleolake Basin at the Head of Ma'adim Vallis, Mars", Science, 296, 2002, 2209-2212.

[Rover Team-1997] Rover Team, "Characterization of the Martian Surface Deposits by the Mars Pathfinder Rover, Sojourner", Science, 278, 1997, 1765-1767.

[Russell-2000] Russell, C. T., Kivelson, M. G., "Detection of SO in Io's Exosphere", Science, 287, 2000, 1998-1999.

[Russo-2000a] Russo, A., "The Definition of ESA's Scientific Programme for the 1980s". In: Krige, J., Russo, A., Sebesta, L. (eds.), "A History of the European Space Agency 1958-1987", Vol. 2, Noordwijk, ESA, 2000, 138-179.

[Russo-2000b] Russo, A., "Towards the Turn of the Century". Ibid., 189-195 and 210-217.

[Russo-2000c] Russo, A., "The Scientific Programme between ESRO and ESA (1973-1977)". Ibid., 109.

[Russo-2000d] Russo, A., "Towards the Turn of the Century". Ibid., 189.

[Rust-2005] Rust, D. M., et al., "Comparison of Interplanetary Disturbances at the NEAR Spacecraft with Coronal Mass Ejections at the Sun", The Astrophysical Journal, 621, 2005, 524-536.

[Rust-2006] Rust, T. III, "Galileo Probe Thermal Control", paper presented at the 4th International Planetary Probe Workshop, Pasadena, 2006.

[Sagan-1993a] Sagan, C., et al., "A Search for Life on Earth from the Galileo Spacecraft", Nature, 365, 1993, 715-721.

[Sagan-1993b] Sagan, C., "Return to the Wonder World: Mars Observer in Perspective", The Planetary Report, November/December 1993, 6-7.

[Sagdeev-1986a] Sagdeev, R. Z. , et al. , "Television Observations of Comet Halley from Vega Spacecraft", Nature, 321, 1986, 262-266.

[Sagdeev-1986b] Sagdeev, R. Z. , et al. , "Vega Spacecraft Encounters with Comet Halley", Nature, 321, 1986, 259-262.

[Sagdeev-1986c] Sagdeev, R. Z. , et al. , "Overview of VEGA Venus Balloon In Situ Meteorological Measurements", Science, 231, 1986, 1411-1414.

[Sagdeev-1986d] Sagdeev, R. Z. , et al. , "The VEGA Balloon Experiment", Science, 231, 1986, 1407-1408.

[Sagdeev-1989] Sagdeev, R. Z. , Zakharov, A. V. , "Brief History of the Phobos Mission", Nature, 341, 1989, 581-585.

[Sagdeev-1994a] Sagdeev, R. Z. , "The Making of a Soviet Scientist", New York, John Wiley & Sons, 1994, 275-276.

[Sagdeev-1994b] ibid. , 280.

[Sagdeev-1994c] ibid. , 282-283.

[Sagdeev-1994d] ibid. , 283-284.

[Sagdeev-1994e] ibid. , 313-314.

[Sagdeev-1994f] ibid. , 315-316.

[Saito-1986] Saito, T. , et al. , "Interaction Between Comet Halley and the Interplanetary Magnetic Field observed by Sakigake", Nature, 321, 1986, 303-307 .

[Santo-1995] Santo, A. G. , Lee, S. C. , Gold, R. E. , "NEAR Spacecraft and Instrumentation", Journal of Astronautical Sciences, 43, 1995, 373-397.

[Saunders-1951] Saunders, R. (i. e. Wiley, C.), "Clipper Ships of Space", Astrounding Science Fiction, May 1951, 136-143.

[Saunders-1991] Saunders, R. S. , Pettengill, G. H. , "Magellan: Mission Summary", Science, 252, 1991, 247-249.

[Saunders-1999] Saunders, R. S. , "Venus". In: Kelly Beatty, J. , Petersen, C. C. , Chaikin, A. (eds.), "The New Solar System", Cambridge University Press, 4th edition, 1999, 97-110.

[Savich-1986] Savich, N. A. , et al. , "Dual-Frequency Vega Radio Sounding of Comet Halley", Soviet Astronomy Letters, 12, 1986, 283-286.

[Sawyer-2006a] Sawyer, K. , "The Rock from Mars: a Detective Story on Two Planets", New York, Random House, 3-21.

[Sawyer-2006b] ibid. , 161.

[Sawyer-2006c] ibid. , 132-133.

[Scarf-1986] Scarf, F. L. , et al. , "Plasma Wave Observations at Comet Giacobini-Zinner", Science, 232, 1986, 377-381.

[Schaber-1986] Schaber, G. G. , Kozak, R. C. , "Venera 15/16 and Arecibo Radar Images of Venus: Complementary Data Sets", paper presented at the XVII Lunar and Planetary Science Conference, Houston, 1986.

[Schaefer-2007] Schaefer, D. H. , Paddack, S. J. Rubincam, D. P. , "Explorer XII: Spinning Faster than Expected", Science, 317, 2007, 898-899.

[Schenk-2001] Schenk, P. M. , et al. , "Flooding of Ganymede's Bright Terrains by Low-Viscosity Water-Ice Lavas", Nature, 410, 2001, 57-60.

[Schofield-1997] Schofield, J. T, et al. , "The Mars Pathfinder Atmospheric Structure Investigation/Meteorology (ASI/MET) Experiment", Science, 278, 1997, 1752-1757.

[Schubert-1996] Schubert, G. , et al. , "The Magnetic Field and Internal Structure of Ganymede", Nature, 384, 1996, 544-545.

[Schulze-Makuch-2002] Schulze-Makuch, D. , Irwin, L. N. , Irwin, T. , "Astrobiological relevance and feasibility of a sample collection mission to the atmosphere of Venus", In: "Proceedings of the First European Workshop on Exo-Astrobiology, 16-19 September 2002, Graz", 247-250.

[Schwaiger-1971] Schwaiger, L-. E. , et al. , "Solar Electric Propulsion Asteroid Belt Mission", Journal of Spacecraft and Rockets, 8, 1971, 612-617.

[Schwehm-1992] Schwehm, G. H. , "The Giotto Estended Mission to Comet Grigg-Skjellerup: Summary of Preliminary Results", ESA Bulletin, 72, 1992, 61-65.

[Scoon-1993] Scoon, G. E. N. , "Mission and System Concepts from Mars Robotic Precursor Missions". In: "Missions, Technologies et Conception des Vehicules Mobiles Planetaires", Toulouse, Cépaduès, 1993.

[Scott-1996a] Scott, W. B. , "Clementine 2 to Fire Probes at Asteroids", Aviation Week & Space Technology, 27 May 1996, 46-47.

[Scott-1996b] Scott, W. B. , "MGS Completing Prelaunch Checks", Aviation Week & Space Technology, 16 September 1996, 49.

[Sedbon-1989] Sedbon, G. , "Rosetta- Key to the Solar System", Flight International, 2 September 1989, 28-29.

[Sciff-1996] Seiff, A. , et al. , "Structure of the Atmosphere of Jupiter: Galileo Probe Measurements", Science, 272, 1996, 844-845.

[Seiff-1997] Seiff, A. , et al. , "Thermal Structure of Jupiter's Upper Atmosphere Derived from the Galileo Probe", Science, 276, 1997, 102-104 .

[Sekanina-1985] Sekanina, Z. , "Precession Model for the Nucleus of Periodic Comet Giacobini-Zinner", The Astronomical Journal, 90, 1985, 827-845.

[Sekanina-1986] Sekanina, Z. , Larson, S. M. , "Dust Jets in Comet Halley Observed by Giotto and from the Ground", Nature, 321, 1986, 357-361.

[Sekanina-1987] Sekanina, Z. , "Nucleus of Comet Halley as a Torque-Free Rigid Rotator", Nature, 325, 1987, 326-328.

[Selivanov-1989] Selivanov, A. S. , et al. , "Thermal Imaging of the Surface of Mars", Nature, 341 1989, 593-595.

[Selivanov-1990] Selivanov, A. S. , et al. , "The TERMOSKAN Experiment: A Thermal Survey of the Surface of Mars from Phobos 2", Soviet Astronomy Letters, 16, 1990, 147-150.

[Shutte-1989] Shutte, N. M. , et al. , "Observations of Electron and Ion Fluxes in the Vicinity of Mars with the HARP Spectrometer", Nature, 341, 1989, 614-616.

[Siddiqi-2002a] Siddiqi, A. A. , "Deep Space Chronicle: A Chronology of Deep Space and Planetary Probes 1958-2000", Washington, NASA, 2002, 131-132.

［Siddiqi-2002b］ ibid. , 137-139.

［Simpson-1986］ Simpson, J. A. , et al. , "Dust Counter and Mass Analyser (DUCMA) Measurements of Comet Halley's Coma from Vega Spacecraft", Nature, 321, 1986, 278-280.

［Simpson-1994］ Simpson, R. A. , Pettengill, G. H. , Ford, P. G. , "The Magellan Quasi-Specular Bistatic Radar Experiment", paper presented at the Lunar and Planetary Science Conference XXV, Houston, 1994.

［Simpson-2000］ Simpson, R. A. , Tyler, G. L. , "MGS Bistatic Radar Probing of the MPL/DS2 Target Area", paper presented at the 2000 Division for Planetary Science Meeting, Pasadena, 23-27 October 2000.

［Simpson-2002］ Simpson, R. A. , "Highly Oblique Bistatic Radar Observations Using Mars Global Surveyor", paper presented at the 2002 General Assembly of the Union Radio-Scientifique Internationale.

［Sjogren-1992a］ Sjogren, W. L. , "Venus Gravity: Status and New Data Acquisition", paper presented at the Lunar and Planetary Science Conference XXⅢ, Houston, 1992.

［Sjogren-1992b］ Sjogren, W. L. , "Venus Gravity: Summary and Coming Events", paper presented at the International Colloquium on Venus, 1992.

［Sjogren-1993］ Sjogren, W. L. , Konopliv, A. S. , Borderies, N. , "Venus Gravity: New Magellan Low Altitude Data", paper presented at the Lunar and Planetary Science Conference XXIV, Houston, 1993.

［Sjogren-1994］ Sjogren, W. L. , Konopliv, A. S. , "Venus Gravity Field Determination: Progress and Concern", paper presented at the Lunar and Planetary Science Conference XXV, Houston, 1994.

［Sjogren-1997］ Sjogren, W. L. , "Venus: Gravity". In: Shirley, J. H. , Fairbridge, R. W. , "Encyclopedia of Planetary Sciences", Dordrecht, Kluwer, 1997, 904-905.

［Slyuta-1988］ Slyuta, E. N. , Nikolaeva, O. V. , "Distribution of Small Domes on Venus: Venera 15/16 Data", paper presented at the XIX Lunar and Planetary Science Conference, Houston, 1988.

［Smith-1982］ Smith, B. A. , "JPL Attempting to Revive Venus Radar Imaging Plan", Aviation Week & Space Technology, 15 March 1982, 18-19.

［Smith-1984］ Smith, B. A. , "New Radar Unit Cuts Venus Mapper Costs", Aviation Week & Space Technology, 16 April 1984, 141-145.

［Smith-1986］ Smith, E. J. , et al. , "International Cometary Explorer Encounter with Giacobini-Zinner: Magnetic Field Observations", Science, 232, 1986, 382-385.

［Smith-1987a］ Smith, B. A. , et al. , "Rejection of a Proposed 7. 4-day Rotation Period of the Comet Halley Nucleus", Nature, 326, 1987, 573-574 .

［Smith-1987b］ Smith, B. A. , "Future Soviet Space Exploration to Focus on Mars, Asteroids", Aviation Week & Space Technology, 22 June 1987, 81-85.

［Smith-1989］ Smith, B. A. , "Missions Mark Resurgence of U. S. Planetary Exploration", Aviation Week & Space Technology, 9 October 1989, 44-54.

［Smith-1992］ Smith, E. J. , Wenzel, K. -P. , Page, D. E. , "Ulysses at Jupiter: An Overview of the Encounter", Science, 257, 1992, 1503-1507.

［Smith-1994］ Smith, B. A. , "Mars Global Surveyor Faces Tight Timetable", Aviation Week & Space Technology, 8 August 1994, 63-64.

［Smith-1997a］ Smith, B. A. , "MGS Settling into Mars Orbit", Aviation Week & Space Technology, 6 October 1997, 33.

[Smith-1997b] Smith, P. H., et al., "Results from the Mars Pathfinder Camera", Science, 278, 1997, 1758-1764.

[Smith-1998] Smith, D. E., et al., "Topography of the Northern Hemisphere of Mars from the Mars Orbiter Laser Altimeter", Science, 279, 1998, 1686-1692.

[Smith-1999a] Smith, B. A., "Antenna Problem Stalls Mars Mapping Mission", Aviation Week & Space Technology, 26 April 1999, 85.

[Smith-1999b] Smith, D. E., et al., "The Global Topography of Mars and Implications for Surface Evolution", Science, 284, 1999, 1495-1503.

[Smith-1999c] Smith, D. E., et al., "The Gravity Field of Mars: Results from Mars Global Surveyor", Science, 286, 1999, 94-97.

[Smith-2001] Smith, D. E., et al., "Seasonal Variations of Snow Depth on Mars", Science, 294, 2001, 2141-2144.

[Snyder-1997] Snyder, C. W., "Phobos Mission". In: Shirley, J. H., Fairbridge, R. W., "Encyclopedia of Planetary Sciences", Dordrecht, Kluwer, 1997, 574-576.

[Sobel-1993] Sobel, D., "The Last World", Discover, May 1993, 68-76.

[Sobel'man-1990] Sobel'man, I. I., et al., "Images of the Sun Obtained with the TEREK X-Ray Telescope on the Spacecraft Phobos 1", Soviet Astronomy Letters, 16, 1990, 137-140.

[Somogyi-1986] Somogyi, A. J., et al. "First Observations of Energetic Particles near Comet Halley", Nature, 321, 1986, 285-288.

[Spaceflight-1977] "Solar Sailing", Spaceflight, April 1977, 124-125.

[Spaceflight-1992a] "What Became of the Other Halley Explorers?" Spaceflight, June 1992, 212.

[Spaceflight-1992b] "NASA Unveils Lean Budget for 1993", Spaceflight, March 1992, 93-95 [Spaceflight-1992c] "Indian Space Probe", Spaceflight, November 1992, 345.

[Spaceflight-1992d] "Magellan Probe Suffers Major Failure", Spaceflight, February 1992, 38.

[Spaceflight-1992e] "Magellan Resumes Venus Mapping Following Transmitter Failure", Spaceflight, March 1992, 78.

[Spaceflight-1992f] "Crucial Mars Launch Delayed", Spaceflight, October 1992, 336.

[Spaceflight-1992g] "Mars Observer Launched", Spaceflight, November 1992, 342.

[Spaceflight-1992h] "Space Probe Diary", Spaceflight, December 1992, 393.

[Spaun-2001] Spaun, N. A., et al., "Scalloped Depressions on Ganymede from Galileo (G28) Very High Resolution Imaging", paper presented at the XXXII Lunar and Planetary Science Conference, Houston, 2001.

[Spencer-1992] Spencer, J. R., et al., "Volcanic Activity on Io at the Time of the Ulysses Encounter", Science, 257, 1992, 1507-1510.

[Spencer-1995] Spencer, J. R., Mitton, J. (eds.), "The Great Comet Crash: The Impact of Comet Shoemaker-Levy 9 on Jupiter", Cambridge University Press, 1995, 75-76.

[Spencer-1998] Spencer, D. A., et al., "Mars Pathfinder Atmospheric Entry Reconstruction", paper AAS 98-146.

[Spencer-1999a] Spencer, J. R., et al., "Temperatures on Europa form Galileo Photopolari-meter-Radiometer: Nighttime Thermal Anomalies", Science, 284, 1999, 1514-1516.

[Spencer-1999b] Spencer, D. A. , et al. , "Mars Pathfinder Entry, Descent, and Landing Reconstruction", Journal of Spacecraft and Rockets, 36, 1999, 357-366.

[Spencer-2000a] Spencer, J. R. , et al. , "Discovery of Gaseous S2 in Io's Pele Plume", Science, 288, 2000, 1208-1210.

[Spencer-2000b] Spencer, J. R. , et al. , "Io's Thermal Emission from the Galileo Photo-polarimeter-Radiometer", Science, 288, 2000, 1198-1201.

[Spencer-2001] Spencer, J. , "Galileo's Closest Look at Io", Sky & Telescope, May 2001, 40-46.

[Spudis-1994] Spudis, P. D. , Plescia, J. B. , Stewart, A. D. , "Return to Mercury: The Discovery-Mercury Polar Flyby Mission", paper presented at the Lunar and Planetary Science Conference XXV, Houston, March 1994.

[Sromovsky-1996] Sromovsky, L. A. , et al. , "Solar and Thermal Radiation in Jupiter's Atmosphere: Initial Results of the Galileo Probe Net Flux Radiometer", Science, 272, 1996, 851-854.

[ST-1946] "Meteorites and Space Travel", Sky & Telescope, November 1946, 7. (Reprinted in: Page, T, Page, L. W. , "Wanderers in the Sky", New York, Macmillan, 1965, 206-207, replacing "space vessel" with "space probe").

[ST-1995] "Metal 'Frost' on Venus?" Sky & Telescope, August 1995, 13.

[ST-1998] "Cydonia Defaced", Sky & Telescope, July 1998, 20.

[ST-1999] "A Shot in the Dark", Sky & Telescope, November 1999, 17.

[ST-2000a] "Ganymede's Snows", Sky & Telescope, March 2000, 24.

[ST-2000b] "Recent Volcanism on Mars", Sky & Telescope, October 2000, 34.

[Staehle-1994] Staehle, R. L. , et al. , "Last but not Least- Trip to Pluto", Spaceflight, March 1994, 101-104, April 1994, 140-143.

[Staehle-1999] Staehle, R. L. , et al. , "Ice & Fire: Missions to the Most Difficult Solar System Destinations... on a Budget", Acta Astronautica, 45, 1999, 423-439.

[Steffes-1992] Steffes, P. G. , et al. , "Preliminary Results from the October 1991 Magellan Radio Occultation Experiment", paper presented at the 1992 24th Annual DPS Meeting.

[Steffy-1983] Steffy, D. A. , "The Mars Geoscience Climatology Orbiter", paper presented at the Lunar and Planetary Science Conference XIV, Houston, March 1983.

[Stephenson-1994] Stephenson, R. R. , Bernard, D. E. , "JPL Mars Observer In-Flight Anomaly Investigation (With Emphasis on Attitude Control Aspects)", Draft dated 25 January 1994.

[Stern-1993] Stern, S. A. , et al. , "A Low-Cost Mission to 2060 Chiron Based on the Pluto Fast Flyby", 1993.

[Stern-1998] Stern, A. , Mitton, J. , "Pluto and Charon", New York, John Wiley & Sons, 1998, 171-202.

[Stern-2007] Stern, S. A. , "The New Horizons Pluto Kuiper Belt Mission: An Overview with Historical Context", Arxiv pre-print astro-ph/0709. 4417.

[Stofan-1993] Stofan, E. R. , "The New Face of Venus", Sky & Telescope, August 1993, 22-31.

[Stooke-2000] Stooke, P. J. , "The Pathfinder Landing Area in MGS/MOC Images", paper presented at the Lunar and Planetary Science Conference XXXI, Houston, 2000.

[Stuhlinger-1970] Stuhlinger, E. , "Planetary Exploration with Electrically Propelled Vehicles", paper presented at the Third Conference on Planetology and Space Mission Planning, New York, October 1970.

[Stuhlinger-1986] Stuhlinger, E. , et al. , "Comet Nucleus Sample Return Missions with Electrically Propelled Spacecraft", Journal of the British Interplanetary Society, 39, 1986, 273-281 .

[Sukhanov-1985] Sukhanov, A. A. , "Otchet o Nauchno-Issledovatelskoy Rabote 'Issledovaniye Vozmoshhostey Osutschestvleniya Nekatorikh Perspektivniykh Kosmicheskikh Proyektov'" (Relation on the Scientific Research Work 'Feasibility Study of Some Long Term Space Projects'), Moscow, IKI, 1985 (in Russian).

[Surkov-1986a] Surkov, Yu. A. . , et al. , "Vega 1 Mass Spectrometry of Venus Cloud Aerosols: Preliminary Results" Soviet Astronomy Letters, 12, 1986, 44-45.

[Surkov-1986b] Surkov, Yu. A. , et al. , "Vega 1, 2 Humidity Profiles for the Venus Atmosphere", Soviet Astronomy Letters, 12, 1986, 31-33.

[Surkov-1986c] Surkov, Yu. A. , et al. , "Vega 2 Lander Analysis of Rock Composition in Northern Aphrodite Terra", Soviet Astronomy Letters, 12, 1986, 28-31.

[Surkov-1986d] Surkov, Yu. A. , et al. , "Uranium, Thorium, Potassium Abundances in Venus Rocks", Soviet Astronomy Letters, 12, 1986, 46-48.

[Surkov-1989] Surkov, Yu. A. , et al. , "Determination of the Elemental Composition of Martian Rocks from Phobos 2", Nature, 341 1989, 595-598.

[Surkov-1993] Surkov, Yu. A. , "Discovery Venera Surface- Atmosphere Geochemistry Experiments Mission Concept", paper presented at the Lunar and Planetary Science Conference XXIV, Houston, 1993.

[Surkov-1997a] Surkov, Yu. A. , "Exploration of Terrestrial Planets from Spacecraft", Chichester, Wiley-Praxis, 1997, 406-408 and 371-373.

[Surkov-1997b] ibid. , 387-392.

[Surkov-1997c] ibid. , 212-220 and 378-381.

[Surkov-1997d] ibid. , 381-382.

[Surkov-1997e] ibid. , 383-386.

[Surkov-1997f] ibid. , 396-400 and 419-427.

[Surkov-1997g] ibid. 433-436.

[Tehilig-2001] Theilig, E. E. , Bindschadler, D. L. , Vandermey, N. , "Project Galileo: From Ganymede Back to Io", paper presented at the LⅡ Congress of the International Astronautical Federation, Toulouse, 2001.

[Tehilig-2002] Theilig, E. E. , et al. , "Project Galileo: Farewell to the Major Moons of Jupiter", paper presented at the LⅢ Congress of the International Astronautical Federation, Houston, 2002.

[Thomas-Keprta-2002] Thomas-Keprta, K. L. , "Magnetofossils from Ancient Mars: A Robust Biosignature in the Martian Meteorite ALH84001", Applied and Environmental Microbiology, 68, 2002, 3663-3672.

[Thomson-1982a] Thomson, A. A. , "Off to the Asteroids", Spaceflight, January 1982, 7-9.

[Thomson-1982b] Thomson, A. A. , "Exploring Mars with Kepler", Spaceflight, 24, April 1982, 151-153.

[Time-1977] "Sailing to Halley's Comet", Time, 14 March 1977, 22.

[Tolson-1995] Tolson, R. H. , Patterson, M. T. , Lyons, D. T. , "Magellan Windmill and Termination Experiments". In: "Mécanique Spatiale/Spaceflight Mechanics", Toulouse, Cépaduès, 1995.

[Tolson-1999] Tolson, R. H. , et al. , "Utilization of Mars Global Surveyor Accelerometer Data for Atmospheric Modeling", AAS 99-386.

[Treiman-1999] Treiman, A. , "Microbes in a Martian Meteorite?", Sky & Telescope, April 1999, 52-58.

[Trombka-2000] Trombka, J. I. , et al. , "The Elemental Composition of Asteroid 433 Eros: Results of the NEAR-Shoemaker X-ray Spectrometer", Science, 289, 2000, 2101-2105.

[Tsander-1924] Tsander, F. A. , "Report of the Engineer F. A. Tsander Concerning Interplanetary Voyages", 1924? . In: Tsander, F. A. , "From a Scientific Heritage", Washington, NASA, 1969 .

[Tsou-1985] Tsou, P. , Brownlee, D. E. , Albee, A. L. , "Comet Coma Sample Return Via Giotto Ⅱ", Journal of the British Interplanetary Society, 38, 1985, 232-239.

[Tsou-1985b] Tsou, P. , Albee, A. , "Comet Flyby Sample Return", Paper AIAA-85-0465.

[Turtle-2001] Turtle, E. P. , Pierazzo, E. , "Thickness of a Europan Ice Shell from Impact Crater Simulations", Science, 294, 2001, 1326-1328.

[Turtle-2004] Turtle, E. P. , et al. , "The Final Galileo SSI Observations of Io: Orbits G28-I33", Icarus, 169, 2004, 3-28.

[Tyler-1991] Tyler, G. L. , et al. , "Magellan: Electrical and Physical Properties of Venus' Surface", Science, 252, 1991, 265-270.

[Tytell-2000] Tytell, D. , "Martian Mudflows", Sky & Telescope, September 2000, 56-57.

[Tytell-2001a] Tytell, D. , "Ancient Martian Lakes? Perhaps. ", Sky & Telescope, March 2001, 20-21.

[Tytell-2001b] Tytell, D. , Kelly Beatty, J. , "Other Ways to Make Martian Gullies", Sky & Telescope, July 2001, 26.

[Tytell-2001c] Tytell, D. , "A Greener, Drier Mars", Sky & Telescope, February 2001, 20-21.

[Tytell-2001d] Tytell, D. , "Dust Storm Clouds Out Mars", Sky & Telescope, November 2001, 22.

[Tytell-2004] Tytell, D. , "When Mars Had an Icy Equator", Sky & Telescope, July 2004, 26.

[Uesugi-1986] Uesugi, K. , "Collision of Large Dust Particles with Suisei Spacecraft", In: ESA Proceedings of the 20th ESLAB Symposium on the Exploration of Halley's Comet. Volume 2: Dust and Nucleus, 1986, 219-222.

[Uesugi-1988] Uesugi, K. , et al. , "Follow-On Missions of Sakigake and Suisei", Acta Astronautica, 18, 1988, 241-246.

[Uesugi-1995] Uesugi, K, Kawaguchi, J. , Tsou, P. , "SOCCER (Sample of Comet Coma Earth Return) Mission", Acta Astronautica, 35, 1995, 171-179.

[Ulivi-2004] Ulivi, P. , with Harland, D. M. , "Lunar Exploration: Human Pioneers and Robotic Surveyors", Chichester, Springer-Praxis, 2004, 257-264.

[Ulivi-2006] Ulivi, P. , "ESRO and the deep space: European Planetary Exploration Planning before ESA", Journal of the British Interplanetary Society, 59, 2006, 204-223.

[Ulivi-2008] Ulivi, P. , "Europe's 'Arrows to the Sun': Two Gravity and Solar Probe proposals from ESRO and ESA", Journal of the British Interplanetary Society, 61, 2008, 98-112.

[Vaisberg-1986] Vaisberg, O. L. , "Dust Coma Structure of Comet Halley from SP-1 Detector Measurements", Nature, 321, 1986, 274-276.

[Vekshin-1999] Vekshin, B. , "Pisma Zhitateley" (reader's letters), Novosti Kosmonavtiki, No. 5, 1999, 53 (in Russian).

[Verigin-1999] Verigin, V. , "9 Let Granata" (9 years of Granat), Novosti Kosmonavtki, No. 2 1999, 38-40 (in Russian).

[Veverka-1997a] Veverka, J. F., Farquhar, R. W., "NEAR Views of Mathilde", Sky & Telescope, October 1997, 30-32.

[Veverka-1997b] Veverka, J., et al., "NEAR's Flyby of 253 Mathilde: Images of a C Asteroid", Science, 278, 1997, 2109-2114.

[Veverka-1999] Veverka, J., et al., "Imaging of Asteroid 433 Eros During NEAR's Flyby Reconnaissance", Science, 285, 1999, 562-564.

[Veverka-2000] Veverka, J., et al., "NEAR at Eros: Imaging and Spectral Results", Science, 289, 2000, 2088-2097.

[Veverka-2001a] Veverka, J., et al., "Imaging of Small-Scale Features on 433 Eros from NEAR: Evidence for a Complex Regolith", Science, 2001, 292, 484-488.

[Veverka-2001b] Veverka, J., et al., "The Landing of NEAR-Shoemaker on Asteroid 433 Eros", Nature, 413, 2001, 390-393.

[VNII Transmash-1999] VNIITransmash, "Specimens of Space Technology, Earth Based Demonstrators of Planetary Rovers, Running Mock-ups", Saint Petersburg, 1999.

[VNII Transmash-2000] "Pages of history of VNII Transmash", Saint Petersburg, VNII Transmash, pages unknown (in Russian).

[Volare-1989] "Primi Accordi Italiani con la NASA dell'Est" (First Italian agreements with the Eastern NASA), Volare, June 1989, 14 (in Italian).

[von Rosenvinge-1986] von Rosenvinge, T. T., Brandt, J. C., Farquhar, R. W., "The International Cometary Explorer Mission to Comet Giacobini-Zinner", Science, 232, 1986, 353-356.

[von Zahn-1996] von Zahn, U., Hunten, D. M., "The Helium Mass Fraction in Jupiter's Atmosphere", Science, 272, 1996, 849-851.

[Vorontsov-1989] Vorontsov, V. A., et al., "Mars Exploration: Balloons and Penetrators", Acta Astronautica, 19, 1989, 843-845.

[Waldrop-1981a] Waldrop, M. M., "Down the Wire with Halley", Science, 214, 1981, 35.

[Waldrop-1981b] Waldrop, M. M., "Planetary Science in Extremis", Science, 214, 1981, 1322-1324.

[Waldrop-1982] Waldrop, M. M., "Planetary Science: Up from the Ashes?", Science, 218, 1982, 665-666.

[Waldrop-1989] Waldrop, M. M., "Phobos at Mars: A Dramatic View- And Then Failure", Science, 245, 1989, 1044-1045.

[Weinberger-1984] "Defense Space Launch Strategy", Memorandum from Secretary of Defense to Secretaries of the Military Departments, et al., 7 February 1984.

[Weinstein-1993] Weinstein, S., et al., "Follow on Missions for the Pluto Spacecraft", paper presented at the IAA International Conference on on Low Cost Missions, 1993.

[Weisbin-1993] Weisbin, C. R., Montemerlo, M., Whittaker, W., "Evolving Directions in NASA's Planetary Rover Requirements and Technology". In: "Missions, Technologies et Conception des Vehicules Mobiles Planetaires", Toulouse, Cépaduès, 1993.

[Weissman-1995] Weissman, P. R., et al., "Galileo NIMS Direct Observations of the Shoemaker-Levy 9 Fireballs and Fall Back", paper presented at the Lunar and Planetary Science Conference XXVI, Houston, March 1995.

[Weissman-1999] Weissman, P. R. , "Cometary Reservoirs". In: Kelly Beatty, J. , Petersen, C. C. , Chaikin, A. (eds.), "The New Solar System", Cambridge University Press, 4th edition, 1999, 59–68.

[Wenzel-1990a] Wenzel, K. -P. , Eaton, D. , "Ulysses- A Brief History", ESA Bulletin, 63, 1990, 10–12.

[Wenzel-1990b] Wenzel, K. -P. , et al. , "The Scientific Mission of Ulysses", ESA Bulletin, 63, 1990, 21–27.

[West-1986] West, R. M. , et al. , "Post Perihelion Imaging of Comet Halley at ESO", Nature, 321, 1986, 363–365.

[Westwick-2007a] Westwick, P. J. , "Into the Black: JPL and the American Space Program 1976-2004", New Haven, Yale University Press, 2007, 42–58.

[Westwick-2007b] ibid. , 108–110.

[Westwick-2007c] ibid. , 96–97.

[Westwick-2007d] ibid. , 70.

[Westwick-2007e] ibid. , 175–177.

[Westwick-2007f] ibid. , 175–185.

[Westwick-2007g] ibid. , 268.

[Westwick-2007h] ibid. , 160.

[Westwick-2007i] ibid. , 198–201.

[Westwick-2007j] ibid. , 195.

[Westwick-2007k] ibid. , 183–185.

[Westwick-2007l] ibid. , 258–260.

[Westwick-2007m] ibid. , 227.

[Westwick-2007n] ibid. , 48.

[Westwick-2007o] ibid. , 142–154 and 207–227.

[Westwick-2007p] ibid. , 218–219.

[Westwick-2007q] ibid. , 149.

[Westwick-2007r] ibid. , 142–154 and 263.

[Whipple-1966] Whipple, F. L. , interviewed by Caras, R. A. on 6 May 1966 in: Frewin, A. , "Are We Alone? The Stanley Kubrick Extraterrestrial-Intelligence Interviews", Elliot & Thompson, 2005.

[Whipple-1987] Whipple, F. L. , "The Cometary Nucleus: Current Concepts", Astronomy & Astrophysics, 187, 1987, 852–858.

[Wilkins-1986] Wilkins, D. E. B. , Parkes, A. , Nye, H. , "The Giotto Encounter and Post-Encounter Operations", ESA Bulletin, 46, 1986, 66–70.

[Willcockson-1999] Willcockson, W. H. , "Mars Pathfinder Heathshield Design and Flight Experience", Journal of Spacecraft and Rockets, 36, 1999, 374–379.

[Williams-2005] Williams, D. , personal communication with the author, 27 September 2005.

[Wilmoth-1999] Wilmoth, R. G. , et al. , "Rarefied Aerothermodynamic Predictions for Mars Global Surveyor", Journal of Spacecraft and Rockets, 36, 1999, 314–322.

[Wilson-1985] Wilson, K. T. , "The CRAF Mission", Spaceflight, December 1985, 452–453.

[Wilson-1986a] Wilson, A. , "Sampling the Snowballs", Flight International, 7 June 1986, 45–46.

［Wilson-1986b］Wilson, A. , "Comet Workshop", Flight International, 6 September 1986, 44-45.

［Wilson-1986c］Wilson, A. , "Missions to Mars", Flight International, 12 July 1986, 35-37.

［Wilson-1987a］Wilson, A. , "Solar System Log", London, Jane's Publishing, 1987, 112-113.

［Wilson-1987b］ibid. , 117-118 and 122-124.

［Wilson-1987c］ibid. , 118-122.

［Wilson-1987d］ibid. , 114-117.

［Wilson-1987e］ibid. , 106-107.

［Wilson-1987f］Wilson, A. , "Comets Loom Closer", Flight International, 8 August 1987, 33-35.

［Wilson-1987g］Wilson, A. , "Return to Mercury", Flight International, 19 September 1987, 46-49.

［Woerner-1998］Woerner, D. F. , "Revolutionary Systems and Technologies for Missions to the Outer Planets", paper presented at the Second IAA Symposium on Realistic Near-Term Advanced Scientific Space Missions, Aosta, 29 June-1 July 1998.

［Wood-1981］Wood, L. J. , "Navigation Accuracy Analysis for a Halley Intercept Mission", Journal of Guidance, 5, 1981, 300-306.

［Yeomans-1997］Yeomans, D. K. , et al. , "Estimating the Mass of Asteroid 253 Mathilde from Tracking Data During the NEAR Flyby", Science, 278, 1997, 2106-2109.

［Yeomans-1999］Yeomans, D. K. , et al. , "Estimating the Mass of Asteroid 433 Eros During the NEAR Spacecraft Flyby", Science, 285, 1999, 560-561.

［Yeomans-2000］Yeomans, D. K. , et al. , "Radio Science Results During the NEAR-Shoemaker Spacecraft Rendezvous with Eros", Science, 289, 2000, 2085-2088.

［Yoder-2003］Yoder, C. F. , et al. , "Fluid Core Size of Mars from Detection of the Solar Tide", Science, 300, 2003, 299-303.

［Young-1990］Young, C. (ed.), "The Magellan Venus Explorer's Guide", Pasadena, JPL, 1990, 51-68.

［Young-1996］Young, R. E. , Smith, M. A. , Sobeck, C. K. , "Galileo Probe: In Situ Observations of Jupiter's Atmosphere", Science, 272, 1996, 837-838.

［Zaitsev-1989］Zaitsev, Yu. , "The Successes of Phobos-2", Spaceflight, November 1989, 374-377.

［Zak-2004］"Planetary: Projects and Concepts", Anatoly Zak website.

［Zhulanov-1986］Zhulanov, Yu. V. , Mutkin, L. M. , Nenarokov, D. F. , "Aerosol Counts in the Venus Clouds: Preliminary Vega 1, 2 Density Profiles, H = 63-47 km", Soviet Astronomy Letters, 12, 1986, 49-52.

［Zuber-1998］Zuber, M. T. , "Observations of the North Polar Region of Mars from the Mars Orbiter Laser Altimeter", Science, 282, 1998, 2053-2060.

［Zuber-2000a］Zuber, M. , et al. , "The Shape of 433 Eros from NEAR-Shoemaker Laser Rangefinder", Science, 289, 2000, 2097-2101.

［Zuber-2000b］Zuber, M. T. , et al. , "Internal Structure and Early Thermal Evolution of Mars from Mars Global Surveyor Topography and Gravity", Science, 287, 2000, 1788-1793.

延伸阅读

➤ 图书

Godwin, R., (editor), "Deep Space: The NASA Mission Reports", Burlington, Apogee, 2005.

Godwin, R., (editor), "Mars: The NASA Mission Reports", Burlington, Apogee, 2000.

Godwin, R., (editor), "Mars: The NASA Mission Reports Volume 2", Burlington, Apogee, 2004.

Kelly Beatty, J., Collins Petersen, C., Chaikin, A. (editors), "The New Solar System", 4th edition, Cambridge University Press, 1999.

Shirley, J. H., Fairbridge, R. W., "Encyclopedia of Planetary Sciences", Dordrecht, Kluwer Academic Publishers, 1997.

Surkov, Yu. A., "Exploration of Terrestrial Planets from Spacecraft", Chichester, Wiley-Praxis, 1994.

➤ 期刊

Aerospace America.

l'Astronomia (in Italian).

Aviation Week & Space Technology.

ESA Bulletin.

Espace Magazine (in French).

Flight International.

Novosti Kosmonavtiki (in Russian).

Science.

Scientific American.

Sky & Telescope.

Spaceflight.

➤ 网址

Don P. Mitchell's "The Soviet Exploration of Venus" (www. mentallandscape. com/V _ Venus. htm).

Encyclopedia Astronautica (www. astronautix. com).

Jonathan's Space Home Page (planet4589. org/space/space. html).

JPL (www. jpl. nasa. gov).

Malin Space Science Systems (www. msss. com).

NASA NSSDC (nssdc. gsfc. nasa. gov).

Novosti Kosmonavtiki (www. novosti-kosmonavtiki. ru).

NPO Imeni S. A. Lavochkina (www. laspace. ru).

Space Daily (www. spacedaily. com).

Spaceflight Now (www. spaceflightnow. com).

The Planetary Society (planetary. org).

系列丛书目录